高 等 院 校 化 学 系 列 教 材

Chemistry

无机合成化学

（第三版）

张克立　孙聚堂　袁良杰　冯传启　编著

WUHAN UNIVERSITY PRESS
武汉大学出版社

图书在版编目(CIP)数据

无机合成化学/张克立编著.—3 版.—武汉:武汉大学出版社,2023.12
高等院校化学系列教材
ISBN 978-7-307-24152-7

I.无…　Ⅱ.张…　Ⅲ.无机化学—合成化学—高等学校—教材　Ⅳ.O611.4

中国国家版本馆 CIP 数据核字(2023)第 222390 号

责任编辑:谢文涛　　　责任校对:李孟潇　　　版式设计:韩闻锦

出版发行:**武汉大学出版社**　　(430072　武昌　珞珈山)
　　　　　(电子邮箱:cbs22@ whu.edu.cn 网址:www.wdp.com.cn)
印刷:武汉中科兴业印务有限公司
开本:787×1092　1/16　印张:32.5　字数:666 千字　插页:1
版次:2004 年 10 月第 1 版　　2012 年 1 月第 2 版
　　2023 年 12 月第 3 版　　2023 年 12 月第 3 版第 1 次印刷
ISBN 978-7-307-24152-7　　定价:79.00 元

第三版前言

　　《无机合成化学》被多所高等院校选作化学类本科生高年级的教材以及化学类硕士研究生入学考试的参考书,自 2012 年再版以来,已多次印刷。衷心感谢读者的厚爱,对读者提出的宝贵意见和建议,这次再版尽可能做了订正,并补充了《固溶体材料的合成》,《核-壳结构材料的制备》,《无机-有机杂化材料的合成》等章节,以及增添了《无机化合物的测定和表征》作为第 11 章。

　　参加修订的有:张克立,袁良杰。

　　虽几经修订、补充和校阅,仍难免错误和疏漏,还望读者继续关注,不吝指正。

编著者

2023 年 5 月于珞珈山

第二版前言

本书自 2004 年出版以来，已多次印刷，被多所高等院校选作本科生教材以及硕士研究生入学考试的主要参考书。承蒙厚爱，在使用过程中全国读者提出了许多宝贵的建议和意见，这次修订对凡有不足和错误之处均做了补充和改正，对读者提出的建议和意见在修订过程中均做了认真的考虑和修订，第 10 章(无机化合物的分离和提纯)就是应读者的要求和建议补充的。

参加修订的有：张克立(第 1 章、第 2 章、第 3 章、第 4 章、第 10 章)，孙聚堂(第 4 章 4.8 节、第 6 章、第 7 章、第 9 章)，冯传启(第 5 章)，袁良杰(第 8 章)。

由于水平所限，不足和遗憾总会难免，敬请读者对本书继续给予关注和指正。

编著者

2011 年 8 月于珞珈山

第一版前言

美国化学科学机会调查委员会等权威机构编著的《化学中的机会》一书指出："化学是一门满足社会需要的中心科学"。"我们要想懂得多些，就要能做得多些，所以合成是化学家的看家本领。"可以毫不夸张地说，合成化学是化学学科的核心，是化学家改造世界、创造未来最有力的手段。

合成化学的突破与新物种的出现，是推动化学学科和相邻学科发展的主要动力。因此，我国基础性研究的"九五"攻关项目和"2010"年长期规划，把"现代合成化学"与"材料制备过程中的基础研究"列为化学和材料科学的首项优先发展领域，以迎接 21 世纪的挑战。作为合成化学中极其重要的一部分，现代无机合成不仅已成为无机化学的重要分支之一，而且其内涵也大大扩充了，它不再只局限于昔日传统的合成，而是包括了制备与组装科学。目前，国际上几乎每年都有数十万种的新无机化合物和新物相被合成与制备出来，进入无机化学各相关的研究领域。因此，无机合成已迅速地成为推动无机化学及相关学科发展的重要基础。另外，随着新兴学科和高新技术的蓬勃发展，对无机材料提出了各种各样的要求，无疑，这更进一步加强了无机合成在材料科学发展和国民经济建设中的重要地位。

无机合成化学是化学和应用化学专业的一门重要的专业基础课程。在材料、能源和信息成为现代文明三大支柱的今天，随着微电子、激光、光通信、计算机和空间技术的高速发展，无机化学正进入一个日新月异的时代。作为无机化学和材料科学等学科重要分支和基础的无机合成化学，更肩负着设计新化合物和新材料、研究新的反应途径和合成方法、开发新的分离技术和组装功能材料等重要的科学使命。因此，化学家只有不断更新知识、拓展研究领域、精通现代无机合成化学所涉及的理论与方法、把握无机合成化学的前沿课题，才能在新材料、新化合物的合成与制备领域有所建树。进入 21 世纪，人类生活水平的提高、寿命的延长和高技术的发展更需要合成化学来提供大量的新材料、新药物。需要有众多致力于化学学科研究的有识之士和中青年学者，来破解 21 世纪的化学难题，来为无机化学的发展与进步付出心血并撷取硕果。为此，在 20 世纪 90 年代中期，由张克立和彭正合合作，为化学及其相关学科高年级大学生、研究生和进修生编写了教材《无机合成化学》。这次出版的《无机合成化学》就是在原教材的基础上，并根据近十年的使用情况，加以修改、补充而成的。

我们遵循教材应具备基础性、先进性、实践性及实用性的原则，运用精选内容、突出重点、反映前沿、拓展领域等思路，处理好经典与现代、基础与前沿、理论与应用、课程体系与学科交叉等的关系，以达到简明实用、内容新颖、创新体系、提高质量的目的。

就合成方法而言，无机合成包括常规经典合成方法、极端条件下（超高温、超高压、等离子体、溅射、激光等）的合成方法、软化学合成方法和特殊的合成方法（含电化学合成、光化学合成、微波合成、生物合成等）。就合成对象而言，不但有典型无机材料的合成，如精细陶瓷材料的合成、纳米粉体材料的合成、非晶态材料的合成、沸石分子筛催化材料的合成等，而且有典型无机化合物的合成，如配位化合物的合成、金属有机化合物的合成、金属簇化合物的合成、非化学计量比化合物的合成、标记化合物的合成及单晶生长等。当然，新的材料设计、合成方法的改进也是无机合成化学的内容之一。本教材不但从方法的角度加以介绍，而且也从典型材料和化合物的角度予以描述。

我们尝试把无机合成方法归纳为几大类，由于学识所限，定有不妥之处。一家之言，难免一叶障目，以偏概全，恳请读者指正。

全书主要由张克立、孙聚堂编著。参加编写的有：张克立（第 1 章、第 2 章、第 3 章、第 4 章），孙聚堂（第 4 章 4.8 节、第 6 章、第 7 章、第 9 章），冯传启（第 5 章），袁良杰（第 8 章）。最后由张克立、孙聚堂统稿。

在成书过程中承蒙彭正合教授、季振平教授等的大力支持和帮助；博士生张勇、刘浩文，硕士生从长杰、周新文、占丹等阅读了部分章节的书稿并提出了宝贵的意见；本教材是在武汉大学教务部、武汉大学出版社的大力支持下才得以顺利出版的，谢文涛、史新奎、徐方、金义理等同志都为此付出了辛勤的劳动。在此一并致以衷心的感谢。

本书可作为化学、应用化学、材料化学等学科本科生、研究生的教材，也可作为相关领域从事教学、科研人员的参考书。

鉴于无机合成化学的内容极为广泛，合成方法层出不穷，有关文献资料烟如大海，难以收罗殆尽，不妥乃至错误之处在所难免，敬请赐教。同时，对书中所引用文献资料的作者致以衷心的感谢。

编著者

2004 年 5 月

于武昌珞珈山

目　　录

第1章　绪论 ·· 1

1.1　无机合成化学的内容 ·· 1

1.2　无机合成化学在经济建设中的作用 ·· 1

1.3　无机合成化学与高新技术的关系 ·· 2

1.4　进行无机材料合成的思想方法 ·· 2

1.5　无机合成化学的热点领域 ·· 4

1.6　无机合成化学课程的要求 ·· 9

第2章　气体和溶剂 ··· 10

2.1　气体和溶剂在合成中的作用 ·· 10

2.2　气体 ··· 10

   2.2.1　气体的制备 ··· 10

   2.2.2　气体的净化 ··· 11

   2.2.3　气体的安全使用和储存 ·· 14

   2.2.4　无水无氧实验操作 ··· 16

   2.2.5　气体流量的测定和控制 ·· 18

2.3　溶剂 ··· 18

   2.3.1　溶剂的主要类型 ·· 18

   2.3.2　溶剂的选择 ··· 36

   2.3.3　溶剂化效应 ··· 40

   2.3.4　溶剂的提纯 ··· 43

   2.3.5　非水溶剂在无机合成中的应用 ·· 43

   思考题 ·· 46

第3章　经典合成方法 ··· 47

3.1　化学气相沉积法 ··· 47

3.1.1　热分解反应 ·························· 48

3.1.2　化学合成反应 ························· 49

3.1.3　化学输运反应 ························· 52

3.2　高温合成 ······························ 56

3.2.1　高温的获得和测量 ····················· 57

3.2.2　高温合成反应的类型 ···················· 63

3.2.3　高温固相反应 ························· 63

3.2.4　高温还原反应 ························· 65

3.3　低温合成和分离 ························· 71

3.3.1　低温的获得、测量和控制 ················· 71

3.3.2　低温合成 ·························· 77

3.3.3　低温分离 ·························· 83

3.4　高压合成 ······························ 88

3.4.1　高压的产生和测量 ····················· 88

3.4.2　高压下的无机合成 ····················· 90

3.4.3　人造金刚石的高压合成 ··················· 96

3.4.4　稀土复合氧化物的高压合成 ················ 100

3.5　低压合成 ····························· 100

3.5.1　一般概念 ·························· 100

3.5.2　真空的产生 ························· 102

3.5.3　真空测量 ·························· 105

3.5.4　实验室中常用的真空装置和操作单元 ············ 109

3.5.5　低压合成 ·························· 113

3.6　热熔法 ······························ 122

3.6.1　电弧法 ··························· 122

3.6.2　熔渣法(skull metting) ··················· 122

思考题 ································· 123

第4章　软化学和绿色合成方法 ···················· 125

4.1　概述 ······························· 125

4.1.1　软化学 ··························· 125

4.1.2　绿色化学 ·························· 126

4.1.3　绿色化学和软化学的关系 ················· 127

4.2　先驱物法 ………………………………………………………………… 128

4.2.1　概述 …………………………………………………………………… 128

4.2.2　应用 …………………………………………………………………… 128

4.2.3　先驱物法的特点和局限性 …………………………………………… 130

4.3　溶胶-凝胶法 ……………………………………………………………… 130

4.3.1　概述 …………………………………………………………………… 130

4.3.2　溶胶-凝胶法的特点 …………………………………………………… 131

4.3.3　溶胶-凝胶过程中的反应机理 ………………………………………… 132

4.3.4　制备举例 ……………………………………………………………… 134

4.4　拓扑化学反应 …………………………………………………………… 135

4.4.1　拓扑化学反应的特点 ………………………………………………… 135

4.4.2　脱水反应(dehydrolysis) …………………………………………… 135

4.4.3　嵌入反应(intercalation) …………………………………………… 136

4.4.4　离子交换反应(ion exchange) ……………………………………… 137

4.4.5　同晶置换反应(isomorphous substitution) ………………………… 138

4.4.6　分解反应(decomposition) ………………………………………… 139

4.4.7　氧化还原反应(redox reaction) …………………………………… 140

4.5　低热固相反应 …………………………………………………………… 140

4.5.1　概述 …………………………………………………………………… 140

4.5.2　低热固相反应机理 …………………………………………………… 140

4.5.3　低热固相化学反应的规律 …………………………………………… 141

4.5.4　固相反应与液相反应的差别 ………………………………………… 142

4.5.5　低热固相反应的应用 ………………………………………………… 143

4.6　水热法 …………………………………………………………………… 144

4.6.1　概述 …………………………………………………………………… 144

4.6.2　水热法的优势和前景 ………………………………………………… 146

4.6.3　水晶的合成 …………………………………………………………… 146

4.6.4　金刚石的溶剂热合成 ………………………………………………… 148

4.7　助熔剂法 ………………………………………………………………… 149

4.8　流变相反应法 …………………………………………………………… 149

4.8.1　流变学及其研究对象 ………………………………………………… 149

4.8.2　流变相反应法 ………………………………………………………… 153

4.8.3　用流变相反应法制备芳香酸盐发光材料 …………………………… 157

4.8.4　用流变相反应法制备复合氧化物 ·· 161

4.8.5　用流变相反应法制备纳米材料 ··· 165

4.8.6　用流变相反应法生长单晶 ·· 169

思考题 ··· 174

第5章　特殊合成方法 ··· 175

5.1　电化学合成 ··· 175

5.1.1　电化学的一些基本概念 ·· 175

5.1.2　含高价态元素化合物的电氧化合成 ·· 179

5.1.3　含中间价态和特殊低价态元素化合物的电还原合成 ······················ 180

5.1.4　水溶液中的电沉积 ·· 180

5.1.5　熔盐电解 ··· 181

5.1.6　非水溶剂中无机化合物的电解合成 ·· 183

5.2　光化学合成 ··· 184

5.2.1　概述 ·· 184

5.2.2　光化学反应的基本原理 ·· 184

5.2.3　配位化合物的光化学合成 ·· 186

5.2.4　光化学气相沉积制备半导体薄膜 ··· 193

5.2.5　激光诱导液相表面化学反应 ·· 194

5.3　微波合成 ··· 196

5.3.1　概述 ·· 196

5.3.2　微波燃烧合成和微波烧结 ·· 197

5.3.3　微波的水热合成 ·· 198

5.3.4　微波辐射法在无机固相合成中的应用 ·· 198

5.4　自蔓延高温合成 ··· 199

5.4.1　概述 ·· 199

5.4.2　燃烧反应和燃烧三要素 ·· 200

5.4.3　燃烧反应温度的估算 ··· 201

5.4.4　SHS在无机合成中的应用 ·· 202

5.5　生物合成法 ··· 205

5.5.1　一氧化氮(NO)的合成 ·· 205

5.5.2　标记化合物的合成 ··· 206

思考题 ··· 208

第6章　极端条件下的合成化学 ·· 209

6.1　超高温超高压合成 ·· 209

6.2　等离子体化学合成 ·· 210

　　6.2.1　等离子体的一般概念 ··· 210

　　6.2.2　热等离子体和冷等离子体的获得 ·· 211

　　6.2.3　等离子体在合成化学中的应用 ·· 213

　　6.2.4　等离子体化学气相沉积 ··· 216

6.3　溅射合成法 ··· 219

　　6.3.1　溅射合成的特点和装置 ··· 219

　　6.3.2　钡铁氧体薄膜的溅射合成 ·· 220

　　6.3.3　PTC 电子陶瓷薄膜的溅射合成 ·· 221

　　6.3.4　SnO_2 气敏薄膜的溅射合成 ·· 221

6.4　离子束合成法 ·· 221

　　6.4.1　离子束合成技术 ·· 221

　　6.4.2　非晶态合金薄膜 ·· 223

　　6.4.3　非晶态复合氧化物薄膜 ··· 223

6.5　激光物理气相沉积法 ·· 223

6.6　失重合成 ·· 224

　　思考题 ··· 225

第7章　单晶生长 ·· 226

7.1　从溶液中生长晶体 ·· 226

　　7.1.1　降温法 ··· 226

　　7.1.2　流动法(温差法) ··· 228

　　7.1.3　蒸发法 ··· 229

　　7.1.4　凝胶法 ··· 231

　　7.1.5　电解溶剂法 ·· 232

7.2　水热法生长晶体 ··· 233

　　7.2.1　水热法晶体生长技术 ·· 234

　　7.2.2　人造水晶的水热合成 ·· 236

　　7.2.3　红宝石的水热合成 ·· 240

　　7.2.4　沸石单晶的合成 ··· 243

　　7.2.5　其他晶体的水热合成 ·· 243

7.3 从熔体中生长晶体 …………………………………………………… 244

7.3.1 熔体生长过程的特点 ……………………………………… 245

7.3.2 熔体生长的方法 …………………………………………… 246

7.3.3 提拉法 ……………………………………………………… 247

7.3.4 坩埚移动法 ………………………………………………… 248

7.3.5 区熔法 ……………………………………………………… 249

7.3.6 助熔剂法 …………………………………………………… 250

7.3.7 焰熔法 ……………………………………………………… 255

7.4 高温固相生长 ………………………………………………………… 257

7.4.1 再结晶法 …………………………………………………… 257

7.4.2 多形体相变 ………………………………………………… 257

7.5 流变相反应法 ………………………………………………………… 258

7.5.1 双核苯甲酸铜晶体的制备 ………………………………… 258

7.5.2 噻吩羧酸铕晶体的制备 …………………………………… 260

思考题 …………………………………………………………………… 263

第8章 典型无机材料的合成 ……………………………………………… 264

8.1 精细陶瓷材料的合成 ………………………………………………… 264

8.1.1 概述 ………………………………………………………… 264

8.1.2 精细陶瓷原粉的化学合成 ………………………………… 265

8.1.3 精细陶瓷的成型 …………………………………………… 268

8.1.4 精细陶瓷的烧结 …………………………………………… 273

8.2 纳米粉体材料的合成 ………………………………………………… 283

8.2.1 引言 ………………………………………………………… 283

8.2.2 纳米粒子的基本理论 ……………………………………… 283

8.2.3 纳米粒子的特性 …………………………………………… 285

8.2.4 纳米粒子的制备 …………………………………………… 289

8.3 非晶态材料的合成 …………………………………………………… 290

8.3.1 概述 ………………………………………………………… 290

8.3.2 非晶态材料的结构特征 …………………………………… 290

8.3.3 非晶态材料的制备 ………………………………………… 291

8.4 沸石分子筛催化材料的合成 ………………………………………… 293

8.5 色心晶体的合成 ……………………………………………………… 296

8.5.1 色心的含义及类型 ………………………………………………… 296

8.5.2 色心的制备 ……………………………………………………… 298

8.6 固溶体材料的合成 …………………………………………………… 300

8.6.1 概述 ………………………………………………………………… 300

8.6.2 固溶体的特点 ……………………………………………………… 301

8.6.3 固溶体的形成 ……………………………………………………… 301

8.6.4 固溶体材料的合成 ………………………………………………… 310

8.7 核-壳结构材料的制备 ……………………………………………… 314

8.7.1 核-壳结构的形成机理 …………………………………………… 315

8.7.2 核-壳结构材料的制备 …………………………………………… 316

8.7.3 中空结构材料的合成 …………………………………………… 321

8.7.4 仿生合成——超疏水表面的制备 ……………………………… 323

8.7.5 核-壳结构材料的应用 …………………………………………… 324

8.8 无机-有机杂化材料的合成 ………………………………………… 330

8.8.1 杂化材料结构特性 ……………………………………………… 330

8.8.2 无机-有机杂化材料的分类 …………………………………… 331

8.8.3 无机-有机杂化材料的制备方法 ……………………………… 331

8.8.4 无机-有机杂化材料的应用 …………………………………… 337

思考题 …………………………………………………………………… 339

第9章 典型无机化合物的合成化学 ……………………………………… 340

9.1 配位化合物的合成 …………………………………………………… 340

9.1.1 直接配位反应法 ………………………………………………… 340

9.1.2 组分交换反应法 ………………………………………………… 345

9.1.3 元件组装反应法 ………………………………………………… 351

9.1.4 氧化还原反应法 ………………………………………………… 354

9.2 有机金属化合物的合成 …………………………………………… 358

9.2.1 有机金属化学基础知识 ………………………………………… 358

9.2.2 羰基化合物 ……………………………………………………… 364

9.2.3 烯烃和炔烃配合物 ……………………………………………… 368

9.2.4 夹心配合物 ……………………………………………………… 371

9.3 金属簇合物的合成 …………………………………………………… 377

9.3.1 双核簇合物 ……………………………………………………… 377

9.3.2 三核簇合物 ……………………………………………………… 379

9.3.3 四核和六核簇合物 ……………………………………………… 380

9.3.4 羰基金属簇合物 ………………………………………………… 382

9.3.5 金属-硫原子簇化合物 …………………………………………… 383

9.3.6 硼笼簇合物 ……………………………………………………… 385

9.4 非化学计量比化合物的合成 ……………………………………… 395

9.4.1 高温固相反应合成 ……………………………………………… 396

9.4.2 掺杂合成 ………………………………………………………… 398

9.4.3 钛酸钡铁电体 …………………………………………………… 399

9.4.4 钛的氧化物体系 ………………………………………………… 400

9.4.5 稳定化氧化锆 …………………………………………………… 401

9.5 标记化合物的合成 ………………………………………………… 403

9.5.1 同位素交换法 …………………………………………………… 403

9.5.2 反冲标记法 ……………………………………………………… 404

9.5.3 辐射法及核化学法 ……………………………………………… 404

9.5.4 几种典型的标记化合物 ………………………………………… 405

思考题 ………………………………………………………………… 414

第10章 无机化合物的分离和提纯 ………………………………… 416

10.1 概述——合成、分离与提纯 ……………………………………… 416

10.2 萃取 ……………………………………………………………… 417

10.3 蒸馏与分馏 ……………………………………………………… 419

10.4 重结晶 …………………………………………………………… 420

10.5 化学沉淀 ………………………………………………………… 423

10.6 吸附分离 ………………………………………………………… 423

10.7 区域熔融提纯 …………………………………………………… 425

10.8 离子交换法和吸附色层法 ……………………………………… 426

10.9 泡沫分离 ………………………………………………………… 426

10.10 膜分离 ………………………………………………………… 427

10.11 应用举例 ……………………………………………………… 428

思考题 ………………………………………………………………… 430

第 11 章　无机化合物的测定和表征 ……………………………………… 431

11.1　概述 …………………………………………………………………… 431

11.2　结构表征 ……………………………………………………………… 431

　11.2.1　固体的形貌、光学特性和表面 …………………………………… 432

　11.2.2　颗粒的表征 ………………………………………………………… 433

　11.2.3　表面分析 …………………………………………………………… 436

　11.2.4　晶态表征 …………………………………………………………… 438

　11.2.5　波谱技术 …………………………………………………………… 446

11.3　组成和纯度表征 ……………………………………………………… 454

　11.3.1　化学分析 …………………………………………………………… 455

　11.3.2　原子光谱分析法 …………………………………………………… 456

　11.3.3　分光光度法（Spectrophotometry） ……………………………… 456

　11.3.4　电感耦合等离子体原子发射光谱分析（ICP-AES） ……………… 457

　11.3.5　特征 X 射线分析法 ………………………………………………… 458

　11.3.6　X 射线激发光学荧光光谱（X-ray excited optical fluorescence spectroscopy） ……… 460

　11.3.7　质谱（mass spectrometry） ……………………………………… 460

　11.3.8　中子活化分析（activation analysis with neutron） ……………… 461

11.4　材料的性能表征 ……………………………………………………… 462

　11.4.1　材料的热稳定性——热分析 ……………………………………… 462

　11.4.2　显微结构分析 ……………………………………………………… 484

思考题 ………………………………………………………………………… 486

参考文献 …………………………………………………………………… 488

第1章 绪 论

1.1 无机合成化学的内容

无机合成化学是无机化学的重要分支之一。当今世界上每年都有数十万种新化合物问世，其中属于无机化合物和配位化合物的占相当大的部分，因此无机合成化学已成为推动无机化学、固体化学、材料化学等有关学科发展的重要基础。

随着科学技术的迅速发展，先进的实验方法与技术层出不穷，由于先进实验技术的引入，加之合成化学研究的深入，结构化学和理论化学的发展，各学科间的渗透，合成反应的开发以及实际应用上的不断需求，现代无机合成的内容已从常规经典合成发展到大量特殊合成以及极端条件下的合成，特种组成、结构和聚集态的合成，以至发展到正在兴起的定向设计合成和组合合成。因而，目前无机合成化学涉及的范围日益广泛，而且与其他学科领域间的关系也日益密切。

就合成方法而言，无机合成包括常规经典合成方法、极端条件下(超高温、超高压、等离子体、溅射、激光等)的合成方法和特殊的合成方法(含电化学合成、光化学合成、微波合成、生物合成等)以及软化学和绿色合成方法。软化学和绿色合成方法的引入是本教材的特色之一。

就合成对象而言，有典型无机化合物的合成、典型无机材料的合成等。

当然，新材料的设计、合成方法的改进也是无机合成化学的内容之一。

无机合成化学的内容如此广泛，以致在一本教材中包罗万象是不可能的。本教材选择其常用的、重要的合成方法加以介绍，并尽量介绍近年来合成化学的新成果、新进展。鉴于此，我们不但从方法的角度加以介绍，而且也从典型化合物和典型材料的角度来描述，这是本教材的特色之二。

1.2 无机合成化学在经济建设中的作用

众所周知，金刚石是已知的最硬物质。因其具有优异的力学、热学、光学和化学等性质，故在石油开采、地质钻探、机械加工以及国防工业中有着重要的应用，通常人们称之为重要的战略物资。天然金刚石资源稀少，开采困难，因此发展人造金刚石工业受到各国的极大重视。事实上，一个国家的工业金刚石的应用广度和深度往往标志着这个国家的工业发展水平，而人造金刚石正是由无机合成中的高压高温合成制得的。

无机合成化学与国民经济的发展息息相关，并且在国民经济中占有重要的地位。工业中广泛使用的三酸两碱，农业生产中必不可少的化肥、农药，基础建设中使用的水泥、玻璃、陶瓷，涂料工业中使用的大量无机颜料等无一不与无机合成有关。这些产品的产量和质量几乎代表着一个国家的工业水平，在整个经济建设中起着重要的作用。

总之，化学是一门中心科学，它与社会多方面的需要有关。为全人类提供食物、衣服和住房，为日益减少和稀缺材料提供代用品，征服疾病改善健康，增强国防，以及控制和保护我们的环境，都得依赖合成化学作为强有力的助手。从科学发展的角度来看，合成化学是化学学科的核心，是化学家改造世界、创造社会财富的最有力的手段。因此可以不无夸张地说，世界上几乎所有科学技术的发展都离不开合成制备化学，合成制备化学提供并保证了它们的物质基础。无机合成化学作为无机化学、固体化学、材料科学等学科的基础，它在国民经济中起着举足轻重的作用。

1.3   无机合成化学与高新技术的关系

任何事物的发展都不是孤立的，它要受社会发展的制约和推动。无机合成化学也是如此。在化学发展史上，人们很早就开展了无机合成工作，古代的炼丹术就是一个著名的例子。原子分子学说建立之后，为了研究各种元素的物理化学性质，人们制备出了大量的化合物。19 世纪，化学家们对无机化合物的性质及其制备方法积累了大量有用的资料。到了 20 世纪，特别是 20 世纪 40 年代之后，由于新兴工业技术部门对各种特殊性能的无机材料的迫切需要，促进和推动了无机合成化学的迅速发展。例如，原子能工业的发展推动了稀有元素的分离和放射性元素的研究；电子技术和半导体工业的发展，促进了晶体材料的制备和高纯物质的开发；光纤通信和超导科学的新成就又给制造超纯物质提出了新要求；宇宙航行、人造地球卫星要求高能燃料和耐高温材料；纳米技术的出现又提出了合成超微细材料的新任务。这些不仅需要在实验室中解决某些特殊的无机材料的合成或分离方法，而且要求能实现大规模的工业化生产，这就使无机合成化学发展成为材料科学中的一个重要组成部分。同时也不难看出无机合成化学与高新技术的密切关系。

1.4   进行无机材料合成的思想方法

随着科学技术的发展，人们可以用计算机进行材料设计，以至发展到正在兴起的定向设计和组合化学。然而，怎样进行无机固体材料的合成似乎没有统一的途径，更没有固定的模式。这不仅仅因为所需要的无机固体材料种类繁多，千差万别，合成的方法也不一样，而且也因为所采用的体系五花八门，大不相同，但人们在长期进行无机固体材料合成的实践中确实逐渐积累了丰富的经验，形成了一些进行无机固体材料合成的思想方法。这些思想方法指导着人们的合成实验，使人们越来越多地发现和发展了新的固体化合物以及新的合成方法，逐步地朝无机固体材料的设计合成迈进。

1. 开拓新的合成方法

合成化学总是处于发展的前沿，创造新的合成反应一直是化学界的热点。多年来不少诺贝尔化学奖就授予了合成化学家。最近 20 年《科学论文引用索引》（SCI）引用次数最多的 50 名化学家中约有 1/3 是从事合成化学研究的。开拓新的合成方法是化学家们长期不懈地努力和追求的目标，因为固体材料合成的最终目的是为了应用。应用就涉及降低成本的问题，要降低成本，合成方法的简化和优化势必成为捷径。正因如此，新的合成方法不断涌现，最近常见诸文献资料中的"低热固相反应""溶剂热反应""微波化学反应""流变相反应""软化学"等都是这方面的反映。从制陶法到先驱物法以及溶胶-凝胶法的发展都是这方面的典型例子。

2. 元素的掺杂和置换

在元素周期表中，纵向有族，横向有周期，每族每周期的元素性质既有其普遍的规律性，又有其个性。这就必然会产生系列的化合物。事实上，每种系列化合物的合成都是通过元素的置换或替代而扩展的。人们往往通过改变组成或组成元素的种类来制备出系列化合物，并以此来研究结构-性质的关系以及这种关系随组成和组成元素的变化。例如，众多的系列复合金属氧化物、含有不同杂质原子的沸石分子筛以及其他的金属间化合物等就是这样得到合成和发展的。采用掺杂和置换的手段进行无机固体材料的合成可以获得两个重要的结果：①扩展了结构-性质关系，使人们对这种关系有了更加系统和深入的认识。②产生了众多的新型结构。这种新型结构的产生往往是由代替原有主体元素的其他元素即杂质原子的物理化学性质决定的。不同的元素在电子性质上的差别往往导致占据不同的晶格位置、具有不同的配位环境，使构成结构的构成单元种类增加，产生新的结构。

3. 突破体系

"山重水复疑无路，柳暗花明又一村"。突破原有体系跨入新体系往往会使无机固体材料的合成得到更大的发展。这可以从下面两个例子加以说明。第一个例子是人造金刚石的合成。早期人们对金刚石的合成采用的是高温高压法，把层状结构的石墨通过高温高压制成三维骨架的金刚石结构。这种合成已经实现了工业化。但近年来人们突破了这种高温高压合成金刚石的体系，走出了一条完全不同的途径——运用低压化学气相沉积的方法进行人造金刚石的合成。这种体系变化，不但合成出了金刚石，而且还合成了新颖的类金刚石碳氢化合物，从而开辟了固体材料合成的一个新领域。更令人惊喜的是，最近钱逸泰等人采用一种全新的还原热解催化合成(reduction pyrolysis catalysis)化学路线，即通过改进的武慈(Wurtz)反应，用 CCl_4 为碳源(sp^3)，过量的金属钠为反应剂及熔剂，以 Ni-Co-Mn 合金为催化剂，在高压釜中，700℃条件下合成金刚石。在概念上这种方法简单而优美，它显示有很大的应用潜力，可以在大幅度降低温度的条件下合成有用的新材料。另一个例子是近年来得到大发展的高温超导材料的合成。早期的超导合成研究主要集中在除单质 Hg，Pb 外的像 V_3Si，NbO，NbN，Nb-Al-Ge，Nb，Sn 等一些合金体系中，致使超导体的研究发展缓慢，但当 1986 年从这种体系中完全跳出来，跨进 La-Ba-Cu-O 体系后，超导的转变温度一下子提高了近 100K 或更高，从而使超导材料的研究有了突飞猛进的发展。

4. 体系杂化

优势互补，相得益彰。多种体系的结合已成为制备无机固体材料的重要途径。两种体系的结合不仅在无机合成领域如有机金属配合物以及金属原子簇的合成中起着重要的作用，使其成为无机化学的一个重要新兴领域，而且在通常的无机固体材料合成中起着相当重要的作用。正是这种不同合成体系的结合才使众多的新型结构的固体材料不断涌现。众所周知的沸石分子筛催化材料就是在无机体系与有机体系结合的新型体系中合成出来的，它合成出了众多的具有新型孔性结构的工业用重要催化材料如 ZSM-5 以及其他的系列。这种新型催化材料的开发与在甲醇到汽油的一步反应转化中的应用，为新能源的开发以及解决能源危机起着不可估量的作用。大量的其他多孔性材料如磷酸铝和磷酸硅分子筛的合成也是在这种无机和有机的混合体系中创造出来的。

5. 学科交叉

学科交叉和渗透在现代高新技术领域中愈来愈显示出其重要性和必然性来。将其他领域里的研究成果用于无机固体材料的合成是人们从事设计合成的尝试。其他领域的研究成果往往给无机固体材料合成化学家提供着新的思想和新的合成途径，使更多的新型结构的材料不断涌现。其突出的例子之一是，结构研究方面的成果应用于无机固体材料的合成。例如，通过对过渡金属的硫族化合物的结构研究，人们总结了其中的过渡金属元素的最佳的配位多面体情况，通过合理地组合不同种类的配位多面体，人们进行了设计合成，结果得到了一些新颖结构类型的硫族系列化合物。还有其他的例子，如利用元素的氧化还原性质有目的地合成具有特殊结构的过渡金属复合氧化物；利用硅酸盐胶体溶液化学获得的有关硅酸根聚合状态及其分布的知识进行分子筛设计合成，有时就固体本身的性质如相变性质也能用来进行无机固体材料的合成。

总之，各学科的相互渗透越来越多地反映在无机材料的合成之中，为无机合成提供着新的思想和方法。

1.5 无机合成化学的热点领域

随着特殊条件下和软化学合成反应与技术的研究，以及计算合成化学和组合化学研究的逐步开展，必然涉及对一系列相关的理论问题的深入研究。例如，在极端条件下，合成反应的热力学与反应动力学；在高温固相合成中的高温界面反应动力学；在温和条件下，溶胶-凝胶过程的无机缩聚理论，低热固相反应机理，流变相反应动力学，微波合成的机制，纳米材料合成的原理；以及一系列与建立合成化学数学模型有关的基础理论问题等。除此之外，以下各点也是合成化学的热点领域。

1. 特种结构无机材料的制备

随着高新技术研究开发的发展与企业化不断提高的需求，功能无机化合物或无机材料的制备、合成以及相关技术路线与规律的研究，愈来愈显示出其重要性。因为所有具有特定性能的无机物都有其本身固有的结构与组成。如以缺陷为例，由于物质的很多性质与晶体内的有关缺陷存在相关联，因而非计量化合物中各类结构缺陷的制备以及相关制备规律与测定方法的研究，是目前无机合成化学的一个前沿课题。如各类型的复合氧化物之所以成为具有广泛功能材料的基体，除去由于其具有多种可供调变的组分因素之外，可形成多种类型的结构缺陷是其重要的原因。除此之外还有特定结构与化学属性的表面与界面的制备；层状化合物与其特定的多型体(polytypes)；各类层间嵌插(intercalation)结构与特定结构链状无机物的制备；混价无机物和配合物低维固体与其他特定结构的配合物或簇合物，以及近期发展蓬勃的分子基材料和具有特种孔道结构的微孔晶体，中孔或多孔材料的合成与制备等。上述个别具体物质的制备和合成虽时有报道，但只是引用了某些反应的特殊性或特种技术巧妙的制备而得的。然而真正值得注意的是必须研究其合成制备规律以及相关的合成技术，使之系统化、理念化，从而促进材料产业与材料科学的迅速发展。

2. 软化学和绿色合成方法

软化学是相对于硬化学而言的。它是指在较温和条件下实现的化学反应过程。软化学开辟的无机固体化合物及材料制备方法，正在将新无机化合物及材料制备的前沿技术从高温、高压、高真空、高能和高制备成本的硬化学方法中解放出来，进入一个更广阔的领域。显然，依赖于"硬环境"的硬化学方法必须有高精尖的设备和巨大的资金投入；而软化学提供的方法依赖的则是人的知识、智慧、技能和创造力。因而可以说，软化学是一个具有智力密集型特点的研究领域。

软化学易于实现对其化学反应过程、路径、机制的控制。从而，可以根据需要控制过程的条件，对产物的组分和结构进行设计，进而达到剪裁其物理性质的目的。正因为材料和化合物(产物)形成于相对较低的温度，故可使一些在高温下不稳定的组分存在于化合物及材料之中，或形成具有介稳态的结构。这样，便有可能在同一化合物及材料体系中实现不同类型组分(如钠米粉体-聚合物、无机物-有机物、陶瓷-金属、无机物-生物体)的复合。也有可能获得一些用高温固相反应与物理方法难以得到的低熵、低焓或低对称性的化合物及材料，特别是一些具有特殊结构或形态的低维材料体系。

伴随一个世纪以来的工业文明，化学学科取得了巨大的进步，创造了辉煌的业绩。目前一些重大的基本工业生产过程许多都是基于化学过程，如钢铁冶金、水泥陶瓷、石油化工、酸碱肥料、塑料橡胶、合成纤维、农药医药以及日用化妆品等精细化学品概莫能外。然而与此同时，化学物质的大规模生产和广泛使用，使得全球性的生态环境问题日趋严重，在经过千方百计地末端治理效果不佳的情况下，国际社会重新审视已经走过的环境保护历程，提出了绿色化学的概念。它是针对传统化学对环境造成污染而提出的新概念，是利用化学原理从根本上减少或消除传统工业对环境的污染。它的主要特点是"原子经济性"，即在获取新物质的转换过程中充分利用原料中的每个原子，实现化学反应中废物的"零排放"。因此绿色化学可以看作进入成熟期的更高层次的化学。其实质可用"高效、节能、经济、洁净"概括之。而绿色合成是其主要内容之一。

绿色合成和软化学关系密切，但又有区别。软化学强调的是反应条件的温和与反应设备的简单，从而达到了节能、高效的目的，在某些情况下也是经济、洁净的，这是和绿色合成相一致的。而在有些情况下，它并没有解决经济、洁净的问题。绿色合成是全方位地要求达到高效、节能、经济、洁净。所以，绿色合成和软化学尚有大量的工作需要进行，它们都是无机合成化学的热点领域之一。

3. 极端条件下的合成

过去所积累的许多有关化学变化的知识，仅限于有影响的变量的小范围内，其中最重要的是温度和压力。现在随着科学技术的发展，测试技术也越来越先进，我们就能够研究远远超越正常的环境条件下发生的化学过程。研究这种极端条件下的化学，可以扩展实验变量的数目，从而可以改变并控制化学反应。同时这些极端条件将严格地检验我们对化学过程的基本理解。凭借我们现有和将有的能力集中力量进行极端条件下的化学合成研究，将会在新材料、新工艺、新设备和新知识方面获得重大进展。化学反应的条件通常主要是指温度和压力。所谓极端条件是指极限情况，即超高温、超高压、超真空及接近绝对零度、强磁场与电场、激光、等离子体等。例如，在超高压下许多物质的禁带宽度及内外层轨道的距离均会发生变化，从而使元素的稳定价态与通常条件下的有所差别，因而有人认为在超高压下整个元素周期表要进行改写。在模拟宇宙空间的高真空、无重力的情况下，可能合成出没有位错的高纯度晶体。

4. 无机功能材料的制备

由于高新技术工业和高科技领域的实际需求，无机功能材料的制备、复合与组装愈来愈受到重视。无机功能材料的制备、复合与组装的研究课题除注重材料本征性质外，更注重材料的非本征性质，并通过本征性质的物理或化学的组合而创造材料独特的功能。在此领域中，下列方向是非常引人注目的：①材料的多相复合，主要包括纤维（或晶须）增强或补强材料的复合，第二相弥散材料的复合，两（多）相复合材料，无机物与金属复合材料的制备，梯度功能材料的复合以及纳米材料复合等。②材料组装中的 host-guest（主-客）chemistry 是既令人向往又很复杂的研究领域，以微孔（microporous）或中孔（mesoporous）骨架宿体中不同类型化学个体的组装为例，它能生成量子点或超晶格的半导体团簇；非线性光学分子；由线性导电高分子形成的分子导体，以及在微孔道内自组装生成电子传递键与D-A 传递对等，所用的组装路线主要通过离子交换、各类 CVD、"瓶中造船"、微波分散等技术。③无机-有机纳米杂化。无机-有机纳米杂化体系的研究是近年来迅猛发展的新兴边缘研究领域。它将有机化学、高分子学科中的加聚、缩聚等化学反应，无机化学中的溶胶-凝胶过程以及介观物理(纳米微粒)等巧妙地配合研制出新型杂化材料，它们具备单纯有机物及无机物所不具备的性质，该材料将集无机物、有机物、纳米的特殊性质于一体，将是一类完全新型的材料，且将在纤维光学、波导、非线性光学材料等方面具有广泛的应用前景。由于涉及无机物、有机体系及纳米颗粒，因此如何利用这三类性质完全不同的体系进行组合，其关键是要解决合成化学中的一系列重要基本问题。

5. 特殊聚集态材料的制备

在无机合成与制备化学的研究中，另一个重要前沿方向是特殊聚集态化合物或材料的合成制备化学和技术。例如，无机膜、非晶态(玻璃态)、微孔与胶团簇、单晶与具有不同晶貌的物质如晶须等。由于物质聚集态的不同往往导致新性质与功能的出现，因而对目前的科学与材料的发展均具有非常重要的意义。目前较被重视的属于特殊聚集态化合物或材料研究范畴的有溶胶-凝胶(sol-gel)过程、先驱物化学、各类 CVD 技术及其化学、无机膜制备和无机超微粒制备等。这类特殊聚集态化合物之所以受到重视，除了其化合物本身的特殊性质外，也是由于材料应用上的需要所致。

特殊聚集态化合物或材料的获得从某种意义上说其关键在于采用的制备路线和技术。例如，近年来发展迅速的溶胶-凝胶路线易于获得均相，特别是均相多组分体系，由于凝胶的均匀性和活性，在某些材料如微晶玻璃或陶瓷的制备中，大大降低了反应条件。由于溶胶的流变性，在各种无机膜、纤维或表面材料的制备中，溶胶-凝胶方法有独特的应用。

溶胶-凝胶路线除上述优点外，由于这条合成路线的中心化学问题是反应物分子(或离子)母体在水溶液中进行水解和聚合，即由分子态→聚合态→溶胶→凝胶→晶态(非晶态)，所以这条合成路线可以通过对过程化学上的了解和有效的控制来合成一些特定结构和聚集态的固体化合物或材料。值得一提的是，除了含水凝胶(xerogel)外，所谓气凝胶(aerogel)也是一个值得注意的研究课题。气凝胶通常在溶剂的超临界条件下制备。由于聚合条件不同，气凝胶相对于水凝胶具有更高的定向聚合性及更高的孔隙率，因而我们迫切的任务是更深入地了解与控制合成与制备路线相关的化学问题，以及在合成化学系统研究的基础上开拓新的路线、方法与技术。此外，特殊聚集态化合物或材料的制备可采用物理的和化学气相沉积的方法等。

6. 特种功能材料的分子设计

开展特定结构无机化合物或功能无机材料的分子设计、剪裁与分子工程学的研究是无机合成化学的又一前沿领域。它应用传统的化学研究方法寻找与开发具有特定结构与优异性能的化合物。由于依靠的是从成千上万种化合物中去筛选，因而，自然而然地会把发展重心放在制备和发现新化合物上。从 1950 年到现在，已知化合物已从 200 万种增至 1 000 万种以上。化学必须珍视这个传统特色，而且化学在这方面享有极大的优势，因为它拥有一个庞大无比的化合物储备，而且还能越来越有效地扩大这个储备。当然，筛选工作也正在结构化学以及生命科学或材料科学等的配合下不断减少其盲目性，但分子工程学作为化学的一个新分支或它发展中的一个新阶段，做法很不一样。它是逆向而行的，它要根据所需性能对结构进行设计和施工，对化学学科最有益的冲击还在于促使它对性能、结构和制备三个方面的视野大为开阔。化学会更多地注意生物或工程技术性能与结构的关系，它会更好地认识分子结构以外的结构类型和层次，它也不会把制备工作过多地局限在单个化合物的合成上了。

7. 仿生合成

仿生合成将成为 21 世纪合成化学中的前沿领域。一般用常规方法非常复杂的合成过程，如利用生物将合成变得高效、有序和自动进行。例如，生物体对血红素的合成，可以从简单的甘氨酸经过一系列酶的作用很容易地合成出结构极为复杂的血红素；又如许多生物的硬组织为羟基磷灰石，它是按有序的形式合成为特殊结构的牙齿；又如海洋生物乌贼的骨是一种目前尚不能用人工合成制得的、具有均匀孔隙度的多孔晶体，因而仿生合成无论在理论上或应用方面将具有非常诱人的前景。

8. 纳米粉体材料的制备

纳米科学是研究在千万分之一米到十亿分之一米范围内，原子、分子等的运动和变化的科学。在这一尺度范围内对原子、分子进行操纵和加工的技术称为纳米技术。美国全国科学基金会曾发表声明说："当我们进入 21 世纪时，纳米技术将对世界人民的健康、财富和安全产生重大的影响，至少如同 20 世纪的抗生素、集成电路和人造聚合物那样。"预计纳米技术在新世纪中的应用前景广阔。纳米技术(的发展、应用)赖以生存的基础是纳米材料，所以纳米粉体材料的制备就成为无机合成化学的热点领域之一。

纳米粒子是指晶粒尺寸在 100nm 以下的微粒。纳米粒子的集合体称为纳米粉体。由于粒子尺寸小，比表面积大，导致这种材料在磁、电、光、热和化学反应等方面显示出新颖的特性。纳米粉体材料的新特性主要源于两个方面：表面效应和体积效应。体积的减小意味着构成粒子的原子数目减少，使能带中能级间隔增大，由此使纳米粒子的物理和化学性质发生了很大的变化。例如半导体材料 CdS，当粒子大小达到纳米粒子的程度时，其能带间的间隔增大，光的吸收向短波长方向移动或称蓝移。目前制备纳米粉体的方法很多，总体上可分为物理方法和化学方法两大类。物理方法包括熔融骤冷、气相沉积、溅射沉积、重离子轰击和机械粉碎等。这些方法制得的粒子粒径易控制，但因所需设备昂贵而限制了它的广泛使用；化学方法主要有溶胶-凝胶法、微乳法、化学沉淀法、醇解法、水热法、先驱物法、流变相法等。这些方法虽然制备成本较低、条件较简单，适于大量合成，易于成形，但不同程度地存在分离或洗涤的困难。

1.6　无机合成化学课程的要求

无机合成化学是化学专业的一门主要专业基础课程，学习本课程的目的和基本要求是：

(1)掌握气体、溶剂的一般特性和安全使用，了解高温、低温、高压和真空的获得和测量。

(2)掌握无机合成化学中的典型和特殊合成方法。熟悉软化学和绿色合成方法。

(3)掌握典型无机化合物、典型无机材料的合成原理和方法，了解其组成、结构和性质的密切关系。

(4)了解本课程的热点领域和合成功能材料的思想方法。

第2章　气体和溶剂

2.1　气体和溶剂在合成中的作用

在无机合成和材料制备中，经常用到气体和溶剂。气体在合成和制备中或是用作原料参与化学反应，或是用作载气与保护气氛，或是两者兼而有之。许多化学反应都是在溶剂中进行的，在进行无机合成和材料制备时，正确地选择溶剂对达到合成的目的至关重要。溶剂对化学反应的影响主要表现为溶剂效应，所谓溶剂效应是指因溶剂而使化学反应速度和化学平衡发生改变的效应。因此，溶剂对化学反应不仅具有"提供场所"的重要作用，而且在某种意义上说它比催化剂对化学反应的影响更大。鉴于气体和溶剂在合成和材料制备中占有非常重要的地位，所以有必要介绍一些关于气体和溶剂的基本知识。

2.2　气　　体

2.2.1　气体的制备

1. 气体的工业制备

通常实验室中所用气体是从市场上购买的钢瓶气体，它是由工业生产的。氧、氮、氩以及氖-氦、氪-氙混合气体是由空气分离装置生产的。一般情况下，空气分离装置只用于生产氧和氮，所以习惯上称之为制氧机。随着综合利用的需要，在制氧机上配备上氩、氖-氦、氪-氙提取设备，就可以相应地获得高纯度的氩、氖、氦、氪、氙等气体。虽然生产氧气有多种方法，但工业上大量生产氧时，以深度冷冻法分离空气最为经济，因此该法被广泛使用。

自1903年世界上第一台以深度冷冻法分离空气的装置——10m³/h制氧机诞生以来，至今有百余年的历史，但是空气分离产品已广泛用于冶金、化工、机械、电子、原子能和军工等部门。随着经济和科学技术发展的日新月异，氧、氮及稀有气体的应用范围越来越广泛，需要量也日益增加。这些气体也成为合成化学不可或缺的用品。此外，如液氨、二氧化碳、氯、氢、二氧化硫、硫化氢等气体都有专门的工业生产方法，这些产品市场上都有出售。

2. 气体的实验室制备

用量少的气体可通过化学反应产生。启普(Kipp)发生器是实验室中制备气体最常用的装置，如 H_2S，CO_2，H_2 等气体都可用启普发生器制取。要制取不含空气的气体时，可在启普发生器上添加一装置，使启普发生器上面那个球中也始终充满着该气体，借以阻止空气进入分解用的酸液中。事实上，通过改进启普发生器，可适应不同要求的气体发生。此外，制备有些气体需要专门的特殊装置，如用盐酸和浓硫酸来制 HCl 气时，就需要专门的特殊装置。

2.2.2　气体的净化

从市场上购买的钢瓶气体和实验室中通过化学反应制备的气体都含有杂质，需要净化提纯后方可使用。钢瓶气体的纯度和所含杂质视气体的种类而异，表2.1列出了一些常用钢瓶气体的纯度和主要杂质。

表2.1　　　　　　　　　　常用钢瓶气体的纯度和主要杂质

气体种类	纯度(%)	主要杂质
H_2	99.9	O_2，CO，CO_2，N_2
N_2	99.8	O_2，CO_2，H_2，Ne，He，Ar，CO
O_2	>99	CO_2，N_2，H_2，Ar
Cl_2	>99.9	O_2，N_2，HCl
He	>99.9	O_2，N_2
Ne	99	O_2，N_2
Ar	>99.95	O_2，CO，CO_2，N_2
NH_3	>99.8	N_2
CO	99	O_2，CO_2，H_2
SO_2	99.5	O_2，N_2
CO_2	99	O_2，CO，N_2

1. 气体除杂净化的方法

可根据杂质的种类、性能以及对气体的要求等设计各种各样净化和提纯气体的流程和具体方法，不可能一概而论。从原则上概括，大概有下列三种途径：

1)化学除杂

这是最常使用的方法。然而没有固定模式，需根据具体情况进行设计。而设计的原则是，分离提纯反应必须具有特效性、灵敏性和高的选择性。

2）气体的分级分离净化（fractionation of gas）

在不能用化学除杂的情况下，可用分级分离净化的方法。该法是基于气体的沸点、蒸气压等性能的不同对气体进行提纯的一种方法。该法主要包括：①低温下的分级冷凝（fractional condensation）；②低温下的分级蒸发（fractional vaporisation）；③应用分馏柱进行分级蒸发（fractional vaporisation with the use of fractionation column）；④气体色谱法（gas chromatographic methods）。

3）吸附分离和净化

该法基于吸附剂对气体混合物中各组分的吸附能力的差异，甚至只有微小的差别（即只要分离系数 $\alpha>1$），在恒温或变温条件下，进行快速的吸附-脱附循环，从而达到分离提纯气体的目的。但必须选择特定高效的吸附剂，否则达不到预期的效果。该法对性质极其相似而又缺乏特征化学分离方法的混合气体的分离是十分有效的，如稀有气体间、性质极近似的同系列烷烃间、O_2-N_2 分离等。

2. 气体除杂净化的主要对象

实验室中通过化学反应制备的气体一般还含有液雾和机械颗粒。一般说来，气体的净化和提纯包括除去液雾和固体微粒、水和杂质等操作。对特殊用途的气体，要进行特殊的净化和提纯。

1）除去液雾和固体颗粒

让气体通过一个装有玻璃纤维、碎玻璃管或多孔性滤纸的装置，是实验室中除去气体中的液雾和固体颗粒的最简单有效的方法。事实上，发生气体时，如果在气体进入合成体系之前就通过除去液雾和固体颗粒的装置会更合理。

2）干燥

欲除去气体中的水分使气体干燥，通常有两条途径：一是让气体通过低温冷阱，使气体中的水分冷冻下来，以达到除去水分的目的；二是让气体通过干燥剂，将水分除去。

气体干燥剂主要有两类：一类是可同气体中的水分发生化学反应的干燥剂，如 P_2O_5 等（$P_2O_5+3H_2O \Longrightarrow 2H_3PO_4$）；另一类是可吸附气体中水分的干燥剂，也称吸附剂，如硅胶、分子筛等。前者为化学过程，后者为物理过程。

选择吸附剂作干燥剂时应该考虑以下诸因素：①干燥剂的吸附容量，干燥剂的吸附容量愈大愈好；②吸附速率，吸附速率愈快愈好；③残留水的蒸气压，吸附平衡后残留水的蒸气压愈小愈好；④干燥剂的再生，干燥剂越易再生成本越低。一些常用的气体干燥剂及性能列于表 2.2。

通常采用干燥的程序是，首先选择价廉、脱水量大的干燥剂进行粗脱，其次选择残留水蒸气压低的干燥剂进行细脱。如果进一步将气体通过低温冷阱，就可达到一般试验对气体的干燥要求。一些干燥剂的吸水能力列于表 2.3；表 2.4 是 5A 型沸石分子筛和硅胶对不同气体吸水量的比较；在不同相对湿度时干燥剂吸水能力的比较列于表 2.5。从表 2.2～表

2.4 中可以看出，沸石分子筛吸水能力比较大，也比较稳定。即使在低水蒸气压下，也具有较高的吸水能力。此外，沸石分子筛在高温下的吸水能力也较好。例如，温度高于室温时，硅胶和氧化铝的吸水能力迅速下降，超过 120℃时接近零，而 5A 型沸石分子筛在 100℃时吸水量还有 13%，温度高达 200℃时仍保留有 4%的吸水量。

表 2.2   一些常用的气体干燥剂及性能

干燥剂	吸附容量[*]/g	残留水蒸气压/Pa	脱水速率	再生
无水 $CaCl_2$	8	26.7	中等	不再生[**]
无水 $CaSO_4$	6	0.666	快	不再生
无水 CaO	小	0.400	快	不再生
浓 H_2SO_4	小	0.400	快	不再生
浓 KOH	小	0.267	快	不再生
硅胶	3	0.267	较快	200~350℃
活性 Al_2O_3	3	0.107	较快	800℃
$Mg(ClO_4)_2$	>25	0.067	快	800℃
P_4O_{10}	小	0.027	极快	不再生

   [*] 吸附容量是在相对湿度为 5%时，100g 干燥剂吸附水的质量(以 g 计)。

   [**] 价格便宜的干燥剂，再生不经济。

表 2.3   几种干燥剂的吸水能力(相对湿度 5%)

干燥剂	活性氧化铝	硅胶	4A 型沸石分子筛	高氯酸镁	硫酸钙
吸水量/%	3	3	18	>25	6

表 2.4   5A 型沸石分子筛与硅胶吸水能力的比较

气体	CO_2	NH_3	CO	C_2H_6	C_2H_4	C_2H_2	丙烷	丙烯	丁烯-1
5A/硅胶	5	2	3(-78℃)	5	3	8	8	20	4

表 2.5   在不同相对湿度时干燥剂吸水能力的比较

相对湿度(%)	4A 型沸石分子筛/硅胶	4A 型沸石分子筛/氧化铝
5	6	5
10	3	4
20	2	3
30	1.2	2.4

1)除氧

有多种除氧的方法，通常先进行粗除，而后进行细除。进行粗除的方法有以下数种：①让气体通过铜屑、氨水和氯化铵的饱和溶液。②让气体通过灼热的铜($300 \sim 400℃$)。③让气体通过焦性没食子酸溶液。该溶液的制法是将 15g 焦性没食子酸(连苯三酚，1，2，3-苯三酚)溶于 100mL 50%NaOH 溶液中即成。④让气体通过蒽醌-β-磺酸钠溶液。该溶液的制法是将 20g KOH、2g 蒽醌-β-磺酸钠和 15g 工业保险粉($Na_2S_2O_4$，连二亚硫酸钠，次硫酸钠，强还原剂)溶于 100mL 水中即成。

让气体通过活性铜是进行细除的方法。活性铜的制法是首先将 Cu^{2+} 的化合物与载体(硅藻土)一起做成小球，再充分地通入干燥的氢气，使 Cu^{2+} 还原成微粒状的 Cu，这种微粒状的 Cu 即为活性铜，其活性很高。活性铜遇到氧气发生化学反应生成 CuO，再通入干燥的氢气，又可将 CuO 还原成活性铜，这样活性铜可反复使用。此外，还可用各种型号的除氧剂或催化氧化的方法除去微量氧。

2)除氮

各种碱金属、碱土金属及其合金可直接用作 N_2 的吸收剂。例如，钙在 $450 \sim 500℃$ 下吸氮的能力很强。钙和钾、钠、钡或锶的合金在比较低的温度下就能吸收氮。在高温下用钛粉除 N_2 也是有效的方法。

2.2.3　气体的安全使用和储存

为了容易区分各种不同的气瓶，保证气瓶运输和储放的安全，市场出售的钢瓶气体都有各自的标志。有的气瓶中部还有不同的色环，以表示钢瓶储气的压力。各种钢瓶的标志如表 2.6 所示。

表 2.6　　　　　　　　　　　　　　　钢瓶的标志

气瓶名称	瓶身颜色	名称字样	字样颜色	色环
氢气瓶	深绿	氢	红	$p=150$ 无色环
氧气瓶	天蓝	氧	黑	$p=200$ 黄环一道
氮气瓶	黑	氮	黄	$p=300$ 黄环二道
二氧化碳气瓶	黑	二氧化碳	黄	
氨气瓶	黄	液氨	黑	$p=150$ 无色环
二氧化硫气瓶	黑	二氧化硫	黄	$p=200$ 白环一道
氩气瓶	黑	氩	黄	$p=300$ 白环二道
氯气瓶	黄绿	液氯	黄	
丙烷气瓶	红	丙烷	白	
乙炔气瓶	红	乙炔	白	
压缩空气瓶	黑	压缩空气	白	

续表

气瓶名称	瓶身颜色	名称字样	字样颜色	色环
氩气瓶	棕	氩	白	
氖气瓶	褐红	氖	白	
硫化氢气瓶	白	硫化氢	红	

使用气体要注意安全，即要防毒、防火、防爆。

1. 防毒

CO，Cl_2，H_2S，SO_2，NH_3 等气体都有毒。从环境保护的要求考虑，这些气体在空气中不能超过某一允许的最高含量，如表 2.7 所示。使用时要防止泄漏，并注意室内通风。含有这些气体的尾气应经过处理后方可排入大气。例如，H_2S，Cl_2，SO_2 等可通过石灰水或 NaOH 溶液吸收。即使是无毒气体也不允许大量排入室内空气中，否则会使人缺氧甚至窒息。

表 2.7　　　　　　　某些有毒气体在空气中允许的最高含量　　　　　　　mg/L

气体	H_2S	SO_2	Cl_2	NH_3	CO
含量	0.01~0.03	0.02	0.001	0.02	0.02

2. 防火、防爆

可燃气体如 H_2，CO，H_2S 易引起火灾，当空气中可燃气体含量达到某一浓度范围时，如遇火苗立即发生爆炸，这个浓度上下限称之为爆炸限。某些可燃气体在空气中的爆炸限如表 2.8 所示。

表 2.8　　　　　　　某些可燃气体在空气中的爆炸限　　　　　　　V%

气 体	H_2	CO	H_2S	NH_3	CH_4	C_2H_2	C_6H_6	C_2H_5OH
气体爆炸上限	74.2	74.2	45.5	26.4	15.0	80.5	8.0	19.0
气体爆炸下限	4.1	12.5	4.3	17.1	5.0	2.6	1.4	3.5

在实验装置内通入可燃气体之前要先将容器内的空气排除(用真空泵抽出或用 N_2，Ar 等惰性气体驱赶)；在实验结束后的降温过程中，须用惰性气体将高温炉管内的可燃气体驱赶走，以免在降温时炉管内变成负压吸入空气而引起爆炸。

液态气体的爆炸主要是钢瓶超装造成的。为防止钢瓶内气体超压，气瓶在存储和运输过程中不应受到暴晒，更不能靠近热源，还要防止激烈振荡和碰撞。

15

氧气是不可燃的，但能助燃。氧气瓶附近不能放置易燃物质，如油脂等。当然，可燃气体的钢瓶绝对不允许和氧气瓶混放在一起。

在使用瓶装气体时，要事先明确辨认气体的种类，并严格按照操作规程谨慎操作。在使用氢气前，为防止由于钢瓶漏气而使室内空气含氢达到爆炸限，最好先将室内通风数分钟后再使用。氢气瓶应放在离建筑物较远的专用房屋中，不宜在实验室内存放。

在制备可燃气体时也要远离明火或电热丝等。

2.2.4　无水无氧实验操作

1. 无水无氧操作室

在实验室中，手套箱可用作无水无氧操作室。市售的有机玻璃手套箱，放入干燥剂后可以做无水的实验；但由于其结构不耐压，无法抽真空并用惰性气体置换箱内的空气，故不能用于无氧操作。因此，无氧操作使用的手套箱是用金属制成的。将金属制成的手套箱抽真空并用惰性气体置换箱内的空气，同时放入干燥剂，可作为无水无氧操作室进行无水无氧合成实验操作。事实上，目前由工程塑料制成的手套(操作)箱也可用于进行无水无氧合成实验操作。

2. 保护气体及其净化

通常采用高纯氮气作为无水无氧合成的保护气体。但是，由于许多过渡金属化合物能与氮分子发生化学反应生成配合物，所以有时采用氩气作保护气体。有些对氧十分敏感的化合物在合成时要求保护气体中的氧含量小于5×10^{-6}(5ppm)，为此，必须将保护气体进一步净化提纯。

一般用活性铜除氧，若要求更高时，可用钾-钠合金处理保护气体。

3. 试剂的储存和转移

无水无氧合成实验所用的全部溶剂和试剂，在合成实验前必须严格地除水和脱氧。并且在储存或转移中也要避免与空气接触。尤其是使用诸如甲硼烷配合物、硼氢化合物、格氏试剂、有机锂化合物、有机铝化合物和有机锌化合物等对空气十分敏感的试剂，决不可暴露在大气中。对空气敏感的试剂有两类：一类是和氧或水发生催化反应的试剂；另一类是和氧或水发生化学计量反应的试剂。后者包括了大部分的合成试剂，它们可以用注射器及其有关的技术方便地进行处理。前一类往往需要使用比较复杂的装置，例如，真空系统、煦兰克(Schlenk)装置以及充有惰性气体的手套箱进行处理。

储存和转移后一类试剂，也可以使用一些简单的技术，不用手套箱进行处理。这些试剂或溶剂最好封装在奥尔德里奇(Aldrich)储液瓶内。转移少量(50mL以下)对空气敏感的试剂或溶剂时，可以使用带有针头的注射器。

4. 反应、过滤和离心分离及升华提纯

合成用的反应器为便于抽真空或充气，要求带有支管(煦兰克 Schlenk 型仪器)，能与

双路管相连。反应过程中若需要搅拌，一般用电磁搅拌器。如果反应器是圆底烧瓶，可自己动手制作中间突起的搅拌子。其方法是：截取一小段硬质玻璃管，一端封死，中间烧软并吹成球形，然后封一段小铁棒在管内。这种搅拌子会减少它与反应器壁的摩擦力。反应器使用标准磨口同各部件相连，尽量少用橡皮管。若必须使用时，应选择管壁较厚者为佳，以防止大气的渗入。所有仪器使用前必须通过抽真空，小火干燥，除去仪器内的空气和表面吸附的水汽，然后通入保护气体。这样抽空-充气要反复三次。将反应物加入反应瓶或调换仪器需要开启反应瓶时，都应在连续通惰性气体情况下进行。

过滤可用砂芯漏斗进行。注意应根据欲过滤的固体颗粒的大小选择适当型号的砂芯漏斗，以免透滤或过滤速度太慢。操作时，利用惰性气体压滤或真空减压过滤均可。

离心分离也是一种使固-液两相分开的简便方法。这时离心管应做成与 Schlenk 反应瓶类似的装置，以便于试剂的转移和气体保护。离心后，要在惰性气氛下倾出或吸出上层清液。

真空升华的仪器如图 2.1 所示。旁边的支管是将升华产物装入安瓿时用的。通过另一侧带旋塞的支管可将仪器连到气体净化系统双路管上。粗产物加入升华器后，上面必须覆盖一层玻璃棉(注意干燥和脱氧)，这样便于取出产物，否则升华后的残渣会与产物一起被倒出来。在高真空下加热粗产品，则缓缓升华的纯产品附在管壁上。冷却后，在通氩气下于支管处接上如图 2.2 所示的装置。然后将纯产品刮入安瓿，立即熔封保存。

在反应过程中，反应瓶内必须始终有惰性气体通入，出口接汞封。若须加热回流反应，则在一般的回流管的出口处接上三通，分别连接氩气进口和汞封。

5. 样品的保存和转移

对湿气或氧气敏感的试样必须装入充满惰性气体的安瓿中。利用图 2.3 的装置在通惰性气体下熔封试样是很方便的。采用图 2.3 的装置同样可进行试样的分装或转移。在通惰性气体的情况下，将该装置的一端接上装有试样的安瓿；另一端则安上一只空安瓿，然后按需要量转移固体试样。还可以用它将试样装进毛细管，封闭后测熔点。

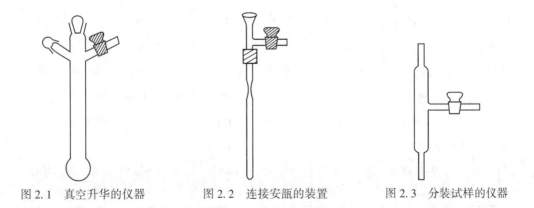

图 2.1　真空升华的仪器　　　图 2.2　连接安瓿的装置　　　图 2.3　分装试样的仪器

2.2.5 气体流量的测定和控制

配制混合气体、气体通过吸附后、控制适当的流速等，都需要测量气体流量。实验室内常用的气体流量计有转子流量计和毛细管流量计两种。用它可测量和控制气体的流量。

2.3 溶　剂

2.3.1 溶剂的主要类型

一般说来溶剂可分为质子溶剂和质子惰性溶剂，但就广义的溶剂而言，还应有一类固态高温溶剂。本节就此三大类中的一些主要溶剂作一简介。

1. 质子溶剂

顾名思义，质子溶剂是指能接受或提供质子的溶剂。其显著的特点是都能自电离，这种自电离是溶剂分子之间的质子传递，故也称为自递。它是通过溶剂的一个分子把一个质子传递到另一个分子上而进行的，结果形成一个溶剂化的质子和一个去质子的阴离子。这类溶剂主要是些酸碱，由于它们的酸性和碱性不同，所以它们使溶质质子化和去质子化的能力也不同。一些主要质子溶剂的性质列于表 2.9。

表 2.9　　　　　　　　　　　　　　某些质子溶剂的性质

溶剂	介电常数	偶极矩/D	b. p. /℃	f. p. /℃	密度/g·mL^{-1}	pK_s
H_2SO_4	101	—	~270	10.4	1.826 7	3.6
HF	84(0℃)	1.83	19.5	−83.4	1.002(0℃)	9.7　11.7
H_2O	78.5	1.84	100	0	0.997 0	14.0
HNO_3	50±10(14℃)	2.16	82.6	−41.6	1.504	1.7(−41℃)
CH_3OH	32.6	1.70	65.0	–	0.791 4	16.7
C_2H_5OH	24.3	1.69	78.3	–	0.789 5	19
NH_3	23(−33.4℃)	1.49	−33.4	−77.7	0.690 0(−40℃)	29.8
HCl	11.3(188.1K)	—	−85.1	−114.2	—	—
HBr	7.33(187.1K)	—	−66.8	−86.9	—	—
HAc	6.194(18℃)	0.83	117.7	16.635	1.043 65	14.45
HI	3.57(−45℃)	—	−35.4	−50.8	—	—

水是使用最为广泛和廉价的一种质子溶剂。高的介电常数是它的特点，正是这个特点使它成为离子化合物和极性化合物的一种良好溶剂。有关水的知识，在此不再介绍。

1）液氨

对于氨分子来讲，由于其呈三角锥形结构及 N—H 键的极化性导致了氨分子具有高的极化度，而且其分子中一个顶角上的一对孤电子的作用亦不能忽视。在氨分子中，N 原子以 sp^3 杂化轨道与三个氢原子成键，在第四个 sp^3 杂化轨道上占据的一对孤电子对其他三个 N—H 键有排斥作用，并且这个排斥作用大于两对成键电子的作用，从而使 H—N—H 键角小于四面体的 109.5°而为 107°。液氨同水一样也可以发生自电离，但由其非常低的比电导可以知道，它的自电离程度要比水低得多，

$$2NH_3 \rightleftharpoons NH_4^+ + NH_2^-$$

其自电离常数 $K_{ion} = [NH_4^+][NH_2^-]$ 的值很小，在-50℃时据估计只有 1.9×10^{-33}。

液氨在低温时有着良好的流动性和高的热膨胀系数。作为一种溶剂，液氨是研究得最广的一种非水溶剂，所以它比其他任何非水溶剂有更多的参考数据。一般说来，含有两价离子的盐不溶于液氨，这可能是由于它们的晶格能太高的缘故。一般情况下，易被极化的阴离子的盐比难被极化的阴离子的盐更易溶于液氨。25℃时某些盐在液氨中的溶解度列于表 2.10。

表 2.10　　　　　　　　25℃时某些盐在液氨中的溶解度　　　　　　　g/100g NH₃

盐	溶解度	盐	溶解度
NH₄Cl	102.5	NaBr	137.95
NH₄Br	237.9	NaI	161.9
NH₄I	368.4	NaSCN	205.5
NH₄SCN	312.0	NaNO₃	97.6
NH₄ClO₄	137.9	Na₂SO₄	0.0
NH₄NO₃	390.0	NaNH₂	0.004
NH₄(CH₃·CO₂)	253.2	Ba(NO₃)₂	97.22
(NH₄)₂CO₃	0.0	BaCl₂	0.0
(NH₄)₂SO₃	0.0	KCl	0.04
AgCl	0.83	KBr	13.5
AgBr	5.92	KI	182.0
AgI	206.84	KNO₃	10.4
AgNO₃	86.04	K₂CO₃	0.0
NaF	0.35	K₂SO₄	0.0
NaCl	3.02	KNH₂	3.6

由表 2.10 可以看出，易被极化的碘化物和硫氰酸盐在液氨中有较大的溶解度（如为铵盐时），这可能是由于特殊的氢键相互作用之故。一般情况下，共价有机化合物在液氨中的溶解度比在水中的高得多，这可能是由于较大的色散相互作用的缘故。这些溶解度数据列于表 2.11 中。

表 2.11　　　　　　　　　　　有机化合物在液氨中的溶解度

有机化合物	溶　解　度　情　况
碳氢化合物	饱和链烃碳氢化合物不溶，苯和甲苯很易溶
醇	脂肪醇如甲醇、乙醇、乙二醇、丙二醇易以任意比和液氨相混，酚相当易溶
胺	伯>仲>叔。溶解度随着分子量的增加而减小
氮杂环碱	所有简单氮杂环在液氨中相当易溶
酯	简单酯很易溶
醚	乙醚中等易溶，且溶解度随分子量的增加而减小
酰胺	简单酰胺非常易溶

因为氨分子有贡献孤对电子形成配位键的能力，加之离子-偶极子的相互吸引，所以它可形成许多溶剂化合物，特别稳定的是 d 过渡金属溶剂化物，诸如：$Hg(NH_3)_2^{2+}$，$Pt(NH_3)_4^{2+}$，$Cu(NH_3)_4^{2+}$，$Cr(NH_3)_6^{3+}$，$Co(NH_3)_6^{3+}$，$Ni(NH_3)_6^{2+}$，$Fe(NH_3)_6^{2+}$，$Ag(NH_3)_2^+$，$Cu(NH_3)_2^+$等。这些氨溶剂化物或氨配合物形式上类似于相应的水化合物、水合盐。这些化合物可由液氨制备，或通过气体氨在无水盐上的作用制备，某些氨合物也可通过金属盐在氨水中氨化制得。

a. 液氨的化学反应

（1）氨解作用。

这类反应有些是大家熟悉的，例如：

$$SO_2 \begin{matrix} Cl \\ \\ Cl \end{matrix} + 4NH_3 \longrightarrow SO_2 \begin{matrix} NH_2 \\ \\ NH_2 \end{matrix} + 2NH_4Cl$$

另一个典型的氨解反应是将酯转换成酰胺，这个反应通常需要用 NH_4^+ 来催化：

$$CH_3 \cdot C \begin{matrix} O \\ \\ OC_2H_5 \end{matrix} + NH_3 \xrightarrow{NH_4^+} CH_3 \cdot C \begin{matrix} O \\ \\ NH_2 \end{matrix} + C_2H_5OH$$

许多共价卤化物的反应也属于这个范畴，例如：

$$BCl_3 + 6NH_3 \longrightarrow B(NH_2)_3 + 3NH_4Cl$$

$$3SiH_3Cl + 4NH_3 \longrightarrow (SiH_3)_3N + 3NH_4Cl$$

$$SiCl_4+8NH_3 \longrightarrow Si(NH_2)_4+4NH_4Cl$$

$$C_5H_{11}Br+NH_3 \longrightarrow 10\%C_5H_{11}\cdot NH_2+80\%(C_5H_{11})_2NH$$

$$C_6H_5CH_2Cl+NH_3 \longrightarrow 53\%C_6H_5\cdot CH_2\cdot NH_2+39\%(C_6H_5\cdot CH_2)_2NH$$

（2）复分解反应。

这类反应中有些是简单的中和反应。以下的反应就完全类似于水中的酸碱反应：

$$NH_4Cl+KNH_2 \longrightarrow KCl+2NH_3$$

硝酸铵在液氨中的饱和溶液（其在室温的蒸气压小于大气压）能溶解氢氧化钾、氢氧化钠和钙、镁、锌、镉、铜、汞的氧化物并生成硝酸盐，这些硝酸盐可溶于硝酸铵-液氨的混合物中。在许多情况下，与金属发生反应，被还原生成亚硝酸盐。

溶于液氨中的铵盐也可用于各种氢化物的合成。例如，Mg_xSi_y 和 Mg_xGe_y 分别与 NH_4Br 反应，可得到高产率的 SiH_4 和 GeH_4。

砷化钠与溴化铵反应产生胂：

$$Na_3As+3NH_4Br \longrightarrow AsH_3\uparrow+NaBr+3NH_3$$

酰胺钾和其他碱金属酰胺盐的液氨溶液可用于生产某些稀有酸的盐，如：

$$CH_3\cdot C\!\!\begin{array}{c} O \\ \\ NH_2 \end{array}+NH_2^- \longrightarrow CH_3\cdot C\!\!\begin{array}{c} O \\ \\ NH^- \end{array}+NH_3$$

在水中为一元强酸的氨基磺酸实际上在液氨中可作为二元酸滴定：

$$SO_2\!\!\begin{array}{c} NH_2 \\ \\ OH^- \end{array}+2NH_2^- \longrightarrow SO_2\!\!\begin{array}{c} NH^- \\ \\ O^- \end{array}+2NH_3$$

甚至乙炔可被转变成它的钾盐：

$$C_2H_2+KNH_2 \longrightarrow KC_2H+NH_3$$

像氢氧化钾从水中可沉淀出金属氢氧化物和氧化物一样，酰胺钾也可从液氨溶液中沉淀出金属氨化物、酰亚胺或许多金属的氮化物：

$$AgNO_3+KNH_2 \longrightarrow AgNH_2\downarrow+KNO_3$$

$$PbI_2+2KNH_2 \longrightarrow PbNH\downarrow+2KI+NH_3$$

$$3HgI_2+6KNH_2 \longrightarrow Hg_3N_2\downarrow+6KI+4NH_3$$

$$BiI_3+3KNH_2 \longrightarrow BiN+3KI+2NH_3$$

（3）两性反应。

像将氢氧化钾加入锌盐或铝盐的水溶液中，首先沉淀出氢氧化锌或氢氧化铝，然后进一步加入氢氧化钾，随着配合物离子的生成而导致沉淀溶解那样：

$$ZnCl_2+2KOH \longrightarrow Zn(OH)_2\downarrow+2KCl$$

$$Zn(OH)_2 + 2KOH \longrightarrow 2K^+ + Zn(OH)_4^{2-}$$

许多金属盐在液氨中呈现了类似的性质，如：

$$AgNH_2 + KNH_2 \longrightarrow K[Ag(NH_2)_2]$$

$$Zn(NH_2)_2 + 2KNH_2 \longrightarrow K_2[Zn(NH_2)_4]$$

b. 金属的液氨溶液

作为溶剂的液氨有一个很不寻常的特点，那就是它具有溶解碱金属和少量碱土金属以及铝的能力。金属溶解在液氨中产生一种蓝色溶液，当稀释该蓝色溶液时都有相同的吸收光谱，而不管溶解的是什么金属。溶液的蓝色是由于在1 500nm附近的吸收峰所产生的，这个峰是当电子被激发到较高能级时吸收光子造成的。该溶液是优良的电导体，浓度比较大的溶液($>1mol/L$)呈铜色，而且有接近于纯金属的电导。

由于溶剂的黏度随温度升高而降低，故金属-氨溶液的电导有一个接近于零的温度系数。正常金属有一个负的电导温度系数。所有这些金属-氨溶液是亚稳态的，长时间放置或在适宜催化剂存在下(如碘或碘化铁)，它们会分解成氨化物和氢：

$$2M + NH_3 \longrightarrow H_2 + 2MNH_2$$

然而，若将该沉淀置于干净仪器中，在低温下可保持数周时间。

金属-氨溶液是顺磁性的，无限稀释时，溶液的摩尔磁化率接近于一摩尔自由电子自旋的磁化率 $N\mu_0^2/KT$。当浓度增大时，摩尔磁化率迅速降低。

这些溶液的电导可以这样解释，假设在非常稀的溶液中金属分解生成氨化的阳离子和电子：

$$M \Longrightarrow M^+ + e^-$$

电子占据由氨分子围绕的空穴。根据溶质在这些溶液中的分摩尔体积和 K^+ 与 Na^+ 的分摩尔体积计算得出这些空穴的半径为0.334nm。当溶液浓度增加，M^+ 和 e^- 结合。最后恢复初时的金属性质，当量电导迅速增加。

然而，必须设定其他平衡来解释磁化率数据。这些平衡是：

$$2M^+ + 2e^- \Longrightarrow M_2$$

和：

$$M + e^- \Longrightarrow M^-$$

当蒸发碱金属的液氨溶液时，得到自由金属。然而蒸发钙、锶或钡的氨溶液时，则得到组成为 $M(NH_3)_6$ 的固相，这些固相都是优良的电导体且外观上呈金属状。当卤化四烃基铵的液氨溶液在阴极上被还原时也得到蓝色溶液。

c. 金属-液氨溶液的反应

这些溶液都是强还原剂(比氢强)，而且因为许多化合物都溶于液氨，所以氧化还原反应是均相的。比氢强的还原剂从水中可放出氢，一般不能在水溶液中使用。此外，根据金属-氨溶液的高电导性和深的颜色，故可采用电导法和比色法来测定它们的氧化还原反应。

金属-氨溶液的颜色可迅速由铵盐消去，铵离子被还原成氨和自由氢：

$$NH_4^+ + e^- \longrightarrow NH_3 + \frac{1}{2}H_2$$

金属-氨溶液也与弱酸反应，例如在液氨中，硫酰胺被还原：

$$SO_2\begin{matrix} \diagup NH_2 \\ \diagdown NH_2 \end{matrix} + 2e^- \longrightarrow SO_2\begin{matrix} \diagup NH^- \\ \diagdown NH^- \end{matrix} + H_2$$

锗、砷和磷的简单氢化物也发生反应，生成一钠衍生物：

$$GeH_4 + e^- \longrightarrow GeH_3^- + \frac{1}{2}H_2$$

$$PH_3 + e^- \longrightarrow PH_2^- + \frac{1}{2}H_2$$

$$AsH_3 + e^- \longrightarrow AsH_2^- + \frac{1}{2}H_2$$

涉及金属-氨溶液的许多还原反应可分为以下三种类型：

(1)没有键分裂的电子加合。

$$X + e^- \longrightarrow X^-$$

这类反应的一个例子是：

$$O_2 + e^- \longrightarrow O_2^-$$

它提供了制备碱金属过氧化物纯样品的一种方法。在过氧离子和过量的金属-氨溶液之间可以进一步发生反应：

$$O_2^- + e^- \longrightarrow O_2^{2-}$$

亚硝酸根离子的反应如下：

$$NO_2^- + e^- \longrightarrow NO_2^{2-}$$

过渡金属配合物离子同样可被金属-氨溶液还原：

$$MnO_4^- + e^- \longrightarrow MnO_4^{2-}$$

$$Ni(CN)_4^{2-} + 2e^- \longrightarrow Ni(CN)_4^{4-}$$

$$Pt(NH_3)_4^{2+} + 2e^- \longrightarrow Pt(NH_3)_4$$

(2)加合一个电子，键分裂。

同铵离子的反应属于这个范畴：

$$NH_4^+ + e^- \longrightarrow NH_3 + \frac{1}{2}H_2$$

同样，与其他氢化物、乙醇以及极弱酸的反应也属此类：

$$AsH_3 + e^- \longrightarrow AsH_2^- + \frac{1}{2}H_2$$

$$C_2H_5OH+e^- \longrightarrow C_2H_5O^- + \frac{1}{2}H_2$$

此外，与有机硫化物的反应也是同类型的：

$$R_2S+e^- \longrightarrow RS^- + R \cdot \longrightarrow RS^- + \frac{1}{2}R_2$$

有时形成一个稳定基：

$$(C_2H_5)_3 \cdot SnBr+e^- \longrightarrow (C_2H_5)_3Sn \cdot + Br^-$$

(3)加合两个或更多的电子，键分裂。

这类反应的例子有：

$$Ge_2H_6+2e^- \longrightarrow 2GeH_3^-$$

$$N_2O+2e^- \longrightarrow N_2+O^{2-} \xrightarrow{NH_3} N_2+OH^-+NH_2^-$$

$$NCO^-+2e^- \longrightarrow NC^-+O^{2-} \xrightarrow{NH_3} NC^-+OH^-+NH_2^-$$

元素与金属-氨溶液的反应也可能属于这一类型：

$$S_8+ne^- \longrightarrow S_2^{2-} \text{ 和其他多硫化物}$$

$$Se+ne^- \longrightarrow Se_2^{2-} \text{ 和多硒化物}$$

d. 氧化还原反应

氨可作为还原剂在催化条件下与 O_2 作用生成一氧化氮：

$$4NH_3+5O_2 \xrightarrow{Pt} 4NO+6H_2O$$

也可以与金属氧化物作用使其还原为金属：

$$3CuO+2NH_3 \xrightarrow{\triangle} 3Cu+3H_2O+N_2$$

另外，它也可以被一些非金属氧化，例如不管是在气相或水溶液中，抑或是液氨都可以被单质氯氧化生成相应的 $NH_2Cl(NH_3$ 过量)、$NHCl_2$、$NCl_3(Cl_2$ 过量)。

$$Cl_2+2NH_3 \longrightarrow NH_2Cl+NH_4Cl$$

当它与一些活泼金属作用时，则是作为一种氧化剂来使用的：

$$2Na+2NH_3 \longrightarrow 2NaNH_2+H_2$$

$$3Mg+2NH_3 \longrightarrow Mg_3N_2+3H_2$$

由上可以看出，与水相比较，当氨作为一种溶剂时，有机化合物在其中的溶解度较大，而离子型化合物的溶解度则较小，而且当液氨被用作溶剂时，可以制得比在水中更强的碱和更弱的酸。具有强还原性的金属-液氨溶液使液氨对许多还原反应来说都是一种适宜的溶剂，而当强氧化剂与氨反应时就不能在液氨中进行。同时液氨对许多氨解反应来说更是一种合适的溶剂。

2)液体氟化氢

由于氟化氢与玻璃和石英能发生反应，因而，对此溶剂性质的研究受到限制。随着含氟塑料的出现，如特氟隆(聚四氟乙烯)和 Kel-F(聚三氟—氯乙烯)以及铜和不锈钢真空管道的使用，对该溶剂性质的定量研究变得极其容易。许多盐随着反应而溶于液体氟化氢，而许多非离子化合物随着质子化而溶解。当简单的氟化物溶于氟化氢时，除去溶剂后，得到的产物为氟氢化物——氟化物与氟化氢的加合物。在溶液中氟离子必然被强烈地溶剂化。不像液氨那样，该溶剂对阳离子溶剂化作用要弱一些。一些氟化物在液体氟化氢中的溶解度列于表 2.12 中。

表 2.12　　　　　　　　　一些氟化物在液体氟化氢中的溶解度　　　　　　　　　g/100g HF

氟化物	溶解度	氟化物	溶解度
LiF	10.3	BeF_2	0.015
NaF	30.4	MgF_2	0.025
KF	36.5(8℃)	CaF_2	0.87
RbF	110.0(20℃)	SrF_2	14.83
CsF	199.0(10℃)	BaF_2	5.60
NH_4F	32.6(17℃)	CuF_2	0.010
AgF	83.2(19℃)	AgF_2	0.048
TlF	580.0	PbF_2	2.62
AlF_3	<0.002	NiF_2	0.037
CeF_3	0.043	FeF_2	0.006
TlF_3	0.081	CrF_2	0.036
SbF_3	0.536	HgF_2	0.54
BiF_3	0.010	NbF_5	6.8
CeF_4	0.1	TaF_5	15.2
ThF_4	<0.006	SbF_5	完全混溶

注：表中除另作说明的外，均为 12℃时的溶解度。

由表 2.12 可以看出，含有小阳离子盐的溶解度比含有大阳离子盐的溶解度要低，而且随阳离子电荷的增加而显著地减小。但是，NbF_5，TaF_5 和 SbF_5 的溶解度都有些大，这是由于在该溶剂中它们是氟离子的接受体。

三氟化氯及三氟化溴与氟化氢完全混溶，可能是氟离子的授体之故：

$$ClF_3+HF \longrightarrow ClF_2^+ + HF_2^-$$

有机共价化合物在液体氟化氢中的溶解度非常大，而且在许多情况下，溶液有很高的电导，这说明溶质已被质子化。有机化合物在液体氟化氢中具有大的溶解度之原因完全不同于在液氨中的情况。有机化合物在液体氟化氢中的溶解情况列于表 2.13 中。

表 2.13 有机化合物在液体氟化氢中的溶解情况

有机化合物	溶 解 度 情 况
碳氢化合物	饱和链烃碳氢化合物和它们的卤代(氟代除外)衍生物不溶,芳香族碳氢化合物(如苯和甲苯)倾向于溶解。带有含氮、氧或硫原子的取代基的链烃和芳香族化合物是可溶的。一般情况下,在一个芳香族环上存在有去电子基,例如卤素或硝基,则有降低溶解度的作用。如酚是可溶的,一硝基苯酚只有有限的溶解度,而三硝基苯酚不溶。然而需注意:硝基苯比苯更易溶。丁二烯能和其他未饱和化合物聚合
醇	脂肪醇以任意比混溶
胺	像氮杂环碱那样,它们被质子化,生成非常易溶的盐
酯和醚	被质子化并相当易溶
羧酸	被质子化并相当易溶。醋酸以任意比混溶

由氢键形成的溶剂化合物,已报道的只是氟化物:KHF_2,KH_2F_3,KH_4F_5 和 $K_3O^+H_3F_4^-$。

a. 液态氟化氢的化学反应

(1)酸溶质——氟离子接受体。

由于氟化氢的强酸性,仅个别的溶质在液体氟化氢中起酸的作用。高氯酸和氟磺酸似乎是这个范畴的质子酸。氟离子接受体五氟化锑似乎是最强的酸,五氟化砷也是很强的酸,而且这两种氟化物的氟化氢溶液表明含有 SbF_6^- 和 AsF_6^- 离子。像 PF_5,NbF_5 和 TaF_5 也都是酸,尽管它们的酸性比 SbF_5 和 AsF_5 的弱。三氟化硼是一种弱酸,在该溶剂中具有低的溶解度和电导性。Ⅳ族氟化物在液体氟化氢中基本上不溶。

(2)溶剂分解反应。

许多简单盐可被 HF 溶剂分解,例如:

$$KCN+HF \longrightarrow HCN\uparrow +K^+ +F^-$$

$$KCl+HF \longrightarrow HCl\uparrow +K^+ +F^-$$

最初的溶剂分解可能继之进一步的反应,例如:

$$KNO_3+HF \longrightarrow HNO_3+K^+ +F^-$$

$$HNO_3+HF \longrightarrow H_2NO_3^+ +F^-$$

$$H_2NO_3^+ +HF \longrightarrow NO_2^+ +H_3O^+ +F^-$$

$$K_2SO_4+2HF \longrightarrow H_2SO_4+2K^+ +2F^-$$

$$H_2SO_4+HF \longrightarrow HSO_3F+H_2O$$
$$H_2O+HF \longrightarrow H_3O^++F^-$$

卤化酰基和酐完全被溶剂分解，例如：

$$CH_3 \cdot C\!\!\begin{array}{c}O\\ \\Cl\end{array} +HF \longrightarrow HCl\uparrow + CH_3 \cdot C\!\!\begin{array}{c}O\\ \\F\end{array}$$

$$(CH_3CO)_2O+2HF \longrightarrow CH_3C(OH)_2^+ + CH_3 \cdot C\!\!\begin{array}{c}O\\ \\F\end{array} +F^-$$

（3）质子化反应。

很多种物质在氟化氢中被质子化：

$$CH_3 \cdot COOH+HF \longrightarrow CH_3C(OH)_2^++F^-$$
$$C_2H_5OH+HF \longrightarrow C_2H_5 \cdot OH_2^++F^-$$
$$(C_2H_5)_2O+HF \longrightarrow (C_2H_5)_2OH^++F^-$$

（4）复分解反应。

因为其他许多阴离子在溶剂中都发生溶剂分解作用，所以复分解反应在该溶剂中是不显著的。当 HCl，HBr 或 HI 气体分别通入含有 AgF 或 TlF 的液体氟化氢溶液时，银或铊的氯化物、溴化物或碘化物被沉淀出来。若将其放置并不再通入上述气体，银或铊盐沉淀则慢慢重新溶解，这说明沉淀反应取决于 HCl，HBr 或 HI 的压力。

当将 BF_3 通入含氟化银的液体氟化氢溶液时，则析出氟硼酸银沉淀。

（5）两性反应。

在液体氟化氢中氟化铝的溶解度相当小，但加入氟化钠后则迅速溶解：

$$AlF_3+NaF \longrightarrow Na^++AlF_4^-$$

在氟铝酸阴离子的实际性质取决于氟化钠浓度的情况下，反应要比上述反应稍微复杂些。加入三氟化硼，氟化铝重新沉淀：

$$NaAlF_4+BF_3 \longrightarrow AlF_3\downarrow +NaBF_4$$

六氟合铬（Ⅲ）酸钾可溶于氟化氢，并生成 CrF_3 沉淀。该沉淀重溶于过量的氟化钠溶液中：

$$CrF_3+3NaF \longrightarrow Na_3CrF_6$$

加入三氟化硼导致简单氟化物的再沉淀：

$$Na_3CrF_6+3BF_3 \longrightarrow CrF_3\downarrow +3NaBF_4$$

b. 在液体氟化氢中的电化学氧化

因为在液体氟化氢中阳极反应需要特别高的电势：

$$F^- \rightleftharpoons \frac{1}{2}F_2 + e^-$$

所以该溶剂特别适合于阳极氧化反应的进行。商业上以及研究室已广泛用于生产含氟的有机化合物。在无机化合物方面，由电解氟化铵的液体氟化氢溶液生产 NFH_2，NF_2H 和 NF_3 代表了这些难以获得的化合物之方便的合成路线。通过电解醋酸的液体氟化氢溶液，最容易获得三氟醋酸。当有机原料化合物(如脂肪烃)不溶时，可加入可溶的有机或无机添加剂以增加其电导和电解速度。电解池和阴极通常由不锈钢和铁组成，阳极由镍或铂构成。表 2.14 汇总了各种化合物在液体氟化氢中的阳极氧化的产物。

表 2.14　　　　　　　　　　　在液体 HF 中阳极氧化的产物

反应物	产物	反应物	产物
NH_4F	NF_3，NHF_2，NH_2F	$(C_2H_5)_2O$	$(C_2F_5)_2O$
H_2O	OF_2	$CH_3 \cdot NH_2$	$CF_3 \cdot NF_2$
SCl_2，SF_4	SF_6	$(CH_3)_2NH$	$(CF_3)_2NF$
$NaClO_4$	ClO_4F	$(CH_3)_3N$	$(CF_3)_3N$
$(CH_3)_2S$ 或 CS_2	CF_3SF_5，$(CF_3)_2SF_4$	CH_3CN	CF_3CN，$C_2F_5NF_2$

c. 生物化合物的溶液

无水氟化氢对于多糖和蛋白质是一种有效的溶剂。在液体氟化氢中纤维素自由地溶解形成导电溶液。从这样的溶液中回收的物质称为葡聚糖，葡聚糖缓慢水解生成葡萄糖。

不仅水溶性蛋白在该溶剂中易溶，而且许多纤维状蛋白质如丝纤蛋白和骨胶原也自由地溶解。虽然在某些情况下可能发生反应，但在许多情况下，其保留了生物活性。胰岛素可从该溶液中回收，并能充分保持其生物活性。核糖核酸酶和溶菌酶在低温溶解和回收后，仍保持它们的酶功能。含铁蛋白质细胞色素丙和血红蛋白溶于液体氟化氢形成一种具有吸收光谱的溶液，该光谱类似于其在水中的吸收光谱，金属酞菁就是如此。维生素 B_{12} 在氟化氢中形成一种深的橄榄绿色，这与它正常的深红色形成对照。然而它在溶液中保持下来且可以回收，并仍具有充分的生物活性。

3) 硫酸

在所有的强酸溶剂中，研究得最广泛的可以说是硫酸。它有一个高的介电常数，在室温下它的操作可以在玻璃仪器中方便地进行，唯一的缺点是它作为制备性溶剂时，如果化合物不从该溶剂中沉淀，那么由于它的高沸点，使得要除去硫酸变得十分困难。

在该溶剂中，酸生成溶剂化质子 $H_3SO_4^+$，而碱则生成硫酸氢根离子 HSO_4^-。因为硫酸的强酸性，很少物质在该溶剂中显示酸性，大多数物质则在该溶剂中呈碱性。像液体氟化氢一样，它对碱的强度有调节作用。尽管硫酸呈强酸性，但它也是一个碱，这由它颇大的自质子迁移常数 K_{ap} 可以看出，对于 $[H_3SO_4^+][HSO_4^-]$ 的乘积，其值为 2.7×10^{-4}。

除了有自质子迁移：

$$2H_2SO_4 \Longrightarrow H_3SO_4^+ + HSO_4^-$$

之外，尚有其他的离解平衡，这些平衡是继它初步离解成水和三氧化硫之后进行的：

$$H_2SO_4 \Longrightarrow H_2O + SO_3$$

因为水在该溶剂中是一个碱：

$$H_2SO_4 + H_2O \Longrightarrow H_3O^+ + HSO_4^-$$

故这个反应完全向右进行，而三氧化硫则形成焦硫酸：

$$SO_3 + H_2SO_4 \Longrightarrow H_2S_2O_7$$

它作为酸部分电离：

$$H_2S_2O_7 + H_2SO_4 \Longrightarrow H_3SO_4^+ + HS_2O_7^-$$

因为离子 $H_3SO_4^+$ 和 HSO_4^- 由于自质子迁移反应而处于平衡，所以离子 H_3O^+ 和 $HS_2O_7^-$ 也必须处于平衡：

$$2H_2SO_4 \Longrightarrow H_3O^+ + HS_2O_7^-$$

这个反应称为离子自脱水反应，其平衡常数为 K_{id}。平衡常数的值列于表 2.15 中。物种的总摩尔浓度除 H_2SO_4 外(即 HSO_4^-，$H_3SO_4^+$，H_3O^+，$HS_2O_7^-$，$H_2S_2O_7$ 和 H_2O)在 25℃时为 0.042 4mol/L。

在 0.1MPa 下，100%的硫酸的冰点为 10.371℃，100%的硫酸很容易制备，通常是在含少量水的硫酸中加入稀的发烟硫酸，直到其呈现出 10.371℃ 的冰点时为止。

表 2.15   硫酸中自电离反应及其平衡常数

方程式	平衡常数表达式	25℃时的值
$2H_2SO_4 \Longrightarrow H_3SO_4^+ + HSO_4^-$	$K = [H_3SO_4^+][HSO_4^-]$	2.7×10^{-4}
$2H_2SO_4 \Longrightarrow H_3O^+ + HS_2O_7^-$	$K = [H_3O^+][HS_2O_7^-]$	5.1×10^{-5}
$H_2S_2O_7 + H_2SO_4 \Longrightarrow H_3SO_4^+ + HS_2O_7^-$	$K = [H_3SO_4^+][HS_2O_7^-]/[H_2S_2O_7]$	1.4×10^{-2}
$H_2O + H_2SO_4 \Longrightarrow H_3O^+ + HSO_4^-$	$K = [H_3O^+][HSO_4^-]/[H_2O]$	1

硫酸的冰点降低常数为 (6.12 ± 0.02)℃·kg/mol，而测量冰点的下降是确定 v 的特别方便的方法，v 是在溶液中一摩尔溶质产生质点(分子或离子)的摩尔数。对于自电离物种

的存在必须加以校正。

硫酸溶液的电导同样提供了一种测定溶质和溶剂之间反应性质的有效方法。如像早已指出的那样，$H_3SO_4^+$ 和 HSO_4^- 离子的迁移率比在该溶剂中其他任何离子的迁移率都大得多。在硫酸中，酸和碱溶液的电导分别几乎决定于 $H_3SO_4^+$ 和 HSO_4^- 离子的浓度。因此，由一摩尔电解质产生的 $H_3SO_4^+$ 离子或 HSO_4^- 离子的摩尔数 γ，可由相应的酸或碱溶液的电导得到。

对于溶剂的自质子迁移的抑制，需要在低浓度进行某些修正。这个修正可比较方便地进行：即将需要产生某一电导的硫酸氢盐，如 $KHSO_4$ 的标准浓度与在要求产生相同电导的考察中电解质的浓度相对比。两者的比率就是 γ。

a. 在硫酸中的溶解性

由于硫酸分子之间存在有强的氢键，所以溶质要破坏溶剂的结构并溶解则是十分困难的，除非溶质是高溶剂化的，即离子性的。由于硫酸具有高的介电常数，所以它对电解质来说是一个优良的溶剂。因此，它的强酸性意味着许多溶质随着反应而溶解。表 2.16 列出了一系列金属硫酸盐在该溶剂中的溶解度。像硫酸氢盐那样，明显可溶的盐可被回收。

表 2.16　　　　　　　　　　**25℃时金属硫酸盐在硫酸中的溶解度**　　　　　　　　　　mol%

硫酸盐	溶解度	硫酸盐	溶解度
Li_2SO_4	14.28	$PbSO_4$	0.12
Na_2SO_4	5.28	$CuSO_4$	0.08
K_2SO_4	9.24	$FeSO_4$	0.17
Ag_2SO_4	9.11	$NiSO_4$	很小
$MgSO_4$	0.18	$HgSO_4$	0.78
$CaSO_4$	5.16	Hg_2SO_4	0.02
$BaSO_4$	8.85	$Al_2(SO_4)_3$	<0.01
$ZnSO_4$	0.17	$Tl_2(SO_4)_3$	<0.01

许多的可溶性硫酸盐，像硫酸氢盐一样，可以从硫酸中回收。但回收的盐几乎不能归类为溶剂化物的形成。然而在低温下，往往可以制备比这含有更多硫酸的固相。这样在 25℃时与饱和硫酸溶液平衡的固相是：$2LiHSO_4$，H_2SO_4；$4NaHSO_4$，$7H_2SO_4$；$KHSO_4$，H_2SO_4；$Mg(HSO_4)_2$，$2H_2SO_4$；$Ca(HSO_4)_2$，$2H_2SO_4$；$Ba(HSO_4)_2$，$2H_2SO_4$。而且在这些晶格中硫酸氢根离子和硫酸之间估计有强的氢键。

b. 在硫酸中的化学反应

在硫酸中发生的化学反应有质子化、溶剂分解、氧化或脱水反应。有时几个反应混合发生。我们已经注意到，在硫酸溶剂体系中几乎没有强酸。即使 $H_2S_2O_7$ 在硫酸中也是相当弱的酸。测量电导和冰点下降都用于测定反应的性质。

许多含氧酸在硫酸中起碱的作用，例如：

$$CH_3COOH+H_2SO_4=\!\!=\!\!=CH_3C(OH)_2^+ +HSO_4^- \quad (v=2,\ \gamma=1)$$

$$H_3PO_4+H_2SO_4=\!\!=\!\!=P(OH)_4^+ +HSO_4^- \quad (v=2,\ \gamma=1)$$

硝酸的行为稍微复杂些：

$$HNO_3+2H_2SO_4=\!\!=\!\!=NO_2^+ +H_3O^+ +2HSO_4^- \quad (v=4,\ \gamma=2)$$

可能硝酸质子化的形式 $H_2NO_3^+$ 破裂生成 NO_2^+ 和 H_2O，而 H_2O 随后又质子化。盐酸在溶剂中的行为更复杂。如果氯化物溶于硫酸，则有 HCl 气体放出。但在低浓度冷的情况下，HCl 定量地反应生成氯磺酸：

$$HCl+2H_2SO_4=\!\!=\!\!=HClSO_3+H_3O^+ +HSO_4^- \quad (v=3,\ \gamma=1)$$

在某些情况下，羧酸的质子形式 $R\cdot C(OH)_2^+$ 像 $H_2NO_3^+$ 那样，可失去水而生成 RCO^+。这样：

$$R\cdot COOH+2H_2SO_4=\!\!=\!\!=RCO^+ +H_3O^+ +2HSO_4^- \quad (v=4,\ \gamma=2)$$

经受这种电离产生稳定酰基离子的一个例子是 2，4，6-三甲基苯甲酸，$(CH_3)_3C_6H_2\cdot COOH$，其生成 $(CH_3)_3C_6H_2\cdot CO^+$。用水稀释，又生成 2，4，6-三甲基苯甲酸，而用乙醇稀释则得到甲基酯。

许多羧酸在硫酸中是不稳定的，分解生成一氧化碳，估计中间可能经过酰基离子 RCO^+：

$$RCO^+=\!\!=\!\!=R^+ +CO$$

这样的例子有甲酸和草酸：

$$H\cdot COOH+H_2SO_4=\!\!=\!\!=CO+H_3O^+ +HSO_4^-$$

$$(COOH)_2+H_2SO_4=\!\!=\!\!=CO+CO_2+H_3O^+ +HSO_4^-$$

将硼酸或氧化硼溶于该溶剂中，则生成强酸：

$$H_3BO_3+6H_2SO_4=\!\!=\!\!=B(HSO_4)_4^- +3H_3O^+ +2HSO_4^- \quad (v=6,\ \gamma=2)$$

$$B_2O_3+9H_2SO_4=\!\!=\!\!=2B(HSO_4)_4^- +3H_3O^+ +HSO_4^- \quad (v=6,\ \gamma=1)$$

自由酸的溶液可以通过溶解硼酸或氧化硼于发烟硫酸中以代替溶于硫酸中来制备，在自由酸溶液中，H_3O^+ 离子可以由以下反应除去：

$$H_3O^+ +SO_3=\!\!=\!\!=H_3SO_4^+$$

$HB(HSO_4)_4$ 溶液可用强碱溶液如 $KHSO_4$ 进行电导滴定。

四醋酸锡和四醋酸铅溶于硫酸都生成酸：

$$Sn(Ac)_4+8H_2SO_4=\!\!=\!\!=Sn(HSO_4)_6^{2-} +4CH_3\cdot C(OH)_2^+ +2HSO_4^-$$

$$Pb(Ac)_4+8H_2SO_4=\!\!=\!\!=Pb(HSO_4)_6^{2-}+4CH_3 \cdot C(OH)_2^{+}+2HSO_4^{-}$$

这些酸中没有一个是强酸，在六硫酸氢合高铅酸中，以上反应中的 v 和 γ 随浓度的变化已用于测定该酸的两个电离常数：

$$H_2Pb(HSO_4)_6+H_2SO_4=\!\!=\!\!=H_3SO_4^{+}+HPb(HSO_4)_6^{-} \quad K_1=1.2\times10^{-2}\,mol \cdot kg^{-1}$$

$$HPb(HSO_4)_6^{-}+H_2SO_4=\!\!=\!\!=H_3SO_4^{+}+Pb(HSO_4)_6^{2-} \quad K_2=1.8\times10^{-3}\,mol \cdot kg^{-1}$$

这个酸的强度约与 $H_2S_2O_7$ 相同。在硫酸中各种酸的强度列于表 2.17。

像有机膦那样，许多酮、醛、羧酸、醚、胺和酰胺在硫酸中是强碱。然而在某些情况下可发生进一步的反应。酰胺看来与其说在氮上不如说在氧上发生质子化：

$$R \cdot CO \cdot NH_2+H_2SO_4=\!\!=\!\!=R \cdot C(OH) \cdot NH_2^{+}+HSO_4^{-}$$

在质子化之后将是缓慢的溶剂分解：

$$R \cdot C(OH) \cdot NH_2^{+}+2H_2SO_4=\!\!=\!\!=R \cdot CO_2H_2^{+}+NH_4^{+}+HS_2O_7^{-}$$

在硫酸中醚是单质子化的：

$$R \cdot O \cdot R+H_2SO_4=\!\!=\!\!= \begin{matrix} R \\ \diagdown \\ \quad OH^{+} \quad +HSO_4^{-} \\ \diagup \\ R \end{matrix}$$

表 2.17　　　　　　　　　　　某些酸在硫酸中的强度　　　　　　　　　　　$mol \cdot kg^{-1}$

酸	电离常数	酸	电离常数
$H_2S_2O_7$	1.4×10^{-2}	$HB(HSO_4)_4$	4×10^{-1}
HSO_3F	3×10^{-3}	$HClO_4$	很弱
$H_2Pb(HSO_4)_6$	1.2×10^{-2}	HSO_3Cl	很弱
$HPb(HSO_4)_6^{-}$	1.8×10^{-3}		

但是该反应又继之一个慢的溶剂分解：

$$\begin{matrix} R \\ \diagdown \\ \quad OH^{+} \quad +2H_2SO_4=\!\!=\!\!=RHSO_4+RHSO_4+H_3O^{+} \\ \diagup \\ R \end{matrix}$$

当三苯基甲醇溶于硫酸时，它按以下方程电离：

$$(C_6H_5)_3C \cdot OH+2H_2SO_4=\!\!=\!\!=(C_6H_5)_3C^{+}+H_3O^{+}+2HSO_4^{-} \quad (v=4,\ \gamma=2)$$

生成稳定的黄色溶液。

稳定的碳正离子（碳鎓离子）同样可以通过将某些取代的烯烃溶于硫酸来制备：

$$(C_6H_5)_2C \cdot CH_2+H_2SO_4=\!\!=\!\!=(C_6H_5)_2C \cdot CH_3^{+}+HSO_4^{-} \quad (v=2,\ \gamma=1)$$

许多无机和有机化合物在硫酸中起弱碱的作用。如二氧化硒可溶于硫酸生成亮黄色溶液，在稀溶液中它起弱碱的作用：

$$SeO_2 + H_2SO_4 \Longrightarrow HSeO_2^+ + HSO_4^-$$

某些有机化合物，特别是硝基化合物、砜和亚砜在硫酸中是弱碱。意外的是腈也是弱碱。人们对它的碱强度估计得比较大，尽管在此由于慢的溶剂分解作用而使质子化复杂化：

$$R \cdot CN + H_2SO_4 \Longrightarrow R \cdot CNH^+ + HSO_4^-$$

$$R \cdot CNH^+ + HSO_4^- \Longrightarrow R \cdot CO \cdot NH_2 + SO_3$$

表 2.18 中列出了某些弱碱的电离常数。

表 2.18   在硫酸中弱碱的电离常数 $mol \cdot kg^{-1}$

碱	K_i	碱	K_i
CH_3NO_2	2.5×10^{-3}	C_6H_5CN	7.0×10^{-2}
$C_6H_5 \cdot NO_2$	1.0×10^{-2}	$(C_6H_5)_2SO$	1.6×10^{-2}
$P\text{-}MeC_6H_4 \cdot NO_2$	9.6×10^{-2}	SeO_2	4.4×10^{-3}
$CH_3 \cdot CN$	1.6×10^{-1}		

4）"超酸"溶剂

超酸（super acid）也叫魔酸（magic acid），是一种强度比 100%硫酸还要强的酸。约在数十年前，在美国南加利福尼亚大学的艾伦（Alah G. A.）教授的实验室中，一个学生出于好奇的心理，将蜡烛放到 $SbF_5 \cdot HSO_3F$ 中做实验，结果蜡烛溶解了，这是十分令人惊奇的。这说明 $SbF_5 \cdot HSO_3F$ 是一种强度比 100%硫酸还要强的"超酸"。

近年来人们对"超酸"溶剂或"超酸"介质发生了浓厚的兴趣。这种"超酸"溶剂具有极高的质子活性，以至于能使极弱的碱质子化。例如，在氟磺酸和氢氟酸溶剂体系中，可制得一种"超酸"，

$$SbF_5 + 2HF \Longrightarrow SbF_6^- + H_2F^+$$
$$SbF_5 + 2HSO_3F \Longrightarrow FSO_3SbF_5^- + H_2SO_3F^+$$ "超酸"

这种"超酸"可使链烷烃质子化：

一些液体"超酸"的强度如表 2.19 所示。H_0 的负值越大，酸的强度越大。H_0 是对数

值，所以 $HSO_3F \cdot SbF_5(1:1)$ 是 100% 硫酸的 10^7 倍。这些酸的强度是通过观察表 2.20 所列各种 pK_a 值的指示剂的变色情况来决定的。

表 2.19　　　　　　　　　　一些液体"超酸"的强度

"超酸"	酸强度 H_0	"超酸"	酸强度 H_0
$H_2SO_4(100\%)$	−10.6	$HF \cdot SbF_5(7:1)$	−15.3
$H_2SO_4 \cdot SO_3$	−14.1	$HF \cdot SbF_5(1:1)$	<−20
$HF \cdot NbF_5$	−13.5	$HSO_3F \cdot TaF_5$	−16.7
$HF \cdot TaF_5$	−13.5	$HSO_3F \cdot SbF_5(1:1)$	<−18

表 2.20　　　　　　　　　　超酸指示剂的 pK_a 值

指示剂	pK_a	指示剂	pK_a
2，4，6-三硝基苯胺	−10.10	2，4-二硝基氟苯	−14.52
对-硝基甲苯	−11.35	1，3，5-三硝基甲苯	−16.04
间-硝基氟苯	−11.99	（2，4-二硝基氟苯）H^+	−17.35
对-硝基氯苯	−12.44	（2，4，6-三硝基甲苯）H^+	−18.36
间-硝基氯苯	−12.70	（对-甲氧基苯甲醛）H^+	−19.50
2，4-二硝基甲苯	−13.16		

例如，某物质不会引起 pK_a 值小于 −13.75 的指示剂变色，但却会导致 pK_a 值大于 −13.16的指示剂变色。那么，鉴于 $pK_a = H_0$，故该物质的酸强度为 $-13.16 \geqslant H_0 \geqslant -13.75$。

虽然"超酸"有很强的质子化能力，还是有些物种由于碱性太弱，不能与其作用，如 N_2，O_2，Ne，Xe，H_2，NF_3 和 CO 等。

2. 质子惰性溶剂

这类溶剂中不存在电离出质子（H^+）的平衡，即溶剂本身不参与质子传递。

质子惰性溶剂可简单地分为四类：

第一类称惰性溶剂，其基本上不溶剂化不自电离。如四氯化碳，环己烷等。

第二类称偶极质子惰性溶剂，即极性高但电离程度不大的溶剂。如乙腈（$CH_3C \equiv N$），二甲基亚砜（$(CH_3)_2S == O$（DMSO）等。虽然这些溶剂的电离度不大，但由于有极性，且大多数是碱性溶剂，对阳离子和其他酸性中心的配位势很强，故也称配位溶剂。

$$CoBr_2 + 6DMSO \Longrightarrow [Co(DMSO)_6]^{2+} + 2Br^-$$

$$SbCl_5 + CH_3C \equiv N == [CH_3C \equiv N \rightarrow SbCl_5]$$

第三类称为两性溶剂。包括那些极性强和能自电离的溶剂。它们通常是非常活泼的，并且很难保持纯净，因为它们能与痕量的水汽和其他物种作用，如三氟化溴，它可氧化氧化物、碳酸盐、硝酸盐、碘酸盐和其他卤化物：

$$Sb_2O_5 \xrightarrow{BrF_3} [BrF_2^+][SbF_6^-]$$

$$NOCl \xrightarrow{BrF_3} [NO^+][BrF_4^-]$$

氟化物溶解后，有氟离子的转移，形成能导电的溶液：

$$KF \xrightarrow{BrF_3} K^+[BrF_4^-] \qquad AgF \xrightarrow{BrF_3} Ag^+[BrF_4^-]$$

$$SbF_5 \xrightarrow{BrF_3} [BrF_2^+][SbF_6^-] \qquad SnF_4 \xrightarrow{BrF_3} [BrF_2^+]_2[SnF_6^{2-}]$$

这些溶液可以按照假设的 BrF_3 的自电离而看做是酸或碱：

$$2BrF_3 \rightleftharpoons [BrF_2^+] + [BrF_4^-]$$

以上反应可以看做是形成了酸性溶液（形成 BrF_2^+）和碱性溶液（形成 BrF_4^-）。酸性溶液能用碱来滴定：

$$[BrF_2^+][SbF_6^-] + Ag^+[BrF_4^-] \Longrightarrow Ag^+[SbF_6^-] + 2BrF_3$$

这种反应可以方便地测定溶液的电导以确定其中和点，因为在 1∶1 时达到终点，电导最小。

第四类称无机分子溶剂，如二氧化硫 SO_2 和四氧化二氮 N_2O_4。它们不含氢，也不接受质子，几乎不自电离。

3. 固态高温溶剂

固态高温溶剂包括熔盐和金属。顾名思义，它们是在高温下使用的。

1）熔盐

从液体结构上，可以将熔盐分为两类：

第一类为以离子间力成键的化合物，包括像碱金属卤化物这类化合物。熔融时，这些化合物很少发生变化。离子的配位数趋向于从晶体中的配位数六下降到熔体中的四左右，并且破坏了晶体中的长程有序性，但是短程有序性，每一个阴离子被阳子所包围等仍然保持。这些熔盐都是很好的电解质，因为存在着大量的离子，它们凝固点下降行为是正常的，这是一种很有用的研究方法。

第二类包括以共价键为主的化合物。这些化合物熔化后，趋向于形成不联在一起的分子，虽然也可能发生自电离。例如：汞（Ⅱ）卤化物有如下的电离：

$$2HgX_2 \rightleftharpoons HgX^+ + HgX_3^-$$

这和前面所讨论的质子惰性卤化物溶剂一样可以增加 HgX^+ 的浓度使其成酸性溶液，增加 HgX_3^- 的浓度使成碱性溶液：

$$Hg(ClO_4)_2 + HgX_2 \Longrightarrow 2HgX^+ + 2ClO_4^-$$

$$KX + HgX_2 \Longrightarrow K^+ + HgX_3^-$$

将这两者混合就发生中和反应：

$$HgX^+ + ClO_4^- + K^+ + HgX_3^- \Longrightarrow 2HgX_2 + K^+ + ClO_4^-$$

2）金属

在高温高压合成中常用金属做溶剂，最常见的例子是合成金刚石时将 Ni，Fe 或 Ni-Mn-Fe 合金等为溶剂使用。使用不同的金属或合金不但影响合成金刚石所需的压强和温度，而且影响金刚石的质量。低熔点的合金，如 Ni-Co-Fe 合金加入少量的硫、钛、铝等，可使合成金刚石的温度降低到 950℃，压强降低到 4GPa。

2.3.2 溶剂的选择

1. 选择溶剂的根据

无机合成时，选择溶剂必须同时考虑三个方面：①反应物的性质；②生成物的性质；③溶剂的性质。

2. 选择溶剂的原则

选择溶剂应遵循下列几个原则：

1）反应物充分溶解

溶剂的作用应是使反应物充分接触，而它自己不参加反应，这就要求参加反应的物质必须充分溶解在溶剂里而形成一个均相的体系。因为是液相，所以易于流动和搅拌，加热和冷却过程中也容易达到热量的均匀分散。

溶液反应的最大优点是它对反应条件的敏感性减弱，也就是它具有稳定性的特征。例如：具有取代基的安息香酸酯的水解，如果改变安息香酸酯上的取代基，进行同样的反应，观察其一系列反应中各个场合下的变化，以活化焓（活化热焓）ΔH 为横轴，活化熵 $T\Delta S$ 为纵轴作图，所得曲线大多是斜率为 1 或接近于 1 的直线（见图2.4）。

这就是说，在溶液反应中因发生溶剂化，在 ΔH 增加的场合下，溶液的无序性增加，ΔS 也相应地增加，根据 $\Delta G^0 = \Delta H^0 - T\Delta S^0$，$\Delta G$ 变化不大，所以即使条件有所变化而反应仍然是稳定的。那么选择什么样的溶剂，才能使其全部溶解而达到溶液状态呢？

（1）"相似相溶"原理。可以运用固体理论得到的一般原理来估计同一种溶剂中不同溶质的相对溶解度，或同种溶质在不同溶剂中的相对溶解度。例如，对于两种液体来说，具有相似结构，因而分子间力的类型和大小也差不多相同的液体可按任何比例彼此相溶，或者说"相似相溶"；对于固体溶于液体来说，在固体离其熔点越近的温度下，其分子间力应越接近于液体的分子间力，因而也越容易溶于液体，也就是说在指定的温度下，低熔点的固体将比具有类似结构的高熔点固体更易溶解，表 2.21 列出了四种烃类溶质在苯中的溶

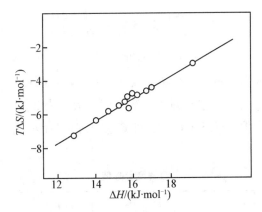

图 2.4　含不同取代基的安息香酸酯水解反应的活化焓和活化熵

解度。从表中所列数据可以看出，它们在苯中的溶解度有这样的倾向。

表 2.21　　　　　　　　固体烃类溶质在苯中的溶解度（25℃）*

溶质	熔点/℃	溶解度
蒽	218	0.008
菲	100	0.21
萘	80	0.26
联二苯	69	0.39

*固体在饱和溶液中的摩尔分数。

（2）规则溶液理论。理论化学家对溶解度的系统化和定量预测，曾做过许多实验，其中最成功的是规则溶液理论。所谓规则溶液是指一种偏离理想溶液的溶液，该溶液有一个有限的混合热，但它有与理想溶液相同的熵值。在规则溶液中，像化学作用、缔合作用、氢键和强的偶极-偶极相互作用等都忽略不计。一种纯液体稀释形成一种规则溶液所吸收的热量为：

$$\Delta H = V_2\varphi_1^2\left[\left(\frac{E_1}{V_1}\right)^{1/2} - \left(\frac{E_2}{V_2}\right)^{1/2}\right]^2 = V_2\varphi_1^2(\delta_1-\delta_2)^2 \tag{2.1}$$

式中，V 是摩尔体积；φ 是体积分数；E 是摩尔汽化热；δ 是溶解度参数；脚注 1 和 2 分别表示溶剂和溶质。那么一种液体的溶解度可由（2.2）式计算：

$$\ln S = -\frac{V_2\varphi_1^2}{RT}(\delta_1-\delta_2)^2 \tag{2.2}$$

37

一种固体的溶解度可由(2.3)式计算：

$$\ln S = -\frac{V_2\varphi_1^2}{RT}(\delta_1-\delta_2)^2 - \frac{\Delta H_{\mathrm{fus}}}{RT} + \frac{\Delta H_{\mathrm{fus}}}{RT_{\mathrm{mp}}} \tag{2.3}$$

式中，ΔH_{fus} 为熔化热；T_{mp} 为固体绝对熔化温度。

以上两个方程允许我们制定了一个考虑实际值的通则：两种物质的溶解度参数愈接近相等，它们的溶液愈理想化，而它们的相互溶解度愈大。表 2.22 给出了不同溶剂的溶解度参数值。当用溶解度参数估计溶解度时，注意这个理论只能适用于混合物，在这个混合

表 2.22 溶解度参数值

溶剂	δ	溶剂	δ
水	23.4	二噁烷	9.9
N-甲基甲酰胺	16.1	二氯乙烯	9.8
碳酸乙烯酯	14.7	1，2，3，4-四氯乙烯	9.7
甲醇	14.5	二氯甲烷	9.7
乙二醇	14.2	氯苯	9.5
碳酸丙烯酯	13.3	氯仿	9.3
二甲亚砜	12.8	苯	9.2
乙醇	12.7	四氢呋喃	9.1
硝基甲酰胺	12.7	乙酸乙酯	9.1
正丙醇	12.1	甲苯	8.9
乙腈	11.9	二甲苯	8.8
异丙醇	11.5	四氯化碳	8.6
硝基苯	10.9	苯基腈	8.4
吡啶	10.7	环己烷	8.2
叔-丁醇	10.6	正辛烷	7.6
醋酸酐	10.3	正庚烷	7.4
硝基苯	10.0	乙醚	7.4
二硫化碳	10.0	正己烷	7.3
丙酮	10.0	四甲基硅烷	6.2
异戊醇	10.0	全氟庚烷	5.8
二甲基碳酸酯	9.9	硅酮	5.5

物中没有化学反应和溶剂化效应,这是非常重要的。因此,虽然水和吡啶有相当不同的参数,但它们是无限互溶的。另外,饱和碳氢化合物溶解度倾向(这种倾向对大多数溶剂来说是化学惰性的),从溶解度参数完全可以预见。环己烷 $\delta=8.2$,不出所料,这种液体与水($\delta=23.4$),乙二醇($\delta=14.2$)是不互溶的,然而它与乙腈($\delta=11.9$)可部分互溶而与异戊醇($\delta=10.0$)和 $6<\delta<10$ 的所有液体都可互溶。很清楚,在液-液萃取中以及在化合物制备时溶解度参数可帮助选择溶剂或可作为选择时的参考。

除此之外,溶剂的介电常数、熔点和沸点等物理性质对选择溶剂也很有帮助。溶剂的熔点和沸点决定了它呈液态的温度范围。因而也决定了它能进行化学操作的范围。至于介电常数则是一个更有用的物理量。如果将离子性的化合物制成溶液就需要高的介电常数的溶剂,因为离子间的库仑引力和溶剂的介电常数成反比:

$$E=\frac{q^+q^-}{4\pi\gamma\varepsilon} \tag{2.4}$$

式中,ε 是介电常数。例如,在水中两个离子之间的吸引力只是它们没有溶剂时吸引力的 1% 略高。因为:

$$\varepsilon=81>\varepsilon_0$$

式中,ε_0 是真空中的介电常数。高介电常数的溶剂在溶解盐的能力方面接近于水。

2) 反应产物不与溶剂作用

如果一个反应在不具有溶剂时是一个剧烈的反应,则选择合适的溶剂,可使这个反应的速度得到控制。例如,由于水的反应活性而不能在水溶液中进行的反应,可以在熔盐中顺利完成。氯和氟都和水作用(后者的反应很剧烈),把它们用作氧化剂时,除得到氧化产物外,在水溶液中还产生氢卤酸等。所以在水溶液中制备氯和氟几乎是不可能的。用适当的熔融卤化物可以解决这个问题:

$$KHF_2 \xrightarrow{\text{电解}} \frac{1}{2}F_2+\frac{1}{2}H_2+KF \qquad NaCl \xrightarrow{\text{电解}} \frac{1}{2}Cl_2+Na$$

后一种反应对工业上生产钠是重要的。

再如格氏试剂(Grignard 试剂)的制备反应:

$$RX+Mg \xrightarrow[\text{溶剂}]{\text{无水乙醇}} RMgX$$

式中,RX 代表有机卤化物。RMgX 代表格氏试剂。这种试剂在溶液中的确切结构不详,可能为几种结构的混合物,其中主要的结构形式是 R_2Mg 和 MgX_2 与 2RMgX 处于平衡状态。这些化合物与醚高度溶剂化并发生相互配合作用。

这个反应绝对不能在水溶液中进行,因为格氏试剂一接触水就发生如下反应:

$$RMgX+H_2O \Longrightarrow RH+HOMgX$$

这是因为格氏试剂是一种强碱,其中一个碳原子带有负电荷($R^-Mg^{2+}X^-$),它易于从水中接受质子，结果是试剂分解，生成碳氢化合物和碱式镁盐。由于碳氢化合物是惰性的，所以实际的结果是在水溶液中生成氢氧离子。事实上，格氏试剂的标定就是取其一定体积加到标定过的无机酸溶液中，然后用标准碱溶液来回滴。

用醚作溶剂不但能避免上述问题，而且产率较高。最常用的醚是乙醚 $(C_2H_5)_2O$，因为价格便宜，易于蒸除 (b. p. 36℃)。除此之外，也可用正丁醚，四氢呋喃等。

3) 使副反应最少

仍以格氏试剂的制备反应为例来说明。如上述选择乙醚作溶剂，虽然避免了格氏试剂与水的反应，但是除此之外，还有些其他的副反应，如与氧反应：

$$2RMgX+O_2 \Longrightarrow 2ROMgX$$

与二氧化碳反应：

$$RMgX+CO_2 \Longrightarrow RCO_2MgX$$

偶合反应：

$$RMgX+RX \Longrightarrow R\!-\!R+MgX_2$$

如果反应在惰性气氛 (如氮气、氩气) 下进行，就可防止格氏试剂与氧气和二氧化碳的反应。但是在产物要求不太严格的情况下，用乙醚作溶剂时，由于乙醚有很高的蒸气压，可以排除反应器中的一部分空气。除此之外，正如前边所提到的，由于乙醚的沸点低，所以易同反应产物分离。

d. 易于使产物分离

选择溶剂时应使反应产物和副产物在其中的溶解度不同，从而使产物和副产物达到分离的目的，很多无机化合物通过结晶沉淀的方法来制备就是根据这一原理。例如：

$$BaCl_2+K_2SO_4 \Longrightarrow BaSO_4\!\downarrow+2KCl$$

$$KCl+AgNO_3 \Longrightarrow AgCl\!\downarrow+KNO_3$$

以上反应是以水作为溶剂的情况，如果溶剂不是水，那情况就大不相同了。

总之，选择溶剂是十分重要的，除了上述几点外，还要考虑溶剂应有一定的纯度、黏度要小、挥发性低、易于回收、价廉、安全等因素。

2.3.3　溶剂化效应

1. 溶剂的"拉平效应"和"区分效应"

酸碱中和反应是一类极为典型的反应，然而酸和碱以及它们的强弱与溶剂有密不可分的关系。实验证明，在冰醋酸中 $HClO_4$，H_2SO_4，HCl 和 HNO_3 的强度是有差别的，其强度顺序为：

$$HClO_4>H_2SO_4>HCl>HNO_3$$

可是在水溶液中，就看不出它们之间的强度的差别。这是因为 H_3O^+ 是水溶液中能够存在的最强的酸的形式。在水溶液中，这些强酸给出质子的能力很强。如果它们的浓度不是太大，则将定量地与水作用，全部转化为 H_3O^+：

$$HClO_4 + H_2O \Longrightarrow H_3O^+ + ClO_4^-$$

$$H_2SO_4 + H_2O \Longrightarrow H_3O^+ + H_2SO_4^-$$

$$HCl + H_2O \Longrightarrow H_3O^+ + Cl^-$$

$$HNO_3 + H_2O \Longrightarrow H_3O^+ + NO_3^-$$

因此，在水溶液中，这些酸的强度全部被拉平到 H_3O^+ 的水平。这种将各种不同强度的酸拉平到溶剂化质子(在这里是水化质子 H_3O^+)水平的效应称为拉平效应。具有拉平效应的溶剂称为拉平性溶剂。在这里，水是 $HClO_4$，H_2SO_4，HCl，HNO_3 的拉平性溶剂，应该知道水的"碱性"是使这些强酸产生拉平效应的原因。

由于拉平效应，有些在水中表现为弱酸的酸(直到 pK_a 为 12)，而在氨中由于同氨完全作用，而变成强酸，如醋酸：

$$CH_3COOH + NH_3 \Longrightarrow NH_4^+ + CH_3COO^-$$

也由于拉平效应，有些在水中完全不表现为酸性的分子，在氨中有弱酸的表现，如尿素：

$$NH_2CONH_2 + NH_3 \Longrightarrow NH_4^+ + NH_2CONH^-$$

在冰醋酸中，由于 H_2Ac^+ 的酸性较 H_3O^+ 为强，因而 HAc 的碱性就较水为弱。在这种情况下，$HClO_4$，H_2SO_4，HCl，NHO_3 这四种酸就不能全部将其质子转移给 HAc，并且在程度上有差别：

$$HClO_4 + HAc \Longrightarrow H_2Ac^+ + ClO_4^-$$

$$H_2SO_4 + HAc \Longrightarrow H_2Ac^+ + HSO_4^-$$

$$HCl + HAc \Longrightarrow H_2Ac^+ + Cl^-$$

$$HNO_3 + HAc \Longrightarrow H_2Ac^+ + NO_3^-$$

实验证明，由上到下，反应越来越不完全。由此可见，在冰醋酸介质中，这四种酸的强度显示出差别来了。这种能区分酸(或碱)的强弱的作用称为区分效应。具有区分效应的溶剂称为区分性溶剂，在这里，冰醋酸是 $HClO_4$，H_2SO_4，HCl，HNO_3 的区分性溶剂。

溶剂的拉平效应和区分效应，与溶质(反应物或产物)和溶剂的酸碱相对强度有关。例如水，它虽然不是上述四种酸之间的区分性溶剂，但它却是这四种酸和醋酸的区分性溶剂，因为在水中，醋酸只能显示很弱的酸性。又如，冰醋酸是上述四种酸的区分性溶剂，因为它的酸性较强，所以弱碱性物质在其中就能显示较强的碱性来。通常在水中 pK_b 小于 9 的弱碱性物质，在冰醋酸介质中，其碱性强度就都被拉平到同一水平，即溶剂阴离子 Ac^- 的水平。因此，冰醋酸就成为这些碱的拉平性溶剂。

惰性溶剂没有明显的酸性和碱性，因此，没有拉平效应，这样就使惰性溶剂成为一种很好的区分性溶剂。

要对相对酸性和相对碱性的问题作一个完整的讨论,需要很大的篇幅。然而可把酸碱的行为总结如下:①溶剂有其酸碱性。②溶质(反应物或产物)有其酸碱性。③溶剂和溶质相互作用而形成一个平衡("弱"的情况,差异)或基本上反应完全("强"的情况,拉平)。④只有高介电常数的溶剂才能维持电解质溶液。低介电常数的将形成弱电解质,不考虑酸性和碱性理论。

2. 溶剂的配位性

溶剂的配位能力直接影响无机合成反应的进行。比如熔盐,它提供了一个比在水溶液中浓度高得多的阴离子配体的介质。浓盐酸的水溶液中氯离子浓度约为 $12mol \cdot L^{-1}$,而熔融氯化锂中氯离子浓度约为 $35mol \cdot L^{-1}$,金属离子在这种熔盐介质中,不但可以形成水溶液中熟知的配位离子:

$$CoCl_2 + 2Cl^- \Longrightarrow CoCl_4^{2-}$$

而且还能形成由于水解而不能存在于水溶液中的离子:

$$FeCl_2 + 2Cl^- \Longrightarrow FeCl_4^{2-}$$

$$CrCl_3 + 3Cl^- \Longrightarrow CrCl_6^{3-}$$

$$TiCl_3 + 3Cl^- \Longrightarrow TiCl_6^{3-}$$

金属卤化物溶于非金属卤化物溶剂中时,溶剂的配位作用也是非常明显的。例如,将 $FeCl_3$ 加到 $POCl_3$ 中得到 $FeCl_4^-$,光谱研究表明它们之间的作用就像 $FeCl_3$ 溶于磷酸三乙酯中一样,即:

$$(1+x)FeCl_3 + (1+x)Y_3PO \Longrightarrow (1+x)FeCl_3OPY_3 \Longrightarrow FeCl_{3-x}(OPY_3)_{1+x}^{x+} + xFeCl_4^-$$

如果利用 Cl^- 离子对上述反应进行电导滴定,滴定的结果可用下面的反应来解释:

$$(1+x)Cl^- + FeCl_{3-x}(OPY_3)_{1+x}^{x+} \longrightarrow FeCl_4^- + (1+x)OPY_3$$

这就是说像 $POCl_3$ 这样的非金属卤化物、磷酸三乙酯等溶剂都可同三氯化铁形成配位化合物。

3. 溶剂中的沉淀反应

有些反应在水中是沉淀反应,如:

$$KCl + AgNO_3 \Longrightarrow AgCl \downarrow + KNO_3$$

但改变溶剂,其结果大不相同,上述反应如果在氨中,则变成:

$$AgCl + KNO_3 \Longrightarrow KCl \downarrow + AgNO_3$$

这是由于物质在不同溶剂中的溶解度的差别引起的。

4. 溶剂与金属的作用

不同溶剂与金属的作用不同,有些溶剂如水、硫酸与金属的作用研究得较早而且较多,人们也比较熟悉。近年来研究较多的是碱金属与液氨的作用,这已在本节前面提及,在此叙述的是金属在熔盐中的溶解问题。

曾一度认为金属在它们的熔盐中的溶液是胶体性质的，但是这已被证明是不确实的。然而还没有建立起一个完全满意的理论来说明这些溶液的所有性质。有一种假说认为熔盐的阳离子被还原成较低的氧化态。例如，汞在氯化汞中的溶液无疑有还原反应：

$$Hg + HgCl_2 \Longrightarrow Hg_2Cl_2$$

在熔体熔化后，还留有氯化汞，大多数过渡和过渡后金属形成"低卤化物"（subhalide）的证据是不充分的。再如 Cd 溶于氯化镉中形成溶液。加入氯化铝可把它分离出来：

$$Cd + CdCl_2 \longrightarrow [Cd_2Cl_2] \xrightarrow{Al_2Cl_6} Cd_2^{2+}[AlCl_4^-]_2$$

在很多情况下，虽然认为有被还原的物种存在，但不能把它们分离出来。当把熔体固化时，它就歧化为金属固体和二价镉盐。

在碱金属其他卤化物的溶液里，阳离子的还原，至少在形成分开的 M^{2+} 物种的意义上是站得住脚的。虽然还没有形成一个被普遍接受的理论，金属可能在这些盐中溶解时发生了电离：

$$M \longrightarrow M^+ + e^-$$

"游离"电子的存在和这些金属的液氨溶液有些相像。如果认为电子是陷入熔体阴离子的空穴中，就可以建立一个类似 F 中心的理论，可以肯定这里的情况要复杂得多，电子有在几个能级或若干原子的特性"带"之间离域化的可能性，这里就不加讨论了。

2.3.4　溶剂的提纯

无机溶剂的提纯可根据使用要求用蒸馏、精馏、吸附等方法来完成，有些熔剂提纯需使用特殊的方法加以处理。市售的有机溶剂一般都需要预先加干燥剂，除去所含的大部分水，然后进行蒸馏，即可使用。若想除去其中所含的微量水，则必须进一步进行特殊的处理。关于溶剂提纯的具体处理方法就不在此一一介绍了。

2.3.5　非水溶剂在无机合成中的应用

非水溶剂在无机合成中的应用相当广泛，在此仅举几个实例：

1. 水溶液中难以生成化合物的制备

如四碘化锡（SnI_4）及尿素钠盐（$H_2N—CO—NHNa$）遇水便立即水解，因而不能在水中制备和分离。但前者可用无水醋酸或二硫化碳为溶剂，用碘和金属直接反应来制备，后者则可用液氨为溶剂，由尿素与氨基化钠反应来制取。这两个反应分别为：

$$Sn + 2I_2 \xrightarrow{\text{无水醋酸或 CS}_2} SnI_4$$

$$H_2N—CO—NH_2 + NaNH_2 \xrightarrow{NH_3} H_2N—CO—NHNa + NH_3$$

2. 无水盐的制备

常用非水溶剂作介质。无水氯化物用于熔融电解制取活泼金属。应用氯化亚硫酰（$SOCl_2$、氯化亚砜）作溶剂，常可得到满意的无水氯化物，这是由于发生了下列反应而除去水：

$$SOCl_2 + H_2O \longrightarrow SO_2 + 2HCl$$

无水硝酸盐的制备更为困难。除了碱金属和银的硝酸盐是无水晶体外，几乎所有硝酸盐都带有结晶水。过渡金属的硝酸盐几乎不能用加热脱水的方法来获得无水盐。利用非水溶剂，则可较方便地制备一些硝酸盐。例如，将金属与液态四氧化二氮反应（N_2O_4 既是溶剂又是反应物，为了增加反应速度，可在 N_2O_4 中加些无水乙醚或乙酸乙酯）：

$$Cu + 3N_2O_4 \xrightarrow{\text{无水乙醚}} Cu(NO_3)_2 \cdot N_2O_4 + 2NO$$

将生成的溶剂化物 $Cu(NO_3)_2 \cdot N_2O_4$ 加热即可脱除溶剂分子，制得无水硝酸铜：

$$Cu(NO_3)_2 \cdot N_2O_4 \xrightarrow{\text{85℃以上}} Cu(NO_3)_2 + N_2O_4$$

其他无水硝酸盐也可用类似方法，即先制得溶剂化硝酸盐，再脱除溶剂分子来制备。

3. 异常氧化态特殊配位化合物的制备

例如，在液氨中可利用金属钠或钾的强还原性发生下列反应：

$$[Ni(CN)_4]^{2-} \xrightarrow{\text{液氨, Na 或 K}} [Ni(CN)_4]^{4-}$$

$$[Pt(NH_3)_4]^{2+} \xrightarrow{\text{液氨, Na 或 K}} [Pt(NH_3)_4]$$

上述生成物中 Ni 和 Pt 的氧化态为 0。

4. 控制制备反应的速度

由于溶剂对反应物质的溶剂化效应，常常改变反应的速度。这样通过选择溶剂，可使反应朝着我们所希望的方向进行。例如：

$$\underset{\text{碘乙烯}}{C_2H_5I} + \underset{\text{三乙基胺}}{(C_2H_5)_3N} \longrightarrow \underset{\text{四乙基碘化胺}}{(C_2H_5)_4NI}$$

在二氧六环（二噁烷）中以一定速度进行，如果在苯中进行可加快 80 倍，在丙酮中进行可加快 500 倍，在硝基苯中进行可加快 2 800 倍。

二苯甲基氯的乙醇分解反应是 S_N1（单分子亲核取代反应。由于控制反应速度的一步是单分子，故称为单分子亲核取代反应）反应：

$$\begin{matrix} C_6H_5 \\ \diagdown \\ \quad CHCl \\ \diagup \\ C_6H_5 \end{matrix} \underset{\text{缓慢}}{\rightleftharpoons} \begin{matrix} C_6H_5 \\ \diagdown \\ \quad CH^+ \\ \diagup \\ C_6H_5 \end{matrix} + Cl^- \qquad (a)$$

$$\begin{matrix} C_6H_5 \\ \diagdown \\ \quad CH^+ \\ \diagup \\ C_6H_5 \end{matrix} + C_2H_5OH \longrightarrow \begin{matrix} C_6H_5 \\ \diagdown \\ \quad CH-OC_2H_5 \\ \diagup \\ C_6H_5 \end{matrix} \qquad (b)$$

在反应中，（a）式是反应中缓慢的一步，是决定反应速度的一个步骤。起溶剂分解作用的溶剂是乙醇。但是只要在乙醇中加入少量的水，反应就变得非常迅速。其原因在于乙醇中加入少量水后，水与（a）式中氯离子有效地发生溶剂化作用，而使二苯甲基氯的离解迅速进行。

$$Cl^- + nH_2O \rightleftharpoons Cl^- \cdot nH_2O$$

另一个例子是碘丁烷中的碘离子的交换反应是一个典型的 S_N2（双分子亲核取代反应。由于控制反应速度的一步是双分子反应，需要两个反应分子碰撞，故称为双分子亲核取代反应）的反应：

$$nBuI + {}^*I^- \longrightarrow [I^- \cdots nBu^+ \cdots {}^*I^-] \longrightarrow I^- + nBu{}^*I$$

当用放射性碘离子（ ${}^*I^-$ ）进行碘丁烷中碘的交换反应，在丙酮中反应进行得非常迅速，但是加水进去，即使很少量，反应试剂 ${}^*I^-$ 就与水发生水合作用：

$${}^*I^- + nH_2O \rightleftharpoons {}^*I^- \cdot nH_2O$$

因而使碘的交换作用减弱，使反应速度急剧减慢。

在上式 S_N2 反应中，生成 $[I^- \cdots nBu^+ \cdots {}^*I^-]$ 的活性配合物是必要的。如果 ${}^*I^-$ 与水发生溶剂化就难以生成这种配合物了。

丙酮和二甲亚砜（DMSO）一样，是作为路易氏碱来考虑的，与阴离子的相互作用非常弱。

这就是说，在 S_N2 型的反应中，不发生溶剂化的阴离子，"裸"的阴离子（ ${}^*I^-$ ）是有效的，对反应有利。

5. 提高制备反应的产率

例如，下列制取硅烷的反应，由于溶剂不同，产率也不相同。

$$Mg_2Si + HCl \xrightarrow{\text{水}} 硅烷 \quad (产率\ 25\%，其中\ SiH_4\ 占\ 40\%)$$

$$Mg_2Si + NH_4Br \xrightarrow{\text{液氨}} 硅烷 \quad (产率\ 80\%\ 主要是\ SiH_4\ 和\ Si_2H_6)$$

$$SiCl_4 + LiAlH_4 \xrightarrow{\text{乙醚}} SiH_4 \quad (产率\ 100\%)$$

$$SiCl_4 + LiH \xrightarrow{\text{KCl-LiCl，360℃}} SiH_4 \quad (产率\ 100\%)$$

在上述反应中，用水或液态氨作溶剂时，因发生溶剂分解反应（如水解）而使产率较低，改用乙醚或 KCl-LiCl 混合熔盐体系，则可避免溶剂分解反应，而获得 100%的产率。

总之，非水溶剂因具有与水不同的特性，对于水溶液中难以生成的化合物的制备、改进工艺、增加反应速度、提高产率等都具有重要的意义。

思 考 题

1. 使用气体时应注意哪些安全问题？

2. 试述气体的来源和净化步骤。如何除去气体中的水分？

3. 干燥气体的干燥剂有几种类型？选择干燥剂应考虑哪些因素？

4. 如何进行无水无氧实验操作？

5. 溶剂有哪些类型？质子溶剂有什么特点？质子惰性溶剂分为几类？举例说明。

6. 选择使用溶剂时应考虑哪些因素？依据哪些原则？

7. 规则溶液理论的适用范围是什么？

8. 下列反应在水和液氨中进行，结果有什么不同？试解释之。

$$BaCl_2 + 2AgNO_3 \Longrightarrow 2AgCl + Ba(NO_3)_2$$

9. 什么叫拉平效应和区分效应？

10. 试举例说明非水溶剂在无机合成中的应用。

第3章　经典合成方法

所谓经典合成方法是指普通的常用的成熟的合成方法。下面我们将分别介绍一些经典的合成方法，以便了解这些方法的具体内容和特点。这些方法主要是化学气相沉积，高温，高压，低温和低压等条件下的合成方法。

3.1　化学气相沉积法

化学气相沉积法简称 CVD(chemical vapor deposition)法。该法是一项经典而古老的技术，也是近二三十年发展起来的制备无机固体化合物和材料的新技术。现已被广泛用于提纯物质、研制新晶体、沉积各种单晶、多晶或玻璃态无机薄膜材料。这些材料可以是氧化物、硫化物、氮化物、碳化物，也可以是某些二元(如 GaAs)或多元($GaAs_{1-x}P_x$)的化合物，而且它们的功能特性可以通过气相掺杂的沉积过程精确控制。它已成为无机合成化学中的一个热点研究领域。

化学气相沉积法是利用气态或蒸气态的物质在气相或气固界面上发生化学反应，生成固态沉积物的技术。化学气相沉积法对所用原料以及产物和反应类型有如下的一些基本要求：

(1)反应物在室温下最好是气态，或在不太高温度就有相当的蒸气压，且容易获得高纯品；

(2)能够形成所需要的材料沉积层，反应副产物均易挥发；

(3)沉积装置简单，操作方便。工艺上具有重现性，适于批量生产，成本低廉。

近年来，随着电子技术的发展，化学气相沉积法又有了新的发展，目前有高压化学气相沉积法(HP-CVD)、低压化学气相沉积法(LP-CVD)、等离子化学气相沉积法(P-CVD)、激光化学气相沉积法(L-CVD)、金属有机化合物气相沉积法(MO-CVD)、高温化学气相沉积法(HT-CVD)、中温化学气相沉积法(MT-CVD)、低温化学气相沉积法(LT-CVD)等。以上各种方法虽然名目繁多，但归纳起来，主要区别是从气相产生固相时所选用的加热源不同(如普通电阻炉、等离子炉或激光反应器等)。其次是所选用的原料不同，如果用金属有机化合物作原料，则为 MO-CVD。另外，反应时所选择压力不同，或者温度不同。这些反应类型在后面章节中将会涉及。

　　若从化学反应的角度看，化学气相沉积法包括热分解反应、化学合成反应和化学输运反应三种类型。

3.1.1　热分解反应

　　最简单的气相沉积反应就是化合物的热分解。热解法一般在简单的单温区炉中进行，于真空或惰性气体气氛中加热衬底物到所需温度后，通入反应物气体使之发生热分解，最后在衬底物上沉积出固体材料层。热解法已用于制备金属、半导体、绝缘体等各种材料。这类反应体系的主要问题是反应源物质和热解温度的选择。在选择反应源物质时，既要考虑其蒸气压与温度的关系，又要注意在不同热解温度下的分解产物，保证固相仅仅为所需要的沉积物质，而没有其他杂质。比如，用有机金属化合物沉积半导体材料时，就不应夹杂碳的沉积。因此需要考虑化合物中各元素间有关键强度(键能)的数据。

1. 氢化物

氢化物 M—H 键的离解能比较小，热解温度低，唯一副产物是没有腐蚀性的氢气。例如：

$$SiH_4 \xrightarrow{800℃左右} Si+2H_2$$

$$B_2H_6+2PH_3 \longrightarrow 2BP+6H_2$$

2. 金属有机化合物

金属的烷基化合物，其 M—C 键能一般小于 C—C 键能，可广泛用于沉积高附着性的金属膜。如用三丁基铝热解可得金属铝膜。若用元素的烷氧基配合物，由于 M—O 键能大于 C—O 键能，所以可用来沉积氧化物。例如：

$$Si(OC_2H_5)_4 \xrightarrow{740℃} SiO_2+2H_2O+4C_2H_4$$

$$2Al(OC_3H_7)_3 \xrightarrow{420℃} Al_2O_3+6C_3H_6+3H_2O$$

3. 氢化物和有机金属化合物体系

利用这类热解体系可在各种半导体或绝缘衬底上制备化合物半导体。例如：

$$Ga(CH_3)_3+AsH_3 \xrightarrow{630\sim675℃} GaAs+3CH_4$$

$$Zn(C_2H_5)_2+H_2Se \xrightarrow{750℃} ZnSe+2C_2H_6$$

4. 其他气态配合物和复合物

这一类化合物中的羰基化合物和羰基氯化物多用于贵金属(铂族)和其他过渡金属的沉积。例如：

$$Pt(CO)_2Cl_2 \xrightarrow{600℃} Pt+2CO+Cl_2$$

$$Ni(CO)_4 \xrightarrow{140\sim240℃} Ni+4CO$$

单氨配合物已用于热解制备氮化物。例如：

$$GaCl_3 \cdot NH_3 \xrightarrow{800 \sim 900℃} GaN + 3HCl$$

$$AlCl_3 \cdot NH_3 \xrightarrow{800 \sim 1\,000℃} AlN + 3HCl$$

3.1.2 化学合成反应

绝大多数沉积过程都涉及两种或多种气态反应物在同一热衬底上相互反应,这类反应即为化学合成反应。

和热分解反应比较起来,化学合成反应的应用更广泛。因为可用于热解沉积的化合物并不多,而任意一种无机材料原则上都可通过合适的反应合成出来。

1. 沉积金属和半导体

化学合成反应中最普遍的一种类型是用氢气还原卤化物来沉积各种金属和半导体。例如,用四氯化硅的氢还原法生长硅外延(epitaxy。把某物质的一个晶面作为衬底,将另外的物质以同样的取向或具有特定的取向在此晶面上生长的现象称为外延或外延生长)片,反应为:

$$SiCl_4 + 2H_2 \xrightarrow{1\,150 \sim 1\,200℃} Si + 4HCl$$

该反应与硅烷热分解不同,在反应温度下其平衡常数接近于1。因此,调整反应器内气流的组成,如加大氯化氢浓度,反应就会逆向进行。可利用这个逆反应进行外延前的气相腐蚀清洗。在腐蚀过的新鲜单晶表面上再外延生长,则可得到缺陷少、纯度高的外延层。若在混合气体中加入 PCl_3,BBr_3 一类的卤化物,它们也能被氢还原,这样磷或硼可分别作为 n 型或 p 型杂质进入硅外延层,这就是所谓的掺杂过程。

2. 制备多晶和非晶态化合物

除了制备各种单晶薄膜以外,化学合成反应还可用来制备多晶态和玻璃态的沉积层。如 SiO_2,Al_2O_3,Si_3N_4,B-Si 玻璃以及各种金属氧化物、氮化物等。下面是一些有代表性的反应体系:

$$SiH_4 + 2O_2 \xrightarrow{325 \sim 475℃} SiO_2 + 2H_2O$$

$$SiH_4 + B_2H_6 + 5O_2 \xrightarrow{300 \sim 500℃} B_2O_3 \cdot SiO_2(硼硅玻璃) + 5H_2O$$

$$Al_2(CH_3)_6 + 12O_2 \xrightarrow{450℃} Al_2O_3 + 9H_2O + 6CO_2$$

$$3SiCl_4 + 4NH_3 \xrightarrow{850 \sim 900℃} Si_3N_4 + 12HCl$$

$$TiCl_4 + NH_3 + \frac{1}{2}H_2 \xrightarrow{583℃} TiN + 4HCl$$

3. 石英光纤预制棒的合成

光通信用的石英光纤之预制棒就是用化学合成反应制得的。石英光纤的组成以 SiO_2 为主,为使光纤的折射率分布不同,需要加入可改变折射率的材料。在石英玻璃中作为调

节折射率的物质有 GeO_2，P_2O_5，B_2O_3，含 F 化合物等。其中 GeO_2，P_2O_5 使折射率增大；B_2O_3，含 F 化合物使折射率减小。石英光纤具有资源丰富、化学性能稳定、膨胀系数小、易在高温下加工、且光纤的性能不随温度而改变等优点。为使光纤的损耗尽可能地小，则必须尽量降低玻璃中过渡金属离子和羟基的含量。为此必须将制造石英玻璃的原料（$SiCl_4$，$GeCl_4$，$POCl_3$，BBr_3，SF_3 等）进行精制提纯。石英光纤的制法分两步：首先制成石英玻璃预制棒，然后将预制棒拉制成纤维。石英光纤预制棒的制法，目前有代表性的有四种，其反应原理为：

$$SiCl_4 + O_2 \xrightarrow{\quad\quad} SiO_2 + 2Cl_2$$
$$4POCl_3 + 3O_2 \xrightarrow{\quad\quad} 2P_2O_5 + 6Cl_2$$
$$4BBr_3 + 3O_2 \xrightarrow{\quad\quad} 2B_2O_3 + 6Br_2$$

1）MCVD（modified chemical vapor deposition）法

又叫管内沉积法。其工艺如图 3.1 所示。该法是在石英玻璃管内壁沉积掺有 P_2O_5 和 B_2O_3 的 SiO_2。为此将 $SiCl_4$，$POCl_3$ 和 BBr_3 用 O_2 作为载流气体，当含有原料的载流气体通过高温加热旋转的玻璃管时，卤化物气体与 O_2 就发生气相反应生成氧化物微粒沉积在玻璃管内壁。当沉积到一定的程度后，加热玻璃管使内部的多孔性氧化物微粒熔缩中实形成透明的玻璃棒。该玻璃棒通常称为光纤预制棒。预制棒在径向上使沉积的玻璃层成分逐层变化，由此形成折射率的分布层。

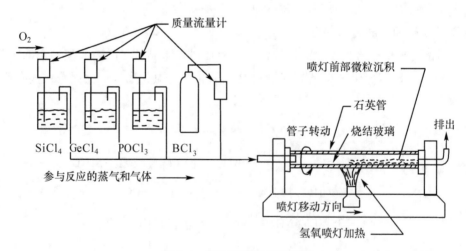

图 3.1　MCVD 法工艺示意图

2）OVPO（outside vapor-phase oxidation）法

又叫管外沉积法。该法是将 $SiCl_4$ 等喷入氢氧焰中，在火焰中由水解反应合成氧化物微粒，形成的氧化物微粒沉积在旋转的玻璃管外。沉积到一定的程度后，加热氧化物微粒形成透明的玻璃预制棒。该法的优点是可将预制棒制得粗些，而不受玻璃管大小的限制。其工艺如图 3.2 所示。

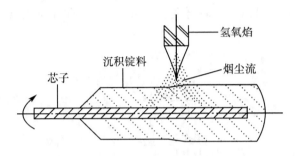

图 3.2　制备玻璃预制棒的管外沉积工艺

3) VAD(vapor-phase axial deposition) 法

又叫轴向沉积法。顾名思义，该法是在轴向方向沉积。其工艺如图 3.3 所示。在 VAD 法中，将 $SiCl_4$ 等喷入氢氧焰中，在火焰中由水解反应合成氧化物微粒，使微粒在纵向方向生长，形成多孔的玻璃体，然后，于上部的加热炉中使多孔微粒熔缩中实形成透明的玻璃预制棒。在 VAD 法中，折射率分布的形成与上两法不同，是在多孔玻璃体成长端面，

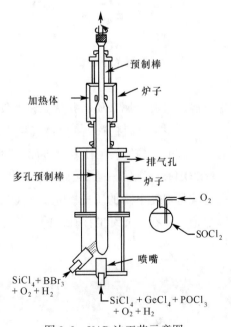

图 3.3　VAD 法工艺示意图

由添加元素的空间浓度分布而形成。为此，在工艺中使用了多个喷口，而每个喷口的原料组成不同。该法的优点是，预制棒可制得相当长和粗，从而可拉制出长的光纤。

此外还有一种方法称为等离子体激活化学气相沉积法（PCVD），将在6.2.4中介绍。以上三种方法在基本原理上无大的差别，差别在于工艺。制得的透明预制棒在拉丝设备上可拉制成细如发丝的玻璃纤维，然后再经过一系列的工序加工成光缆，即可投入使用。拉丝工艺如图3.4所示。

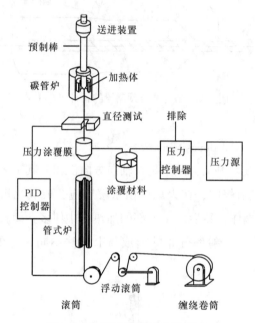

图 3.4 拉制光纤的工艺示意图

在光纤制造中重要的是不混入过渡金属杂质，并从工艺上保证制成的光纤不析晶无气泡。为了彻底消除水分，采用了把多孔母材置于卤化物气氛中进行熔缩中实的工艺。为此，使用了氯化亚硫酰，通过下式的反应除掉 OH 基，进而消除由 OH 基所引起的光吸收。

$$\equiv SiOH + SOCl_2 \longrightarrow \equiv SiCl + SO_2 + HCl$$

实际上光纤的发展历史也就是损耗下降的历史。光纤中 OH 的质量分数已降到 10^{-9} 以下。由于技术的进步，除掉了杂质，石英光纤的损耗已降到接近理论值的水平。为要继续降低损耗，必须寻找新的材料。

3.1.3 化学输运反应

1. 概述

把所需的沉积物质作为反应源物质，用适当的气体介质与之反应，形成一种气态化合物，这种气态化合物借助载气输运到与源区温度不同的沉积区，再发生逆反应，使反应源物质重新沉积出来，这样的反应过程称为化学输运反应。选择一个合适的化学输运反应，并且确定反应的温度、浓度等条件是至关重要的。对于一个可逆多相反应：

$$A(s) + B(g) \xrightleftharpoons[\text{淀积区}]{\text{源区}} AB(g)$$

式中，源区温度为 T_2；沉积区温度为 T_1。

反应平衡常数为：

$$K_p = \frac{p_{AB}}{p_B}$$

我们希望在源区反应自左向右进行，在沉积区反应自右向左进行。为了使可逆反应易于随温度的不同而改向(即所需的 $\Delta T = T_2 - T_1$ 不太大)，平衡常数 K 值最好是近于1。根据 vant Hoff(范特霍夫)方程式：

$$\frac{d\ln K_p}{dT} = \frac{\Delta H}{RT^2} \tag{3.1}$$

对(3.1)式积分，得：

$$\ln K_{T_2} - \ln K_{T_1} = -\frac{\Delta H}{R\left(\dfrac{1}{T_2} - \dfrac{1}{T_1}\right)} \tag{3.2}$$

如果反应为吸热反应，ΔH 为正值，当 $T_2 > T_1$ 时，上式的右边为正值，则 $K_{T_2} > K_{T_1}$。当升高温度时，平衡常数也随之增大，即自左向右的反应进行程度大；当降低温度时，自左向右的反应平衡常数变小，而自右向左的反应进行程度变大。因此，应控制源区温度高于沉积区温度，这类反应是将物质由高温区向低温区输运。实际应用的大多数化学输运反应皆属此类。反之，当反应为放热反应，ΔH 值为负值，则应该控制源区温度低于沉积区温度，即 $T_2 < T_1$，这类反应是将物质由低温区向高温区输运。ΔH 的绝对值决定了 K 值随温度变化的变化率，也就决定了为取得适宜沉积速率和晶体质量所需要的源区-沉积区间的温差。$|\Delta H|$ 较小时，温差大才可以获得可观的输运；$|\Delta H|$ 较大时，即使 $\ln K$ 不改变符号，也可得到较高的沉积速率；如果 $|\Delta H|$ 太大，温差必须很小，以防止成核过多影响沉积物质量。所以反应体系的 ΔH 值必须适当。

近十多年来的统计表明化学输运反应、气相外延等化学气相沉积应用广，发展快，这不仅由于它们能大大地改善某些晶体或晶体薄膜的质量和性能，而且更由于它们能用来制备许多其他方法不易制备的晶体。加上设备简单、操作方便、适应性强，因而广泛用于合成新晶体。

2. 铌酸钙 $CaNb_2O_6$ 单晶的制备

欲制备铌酸钙 $CaNb_2O_6$ 单晶的一种方法是先用1∶1(mol)的 $CaCO_3$ 和 Nb_2O_5 混合，在

1 300℃铂坩埚中合成 $CaNb_2O_6$ 多晶体，然后取 1g $CaNb_2O_6$ 放在一根石英管的一端。石英管长 110mm，直径 17mm，抽真空后再充入 101kPa 的 HCl，然后熔封起来。将石英管水平地放在一个双温区电炉中，有 $CaNb_2O_6$ 多晶体的一端保持在较高温度 T_2，另一端是较低温度 T_1。经过两个星期的化学输运反应，在低温端生长出大小为 1mm×0.5mm×0.2mm 的单晶。$CaNb_2O_6$ 单晶体的制备装置示意图如图 3.5 所示。反应过程可以用下列反应式表示：

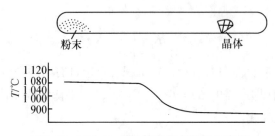

图 3.5　$CaNb_2O_6$ 单晶体的制备装置示意图

$$CaNb_2O_6(s) + 8HCl(g) \underset{T_1}{\overset{T_2}{\rightleftharpoons}} 2NbOCl_3(g) + CaCl_2(g) + 4H_2O(g)$$

用以下一些输运反应还可以制备出高熔点的卤氧化物的单晶：

$$AlOCl(s) + NbCl_5(g) \underset{380℃}{\overset{400℃}{\rightleftharpoons}} \frac{1}{2}Al_2Cl_6(g) + NbOCl_3(g)$$

$$TiOCl(s) + 2HCl(g) \underset{550℃}{\overset{650℃}{\rightleftharpoons}} TiCl_3(g) + H_2O(g)$$

$$TaOCl(s) + TaCl_5(g) \underset{400℃}{\overset{500℃}{\rightleftharpoons}} TaOCl_3(g) + TaCl_3(g)$$

适当控制成核条件，可以得到尺寸大到数毫米乃至数十毫米的块状、棒状、片状的单晶。

3. ZnSe 单晶的制备

用输运法生长 ZnSe 单晶，装置示意图如图 3.6 所示，使用的原料是经过 850℃和真空下处理过的 ZnSe 多晶体。反应源物质是 ZnSe，$I_2(g)$ 是气体介质即输运剂，它在反应过程中没有消耗，只对 ZnSe 起一种反复运输的作用，ZnI_2 则称为输运形式。将 ZnSe 多晶体和碘一起放置在石英安瓿中，抽真空并熔封，将安瓿垂直地悬挂在管式电炉中，精密地控制并测量炉温的分布，使安瓿下端（源区）的温度 $T_2 = 850℃$，安瓿上端（沉积区）温度 $T_1 = 830℃$。安瓿内的物质发生下列可逆反应：

$$ZnSe(s) + I_2(g) \underset{沉积区}{\overset{源区}{\rightleftharpoons}} ZnI_2(g) + \frac{1}{2}Se_2(g)$$

由于安瓿上段为锥形。并焊接有一根散热的石英棒，使锥尖处的温度稍低。该处物质的蒸气压首先达到饱和，发生上述的由右向左的反应，就在那点生长 ZnSe 单晶。特点：

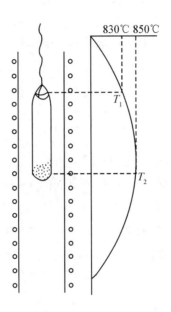

图 3.6　用输运法生长 ZnSe 单晶的装置示意图

在远低于材料熔点以下的温度，利用微量的输运剂，可以循环不断地把大量原料从"热"端输运到"冷"端，生长成单晶。在较低温度下单晶的完整性提高。

4. VLS 机理

在化学输运反应中还有一种 VLS 机理，它是 Wagner 和 Ellis 在 1964 年从气相生长硅晶须的研究中发现的。VLS 是 vapor-liquid-solid 的缩写，所谓的 VLS 机理是在蒸气相和生长的晶体之间存在有液相。气相还原物首先溶于液相，然后由液相析出固相使晶体生长。硅晶须的生长机理就是 VLS 机理，如图3.7a所示，加热硅基板上的金的小颗粒，硅就溶于金生成 Au-Si 合金熔融体系。图 3.7c 是 Au-Si 体系的相图，由图可看出，当将体系加热到温度高于 Au-Si 体系共熔点 T_L 时，便生成具有平衡组成（C_{L_2}）的 Au-Si 熔融合金。此时使输运气体 H_2-$SiCl_4$ 流过，还原生成的硅便溶于 Au-Si 熔融合金中，熔融合金便成为硅的过饱和相。当硅的过饱和度达到在液-固界面上硅析出的临界值（C_{LS}）时，硅就在熔融合金和基板间析出。VLS 机理就是如此分两步生长晶体的，即构成晶体成分向熔融合金中的溶解和在 LS 界面的析出。对硅而言，C_{LS} 的平均值非常接近于 C_{L_2}。在析出的初始阶段，析出的硅用于补偿由于生成 Au-Si 熔融合金而消耗的基体硅的再生长上，由于继续地析出，液滴将处于生长晶体的顶端，如图 3.7b 所示。然后，晶体继续向 LS 界面垂直的方向生长。

为了稳定进行 VLS 的生长，控制温度和输运气体的流速至关重要。当体系温度急剧下降，熔体中硅的过饱和度超过均匀核化的临界值时，在熔体中便发生硅的析出，熔体表面生长出呈放射状的小晶须。而当体系温度急剧上升时，液滴向 VLS 晶体侧面扩展，则会生长出分支和弯曲的晶体。温度梯度的控制也很重要，当基体温度比熔体相高时，则熔体相向高温移动，将导致熔体相被埋入基体中的结果。横向的温度梯度同样会导致熔体相的横向移动。设正常状态的液滴表面硅的浓度为 C_{VL}，则 $\Delta C = C_{VL} - C_{LS}$ 成为硅从 VL 界面向 LS 界面扩散的驱动力。因此，向液滴供硅的速度越大，晶体生长的速度也越大。不过 ΔC 也有上限，当液滴的过饱和度超过硅的均匀核化所需要的数值时，在液滴内便开始析出硅晶体，液滴就被破坏。

此外，VLS 晶体的大小由液相生成剂的用量和生长温度所决定。温度效应包括改变熔体液滴体积及 LS 界面体积效应和改变在晶体侧面的 VS 析出速度的效应。在一定的温度下，生成剂的用量越多，晶体越大。当生成剂的用量不变时，温度越高，晶体越大。

VLS 生长解决了晶体生长中最困难的问题之一，使"在希望的地点长出希望大小的晶体"成为可能。因此只要适当地选择熔融金属的种类、熔融温度及物质输运的方法等生长条件，就有可能在指定的场所按希望生长出所需大小的晶体。

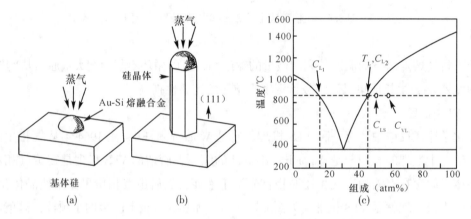

图 3.7　硅晶须的生长和 Au-Si 体系的相图

3.2　高温合成

高温化学并非一个新的领域。从史前开始人们就已经知道燃烧现象，然而其成为新领域的则是人们能够在大的容积空间中长时间地保持高达数千度的温度，以及能够通过各种脉冲技术(激光脉冲、冲击波、爆炸和放电)产生短时间的极高温度(高达 100 000K)之后。开发这些潜力将会更有效地利用能源，研制高温材料，诞生高温制造工艺，以及获得对化学反应的新见解。所谓的高温并没有明确的界定，只是相对而言，在实验室中一般指 100℃以上的温度，而超高温则是指数千度以上的温度。

3.2.1 高温的获得和测量

在地球上，火柴的小火苗温度为300℃；灯泡灯丝的温度高达3 000℃；电焊的强大电流可使电极间产生6 000℃的高温；原子弹爆炸时中心温度可达数百万度；氢弹爆炸时，中心温度可达上亿度，这是地球上获得的最高温度。

1. 高温的获得

为了进行高温无机合成，就需要一些符合不同要求的产生高温的设备和手段。这些手段和它们所能达到的温度如表3.1所示。

表 3.1　　　　　　　　　　**获得高温的各种方法和达到的温度**

获得高温的方法	温　度
各种高温电阻炉	1 273~3 273K
聚焦炉	4 000~6 000K
闪光放电炉	4 273K 以上
等离子体电弧	20 000K
激光	$10^5 \sim 10^6$K
原子核的分离和聚变	$10^6 \sim 10^9$K
高温粒子	$10^{10} \sim 10^{14}$K

除上面这些获得高温的手段外，实验室中，较低的温度也可借助于燃烧获得。例如，用煤气灯可以把较小的坩埚加热到700~800℃。要达到更高的温度时，可用大家所熟知的酒精喷灯。下面仅就实验室中常用的几种获得高温的方法，作一简单的介绍。

1) 电阻炉

实验室和工业中最常用的加热装置是电阻炉，它的优点是设备简单，使用方便，温度可精确地控制在很窄的范围内。电阻炉从外形上可分为方形炉(马弗炉)、管式炉和竖式炉(坩埚炉)。在此只介绍方形炉。

方形炉的外壳由钢板焊接而成，发热元件分布于炉膛顶部。炉膛由高铝耐火砖砌成长方形，在炉膛与炉体外壳之间砌筑轻质黏土砖和充填保温材料。为了安全操作，在炉门上装有行程开关，当炉门打开时，电炉自动断电，因此只有在炉门关闭时才能加热。电炉配备有控制器，以适应电炉发热元件在不同温度下功率的变化和控制温度。为了适应发热元件在不同温度下功率的变化和达到指示、调节和控制电炉温度之目的，控制器内装有温度指示仪和电流表、电压表以及自耦式抽头变压器。为了延长电阻材料的使用寿命，通常使用温度应低于最高工作温度。电阻炉所用的发热体不同，所达到的温度也不同。以下是电阻炉中常用的几种发热体。

(1)金属发热体。实验室中常用的马弗炉，其发热体是镍铬丝，最高加热温度可达1 000℃。通常对于需要防止氧化的材料，都采用在高真空和还原气氛的条件下进行加热。在高真空和还原气氛下适用的金属发热材料有钽、钨、钼等。如果采用惰性气氛，则必须使惰性气氛预先经过高度纯化。有些惰性气氛在高温下也能与物料反应而结合，如氮气在高温下即能与很多物质反应而形成氮化物。在合成高纯化合物和材料时，这些影响纯度的因素都应加以注意。

用钨管作发热元件的电阻炉最高温度可达3 000℃。由于钨易被氧化，同时也为了保温良好起见，钨管炉都是在真空中使用的，必要时也可在惰性气体或氢气氛中使用。这样的电阻炉在 $1.3\times10^{-3}\sim1.3\times10^{-4}Pa$ 的真空压强下操作，如电压为10V，电流约为1 000A，则温度可达到3 000℃。用具有剖缝的钨管作为加热体，由钼、钽反射器加以辅助，在惰性气氛中，它的工作温度可达3 200℃，适用于高温相平衡的研究。

(2)碳素材料发热体。以石墨作发热体的电阻炉，在真空下，虽然可以达到较高的温度，但其存在的致命的弱点是，在氧化或还原的气氛下，难以去除吸附的气体，而使真空度不易提高，并且与周围的气体常能发生反应形成挥发性的物质，使被加热的物质污染，而石墨本身在使用中也逐渐损耗。石墨比碳耐氧化，但它的电阻很小。可以把石墨管割出许多纵的裂隙，使电流通过的路径加长，以补救其电阻小的缺点。这种发热元件也可以在真空或惰性气氛中使用。还有用碳管作为发热元件的。因为它们的电阻很小，所以也称为"短路电炉"。这种电阻炉最贵的部分是它的变压器。电阻炉加热所需的电压约为10V，所需电流可以从几百安培到一千安培。在高温时，碳管的使用寿命不很长，构造方便的电阻炉可以迅速地换装碳管。用这种电阻炉可以很容易地达到2 000℃的高温。在炉管里面总是还原气氛，否则应用衬管套在碳管里面(2 000℃以内，可以用 Al_2O_3；2 000℃以上可以用熔结 BeO 或 ThO_2)。

(3)碳化硅发热体。碳化硅发热体大多数是用硅碳棒做成的，也有用硅碳管的。用硅碳棒作发热体的电阻炉通常称为硅碳棒炉。这种硅碳棒炉可加热到1 350℃，短时间可加热到1 500℃，碳化硅发热元件两端须有良好的接触点。除此之外，由于它是一种非金属的导体，它的电阻在热时比在冷时小些。因此应用调压变压器与电流表控制炉子慢慢加热，当温度升高时应立即降低电压，以免电流超过容许值。最好是在电路中串接一个自动保险装置。

2)感应炉

感应炉的结构原理类似于变压器。其主要部件就是一个载有交流电的螺旋形线圈和放在线圈内被加热的导体，它们之间没有电的连接。前者的作用就像一个变压器的初级线圈，后者就像变压器的次级线圈，线圈产生的磁力线受被加热的导体所截割，就在被加热的导体内产生闭合的感应电流，称为涡流。由于导体电阻小，所以涡流很大；又由于交流的线圈产生的磁力线不断改变方向，因此，感应的涡流也不断改变方向，新感应的涡流受到反向涡流的阻滞，就导致电能转换成热能，使被加热物质很快发热并达到高温。这个加热效应主要发生在被加热物体的表面层内，交流的频率越高，则磁场的穿透深度越低，而被加热物体受热部分的深度也越小。

操作方便，十分清洁，升温速度快是感应炉的优点。可以将坩埚封闭在一根冷却的石英管中，通过感应使之加热，石英管中可以保持真空或惰性气氛，在几秒钟内就可加热到3 000℃的高温。它的缺点是要很多专门的电学仪器装备，因此设备费用大。

3) 电弧炉

电弧炉常用于熔炼金属和制备高熔点化合物。电弧炉使用直流电流，通常由直流发电机或整流器供应。为避免熔炼的金属或化合物受大气玷污，起弧熔炼之前，先将系统抽真空，然后通入惰性气体。惰性气体一般常用氩、氦或氩氦的混合气体。炉内保持少许正压，以免空气渗入炉内。

为使待熔的金属全部熔化而得到均匀无孔的金属锭，在熔化过程中，应注意调节电极的下降速度和电流、电压等，因为电弧所产生的热能与电流和电压的乘积成正比。为减少热量的损失，尽可能使电极底部和锭的上部保持较短的距离，但电弧需要维持一定的长度，以免电极与锭间发生短路。

2. 高温的测量

1) 测温仪表的主要类型(见图3.8)

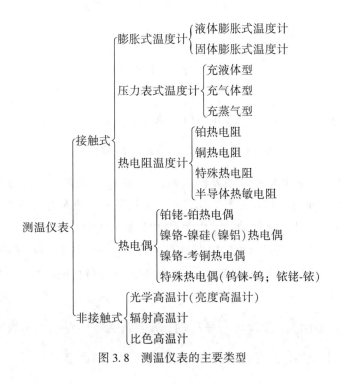

图 3.8 测温仪表的主要类型

测温仪表分为接触式测温仪表和非接触式测温仪表两大类。实验室中常用的为热电偶。在此重点介绍热电偶，简单介绍光学高温计。

2) 热电偶

热电偶由两种不同材料的金属丝构成，它们的端点相连，形成一个闭合的环。在电路的某处接上毫伏计，如果金属丝的两个接头处的温度不相同，就会产生一个电动势（见图3.9）。把称为参考结的一个接头维持固定的温度（通常是零摄氏度），那么电动势的数值就决定于另一个接头即探测结的温度。电动势通常是毫伏数量级，采用高电阻的伏特计或电位计来测量。

图 3.9 所示的是一种典型的热电偶测量电路。热电偶由两种金属铂和铂/13%铑合金组成。第三种金属（通常是铜）接到电路中，使 Pt-Cu 和 Pt/13%Rh-Cu 接头均保持 0℃。在两根 Cu 导线间测量电动势。只要两个参考接头处于相同的温度，电路中铜的存在就没有影响。所以，用图示的装置即可测出Pt-Pt/13%Rh偶的电动势，它们的接头在 0 和 T（℃）。

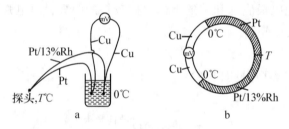

At 0℃：$\pi_{\text{Pt,Cu}} - \pi_{\text{Pt/13\%Rh,Cu}} = \pi_{\text{Pt,Pt/13\%Rh}}$

图 3.9 一种热电偶测量电路

热电偶的电动势与温度的关系可相当精确地表示如下：

$$E = a_{AB}(T_2 - T_1) + \frac{1}{2}b_{AB}(T_2^2 - T_1^2) \tag{3.3}$$

式中，a 和 b 是金属 A 和 B 的特征温差电系数，T_1 和 T_2 是在两个接点处的温度。为了制定一个可比较不同金属的 a 和 b 的表，就需要一个假定其 a 和 b 为零的参考金属。习惯上将铅当作参考金属。某些供选择的温差电系数列于表 3.2 中。为计算任意 AB 偶的 E 值，$a_{AB} = a_A - a_B$，$b_{AB} = b_A - b_B$。高灵敏度的电偶具有大的 a_{AB} 值，例如，Fe-康铜，它的 $a = 16.7 - (-38.1) = 54.8$。铂基电偶的 a 值则较小，但它们都具有可在很高温度下使用的优点。

从 (3.3) 式可知，E 对 T_2 的图是抛物线，如图 3.10 所示。当 $T_2 = T_1$ 时，$E = 0$；当 $T_2 = \frac{-a}{b}$ 时，E 通过一个最小值；当 $T_2 = \frac{-2a}{b} - T_1$ 时，E 再次为零。对于大多数实用的热电偶电路，$T_2 \gg T_1$，而且电动势与温度的关系基本上限于抛物线的高温翼。

表 3.2	温差电系数	
金属或合金	a	b
锑	+35.6	+0.145
铁	+16.7	-0.029 7
铜	+2.71	+0.007 9
铂	-3.03	-3.25
镍	-19.1	-3.02
康铜(60%Cu, 40%Ni)	-38.1	-0.088 8
铋	-74.4	+0.032

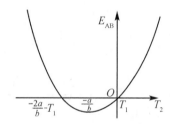

图 3.10 热电偶电动势与温度的关系

热电偶材料有纯金属,合金和非金属半导体等。纯金属的均质性、稳定性和加工性一般均较优,但热电势不太大。用作热电偶的特殊合金热电势较大,具有适于特定温度范围的特性,但均质性、稳定性通常都次于纯金属。非金属半导体材料一般热电势都大得多,但制成材料较为困难,因此用途有限。

实用的热电偶,其组成金属的绝对温差电系数必须具有相当大的差别,以便于测量所产生的电压。表 3.3 列出了某些常用热电偶及其应用温度范围,以及相对温差电系数的大约数值。温度超过 1 300℃ 时,采用铂铑-铂热电偶或钨-钨铼热电偶。尽管它们的灵敏度相当低,但是,由于较为灵敏的那几种热电偶在这样高的温度会变得太软,严重氧化,甚至熔化,所以采用这些热电偶。低灵敏度的(Pt-Rh)-Pt 热电偶是由于抗氧化而被采用;低灵敏度的 W-(W-Re)热电偶是由于可以用到更高的温度,但只能在真空中或惰性气氛中使用。最后必须指出,化学成分的不均匀性以及结构缺陷都会影响金属的温差电系数。因此,必须控制加工条件和工作条件,以免引起结构变化,这样热电位才有重复性。

表 3.3　　　　　　　　　　某些常用的热电偶及其应用温度范围

热电偶*	最高使用温度 /℃	平均灵敏度 /(mV/K)	温度范围 /℃
镍铬(90Ni-10Cr)-镍铝(94Ni-2Al-3Mn-1Si)	1 250	0.041	0~1 250
铜-康铜	850	0.033	−200~−100
		0.057	0~850
铁-康铜(55Cu-45Ni)	400	0.022	−200~−100
		0.052	0~400
铂铑(Pt-10%Rh)-铂(Pt)	1 500	0.009 6	0~1 000
		0.012 0	1 000~1 500
铂铑(Pt-13%Rh)-铂(Pt)	1 500	0.010 5	0~1 000
		0.013 9	1 000~1 500
镍铬-康铜	850	0.076	0~850
钨(W-3%Re)-钨铼(W-25%Re)	2 500	0.018 5	0~1 500
		0.013 9	1 500~2 500
铱铑(Ir-40%Rh)-铱(Ir)	2 000	0.005	1 400~2 000

* 各个热电偶的前一种金属或合金为正极,后一种为负极。

热电偶具有下列优点:

(1)体积小,质量轻,结构简单,易于装配维护,使用方便。

(2)主要作用点是由两根导线连成的很小的热接点,两根导线也较细,所以热惰性很小,有良好的热感度。

(3)能直接与被测物体接触,不受环境介质如烟雾、尘埃、二氧化碳、水蒸气等影响而引起误差,具有较高的准确度,可保证在预计的误差以内。

(4)测温范围广,一般可在室温至 2 000℃之间应用,某些情况下甚至可达3 000℃。

(5)可远距离传送,测量信号由仪表迅速显示或自动记录,便于集中管理。

因此热电偶被广泛应用于高温的精密测量中,但是在使用过程中,还需注意避免受到侵蚀和污染、电磁的干扰,同时要求有一个不影响其热稳定性的环境。例如,有些热电偶不宜于氧化气氛,而有些又应避免还原气氛。在不合适的气氛环境中,应以耐热材料套管密封,并用中性气体加以保护,但这样也就多少影响了它的灵敏度,当温度变动较快时,隔着套管的热电偶就显得有些热感滞后。

一般与热电偶配用的显示仪表或记录仪表中标明具有冷端温度自动补偿装置者,当冷端温度在 0~50℃的范围内变动时,其热电势差值都可由仪表内的热敏电阻自动补偿调整。

因此，可使冷端处在室温下进行测量，而不需要保持0℃恒温，也不需要校正。

3. 光学高温计

尽管使用热电偶测量温度简便可靠，但也受到一些限制。例如，热电偶必须与测量的介质接触，热电偶的热电性质和保护管的耐热程度等使热电偶不能用于长时间测量较高的温度，在这方面光学高温计恰恰可以弥补其不足。光学高温计是利用受热物体的单波辐射强度（即物质的单色亮度），随温度升高而增长的原理来进行高温测量的，具有如下的优势：

（1）不需要同被测物质接触，同时也不影响被测物质的温度场。

（2）测量温度较高，范围较大，可测量700~6 000℃。

（3）精度较高，在正确使用的情况下误差可小到±10℃，且使用简便、迅速。

3.2.2 高温合成反应的类型

许多无机合成和材料制备反应需要在高温条件下进行，高温合成反应主要有以下类型：

（1）高温下的固相合成反应，也称制陶反应。各种陶瓷材料，金属氧化物以及多种类型的复合氧化物等均是借高温下组分间的固相反应来合成的。

（2）高温下的固气合成反应。诸如金属化合物借 H_2，CO，甚至碱金属蒸气在高温下的还原反应，金属或非金属的高温氧化反应等。

（3）高温熔炼和合金制备。

（4）高温下的化学输运反应（chemical transport reaction）。

（5）高温下的相变合成。

（6）高温熔盐电解。

（7）等离子体中的超高温合成。

（8）高温下的单晶生长和区域熔融提纯。

以上反应类型在相关章节将会涉及。在此，主要介绍前两种，首先介绍高温固相反应，随后叙述高温下的还原反应。

3.2.3 高温固相反应

高温下的固相反应方法是一类很重要和古老的合成反应。一大批具有特种性能的无机功能材料和化合物，如为数众多的各类复合氧化物，含氧酸盐类、二元或多元的金属陶瓷化合物（碳、硼、硅、磷、硫族等化合物）等都是通过高温下（一般为1 000~1 500℃）反应物固相间的直接合成而得到的。因而这类合成反应不仅有其重要的实际应用背景，且从反应来看也有明显的特点。现以 $MgO(s)+Al_2O_3(s)\!=\!\!=\!\!=\!MgAl_2O_4$（尖晶石型）为例来比较详细地说明此类高温下发生的固相反应的机理和特点。

从热力学性质来讲，$MgO(s) + Al_2O_3(s) \Longrightarrow MgAl_2O_4(s)$ 完全可以进行。然而实际上，在 1 200℃ 以下几乎观察不到反应的进行，即使在 1 500℃ 反应也得数天才能完成。这类反应为什么对温度的要求如此高，这可从下面的简单图示中得到初步说明（见图 3.11）。在一定的高温条件下，MgO 与 Al_2O_3 的晶粒界面间将发生反应而生成尖晶石型化合物 $MgAl_2O_4$ 层。这种反应的第一阶段是在晶粒界面上或界面邻近的反应物晶格中生成 $MgAl_2O_4$ 晶核，实现这一步是相当困难的，因为生成的晶核结构与反应物的结构不同。因此，成核反应需要通过反应物界面结构的重新排列，其中包括结构中键的断裂和重新结合，MgO 和 Al_2O_3 晶格中 Mg^{2+} 和 Al^{3+} 离子的脱出、扩散和进入缺位。高温下有利于这些过程的进行和晶核的生成。同样，进一步实现在晶核上的晶体生长也有相当的困难，因为对原料中的 Mg^{2+} 和 Al^{3+} 来讲，则需要经过两个界面（见图 3.11b）的扩散才有可能在核上发生晶体生长反应，并使原料界面间的产物层加厚。因此可明显地看出，决定此反应的控制步骤应该是晶格中 Mg^{2+} 和 Al^{3+} 离子的扩散，而升高温度有利于晶格中离子的扩散，因而明显有利于促进反应。另外，随着反应物层厚度的增加，反应速度随之而减慢。曾经有人详细地研究过另一种尖晶石型 $NiAl_2O_4$ 的固相反应动力学关系，也发现阳离子 Ni^{2+}，Al^{3+} 通过 $NiAl_2O_4$ 产物层的内扩散是反应的控制步骤。按一般的规律，它应服从于下列关系：

$$\frac{\mathrm{d}x}{\mathrm{d}t} = kx^{-1}$$

$$x = (k't)^{\frac{1}{2}}$$

式中，x 是 $NiAl_2O_4$ 产物层的厚度；t 是时间；k，k' 是反应速率常数。实验验证 $NiAl_2O_4$ 的生成反应的确符合上述关系。图 3.12 示出了 $NiAl_2O_4$ 在不同温度下的反应动力学 x^2 与 t 的线性关系。速率常数 k 可从直线的斜率求得，反应活化能可从 $\lg k'$-T^{-1} 作图算出。同样，从实验结果来看 $MgAl_2O_4$ 的生长速度（x）和时间（t）的关系也符合上述规律。根据上述分析和实验的验证，$MgAl_2O_4$ 生成反应的机理可由下列（a），（b）两式示出（相应于图 3.11b）：

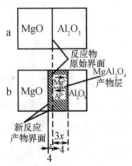

图 3.11 反应机制示意图

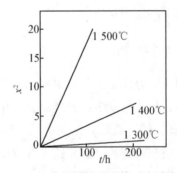

图 3.12 $NiAl_2O_4$ 在不同温度下的反应动力学 x^2-t 关系

（a）$MgO/MgAl_2O_4$ 界面：

$$2Al^{3+}-3Mg^{2+}+4MgO\Longrightarrow MgAl_2O_4$$

（b）$MgAl_2O_4/Al_2O_3$ 界面：

$$3Mg^{2+}-2Al^{3+}+4Al_2O_3\Longrightarrow 3MgAl_2O_4$$

总反应为： $\qquad\qquad 4MgO+4Al_2O_3\Longrightarrow 4MgAl_2O_4$

从以上界面反应可看出，由反应（b）生成的产物将是由反应（a）生成的三倍。这即如图 3.11b 所表明的那样，产物层右方界面的增长（或移动）速度将为左面的三倍，这点已为实验结果所证明。

综上所述，可以得出影响这类固相反应速度的因素主要应有下列三个：①反应物固体的表面积和反应物间的接触面积；②生成物相的成核速度；③相界面间特别是通过生成物相层的离子扩散速度。对此类固相反应规律和特点的认识，将有利于我们对高温固相合成反应的控制和新反应的开发。然而，固相反应存在着一些缺点：①反应以固态形式发生，反应物的扩散随着反应的进行途径越来越长（可达 $\sim100nm$ 的距离），反应速度越来越慢；②反应的进程无法控制，反应结束时往往得到反应和产物的混合物；③难以得到组成上均匀的产物。

为了克服以上所述的不足，近些年来人们研究开发出了一些更简单方便的软化学方法，如先驱物法、溶胶-凝胶法、低温固相法、流变相法等，参见第 4 章。

3.2.4 高温还原反应

高温下的还原反应在实际中应用广泛，几乎所有的金属以及部分非金属都是借高温下的还原反应来制备的。无论通过什么途径（如在高温下由金属的氧化物、硫化物或其他化合物与金属还原剂相互作用以制备金属，或在高温下借氢或 CO 的作用自氧化物制备金属，以及用热还原法自卤化物制备金属等）还原反应能否进行，反应进行的程度和反应的特点等均与反应物和生成物的热力学性质以及高温下热反应的 $\Delta H_{生成}$，$\Delta G_{生成}$ 等关系紧密。因而合成前应参考有关化合物如氧化物、氯化物、氟化物、硫化物、硫酸盐、碳酸盐以及硅酸盐等的 $\Delta G_f^{\ominus}$-T 图及其应用。

1. 氢还原法

1）氢还原法的基本原理

对于少数非挥发性的金属，可用氢还原其氧化物的方法来制备，氢还原反应的一般表示式如下：

$$\frac{1}{y}M_xO_y(s)+H_2(g)\Longrightarrow \frac{x}{y}M(s)+H_2O(g)$$

反应的平衡常数为：

$$K = \frac{p_{H_2O}}{p_{H_2}} \tag{3.4}$$

该平衡反应可看作是两个分平衡反应的结合，即氧化物的解离平衡和水蒸气的解离平衡的结合。如果不考虑金属离子价态的话，这两个平衡的一般表示式为：

$$2MO(s) \Longrightarrow 2M(s) + O_2(g) \qquad K_{MO} = p_{O_2}$$

$$2H_2O(g) \Longrightarrow 2H_2(g) + O_2(g) \qquad K_{H_2O} = \frac{p_{H_2}^2 p_{O_2}}{p_{H_2O}^2}$$

当反应达到平衡后，氧化物解离出的氧压力和水蒸气所解离出的氧压力应相等：

$$p_{O_2} = K_{H_2O} \frac{p_{H_2O}^2}{p_{H_2}^2} \tag{3.5}$$

这样，还原反应的平衡常数可进一步表示为：

$$K = \frac{p_{H_2O}}{p_{H_2}} = \sqrt{p_{O_2}/K_{H_2O}} \tag{3.6}$$

(3.6)式适用于所有非挥发性金属氧化物的还原反应。p_{O_2} 值的大小取决于反应温度和氧化物的状态，其可由金属氧化物的离解得到，也可从分步的平衡式算出。式中 K_{H_2O} 的值可由下式计算：

$$\lg K_{H_2O} = \lg \frac{p_{H_2}^2 p_{O_2}}{p_{H_2O}^2} = \frac{-26.232}{T} + 608 \tag{3.7}$$

式中，各分压均以标准气压表示。事实上，由(3.7)式计算的不同温度下的 K_{H_2O} 值都很小，这就说明了氢与氧之间有很强的化学键，难以离解。

2) 氢还原法的特点

用氢还原金属氧化物的反应有以下特点：

(1) 氢的利用率不可能达到完全。进行还原反应时，体系中有反应物氢和反应产物水蒸气。当反应达到平衡时还原反应便停止，这时体系中必然存在有 H_2 和 H_2O 以及氧化物和金属。用纯氢还原氧化物时，氢的最高利用率 y 可通过下式计算：

$$y = \frac{p_{H_2O}}{p_{H_2O} + p_{H_2}} = \frac{K}{1+K} 100\%$$

式中，p_{H_2} 和 p_{H_2O} 分别表示平衡体系中 H_2 和 H_2O 的分压；K 为还原反应的平衡常数。平衡常数愈小，H_2 的利用率愈低。$K = 1$ 时，利用率为 50%；$K = 0.01$ 时，H_2 的利用率为 0.99%。即使是平衡常数比较大，氢的利用率也不可能达到 100%。要使氧化物完全被还原为金属，必须使还原剂氢过量。

(2) 在还原金属高价氧化物的过程中会有一系列含氧不同的较低价态的金属氧化物出现。例如，从五氧化二钒 V_2O_5 还原制备钒时，反应过程中依次生成了氧化物 V_2O_4，

V_2O_3，VO。在反应过程中四价氧化物非常容易被还原，所以难以分离出纯的 V_2O_4，要想得到 VO，须在 1 700℃ 的高温下进行反应才有可能，而要制备金属钒则需要更高的温度。再如还原氧化铁时，可以连续得到 Fe_3O_4，FeO 和 Fe。在氧化物中，金属的化合价降低时，氧化物的稳定性增大，越不容易被还原。

(3) 在不同的反应温度下还原制得金属的物理性质和化学性质不同。在低温下，还原制得的金属往往具有较大的表面积和很强的反应活性，其中某些具有可燃性，在空气中就会自燃。在高温下进行还原反应，会使制得金属的颗粒聚结起来变成较大的颗粒，从而使表面积减少和使金属颗粒的内部结构变得整齐和更稳定，最终导致金属的化学活泼性明显地降低。在金属熔点以下的温度，还原出来的金属往往呈海绵状，与粉末状金属相比，海绵状金属比较安定。用氢还原氧化物所得的粉末状金属在空气中长期放置以后，由于在金属颗粒的表面上形成了氧化膜，要使其熔化，需加热到略高于熔点的温度才行。

3) 氢还原法制钨

用氢气还原三氧化钨所发生的反应可用下列方程式表示：

$$2WO_3+H_2 \Longrightarrow W_2O_5+H_2O \qquad K_1$$

$$W_2O_5+H_2 \Longrightarrow 2WO_2+H_2O \qquad K_2$$

$$WO_2+2H_2 \Longrightarrow W+2H_2O \qquad K_3$$

还原所得产品的成分及其性质取决于还原反应的温度，三氧化钨在 700℃ 左右即可完全被还原成金属钨。表 3.4 列出了不同温度下用氢还原三氧化钨所得产品的成分及其性质。

表 3.4　　　　　在不同温度下用氢还原三氧化钨所得产品的成分及其性质

温度/℃	外形特征	大致成分
400	蓝绿色	$WO_3+W_2O_5$
500	深蓝色	$WO_3+W_2O_5$
550	紫色	W_2O_5
575	绛褐色	$W_2O_5+WO_2$
600	朱古力褐色	WO_2
650	暗褐色	WO_2+W
700	深灰色	W
800	灰色	W
900	金属灰色	W

这些反应的平衡常数是:

$$\lg K_1 = -\frac{2\,468}{T} + 3.15$$

$$\lg K_2 = -\frac{817}{T} + 0.88$$

$$\lg K_3 = -\frac{1\,111}{T} + 0.845$$

式中,T 为绝对温度。实际上用氢气还原 WO_3 并不能得到纯的 W_2O_5,因为在 W_2O_5 中总溶有某些 WO_3。因此,有人用下面的反应来表示用氢还原 WO_3 的第一阶段,在此反应中以中间氧化物 W_4O_{11} 代替了 W_2O_5:

$$4WO_3 + H_2 = W_4O_{11} + H_2O$$

W_4O_{11} 实际上就是 WO_3 和 W_2O_5 的固溶体。

这些反应的平衡常数 K 随温度变化的曲线如图 3.13 所示,其中 $K = \dfrac{p_{H_2O}}{p_{H_2}}$。从直线的斜率情况可以看出,曲线 1 与曲线 2 应于较低的温度区域内相交,曲线 2 与曲线 3 则应于高温区域内相交。这就是说在低温下 WO_3 可直接还原为 WO_2,而不经过生成中间氧化物阶段:

$$WO_3 + H_2 = WO_2 + H_2O$$

从图 3.13 中明显看到,温度的升高使反应向还原方向移动。到还原的最后阶段,即在 850℃ 下从 WO_2 还原成钨,K_3 的值约为 45%,这个数值意味着金属的还原可在气相中存在高浓度水蒸气的情况下发生。然而在工业实践中,由于催化问题而采用含最少水分的氢气。WO_2 的氢还原受到金属钨的催化,催化效应是由于吸附在金属钨表面的氢分子的离解而发生的。水蒸气的存在大大地抑制了钨的这种催化效应,从而对还原动力学产生有害影响。这种有害影响可能是由于氧吸附在钨表面,形成一层扩散的阻挡层之故。

从平衡常数与温度的关系中可以看出,氢气中含水分愈少,则还原开始的温度愈低。图 3.14 说明钨的氧化物和金属钨的稳定区域与温度和气相组成的关系。在 700℃ 时,钨在含有 70%~100%H_2 和少于 25% 水蒸气的混合气体中不被氧化;在 900℃ 时,钨在含有 60%~100%H_2 和少于 40% 水蒸气的混合气体中亦不被氧化。

需要指出的是,当温度低于 1 200℃ 时,上述诸方程式是正确的,在更高的温度下,必须注意到气相中会含有钨的氧化物。例如反应式:

$$WO_2(蒸气) + 2H_2 = W + 2H_2O$$

在温度高于 1 200℃ 时的平衡常数可用下式表示:

$$K = \frac{p_{H_2O}^2}{p_{H_2}^2} \times p_{WO_2}$$

式中,p_{WO_2} 为 WO_2 蒸气的分压。

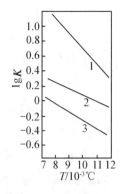

曲线 1 代表 $W_2O_5 + H_2O \Longrightarrow 2WO_3 + H_2$

曲线 2 代表 $2WO_2 + H_2O \Longrightarrow W_2O_5 + H_2$

曲线 3 代表 $W + 2H_2O \Longrightarrow WO_2 + 2H_2$

图 3.13 用氢气还原 WO_3 时反应的平衡
常数与温度的关系曲线

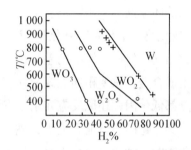

图 3.14 在 $H_2 + H_2O$ 的混合气体中钨的
氧化物在各种温度下的稳定性

固体 WO_2 的生成热为 $547.6kJ \cdot mol^{-1}$，WO_2 蒸气的生成热（WO_2 的蒸发热等于 $202.3kJ \cdot mol^{-1}$包括在内时）为 $345.3kJ \cdot mol^{-1}$。$H_2O(g)$的生成热为 $241.8kJ \cdot mol^{-1}$。因此还原反应的热效应是不同的：

$$WO_2(固) + 2H_2(气) \Longrightarrow W(固) + 2H_2O(气) \quad \Delta H = 64.0kJ \cdot mol^{-1}$$

$$WO_2(气) + 2H_2(气) \Longrightarrow W(固) + 2H_2O(气) \quad \Delta H = -138.3kJ \cdot mol^{-1}$$

第一个反应是吸热反应，在温度低于 1 200℃时发生，在这种情况下，当温度升高时平衡向右方即还原的方向进行。第二个反应是放热反应，在温度高于 1 200℃时发生，在这种情况下，WO_2 显著地蒸发。当温度升高时，反应向左方即氧化的方向进行。因此，当温度低于 1 200℃时，甚至可以用湿蒸气来还原 WO_2，但在 1 200~2 700℃的高温下，气体中含有极少的水分就会导致钨的氧化。在钨制品于高温下的氢气中退火时，可观察到这种现象。

用氢气还原三氧化钨在管式炉中进行。

2. 金属还原法

金属还原法也叫金属热还原法。它是用一种金属还原金属化合物（氧化物，卤化物）的方法。还原的条件就是这种金属对非金属的亲合力比还原的金属大。某些易成碳化物的金属用金属热还原的方法制备而不用碳还原法制备，是有很大实际意义的。因为精密合金的生产必须有这种含碳量极少的金属为原料。在常用于还原矿石或氧化物的金属中，铝因为具有高沸点和价廉而被广泛使用。钙则由于它的氧化物生成热具有大的负值以及由此导致反应易于趋向完全而居第二位。用作还原剂的金属还有 Mg，Na，Cs 等。

（1）还原剂的选择。根据什么原则来选择还原用的金属呢？当然，通过比较生成自由能的大小可以作为选择还原金属的根据，但是当可以用两种以上的金属作为还原剂时，应怎样来选择呢？这时通常要考虑以下几点：①还原能力强；②不与被还原的金属生成合金；③得到的金属纯度高；④容易分离；⑤成本低廉。

在用的还原剂铝、钙、钠、铈、镁等中，它们的还原能力强弱序列是根据被还原物质的种类（氯化物，氟化物，氧化物）而改变的。例如，原料为氯化物时，钠、钙、铈的还原能力大致相同，但镁、铝则稍差。在这三者的选择中，根据具体情况稍有不同，其中钠不与产品生成合金，只要稍加注意，处理也比较简单，因此用得最为普遍。通常氯化物的熔点和沸点都低，因此还原反应在用熔点低的钠时，要比用铈和钙时进行得更顺利。还原氟化物时，钙、铈的还原能力最大，钠、镁次之，铝最差。氟化物是比氯化物难以还原的。还原氧化物时，钠的还原能力是不够的，而其他几种金属的还原能力又几乎相同。因此，一般采用廉价的铝作为还原剂。铝在高温下也不易挥发，是一种优良的还原剂。它的缺点是容易和许多金属生成合金。一般可采用调节反应物质混合比的方法，尽量使铝不残留在生成金属中，但使残留量降到 0.5% 以下是困难的。钙、镁不与各种金属生成合金，因此可作为钛、锆、铪、钒、铌、钽、铀等氧化物的还原剂。此时可单独使用，也可与钠以及氯化钙、氯化钒、氯化钠等混合使用。钠和钙、镁生成熔点低的合金，对氧化物和还原剂的接触有良好的作用。另外氯化物能促进氧化物的熔融，使还原反应容易进行。用钙、镁为还原剂时多半在密闭容器中进行。铈和钙的情况差不多。硅亦可作还原剂用，它的还原能力位于铝和钠之间，缺点是容易生成合金。然而硅的挥发性小，因此可用于能用蒸馏法或升华法提纯的金属的还原。

（2）助熔剂。金属还原时加入助熔剂有两个目的：一是改变反应热；二是降低渣的熔点，使熔渣易与被还原的金属分离。若熔渣的黏度太大，缺乏流动性，生成金属多呈小球状而分散在熔渣中。制造高熔点金属时，不易完全熔融，如果生成金属的小粒能部分地凝聚烧结，也就应该认为满意了。不论在哪种情况下，都应力求熔渣的流动性良好。特别是以钙、镁、铝还原氧化物时，由于生成氧化钙（m.p. 2 570℃）、氧化镁（m.p. 2 800℃）、氧化铝（m.p. 2 050℃）等高熔点化合物的熔渣，因此，单靠反应热是不能熔融的。而当达到能使其熔融的高温时，坩埚材料也要随之而熔融了。在这种情况下，向反应体系中加入其他氟化物，氯化物或氧化物时，便可使熔渣的熔点降低，并使金属易于凝聚，这种加入料即为助熔剂。

助熔剂主要在还原氧化物，氟化物时使用，氯化物的熔点低，一般不需要助熔剂。一般助熔剂为吸热体，由于它有吸收反应热而减低反应速度的作用，因而助熔剂不能用得太多。例如，向氧化铝熔渣中加入相当于总量 10% 的氧化钙和氟化钙的混合物，就能使流动性良好，金属的凝聚也会显著好转；另外还可以缓和反应的激烈程度。助熔剂的用量取决于实验的规模和物质的种类，因此只能通过实验来确定。

（3）氧化钨的铝热还原。铝热还原法已被广泛用来制取难熔金属，如钒、铌和钽。炉料一般由一种细散的氧化物或矿石、铝粉以及助溶剂（如石灰和萤石）和诸如氯酸钠、硝酸钾之类的热引发剂所组成。助溶剂的作用是降低渣的熔点，从而有助于渣和被还原金属的分离。热引发剂由于它和铝之间的放热反应而使放出的能量增加。

将参加反应的炉料混合均匀，放在一个内衬耐火材料的密闭容器内并加以点燃。在炉料顶部点燃少量的铝或镁和过氧化钡或过氧化钠粉末就可以使反应开始。炉渣保护下部的金属在冷却时免于氧化，之后通过机械方法予以除去。

关于还原钨，有一种方法是采用黄色氧化钨作为原料，为了产出一种低熔点的 Al_2O_3-16.7% Al_2S_3 渣而采用硫作为助溶剂，采用钙和硫作为触发引火混合物。将炉料中的铝量从化学计量值的 90% 改变到 110%，金属的产率从 61% 增加到 82%。所产出的高铝、硫及氧含量的还原钨，通过在氩气氛下的电弧熔炼加以提纯，其纯度达到 99.8% 以上。

3.3 低温合成和分离

低温化学为我们提供了在接近绝对零度下发生的化学反应的独特信息。现在，分别采用超声喷气冷却法和基体隔离法研究发生在气体和固体中的这一类反应。超声喷气冷却法是研究弱结合分子（范德华分子）光谱的有力手段，而将其与激光诱导荧光及分子束联用又将为弄清分子内能量转移和分子预解离开辟了新途径。还可以在接近绝对零度的振动-转动温度下的气相中制备复杂分子，使我们能够触及常温下完全不清楚的光谱精细结构。高活性分子悬浮于接近绝对零度的惰气固体中（基体隔离技术）也能为我们提供靠其他任何方法都难以获得的信息。在此我们仅涉及低温合成和分离问题。

3.3.1 低温的获得、测量和控制

物理学家告诉我们，任何物体的温度都不能低于绝对零度，即-273.15℃。达到这个温度时，物体中的原子、分子、电子几乎都要停止运动，这实际上是不可想像的事。目前已知宇宙空间的背景辐射温度已是够低的了，为2.7K即-271.46℃。到20世纪70年代，人类利用各种人为的科学方法，获得的最低温度是 0.000 005K。近些年，芬兰科学家又取得了新进展，获得了 0.000 000 03K 的低温，即距离绝对零度只差三千万分之一 K 的温度。低温是如何获得的呢？

1. 制冷原理

将局部空间的温度降低到低于环境温度的操作，称为冷冻或制冷。一般说来，将局部空间温度降低到-100℃称为普通冷冻或普冷；降低到-100℃至4.2K之间者称为深度冷冻

或深冷；降低到 4.2K 以下者称为极冷。

目前有各种制冷的技术和方法，主要的制冷技术和方法列于表 3.5。

表 3.5　　　　　　　　　　　　获得低温的主要方法和技术

方法和技术名称	可达温度/K	方法和技术名称	可达温度/K
一般半导体制冷	~150	气体部分绝热膨胀二级沙尔凡制冷机	12
三级级联半导体制冷	77	气体部分绝热膨胀三级 G-M 制冷机	6.5
气体节流	~4.2	气体部分制冷绝热膨胀西蒙氦液化器	~4.2
一般气体做外功的绝热膨胀	~10	液体减压蒸发逐级冷冻	~63
带氦两相膨胀机气体做外功的绝热膨胀	~4.2	液体减压蒸发(^{4}He)	4.2~0.7
		液体减压蒸发(^{3}He)	3.2~0.3
二级菲利普制冷机	12	氦涡流制冷	1.3~0.6
三级菲利普制冷机	7.8	^{3}He 绝热压缩相变制冷	0.002
气体部分绝热膨胀的三级脉管制冷机	80.0	^{3}He-^{4}He 稀释制冷	1~0.001
气体部分绝热膨胀的六级脉管制冷机	20.0	绝热去磁	1~10^{-6}

尽管有各种各样的制冷方法和技术，但从热力学的观点出发，其原理不外乎等熵冷却和等焓冷却两种。所谓等熵冷却是压缩气体通过膨胀机进行绝热膨胀，同时做外功，如果这个过程是可逆的，则必然是等熵过程。该过程的特点是气体膨胀对外做功而其熵值不变，膨胀后气体温度降低。这种由于压力变化所引起的温度变化称为等熵膨胀效应。等熵冷却，不仅仅是只有压力变化引起温度变化，还有其他一些效应，如磁效应也可以引起温度的变化。

所谓等焓冷却，就是由著名的焦耳-汤姆逊节流效应(Joule-Thomson 效应)引起的制冷过程。根据热力学第一定律，节流的最终结果是等焓的，即节流前的焓值和节流后的焓值相等。由于节流过程中摩擦和涡流所产生的热量不可能完全地转变为其他形式的能，因此，节流过程是不可逆过程，过程进行时，熵值随之增加。对于理想气体，节流前和节流后的温度不变，对于真实气体，节流后的温度是升高，还是降低，还是不变，由该种气体的特征转化温度决定。

2. 低温源

1)制冷浴

(1)冰盐低共熔体系。将冰块和盐尽量磨细使之充分混合均匀(通常用冰磨将其磨细)可以达到比较低的温度，其具体数据如表 3.6 所示。

表3.6 冰 盐 浴

盐	含盐量/wt%	低共熔点/℃
NH$_4$Cl	18.6	−15.8
NaCl	23.3	−21.1
MgCl$_2$	21.6	−33.6
CaCl$_2$	29.8	−55
ZnCl$_2$	51	−62

（2）干冰浴。干冰的升华温度为−78.3℃，它也是实验室中常用的一种低温浴，为了提高干冰浴的导热性能，用时常加一些惰性溶剂如丙酮、醇、氯仿等，通常能达到的温度如表3.7所示。

（3）液氮。液氮也是在合成反应与物化性能试验中常用的一种低温浴，氮气液化的温度是−195.8℃，用于制冷浴时，使用温度最低可达−205℃（减压过冷液氮浴）。有时也加入惰性溶剂，如表3.7所示。

表3.7 非水冷冻浴

体系	临界点	温度/℃
液氨	沸点	−33.4
无水乙醇-干冰	低共熔	−72
氯仿-干冰	低共熔	−77
无水乙醇-液氮		−115~−125
液氮	沸点	−196

2）相变制冷浴

相变制冷浴可以恒定温度。如CS$_2$可达−111.6℃，这个温度是标准气压下二硫化碳的固液平衡点。经常用的低温浴的相变温度如表3.8所示。

液氨也是经常用的一种制冷浴，它的正常沸点是−33.4℃，通常它可用的最低温度远低于它的沸点，可达−45℃。需要注意的是它必须在一个具有良好通风设备的房间或装置下使用。

3）液化气体的使用和贮存

在实验室中，经常用到液氮、液氧等液化气体。在此，对液化气体的贮存和使用注意事项作一简单的介绍。

首先介绍液化气体的贮存，贮存液化气体可选择杜瓦瓶、贮槽（贮罐）、槽车和槽船等容器。杜瓦瓶是小型容器，贮槽(贮罐)、槽车和槽船是大型容器。广泛应用的液化气体贮槽有球形和圆柱形两种。一般更倾向选择球形贮槽这是因为其与尺寸相同的其他形状贮槽相比，具有容积大、表面积小、冷耗小、机械强度高、承载压力高和冷却周期短等优点。液化气体贮槽的几何容积是指实际的容积，公称容积是指贮存液化气体的有效容积。液化气体贮槽的几何容积应大于公称容积，以留有 5%~10% 的气体空间。

表 3.8 　　　　　　　　　　　一些常用的低温浴的相变温度

低温浴	温度/℃	低温浴	温度/℃
冰+水	0	甲苯	−95
CCl_4	−22.8	CS_2	−111.6
液氨	−33，−45	甲基环己烷	−126.3
氯苯	−45.2	正戊烷	−130
氯仿	−63.5	异戊烷	−160.5
干冰	−78.5	液氧	−183
乙酸乙酯	−83.6	液氮	−196

　　液化气体贮槽的工作性能常用正常蒸发的损耗率来表示，即一昼夜蒸发的液体量与贮槽的有效容积之比值的百分数。液化气体贮槽由内容器，外壳体，绝热结构以及连接内、外壳体的机械构件所组成。液化气体贮存在内容器内。除此之外，贮槽上通常还装有测量压力、温度、液面的仪表，液、气排注和回收系统以及安全设施等。

　　(1)液氮、液氩和液氧的小型容器。由于液氮、液氩、液氧的沸点比较接近，因此，贮存它们所用的贮槽基本相同。一般用杜瓦容器，简称杜瓦瓶。这种杜瓦瓶的材质为铜，外形呈球状。球形杜瓦瓶的技术性能指标列于表 3.9。

表 3.9 　　　　　　　　　　　球形杜瓦容器的技术性能指标

有效容积			空瓶重 /kg	外形尺寸/mm		正常蒸发/%	
容积/L	贮氧量/kg	贮氮量/kg		外径	高度	液氧	液氮
5	5.7	4.01	4.5	220	450	14	20
15	17.1	12.03	13	370	700	7	10
30	34.3	24.06	25	510	820	<4.9	<7.0
50	57	40.1	30	560	840	4.63	6.58
100	114	80.2	73	560	1 420	4.21	6.00

近年来，铜制高真空小型容器已逐渐为不锈钢或铝制、真空粉末(掺有金属粉末)绝热或真空多层绝热的小型容器所代替。

(2)液氖、液氢的贮存容器。由于液氢、液氖的沸点极低，汽化热很小，贮存极为困难。因此用于贮存它们的小型容器，结构更为复杂，主要有液氮屏容器和气体屏容器两类。

液氮屏小型容器具有液氮保护屏和真空绝热层。液氮屏焊接在内容器颈管的中部，并延伸到整个绝热空间将内容器包围，能使传向低温液化气体的辐射热减小到1/100~1/200，从而达到绝热保温的目的。贮存液氢时，日蒸发率为0.2%~0.5%。贮存液氖时，液氮屏容器的技术性能指标列于表3.10。

表 3.10 　　　　　　　　　液氮屏容器的技术性能指标

容积/L		外形尺寸/mm		日蒸发率		装满时重
液氖	液氮	外径	总高	液氖/%	液氮/L	/kg
10	12~15	432	850	2.0~4.0	1.75~3	45~56
25	33~35	525	940	1.2~1.8	2.25~4	79~86
50	42~60	635	1 120	0.9~1.0	2.75~4	130~166
100	48~65	635	1 450	0.5~0.65	4.5~5	208~226

气体屏容器的绝热原理在于利用液化气体容器中蒸发出来气体的潜热来冷却装于绝热层中的金属传导芯。其有两种结构形式：一种是在外壳体和内容器之间装置了一个气体屏，蒸发气体通过焊于屏外壁上的蛇形管进行冷却。这种结构包括两个绝热系统，即氖容器与气体屏之间的高真空绝热系统和屏与外壳体之间的真空多层绝热系统。另一种是气体直接通过装有多个金属传导屏的颈部，两个屏之间均装有多层绝热物。通过绝热材料的部分径向热流为金属屏所阻断，而通过两个屏的纵向热流传到颈管上，为逸出的气体带走。

(3)液态气体的转移。从液态气体容器里向外转移液态气体的方法有多种。第一种方法是倾倒法。例如，从液态空气罐中转移液态空气时，就可用此法(用倾瓶器)。比较小的杜瓦瓶可以直接倾倒，但倾倒时应将一片湿的滤纸贴在瓶口里面，把液态空气从滤纸上面很快地倒出，不过倾倒时应慢慢地转动它，使瓶口四周能均匀冷却。倾倒液态空气时应尽可能迅速并可借助于塑料或白铁做的漏斗。玻璃漏斗(如果不是耶拿玻璃制的)大多会炸裂，故不可用。第二种方法是虹吸法。虹吸管结构简单很容易制作。第三种方法是加压法。例如，取较大量的液态空气时，可用一个小橡皮球打气将液态空气压出。第四种方法是舀取法。例如，使用较大的和用普通玻璃制的杜瓦瓶时，液态空气切不可直接从瓶中倾倒出来，应用舀取法。所用的舀是由直径 40mm 高 60mm 的黄铜杯焊在一根约 3mm 粗、40cm 长的黄铜丝上制成。

装液态空气用的杜瓦瓶原则上最好是选用耶拿玻璃制的而不用普通热水瓶，因为耶拿玻璃制的杜瓦瓶比较经久耐用，不像普通热水瓶那样易坏，所以这种杜瓦瓶比较合算。做完实验之后，应将所有容器中的液态空气倒回原来装液态空气的罐中（金属制的杜瓦瓶）。

3. 低温的测量与控制

1）低温的测量

低温的测量常用低温温度计，低温温度计的测温原理是利用物质的物理参量与温度之间的定量关系，通过测定物质的物理参量就可转换成对应的温度值。低温温度计包括有低温热电偶、电阻温度计和蒸气压温度计等。实验室中，最常用的是蒸气压温度计。

液体的蒸气压随温度而变化，因此，通过测量液体的蒸气压就可以得知该液体的温度。理论上液体的蒸气压可以从克劳修斯-克拉伯龙方程积分得出：

$$\frac{\mathrm{d}p}{\mathrm{d}T} = \frac{\Delta S}{\Delta V} = \frac{L}{T \Delta V}$$

式中，ΔV 是蒸发时的体积变化；L 为汽化热，一般视为常数。因为是气液平衡，液体的体积 V_1 和气体的体积 V_g 相比可以忽略不计，若假定蒸气是理想气体，则上式可进一步简化为：

$$\frac{\mathrm{d}p}{\mathrm{d}T} = \frac{L}{T(V_g - V_1)} = \frac{L}{TV} = \frac{L}{T \dfrac{RT}{p}} = \frac{L}{RT^2} \cdot p$$

移项得：

$$\frac{\mathrm{d}\,\mathrm{ln}p}{\mathrm{d}T} = \frac{L}{RT^2}$$

积分得：

$$\int \mathrm{d}\,\mathrm{ln}p = \int \frac{L}{RT^2}\mathrm{d}T$$

$$\mathrm{ln}p = -\frac{L}{RT} + c'$$

或写成：

$$\mathrm{lg}p = \frac{L}{2.303RT} + c$$

上式最初是经验公式，后来得到了理论证明。由这个方程式计算出的值与蒸气压的实验数据很接近。可将 p 和 T 列成对照表，用这种表可以从蒸气压的测量值直接得出 T。

测定正常的压强可用水银柱或精确的指针压强计，测低压强可用油压强计或麦克劳斯压强计、热丝压强计。蒸气压温度计可用如下方法设计制造，先将水银在真空中加热净化，以除去一些易挥发性的杂质，然后将其冷凝在 U 形管中，最后把 U 形管两端封死并在 U 形管之间配上标尺以供读数之用。

2）低温的控制

低温的控制有两种途径：一种是用恒温冷浴，一种是借助于低温恒温器。

（1）恒温冷浴。恒温冷浴可用沸腾的纯液体也可用纯物质液体和其固相的平衡混合物（混浴）来获得。除了冰水浴外，泥浴的制备都是在一个罩里慢慢地加入液氮（不能是液态空气或液态氧）到杜瓦瓶里，杜瓦瓶中预先放入某种液体和搅拌器，以便于调制泥浴。当加入液氮使之呈稠的牛奶状时，则表明已制成泥浴。注意液氮不要加过量，否则就会形成难以熔化的固体。再者开始时如果液氮加得太快，被冷却的物质有从杜瓦瓶中溅出来的危险。

干冰浴并不是一个泥浴，它可以通过慢慢地加一些磨碎的干冰和一种液体如 95% 乙醇到杜瓦瓶中而得到。如果干冰加得太快或杜瓦瓶中的液体太多，由于 CO_2 激烈地释放，液体有可能从杜瓦瓶中冲出。制好的干冰浴应是由碎干冰和漫过干冰 1~2cm 的液体所组成，当这样一个干冰浴准备好之后，再在里面放一个反应管或其他仪器是非常困难的。所以最好在制备冷浴之前就在杜瓦瓶里装上试验所需的容器或仪器。随着干冰的升华，干冰将渐渐地减少，应不断地补充新的干冰到杜瓦瓶中以维持这个低温浴。在此，液体仅起热的传导介质的作用，也可以用一些低沸点的液体如丙酮、异丙酮等代替乙醇。在一个好的冷浴中，温度是与所用的热传导液体无关的。由仔细磨细的干冰制备的冷浴，其温度常常低于 CO_2 固体与该气压下 CO_2 气体平衡时的温度。

许多物质如有机物、金属细粉等同液氧发生爆炸性的反应。还原剂与液氧的混合物若遇电火花、摩擦和震动也能引起爆炸，因此液氧不能用来冷却装有可氧化物质的制冷玻璃瓶，当然更不能用来制造泥浴，这是应该十分注意的。

（2）低温恒温器。低温恒温器就是能够将一个低温状态保持一定时间的装置。图 3.15 所示的就是一种最简单的液体浴低温恒温器的示意图，它可用于保持 -70℃ 以下低温。其制冷是通过一根铜棒来进行的，铜棒作为热导体，其一端同冷源液氮接触，可借助于铜棒浸入液氮的深度来调节温度，并使冷浴温度比我们所要求的温度低 5℃ 左右。另外有一个控制加热器的开关，经冷热调节可使温度保持在恒定温度的 ±0.1℃。

3.3.2 低温合成

1. 液氨中的合成

氨的熔点是 -77.70℃，沸点是 -33.35℃，所以液氨中的合成属于低温反应。

1）金属同液氨的反应

金属同液氨的主要反应归纳如下：

（1）液氨同碱金属的反应。碱金属液氨溶液是亚稳态的。一般条件下反应较慢（见表

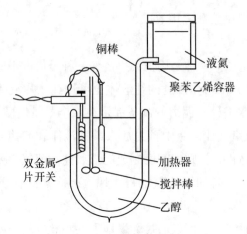

图 3.15　液体浴低温恒温器

3.11），但在催化剂存在时能迅速地反应形成金属氨化物并放出 H_2：

$$M+NH_3(l) \Longrightarrow MNH_2+\frac{1}{2}H_2 \uparrow$$

表 3.11　　　　　　　　　　某些碱金属在液氨中的溶解度和反应时间

碱金属	温度/℃	溶解度/[mol·(1 000g NH₃)⁻¹]	反应时间
Li	−63.5	15.4	很长
	−33.2	15.66	
	0	16.31	
Na	−70	11.29	10d
	−33.5	10.93	
	0	10.00	
K	−50	12.3	1h
	−33.2	11.86	
	0	12.4	
Rb			30min
Cs	−50	2.34	5min

反应速度随着温度的升高和碱金属原子量的增加而加快。某些碱金属的化合物也能同液氨进行反应，如：

$$MH+NH_3 \Longrightarrow MNH_2+H_2$$

$$M_2O+NH_3 =\!=\!= MNH_2+MOH$$

这里需要说明的是制备 $NaNH_2$ 也可以在高温下进行反应：

$$Na(l)+NH_3(g)=\!=\!= NaNH_2+\frac{1}{2}H_2\uparrow$$

但由于这个反应是气-液反应，属界面反应，所以反应不可能很完全。在低温下，钠在液氨中形成真溶液，在催化剂存在下（如 Fe^{+3}）反应得很完全。

(2)碱土金属和液氨的反应。铍和镁不溶于液氨也不同液氨反应，但是有少量的铵离子存在时镁能同液氨反应并形成不溶性的氨化物，铵离子起催化剂的作用。其反应为：

$$Mg+2NH_4^+ =\!=\!= Mg^{2+}+2NH_3+H_2$$

$$Mg^{2+}+4NH_3 =\!=\!= Mg(NH_2)_2+2NH_4^+$$

总反应可写成：$Mg+2NH_3 \xrightarrow{NH_4^+} Mg(NH_2)_2+H_2$

其他碱土金属像碱金属一样，在液氨中也能溶解，形成的溶液能够慢慢地分解并形成金属的氨化物。碱土金属的盐也能同液氨反应形成相应的氨化物。

2)化合物在液氨中的反应

很多化合物在液氨中能够氨解得到相应的化合物，例如：

$$BCl_3+6NH_3 =\!=\!= B(NH_2)_3+3NH_4Cl$$

如果将氨化物 $B(NH_2)_3$ 加热到0℃以上，它分解并得到亚胺化合物：

$$2B(NH_2)_3 =\!=\!= B_2(NH)_3+3NH_3$$

研究表明三碘化硼在-33℃的液氨中，可直接生成亚胺化合物：

$$2BI_3+9NH_3 =\!=\!= B_2(NH)_3+6NH_4I$$

再如 P_4S_3，这个化合物也可以同液氨进行反应：

$$P_4S_3 \xrightarrow[-33℃]{NH_3} (NH_4)_2[P_4S_3(NH_2)_2] \xrightarrow{20℃} (NH_4)_2[P_4S_3(NH)]$$

$$\downarrow 100℃$$

$$(NH_4)[P_4S_3(NH_2)] \xrightarrow{150℃} P_4S_3$$

As_4S_6 在-33℃的液氨中，可以得到一种亮黄色的铵盐，而这种亮黄色的铵盐当加热到0℃时，又得到了深橘红色的砷的亚胺化合物。

$$As_4S_6+6NH_3 \xrightarrow{-33℃} (NH_4)_2[As_4S_5(NH_2)_4]亮黄色+H_2S$$

$$\downarrow 0℃$$

$$As_4S_5(NH)+5NH_3$$
$$深橘红色$$

除此之外，一些配合物在液氨中可以发生取代反应：

$$[Co(H_2O)_6]^{2+}+6NH_3 \Longrightarrow [Co(NH_3)_6]^{2+}+6H_2O$$

$$(\eta^5\text{-}C_5H_5)_2TiCl+4NH_3 \xrightarrow{-36℃} (\eta^5\text{-}C_5H_5)TiCl(NH_2)\cdot 3NH_3+C_5H_6$$

$$(\eta^5\text{-}C_5H_5)TiCl(NH_2)\cdot 3NH_3 \xrightarrow{20℃} (\eta^5\text{-}C_5H_5)TiCl(NH_2)+3NH_3$$

3）非金属同液氨的反应

硫是非金属中最易溶于液氨的，溶解后得到一种绿色的溶液，当这种绿色的溶液冷却到-84.6℃时，又变成了红色。这种溶液与银盐反应可以得到 Ag_2S 沉淀。如果将这种溶液蒸发可以得到 S_4N_4，因此在溶液中发生的反应可能是：

$$10S+4NH_3 \Longrightarrow S_4N_4+6H_2S$$

但是光谱数据并不支持这种看法。所以还有待进一步研究。

臭氧在-78℃同液氨反应可以得到硝酸铵，其反应为：

$$2NH_3+4O_3 \Longrightarrow NH_4NO_3+H_2O+4O_2$$

$$2NH_3+3O_3 \Longrightarrow NH_4NO_2+H_2O+3O_2$$

硝酸铵的产率为98%，而亚硝酸铵的产率为2%。

4）$NaNH_2$ 的合成

$$Na+NH_3 \Longrightarrow NaNH_2+1/2H_2$$

所需试剂：液氨，金属钠，$Fe(NO_3)_3\cdot 9H_2O$。

所需仪器：见图3.16。

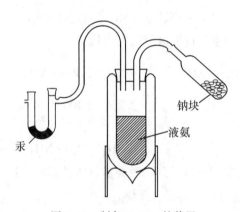

图 3.16　制备 $NaNH_2$ 的装置

操作步骤：

在无氧无水手套箱或惰性气体袋里，用刀片刮去钠块表面上的油和氧化物。然后将5g钠切成豌豆大的小块放入支管中，在管上接一段直径较粗的橡皮管并用夹子拧紧以免钠接触空气，然后从手套箱中取出。将钢瓶液氨导入杜瓦瓶顶部的大口，开动钢瓶阀使新鲜的氨气通过杜瓦瓶几分钟，然后把钢瓶阀进一步开大使杜瓦瓶收集 150mL 左右的液氨，关闭钢瓶阀，把杜瓦瓶移放在一通风柜里，加入少量的(像米粒大小)$Fe(NO_3)_3 \cdot 9H_2O$ 晶体到液氨中。在杜瓦瓶顶部连接好支管并使其通过橡皮管接上一个 U 形汞鼓泡管，它主要作液氨蒸发的出口，并且当所有的液 NH_3 蒸发掉后，阻止空气进入杜瓦瓶中。整个装置的连接都是不允许漏气的。加钠的速度要保持氨溶液发生缓和的沸腾。加完所有的钠，大约需要半小时，此时溶液的蓝色应该消失。拔掉这一套管子并用一个橡皮塞塞住杜瓦瓶的瓶口，然后放置这套装置 1~2d，以便让氨蒸发掉，接着把这套装置转移到手套箱或惰性气体袋中，用长把刮刀将氨基钠从杜瓦瓶里转移到一个有严密塞子的瓶子里。最重要的是不要使空气接触氨基钠，氧能与它反应并形成一种黄色氧化物的表面覆盖层，这种被氧化的物质是易爆炸的，并且由于摩擦或加热就可起爆。

2. 低温下稀有气体化合物的合成

稀有气体是氦、氖、氩、氪、氙和氡等六种元素的总称，旧称"惰性气体"。自从 1962 年首次合成了氙的化合物后，所谓的惰性气体已经名不副实了。后来又陆续合成了许多新的稀有气体化合物。所以现改称稀有气体。稀有气体本身就是在低温下进行分离纯化的，它的一些化合物也是在低温下合成的，现就低温的主要合成方法归纳如下：

1) 低温下的放电合成

约斯特(Yost)等人于 1933 年曾用放电法制备氟化氙，但未成功。基甚谢恩鲍姆(Kirschenbaum)等人于 1963 年用放电法制备 XeF_4 获得成功。反应器的直径为6.5cm，电极表面的直径为 2cm，相距 7.5cm，将反应器浸入−78℃的冷却槽中，然后将 1 体积的氙和 2 体积的氟在常温常压下以 136cm^3/h 的速度通入反应器，放电条件为(1 100V，31mA) ~ (2 800V，12mA)。历时 3h，耗14.20mmol氟和 7.1mmol氙，生成了 7.07mmol(1.465g)的氟化氙。说明此反应为定量反应。为了测定产物的组成，用过量的汞和产物反应，生成 Hg_2F_2 并放出氙，证明产物是 XeF_4。反应按下式进行：

$$XeF_4 + 4Hg \longrightarrow Xe + 2Hg_2F_2$$

在低温下 XeF_4 与过量的 O_2F_2 反应时，则可被氧化成 XeF_6，其反应为：

$$XeF_4 + O_2F_2 \xrightarrow{140 \sim 195K} XeF_6 + O_2$$

低温放电合成的另一个例子是二氯化氙($XeCl_2$)的制备。于−80℃下在氙、氯、$SiCl_4$ (或 CCl_4)混合物中进行高频放电，得到白色晶体。此白色晶体较稳定，可长期存放在密封的玻璃容器中。在室温下通过减压升华可使之纯化。但在高度真空下，或加热至 80℃，结晶即分解。质谱分析时观察到 $XeCl^+$ 离子，推测此白色晶体是 $XeCl_2$，但未能进行化学分析。也有人在氙、氯混合物中进行微波放电,将产物收集在 20K 的冷阱中,随即对产物作红外吸收光谱测定,在 313cm^{-1} 处显示一吸收峰。若假定 XeCl$_2$ 分子的几何构型是线形对称的,则计算出来的红外吸收光谱与实验所得值接近(计算值 314.1cm^{-1})。说明此吸收峰相应于线状分子 XeCl$_2$ 的 ν_3 振动。从而证实微波放电后的产物确是 XeCl$_2$。

2)低温水解合成

迄今为止,氙的氧化物尚不能由单质的氙和氧直接化合而成,只能由氟化氙转化而来,氙的氟氧化物也是靠氟化氙转化而获得。如 XeO$_3$,XeOF$_4$,XeO$_2$F$_2$ 是由 XeF$_6$ 转化而来,XeO$_4$ 和 XeO$_3$F$_2$ 则由 XeF$_4$ 或 XeF$_6$ 水解生成高氙酸再转化而成。

最初制成 XeF$_4$ 时,就发现它的水解过程比较复杂。经过仔细研究,证明水解的最终产物不是 Xe(Ⅳ)化合物,而是 Xe(Ⅵ)化合物。其反应机理为 XeF$_4$ 水解时发生歧化反应,Xe(Ⅳ)一部分被氧化成 Xe(Ⅵ),一部分被还原为单质氙。

$$3XeF_4+6H_2O == 2XeO+XeO_4+12HF$$

$$XeO == Xe+\frac{1}{2}O_2$$

$$XeO_4 == XeO_3+\frac{1}{2}O_2$$

故总的反应式为:

$$3XeF_4+6H_2O == XeO_3+2Xe+\frac{1}{2}O_2+12HF$$

水解的最终产物经 X 射线分析,确证为 XeO$_3$。

XeF$_6$ 的水解机理比较简单,无歧化反应产生:

$$XeF_6+3H_2O == XeO_3+6HF$$

此外 XeOF$_4$ 水解也可生成 XeO$_3$:

$$XeOF_4+2H_2O == XeO_3+4HF$$

对比 XeF$_4$ 和 XeF$_6$ 的水解结果可以看出,XeF$_6$ 水解时 Xe(Ⅵ)全部变成 XeO$_3$,转化率最高;XeF$_4$ 由于歧化反应,Xe(Ⅳ)只有 1/3 转化为 XeO$_3$,故制备 XeO$_3$ 以 XeF$_6$ 水解为宜。

XeF$_4$ 和 XeF$_6$ 的水解反应极为剧烈,易引起爆炸。为了减慢和便于控制反应速度,可先用液氮冷却氟化氙,然后加入水,这时便形成了凝固状态,逐渐加热使反应缓缓进行,直至加热至室温。水解完毕后,小心地蒸发掉氟化氢和过量的水,便可得到潮解状的白色 XeO$_3$ 固体。

XeO$_4$ 的制备也需要低温。将高氙酸盐放入带支管的玻璃仪器中,在室温下缓慢滴入 -5℃的浓硫酸,则生成 XeO$_4$ 气体。将此气体收集在液氮冷凝器中,呈黄色固体。然后进行真空升华，即得到纯的四氧化氙，储于-78℃的冷凝容器中。高氙酸盐与浓硫酸的反应如下：

$$Na_4XeO_6+2H_2SO_4 \Longrightarrow XeO_4+2Na_2SO_4+2H_2O$$
$$Ba_2XeO_6+2H_2SO_4 \Longrightarrow XeO_4+2BaSO_4\downarrow+2H_2O$$

需要特别指出的是 XeO_4 固体极不稳定，甚至在-40℃也发生爆炸，其反应式为：

$$XeO_4 \Longrightarrow Xe+2O_2$$

因此需要在-78℃下保存。气态的 XeO_4 反而比较稳定，在室温或稍高于室温的温度下徐徐分解为 XeO_3。

3）低温光化学合成

Weeks 等于 1962 年在-60℃下用紫外线照射氪、氟混合物，没有得到氟化氪。Streng 于 1966 年将氪和氟(或 F_2O)按 1：1 摩尔比装入硬质玻璃容器中，在常温常压下，用日光照射五个星期，据信制得了 KrF_2，但此实验未能被重复，趋向于被否定。这样，光化学合成法制备 KrF_2 就搁置下来。至 1975 年 Slivnik 降低反应温度至-196℃，在 100mL 的硬质玻璃反应器内，用紫外线照射氪、氟混合液体 48h，确证获得了 $4.7gKrF_2$。实验证明温度对反应的影响很显著，温度稍高就不能合成 KrF_2。

光化学合成 KrF_2 的机理，首先是分子氟受激分解为原子氟，原子氟与氪生成 KrF· 自由基，然后 KrF· 和 KrF· 或 F 原子碰撞生成 KrF_2，故光源的波长对量子产率(KrF_2 的产量/(W·h))有很大的影响。

例如，310nm 时的量子产率最大，这是因为氟分子的吸收带恰好在 250~300nm 区间，有利于氟受激分解为原子氟。体系中的杂质对量子产率的影响也很大。例如，在 Kr(s)-F_2(g)体系中，如含氧 10%~15%则量子产率降低 1~2 倍，氙的影响更大，当体系中含氙 5%时，实际上不生成 KrF_2，主要生成 XeF_2，加入 BF_3 可使量子产率增加一倍，这可能是 BF_3 与 KrF· 自由基反应，生成的 $KrBF_4$ 有利于 KrF· 的稳定和不致分解；另一方面，BF_3 与生成的 KrF_2 结合为 $KrF_2·BF_3$，可免于 KrF_2 的光解。

氡在低温下也可与某些氟化剂生成氟化氡。例如将浓度较大的氡与液态氟和固态 ClF_3 在-195℃反应，可获得非挥发性的氟化氡。氡在-160℃至-40℃的低温下，可被 O_2F_2 氟化为氟化氡，经 X 射线分析，确定产物除 RnF_2 外，还有微量的 RnF_4。

与氟化氙相比，氟化氡的稳定性要好得多，其在 500℃才能被氢还原为单质氡，而 XeF_2、XeF_4、XeF_6 被氢还原的温度分别为 400℃、130℃和室温。

氟化氡在酸性或碱性溶液中水解时，氡气都全部释放出来，在溶液中不留下任何氡的化合物，这是和氟化氙截然不同的。

3.3.3 低温分离

非金属化合物的反应由于存在一个化学平衡而不可能反应完全，加之副反应较多，所以所得的产物往往是一个混合物。混合物的分离主要根据它们的沸点不同通过低温来进行。低温分离的方法主要有四种：低温下的分级冷凝；低温下的分级减压蒸发；低温吸附分离；低温化学分离。

1. 低温下的分级冷凝

1）方法概述

所谓低温下的分级冷凝就是让一个气体混合物通过不同低温的冷阱，由于气体的沸点不同，就分别冷凝在不同低温的冷阱内，从而达到分离的目的。

分级冷凝的关键是如何判断在什么情况下能够冷凝？在什么情况下不能冷凝？是否冷凝彻底？通常判断的标准是，当有一气体通过冷阱后其蒸气压小于1.3Pa时就认为是定量地捕集在冷阱中，冷凝彻底了。而通过冷阱后其蒸气压大于133.3Pa的气体将认为不能冷凝，穿过了冷阱。当然这是一个很粗略的判断标准。

对于一些重要的化合物在1.3Pa压强左右的温度-蒸气压数据往往是没有的，或者不能很快地被计算出来，这给选择冷阱造成困难。但是对要分离的两种化合物来说，可以根据它们的沸点或在0.1MPa压强下的升华点来选择一个合适的低温冷阱进行分离是可行的。例如，假设欲分离乙醚（b. p. =34.6℃）和锑化氢（b. p. =−18.4℃）就可选择一个冷阱使乙醚定量冷凝，而让锑化氢通过。如何选择冷阱呢？利用图3.17就可以选择进行分离乙醚和锑化氢的冷阱。首先从图的横坐标上找到34.6℃（乙醚的沸点），再沿着这点垂直向上交于3线（因为乙醚和锑化氢的沸点之差即Δb. p. =53℃），从3线上的这一

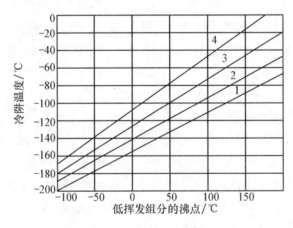

1—当 Δb. p. >120℃时能很好地冷却，捕集；

2—当 Δb. p. >90℃时能较好地冷却，捕集；

3—当 Δb. p. >60℃能基本冷却，捕集；

4—当 Δb. p. >40℃时冷却不好，捕集较差

图 3.17　分离挥发性多元混合物时建议的冷阱

点向纵坐标作垂线，交于纵坐标的一点，该点的标度接近于-100℃，也即可选择接近-100℃的冷阱来冷凝乙醚。从表3.8中可以看出甲苯冷浴(-95℃)非常合适。如果选用 CS_2 浴(-111.6℃)有可能会冷凝一些锑化氢，因此只有在蒸馏进行得很慢时，才可以使用。

需要注意的是，混合气体通过冷阱时的速度不能太快，不然分离效率要受到影响，这是因为，低挥发性组分在冷阱里不可能彻底冷凝下来，有可能被高挥发性组分带走。因此高挥发性组分中就含有一部分低挥发性组分；再者由于系统中的压力相当高，高挥发性组分可能部分地被冷凝到冷阱中，因此低挥发性组分可能含有高挥发性组分。

当然混合物也不能通过得太慢，如果太慢的话，冷阱中部分低挥发性组分的冷凝物要蒸发(即使在这种低温下也还具有一定的蒸气压)。因此易挥发性组分中可能含有低挥发性组分。那么混合气体通过冷阱的速度为多大才合适呢？一般地说，当混合气体以 1mmol/min 的速度分离效果最好。再一点就是一个混合物当其组分沸点之差小于40℃时，通过分级冷凝达不到定量的分离。虽然可以通过重复的分级冷凝来实现分离，但一般说来这样做的回收率较低。

2)应用实例

在标准状况下，将 83.3mL $B_3N_3H_6$(硼氮环)和 23.8mL BCl_3 混合并在室温下反应116h，可以得到一种混合物：$B_3N_3H_4Cl_2$，$B_3N_3H_5Cl$，$B_3N_3H_6$，B_2H_6，H_2 其反应式如下：

$$B_3N_3H_6+BCl_3 \xrightarrow{室温,116h} \begin{cases} B_3N_3H_4Cl_2 & (b.p.=151.9℃) \\ B_3N_3H_5Cl & (b.p.=109.5℃) \\ \\ B_3N_3H_6 & (b.p.=50.6℃) \\ B_2H_6 & (b.p.=-86.5℃) \\ H_2 & (b.p.=-253℃) \end{cases}$$

得到的是反应物和产物的混合物，如何分离这一混合物呢？可以用图3.18来说明。首先要选择合适的冷阱，第一个冷阱可选氯苯；第二个选干冰；第三个选二硫化碳；第四个选液氮。当混合物通过第一个冷阱时，$B_3N_3H_4Cl_2$ 冷却下来，它的蒸气压和温度有如下的关系：

$$\lg p_1 = \frac{-1\,994}{T}+7.572$$

将 T=-45.2℃(即227.8K)代入上式，计算得 p_1=8.8Pa，该值接近于1.3Pa，可认为 $B_3N_3H_4Cl_2$ 基本上冷凝下来了。而 $B_3N_3H_5Cl$ 的蒸气压与温度的关系是：

$$\lg p_2 = \frac{-1\ 846}{T} + 7.703$$

将 $T = 227.8K$ 代入上式,计算得 $p_2 = 53Pa$,该值说明 $B_3N_3H_5Cl$ 没被冷凝下来,而是基本上跑掉了。由此可将 $B_3N_3H_4Cl_2$ 同其他混合物分离开。这样依次类推,最后可以达到全部分离的目的。

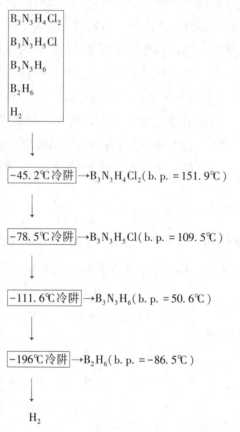

图 3.18　$B_3N_3H_6$ 和 BCl_3 反应产物的低温分级冷凝分离

2. 低温下的分级减压蒸发

这种方法是分离两种挥发性物质最简单的方法。它是建立在这样一个假设之上的,即用泵把易挥发的物质抽走之后,混合物中难挥发的物质基本上不蒸发,从而可以达到分离的目的。这种方法的有效范围是要分离的两种物质的沸点之差大于 80℃。一般说来是将干冰或液 N_2 作为制冷浴。

3. 低温吸附分离

由于物理吸附过程是放热的,所以吸附量随温度的升高而降低,这是热力学的必然结果。但是当气体吸附质分子（如 N_2，Ar，CO 等）的大小与吸附剂的孔径大小接近时，温度对吸附量的影响就会出现特殊的情况，即对于 O_2 来说，其吸附量随温度下降而增加。在 0℃ 时对氧只有微量的吸附，而在 -196℃ 时吸附量可达 130mL/g（18.6%）。而对于 N_2，Ar，CO 等气体而言，在 0~-80℃ 之间它们的吸附量随温度的降低而增加，在 -80~-196℃ 的范围内吸附量却随温度的降低而减小。也就是说，吸附量在 -80℃ 左右有一个极大值。这是由于 N_2，Ar，CO 等气体分子和 4A 型沸石的孔径很接近，在很低的温度下，它们的活化能很低，而且沸石的孔径发生收缩，从而增加了这些分子在晶孔中扩散的困难。因此温度降低反而使吸附量下降。由此我们可以选择一个较低的温度使 O_2 同其他气体分离。

4. 低温下的化学分离

两种化合物通过它们的挥发性的差别进行分离不太容易时，可通过化学反应的方法来进行分离，这就是低温下的化学分离。该法的要点是，通过加入过量的第三种化合物，使之同其中一种化合物形成不挥发性的化合物，这样把挥发性的组分除去之后，再向不挥发性这一产物中加入过量的第四种化合物。使第四种化合物从不挥发性化合物中把原来的组分置换出来，进而同加入的第三种化合物形成不挥发性的化合物，最终达到分离的目的。现举例说明如图 3.19 所示。由图 3.19 可知，四氟化硫中含有杂质 SF_6 和 SOF_2，向其中加入过量的第三种化合物 BF_3，BF_3 与 SF_4 形成低挥发性的配合物 $SF_4 \cdot BF_3$，这时将整个体系降温至 -78℃ 并加泵抽，易挥发性组分 BF_3，SF_6，SOF_2 都被泵抽掉，只剩下不易挥发的配合物 $SF_4 \cdot BF_3$。再向这个配合物中加入第四种过量的化合物 Et_2O。由于 Et_2O 与 BF_3 的配合能力大于 SF_4 与 BF_3 的配合能力，因此就形成了 $Et_2O \cdot BF_3$ 配合物。它具有低的挥发性，在 -112℃ 进行泵抽时 SF_4 被抽走，剩下的是 $Et_2O \cdot BF_3$。

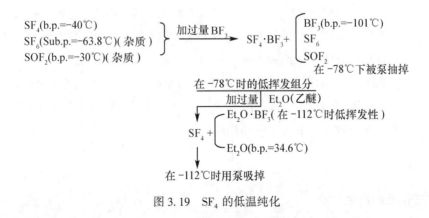

图 3.19 SF_4 的低温纯化

再举一个例子如图 3.20 所示，向待分离的 GeH_4 和 PH_3 中，加入过量的第三种化合物 HCl，则 PH_3 与 HCl 形成低挥发化合物 PH_4Cl，而 HCl 与 GeH_4 不反应。在 $-112℃$ 时用泵抽走 GeH_4，剩下 PH_4Cl，然后分别用 KOH 处理就可得到纯 PH_3 和 GeH_4。

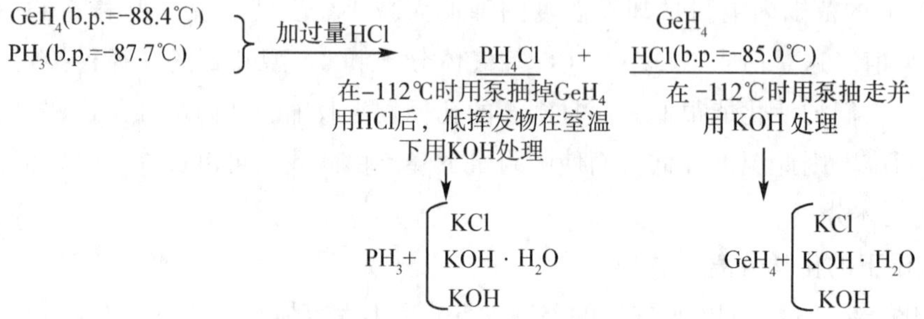

图 3.20　低温分离 GeH_4 和 PH_3

3.4　高 压 合 成

高压化学在许多方面具有潜力，因为它有可能考察压力极高甚至超过 100 万个大气压（大于 $10^{11}Pa$）条件下的化学反应性。在高压条件下研究反应性，能揭示反应物的体积变化曲线，从而为我们对介于反应物与生成物之间的不稳定的原子排列的描述与理解增加新的内容。这样的深入观察是我们理解和控制反应瞬间状态(反应速度)的最重要方法之一。只要弄清了反应机理，就可以设法改变反应途径，新工艺和新产品也就会出现。此外压力对分子的电子激发态可能有不同的影响，从而使液体和固体的光学性质发生变化。同时压力还会改变分子在固体中的堆积方式，从而影响其电性能。再者我们将会看到认识临界现象的一场革命。临界现象指的是在某种温度压力下气态和液态不可分的物质行为。另一个能预料到的发现是近临界流体的表面和界面本身会显现相变和临界现象。

高压合成是利用外加的压力来合成固体化合物和材料的技术。高压合成往往伴随高温。自 20 世纪 50 年代初期人工合成金刚石成功以后，高压合成就引起了人们的关注，并在无机化合物和材料的合成中取得了一系列的成果。

3.4.1　高压的产生和测量

1. 静态高压的产生

一般来说，许多和压力有关的现象都可以用来产生高压力，比如可利用相变、热膨胀等现象产生高压。然而在实用上最有效的方法是用各种方式挤压某个物体。当物体的体积缩小时，就在其内部产生压力，只要压缩量足够大，就可以在此物体内产生高压力。

为了挤压某个物体，首先要有一个或多个加荷的可动部件，常称之为压头或顶锤。为保证顶锤是可动的，在顶锤和顶锤之间，以及顶锤和压缸之间必须要有一定的间隙。在充分挤压时，物体就会从这些间隙向外流失。要想得到高压力，就得密封这些间隙。

挤压某一物体后，在其中产生压力，这只是一种简单的说法，而实际上问题要复杂得多，在此我们不做进一步的讨论。对顶锤加荷的能源，一般使用油压机。

当受挤压的物体被密封件有效地密封住以后，限制所能获得的压力因素就是顶锤能够推进的最大距离，以及挤压物体各抗高压构件的强度。这一方面决定于这些构件的材料的强度；另一方面还和这些构件的几何形状和受力状况有关。

2. 静态高压的测量

压力的国际单位是帕斯卡（Pa）：一帕斯卡等于每平方米一牛顿（N）的压力（1N 是使 1kg 质量的物体获得 $1m/s^2$ 的加速度的力）。

压力的非国际单位有：

巴（bar）：一巴等于每平方厘米 10^6 达因（dyn）的压力。

大气压（atm）：一大气压等于高为 760 毫米的汞柱作用于其底面上的压力，这时汞的密度为 13.595 克/厘米^3（g/cm^3）。

每平方厘米的公斤数（kg/cm^2）。

它们之间的关系为：

$$1bar = 10^5 Pa = 0.986\ 9atm = 1.019\ 7kg/cm^2$$

$$1atm = 1.013\ 3bar = 1.033\ 2kg/cm^2$$

$$1kg/cm^2 = 0.967\ 8atm = 0.998\ 066bar$$

测量压力的方法可以分为初级的（绝对的）和次级的（相对的）两种。

初级的测压方法，是根据压力与其他参数之间的已知的基本关系式，通过测量相应的参数来计算出压力的数据。例如，水银压力计和自由活塞计就是根据关系式 $p = F/a$，测量作用在面积 a 上的力 F，求出压力 p 的两种初级压力计。

初级的测压方法需要特殊的装置，实际使用上非常麻烦。在常规测量中多用次级的测压方法。次级压力计的主要部分是一个小的测压元件。根据测压元件的某种特性（测压参数）随压力的变化来测量压力。测压参数和压力之间的对应关系需要预先测定，此过程称为定标。初级的测压方法主要用于定标。从原则上讲，任何一种和压力有关的物理性质都可以用来测量压力。但实际上还希望测压参数随压力单调变化，有大的压力系数，并且是容易测量的。

在没有适用的次级压力计进行测压的情况下，一般直接用外加负荷作为测压参数来度量压力。由于负荷和压力之间的关系受很多因素的影响，用这种方法测压重复性差，若小心进行测试，可使波动小于 5%。

在用次级的方法测压时必须先定标，即预先测出压力和测压参数之间的对应关系。定标的简便方法是用一些压力的定标点。所谓定标点是这样一些压力的固定点，它们与一些物质的某种现象如凝固、熔化、三相点、多晶形转变等相变相联系。一旦这些固定点的压力已用初级的方法测定以后，定标就可以在任何高压装置中简单进行：测量这些固定点所对应的相变发生时测压参数的值，由此得出固定点压力和测压参数之间相对应关系，然后在这些值之间进行内插和外推，最后就得出某一压力范围内测压参数和压力之间的一般关系。

高压一般都伴随着高温，高温下测量高压是很困难的，即使在常温下，一般也缺乏在固体介质中测量高压力的良好压力计。以上仅是介绍了测压的一般原理。欲了解详情，可查阅专门的著作。

3. 动态高温高压的产生

动态高压是利用爆炸、强放电以及高速运动物体的撞击等方法产生激波（或称驻波，冲击波），激波在介质中以很高的速度传播，在激波阵面后边带有很高的压强和较高的温度，使得受到激波作用的物质获得瞬间的高温高压。

动态法和静态法有本质的区别，它们各有其特点。动态法产生的压强远比静态法的高，前者可达几百万乃至上千万大气压，而后者由于受到高压容器和机械装置的材质及一些条件的限制，一般只能达到十几万大气压；动态高压存在的时间远比静态的短得多，一般只有几微秒，而静态高压原则上可以人工控制，可达几十至上百个小时；动态高压是压力和温度同时存在并同时作用到物质上，而静态高压的压力和温度是独立的，由两个系统分别控制的；动态高压法一般不需要昂贵的硬质合金和复杂的机械装置，并且测量压强较精确。

4. 动态高压的测量

根据激波产生的原理，已知激波在介质中产生的压强可由激波在介质中的传播速度 D，介质质点的速度 v_2 和介质的初始密度 ρ_1 决定。所以测量压强就变成测量 ρ_1，D 和 v_2 了。ρ_1 可在静态下方便地测出，D 的测量也不困难，介质质点的速度 v_2 不能直接测出，要用近似方法处理。在此不加详述。

3.4.2 高压下的无机合成

1. 伴随相变的合成反应

高压下无机化合物或材料往往会发生相变，从而有可能导致具有新结构和新特性的无机化合物或物相生成。例如，众所周知的石墨在大约 1 500℃，5GPa 下将转变成金刚石（这将在 3.4.3 小节中做详细讨论），六方 BN 在类似的超高压条件下转变成立方 BN 就是典型的例子。一般来说，在高压下某些无机化合物或材料往往由于下列原因导致相变生成新结构的化合物或物相：

（1）结构中阳离子配位数的变化；

（2）阳离子配位数不变而结构排列变化；

（3）结构中电子结构的变化和电荷的转移。

一些典型例子如表 3.12 所示。

表 3.12   **高压下相变的实例**

结构变化类型	化合物	结构变化	配位数变化	体积减小/%
	SiO_2	$\alpha\text{-}SiO_2 \to TiO_2$（金红石型）	$4 \to 6$	38
（a）	ZnO	ZnS（纤锌矿型）	$4 \to 6$	17
	$CrVO_4$	$CrVO_4 \to TiO_2$（金红石型）	$4, 6 \to 6$	12
	SiO_2	$\alpha\text{-}SiO_2 \to SiO_2$（柯石英）	$4 \to 4$	9.0
（b）	TiO_2	TiO_2（金红石型）$\to \alpha\text{-}PbO_2$	$6 \to 6$	2.2
	Fe_2SiO_4	$(MgFe)SiO_4 \to MgAl_2O_4$	$4, 6 \to 4, 6$	9.3
	In_2O_3	Se_2O_3（C 型）$\to \alpha\text{-}Al_2O_3$	$6 \to 6$	2.6
（c）	EuTe	NaCl→NaCl	$6 \to 6$	16
	SmTe	NaCl→NaCl	$6 \to 6$	16

由表 3.12 中的（a）类型可知，由于阳离子配位数的增大，高压相的体积发生明显的减小（一般>10%）。而（b）类型的一级基本结构单元如四面体、八面体等不变，只是联结的方式发生变化，结果导致高密度高压相的生成。

1）高压下阳离子配位数的变化

通常，晶体中离子的配位数和配位态与 r_c（阳离子半径）/r_a（阴离子半径）之比密切相关，其关系如表 3.13 所列。

然而上述关系或规则不适合于高压下阳离子的配位数和配位态。一般说来，高压下阳离子的配位数往往有变大的倾向。如在常压下锗酸根中由于 $r_{Ge^{4+}}/r_{O^{2-}} = 0.386$，$Ge^{4+}$ 对 O^{2-} 的配位数应该是 4，然而高压条件下 Ge^{4+} 对 O^{2-} 的配位数就由 4 变成 6 了，如表 3.14 所示。

表 3.13　　　　　　　　阳离子配位数和配位态与 r_c/r_a 的关系

配位数和配位态	r_c/r_a
3(平面三角形)	0.155~0.225
4(四面体)	0.225~0.414
6(八面体)	0.414~0.732
8(六面体)	0.732

表 3.14　　　　　　　　锗酸盐在高压下的相变实例

化合物	结构变化	配位数变化	转变温度/℃	压强/GPa
$MgGeO_3$	$MgSiO_3 \rightarrow FeTiO_3$	4→6	700	2.5
$CaGeO_3$	$CaSiO_3 \rightarrow Ca_3Al_2Si_3O_{12}$	4→4, 6	700	4.0
$SrGeO_3$	$CaSiO_3 \rightarrow CaTiO_3$	4→6	950	5.0
Mn_2GeO_4	$(MgFe)_2SiO_4 \rightarrow Sr_2PbO_4$	4→6	700	6.0
$KAlGe_3O_8$	$KAlSi_3O_8 \rightarrow BaMn_8O_{16}$	4→6	1 100	3.5
$NaAlGeO_4$	$NaAlSiO_4 \rightarrow CaFe_2O_4$	4→6	1 000	12.0

　　另外一个例子是，$KAlSi_3O_8$ 随着外加压强的增大逐步发生相变，其中 Al 和 Si 的配位数均随着相变的发生而变大，同时晶胞体积减小、相对密度增大。具体数据如表 3.15 所列。

表 3.15　　　　　　　　高压下 $KAlSi_3O_8$ 的相变

压强范围/GPa	结晶相构型	配位数		体积减小/%
		Al	Si	
~8	$KAlSi_3O_8$	4	4	
8~11	$K_2SiSi_3O_9$(硅锆钙钾石型)		6, 4	21
	Al_2SiO_5	6	4	
	SiO_2(柯石英型或斯石英型)		4 或 6	
~11	$BaMn_8O_{16}$	6	6	12

　　此类高压下相变的特点将为合成具有特种配位态结构的无机物提供指导性意见。

　　2)高压下相区范围的变化

　　一般说来，固态无机化合物往往有多种同质异形体，其相区的存在和相互间的转化与温度、压强(特别是高压下)关系密切。了解高压下相间的转变关系,对于高压下的合成具有指导意义。下面举一个 R_2O_3(R = La, Pr, Nd, Sm, Eu, Gd, Tb, Ho, Y, Er, Tm, Lu)的例子来进行讨论。常压下除 La, Pr, Nd 三种氧化物以六方晶系(A 相)存在外,其他 R_2O_3 均呈立方相(C 相)。然而当同样在 1 000℃下而压强 $p>1GPa$ 时,它们由 C 相转变成单斜相(B 相)了,只是不同离子半径元素的 R_2O_3 的 C 相⟷B 相的转变条件不同,B⟷C 的等温相变线(1 000℃)是随压强 p 与离子半径的变化而变化的。即从 Sm→Lu(随着离子半径的缩小),增大压强和升高温度,单斜相(B 相)区变大。

3)高压下固溶体多型体(polytypes)的转变

某些无机化合物在高压、高温下易于生成固溶体。而在固溶体中往往存在一种以上的多型体。所谓多型体在化学组成与结晶学上相似,但在晶胞大小上(通常是晶胞参数 C)不同。这是由于多型体是由在二维结构(层结构)上相同的结构单元一个连一个构成的,因而在层平面上具有相同的晶格常数,而在垂直于层方向却具有不同大小的晶格常数造成的。例如,已知在相当数量的 ABO_3 型复合氧化物中就存在此类现象,且在高压下固溶体中会发生多型体间的相变,如 $BaRuO_3$,$Ba_{1-x}Sr_xRuO_3$,$SrRuO_3$ 体系。在 ABO_3 型复合氧化物中,A 是指像 Ba, Sr 那样大的阳离子,B 是指像 Ru 那样的具有 d 电子层结构的过渡金属离子。当 A 是二价阳离子时,B 应是四价阳离子;若 A 是一价阳离子,则 B 应为五价阳离子。这种晶体结构的特点是由 O^{2-} 离子和 A 离子共同按立方密堆积排列;因为 O^{2-} 离子与 A^{2+}(或 A^+)离子半径不一定相等,这种堆积可能只近似于密堆积。B 离子的半径小,它位于 O^{2-} 离子堆成的八面体空隙内,B 的配位数是 6。形成的[BO_6]八面体各以顶角相连,A 又处于八个[BO_6]八面体的空隙中,A 的配位数是 12。理想的钙钛矿型结构属于立方晶系。若其中 B 离子沿[BO_6]八面体的纵轴方向稍稍位移,就畸变成四方晶系。若在两个轴向发生程度不同的伸缩,就畸变成正交晶系。若沿晶胞体对角线[111]方向伸缩,就畸变成三方晶系。畸变降低了晶体的对称性,可使晶体变成有自发偶极矩的铁电体。发生这种畸变时,并不需要在结构上做大的变动,只需稍稍改变离子的位置。所以具有钙钛矿型结构的化合物按其 A,B 离子的种类不同以及温度的变化,可以有不同的晶体结构类型。例如,$Ba_{1-x}Sr_xRuO_3$ 在常压下随着固溶体中含 Sr 量的增加多型体的结构由4L→6L→9L型最后生成稍相变的钙钛矿型结构的 $SrRuO_3$。在高压下,上述多型体结构由六方密堆积过渡成立方密堆积,其中 Ba, Sr, Ru 的配位数并不发生变化,只是排列的改变导致了多型体相区发生了变化,根据对压强的控制可期望定向合成某些结构的多型体。

4)高压下电子结构的变化和电荷的转移

在高压下,化合物的电子结构会发生明显的变化,甚至产生本身组成元素间的电荷转移,导致相变的发生。例如,Eu 在稀土元素系列中,由于其结构的特点,在一系列性质上也呈现出其固有的特色,若以其二元化合物 EuTe, EuSe, EuS, EuO 与其他稀土元素相应的二元化合物相比较，其晶胞常数(均具 NaCl 型结构)就表现特殊。EuX(X = Te，Se，S，O)与其他 REX 相比，其晶格常数 a 要大得多。现以其碲化物 EuTe 为例来做进一步的说明。根据电学和磁学性能的研究，在 RETe 系列化合物中仅 EuTe(或 SmTe)被证实为具有 $R^{2+}Te^{2-}$ 结构，而其他相应的稀土碲化物 RETe 则具"$RE^{3+}Te^{2-}+e$"结构。Rooymans 研究了高压下 EuTe 的结构和性能发现：

(1) 高压下 EuTe 的晶格常数 a 明显减小，压力达 3GPa 时，晶胞体积下降 16%，并发现 EuTe 已转变成高压相(仍保持 NaCl 型结构)。

(2) 根据对高压下电阻值与磁化率的研究以及高压相的晶格常数在整个稀土系列 RETe 的位置(见图 3.21)，可看出，EuTe 在高压下有一个 $4f$ 电子逸出，其也变成了"$Eu^{3+}Te^{2-}+e$" 结构。这一实例很清楚地说明了，高压下 EuTe 发生了电子结构的变化和电荷转移。除此以外，通过 Mossbauer 谱的测定，确证了相当数量的含铁化合物在高压作用下都有价态变化。再如藤中裕司等报道了 $Tl_2Cr_2O_7$ 在 600℃和 6GPa 的高压作用下可转变成 $(Ca，Na)_2(Nb，Ta)_2O_6F$ 型结构，同时发生 $Tl^{1+}\rightarrow Tl^{3+}$ 和 $Cr^{6+}\rightarrow Cr^{4+}$ 的电荷转移。

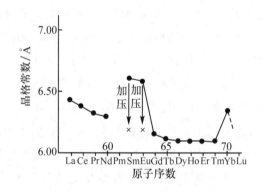

×表示 EuTe 和 SmTe 高压相的晶格常数

图 3.21　RETe 的晶格常数与 RE 的原子序数的关系

2. 非相变型高压合成

非相变型高压合成通常也遵循 Le Chatelier 原理，即在高压下反应向体积减小的方向进行，即生成物的体积只能在小于反应物的体积时合成反应才能进行。反之，如生成物的体积大于反应物时，则在高压下反应产物发生分解使合成反应无法实现或产率很低。例如反应：

$$LiFeO_2+2Fe_2O_3 \Longrightarrow 2Li_{0.5}Fe_{2.5}O_4$$

反应物的体积 $= 0.035\ 5nm^3+2\times 0.050\ 2nm^3 = 0.135\ 9nm^3$

生成物的体积 $= 2\times 0.072\ 3nm^3 = 0.144\ 6nm^3$

高压下可以观察到产物 $Li_{0.5}Fe_{2.5}O_4$ 的明显分解。

1) Cr^{4+} 含氧酸盐的合成

Cr^{4+} 的 ABO_3 型含氧酸盐类如 $CaCrO_3$，$SrCrO_3$，$BaCrO_3$，$PbCrO_3$ 等都是在高压下通过固相反应才合成出来的。这是因为必须在高压和高温下才能完成此类固相反应。如 $BaCrO_3$ 可通过以下途径在 6~6.5GPa 高压下合成：

$$BaO + CrO_2 \Longrightarrow BaCrO_3$$

由于反应物和产物都对水、氧非常敏感，因此不论用特纯 BaO 或用 $BaCO_3$（99.999 9%）作钡源，使用前都必须经过在 1 000 ~ 1 100℃ 的高温下进行真空热处理。CrO_2 是由 Cr_2O_3，CrO_3 作源物质通过高压水热合成制得的。$BaCrO_3$ 具有多种多型体（polytypes），如 4 层六方(4H)，6 层六方(6H)，9 层斜方(9R)，12 层斜方(12R)，14 层六方(14H)，27 层斜方(27R)，正交(O-rh)，立方(C)，单斜(M)等。上述多型体的合成和高压反应条件（如反应物性质、压强、温度、反应时间、温度梯度等）密切相关。一些多型体只能在严格的高压合成条件下才能制得。具钙钛矿型结构的 $CaCrO_3$，$SrCrO_3$，$PbCrO_3$ 和上述 $BaCrO_3$ 类似，也可用同样的方法在高压、高温下合成得到。$K_2Cr_8O_{16}$ 和 $Rb_2Cr_8O_{16}$ 具尖晶石型结构，其居里温度分别为 225K 和 295K，是具有强磁性的 Cr^{4+} 含氧酸盐。它们也是由碱金属的重铬酸盐与 Cr_2O_3 相均匀混合于 1 200℃ 在 5.5 ~ 7GPa 的高压下合成制得的。

2) 非常态过渡金属二元化合物的高压合成

具有黄铁矿型结构的过渡金属硫化物（或硒化物、碲化物）往往具有一些特别的电学和磁学性质。一些典型的例子如表 3.16 所示。

表 3.16   **某些黄铁矿型结构的过渡金属硫化物的电学和磁学性质**

化合物	电学性质	磁学性质
FeS_2	半导体	常磁性（与温度无关）
CoS_2	金属	强磁性
NiS_2	半导体	常磁性
CuS_2	金属（超导 $T_c = 1.51K$）	Paul 常磁性
ZnS_2	半导体	反磁性

此类硫化物在常压下是无法合成得到的，它只能通过高压合成而得到。CuS_2 就是一个典型的例子，它只能在 600℃，3GPa 压力下借 CuS 与 S 的反应而制得。其他如 ZnS_2，CdS_2，$CuSe_2$，$FeSe_2$，$NiSe_2$，$CdSe_2$，$CuTe_2$，$CoTe_2$，$FeTe_2$ 等也已在类似的高压高温条件

下合成得到了。再如过渡金属与磷的二元化合物，在常压下合成得到的磷化物中 M 与 P 的比最高只能达到 1 : 3。然而在高压下由于过渡金属与 P 的配位数增高，结果合成出了一系列 M : P = 1 : 4 的高压相金属磷化物，如 CrP_4，MnP_4，FeP_4 等。又如具有 β-W 型立方晶系结构(A-15)的 A_3B 型二元化合物(A = ⅣB 或 ⅤB 族元素，B = ⅢA 或 ⅣA 族元素)是一类具有超导特性的功能材料，所以格外令人注目。然而此类具有 β-W 型结构的 A_3B 型化合物难以在一般条件下合成得到，即使借高压合成法也只有当 A，B 二元素的熔点相差大而其半径比又保持在一个适当范围内时才能合成制得。如 Cannon 于 1 330～1 430℃ 和 5.9GPa 的高压下合成了 Nb_3Te。Leger 等人于 1 000～2 000℃ 和 2～7GPa 的高压下合成出了 Nb_3Si，V_3Al。

综上所述可以看出非相变型的高压无机合成已在不少合成反应和材料制备中得以实现和探索，并起着非常重要的作用。毫无疑问，非相变型的高压无机合成有着极其广阔的发展前景。

3.4.3　人造金刚石的高压合成

1. 合成概述

人造金刚石按其粒度的大小分为磨料级、粗颗粒级、宝石级三种。磨料级指粒度在 60 号以上者，粗颗粒指粒度在 46 号以上者；2～3mm 以上为宝石级。粒度的标称号与线尺寸的关系如表 3.17 所示。

表 3.17　　　　　　　　　　粒度的标称号与线尺寸的对照表

标称号	线尺寸/μm	标称号	线尺寸/μm
36	500～400	W40	40～28
46	400～315	W28	28～20
60	315～250	W20	20～14
70	250～200	W14	14～10
80	200～160	W10	10～7
100	160～125	W7	7～5
120	125～100	W5	5～3.5
150	100～80	W3.5	3.5～2.5
180	80～63	W2.5	2.5～1.5
240	63～50	W1.5	1.5～1
280	50～40	W1	1～0.5
320	同 W40	W0.5	<0.5

原则上讲，人造金刚石的合成有直接法和间接法两种。前者是在高温高压下使碳素材料直接转变成金刚石。后者是用碳素材料和合金做原料，在高温高压下合成金刚石。这两种方法需要的温度大约都在 1 500℃，直接法需要的压力为 20GPa，间接法需要的压力仅为 5GPa 左右。工业上人造金刚石的合成均是采用间接法。

人造金刚石所需要的高压条件是通过专用压机来实现的。常用的高压合成腔可分别由两面顶、四面顶、六面顶组成。现以两面顶为例，来说明这种高压合成腔的特点。两面顶压腔的结构如图 3.22 所示。这种高压合成腔是由一个很厚的壁以及两个压头、压缸和多层保护垫组成的。它的厚壁是由年轮式圆柱筒套构而成，年轮的最内层的材质是碳化钨硬质合金，外层是年轮式钢环。压头部分由碳化钨组成，底部由钢圈保护。多层保护垫处于压头侧面和圆筒的锥形嘴之间。多层保护垫在高温高压状态下起着以下的重要作用：①密封：对高压合成腔内的受压物质起着密封作用；②支撑：在压头侧面和压缸锥形嘴之间起着支撑作用；③加压：允许起压缩作用的压头对已经受压的腔体进一步加压；④绝缘：支撑垫有电热绝缘作用，从而可以利用压头作为电极，以便使高压合成腔局部加热，并达到很高的温度。在合成金刚石工业化生产过程中，使高压合成腔达到高温的方式有三种：第一种方式是直接加热，它是利用组装件本身的电阻通电发热的效应，将高压合成腔加热到所需要的高温。其优点是电源的热系数比较高，可设计加工成比较大的合成腔。其缺点是高压合成腔内的温度分布不均匀，这是由于在高压下，原料的流动造成高压合成腔内电阻值不均匀，从而导致电流分布不均匀所造成的。通常，中间部分的温度高于边缘部分的温度，结果造成较大的温度梯度。另外，随着金刚石的生成，局部温度亦会随时改变。第二种方式是间接加热，此时高压合成腔被一加热元件所包围，原料的高温由加热元件的传导热得到。这种组装的优点是高压合成腔内的温度可以保持恒定，缺点是由于加热元件之间与原料之间要绝缘，限制了高压合成腔的体积。第三种方式是半间接加热，半间接加热方式使电流既通过高压合成腔内的原料，又通过加热元件。这样，加热元件与原料之间不需要电绝缘层，高压合成腔的体积不致太小，但却具有间接加热的优点。半间接加热方式的装置结构如图 3.23 所示。图中 3 处石墨和合金片分层相间排列，电流通过导电圈、导电片进入加热管、石墨和合金片，可使腔体达到所需的高温。

2. 磨料级人造金刚石的合成

人造金刚石粒度在 0.5mm 以下，强度在 15 000kg/cm^2 以下者，常称为一般磨料级人造金刚石，由于其粒度小，工业上一般用来制作磨轮、锯片、研磨膏，孕镶地质钻头等各种工具，广泛应用于机械、地质、仪器、仪表、无线电等工业部门。

磨料级人造金刚石的合成使用如图 3.23 所示的装置。装置的外径为 50mm，内径为 30mm，高为 40mm。用 0.5mm 厚的钴管围在腔体的内壁，原料用石墨和钴片相间放置，通入 ~900A 的电流，温度可达 1 400℃，压强为 5.4GPa，用 20min 的时间可以合成 12~14g

金刚石，粒度可达 0.2mm。

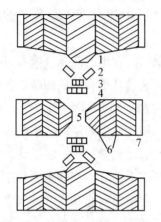

1—顶锤；2—密封垫；3—钢柱塞；

4—导电圈；5—压缸；6—箍环；7—安全环

图 3.22　两面顶压腔的结构

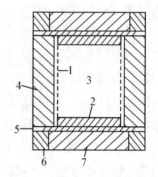

1—加热管；2—电绝缘片；

3—合成腔；4—密封传压空心柱；

5—导电片；6—导电圈；

7—电、热绝缘片

图 3.23　半间接加热方式的装置结构

3. 宝石级人造金刚石的合成

宝石级人造金刚石的合成装置如图 3.24 所示。其中碳源是石墨和金刚石小晶粒，粒晶为 0.5mm 大小的完整金刚石单晶，金属熔剂用 Ni，Fe 或 Ni-Fe 合金，Pt 片放置在粒晶与金属之间，以防止籽晶的溶解。在底部放置六方氮化硼的目的是防止加热器在高压下发生畸变。在高温、高压下碳熔解在金属中，依靠碳原子和晶种的温度梯度，溶解的碳沉积在籽晶上，使金刚石逐渐长大，生长时间的温度梯度可控制在 30~50℃/cm，生长速率为 25mg/h。这样，可以生长成直径为 10mm 左右的宝石级金刚石。

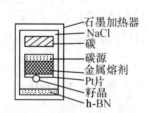

石墨加热器
NaCl
碳
碳源
金属熔剂
Pt片
籽晶
h-BN

图 3.24　宝石级人造金刚石合成装置

4. 聚晶人造金刚石的合成

通常条件下人工合成的金刚石粒度比较小，因此人们在寻求新的超硬材料的同时，开展了多晶金刚石的制造，即把许多小单晶金刚石用高温、高压的方法合成为较大的多晶体——聚晶。选择合成聚晶的金刚石粒度大小不是任意的，一般要求金刚石小晶粒在高压下应按密堆积排列，这种排列尚余 26% 的空间。根据此要求，可以选择两种粒度的金刚石粒合成聚晶。这两种晶粒大小的半径比为 1 : 0.41，其间的质量比应为 0.85 : 0.10；另外 0.05 的质量比作为晶粒之间的黏结剂，黏结剂选择 Fe，Co，Ni 等金属。这样的考虑只是近似的，实际上，金刚石晶粒不是球形的，在高温、高压下，作为黏结剂的金属要熔化。因此，工业上一般采用 92% 以上的质量为金刚石，8% 为黏结剂。聚晶金刚石中，黏结剂与金刚石晶粒之间，要靠化学键相互连接，而不是机械的"黏合"。从聚晶金刚石的显微组织可以看到，金刚石晶粒有许多裂隙。X 光衍射表明，在聚晶金刚石中，除金刚石相、黏结剂相外，还有一些新相产生，如 FeC，NiC 等等。显然，这些新相是黏结剂与金刚石键合生成的。

5. 人造金刚石的合成机理

人造金刚石虽然已经发展成了一个重要的工业体系，但是由于石墨向金刚石的转变是在高温、高压、密封的容器中进行的，人们难以直接观察反应情况，给研究反应机理造成一定的困难，因此，石墨向金刚石的转化过程至今还没有统一的学说，而仍存在着各种不同的学说。

金刚石晶体的生长与其他晶体生长从普遍规律上来说是一致的，晶体生长包含两个过程即成核和长大。在人工合成金刚石的过程中，为了说明金属和合金在这个过程中起着什么作用，石墨的结构是如何变成金刚石结构的等，目前，有如下几种主要的论点。

(1) 溶剂论。其认为所用金属起着溶剂的作用。当石墨在熔融的金属中溶解时，石墨原子间的键完全断开。这种溶解过程连续不断，一直到熔融的金属相对于石墨来说达到饱和了，金刚石便从熔体中析出。因为在这种条件下，由于石墨和金刚石的溶解度不同，溶液对金刚石相是过饱和的，并且在这种条件下，金刚石是稳态的。

(2) 纯催化论。其认为熔融的金属原子进入石墨层状晶格中间且与石墨碳原子形成价键较弱的夹层化合物。在这种位置的金属原子促进了石墨原子的重排，以使其从石墨结构向金刚石结构转化。这种石墨层中有金属原子的集团在熔融的金属中迁移，遇到金刚石晶粒，便沉淀在其表面，使金刚石长大。合金原子进入石墨层中的量与石墨层间距离有关，而且随着远离金刚石生长表面而急剧下降。

(3) 催化溶剂论。其认为高温高压下熔融的金属起着溶解石墨的作用，同时还起着催化的作用。为了使金刚石的合成能够实现，对金属溶剂要附加两个条件：①在金属溶剂中溶解的碳必须带正电荷。这是考虑到利用纯铜做成的溶剂，采用直流加热，在阴极部分可见金刚石的生成。②溶解的碳要生成中间产物，如金属碳化物，之后再形成金刚石。

(4) 固相转化论。其认为石墨和金刚石在结构上有相似之处，石墨晶体无需断键，只要通过简单的形变,即可由石墨转变成金刚石。

3.4.4 稀土复合氧化物的高压合成

含有稀土的具有化学计量 AB_2O_4 型化合物近年来令人关注。AB_2O_4 型化合物的主要结构类型有尖晶石,橄榄石,硅铍石,K_2MgF_4,K_2SO_4,$CaFe_2O_4$ 等数种。最近又发现了两种新的 AB_2O_4 型化合物:一种是 $NdCu_2O_4$,为单斜晶系;另一种是 $LaPd_2O_4$,属四方晶系。化合物 $LnCu_2O_4$(Ln = Y,La,Nd,Sm,Eu,Gd,Er,Lu)属于前一种晶系,而 RPd_2O_4(R = Y,La,Pr,Nd,Gd,)以及 AAu_2O_4(A = Ca,Sr,Ba)为后一种晶系。这些新的 AB_2O_4 型化合物只能在高压下制备。$LaPd_2O_4$ 和 $NdCu_2O_4$ 虽然晶体的对称性不同,但它们的结构是相同的。之所以对这些新的 AB_2O_4 型化合物产生兴趣,不仅是因为它们的结构与尖晶石密切相关,也因为 B(B = Au)的混合价态使得这些体系类似于超导体尖晶石 $LiTi_2O_4$ 中的 Ti^{3+}/Ti^{4+} 混合价态。此外,从地球化学的观点看同样令人感兴趣,因为高压下形成的 AB_2O_4 型化合物被认为是地幔的重要组分。以下介绍化合物 $LuPd_2O_4$ 的合成步骤。

$LuPd_2O_4$ 是由 Lu_2O_3,PdO 和 $KClO_3$ 的混合物制备的。其摩尔比为 3:12:1。$KClO_3$ 在此作为氧源。Lu_2O_3 在使用前于 950℃ 预烧一段时间。混合物研磨后盛于 Al_2O_3 小盒中,然后将小盒置于八面顶压腔中,在 60kbar 的压力和 1 000℃ 下,反应 3h,即得产物。

稀土复合氧化物作为新一代高性能功能材料的源物质而引人注目。复合双稀土氧化物的高压合成,高价态和低价态稀土氧化物的高压合成以及高 T_c 稀土氧化物的高压合成都有报道。

3.5 低压合成

在此低压和真空应是同名词。真空技术在化学合成中是一种重要的实验技术,应用和掌握真空技术对于化学合成工作者来说是不可缺少的。本节将介绍真空的获得和测量,无机合成实验室中常用的单元真空装置和操作以及低压合成技术。

3.5.1 一般概念

1. 真空的定义和度量

"真空"这个术语是指充有低于大气压压强的气体的给定空间,即分子密度小于 $2.5×10^{19}$ 分子数/cm^3 的给定空间。

真空度量的单位常用压强和真空度。

压强的单位采用毫米汞柱或托(Torr),现行的国际单位制中,压强的基本单位是帕斯卡(Pascal)简称帕(Pa),1帕等于1牛顿/米²(N/m^2),1帕和托之间的关系是:1 帕 = 7.5

$\times 10^{-3}$ 托（Toor）。另外还有采用巴（bar）作压强度量的单位，1 巴等于 10^5 帕。Toor 与国际单位 Pa 的换算关系为：1Toor=1mmHg=133.322Pa。这些在 3.4 节已述及。

真空度是指一个被抽空间所达到的真空程度，它只能用百分数来表示。真空度与气体压强的关系为：

$$真空度=（大气压强-系统中实际压强）/大气压强$$
$$一个大气压=101\ 323.2Pa$$

所以：

$$真空度=\frac{101\ 323.2-p}{101\ 323.2}$$

由此可知真空度和压强是完全不同的两个概念。真空度高就是压强低。如说某系统的压强为 1×10^{-1}Pa，则其真空度为 99.999 9%。而非真空度为 1×10^{-1}Pa。

2. 真空区域的划分

真空区域的划分，目前尚无统一标准，根据实用上的方便，可定性地划分为六个区段，如表 3.18 所示。

表 3.18　　　　　　　　　　　　真空区域的划分

真空度	压强范围/Pa
低真空	$10^5 \sim 3.3\times10^3$
中真空	$3.3\times10^3 \sim 10^{-1}$
高真空	$10^{-1} \sim 10^{-4}$
很高真空	$10^{-4} \sim 10^{-7}$
超高真空	$10^{-7} \sim 10^{-10}$
极高真空	$<10^{-10}$

乍看起来，各种不同的压强范围的极限似乎是任意的，因为每个压强范围各有特定种类的排气泵和测量仪器。事实上，每个真空范围都对应于一种不同的物理环境，利用分子密度、平均自由程和形成单分子层的时间常数等概念可以描述这些物理环境。这些参数的定义如下：

分子密度：每单位容积内的平均分子数。

平均自由程：气体中一个分子在与该气体中其他分子发生两次连续碰撞之间所行进的平均距离。

单分子层形成时间：一新离解的表面被一个分子厚度的气体层覆盖所需的时间。这个时间是形成一个密实的单分子层(约 8×10^{14} 分子数/cm^2)所需分子数与分子入射率(分子以此入射率撞在表面上)之比。

那么,低、中真空的物理情况是,气相分子数大于覆盖表面的分子数,在这个范围内排气主要是使现有的气相稀薄。高真空的物理情况是,系统中的气体分子主要位于表面上,平均自由程等于或大于有关的容器尺寸。因此,排气在于抽除或俘获离开表面的分子和个别到达排气泵的分子(分子流)。这就是粒子可在真空容器内运动而不与其他粒子碰撞的压强范围。超高真空的物理情况是,单分子形成时间等于或大于通常在实验室测量所用的时间,这样就可制备"清洁"的表面,并且可在吸附气体层形成以前来决定其特性。

3.5.2　真空的产生

产生真空的过程称为抽真空。用于产生真空的装置称为真空泵,如水泵、机械泵、扩散泵、冷凝泵、吸气剂离子泵和涡轮分子泵等。由于真空包括 $10^5 \sim 10^{-12}$ Pa 共 17 个数量级的压强范围,通常不能仅用一种泵来获得,而是由多种泵的组合。一般实验室常用的是机械泵、扩散泵和各种冷凝泵。

1. 真空泵的类型和性能参数

真空泵大致有以下五种类型:

(1) 机械真空泵。它是利用机械运动(转动或滑动)的方法获得真空的,其抽气过程是基于工作室的容积周期性变化,故也称为容积泵。有往复式机械真空泵、油封机械真空泵和罗茨真空泵。

(2) 蒸气流泵。它是利用高速蒸气流来获得真空的,它的抽气过程是基于高速定向运动的蒸气流与被抽气体分子进行能量交换而达到抽除气体的目的。

(3) 吸气剂泵。它是利用化学反应的方法获得真空的,其抽气过程是基于吸气金属或合金(吸气剂)与某些气体的化学反应。有钛升华、锆铝吸气泵。

(4) 离子泵。它是依靠气体分子电离和化学吸附的方法来获得真空的。有升华离子泵、静电离子泵、溅射离子泵等。抽气过程是利用高速电子使气体分子电离,再借助电场力的作用,使离子达到活性表面、吸气金属表面或沉积有吸气金属膜的泵壁表面,达到排除气体的目的。

(5) 低温泵。它是利用低温冷凝和吸附的方法获得真空的,抽气过程基于深冷多孔性表面对气体的冷凝与吸附。有低温吸附泵、氦闭循环制冷机低温泵等。

以上(1)、(2)两类属于"有油"类真空泵。它们是把被抽容器的气体直接抽出泵外。(3)、(4)、(5)类属"无油"类真空泵,它们是把被抽气体暂时或永久地保存于泵内。

通常用以下参数来表征真空泵的工作特性:

(1) 极限压强。在没有气体漏入泵内时,经过相当长时间的抽气后,泵的入口处所能达到的稳定的最低压强。

（2）抽气速率。在某一压强下，单位时间内流过泵进气口截面的气体体积。

（3）最大入口压强。泵在开始工作前，被抽容器中所具有的压强。

（4）最大反压强。在不破坏真空泵的正常工作时，泵出口处所能承受的最大压强。

（5）真空产生率。单位时间内泵自容器中所排除的气体质量。

（6）压缩比。真空泵的出口压强与它的入口压强的比值。

2. 旋片机械泵

机械真空泵可分为油封机械真空泵、罗茨真空泵和涡轮分子泵。在实验中常用的是旋片式油封机械真空泵，简称为旋片泵。

旋片式油封机械泵主要由泵腔、转子、旋片、排气阀和进气口等部件构成。这些部件全部浸在泵壳所盛的机油中。机械泵的抽气原理是基于工作时的容积周期性的变化。其结构和工作原理如图 3.25 所示。两个旋片小翼 S 和 S′ 模嵌在转子圆柱体的直径上，被夹在它们中间的一根弹簧所压紧。S 和 S′ 将转子和定子之间的空间分隔成三部分。在图 3.25 (a) 的位置时，空气由待抽空的容器经过管路 C 进入空间 A；当 S 随转子转动时，如图 3.25 (b) 所示，空间 A 增大，待抽空容器内的气体经过 C 而被吸入；当转子继续运动达到如图 3.25 (c) 所示的位置时，S′ 将空间 A 与管 C 隔断；此后 S′ 又开始将空间 A 内的气体经过活门 D 而排出，如图 3.25 (d) 所示。转子的不断转动使这些过程反复不断地重复，从而达到抽气的目的。

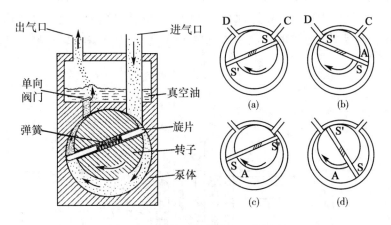

图 3.25　机械泵的结构和工作原理

一般单级泵的极限真空压强为 1Pa 左右，而将两个单级泵串联为双级泵，其极限真空压强可达 10^{-2}Pa。若要抽走水气或其他可凝性蒸气，则使用气镇式真空泵比较合适。气镇式真空泵是在普通机械泵的定子上适当的地方开一个小孔，目的是在转子转动至某个位置时从大气中抽入部分空气，使空气和蒸气的压缩比率变成10∶1以下。这样就使大部分蒸气不凝结而被驱出。

3. 油扩散泵

蒸气流泵是一种用蒸气流体作为抽气介质来获得真空的装置。它包括喷射泵、增压泵和扩散泵。扩散泵按所用工作液可分为汞扩散泵和油扩散泵。按所用材料分为玻璃扩散泵和金属扩散泵。前者只能做成小型泵，后者可做成大型泵。在实验室常用的是玻璃或金属的小型油扩散泵。

油扩散泵是实验室中获得高真空的主要工具，是用高速喷射的蒸气将被抽系统中的气体分子带走的一种装置。扩散泵的工作介质通常是具有低蒸气压的油类。图 3.26 为玻璃三级油扩散泵的示意图。在前级泵不断抽气的情况下，油在容器 2 中被加热器加热蒸发，蒸气沿管道 3 上升至一级喷嘴 5，二级喷嘴 4 和三级喷嘴 9 处；由于喷嘴处的环形截面突然变小，蒸气受到压缩形成密集的蒸气流并以接近音速的速度（200~300m/s）从喷嘴向下喷出。在蒸气流上部空间被抽气体的压强大于蒸气流中该气体的分压强，被抽气体分子便迅速向蒸气流中扩散；由于蒸气分子量为 450~550，比空气分子量大 15~18 倍，故动能较大，与从泵口 7 来的气体分子碰撞时，本身的运动方向基本不受影响，被抽气体分子则被约束于蒸气射流内，而且速度越来越高地顺蒸气喷射方向飞行。这样，被抽气体分子就被蒸气流不断压缩至扩散泵出气口 8，密度变大，压强变高，而喷嘴上部空间即扩散泵进气口 7 的被抽气体压强则不断降低。但是扩散泵本身并不能将堆集在出气口 8 附近的气体分子排除到泵外，因而必须借助于前级机械泵将它们抽走。完成传输任务的蒸气分子受到泵壁的冷却，被凝为液体由回流管 1 返回容器 2 中。如此往复循环不已，使扩散作用一直存在，故被抽容器真空度得以不断提高。冷凝器 10 主要是为冷凝喷嘴 9 喷出的油蒸气而设计的。

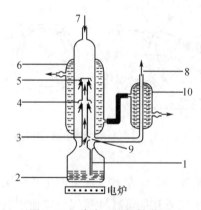

图 3.26　玻璃三级油扩散泵

一般扩散泵的临界反压强是10Pa左右，因此必须与机械泵配合使用。扩散泵的极限真空压强由于使用不同的扩散泵油和扩散泵自身的容积不同而稍有差别，一般可达 10^{-5} Pa。较好的工作压强范围为 $10^{-2} \sim 10^{-4}$ Pa。

4. 无油真空泵

要获得超高真空需要使用无油真空泵。无油真空泵按照机械运动、蒸气流和吸附作用的抽真空方式而分为三种类型。

（1）分子泵。分子泵是通过机械高速旋转（~60 000r/min）以达到 10^{-6} Pa 超高真空的设备。其极限真空压强在 $10^{-7} \sim 10^{-9}$ Pa。它的定子和转子都是装有多层带斜槽的涡轮叶片型结构，转片和定片槽的方向相反，每一个转片处于两个定片之间。分子泵工作时以高速旋转，给气体分子以定向动量和压缩，迫使气体分子通过斜槽从泵的中央流向两端，从而产生抽气作用。泵两端气体经排气道被前级泵抽走。目前发展的复合分子泵可不用前级泵而直接将系统抽至超高真空。

（2）分子筛吸附泵。利用分子筛物理吸附气体的可逆性质，可制成分子筛吸附泵。它是利用冷却到低温的多孔性吸附剂来吸附气体。它在空间建立的平衡压强决定于气体在吸附剂表面上的物理吸附等温线。由于它的吸附作用限于单分子层，所以吸附量与表面积成正比，即与吸附剂的数量成正比，作为粗抽泵，工作在液氮温度（-196℃）；作为超高真空泵多半工作在 15~20K 范围内。通常多把分子筛吸附泵与钛泵组成排气系统，用它作前级泵构成无油系统。吸附泵须在预冷条件下使用，通常用液氮冷却。吸附泵的极限真空压强主要取决于系统中惰性气体的含量，一般可达 10^{-7} Pa。使用的分子筛类型有 3A，5A，10X，13X 等，使用较多的为 5A 和 13X 型分子筛。

（3）钛升华泵。钛升华泵是一种吸气剂泵。工作原理是依靠电子轰击或通电加热使吸气金属材料温度高达 1 200~1 500℃ 时，金属材料将不断升华并淀积在水冷泵壁内表面，形成新鲜的活性膜层而不断地吸收和"掩埋"气体分子。其与活性气体主要是形成固相化合物，而对惰性气体主要是"掩埋"。

钛升华泵对活性气体的抽速很大，高达 10^7 L/s，而对惰性气体的抽速很小。极限压强一般在 $10^{-5} \sim 10^{-6}$ Pa，采用液氮冷却时，可达 10^{-9} Pa。其结构简单、操作方便、价格低廉，广泛用于要求大抽速、无污染的工业与研究设备中。

此外，溅射离子泵、弹道式钛泵等均可用于无油系统产生超高真空。

3.5.3 真空测量

1. 真空计的类型

凡用来测量稀薄气体空间压强的仪器和装置统称为真空计（规）。从测量特点看，真空计可分为总压强计和分压强计两类。前者测量混合气体产生的总压强值，它不能区分被测空间中气体的成分及各成分的比例。质谱计可以测量混合气体中气体成分及其相应的分压强，称之为分压强计。

根据测量原理总压强计可分为绝对真空计和相对真空计。凡可通过测定有关物理参数直接计算出被测系统中气体压强的量具，统称为绝对真空计。它的特点是测量准确，测量值与气体种类无关。如 U 形管压力计、麦氏真空计等。凡是通过测量与压强有关的物理量，并与绝对真空计相比较而换算出压强值的真空计，统称为相对真空计。它的特点是测量准确度稍差且和气体种类有关，如热传导真空计、电离真空计等。表 3.19 列出一些常用的真空规和应用范围。

表 3.19　　　　　　　　　　　　　　　　　常用的真空规和应用范围

应用压强范围/Pa	主要真空规
$10^5 \sim 10^3$	U 形压力计，薄膜压力计，火花检漏器
$10^3 \sim 10$	压缩式真空计，热传导真空规
$10 \sim 10^{-6}$	热阴极电离规，冷阴极电离规
$10^{-6} \sim 10^{-12}$	各种改进型的热阴极电离规，磁控规
$<10^{-12}$	冷阴极或热阴极磁控规

2. 麦氏真空规(Mcleod gauge)

麦氏真空规是应用最广泛的一种绝对真空规，它属于压缩式真空计。其在低真空和高真空测量中都可使用。麦氏真空规的构造如图 3.27 所示。它通过旋塞(又称活塞)1 和真空系统相连。玻璃球 7 上端接有内径均匀的封口毛细管 3(称为测量毛细管)，自 6 处以上，球 7 的容积(包括毛细管 3)，经准确测定为 V；4 称为比较毛细管且和 3 管平行，内径也相等，用以消除毛细作用的影响，减少汞面读数的误差。2 是三通旋塞，可控制汞面的升降。测量系统的真空压强时，利用旋塞 2 使汞面降至 6 以下，使 7 球与系统相通；压强达平衡后，再通过活塞 2 缓慢地使汞面上升，当汞面升到 6 位置时，水银将球 7 与系统刚好隔开，7 球内气体体积为 V，压强为 p(即系统的真空压强)。使汞面继续上升，汞将进入测量毛细管和比较毛细管。7 球内气体被压缩到 3 管中，其体积 $V' = \frac{1}{4}\pi d^2 h$($d$ 为 3 管内径，已准确测定)。3，4 两管气体压强不同，因而产生汞面高度差为 $(h-h')$，见图 3.27 (b)(c)。根据玻意耳定律有：

$$pV = (h-h')V'$$

即：
$$p = \frac{V'}{V}(h-h')$$

由于 V'、V 已知，h、h' 可测出，根据上式可算出体系真空压强 p。

如果在测量时，每次都使测量毛细管中的水银面停留在一个固定位置 h 处（见图 3.27b），则：

$$p = \frac{\pi d^2}{4V} h(h-h') = c(h-h')$$

式中，c 为常数，按 p 与 $(h-h')$ 成直线关系来刻度的，称直线刻度法。如果测量时，每次都使比较毛细管中水银面上升到与测量毛细管顶端一样高（见图3.27c），即 $h'=0$，则：

$$p = \frac{\pi d^2}{4V} h \cdot h = c'h^2$$

式中，c' 为常数，按压强 p 与 h^2 成正比来刻度的称为平方刻度法。

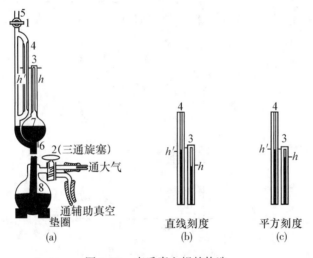

图 3.27　麦氏真空规的构造

从理论上讲，只要改变 7 球的体积和毛细管的直径，就可以制成测量不同压强范围的麦氏真空规。但实际上，当毛细管的直径 $d<0.08$mm 时，水银柱升降会出现中断。因汞相对密度大，7 球又不能做得过大，否则玻璃球易破裂。因此，麦氏真空规的测量范围一般为 $10\sim10^{-4}$Pa。另外，麦氏真空规不能测量经压缩发生凝结的气体。

3. 热偶真空规

热偶真空规是热传导真空规的一种，是测量低真空（$100\sim10^{-2}$Pa）的常用工具，简称热偶规。它是利用低压强下气体的热传导与压强有关的特性来间接测量压强的。热偶规管由加热丝和热偶组成。热电偶丝的热电势由加热丝的温度决定。热偶规管和真空系统相连，如果维持加热丝电流恒定，则热偶丝的热电势将由其周围的气体压强决定。因为，当压强降低时，气体的导热率减少，而当压强低于某一定值时，气体导热系数与压强成正比。从而，可以找出热电势和压强的关系，直接读出真空压强值。

4. 热阴极电离真空规

测量 $10^{-1} \sim 10^{-5}$ Pa　压强的另一种相对规，通常是热阴极电离真空规，简称电离规。它是一支三极管，其结构如图 3.28 所示。它的收集极相对于阴极为负 30V，而栅极上具有 220V 的正电位。如果设法使阴极发射的电流和栅压稳定，阴极发射的电子在栅极作用下，以高速运动与气体分子碰撞，使气体分子电离成离子。正离子将被带负电位的收集极吸收而形成离子流。所形成的离子流与电离规管中气体分子的浓度成正比：

$$I_+ = kpI_e$$

式中，I_+ 为离子流强度（A）；I_e 为规管工作时的发射电流；p 为规管内空气压强（Pa）；k 为规管灵敏度，它与规管几何尺寸及各电极的工作电压有关，在一定压强范围内可视为常数。因此，从离子电流大小，即可知相应的气体压强。

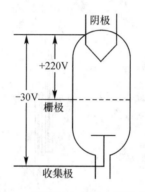

图 3.28　热阴极电离真空规的结构

热偶规和电离规要配合使用。在 $10 \sim 10^{-1}$ Pa 时用热偶规，系统压强小于 10^{-1} Pa 时才能使用电离规，否则电离管将被烧毁。此外，压强的刻度均是按干燥空气为标准的，如测量其他气体，读数需要修正。校正真空计常用动态比较法。其原理是使用渗漏法将真空系统控制在恒定压强下，把待校真空计与麦氏规进行比较，给出校正曲线。

5. 冷阴极磁控规

在超高真空领域，冷阴极磁控规是测量压强小于 10^{-9} Pa 的仪器。其原理是利用气体在强磁场和高电场下冷阴极放电的电离作用，使冷阴极电离规管具有极高的灵敏度，避免了一般热电离式超高真空规管因软 X 射线的影响而限制对更高真空度的测量。其结构包括冷阴极磁控式电离规管、磁钢（1 500Gs）和晶体管测量仪表三部分。测量范围为 $10^{-3} \sim 10^{-12}$ Pa。

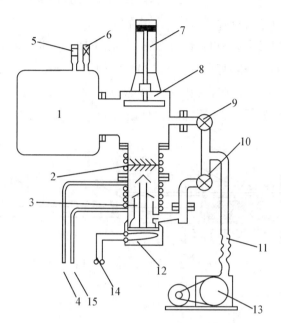

1—被抽容器；2—水冷挡板；3—扩散泵；4—进水；5—电离规管；6—热偶规管；

7—气缸；8—气动高真空阀；9—旁路阀；10—前级阀；11—软管；12—加热器；

13—机械泵；14—接电源；15—出水

图 3.29　简单的真空装置

3.5.4　实验室中常用的真空装置和操作单元

实验室中使用的真空装置主要包括三部分：真空泵，真空测量装置和按照具体实验的要求而设计的管路和仪器。简单的真空装置如图 3.29 所示。真空阀门(或旋塞)是真空系统中用以调节气体流量和切断气流通路的元件。它在真空装置中是必不可少的，真空阀门的选择和配置对系统真空度有直接的影响。目前已有许多种不同材料、不同结构和不同用途的阀门。真空系统中常装有阱，其作用是减少油蒸气、水蒸气、汞蒸气及其他腐蚀性气体对系统的影响，有时用于物质的分离或提高系统的真空度。

特殊的真空管路或仪器的作用主要是操作那些易挥发或与空气或水汽易起反应的物质。这类物质在无机合成中是很常见的，如某些金属卤化物、配合物、中间价态或低价态化合物和某些有机试剂等。

1. 真空阀

玻璃阀(玻璃旋塞)是使用得最早和最方便的阀门，它具有易清洗，易制造，化学稳定，绝缘性好和便于检漏等优点。使用这类磨口旋塞时，要在旋塞的表面(注意不要在孔处)涂一薄层真空封脂，然后来回转动旋塞以使封脂完全分布均匀并不存在有空气泡时，再整圈地转动。开闭玻璃真空旋塞时应轻轻地转动它，以防止油膜出现撕开的情况而导致漏气。真空封脂的作用是密封和润滑。常用的真空封脂的饱和蒸气压均低于 10^{-4} Pa，使用温度依照型号不同而异。一般有在常温至 $130℃$ 使用的各种型号的封脂，特殊的封脂可在 $-40\sim200℃$ 之间使用。因此，在实验中我们可根据需要选择适合的真空封脂。

　　玻璃针形阀的结构如图 3.30 所示。针杆由线圈所控制，可在毛细管内径中移动。通

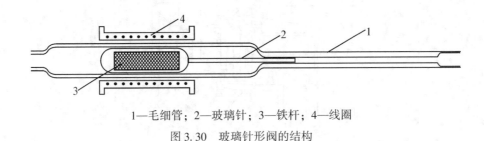

1—毛细管；2—玻璃针；3—铁杆；4—线圈

图 3.30　玻璃针形阀的结构

过气体的体积和需要控制的程度是设计制造毛细管和玻璃针直径的根据。除此之外，还有球磨电磁阀，无油玻璃活栓等超高真空玻璃活栓，它们多用磁铁提升开或闭。通常无油类型的玻璃活栓有两类：一类是以磨口密封的，在真空状态下进行活塞开闭；另一类是利用低熔点的镓铟合金在室温下保持液态的性质来截断气流的通路。这两类无油玻璃活栓的结构如图 3.31 所示。液体金属阀门也可用金属锡制作。锡的熔点是 $232℃$，在 $450℃$ 下的蒸气压为 10^{-11} Pa，只要加温，可用旋转螺旋的方法升降阀帽。由于它易制作，结构简单，所以这类阀门一直备受关注。

　　在化学合成工作中，如果真空装置的某一连接处只需要打开或关闭一次，在这种场合下常可以用一个熔封处(关闭)与一个击破活门(打开)联合起来使用。预先设置熔封处是因为直径较大的管子在真空状态下直接熔封起来很困难，所以应把那些预备熔封的位置先缩细同时熔厚，即将玻璃管子烧软时，先稍稍向中心推压，然后再拉开些即成。要熔封时，可将此处均匀地加热，沿着管子轴心的方向拉开。也可用一根玻璃棒与加热处接触，然后向旁边拉伸，就可以在真空下将玻璃管熔封住。用击破活门可以将一个管道的连接处打开。这种活门的制法是先将一根玻璃管端点拉成细尖端并弯向一旁或将尖端吹成很薄的小球，然后再将这根管熔封在一根较粗的玻璃管中。锤的制法是将一段铁丝封在一段玻璃管中即成。将击破活门安装在直立位置，用一个强的电磁铁把锤滑进管中，轻轻地放在活门的小球或细尖上。将活门的两端与仪器的其他部分的连接管熔接起来。操作过程中需要打开活门时，可用电磁铁将锤吸起约几厘米高，然后迅速移去电磁铁使锤落在小球或细尖上，小球或细尖就被击破，形成通道让气体通过。还有许多种类型的击破活门，都是利用

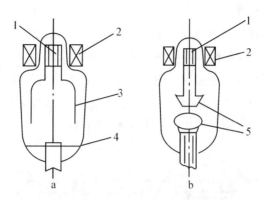

a—金属镓铟合金无油活栓；b—磨口型无油玻璃活栓
1—铁芯；2—线圈(或磁铁)；3—玻璃罩；4—液体金属；5—磨口

图3.31 两种无油玻璃活栓的结构

击破一根细管或小球的原理制成的。图3.32 示出了几种击破活门的结构。用这种方法可向真空系统中一次性引入气体，液体或固体试剂。

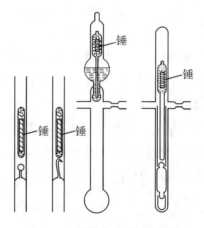

图3.32 几种击破活门的结构

2. 阱

在真空装置中所用到的阱的类型主要有机械阱、冷凝阱、热电阱、离子阱和吸附阱等。机械阱加冷凝装置后用来阻止扩散泵油蒸气的返流并阻止油蒸气进入前级泵。通常扩散泵油在冰点温度的蒸气压约为 10^{-6} Pa。因此，有必要用阱消除油蒸气以获得 10^{-6} Pa 的真空压强。冷凝阱常用液氮作冷凝剂获得 $-196℃$ 的低温，因而可使系统内各种有害杂质的蒸气压大为降低，从而获得较高的极限真空。根据实验要求冷凝剂还可用自来水、低温盐水、干冰、氟利昂和液氦等。

　　一种热阱是利用碳氢化合物在加热板上分解出气体(氢气、一氧化碳等)和固态碳,用碳吸收蒸气。把热阱放置在扩散泵与机械泵之间,可防止机械泵低沸点油蒸气的返流。利用多孔性吸附材料可制成各类吸附阱。这类阱对一般冷阱不能消除的惰性气体特别有效,它们既可清洁系统又可降低系统的分压强。如分子筛阱、活性氧化铝阱和活性炭阱,可用来获得超高真空。在超高真空管路中阱的配置如图 3.33 所示。

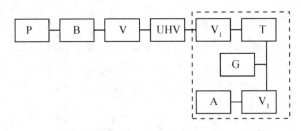

P—真空泵;B—冷阱;V—阀;

UHV—超高真空泵;V_1—超高真空阀;T—吸附阱;

G—真空规;A—主容器;画虚线部分在 400~450℃下烘烤脱气

图 3.33　超高真空管路中阱的配置

　　此外,在真空条件下的合成实验中,常用阱(通常是冷阱)来贮存常温下易挥发的物料或使挥发组分冷凝在反应器中,同时用于挥发性化合物的分离,如分凝等。

3. 真空系统中反应试剂的引入

　　将确定量的液体加入气相体系中的一种简单方法如图 3.34 所示。它由毛细管的直径和液柱的高度来控制液体的流速。在加热管 A 中液滴被汽化。一种更精心的设计是,贮液瓶是密封的,流速通过改变进入贮液瓶的空气的速率来控制。也可用含有待加入液体的注射器操作。

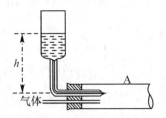

图 3.34　向气流中引入液体的装置

气体或强挥发性液体加入体系中时，可通过一支精细的毛细管，采用针形阀并配有流体压力计来控制，以获得均匀的添加速率。气体进入质谱仪的进口系统即使用可控制的毛细管渗漏方法，而且调整流速的一种改进方法是通过使用镍铬电阻丝加热毛细管。如果气体的压强保持不变，那么温度升高将使气体的流速减小。通常也可使用金属和硅玻璃，陶瓷或其他多孔物质控制渗漏量将气体加入流动体系中。

低挥发性物质的引入常使用"携带"技术，即使用载气通过液体或固体的表面。这种技术要求使用的载气在低挥发性物质中不溶解。可以使用甲苯作载气携带在甲苯溶液中的一种过氧化物的蒸气。随着这种两组分液体的蒸发，将在气相中明显地产生连续可变化的浓度。图 3.35 示出了一种携带汽化技术装置，这是改进的甲苯携带技术的标准蒸发方法，它通过双阱汽化技术避免了在任何特殊温度下的不完全汽化。载气通过在第一个阱中的反应器，此时载气可能没有被完全饱和。但在第二个阱中(此阱的温度维持在低于第一个阱 15℃左右)，则发生缩聚，并且在该温度下载气流携带液体的饱和蒸气通过第二个阱。

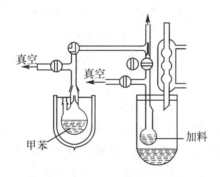

图 3.35　携带汽化技术装置

3.5.5　低压合成

一些无机合成需要在低压条件下进行，这就离不开真空装置和技术。

1. 三氯化钛的合成

对于钛的化合物来说，三氯化钛是一中间价态化合物。在此介绍的合成是一个设计巧妙的方法，在这个合成方法中，充分利用了真空技术。

$TiCl_3$ 可以通过金属如铝、锑、铅、钠汞齐和钛对四氯化钛(Ⅳ)的还原作用来制备，也可以用氢作还原剂。由于 $TiCl_3$ 的低挥发性和易于歧化的倾向，将 $TiCl_3$ 从其他金属氯化物中完全分离出来是困难的。因此，氢还原较优于金属还原是在于能产生纯的产品。三氯化钛的合成使用一套封闭的玻璃仪器如图 3.36 所示。

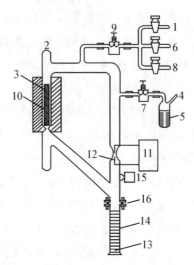

1—接氦气瓶；2—硬质玻璃管(钛管进口)；3—钛管；

4—TiCl$_4$进口；5—TiCl$_4$；6—接真空系统；7—气阀；

8—接氢气瓶；9—气阀；10—电炉；11—Tesla 线圈真空探漏器；12—钨电极；

13—产物 TiCl$_3$；14—收集器；15—机械振荡器；16—聚四氟乙烯垫圈

图 3.36　制备 TiCl$_3$ 的仪器

1)实验操作

首先将仪器抽真空至 10^{-2}Pa 并进行检漏。然后通过 1 引入氦气,用一支手炬在 2 处烧穿一个孔,通过这个孔将钛管放到 3 处,这根钛管应预先清洗干净并除尽表面上的氧化物层。然后熔封 2 处小孔。同样,在 4 处烧孔,对着逆流的氦气向 5 中加入 50mL 纯制过的四氯化钛(Ⅳ),然后熔封 4 处小孔,停止供氦,并用液态空气将四氯化钛(Ⅳ)冻结。完成冻结后,通过 6 将仪器彻底地抽真空,然后将气阀 7 关闭。这时迅速地将四氯化钛(Ⅳ)熔化并加热至室温,同时经 8 通入氢至体系气压达到(0.4±0.2)kPa 为止,然后关闭气阀 9,并将电炉升温到(460±10)℃。达到这个温度时,开动 Tesla 线圈,打开气阀 7 使四氯化钛(Ⅳ)蒸气进入到系统中。这时立刻就产生了浅红色的 TiCl$_3$ 细粉末,它被收集在孔隙 12 之内并被环流的气体沿着管子向下吹落。粉末状的 TiCl$_3$ 沉降到刻度容器 14 中。由于粉末带了静电,有些会黏附在直立的玻璃管壁上,可利用一架机械振荡器将它连续地震落。若容器 14 中充满了 TiCl$_3$ 产物,可换用备用的容器进行二次合成,方法同前。样品的转移和处置均要在无水无氧的手套箱中进行。

2)反应条件

在上述 TiCl$_4$ 与 H$_2$ 的混合物转化为 TiCl$_3$ 和 HCl 的实验中,使用放电的激发形式对反应有很大影响，使用 Tesla 线圈检漏器是非常有效的，在电弧放电作用下，分子氢变为原子氢。系统中 $TiCl_4$ 的压强维持在其室温下的平衡蒸气压范围内（20～25℃，$2.7×10^3$Pa），降低 $TiCl_4$ 的压强将导致较小的 $TiCl_3$ 生成速度；增加 $TiCl_4$ 的压强，将在金属钛的表面生成 $TiCl_2$ 而造成污染。系统中 H_2 偕同 $TiCl_4$ 一起的压强范围在 $1.3×10^2$～$9×10^2$Pa 之间，低于 $1.3×10^2$Pa 时，$TiCl_4$ 的转化率明显减慢；高于 $9×10^2$Pa 时，体系中残留的尚未转化为 H_2 的 HCl 将显著地改变电弧的激发特性，因而减缓了电弧下 $TiCl_3$ 的生成速率。实验发现，系统的压强为 $5×10^2$～$7×10^2$Pa 时，$TiCl_3$ 的生成速度最佳。电弧反应的副产品 HCl 是由加热的金属钛转化为 H_2 的。实验中还发现，仅当将金属钛加热到某一确定的温度时，HCl 在钛上的反应才具有理想的速率，而且金属钛对 H_2 也没有明显地吸收。当 H_2 的初始压强为 $5×10^2$Pa，$TiCl_4$ 蒸气的压强为 $2.7×10^3$Pa 时，$TiCl_3$ 的生成速度随金属钛温度变化的曲线如图 3.37 所示。在 375℃时，HCl 与 Ti 反应开始转化，直到 460℃，$TiCl_3$ 的生成速度一直上升，进一步升温时开始下降（温度进一步升高将超出仪器玻璃的承受能力）。因此，最佳的温度是 460℃左右。虽然在此温度下 $TiCl_3$ 的生成速率最佳，但不能排除 $TiCl_4$ 与金属 Ti 反应而生成 $TiCl_2$ 和 $TiCl_3$ 这类反应的可能。

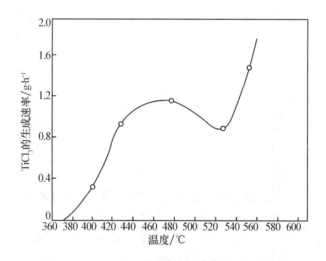

图 3.37　$TiCl_3$ 的生成速率随 Ti 温度变化的曲线

图 3.38 是 $TiCl_3$ 的产率随金属 Ti 温度变化的曲线，在 $TiCl_3$ 最大生成速度的温度下（460℃），$TiCl_3$ 的转化率是 91%。$TiCl_3$ 产率随温度增高而减小（从 97% 到 71%）相应于在 Ti 表面上形成的 $TiCl_2$ 含量的增加。图 3.39 是体系混合物中（钛的氯化物）$TiCl_3$ 摩尔分数随金属 Ti 温度变化的曲线。在低温实验中，等摩尔的 $TiCl_2$ 和 $TiCl_3$ 又重新转化为 Ti 和 $TiCl_4$，随着温度升高至 460℃附近，$TiCl_3$ 的生成速度最佳，产物中将含 90% 摩尔的 $TiCl_3$。

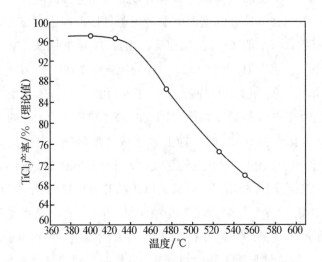

图 3.38 TiCl₃ 的产率随金属钛温度变化的曲线

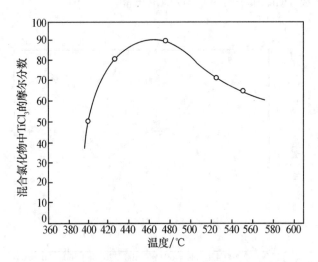

图 3.39 TiCl₃ 的摩尔分数(在金属钛表面形成的钛的氯化物的混合物中)
随金属钛温度变化的曲线

3)反应机理

在上述合成 $TiCl_3$ 的体系中,可能发生的反应较多。因此,选择适宜的实验条件避免副反应是极为重要的。在电弧作用下将发生如下反应:

$$H_2 \longrightarrow 2H \tag{a}$$

$$H + TiCl_4 \longrightarrow TiCl_3(s) + HCl \tag{b}$$

在通入 H_2 后，即发生 $TiCl_4$ 的分解反应，而且 H_2 的压力为 $5×10^2 \sim 7×10^2 Pa$ 时，$TiCl_3$ 的产率最佳。减少氢的含量不能促进反应(a)和(b)；增加氢的含量将有两种影响：①氢原子的产生与氢气的分压有关也与体系的总压有关。当两者之一增加时，即氢气的压力超出 $5×10^2 \sim 7×10^2 Pa$ 时，将减慢氢原子的产生，因而降低 $TiCl_3$ 的产率。②假设体系中 HCl 转化为 H_2 的再生能力不变，过量氢的存在将导致体系中 HCl 的积累，不利于反应(b)，因而降低 $TiCl_3$ 的生成速率。

在金属钛上有可能发生如下反应：

$$Ti+TiCl_4 = 2TiCl_2(s) \tag{c}$$

$$TiCl_2(s)+TiCl_4 = 2TiCl_3(s) \tag{d}$$

因为这两个反应的产物都是具有较低挥发性的固体，因此产物在钛表面上的覆盖必将导致由电弧反应生成的 $TiCl_3$ 的产率下降。这可从图 3.38 中看出，在钛温度为 400℃ 时，$TiCl_3$ 的生成率为 97.2%，而 2.8% 作为混合氯化物沉积在金属钛上。在 550℃ 时，则有 28.9% 的氯化物沉积。显然，沉积在金属钛上的混合氯化物是不希望得到的副产物，而且很难除去。因此，最好的方法是使金属钛的温度尽可能地低，以达到 HCl 向 H_2 最有效地转化。

为避免 $TiCl_3$ 的堆积，又能一直允许 H_2 的再生，钛管上将发生如下反应：

$$TiCl_3(s)+HCl = TiCl_4+\frac{1}{2}H_2 \tag{e}$$

显然上述反应在热力学上是不利的，但由于它的产物均是挥发性的，可在体系中充分利用，因此是可以进行的。

上述反应(c)，(d)，(e)是与实验观察相一致的，金属钛几乎完全被用于再生氢气，$TiCl_4$ 经过与金属钛反应后又转回到体系中。

因为在 460℃ 以上和在较低的 $TiCl_4$ 压强下，$TiCl_3$ 是不稳定的，并发生如下的歧化反应：

$$2TiCl_3 = TiCl_2+TiCl_4 \tag{f}$$

所以在电弧反应中，$TiCl_3$ 的生成速率在金属钛温度高于 460℃ 的条件下开始降低(见图 3.37)。

2. 低压化学气相沉积(LPCVD)

与常压化学气相沉积法相比，低压化学气相沉积的优点有：①晶体生长或成膜的质量好；②沉积温度低，便于控制；③可使沉积衬底的表面积扩大，提高沉积效率。低压化学气相沉积技术已广泛地用于半导体材料如 SiO_2，GaAs 等的晶体生长和成膜。其中，金属有机化合物的化学气相沉积技术具有其特殊的应用价值。

1)二氧化硅薄膜的沉积

热分解沉积掺杂和非掺杂二氧化硅，过去常采用在标准气压下硅烷与氧气或 N_2O 的反应来沉积膜。目前普遍采用低压下化学气相沉积二氧化硅膜。热分解沉积氧化层是利用硅的化合物在真空条件下的热分解，在气相沉积氧化层，衬底材料可以是硅，也可以是金属或陶瓷，常用的源化合物有烷氧基硅烷、硅烷和二氯二氢硅等。烷氧基硅烷一般在 650～800℃下发生热分解反应，其热解方程为：

$$烷氧基硅烷 \xrightarrow{\triangle} SiO_2 + 气态有机原子团 + SiO + C$$

反应产物中的氧必须来源于烷氧基硅烷本身而不能由外界引入，如果用于化学气相沉积的真空系统中有外来的氧或水汽，则沉积出来的 SiO_2 表面阴暗，腐蚀时会出现反常现象。反应产物中的一氧化硅(SiO)和碳是我们所不希望得到的副产物，它们的含量取决于反应的条件，碳的含量取决于炉温，如果炉温过高则会产生大量碳。源化合物分子中的氧原子数目直接影响产物中二氧化硅的含量。当采用每个分子中含有 3 个或 4 个氧原子的烷氧基硅烷时，对生成二氧化硅有利。因此，常用正硅酸乙酯(TEOS)作源物质来沉积 SiO_2 膜。

用正硅酸乙酯法(TEOS 法)低压化学气相沉积(LPCVD) SiO_2 的反应装置如图 3.40 所示。反应是在一个长 170cm，内径 11.5cm 的石英管中进行的。石英管用三段温区的扩散炉加热，产物沉积在炉管中心 55cm 长的区段处，石英管端用水冷法兰中的 O 形环密封。硅片从石英管的进气端装入和取出，以避免被来自沿着石英管末端的出气口所沉积的固体产物所玷污。图 3.40a 是一般低压 TEOS 热分解沉积 SiO_2 装置示意图。硅片平放，所以装量少。正硅酸乙酯和可能的掺杂化合物源瓶接在装置上，进入沉积体系的量靠低压下源瓶蒸气压来控制。蒸气压与源温有关，通常采用水浴控制源温(如在 16℃时，TEOS 的蒸气压为 0.1kPa，在 53℃时为 1kPa，在 81℃时为 4kPa 等)。这种装置可制备膜厚均匀性为 ±(5～10)%的硅片。图 3.40b 是一种改进的装置。硅片是垂直于气流方向放置的，硅片间距约 5mm，每次可装7.6cm硅片 110 片。TEOS 和掺杂化合物分别装在石英鼓泡器中，并保持恒温在±0.1℃，将鼓泡器接到反应装置上，这样沉积时鼓泡器处于低压状态，从鼓泡器所引入的原料量(TEOS 和掺杂化合物)受鼓泡器温度的控制(一般为 0～40℃)，通过鼓泡器微小的氮气流量，以保证在低压情况下均匀蒸发，从而改变了膜厚的均匀性。其沉积的条件为：沉积温度 700～750℃，沉积压强 26.6～66.6Pa，沉积速率 20～30nm/min，SiO_2 膜厚不均匀性±(1～3)%。

低压化学气相沉积 SiO_2 薄膜的体系还有 SiH_4-N_2O，SiH_2Cl_2-N_2O 和 SiH_4-O_2 等。此外，利用低压下气体辉光放电过程来激活分子制备 SiO_2 薄膜的等离子增强化学气相沉积(PECVD)技术也已被应用。

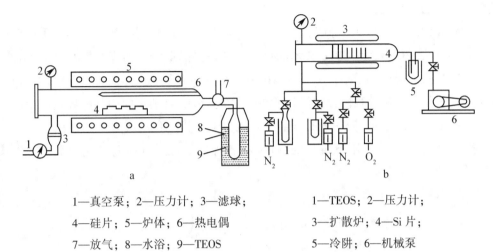

1—真空泵；2—压力计；3—滤球；   1—TEOS；2—压力计；

4—硅片；5—炉体；6—热电偶   3—扩散炉；4—Si 片；

7—放气；8—水浴；9—TEOS   5—冷阱；6—机械泵

图 3.40　TEOS 法 LPCVD 沉积 SiO_2 反应装置

2) 高纯砷化镓的制备

金属有机化学气相沉积 (MOCVD) 技术用于制备Ⅲ~Ⅴ族化合物已有近三十年的历史。常压的 MOCVD 技术是一种敞口的气相沉积薄膜晶体生长技术，它采用的原料是金属有机化合物，如三甲基镓 ((CH_3)$_3$Ga，TMGa) 和氢化物，如砷烷 AsH_3。一种常压 MOCVD 反应装置的示意图如图 3.41 所示。反应前抽真空以清洁系统。因为原料 TMGa，TMAl 和 DEZn (二乙基锌) 在近室温下均是具有相当高蒸气压的液体，所以它们很容易被载气 H_2 带入反应装置中，流量由鼓泡流量计控制。AsH_3 和 H_2Se 在室温下是气体，与 H_2 充分混合后进入反应器，流量由流量计控制。石英反应室内是石墨感应坩埚，外面由射频炉加热。在生

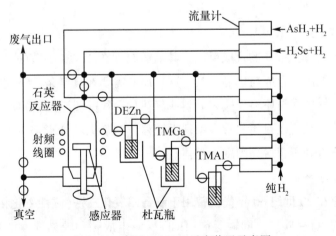

图 3.41　常压 MOCVD 反应装置示意图

119

长期间，衬里通常是旋转的。

在常压 MOCVD 技术中，分解温度对产品的质量异常敏感而且不易控制。采用低压金属有机化学气相沉积(LPMOCVD)技术的最初企图是要降低分解温度，但实际上由于技术原因沉积压强只能降至几千帕，分解温度的降低也是很有限的。然而，实验中发现由于系统压力降低，使生长速度减慢，却得到了高纯度的产物，特别是使用某一确定的金属有机试剂时效果更好。图 3.42 是一种低压金属有机化学气相沉积反应装置示意图。在采用相同反应试剂的条件下，低压下生长的 GaAs 在各种电学性质方面明显优于常压下生长的 GaAs。

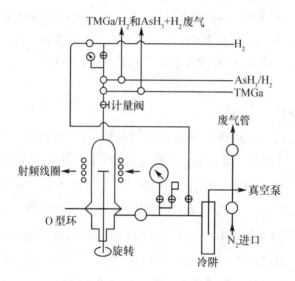

图 3.42　LPMOCVD 反应装置示意图

3. 化学输运反应

化学输运反应是一类重要的合成反应，其输运原理在 3.1.3 小节中已介绍过。它可被用于固体化合物的纯制，合成与单晶生长。这类反应需要在真空条件下完成，因为作为输运反应中的输运剂气体在与原料反应之后生成气体化合物并要满足一定的蒸气压使之向生长端转移，而且输运剂要在封闭的管子中往返转移，这都离不开真空条件。此外，如前所述，在真空条件下有利于获得高纯度的晶体。

1) Fe_3O_4 单晶的制备

化学输运反应在 20 世纪 60 年代就曾用于制备四氧化三铁(磁性氧化物)和其他铁酸盐的单晶。粉末状的原料(Fe_3O_4)同输运剂(HCl)反应生成一种较易挥发的化合物，这种化合物的蒸气沿着管子扩散到温度较低的区域。在这里蒸气进行逆向反应，再生成起始化合物并放出输运剂。然后输运剂又扩散到管子的热端与原料反应。如此往复循环，低温区的化合物可生长为大晶体。用 HCl 作输运剂，通过下述反应而发生 Fe_3O_4 的转移作用：

$$Fe_3O_4 + 8HCl \underset{低温}{\overset{高温}{\rightleftharpoons}} FeCl_2 + 2FeCl_3 + 4H_2O$$

用这种反应方法可制备其他铁酸盐如 $NiFe_2O_4$ 的晶体等。

反应管是用一段 25cm 长的石英管做成的。管子的一端封闭，另一端与一只球形接口相熔接。装有 Fe_3O_4 粉末试料的输运反应管接到图 3.43 所示的真空系统的旋塞 B 上，当系统中的压强降低到低于 $10^{-1}Pa$ 时，将样品加热到约 300℃进行脱气，然后关闭旋塞 C，并向系统中充入 HCl 气体至水银压力计测得的压强为 1kPa。然后关闭旋塞 A 和 B，并把两者之间的接口拆开。用氢氧焰把输运反应管在长度为 20cm 处熔断。最后把这支管子放在输运反应电炉的中心部位上，在它的两端放上控温装置。将生长区的温度升高到 1 000℃，同时令管子装有粉末的一端保持在室温。令这个逆向输运反应持续 24h，再把生长区温度降低到 750℃，并把装料区的温度升高到 1 000℃。令这个输运反应进行 10d 之后，将装料区的温度降低到 750℃约 1h 内当重新建立平衡时，冷却后取出输运反应管。用化学输运法生长的 Fe_3O_4 晶体为完整的八面体单晶。

2) 卤氧化钨的制备

目前已经用化学输运技术制备了许多种纯净的卤氧化钨，如 WO_2Cl_2，$WOCl_4$，$WOCl_3$，$WOCl_2$，WO_2Br_2，$WOBr_4$，$WOBr_3$，$WOBr_2$ 和 WO_2I_2。

二氯二氧化钨的制备基于如下的输运反应：

$$2WO_3 + WCl_6 \rightleftharpoons 3WO_2Cl_2$$

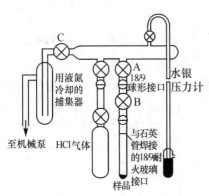

图 3.43　制备输运反应管的真空系统

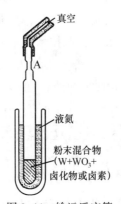

图 3.44　输运反应管

图 3.44 是一支输运反应管，管内装有按化学计量的反应物并浸在液氮中，上端与一套真空系统连接，并抽真空至 10Pa。将这支输运反应管在 A 处熔封，并把它放于温度梯

度为 350/275℃的电炉中。把反应物端放在炉子较热的区域。将炉子略倾斜放置(约 10°)以防止液态产物流回管子较热的部位而引起爆炸。约 20h 后反应完成,在生长区充有黄色片状的 WO_2Cl_2 晶体。然后趁热将管子放置在逆向的温度梯度中(200℃/室温),使较易挥发的杂质(WCl_6, $WOCl_4$ 等)凝聚到反应管空的一端。如果需更进一步地提纯或更好地结晶,可以在略过量的氯化钨(Ⅳ)存在下随时进行晶体的升华。

3.6　热　熔　法

通过加热熔融进行固体材料的合成是冶金工业常用的方法。热熔法依据加热形式的不同分为许多不同的方法。常用的有纯粹的电加热熔融法、电弧法以及熔渣法。后两种方法主要是为了进一步提高温度,减少产物污染而发展起来的,下面将加以介绍。这些方法在制备固体材料以及制备其大单晶方面具有重要意义。

3.6.1　电弧法

电弧法是靠阴极与坩埚阳极之间通过放电产生电弧使反应物熔融进行合成的方法。电阴极一般是由金属钨或石墨制成的,端点呈点状以能承受较高的电流密度,阳极坩埚是铜或石墨制成的。在电弧法中,一般电压为 15V、电流为 70A。依据所用的阴极材料,电极保持在一定的气氛当中。

把反应物放入坩埚中,让阴极触及阳极从而触发电弧,缓慢升高电流,同时外拉阴极以维持电弧,然后把电弧定位以使其浸没坩埚中的样品,增加电流直到反应物熔融。当关掉电弧时,产物将以纽扣的形式固化,由于溶体和水冷的坩埚间巨大的温度梯度,一薄层固体样品把熔体与炉体分开来,从而产物不受坩埚的污染。

依据电弧的数目,此技术有单电弧技术和三电弧技术。电弧法已成功地用来合成众多的 Ti, V, Nb 和 Ni 的氧化物以及一些低价的稀土氧化物如 $LnO_{1.5-x}$。

20 世纪 80 年代发现的 C_{60} 也是用电弧法制备的。其具体制法为:用两根石墨棒(光谱纯)为电极,在氦气氛中放电,电弧产生的碳烟淀积在水冷反应器的内壁上,在收集的碳烟中含有 7%~15%的 C_{60}/C_{70} 混合物。

3.6.2　熔渣法(skull metting)

熔渣法是靠无线电频率的电磁场加热物质使其熔融的,所用的频率和功率分别为 200kHz~44MHz 和 20~50kW。在这种方法中,物质被放在由一套水冷却的铜制冷指构成的容器中,指间的空间大到足以允许电磁场渗进,但小到足以避免熔体外溢。此技术中温度可高达 3 600K,可用来制备氧化物如 CoO, MnO, Fe_2O_3, ThO_2 和 ZrO_2 等大单晶。

思 考 题

1. 化学气相沉积法有哪些反应类型？该法对反应体系有什么要求？在热解反应中，用金属烷基化物和金属烷氧基化物作为源物质时，得到的沉积层分别为什么物质？如何解释？

2. 写出制备光导纤维预制棒的主要反应和方法。反应体系的尾气如何处理？在管内沉积法和管外沉积法中加入添加剂的顺序有什么不同？

3. 化学输运反应的平衡常数有什么特点？为什么？试以热力学分析化学输运反应的原理。

4. 实验室常用哪些高温设备和测热仪表？电阻炉的发热体有哪些？氧化物发热体的接触体有什么物质组成？制法如何？

5. 试述感应炉的构成、原理和优缺点。

6. 试述热电偶高温计的优点、使用注意事项和限制以及光学高温计的优势和原理。

7. 用氢还原氧化物的特点是什么？在氢还原法制钨的第三阶段中，温度高于1 200℃时反应会发生什么变化？

8. 从热力学角度看，制冷原理有哪些？试简述之。液化气贮槽有哪些结构形状？其工作性能的定义如何？

9. 液氧、液氮、液氩的小型容器和液氢、液氦的有什么不同？如何转移液态气体？

10. 试述蒸气压温度计的原理、制法。低温源有哪些？实验室常用的是哪些？如何测量和控制低温？

11. 低温分离的方法有哪些？在什么情况下用低温化学分离法？其要点是什么？用什么方法分离 O_2 和 CO？在分级冷凝中如何选择冷阱？简述液氨中的合成反应。

12. 低温下稀有气体化合物的合成方法有哪些？在低温水解合成 XeO_3 时，应选择 XeF_4 还是 XeF_6 作源物质？为什么？合成 KrF_2 的反应机理是什么？有哪些因素影响 KrF_2 的量子产率？

13. 在高压下无机化合物会发生哪些变化？超高压下无机合成有哪些类型？

14. 简述立方晶系畸变成四方晶系、正交晶系、三方晶系的原理或过程。

15. 非相变型高压合成遵循什么原理？

16. 人造金刚石有几种合成方法？工业上常用哪一种？其获取高温的方法有哪些？如何合成多晶金刚石？人造金刚石合成机理有几种学说？

17. 获得、测量真空的设备和仪表有哪些？试述真空规的类型及它们的工作原理。真空装置由哪些部分组成？分别说明它们的作用。其中阱有哪些类型？

18. 低压化学气相沉积有哪些优点？简述用化学输运反应制备 Fe_3O_4 单晶的原理和步骤。

19. 在制备 $TiCl_3$ 的过程中，Tesla 线圈和钛管各起什么作用？试写出制备的主要反应和在钛管上发生的反应。

第4章　软化学和绿色合成方法

4.1　概　　述

4.1.1　软化学

1. 软化学的含义

20世纪70年代初，德国化学家舍费尔(H. Schafer)对制备无机固体化合物及其材料的两种化学方法进行了比较。这两种方法一种是传统上用来制备陶瓷材料的高温固相反应法，另一种是在较低温度下通过一般化学反应制备无机固体化合物及材料的方法。他指出：前种方法在"硬环境"中进行，所得到的无机固体化合物及材料必须是在热力学平衡态的；后者则在较低温度的"软环境"中进行，可以得到具有"介稳"结构的无机固体化合物及材料体系，从而更有应用前景。为此，法国化学家创造了一个颇具想象力的术语——Chemie Douce，即"软化学"，用以描述后一种无机固体化合物及材料的制备方法。显然，软化学是相对而言的。通常，我们把在极端条件下如超高压、超高温、超真空、强辐射、冲击波、无重力等进行的反应称之为硬化学(hard chemistry)反应；而将在温和条件下进行的反应如先驱物法、水热法、溶胶-凝胶法、局部化学反应、流变相反应、低热固相反应等称之为软化学(soft chemistry)方法。软化学这一概念已被固体化学界和材料科学界普遍接受，广泛地见之于一些学术文献，在近些年已成为多种文献检索系统的关键词，并成为无机制备和材料合成化学的研究热点。

2. 软化学的特点

软化学开辟的无机固体化合物及材料制备方法，正在将新无机固体化合物及材料制备的前沿技术从高温、高压、高真空、高能和高制备成本的方法中解放出来，进入一个更宽阔的空间。显然，依赖于"硬环境"的方法必须有高精尖的设备和大的资金投入；而软化学提供的方法依赖的则是人的知识、技能和创造力。因而，可以说，软化学是一个具有智力密集型特点的研究领域。

软化学是在较温和条件下实现的化学反应过程，因而易于实现对其化学反应过程、路径、机制的控制。从而，可以根据需要控制过程的条件，对产物的组分和结构进行设计，进而达到剪裁其物理性质的目的。正因为材料和固体化合物(产物)形成于相对较低的温度，故可使一些在高温下不稳定的组分存在于固体化合物及材料之中。或形成具有介稳态的结构。这样，便有可能在同一固体化合物及材料体系中实现不同类型组分(如纳米粉体-聚合物、无机物-有机物、陶瓷-金属、无机物-生物体)的复合。也有可能获得一些用高温固相反应与物理方法难以得到的低熵、低熔或低对称性的固体化合物及材料，特别是一些具有特殊结构或形态的低维材料体系。

软化学与其说是一门新的学科，不如说是一种新的材料和固体化合物制备的思路。在这种思路下产生了一系列新型材料和固体化合物的制备技术，主要有：先驱物法、溶胶-凝胶法、水热法、熔体(助熔剂)法、局部化学反应、低热固相反应、流变相反应等。这些方法有时并无严格界限，实际应用时又可能是交叉的。这些方法有时也是具有高效、节能、经济、洁净的环境友好的绿色无机合成方法。

用软化学方法合成新型固体化合物及材料的优点，引起了化学和材料科学界的重视。随心所欲地设计和剪裁材料和固体化合物的结构和性能，这一梦想将随软化学的崛起而成为可能，这无疑将对 21 世纪的高技术产生深远的影响。

4.1.2　绿色化学

1. 绿色化学的产生

伴随一个世纪以来的工业文明，化学学科取得了巨大的进步，创造了辉煌的业绩。目前一些重大的基本工业生产过程都是基于化学过程，如钢铁冶金、水泥陶瓷、石油化工、酸碱肥料、塑料橡胶、合成纤维、农药医药以及日用化妆品等精细化学品概莫能外。然而与此同时，化学物质大规模地生产和广泛使用，使得全球性的生态环境问题日趋严重，在经过千方百计地末端治理效果不佳的情况下，国际社会重新审视已经走过的环境保护历程，提出了绿色化学的概念。所谓绿色化学(green chemistry)又称环境无害化学(environmentally benign chemistry)、环境友好化学(environmentally friendly chemistry)、清洁化学(clean chemistry)。在绿色化学基础上发展的技术称环境友好技术(environmentally friendly technology)或洁净技术(clean technology)。它是针对传统化学对环境造成污染而提出的新概念，是利用化学原理从根本上减少或消除传统工业对环境的污染。它的主要特点是"原子经济性"，即在获取新物质的转换过程中充分利用原料中的每个原子，实现化学反应中废物的"零排放"。因此，既可以充分利用资源，又不污染环境，它完全不同于现有的末端污染治理，是解决环境与生态问题的根本出路，是人类实现可持续发展的明智选择。它不但追求环境的保护，而且追求经济的最优化。由于可以充分利用原料的所有物质，从而更有可能创造出高附加值产品。因此，绿色化学可以看作是进入成熟期的更高层次的化学。

2. 绿色化学的原则

就绿色化学的新概念 P. T. Anastas 和 J. C. Waner 提出了 12 条原则：

(1)防止污染优于污染治理。

(2)原子经济性。即设计的合成方法应使生产过程中所采用的原料最大限度地进入产品之中。

(3)绿色合成。设计合成方法时，只要可能，无论原料、中间产物和最终产物，均应对人体健康和环境无毒无害(包括极小毒性和无毒)。

(4)设计安全化学品。化工产品设计时，必须使其具有高效的功能，同时也要减少其毒性。

(5)选用无毒、无害的溶剂和助剂。应尽可能避免使用溶剂、分离试剂等助剂，如不可避免，也要选用无毒无害的溶剂和助剂。

(6)合理使用和节约能源。合成方法必须考虑过程中能耗对成本和环境的影响，应设法降低能耗，最好采用常温常压下的温和合成方法。

(7)采用可再生资源合成化学品。在技术可行和经济合理的前提下，原料要采用可再生资源代替消耗性资源。

(8)减少化合物不必要的衍生化步骤。在可能的条件下，尽量减少副产物。

(9)催化。合成方法中采用高选择性的催化剂比使用化学计量(stoichiometric)助剂更优越。

(10)设计可降解化学品。化工产品要设计成在其使用功能终结后，它不会永存于环境中，要能分解成可降解的无害产物。

(11)防止污染的快速检测和控制。进一步发展分析方法，对危险物质在生成前实行在线监测和控制。

(12)减少或消除制备和使用过程中的事故和隐患。选择化学生产过程的物质，使化学意外事故(包括渗透、爆炸、火灾等)的危险性降低到最低程度。

这 12 条原则目前为国际化学界所公认，它也反映了近年来在绿色化学领域中所开展的多方面研究工作的内容，同时也指明了未来发展绿色化学的方向。就以上原则，可概括为八个字：高效、节能、经济、洁净。这是绿色化学的鲜明特点。

4.1.3　绿色化学和软化学的关系

绿色化学和软化学关系密切，但又有区别。软化学强调的是反应条件的温和与反应设备的简单，从而达到了节能、高效的目的。在某些情况下这也是经济、洁净的，这是和绿色化学相一致的。而在有些情况下，它并没有解决经济、洁净的问题。绿色化学是全方位地要求达到高效、节能、经济、洁净。可以预见，软化学和绿色化学将会逐渐趋于统一。

4.2 先 驱 物 法

4.2.1 概述

软化学方法中最简单的一类是先驱物法(或称前驱体法、初产物法等)。先驱物法是为解决高温固相反应法中产物的组成均匀性和反应物的传质扩散所发展起来的节能的合成方法。其基本思路是：首先通过准确的分子设计，合成出具有预期组分、结构和化学性质的先驱物，再在软环境下对先驱物进行处理，进而得到预期的材料。其关键在于先驱物的分子设计与制备。

在这种方法中，人们选择一些化合物如硝酸盐、碳酸盐、草酸盐、氢氧化物、含氰配合物以及有机化合物如柠檬酸等和所需的金属阳离子制成先驱物。在这些先驱物中，反应物以所需要的化学计量存在着，这种方法克服了高温固相反应法中反应物间均匀混合的问题，达到了原子或分子尺度的混合。一般高温固相反应法是直接用固体原料在高温下反应，而先驱物法则是用原料通过化学反应制成先驱物，然后焙烧即得产物。

复合金属配合物是一类重要的先驱物。其合成过程通常在溶液中进行，以对其组分和结构做很好的控制。这些化合物一般可在 400℃分解，形成相应的氧化物。这就为制备高质量的复合氧化物材料提供了一个途径。例如，利用镧-铁、镧-钴复合羧酸盐热分解，可以制备出化学组分高度均匀的钙钛矿型氧化物半导体；利用钛的配合物的钡盐，可以制备高质量的铁电体微粉。利用相似的方法，在真空中加热分解某些特殊的配合物，则可得到一些非氧化物体系(如纳米尺寸的镉硒半导体簇)。

另一类比较有用的先驱物是金属碳酸盐。它可用于制备化学组分高度均匀的氧化物固溶体系。因为很多金属碳酸盐都是同构的，如钙、镁、锰、铁、钴、锌、镉等均具有方解石结构，故可利用重结晶法先制备出一定组分的金属碳酸盐，再经过较低温度的热处理，最后得到组分均匀的金属氧化物固溶体。像锂离子电池的正极材料 $LiCoO_2$，$LiCo_{1-x}Ni_xO_2$ 等都可用碳酸盐先驱物制备。

此外，一些金属氢氧化物或硝酸盐的固溶体也可被用做先驱物。如利用金属硝酸盐先驱物制备出了高纯度的 $YBa_2Cu_3O_7$ 超导体。

4.2.2 应用

1. 尖晶石 MFe_2O_4 的合成

利用锌和铁的水溶性盐配成 Fe：Zn = 2：1 摩尔比的混合溶液，与草酸溶液作用，得铁和锌的草酸盐共沉淀，生成的共沉淀是一固溶体，它所包含的阳离子已在原子尺度上混合在一起。将得到的草酸盐先驱物加热焙烧即得$ZnFe_2O_4$。由于混合物的均一化程度高，反应所需温度可大大降低（例如生成$ZnFe_2O_4$的反应温度为~700℃）。反应式可以写成：

$$Zn^{2+}+2Fe^{3+}+4C_2O_4^{2-}=\!=\!=ZnFe_2(C_2O_4)_4\downarrow$$

$$ZnFe_2(C_2O_4)_4=\!=\!=ZnFe_2O_4+4CO+4CO_2$$

尖晶石$NiFe_2O_4$的制备是通过一个镍和铁的碱式双乙酸吡啶化合物作为先驱物，其化学整比组成为$Ni_3Fe_6(CH_3COO)_{17}O_3OH\cdot12C_5H_5N$，其中$Ni:Fe$的摩尔比精确为$1:2$，并且用从吡啶中重结晶的方法可进一步提纯。首先将该先驱物缓慢加热到200~300℃，以除去有机物质，然后于空气中在1 000℃下加热2~3d即得$NiFe_2O_4$。

2. 尖晶石MCo_2O_4的合成

尖晶石MCo_2O_4（M=Zn，Ni，Mg，Mn，Cu，Cd）的合成是通过将钴（Ⅱ）和相应M的盐在水溶液中与草酸发生反应，生成草酸盐先驱物，该先驱物为一固溶体，钴：M=2:1摩尔比，将草酸盐先驱物在空气中加热到400℃左右，即得MCo_2O_4尖晶石。在先驱物热分解过程中，钴（Ⅱ）被空气中的氧氧化为钴（Ⅲ）。

$$M^{2+}+2Co^{2+}+3C_2O_4^{2-}+6H_2O=\!=\!=MCo_2(C_2O_4)_3\cdot6H_2O$$

$$MCo_2(C_2O_4)_3\cdot6H_2O=\!=\!=MCo_2(C_2O_4)_3+6H_2O$$

$$MCo_2(C_2O_4)_3=\!=\!=MCo_2O_4+4CO+2CO_2$$

对于MCo_2O_4尖晶石化合物来说，这是一个非常方便有效的合成方法。因为MCo_2O_4尖晶石化合物在高于600℃的温度下会发生相变而分解为一种富含Co的尖晶石相，从而不能用高温固相反应的方法得到它。

3. 亚铬酸盐的合成

亚铬酸盐尖晶石化合物MCr_2O_4的合成也用类似的方法，此处M=Mg，Zn，Mn，Fe，Co，Ni。亚铬酸锰$MnCr_2O_4$是从已沉淀的$MnCr_2O_7\cdot4C_5H_5N$逐渐加热到1 100℃制备的。加热期间，重铬酸盐中的六价铬被还原为三价，混合物最后在富氢气氛中于1 100℃下焙烧，以保证所有的锰处于二价状态。常用来合成亚铬酸盐尖晶石化合物的先驱物如表4.1所示。只要仔细控制实验条件，此类先驱物法均能制备出确定化学比的物相。这种合成方法简单有效且很重要，因为许多亚铬酸盐和铁氧体都是具有重大应用价值的磁性材料，它们的性质对于其纯度及化学计量关系非常敏感。

表 4.1　　　　　　　　　常用来合成亚铬酸盐尖晶石化合物的先驱物

先 驱 物	焙烧温度/℃	亚铬酸盐
$(NH_4)_2Mg(CrO_4)_2 \cdot 6H_2O$	1 100~1 200	$MgCr_2O_4$
$(NH_4)_2Ni(CrO_4)_2 \cdot 6H_2O$	1 100	$NiCr_2O_4$
$MnCr_2O_7 \cdot 4C_5H_5N$	1 100	$MnCr_2O_4$
$CoCr_2O_7 \cdot 4C_5H_5N$	1 200	$CoCr_2O_4$
$(NH_4)_2Cu(CrO_4)_2 \cdot 2NH_3$	700~800	$CuCr_2O_4$
$(NH_4)_2Zn(CrO_4)_2 \cdot 2NH_3$	1 400	$ZnCr_2O_4$
$NH_4Fe(CrO_4)_2$	1 150	$FeCr_2O_4$

4.2.3　先驱物法的特点和局限性

从以上例子可以看出，先驱物法有以下特点：①混合的均一化程度高；②阳离子的摩尔比准确；③反应温度低。

原则上讲，先驱物法可应用于多种固态反应中。但由于每种合成法均要求其本身的特殊条件和先驱物，为此不可能制定出一套通用的条件以适应所有这些合成反应。对有些反应来说，难以找到适宜的先驱物。因而此法受到一定的限制。如该法就不适用于以下情况：①两种反应物在水中溶解度相差很大；②生成物不是以相同的速度产生结晶；③常生成过饱和溶液。

4.3　溶胶-凝胶法

4.3.1　概述

在软化学提供的诸多材料制备技术中，溶胶-凝胶法是目前研究得最多的一种。溶胶-凝胶法也是为解决高温固相反应法中反应物之间扩散和组成均匀性所发展起来的。溶胶是胶体溶液，其中反应物以胶体大小的粒子分散在其中。凝胶是胶态固体，由可流动的组分和具有网络内部结构的固体组分以高度分散的状态构成。这种方法通常包含了从溶液过渡到固体材料的多个物理化学步骤，如水解、聚合，经历了成胶、干燥脱水、烧结致密化等步骤。该过程使用的先驱物一般是易于水解并形成高聚物网络的金属有机化合物（如醇盐）。目前这类方法已广泛用于制备玻璃、陶瓷及相关复合材料的薄膜、微粉和块体。在溶胶-凝胶过程中，由分子级均匀混合的无结构的先驱物，经过一系列结构化过程，形成具有高度微结构控制和几何形状控制的材料。这是与传统固体材料制备方法的一大不同之处。

由于溶胶-凝胶过程可以使通常在相当高的温度下才能制备出来的一些无机材料和固体化合物在室温或略高的温度下即可制备,因而可以通过在先驱物溶液中引入某些组分而构造出许多新型的多相复合体系。这方面的研究工作已在新型光学材料、催化材料、多功能复合材料、生物材料方面展现出诱人的前景。

某些具有特定结构的有机分子材料具有较无机非线性光学材料强得多的非线性光学特性。然而,这类材料普遍存在着稳定性问题。近年来,一些科学家利用溶胶-凝胶过程,将一些有机分子"封装"于玻璃中,制备出兼具无机物稳定性和有机物高光学非线性的新型无机-有机物复合材料。

利用类似方法,人们还将纳米微粒、原子簇、半导体量子点等引入玻璃或陶瓷体系,构造出许多新型功能复合材料体系。比如,可以利用溶胶-凝胶过程,制备由铁电体基体与金属纳米弥散相复合的一类新型材料。其基本方法是:在锆钛酸铅或钛酸钡的溶胶-凝胶路线上加以改进,将银溶液引入上述材料的先驱物溶液,最后得到均匀分布于铁电薄膜内,大小为 $1\sim20nm$ 的准球状银粒。众所周知,金属纳米微粒在光、电、热、磁等方面有多种奇异的物理性能,而铁电体则具有十分特殊的介电特性和多种耦合功能(如压电、热电、电光等功能)。显然,两类功能体系的结合,可望衍生出多种物理现象和可资利用的功能。此外,将新型富勒体(C_{60})材料引入硅玻璃体系的工作也已有报道。

一些新的研究工作还将材料复合的范围延伸到生物体系,以期获得兼具生物功能和无机物稳定性的新型材料。美国科学家曾通过溶胶-凝胶方法将一些生物酶分子"封装"到透明的多孔 SiO_2 玻璃之中。被封入的酶分子具有极强的光敏感性,故该材料体系可望成为一种新型的分子传感器件。

4.3.2 溶胶-凝胶法的特点

胶体分散系是分散程度很高的多相体系。溶胶的粒子半径在 $1\sim100nm$ 间,具有很大的相界面,表面能高,吸附性能强,许多胶体溶液之所以能长期保存,就是由于胶粒表面吸附了相同电荷的离子。由于同性相斥使胶粒不易聚沉,因而胶体溶液是一个热力学不稳定而动力学稳定的体系。如果在胶体溶液中加入电解质或者两种带相反电荷的胶体溶液相互作用,这种动力学上的稳定性立即受到破坏,胶体溶液就会发生聚沉,成为凝胶。这种制备无机化合物的方法称为溶胶-凝胶法。

例如,Al_2O_3 溶胶中的胶体离子吸附 Al^{3+},$Al(OH)_2^+$,$Al(OH)^{2+}$ 等阳离子而带正电叫正溶胶。SiO_2 溶胶中的胶体离子因吸附 OH^-,SiO_3^{2-} 或 $HSiO_3^-$ 等阴离子而带负电叫负溶胶。这两种带不同电荷的溶胶相互混合,由于胶粒表面电荷被中和,胶粒可以直接接触,这时胶体开始凝聚，变成凝胶。调节体系的 pH 值，可以改变凝胶流动状态，达到充分均化，最后经过干燥、焙烧而成超细粉，用这种方法制备的超细粉均匀性很高。

与传统的高温固相反应法相比，这种合成方法有如下特点：

（1）通过混合各反应物的溶液，可获得所需要的均相多组分体系。

（2）可大幅度降低制备材料和固体化合物的温度，从而可在比较温和的条件下制备陶瓷、玻璃等功能材料。

（3）利用溶胶或凝胶的流变性，通过某种技术如喷射、浸涂等可合成出特殊形态的材料如薄膜、纤维、沉积材料等。

近年来已用此项技术制备出了大量具有不同特性的氧化物型薄膜如 V_2O_5，TiO_2，MoO_3，WO_3，ZrO_2，Nb_2O_5 等。

4.3.3　溶胶-凝胶过程中的反应机理

溶胶-凝胶合成方法的主要反应机理是反应物分子(或离子)母体在水溶液中进行水解和聚合。即由分子态→聚合体→溶胶→凝胶→晶态(或非晶态)，所以可以通过对其过程反应机理的了解和有效的控制来合成一些特定结构和聚集态的固体化合物或材料。溶胶-凝胶合成法的起始反应先驱物多为金属盐类的水溶液或金属有机化合物的水溶液，因而下面对这两类体系的水解-聚合反应做一些讨论。

1. 无机盐的水解-聚合反应

当阳离子 M^{z+} 溶解在纯水中则发生如下溶剂化反应：

$$M^{z+}+ : O \begin{matrix} H \\ \\ H \end{matrix} \longrightarrow \left[M \leftarrow O \begin{matrix} H \\ \\ H \end{matrix} \right]^{z+}$$

在许多情况下(如对过渡金属离子而言)，这种溶剂化作用导致部分共价键的形成。由于在水分子的 $3\sigma_1$ 满价键轨道和过渡金属空 d 轨道间发生部分电荷迁移，所以水分子的酸性变强。根据电荷迁移的大小，溶剂化分子发生如下变化：

$$[M-OH_2]^{z+} \rightleftharpoons [M-OH]^{(z-1)+}+H^+ \rightleftharpoons [M=O]^{(z-2)+}+2H^+$$

在通常的水溶液中，金属离子可能有三种配体，即水 (OH_2)，羟基 (OH) 和氧基 $(=O)$。若 N 为以共价键方式与阳离子 M^{z+} 键合的水分子数目(配位数)，则其粗略化学式可记为：$[MO_NH_{2N-h}]^{(z-h)+}$，式中 h 定义为水解摩尔比。当 $h=0$ 时，母体是水合离子 $[M(OH_2)_N]^{z+}$；$h=2N$ 时，母体为氧合离子 $[MO_N]^{(2N-z)-}$；如果 $0<h<2N$，那么这时母体可以是氧-羟基配合物 $[MO_x(OH)_{N-x}]^{(N+x-z)-}$ $(h>N)$，羟基-水配合物 $[M(OH)_h(OH_2)_{N-h}]^{(z-h)+}$ $(h<N)$，或者是羟基配合物 $[M(OH)_N]^{(N-z)-}$ $(h=N)$。金属离子的水解产物(母体)一般可

借"电荷-pH 图"进行粗略判断。

在不同条件下，这些配合物可通过不同方式聚合形成二聚体或多聚体，有些可进一步聚合形成骨架结构。如按亲核取代方式（S_{N1}）形成羟桥 M—OH—M，羟基-水母体配合物 $[M(OH)_x \cdot (OH_2)_{N-x}]^{(z-x)+}$（$x<N$）之间的反应可按 S_{N1} 机理进行。带电荷的母体（$z-h \geqslant 1$）不能无限制地聚合形成固体，这主要是由于在缩合期间羟基的亲核强度（部分电荷 δ）是变化的。如 Cr(Ⅲ)的二聚反应：

$$2[Cr(OH)(OH_2)_5]^{2+} \Longrightarrow \left[(H_2O)_4Cr \begin{matrix} H \\ O \\ \diamondsuit \\ O \\ H \end{matrix} Cr(OH_2)_4 \right]^{4+} +2H_2O$$

在单聚体中 OH 基上的部分电荷是负的，即 $\delta(OH) = -0.02$，而在二聚体中 $\delta(OH) = +0.01$，这意味着二聚体中的 OH 已经失去了再聚合的能力。零电荷母体（$h=z$）可通过羟基无限缩聚形成固体，最终产物为氢氧化物 $M(OH)_z$。

从水-羟基配位的无机体来制备凝胶时，取决于诸多因素，如 pH 梯度、浓度、加料方式、控制的成胶速度、温度等。因为成核和生长主要是羟桥聚合反应，而且是扩散控制过程，所以需要对所有因素加以考虑。若制备纯相，要获得不稳定的凝胶。有些金属可形成稳定的羟桥，进而生成一种具有确定结构的 $M(OH)_z$，而有些金属不能形成稳定的羟桥，因而当加入碱时只能生成水合的无定形凝胶沉淀 $MO_{x/2}(OH)_{z-x} \cdot yH_2O$。这类无确定结构的沉淀当连续失水时，通过氧聚合最后形成 $MO_{z/2}$。对多价态元素如 Mn，Fe 和 Co，情况更复杂一些，因为电子转移可发生在溶液、固相中，甚至在氧化物和水的界面上。

聚合反应的另一种方式是氧基聚合，形成氧桥 M—O—M。这种聚合过程要求在金属配位层中没有水配体，即如氧-羟基母体 $[MO_x(OH)_{N-x}]^{(N+x-z)-}$，$x<N$。如 $[MO_3(OH)]^-$ 单体（M=W，Mo）按亲核加成机理（A_N）形成的四聚体 $[M_4O_{12}(OH)_4]^{4-}$，反应中形成边桥氧（μ_2-O）或面桥氧（μ_3-O）。再如按加成消去机理（$A_N\beta E_1$ 和 $A_N\beta E_2$）聚合的反应如 Cr(Ⅵ)的二聚反应（$h=7$）：

$$[HCrO_4]^- + [HCrO_4]^- \Longrightarrow [Cr_2O_7]^{2-} + H_2O$$

又如钒酸盐的聚合反应：

$$[VO_3(OH)]^{2-} + [VO_2(OH)_2]^- \Longrightarrow [V_2O_6(OH)]^{3-} + H_2O$$

$$[VO_3(OH)]^{2-} + [V_2O_4(OH)_3]^- \Longrightarrow [V_3O_9]^{3-} + 2H_2O$$

2. 金属有机分子的水解-聚合反应

金属烷氧基化合物（$M(OR)_n$，Alkoxide）是金属氧化物的溶胶-凝胶合成中常用的反应物分子母体，几乎所有金属（包括镧系金属）均可形成这类化合物。$M(OR)_n$ 与水充分反应可形成氢氧化物或水合氧化物：

$$M(OR)_n + nH_2O \longrightarrow M(OH)_n + nROH$$

实际上，反应中伴随的水解和聚合反应是十分复杂的。水解一般在水或水和醇的溶剂中进行并生成活性的 M—OH。反应可分为三步：

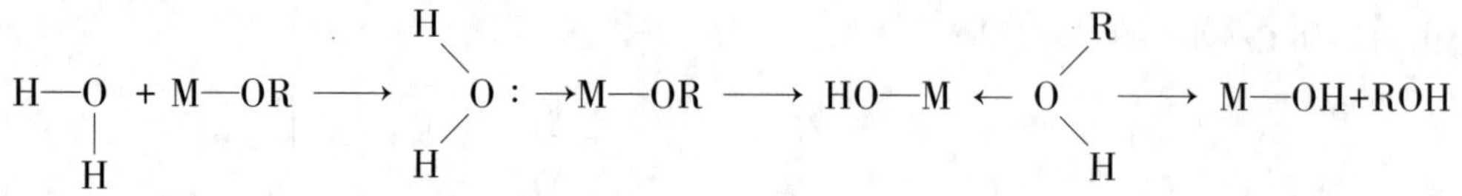

$$\text{H—O} + \text{M—OR} \longrightarrow \text{O:→M—OR} \longrightarrow \text{HO—M←O} \longrightarrow \text{M—OH+ROH}$$

随着羟基的生成，进一步发生聚合作用。根据实验条件的不同，可按照三种聚合方式进行：

a. 烷氧基化作用

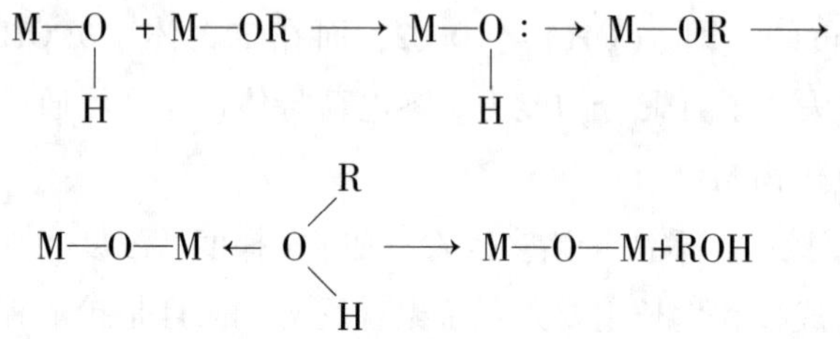

$$\text{M—O} + \text{M—OR} \longrightarrow \text{M—O:→M—OR} \longrightarrow$$

$$\text{M—O—M←O} \longrightarrow \text{M—O—M+ROH}$$

b. 氧桥合作用

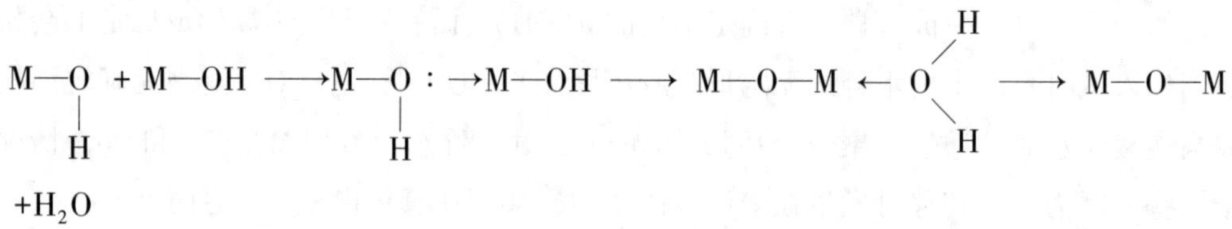

$$\text{M—O} + \text{M—OH} \longrightarrow \text{M—O:→M—OH} \longrightarrow \text{M—O—M←O} \longrightarrow \text{M—O—M}$$
$$+H_2O$$

c. 羟桥合作用

$$\text{M—OH} + \text{M←O} \longrightarrow \text{M—O—M} +ROH$$

$$\text{M—OH} + \text{M←O} \longrightarrow \text{M—O—M} +H_2O$$

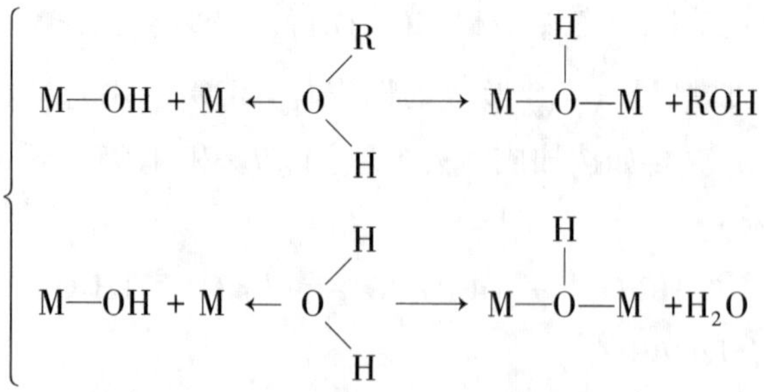

此外，金属有机分子母体也可以是烷基氯化物、乙酸盐等。

4.3.4 制备举例

如制备 $YBa_2Cu_3O_{7-\delta}$ 超导氧化物膜就可用此法，有两条不同的路线：一是以化学计量

比的相关硝酸盐 $Y(NO_3)_3 \cdot 5H_2O$，$Ba(NO_3)_2$，$Cu(NO_3)_2 \cdot H_2O$ 作起始原料，将其溶于乙二醇中生成均匀的混合溶液，在 $130 \sim 180℃$ 下回流，并蒸发出溶剂，生成的凝胶在高温 $950℃$ 氧气氛下灼烧，即可获得纯相正交型 $YBa_2Cu_3O_{7-\delta}$。另一条路线是以化学计量比金属有机化合物为起始原料，将 $Y(OC_3H_7)_3$，$Cu(O_2CCH_3)_2 \cdot H_2O$ 和 $Ba(OH)_2$ 在加热和剧烈搅拌下溶于乙二醇，蒸发后得到凝胶，经高温氧气氛下灼烧后也可得到超导氧化物 $YBa_2Cu_3O_{7-\delta}$。如将上述两种方法制得的凝胶涂在一定的载体如蓝宝石(sappire)的[110]面上、$SrTiO_3$ 单晶的[100]面上或 ZrO_2 单晶的[001]面上。然后，①在 O_2 气氛中，用程序升温法升温至 $400℃$($2℃/min$)，继续升温至 $950℃$($5℃/min$)，再用程序降温法降温($3℃/min$)冷却到室温。将上述步骤重复 $2 \sim 3$ 次。然后将膜在 $800℃$，CO_2 气氛中退火 12h，并在 O_2 气氛下以 $3℃/min$ 的速率冷却到室温。②将涂好的膜在空气中 $950℃$ 下灼烧 10min，再涂再灼烧，重复数次，最后在 $550 \sim 950℃$，O_2 气氛中退火 $5 \sim 12h$。上述方法均可制得 $10 \sim 100\mu m$ 厚度的均匀 $YBa_2Cu_3O_{7-\delta}$ 超导薄膜。且具有良好的超导性能。

4.4 拓扑化学反应

一种较为复杂的先驱物过程是借助于所谓"拓扑化学"反应来实现的。拓扑化学反应也称为局部化学反应或规整化学反应。这类化学反应的性质取决于反应物的晶体构架(拓扑化学因素)，而通常化学反应的性质则取决于反应物的化学性质。

纯粹的固相扩散反应即属拓扑化学过程。拓扑化学反应在软化学中可用于材料结构的设计。

4.4.1 拓扑化学反应的特点

拓扑化学反应法是另一种软化学过程，它是通过局部化学反应或局部规整反应制备固体材料的方法。局部化学反应法包括多种反应：脱水反应、分解反应、氧化还原反应、嵌入反应、离子交换反应和同晶置换反应。这些反应在相对温和的条件下发生，提供了低温进行固体合成的新途径。局部化学反应得到的产物在结构上与起始物质有着确定的关系，运用这些反应常常可以得到由其他方法所不能得到或难以得到的固体材料，并且这些材料具有独到的物理和化学性质以及独特的结构形式。笼统地说，局部化学反应通过反应物的结构来控制反应性，反应前后主体结构大体上或基本上保持不变。

4.4.2 脱水反应(dehydrolysis)

顾名思义，脱水反应法是通过反应物脱水而得到产物的方法。在此方法中，脱水反应是通过局部化学反应方式进行的。其中一个典型的例子是具有奇异晶体结构的 $Mo_{1-x}W_xO_3$

固溶体的制备。固体化学家偶然发现具有 ReO_3 结构的 WO_3 晶体可容纳于具有层状结构的 MoO_3 之中，形成一类特殊的共面结晶学状态。由于两种组分挥发性的差异，无法用传统的高温固相反应法获得单相的 $Mo_{1-x}W_xO_3$ 固溶体。但是，利用脱水反应却可解决这一问题。利用水合物 $MoO_3 \cdot H_2O$ 和 $WO_3 \cdot H_2O$ 的同构性，先将 MoO_3 和 WO_3 溶于浓酸中，再使混合溶液在一定条件下结晶出 $Mo_{1-x}W_xO_3 \cdot H_2O$ 水合物固溶体晶体，该晶体在 500K 下即可脱水形成具有调制结构的 $Mo_{1-x}W_xO_3$ 晶体。

4.4.3　嵌入反应(intercalation)

嵌入反应是另一类重要的软化学过程。在其过程中，一些外来离子或分子嵌入到固体基质晶格中，而不产生晶体结构的重大改变。这类过程通常发生在层状化合物当中，常常在溶液中或熔盐中进行，有时还伴有氧化还原反应。这些层状化合物在结构上的基本特征是层间的相互作用很弱，而层内的化学键很强。因此，外来离子或分子较容易从层间嵌入，形成新的化合物。把外来的客体物质引进主体结构的反应叫嵌入反应，其逆过程即把引进去的外来客体从主体结构上移走的反应叫脱嵌反应。

很多无机化合物，从常见的石墨、黏土到氧化物超导体，都具有层状结构。通过离子、分子或簇合物的嵌入，可以产生一些具有新功能的材料体系，因此嵌入反应也是构造新型材料的一种有效手段。这样的研究已在超导体材料、电解质材料和膜催化材料等领域取得进展。最近，有人把氨分子(NH_3)嵌入具有层状结构和超导特性的 C_{60} 化合物 Na_2CsC_{60} 之中，得到新化合物 $(NH_3)_4Na_2CsC_{60}$，其超导临界温度有明显提高。又如，利用黏土(硅酸盐)材料作基质，嵌入具有催化作用的组分(如金属原子簇)，将层间距离拉大，形成具有一定尺寸的"通道"，可以得到兼具催化功能和分子选择功能的新型反应器。

新近开发出的锂离子电池就是根据嵌入和脱嵌反应的原理设计而成的。该电池的正负极材料就是具有层状结构或尖晶石结构的 $LiCoO_2$，$LiNiO_2$，$LiMnO_2$，$LiMn_2O_4$，乙炔黑等。

嵌入反应一般说来主体以固体形式存在，外来离子以其他的物质存在状态如以液体、气体、蒸气或溶液的形式存在。实现嵌入反应可采用如下方法：①溶液中同嵌入剂的直接反应；②采用阴极还原的电化学嵌入；③三元化合物 A_xMS_2(A＝金属嵌入剂，M＝过渡金属，S＝硫族元素)同适当溶剂的溶剂化反应；④阳离子和溶剂的交换反应。

下面列举一些运用这种方法进行固体化合物和材料合成的例子：

(1)新颖氧化物的制备。一些过渡金属如 V，Co，Ni，Mn，Ti，Cr 的碱金属嵌入化合物可通过这种反应制得，如 Li_xMO_2(M＝V，Co，Ni)，Na_xMO_2(M＝Ti，Cr，Mn，Co，Ni)，这些碱金属的某些嵌入化合物是由其他方法不能得到的。

(2)钨氧化物青铜材料的制备。通过碱金属如 K，Rb 或 Cs 同 WO_3 在无氧高温条件下的嵌入反应可以制得氧化钨青铜：

$$K，Rb 或 Cs + WO_3 \xrightarrow{\text{无氧高温}} 钨青铜$$

$$Bi + WO_3 \longrightarrow Bi_xWO_3 (0.02 < x \leqslant 0.07)$$

共生钨青铜

其他的电正性金属的碘化物和除 WO_3 以外的其他类似氧化物或固溶体的嵌入反应也可以得到相应的氧化物青铜，从而提供了一种很方便的低温合成氧化物青铜的途径。

(3)新型层状固体材料的合成。许多层状结构如石墨、过渡金属硫化物、黏土和磷酸氢盐可进行同客体分子、原子或离子的嵌入反应制得新颖的层状固体材料，这些固体材料的合成不仅为固体化学的多型性研究提供了丰富的材料类型，同时也得到了众多新颖的各向异性固体材料。

石墨可用碱金属蒸气如 K 进行嵌入，可用 $FeCl_3$ 和 $SbCl_3$ 进行嵌入，通过控制嵌入反应可合成受到控制的电学性质、磁学性质、结构性质和热性质的石墨嵌入化合物，碱金属 K-H_2-石墨嵌入化合物可具有与固体氢相比拟的氢堆积密度，成为潜在的储氢材料；碱金属 K-汞的石墨嵌入化合物具有有趣的各向异超导性质，K-苯嵌入的石墨嵌入化合物显现出催化性质。

层状的过渡金属二硫化物的嵌入化合物是另一大类具有重要意义的新型材料。

(4)新型微孔材料的合成。黏土及某些磷酸氢盐如磷酸氢锆是层状物质。这些物质可通过嵌入无机化合物如 $[Al_{13}O_4(OH)_{24}(H_2O)_{12}]^{7+}$、硅烷等以及胶体粒子如 Cr_2O_3，ZrO_2 等制得多孔性物质。这是无机物造孔合成的一种新途径，为石油工业新型催化材料的开发开辟了一条新途径。基本的过程是把含有被嵌入物质的溶液同层状的黏土或磷酸氢盐混合，在一定 pH 值和温度条件下发生嵌入反应，然后把嵌入的产物进行热处理使嵌入的物质同层状的黏土或磷酸氢盐层发生交联反应。由于嵌入物质的量受层上或层间电荷等因素的影响，决定了嵌入物的量是有限的，同时由于嵌入物质具有一定的尺寸大小，交联后就像一个个柱子一样把两片支撑起来，柱间的空间和层间的空间构成了新的孔道。选用不同大小的嵌入分子或原子团就可以制成不同孔径大小和分布的新型孔性材料。这种孔径的改变实际上已是在从事分子尺度大小的无机物造孔。

4.4.4 离子交换反应(ion exchange)

离子交换反应也是一类软化学过程，它已广泛用于快离子导体的制备。利用离子交换反应的扩散性与距离的关系可以构造具有梯度特性的功能材料。近年来，这一方法已被用于制备一些新型材料体系，如折射率随深度呈梯度连续变化的新型光学材料。

离子交换反应是通过对具有可交换离子的物质进行交换改性的局部化学反应。这种离子交换反应可在相当大的离子种类范围内进行，反应可在水溶液或熔盐中进行。依赖于母体结构对热的稳定性，这种方法无疑提供了低温合成氧化物的途径，提供了众多由其他方法无法合成的固体化合物和材料，如黏土材料、沸石分子筛材料以及某些氧化物材料。

1. 新型氧化物材料的合成

$$LiNbO_3 + H^+ \longrightarrow HNbO_3 + Li^+$$

$$LiTaO_3 + H^+ \longrightarrow HTaO_3 (立方的) + Li^+$$

$$LiNbWO_6 (金红石结构) + H^+ \longrightarrow HNbWO_6 (类\ ReO_3\ 结构) + Li^+$$

$$LiTaWO_6 (金红石结构) + H^+ \longrightarrow HTaWO_6 (类\ ReO_3\ 结构) + Li^+$$

同样通过 H^+ 交换可以制备像 $HTiNbO_5$，$H_2Ti_3O_7$，$H_2Ti_4O_9$ 和 $HCa_2Nb_3O_{10}$ 这样的氧化物。这些氧化物具有足够的 Bronsted 酸性，并可用来进行嵌入反应。

2. 新型沸石分子筛催化材料的合成

沸石分子筛是一种具有规则孔道结构和离子交换性质以及吸附性质的结晶硅铝酸盐。这些结晶硅铝酸盐可以通过离子交换把众多的具有特殊催化性质的金属离子引入到分子筛的孔腔中去，从而使沸石分子筛的种类大大增加，得到众多由水热合成方法所不能直接得到的沸石分子筛催化剂。特别是将稀土离子和过渡金属通过离子交换引到沸石分子筛中，开发了新型的沸石分子筛双功能催化剂，开辟了广阔的工业应用前景。其基本的反应可描述为：

$$La(H_2O)_9^{3+} + 沸石分子筛 \xrightarrow[\text{水溶液}]{\text{室温} \sim 90℃} La\text{-}沸石分子筛$$

4.4.5 同晶置换反应(isomorphous substitution)

同晶置换反应也是局部化学反应之一。这种反应在某种意义上与离子交换反应是相同的，是在母体结构保持不变的前提下进行离子交换的。不过这种反应有别于离子交换反应，主要在于离子交换反应涉及的主体物质具有可交换的阳离子，而同晶置换反应涉及的主体物质在离子交换反应的条件下，往往是不具有离子交换性质的。换句话说，如果对多孔性具有可交换离子的物质，离子交换反应发生在外来离子与存在于孔腔中的可交换离子之间，而同晶置换反应发生在外来离子与骨架元素之间。同晶置换反应一般可采用气-固或液-固反应的途径，对气-固反应一般需要较高的温度，对于液-固反应则温度可以很低。气-固反应需要外来离子以气体(蒸气)形式存在，液-固反应需要外来离子能够制成溶液。这种方法在某些催化材料如分子筛的改性方面起着重要的作用，为新型分子筛催化材料的开发提供了新的途径。主要有如下方面：

1. 不同酸性同系列沸石催化材料的合成

沸石分子筛的酸性主要决定于沸石骨架中的硅铝比。通过所谓的脱铝补硅同晶置换法(沸石分子筛同 $(NH_4)_2SiF_6$ 水溶液反应，同 $SiCl_4$ 蒸气反应以及在高温同水蒸气反应)可制得可控制的系列酸性分子筛催化剂。与脱铝补硅的过程相反，可对众多的全硅或高硅多孔性物质进行脱硅补铝反应，使之形成具有酸性性质的催化材料，通过改变反应条件，酸量可以控制。

2. 具有新型结构的分子筛催化材料的合成

某些新型结构的分子筛，虽具有新颖的结构，但由于其骨架主要由 SiO_2 组成，因而不具有实际的催化应用价值，通过同晶置换反应，（在高温下（550℃）同像 $AlCl_3$ 和 $TiCl_4$ 等这样的蒸气反应，或在较低的温度下（室温～100℃）同 $NaAlO_2$ 或 $NaGaO_2$ 溶液反应）可制得保持其新颖结构的具有不同酸性的催化材料，这种同晶置换反应的一个重要方面是，可制得众多的由通常的水热合成方法所不能制备的沸石催化材料。

4.4.6 分解反应(decomposition)

分解反应是通过反应物分解而形成产物的方法。分解反应可以按照局部化学反应的方式发生，也可以按照非局部化学反应的方式发生。这种方法中如果起始反应物是固体就与先驱物法有着密切的联系。先驱物法中许多反应就是通过分解反应最终完成固体材料的制备的，因为先驱物法中许多通过化学方法得到的先驱物就是容易分解的碳酸盐、硝酸盐、金属有机配合物以及氰化物等。分解反应是制备复合金属氧化物的一种主要反应，先驱物法中的某些例子就是分解反应的例子(见 4.2 节)。以局部化学反应方式进行的分解反应，生成物的结晶方向与起始物质的结构有着相当紧密的关系。例如，氢氧化物脱水生成氧化物的反应：

$$Mg(OH)_2 \longrightarrow MgO+H_2O$$
$$Co(OH)_2 \longrightarrow CoO+H_2O$$
$$2\alpha\text{-}FeOOH \longrightarrow \alpha\text{-}Fe_2O_3+H_2O$$
$$2\alpha\text{-}AlOOH \longrightarrow \alpha\text{-}Al_2O_3+H_2O$$

以及某些碳酸盐如 $MgCa(CO_3)_2$ 的分解反应就是较典型的例子。在 $Mg(OH)_2$ 热分解成 MgO 的反应中，产物的(111)面垂直于原来晶体的 c 轴排列。在具有 10kPa 压力的 CO_2 中，600℃长时间加热 $MgCa(CO_3)_2$ 生成的 $CaCO_3$，与原来的晶体具有同样的晶轴取向。另一个局部化学分解反应的典型例子是沸石分子筛中有机模板剂的热分解除去反应。合成中包藏在分子筛中的有机模板剂分子当加热除去后，分子筛的孔道才是真正对外来吸附分子畅通的。热分解过程中，骨架结构完满地保存下来了。

分解反应作为合成手段重要的是要找到合适的起始反应物，反应条件的控制也是非常重要的。分解反应的温度、气态以及其他物质的存在都会影响通过分解反应所得产物的性质，如产物的晶体结构、粒子大小及表面积，有时甚至加热速度也会影响到分解反应进行的机理。因此，运用此法进行合成，要注意这些因素。

4.4.7 氧化还原反应(redox reaction)

氧化还原反应是通过组成元素，特别是过渡金属元素的氧化还原反应来进行固体材料合成的方法。通过这种方法可以从母体结构出发合成出通过其他方法不能或难以合成的固体材料。这种方法的实质是通过电子的得失改变了过渡金属离子的配位单元，产生新颖的结构类型，形成了不同的介稳相，从而开辟了新型固体化合物和材料合成的新途径。这种方法是通过控制氧化和还原气氛来实现的。

介稳的金属氧化物如 $La_2Ni_2O_5$ 和 $La_2Co_2O_5$ 等是不能通过高温固体反应法由混合 La_2O_3 和 NiO 直接合成的，但通过氧化还原方法即可以方便地制得，如：

$$LaNiO_3 + H_2 \xrightarrow{350\sim400℃} La_2Ni_2O_5(钙钛矿相关结构)$$

$$LaCoO_3 + H_2 \xrightarrow{350\sim400℃} La_2Co_2O_5(钙铁石结构)$$

同样，某些其他的具有阳离子不同配位结构(四面体、八面体和四方锥等)的金属氧化物材料也可以认为是某种常见结构的具有高度空位有序的结构。

$CaMnO_3$ 通过在相对低的温度下局部化学还原可以制备 $Ca_2Mn_2O_5$，反应式为：

$$CaMnO_3 \xrightarrow[还原]{\sim300℃} Ca_2Mn_2O_5$$

4.5 低热固相反应

4.5.1 概述

所谓低热固相反应是指反应温度在 100℃ 以下的固相反应。

忻新泉及其小组近 10 多年来对低热固相反应进行了较系统的研究，探讨了低热固-固反应的机理，提出并用实验证实了低热固相反应的四个阶段，即扩散—反应—成核—生长，每步都有可能是反应速率的决定步骤；总结了低热固相反应遵循的特有的规律；利用低热固相化学反应原理，合成了一系列具有优越的三阶非线性光学性质的 Mo(W)-Cu(Ag)-S原子簇化合物；合成了一类用其他方法不能得到的介稳化合物——固配化合物；合成了一些有特殊用途的材料，如纳米材料等。

4.5.2 低热固相反应机理

与液相反应不同，固相反应的发生起始于两个反应物分子的扩散接触，接着发生键的断裂和重组等化学作用，生成新的化合物分子。此时的生成物分子分散在源反应物中，只有当产物分子聚积形成一定大小的粒子，才能出现产物的晶核，从而完成成核过程。随着晶核的长大，达到一定的大小后出现产物的独立晶相。这就是固相反应经历的扩散、反应、成核、生长四个阶段。但由于各阶段进行的速率在不同的反应体系或同一反应体系不同的反应条件下不尽相同，使得各个阶段的特征并非清晰可辨，总反应特征只表现为反应的控制速率步骤的特征。长期以来，一直认为高温固相反应的控制速率步骤是扩散和成核生长，原因就是在很高的反应温度下化学反应这一步速度极快，无法成为整个固相反应的控制速率步骤。在低热条件下，化学反应这一步也可能是速率的控制步骤。

4.5.3 低热固相化学反应的规律

从各类反应的研究中，发现低热固相化学与溶液化学有许多不同之处，它有其固有的规律：

1. 潜伏期

对于多组分固相体系来说，化学反应在两相接触的界面开始发生，一旦生成反应产物层，要使反应继续进行，反应物必须以扩散方式通过产物层进行物质输运，而扩散对固相体系来说，进行的是比较慢的。同时，反应物只有聚积形成一定大小的粒子时才能成核，而成核需要温度，低于某一温度 T_n 时，固相反应物的扩散和生成物的成核都很困难，反应则不能发生。只有温度高于 T_n 时，扩散和成核才得以进行，反应才能发生。这种固体反应物间的扩散及产物成核过程便构成了固相反应特有的潜伏期。温度对潜伏期的影响是显著的，温度越高，扩散越快，产物成核越快，反应的潜伏期就越短；反之，则潜伏期就越长。当低于成核温度 T_n 时，固相反应就不能发生。

2. 无化学平衡

根据热力学知识，若反应组分的偏摩尔量发生微小变化，则会引起反应体系吉布斯函数的改变。若反应是在等温等压下进行的，则反应的摩尔吉布斯函数的改变直接与反应体系组分的偏摩尔量的变化相关，它是反应驱动力的源泉。设参加反应的 N 种物质中有 n 种是气体，其余的是纯凝聚相(纯固体或纯液体)，且气体的压力不大，视为理想气体。很显然，当反应中有气态物质参与时，确实对反应体系吉布斯函数有影响。如果这些气体组分作为产物，随着气体的逸出，毫无疑问，这些气体组分的分压较小，因而反应一旦开始，则反应体系吉布斯函数的变化<0便可一直维持到所有反应物全部消耗，亦即反应进行到底；若这些气体组分都作为反应物，只要它们有一定的分压，而且在反应开始之后仍能维持。同样道理，反应体系吉布斯函数的变化<0 也可一直维持到反应进行到底，使所有反应物全部转化为产物；若这些气体组分有的作为反应物，有的作为产物，则只要维持气体反应物组分一定的分压，气体产物组分及时逸出反应体系，则同样可使反应一旦开始便能

进行到底。因此，固相反应一旦发生即可进行完全，不存在化学平衡。当然，若反应中的凝聚相是以固溶体或溶液形式存在，则又当别论。

3. 拓扑化学控制原理

在溶液中，反应物分子被溶剂所包围，分子之间的碰撞机会各向均等，因而反应主要取决于反应物的分子结构。而在固相反应中，固体反应物的晶格是高度有序排列的，因而晶格分子的移动较困难，只有合适取向晶面上的分子足够地靠近，才能提供适宜的反应中心，使固相反应得以进行，这就是固相反应特有的拓扑化学控制原理。它赋予了固相反应以与其他方法无法比拟的优越性，提供了合成新化合物的独特途径。例如，Sukenik 等研究对二甲氨基苯磺酸甲酯(m. p. 95℃)的热重排反应，发现在室温下即可发生甲基的迁移，生成重排反应产物(内盐)：

$$(CH_3)_2N\!-\!\bigcirc\!-\!SO_2\!-\!O\!-\!CH_3 \longrightarrow (CH_3)_3N^+\!-\!\bigcirc\!-\!SO_3^-$$

该反应随着温度的升高，速度加快。然而，在融熔状态下反应速度减慢。在溶液中反应不发生。该重排反应是分子间的甲基迁移过程。晶体结构表明甲基 C 与另一分子 N 之间的距离(C···N)为 0.354nm，与范德华半径和(0.355nm)相近，这种结构是该固相反应得以发生的关键。忻新泉等在研究中发现，当使用 MoS_4^{2-} 与 Cu^+ 反应时，在溶液中往往得到对称性高的平面型原子簇化合物，而采用固相反应时则往往优先生成类立方烷结构的原子簇化合物，这可能与晶格表面的 MoS_4^{2-} 总有一个 S 原子深埋晶格下层有关。显然，这也是拓扑化学控制的体现。

4. 分步反应

溶液中配位化合物存在逐级平衡，各种配位比的化合物平衡共存，如金属离子 M 与配体 L 有下列平衡(略去可能有的电荷)：

$$M+L \Longleftrightarrow ML \xrightarrow{L} ML_2 \xrightarrow{L} ML_3 \xrightarrow{L} ML_4 \xrightarrow{L} \cdots$$

各种配合物的浓度与配体浓度、溶液 pH 值等有关。由于固相化学反应不存在化学平衡，因此可以通过精确控制反应物的配比等条件，实现分步反应，得到所需的目标化合物。

5. 嵌入反应

具有层状结构的固体，如石墨、MoS_2、TiS_2 等都可以发生嵌入反应，生成嵌入化合物。这是因为层与层之间具有足以让其他原子、离子或分子嵌入的距离，容易形成嵌入化合物。显然，层状结构只存在于固体中，一旦固体溶解在溶剂中，层状结构就不复存在。因此，嵌入反应只发生在固相中，溶液化学反应中不存在嵌入反应。

4.5.4　固相反应与液相反应的差别

固相反应与液相反应相比，尽管绝大多数得到相同的产物，但也有很多例外。即虽然使用同样摩尔比的反应物，但产物却不同，其原因当然是两种情况下反应的微环境的差异造成的。原因具体归纳为以下几点：

1. 反应物溶解度的影响

若反应物的溶解度极小，则在溶液中就有可能不发生化学反应，如 4-甲基苯胺与 $CoCl_2 \cdot 6H_2O$ 在水溶液中不发生反应，原因就是 4-甲基苯胺不溶于水，而在乙醇或乙醚中两者便可发生反应，则是因为两者都溶于乙醇或乙醚。Cu_2S 与 $(NH_4)_2MoS_4$，$n\text{-}Bu_4NBr$ 在 CH_2Cl_2 中反应，产物是 $(n\text{-}Bu_4N)_2MoS_4$，而得不到固相合成中所得到的 $(n\text{-}Bu_4N)_4[Mo_8Cu_{12}S_{32}]$，原因是 Cu_2S 在 CH_2Cl_2 中不溶解。

2. 产物溶解度的影响

$NiCl_2$ 与 $(CH_3)_4NCl$ 在溶液中由于有沉淀生成，而使反应得以顺利进行，得到难溶的长链一取代产物 $[(CH_3)_4N]NiCl_3$。而采用固相反应时，则可以通过控制反应物的摩尔比使之生成一取代的 $[(CH_3)_4N]NiCl_3$ 或二取代的 $[(CH_3)_4N]_2NiCl_4$ 分子化合物。

3. 热力学状态函数的差别

$K_3[Fe(CN)_6]$ 与 KI 在水溶液中不发生反应，但在固相中发生反应，可以生成 $K_4[Fe(CN)_6]$ 和 I_2，原因是各物质尤其是 I_2 处于固态和溶液中的热力学函数不同，加上 $I_2(s)$ 的易升华性，从而导致反应方向上的截然不同。

4. 控制反应的因素不同

溶液反应受热力学控制，而低热固相反应往往受动力学和拓扑化学原理控制，因此固相反应很容易得到动力学控制的中间态化合物。利用固相反应的拓扑化学控制原理，通过与光学活性的主体化合物形成包络物控制反应物分子构型，实现对应选择性的固态不对称合成。

5. 化学平衡的影响

溶液反应体系受到化学平衡的制约，而固相反应中在不生成固溶体的情形下，反应可以进行到底，因此固相反应的产率往往都很高。

4.5.5 低热固相反应的应用

1. 低热固相反应在合成化学中的应用

低热固相反应由于其固有的特点，在合成化学中已经得到许多成功的应用，获得了许多新化合物，有的已经或即将产业化，显示出它应有的生机和活力。随着人们不断深入地研究，低热固相反应作为合成化学领域中的重要分支之一，成为绿色化学的首选工艺之一已是人们的共识和企盼。目前，低热固相反应在原子簇化合物、新的多酸化合物、新的配合物、功能材料、纳米材料以及有机化合物的合成、制备中获得了广泛的应用和关注。

2. 低热固相化学反应在生产中的应用

1）低热固相反应在颜料制造业中的应用

通常，镉黄颜料的工业生产主要有两种方法：一种方法是将均匀混合的镉和硫装管密封，在500~600℃高温下反应而得。该法中产生了大量污染环境的副产物——挥发性的硫化物。第二种方法是在中性的镉盐溶液中加入碱金属硫化物沉淀出硫化镉，然后经洗涤、80℃干燥及400℃晶化获得产品。在这些过程中产生大量的废水。此外，还需专门的过滤及干燥装置，长时间的高温（400℃）晶化，能耗大，使生产成本大大提高。作为上述两法的替代方法，Pajakoff将镉盐（如碳酸镉）和硫化钠的固态混合物在球磨机中球磨2~4h（若加入1%的（NH₄）₂S，则球磨反应时间可更短），所得产品性能可与传统方法的产品相媲美。同样，镉红颜料也可采用该法合成：将碳酸镉、硫化钠和金属硒化物的固态混合物在球磨机中球磨即可得高质量产品，并且改变硒化物的含量可以将颜料的颜色从橘黄色调节到深红色。该法优于传统制法之处是无须升温加热，因此彻底消除了SO_2，SeO_2等有毒气体对环境的污染。

2）低热固相反应在制药业中的应用

苯甲酸钠是制药业的一种重要原料。传统的制法是用NaOH中和苯甲酸的水溶液，标准的生产工序由六步构成，生产周期为60h，每生产500kg的苯甲酸钠需3 000L的水。然而改用低热固相法，将苯甲酸和NaOH固体均匀混合反应，生产同样500kg的产品只需5~8h，根本不需要水，同时大大缩短了生产周期。另一个类似的实例是水杨酸钠的工业制备。传统的生产过程需六道工序，生产周期为70h，生产500kg的水杨酸钠需消耗500L的水和100L的乙醇。而用低热固相反应法，同样生产500kg的产品仅需7h，完全不用溶剂，其优点显而易见。低热固相反应用于工业中，其吸引人之处不仅在于缩短生产周期，无需使用溶剂及减少对环境的污染，而且还在于反应选择性高，副反应少，产品的纯度高，使最后的产品分离、纯化操作大大简化，从而使生产成本大大降低。

3）其他的应用

工业上采用加热苯胺磺酸盐（或邻位，间位的C-烷基取代苯胺磺酸盐）制备对氨基苯磺酸（或相应的取代对氨基苯磺酸）；采用固相反应制备比色指数为瓮黑25的染料；利用CO_2与尿素在高压容器内发生固相反应高效制备三聚氰胺，此合成方法实际上在第二次世界大战德国已工业化生产；使偶氮吡啶-β-萘酚固相季胺化也已工业化。

4.6 水　热　法

4.6.1 概述

水热法是模拟自然界中某些矿石的形成过程而发展起来的一种软化学方法。这种方法通常以金属盐、氧化物或氢氧化物的水溶液(或悬浮液)为先驱物。一般在高于100℃和一个大气压的环境中使先驱物溶液在过饱和状态下成核、生长,形成所需的材料。其在分子设计方面的优势是:可对先驱物材料结构中的次级结构单元(如金属-氧多面体)拆开、修饰并重新组装;可通过选择反应条件和加入适当的"模板剂"控制产物的结构。对一些含有硅氧四面体和铝氧四面体的多孔材料(沸石)的设计是其应用得最成功的例子。

水热法是指在密闭体系中,以水为溶剂,在一定的温度下,在水的自生压强下,反应混合物进行反应的一种方法。所用设备通常为不锈钢反应釜。

水热法按反应温度分类可分为:

(1)低温水热法。在100℃以下进行的水热反应称为低温水热法。

(2)中温水热法。在100~300℃下进行的水热反应称为中温水热法。

(3)高温高压水热法。在300℃以上,0.3GPa下进行的水热反应称为高温高压水热法。

高温高压水热法是一种重要的无机合成和晶体制备方法。它利用作为反应介质的水在超临界状态的性质和反应物质在高温高压水热条件下的特殊性质进行合成反应。

高温高压下水热反应具有三个特征:①使复杂离子间的反应加速;②使水解反应加剧;③使其氧化还原电势发生明显变化。

水是离子反应的主要介质。通常化学反应可分为离子反应和自由基反应两大类。在常温下即能瞬间完成的无机化合物复分解反应和有机化合物爆炸反应是这两大类反应的两个极端。其他任何反应都可能具有其中的某一性质。在有机反应中,具有极性键的有机化合物,在反应中往往也呈现出某种程度的离子性。因此,以水为介质,在密闭加压条件下加热到沸点以上时,离子反应的速度自然会增大。因此,在高温高压水热条件下,即使是在常温下不溶于水的矿物或其他有机物的反应,也能诱发离子反应或促进反应。

水解反应加剧的主要原因是水的电离常数随水热反应温度的上升而增加。

在高温高压水热体系中,水的性质产生如下的变化(三低两高):蒸汽压变高;密度变低;表面张力变低;黏度变低;离子积变高。

在所研究的范围内水的离子积随压力和温度的增加迅速增大。例如,1 000℃,1GPa条件下,$-\lg k_w = 7.85 \pm 0.3$,又如在1 000℃,15G~20GPa条件下,水的密度$\approx 1.7~1.9$g/cm³,如完全离解成H_3O^+和OH^-,则当时的H_2O几乎雷同于熔融盐。

水的黏度随温度升高而下降。当500℃,0.1GPa条件下,水的黏度仅为平常条件下的10%,因此在超临界区域内分子和离子的活性大为增加。

以水为溶剂时,介电常数是一个十分重要的性质。它随温度升高而下降,随压力增加而升高,然而前者的影响却是主要的。在超临界区域内介电常数在10~30之间。通常情况下,电解质在水溶液中完全离解,然而随着温度的上升,电解质趋向于重新结合。对于大多数物质，这种转变常常在 200~500℃ 之间发生。

4.6.2　水热法的优势和前景

该法可制得许多由其他方法不能或难以得到的化合物。如 CrO_2 用其他方法无法得到，只有用水热法才能合成：

$$Cr_2O_3 + CrO_3 \xrightarrow[H_2O]{350℃，440Pa} 3CrO_2$$

$$CrO_3 \xrightarrow[H_2O]{350℃，440Pa} CrO_2 + \frac{1}{2}O_2$$

众多的介稳相可通过水热反应加以合成。这在硅酸盐、硅铝酸盐的合成中是相当常见的，为新相的开发提供了广阔的前景。

水热合成化学作为无机化学和固体化学的一个分支，其研究工作已经取得了很大的进展。用这个方法可以开发出更多更好的无机功能材料和各种新型无机化合物。除了以水为溶剂外，介质溶剂现已大大地扩展了，众多的非水溶剂已在水热合成中使用，表 4.2 给出了一些非水溶剂和在其中合成的材料的例子。

表 4.2　　　　　　　　　　　　非水溶剂和在其中合成的材料

溶　剂	实　例
NH_3	氮化物，亚胺化物，氨基化合物，CsOH，Cs_2Se_2
HF	$MO_{2-x}F_x$（M = Mo，W）
HCl，HBr	$AuTe_2Cl$，$AuSeCl$，$AuSeBr$，$Mo_3S_7Cl_4$
Br_2	$SbSBr$，$SbSeBr$，$BiSBr$，$BiSeBr$，$MoOBr_3$
CS_2	单斜 Se
C_6H_6	六方 Se

用非水溶剂代替水的合成方法也称为溶剂热法。由此看来，该法潜力极大，前景广阔。

4.6.3　水晶的合成

水晶是一种压电材料，广泛用于石英振荡器、滤波器、超声波发生器等领域。压电晶体产生压电效应的机理如图 4.1 所示。

加压时，原子发生形变，因此在上下表面有电荷积累。可见压电效应是由于晶体在外力作用下发生形变，电荷重心产生相对位移，从而使晶体总电矩发生改变造成的。

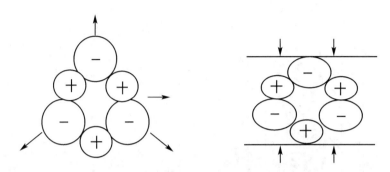

图 4.1　压电晶体产生压电效应的机理

　　从 SiO_2 的相图可知，在常温常压下以低温型水晶最稳定，但是也存在其他的亚稳相，这些亚稳相不易转变成水晶。

　　从各种 SiO_2 原料要想得到水晶，按一般的思路无非是有两种方法：一是从水溶液中生长晶体。由于 SiO_2 不溶于水，故此法不通。二是从熔体中生长晶体。SiO_2 熔体冷却后一般生成了非晶态固体——玻璃，故此法也得不到水晶。所以只有用水热法了，这就是用水热法合成水晶的必然性。

　　把 SiO_2 原料浸在碱溶液中，将温度升高到 350~400℃，此时水压可达0.1GPa~2GPa（10^3~$2×10^4$ 大气压），这时原料 SiO_2 溶解，水晶析出。反应装置如图 4.2 所示。以挡板为交界上部悬吊板状或棒状水晶籽晶，下部放置原料，挡板形成了分界，使温度有个陡的变化（下部高 20~80℃），使下部被饱和的水溶液（正确地说在临界温度以上是蒸气相）上升，冷却成为过饱和而析出水晶。工业上每釜产量可达 150 kg。

　　水晶的生长速度和质量受下列因素影响：

　　（1）碱溶液的种类（NaOH，Na_2CO_3）、浓度及原料的填充度。矿化剂一般浓度为1.0~1.2mol/L（NaOH），填充度为80%~85%。

　　（2）生成区的温度 330~350℃。

　　（3）生成区与溶解区的温度差 20~80℃。

　　（4）挡板的开孔度。

　　（5）籽晶的结晶方向。

　　总的说来，在高温下相应提高填充度和溶液碱浓度可提高晶体的完整性。

　　在 380℃ 和 0.1GPa 下，SiO_2 在纯水中的溶解度为 0.16%，而在 0.5mol/L NaOH 溶液中的溶解度为 2.4%。

　　关于水热法及水晶的制法在 7.2.2 中将进一步叙述。

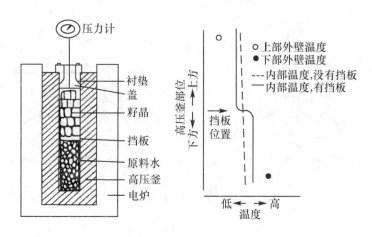

a. 水晶生长的高压装置　　　　b. 高压釜中的温度分布

图 4.2　水晶生长的高压装置及其中的温度分布

4.6.4　金刚石的溶剂热合成

金刚石是目前已知硬度最高的重要超硬优质结构材料，因其具有优异的力学、热学、光学和化学等综合性质，也是一类具有重大发展前景的功能材料，它的合成备受关注。自从采用石墨高温、高压人工直接转变合成出金刚石以来，已相继成功地探索出低压化学气相沉积（CVD）法外延生长金刚石膜、炸药爆炸法合成金刚石粉等具有发展前景的合成新方法。激起了材料化学科技工作者不断地探索合成金刚石及其类似结构材料新途径的强烈兴趣。钱逸泰等人采用一种全新的方法，用 CCl_4 为碳源（sp^3），过量的金属钠为反应剂及熔剂，以 Ni-Co-Mn 合金为催化剂，在高压釜中、700℃条件下合成金刚石：

$$CCl_4 + 4Na \xrightarrow[700℃]{\text{Ni-Co-Mn}} C（金刚石）+ 4NaCl$$

该法在催化剂的作用下，通过碳（sp^3）-碳（sp^3）偶联形成正四面体网状结构，可形成金刚石。热力学计算结果表明：石墨和金刚石的形成都是可能的。所得产物由 X 射线粉末衍射（XRD）结果证实：产物中除了金刚石外［（111）、（220）、（311）三强线］，还有大量的非晶碳，经过初步分离除去非晶碳后，电子衍射（ED）也证实了金刚石的（111）、（220）衍射环，拉曼光谱（Raman）在 1 332cm^{-1} 处显示出金刚石的特征谱，从而进一步证实了金刚石的结果。

在该研究中，开拓了一种全新的化学合成金刚石粉的方法。在概念上这种方法简单而优美，它显示出很大的应用潜力，可以在大幅度降低温度的条件下合成有用的新材料。此项工作已受到国际上的关注，也可成为用有限的物力做出第一流研究的范例。

4.7　助熔剂法

与水热法相近的另一类软化学方法是助熔剂法。两者的差别在于：用来拆装结构单元的媒质不同，前者是水或水溶液，后者是熔盐；反应所需的温度不同，后者一般高于前者，需 200~600℃。这种方法的典型例子是制备具有低维结构的金属硫族化合物。硫族元素(硫、硒、碲)通常具有多种有趣的结构，如原子簇、原子链或层状化合物。而这些结构与金属离子结合可以构造出多种具有奇异光电特性的低维材料。由于这些材料的易分解性，它们无法用固相反应法或气相输运法制备。另外，简单的溶液反应也只能获得尺寸较小的粉末固体。

助熔剂法还被用于制备具有特殊结构或优异性能的超导陶瓷材料。曾有人从理论上预言，利用碱金属替代超导体中的多价态阳离子，将对 CuO_2 面的空穴掺杂起作用，同时对一些半导体相(如 La_2CuO_4)实现 p 型掺杂变为超导相(如 $La_{2-x}M_xCuO_4$，M＝Na，K)起作用。然而，由于碱金属的高挥发性，上述替代难以通过固相反应法来实现。最近，人们用助熔剂法，通过在 KOH 熔盐中的反应，制备出新型 $La_{1.78}K_{0.22}CuO_4$ 单晶体，它具有超导体的结构特征和较好的结构有序性，从而为设计新型超导材料指出了新方向。

4.8　流变相反应法

流变相反应法是我们提出并定义的一种将流变学与合成化学相结合的新型化学合成方法。关于流变学，以前主要是物理学界研究的范畴，化学家很少涉及这方面的研究工作，为了便于理解，在介绍流变相反应之前先介绍一下流变学及其研究对象，然后以几个具体例子来说明流变相反应的优点及其可能应用领域。

4.8.1　流变学及其研究对象

1. 流变学

流变学的奠基人是美国印第安纳州 Lafayette 学院的 G. Bingham 教授。1920 年，他在对油漆、糊状黏土、印刷油墨等的流动性进行研究之后，提出了物质的变形和流动科学的重要性。1928 年，提出了"流变学"(rheology)这个名称，同年在美国提议建立了流变学学会并创办了《流变学杂志》。rheo 一词来源于希腊语 rheos，其为流动之意。公元前 6 世纪，古希腊的哲学家赫拉克利特(Heraclitus)就提出了"万物皆流"的思想，表达了朴素的辩证法世界观：运动是绝对的，静止是相对的。

流变学是研究物质的流动和形变的科学，它是一门介于力学、化学、物理和工程学之间的新兴交叉、边缘学科。这里所说的物质既包括流体形态，也包括固体形态的物质。

在常温常压下，物质可分为固体、液体和气体三种状态，气体和液体合称为流体。从力学的角度看，流体与固体的最大差别在于它们抵御外力的能力不同。固体有程度不等的抵抗外界压力、拉力、剪切力的能力，比如我们用双手去压一块石头，它几乎没有任何外观上的变化。固体在受到外界作用时，会产生相应的变形去抵抗外力，只是这种变形非常小，用肉眼根本看不出来。而流体则不同，处于静止状态下的流体不能抵抗剪切力作用，也就是说流体在很小的剪切力作用下也会产生连续不断的变形，直到剪切力消失为止。流体的这种性质称为流体的易流动性，它是流体的固有属性之一。正是由于流体的易流动性，所以流体没有固定的形状。关于固体物质的变形，英国的物理学家虎克于 1678 年首先提出了阐述弹性体变形与应力关系基本规律的虎克定律，即在小形变的情况下，固体的变形与所受的外力成正比。关于流体物质流动行为，英国的科学家牛顿在 1687 年提出了牛顿黏性定律，即流体的应力和应变率成正比，并将符合这一规律的流体称为牛顿流体，不符合这一规律的流体称为非牛顿流体。但是流变学通常并不包括对上述两种情况的研究，流变学要研究的是更为复杂的物质。

在特定条件下，固体也能呈现流体的性质，在流体中也能观察到固体的性质。为了说明这种现象，下面可以举一个例子。如用有机硅材料做成的"弹跳胶泥"，它是非常黏滞的，将其放入一定的容器中，经过足够长的时间，它将会流成水平。在较长的时间标尺内，弹跳胶泥像流体一样缓慢流成水平。当其被缓慢拉伸时，也表现出流体延性破坏的特性。但是，若把弹跳胶泥搓成小圆球往地板上掷的时候，它经历剧烈而突然的形变，会产生反跳。在较短的时间标尺内被迅速拉伸时，它表现出固体脆性破坏的特性。同样，当时间以百万年、千万年为单位计算时，地壳、山岩也可以流动、变形。当时间以微秒、纳秒甚至更小单位计算时，水在外界力的作用下也可以表现为弹性体。

在通常情况下，当我们辨认固体或液体时是根据它们对于低应力的响应，是用重力来确定的，而且是按人们日常生活的时间标尺，通常不会超过几分钟，也不会少于几秒钟。然而，假若施加非常宽范围的应力，在非常宽的时间范围或频率谱内，采用流变学仪器，就能在固体中观察到类似液体的性质，在液体中观察到类似固体的性质。因此，有时要把某种给定的物质简单标记为一种固体或液体就不是一件容易的事。固体表现出流动的性质，除了外力作用时间的因素外，还有温度的因素。当温度不断升高时，大部分的物体都有流变的趋势，表现出流体的性质。

流变学的中心研究内容是通过对复杂流动行为的测定和计算，建立本构方程。本构方程的基本关系式为：

$$\tau_{12} = \eta(\gamma)\,\gamma$$

式中，τ_{12} 为剪切应力，Pa；γ 为剪切速率，s^{-1}；$\eta(\gamma)$ 为依赖于剪切速率的表观黏度，即非牛顿黏度，Pa·s。表达非牛顿流体特性的物质函数主要取决于流变模型即本构方程。

2. 流变学的研究对象

流动的固体是流变学的研究对象之一，是一种弹性形变和黏性流动同时存在的物体。"弹性形变"是指短暂的、能恢复原状的形变；而"黏性流动"指持续的、不能恢复原状的形变。过去一般谈到固体是指只有弹性形变的物体，谈到流体是指只有黏性流动的物体。而实际上，同时具有这两种性质的物体是很多的。当外力作用时间小于某一时限时，物体表现出弹性；当外力作用大于这一时限时，物体就会流变。这个时限是一个时间阈值，当外力作用时间超过此阈值，物体的弹性就会"松弛"而产生流变。弹性体和流体之所以不同，可以认为是松弛时间的阈值不同而已。松弛时间无限长的物体，是理想弹性体；松弛时间等于零的物体是理想的流体。具有弹性和黏性混合性质的物体，其松弛时间既不为零，也不为无穷大，它们就是可以流动的固体，或者是有弹性的流体。

非牛顿流体是流变学的另一研究对象，它们广泛地存在于生活、生产和大自然之中。绝大多数生物流体都属于非牛顿流体，如人身上的血液、淋巴液、囊液等多种体液以及像细胞质那样的"半流体"；悬浮液、凝胶、聚乙烯、涤纶、橡胶溶液、各种工程塑料、化纤的熔体等都是非牛顿流体。此外，还有石油、沥青、纸浆、油漆、油墨、液晶、黏土、泥石流、地幔等也是非牛顿流体。食品工业中的非牛顿流体也很普遍，如油、浓果汁、果酱、巧克力浆、淀粉液、面团、炼乳、琼脂、糜状食品物料等。非牛顿流体有许多奇妙的特性，如屈服应力、触变性、射流涨大、无管虹吸、剪切变稀、拔丝、湍流减阻等。其中有一个使人们感兴趣的特性，就是部分非牛顿流体具有弹性，亦称为黏弹性流体。当旋转杆插入黏弹性流体时，流体将沿杆向上爬，液面呈凸形。

在这些领域中的处理对象很多，如塑胶、橡皮、玻璃、纤维素、蛋白质、聚合物及高分子化合物等，在化学上具有复杂组成或结构，在力学上显示固体和液体中间性质的物质。作为对于这些物质，或含有这些物质的溶液所观测到的现象，有异常黏性、塑性、触变性(thixotropy)、黏弹性等。研究并弄清这些现象、特性与物质组成和结构的关系，从生物学、食品学、胶体学、高分子科学、地质学、物性论角度来看是极其重要的问题。流变学是这些学科的边沿领域，由于所涉及的材料是在日常生活和工业中很重要的东西，在应用方面也是今后期待发展的领域。

3. 流变学的研究分支

流变学是科学研究中一个广阔而重要的领域，它自诞生至今已有了很大的发展，并逐渐应用到工业领域，随后产生了生物流变学、高聚物流变学、食品流变学、土流变学、悬浮体流变学、高分子流变学等分支。近年来，在高分子流变学、悬浮体流变学和生物流变学方面的研究有重大进展，流变学技术在化学加工工业和环保工程中的重要性也得到了较高的评价。然而流变学与化学反应之间并未紧密结合，流变学在合成化学中的应用是微乎其微的，很有必要对其进行深入研究。

1）生物流变学（biorheology）

20 世纪 60 年代以来，随着流变学研究在生命科学领域的不断深入以及与生物有关的流变学研究得到迅速发展，一门新的学科——生物流变学应运而生。生物流变学是现代医学研究的重要组成部分，主要研究生物体内可以观察到的流变现象以及构成生物体物质的流变特性。它是利用流变学的研究方法和理论与生物学、医学相结合的一个边缘学科。从理论上而言，流变特性通过影响流体的流动特性而影响传质和传热，从而影响生物化学反应和细胞新陈代谢。实验表明，结合细胞培养过程，从流变学的角度对云芝菌丝等丝状类细胞进行优选是完全可行的。在作为 21 世纪支柱技术之一的生物工程和生物制药中，充满了流变学的用武之地，因而生物流变学亟待开发和普及。

生物流变领域中最前沿的研究分支之一的细胞流变学是研究细胞流动和变形行为的一门学科。它来源于宏观流变学的深入研究，是生物流变学在向微观方向深化过程中细胞层次上的具体展现。在理论上，细胞流变学既是阐明宏观流变现象机理的理论基础，又是分子流变学发展的桥梁和必要的中间层次；在生理学上，它能在更深层次的细胞水平上定量地解释体液、组织液等的生理活动和作用规律；在病理学上，作为细胞水平的血液流变学，它对揭示血液高黏、高凝、血栓前状态和微循环障碍等病理生理环节具有重要的临床意义，为心脑血管疾病等各种急慢性疾病的病情预测、诊断分型、治疗对策、评价疗效及预后判断和机理研究提供了重要信息。21 世纪是生命科学的世纪，生物流变学以及新的流变医疗技术必将获得更大的发展，对人类的健康事业做出更大的贡献。

2）高聚物流变学

高聚物流变学是研究高聚物在外力作用下的形变和流动特性的科学，是高分子工程和工艺研究及新型材料开发的重要基础。此外，高分子流变学的温度效应、分子量效应、浓度效应、高分子凝胶、液晶高分子、高分子加工等也是其研究的内容。聚合物熔体和溶液一般为黏弹性流体，其流变性质表现出非理想的行为。它除了具有复杂切变黏度行为外，还表现出有弹性、法向应力和显著的拉伸黏度。而且，所有这些流变性质又都依赖于切变速率、分子量、聚合物的结构、各种添加剂的浓度以及温度。

对于聚合物的使用来说，在把聚合物材料加工制造成产品的过程中，几乎都要涉及流变行为。在注塑、压模、吹塑、压延、冷成型以及纤维纺丝等过程中，聚合物的流动行为都很重要。在为加工准备的聚合物材料的配制过程中，流变性质同样也很重要，混炼和挤出造粒工艺便是这方面典型的例子。此外，流变行为还会影响最终产品的力学性质。综上所述，流变学这门学科对高聚物来说极其重要。

3）食品流变学

随着食品工业的发展，食品流变学越来越受到重视，它属于食品、化学和流体力学间的交叉学科。很多食品原料在加工过程中处于流体状态，物料的温度、浓度等因素影响着其流变特性，而食品在管道输送、均化、加热、乳化、消毒以至装罐、贮藏等过程无一不受食品流变性的影响。例如，米粉等谷物粉常以糊状的形式加以使用，其糊的流变特性不一，最终会影响产品的黏度、硬度、组织结构等品质。因此物料的流变特性是关系到食品口感、稳定性以及工艺设备设计、造型的重要参数。通过对食品流变性能的研究，可以了解食品的组成、内部结构、分子形态等，为产品配方开发、加工工艺设计、设备选型、产品质量控制等提供依据。在充满机遇的食品工业，食品流变学必将获得较大的发展。

4）土流变学

在土的本构关系里，不仅仅是应力和应变两者之间的关系，而是应力、应变和时间三者之间的关系。土流变特性是由其内部结构所决定的，研究土的流变就是研究土中的应力、应变状态的形成及其随时间的变化，它是流变学在土力学中的应用，是土力学和流变学的交叉学科。对土的微观结构、流变动态特性的研究能很好地揭示和认识土流变的机理和本质。特别是对大陆岩石圈的流变行为研究，能解决岩土工程中随时间变化的问题，这对保障岩土工程长期安全是极为重要的。作为一种快速地貌灾害过程，泥石流以其突发性和破坏力为人们所重视。鉴于泥石流固体物质组成及流动现象的多样性，为对其发生、运动及形成机理进行深入探讨，通过流变学方法建立合适的模型并以统一的方程完整描述其运动，对泥石流的综合防治是非常必要的。

5）悬浮体流变学

主要研究悬浮体的黏度，胶体对黏度的贡献，悬浮体的黏弹性质，可形变粒子的悬浮体。如电流变液和磁流变液，Sol-Gel 等。

总而言之，流变学已经、正在和即将在合成纤维、塑料加工、食品和药品、石油和生物技术等重要工业中起到革命性的影响作用。

4.8.2 流变相反应法

近年来，关于固液悬浮体、胶体分散体系、接近固液转变点的材料的流变学行为的研究非常活跃。流变学技术在化学加工工业中已经起到了非常重要的作用，如 Sol-Gel 法已被广泛应用于纳米材料的合成。我们相信，把流变学与化学反应紧密结合起来的流变相反应技术在合成化学方面将会得到广泛应用，为新化合物和新材料的合成与制备做出重要贡献。探索流变相状态下的化学反应原理对合成化学和材料化学的发展将具有重要的科学意义。

1. 流变相反应

流变相反应，是指在反应体系中有流变相参与的化学反应。例如，将反应物通过适当方法混合均匀，加入适量的水或其他溶剂，调制成固体微粒和液体物质分布均匀、不分层的糊状或黏稠状固液混合体系——流变相体系,然后在适当条件下反应得到所需要产物。若在反应过程中发生固液分层现象,则反应不完全或者不能得到单一组成的化合物。例如,氧化铜和邻苯二甲酸反应时,若加水过多会发生如图 4.3(a)所示的分层现象,则反应很难进行,即使在 120℃反应数天仍有大量的黑色氧化铜没有反应;如果加入水适量,在反应过程中不分层(见图 4.3(b)),则反应很容易进行完全,得到纯净的、结晶良好的蓝色无水邻苯二甲酸铜。

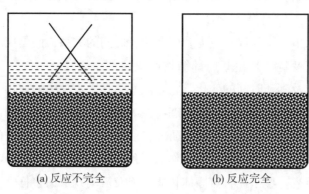

(a) 反应不完全   (b) 反应完全

图 4.3 氧化铜和邻苯二甲酸的流变相反应状态示意图

所谓的流变相体系是指具有流变学性质的物质的一种存在状态。处于流变态的物质一般在化学上具有复杂的组成或结构;在力学上既显示出固体的性质又显示出液体的性质,或者说似固非固、似液非液;在物理组成上可以是既包含固体颗粒又包含液体的物质,可以流动或缓慢流动,宏观均匀的一种复杂体系。

采用流变相反应法,反应的设计是非常重要的,如反应物采用何种物质、反应物的配比、溶剂的选择及用量以及反应副产物是否容易分离等,事先都需要进行充分的分析和计算。

2. 流变相反应的优点

流变相反应的优点主要表现在以下几个方面:

(1)在流变相体系中,固体微粒在流体中分布均匀、紧密接触,其表面能够得到有效的利用,反应能够进行得更加充分;

(2)能得到纯净单一的化合物,产物与反应容器的体积比非常高,还可以避免大量废弃物的产生,有利于环保,是一种高效、节能、经济的绿色化学反应;

(3)流体热交换良好,传热稳定,可以避免局部过热,并且温度容易调节;

(4)在流变相体系中,许多物质会表现出超浓度现象和新的反应特性,甚至可以通过自组装得到一些新型结构和特异功能的化合物;

（5）用流变相反应技术很容易获得纳米材料和非晶态功能材料；

（6）更有趣的是采用流变相反应法还可以得到大的单晶，这将会为单晶的制备开辟一条新途径。

下面举几个例子说明流变相反应与普通化学反应的不同之处：

1）$C_6H_4(CO_2)_2Zn$ 的制备

用溶液反应法往往得到复盐（单斜晶系，$a = 1.713\ 8$ nm，$b = 0.834\ 3$ nm，$c = 1.687\ 9$ nm，$\beta = 113.35°$）。

$$C_6H_4(CO_2H)CO_2K + ZnCl_2 \longrightarrow Zn_9K_{3.9}(OH)_{5.5}Pht_{8.2} \cdot 0.35H_2Pht \cdot 4H_2O$$

用流变相反应法很容易得到单一晶相的 $C_6H_4(CO_2)_2Zn$（单斜晶系，$a = 1.104\ 4$ nm，$b = 0.968\ 7$ nm，$c = 2.594\ 9$nm，$\beta = 92.19°$）。

$$ZnO + C_6H_4(CO_2H)_2 \longrightarrow C_6H_4(CO_2)_2Zn + 2H_2O$$

2）$C_6H_4(CO_2)_2Cu$ 的制备

用溶液反应法得到一水合物，200℃脱水后得到无水盐 α-CuPht（单斜晶系：$a = 1.004\ 9$ nm，$b = 2.516\ 5$ nm，$c = 0.691\ 1$ nm，$\beta = 92.85°$，$V = 1.745\ 5$ nm^3，$D_{calc} = 1.733$g/cm^3）。

$$CuSO_4 + C_6H_4(CO_2)_2K_2 + H_2O \longrightarrow C_6H_4(CO_2)_2Cu \cdot H_2O + K_2SO_4$$

$$C_6H_4(CO_2)_2Cu \cdot H_2O \xrightarrow{200℃} C_6H_4(CO_2)_2Cu + H_2O$$

用流变相反应法可直接得到无水盐 β-CuPht（单斜晶系：$a = 1.004\ 6$ nm，$b = 2.479\ 2$ nm，$c = 0.689\ 6$ nm，$\beta = 92.44°$，$V = 1.716$ nm^3，$D_{calc} = 1.762$ g/cm^3），而且其结晶学数据有明显差别（见图4.4）。

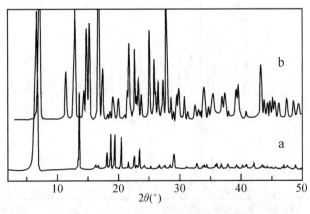

图4.4　α-CuPht(a)和β-CuPht(b)的粉末X射线衍射谱图

$$CuO+C_6H_4(CO_2H)_2 \xrightarrow{120℃} C_6H_4(CO_2)_2Cu+H_2O$$

3）$Zn(OC_6H_4CO_2)$ 的制备

用固-液反应法得到二水杨酸锌 $Zn(HOC_6H_4CO_2)_2$，然后于 280℃ 热分解得到 β-Zn $(OC_6H_4CO_2)$ 内盐：单斜晶系，$P2$（No. 3）空间群，$a=2.442\ 5$ nm，$b=0.700\ 4$ nm，$c=0.716\ 5$ nm，$\beta=93.88°$，$V=1.299\ 7$ nm^3，$Z=8$，$D_{calc}=2.060$ g/cm^3，$D_{exp}=2.00$ g/cm^3。

$$ZnO+2HOC_6H_4CO_2H（溶液）\longrightarrow Zn(HOC_6H_4CO_2)_2+H_2O$$

$$Zn(HOC_6H_4CO_2)_2 \xrightarrow[4\sim 5h]{280℃} \beta\text{-}Zn(OC_6H_4CO_2)+HOC_6H_4CO_2H$$

用流变相反应法直接得到具有不同结构和良好发光特性的 α-$Zn(OC_6H_4CO_2)$ 内盐：单斜晶系，$P2$（No. 3）空间群，$a=1.165\ 5$ nm，$b=0.535\ 9$ nm，$c=0.499\ 9$ nm，$\beta=98.65°$，$V=0.617\ 4$ nm^3，$Z=2$，$D_{calc}=2.167$ g/cm^3，$D_{exp}=2.11$ g/cm^3。

$$ZnO+HOC_6H_4CO_2H \xrightarrow[2h]{80℃} \alpha\text{-}Zn(OC_6H_4CO_2)+H_2O$$

由以上反应可以看出，在溶液中水杨酸是一个一元酸，与 ZnO 反应生成 $Zn(HOC_6H_4CO_2)_2$。在固液流变态情况下，则表现出了新的特性，其羟基也可以给出一个质子，显示二元酸的性质。

两种内盐的粉末 X 射线衍射谱图和荧光光谱如图 4.5 和图 4.6 所示。α-$Zn(OC_6H_4CO_2)$ 在紫外光激发下可产生很强的蓝紫色发光，发射光谱峰值位于 387nm 处，对应于 T_1n，π^* 到基态跃迁发射，相对强度约为 β 型结构的 3.5 倍。其激发光谱峰值位于 345nm 处，在 320nm 处还有一个很宽很强的肩峰，分别对应于 S_1n，π^* 和 $S_1\pi$，π^*

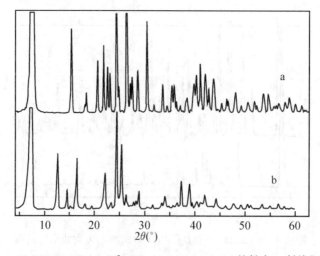

图 4.5　α-Zn($OC_6H_4CO_2$)（a）和 β-Zn($OC_6H_4CO_2$)（b）的粉末 X 射线衍射谱图

激发带。这一结果表明，在 α 型结构中，水杨酸根 S_1n，π^* 和 $S_1\pi$，π^* 激发态的能量都可以通过系间窜跃转变为 T_1n，π^* 态，而后返回到基态而产生发光。

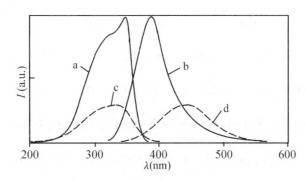

a—α-Zn(OC₆H₄CO₂)的激发光谱；b—α-Zn(OC₆H₄CO₂)的发射光谱；

c—β-Zn(OC₆H₄CO₂)的激发光谱；d—β-Zn(OC₆H₄CO₂)的发射光谱

图 4.6 α-Zn(OC₆H₄CO₂)和 β-Zn(OC₆H₄CO₂)的荧光光谱

4.8.3 用流变相反应法制备芳香酸盐发光材料

三价铽和铕的苯甲酸、水杨酸、邻苯二甲酸、甲酰苯甲酸和吡啶羧酸等羧酸盐配合物在 X 射线和紫外线激发下可产生稀土离子的特征跃迁发光。铕的固体配合物的发光强度按水杨酸<邻苯二甲酸<苯甲酸<甲酰苯甲酸顺序增加，这些稀土配合物在溶液中的发光强度与羧酸的结构和溶液 pH 值及溶剂性质有关。铽的配合物在水溶液中的发光强度按苯甲酸<烟酸<邻苯二甲酸<水杨酸<吡啶甲酸顺序增加。这类配合物可用于制造发光塑料薄膜、照明材料、显示材料、增感材料及装饰用材料等。掺杂少量三价铽和铕离子的镧及碱土金属邻苯二甲酸盐比单纯的铽、铕配合物有更好的发光特性。SrPht：Tb(Pht=邻苯二甲酸根C₈H₄O₄)在紫外线激发下比 La₂O₂S：Tb，Ga₂S₂O：Tb，LaOBr：Tb 及(Ce，Tb)MgAl₁₁O₁₉ 等无机荧光材料有更高的发光效率，是制造 X 线摄影微机自控与防护装置用传感器的重要材料。

1. 发光材料的制备

这类发光材料用流变相反应法制备非常简单，将基质和发光中心离子的金属氧化物、氢氧化物或碳酸盐与芳族羧酸按反应计量比研磨混合均匀，加入适量的水调制成流变体。然后置于密闭的容器中在 60 ~ 90℃的条件下充分反应，即可得到相应的发光材料。

绿色发光材料：

$$Tb_2(CO_3)_3 + 6HBzo \xrightarrow{H_2O} 2Tb(Bzo)_3 + 3CO_2 + 3H_2O$$

$$Tb_2(CO_3)_3 + 6HSal \xrightarrow{H_2O} 2Tb(Sal)_3 + 3CO_2 + 3H_2O$$

$$2Tb_2(CO_3)_3 + 3H_4Pmt \xrightarrow{H_2O} Tb_4(Pmt)_3 + 6CO_2 + 6H_2O$$

$$MO + xTb(OH)_3 + (2+3x)HBzo \xrightarrow{H_2O} M(Bzo)_2 : Tb_x + (1+3x)H_2O$$

$$MO + xTb(OH)_3 + (2+3x)HSal \xrightarrow{H_2O} M(Sal)_2 : Tb_x + (1+3x)H_2O$$

$$ZnO + xTb(OH)_3 + (1+1.5x)HSal \xrightarrow{H_2O} \alpha\text{-}Zn(OC_6H_4CO_2) : Tb_x + (1+3x)H_2O$$

$$MO + xTb(OH)_3 + (1+1.5x)H_2Pht \xrightarrow{H_2O} MPht : Tb_x + (1+3x)H_2O$$

$$2MO + xTb(OH)_3 + (1+0.75x)H_4Pmt \xrightarrow{H_2O} M_2Pmt : Tb_x + (2+3x)H_2O$$

$$La_2O_3 + xTb(OH)_3 + (2+1.5x)H_2Pht \xrightarrow{H_2O} 2La(OH)Pht : Tb_x + (1+3x)H_2O$$

式中，$x = 0.001 \sim 0.1$；$M = Zn$，Mg，Ca，Sr；$Bzo = C_6H_5CO_2^-$；$Sal = o\text{-}C_6H_4OHCO_2^-$；$Pmt = C_6H_2(CO_2)_4^{4-}$；$Pht = o\text{-}C_6H_4(CO_2)_2^{2-}$。

红色发光材料：

$$Eu_2O_3 + 6HBzo \xrightarrow{H_2O} 2Eu(Bzo)_3 + 3H_2O$$

$$Eu_2O_3 + 2H_2Pht \xrightarrow{H_2O} 2Eu(OH)Pht + H_2O$$

$$La_2O_3 + xEu_2O_3 + (2+3x)H_2Pht \xrightarrow{H_2O} 2La(OH)Pht : Eu_x + (1+3x)H_2O$$

2. 发光特性和发光机理

$\alpha\text{-}Zn(OC_6H_4CO_2)$ 和 $\alpha\text{-}Zn(OC_6H_4CO_2):Tb_{0.01}$ 在紫外光激发下有非常强的蓝紫色和绿色发光，其激发光谱和发射光谱如图4.7所示。位于320（强肩峰）和345 nm处的激发带相应于—$OC_6H_4CO_2$-基团的 $S_1\pi$，π^* 和 $S_1 n$，π^* 态。在388 nm处的发射带对应于 $T_1 n$，π^* 到基态的跃迁发射，$T_1\pi$，π^* 到基态的跃迁发射仅在425 nm处出现一个弱肩峰。这一结果表明，在 $\alpha\text{-}Zn(OC_6H_4CO_2)$ 体系中，$S_1\pi$，π^* 和 $S_1 n$，π^* 态的能量都可以通过系间窜跃转移到 $T_1 n$，π^*，而后产生到基态的跃迁发射。

对于 $\alpha\text{-}Zn(OC_6H_4CO_2):Tb_{0.01}$ 体系来说，位于488，543，582和619 nm处的发射带对应于 Tb^{3+} 离子的 $^5D_4 \rightarrow ^7F_j(j=6,5,4,3)$ 跃迁发射。从图4.7上的曲线3和4可以看出，酸根基团的 π，π^* 和 n，π^* 态的能量可以有效地传递到 Tb^{3+} 离子而产生 Tb^{3+} 离子特征跃迁发射。Tb^{3+} 离子的发光强度随 Tb^{3+} 离子浓度的增加而增加，当 Tb^{3+} 离子浓度达到0.15mol时，$^5D_4 \rightarrow ^7F_5$ 的发射强度达到饱和，同时在激发光谱中381 nm处出现了一个 Tb^{3+}

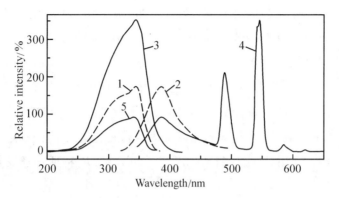

1—α-Zn($OC_6H_4CO_2$)的激发光谱，$\lambda_{Em} = 387$ nm；

2—α-Zn($OC_6H_4CO_2$)的发射光谱，$\lambda_{Ex} = 345$ nm；

3—α-Zn($OC_6H_4CO_2$)：$Tb_{0.01}$的激发光谱，$\lambda_{Em} = 546$ nm；

4—α-Zn($OC_6H_4CO_2$)：$Tb_{0.01}$的发射光谱，$\lambda_{Ex} = 346$ nm；

5—α-Zn($OC_6H_4CO_2$)：$Tb_{0.01}$的激发光谱，$\lambda_{Em} = 387$ nm

图 4.7　α-Zn($OC_6H_4CO_2$)和 α-Zn($OC_6H_4CO_2$)：$Tb_{0.01}$的激发光谱和发射光谱

离子的直接受激激发带(见图 4.8)。这个激发带可归属于 Tb^{3+}离子的 $^5D_3$能级，但是，当用 381 nm 辐射作激发光时，仍然检测不到 $^5D_3 \rightarrow {}^7F_j$ 的跃迁发射。

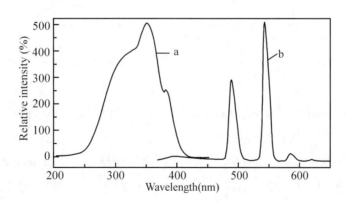

图 4.8　α-Zn($OC_6H_4CO_2$)：$Tb_{0.15}$的激发光谱(a)和发射光谱(b)

由以上结果可以得到如图 4.9 所示的能级图。在这类化合物中，当芳酸根离子吸收紫外光时，处于基态的电子就跃迁到 $S_1\pi$，π^* 和 S_1n，π^* 激发态，然后通过系间窜跃弛豫到 T_1n，π^*($S_1\pi$，π^* 仅有一小部分能量可以弛豫到 $T_1\pi$，π^*)，而后跃迁到基态产生蓝色或蓝紫色发光。在掺杂 Tb^{3+} 离子的化合物中，产生 Tb^{3+} 离子特征跃迁发射的能量转换过程有两条途径：① 由于 $S_1\pi$，π^* 和 $S_1 n$，π^* 能级与 Tb^{3+} 离子 ^5H_j 和 ^5L_j 之间的能级重叠，$S_1\pi$，π^* 和 $S_1 n$，π^* 的能量可以直接转换到 Tb^{3+} 离子上相应的能级，再通过非辐射跃迁弛豫到 $^5D_3$ 能级，然后再从 $^5D_3$ 转换到 $T_1 n$，π^* 和 $T_1\pi$，π^* 激发态，最后再转换到 Tb^{3+} 离子的 $^5D_4$ 能级。② $S_1\pi$，π^*（通过系间窜跃）和 $S_1 n$，π^* 态的能量直接衰减到 $T_1 n$，π^*，然后转换到 Tb^{3+} 离子的 $^5D_4$ 能级。由于芳香族羧酸根离子的 $T_1 n$，π^* 和 $T_1\pi$，π^* 位于 Tb^{3+} 离子的 $^5D_3$ 和 $^5D_4$ 能级之间，到达 $^5D_3$ 能级的能量就很容易通过这两个中间能级而衰减到 $^5D_4$ 能级。所以，在这类化合物中只能观测到 Tb^{3+} 离子的 $^5D_4 \rightarrow {}^7F_j$ 特征跃迁发射，观测不到 $^5D_3 \rightarrow {}^7F_j$ 跃迁发射。

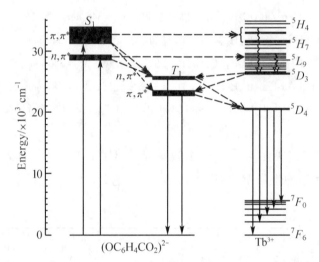

图 4.9　在 $\alpha\text{-}Zn(OC_6H_4CO_2)$：$Tb_{0.15}$ 中的能级图和能量转换机理

在 SrPht：Tb，BaPht：Tb 和 β-CaPht：Tb 中，羧酸根与金属离子的配位方式都是一个羧酸根单齿配位，另一个羧酸根双齿桥式配位。所以，在这三个化合物中都可观测到属于 $T_1 n$，π^* 的发射带和 $S_1 n$，π^* 跃迁激发带。在两个羧酸根都是双齿桥式配位的 α-CaPht：Tb 和 CaPht·H_2O：Tb 中，则不能观测到由 $T_1 n$，π^* 跃迁到基态的发射带和 $S_1\pi$，π^* 跃迁激发带。只能观测到 Tb^{3+} 离子的 $^5D_4 \rightarrow {}^7F_j$ 跃迁发射和 Sn，π_1^* 跃迁激发带。这说明 $S_1\pi$，π^* 跃迁是产生于具有单齿配位方式的羧酸根上。$T_1\pi$，π^* 激发态的能量是通过双齿桥式配位的羧酸根传递给 Tb^{3+} 离子的，这一点也可由 α-CaPht：Tb 的发光强度明显比 β-CaPht：Tb 大而得到证实。

在 SrPht：Tb 中，Tb^{3+} 发光的激发能主要来自酸根的 $S_1\pi$，π^* 跃迁吸收。由于三线态

$T_1\pi$，π^* 和 Tb^{3+} 的 $^5D_4$ 能级的能量相当，而且邻苯二甲酸根位于金属离子所在平面的两侧，这样，激发态的能量就很容易通过羧酸根与金属离子形成的双齿桥式配位结构(—OCO—M—OCO—)有效地传递到稀土离子。所以，在紫外线激发下可产生很强的绿色发光。当铽离子的添加浓度为 0.5%～2.5% 时发光强度最大，可达三基色荧光灯用绿色荧光粉 $(Ce_{0.66}Tb_{0.34})MgAl_{11}O_{19}$ 的发光强度的 1.5 倍以上。

4.8.4 用流变相反应法制备复合氧化物

1. 非晶复合氧化物

随着各种便携式电子设备广泛地进入社会的各个领域，人们对锂离子电池的容量和质量提出了更高的要求。锡基氧化物贮锂材料具有较高的容量密度、清洁无污染、原料来源广泛、价格便宜等优点，是一类极具发展潜力的新型锂离子电池负极材料。1997 年，Yoshio Idota 等在 Science 上报道了非晶态氧化亚锡基贮锂材料，其可逆放电容量达到 600mA·h/g 以上，嵌脱锂电位均较低，电极结构稳定，循环性能较好。这种材料的电化学性质和其他性质比较接近应用要求，具有良好的应用前景。近年来，国内外对这类贮锂材料的研究非常活跃，但从随后报道的实验结果看，都难以令人满意。如 Courtney 等制备的氧化亚锡基贮锂材料，其初始可逆容量仅有 400mA·h/g 左右；Machill，Lee 等报道的这类贮锂材料经过 20 周的循环后，其容量仅剩 100mA·h/g 左右。上述非晶态氧化亚锡基贮锂材料均系采用高温固相反应法合成，操作周期长，反应条件难以控制，生成的玻璃态样品难以处理，反应容器损耗严重。采用流变相反应法来合成前驱物，在较低的温度下热解制备非晶态氧化亚锡基粉末状贮锂材料，则可以解决上述缺点，其制备方法如下：

按摩尔比为 1.0∶0.4∶0.4∶0.6∶1.10 准确称取适量的 SnO，Al(OH)₃，NH₄H₂PO₄，H₃BO₃ 和 H₂C₂O₄·2H₂O，研磨混合均匀，装入反应器中，加入适量水调成流变态，于 80℃反应 3～4 h。然后，在 120℃烘干得到白色粉末前驱物。将前驱物装在氧化铝方舟内，置于管式炉中，在氩气中于 350℃反应 2 h，即得到非晶态氧化亚锡基硼磷铝酸盐(TABP)贮锂材料。

按摩尔比为 1.0∶0.4∶0.6∶1.0 准确称取适量的 SnO，NH₄H₂PO₄，H₃BO₃ 和 H₂C₂O₄·2H₂O，采用与制备 TABP 同样的方法得到非晶态氧化亚锡基硼磷酸盐(TBP)贮锂材料。

TABP 及 TBP 样品的粉末 X 射线衍射图谱如图 4.10 所示。图 4.11 是非晶态氧化亚锡基样品 TABP 及 TBP 前 2 周的恒电流充放电曲线。由图 4.11 a 中可以看出，TABP 样品在第 1 周放电过程中出现两个平台，第一个平台大约出现在 1.6 V 左右，第二个平台大约出现在 0.8 V 左右，然后缓慢下降到 0 V。第 2 周的放电曲线与第 1 周的放电曲线明显不同，仅在约 0.45 V 出现一个嵌锂平台。在充电过程中，在约 0.4 V 出现脱锂平台。第 1 周的放电容量为 1 272 mA · h/g,充电容量为 575mA · h/g, 第 1 周的不可逆容量损失为 54.8%。

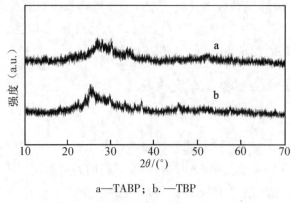

a—TABP; b. —TBP

图 4.10 氧化亚锡基材料的 XRD 图

从 TBP 样品前 2 周的恒电流充放电曲线(图 4.11 b)可以看出，在第 1 周放电曲线中，与上一个样品一样，出现两个平台，第一个平台大约出现在 1.65 V 左右，第二个平台大约出现在 0.75 V 左右，然后缓慢下降到 0V。其充放电曲线与 350℃ 下制备的 TABP 样品很相似。两个样品在成分上的不同之处是 TABP 中含有 Al_2O_3，而在充放电过程中 Al_2O_3 是非电化学活性的。由于 TBP 中不含有 Al_2O_3，当两个样品中其他成分的摩尔数一样时，TBP 中活性物质 SnO 在样品中所占的比值比 TABP 中 SnO 所占的比值大，因此可逆容量应该比 TABP 大。其第 1 周的放电容量为 1326mA · h/g，可逆充电容量为 609mA · h/g，第 1 周的不可逆容量损失为 54.1%。两种样品的第 1 周不可逆容量损失基本相同。

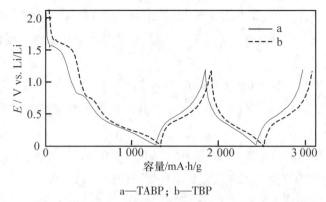

a—TABP; b—TBP

图 4.11 非晶态氧化亚锡基材料前 2 周的恒电流充放电曲线

图 4.12 中曲线 a 是 TABP 样品前 20 周的循环容量曲线。如前所述,在第 1 周充放电过程中有一个大的不可逆容量损失。从第 2 周开始,其充放电效率在 91% 以上,随着循环的进行,其充放电效率接近 100%,表明在放电过程中,嵌入的锂能可逆的脱出。在开始

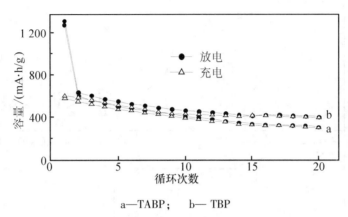

a—TABP; b— TBP

图 4.12 非晶态氧化亚锡基材料前 20 周的循环容量曲线

阶段,贮锂容量下降较快,随后下降趋势趋缓。第 20 周充电容量为 294mA·h/g,我们将第 20 周的充电容量和第 1 周的充电容量的比值表示为 $R_{20/1}$,则 $R_{20/1}=51.1\%$。

图 4.12 中曲线 b 是 TBP 样品前 20 周的循环容量曲线。在第 1 周充放电过程中有一个大的不可逆容量损失。从第 2 周开始,其充放电效率在 92% 以上,随着循环的进行,其充放电效率接近 100%。在开始阶段,贮锂容量下降较快,随后下降程度逐渐变小。第 20 周充电容量为 394mA·h/g,$R_{20/1}=64.7\%$。TBP 样品的循环性能比 TABP 样品好。

采用流变相反应法合成前驱物,在 350℃ 热解制备非晶态锡基复合氧化物 TABP 和 TBP 两种贮锂材料,反应容易控制,得到的样品为粉末状固体,很容易处理,而且材料性能比一般文献中采用高温固相反应法制备的有较大提高。

2. 尖晶石型稀土复合氧化物的制备

关于尖晶石型化合物的软化学合成及其在高效催化剂、高活性电极材料、超导体、半导体、离子选择电极、发光材料、传感器、快离子导体、磁性材料、热磁材料、生物材料(人造骨复合材料)等方面的研究曾有许多报道。但是,有关稀土金属尖晶石型化合物的合成及性能的研究报道不多,类尖晶石型稀土氧化物一般采用高压合成。这里仅介绍采用流变相-先驱物法制备稀土复合氧化物 $ZnSm_2O_4$,$SnDy_2O_4$ 和 $SnEr_2O_4$。

将适量的 MO(M=Zn,Sn),Ln_2O_3(Ln=Sm,Dy,Er)和草酸按 1:1:4 摩尔比(草酸量可以过量 1%)研磨混合均匀,放入反应器中,加少量去离子水调成流变体,然后在 100℃ 反应 10 h,烘干,得到先驱物。将先驱物放入瓷坩埚中于 660~830℃ 加热分解即得

到 MLn_2O_4 粉末。先驱物的热重曲线如图 4.13 所示，合成反应和热分解反应过程如下：

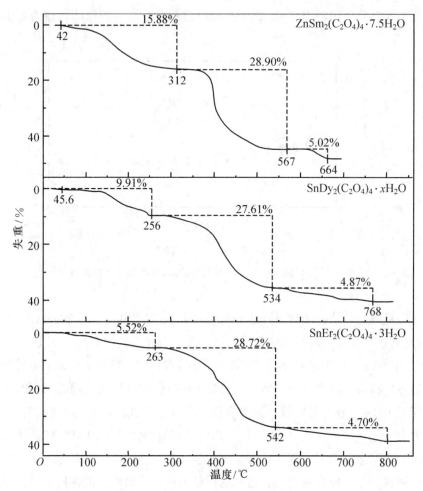

图 4.13 先驱物 $ZnSm_2(C_2O_4)_4 \cdot 7.5H_2O$，$SnDy_2(C_2O_4)_4 \cdot xH_2O$
和 $SnEr_2(C_2O_4)_4 \cdot 3H_2O$ 的热重曲线

$$MO + Ln_2O_3 + 4H_2C_2O_4 + xH_2O \longrightarrow MLn_2(C_2O_4)_4 \cdot xH_2O$$

$$MLn_2(C_2O_4)_4 \cdot xH_2O \longrightarrow MLn_2(C_2O_4)_4 + xH_2O$$

$$MLn_2(C_2O_4)_4 \longrightarrow MLn_2O_3CO_3 + 4CO + 3CO_2$$

$$MLn_2O_3CO_3 \longrightarrow MLn_2O_4 + CO_2$$

粉末 X 射线衍射数据表明用这种方法所得到的产物是单一晶相的具有尖晶石结构的稀土复合氧化物。产物的平均粒度为 300~600 nm，分散性良好。$SnDy_2O_4$ 的晶格参数为 $a = 0.740\ 366$ nm，$V = 0.405\ 82$ nm³，$Z = 4$。$SnEr_2O_4$ 的晶格参数是 $a = 0.737\ 348$ nm，$V =$

0.400 88 nm^3，$Z=4$，$D_x=8.573$g/cm^3，$D_{exp}=8.2$g/cm^3。在 SnDy$_2$O$_4$ 和 SnEr$_2$O$_4$ 的 XPS 谱图中 Sn(3d)的电子结合能(B. E.)是 486.2 eV，与标准 Sn(Ⅱ) 3d 电子结合能 486.0 eV 一致。

4.8.5 用流变相反应法制备纳米材料

1. 纳米二氧化锰

几种具有不同晶相的二氧化锰已广泛应用于催化剂、干电池等方面。尤其是活性化学二氧化锰在光氧化中作为催化剂，在锂离子电池中作为嵌锂材料以及在碱性锰电池中都是非常有用的。

活性二氧化锰以前曾采用热分解、溶液反应或 Sol-Gel 法制备。采用流变相反应法由苯甲酸锰和高锰酸钾很容易合成具有高分散性和流动性的纳米活性 MnO$_2$。其制备方法如下：

将 5g 苯甲酸锰和 1.3g 高锰酸钾充分混合，加入 7mL 蒸馏水调制成流变相，然后在 60~70℃进行流变相反应 10~30min 生成一种像泡沫材料一样的物质。经抽滤、洗净，于 120℃干燥后得到具有高分散性和流动性的黑色微粉。

粉末 X 射线衍射谱图(见图 4.14)证实所得到的二氧化锰是非晶态的。其 XPS 数据与 α-MnO$_2$ 一致，在能谱中出现两个峰，结合能分别为 653.4 和 642.4 eV，对应于 Mn^{4+}离子的 2P$_{1/2}$ 和 2P$_{3/2}$ 跃迁。样品的 BET 多点式、单点式和 Langmuir 比表面积分别为 199.48，194.63 和 340.84m^2/g。从图 4.15 中可以看出，其颗粒尺寸为30~50 nm。

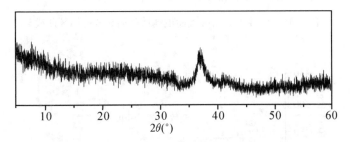

图 4.14 活性二氧化锰的粉末 X 射线衍射谱图

这种用流变相反应法所制备的纳米二氧化锰粉末非常有利于锂离子的扩散，具有很好的电化学活性。作为锂离子电池正极材料，比层状 MnO$_2$ 和α-MnO$_2$有更好的充放电性质。可逆充放电容量可达到330mA·h/g，是目前所用的 LiCoO$_2$(容量一般为 140mA·h/g)的 2 倍以上。前 2 周的充放电曲线和循环稳定性曲线如图 4.16 和图 4.17 所示。

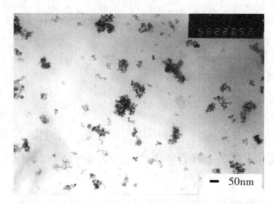

图 4.15　活性 MnO_2 的透射电镜照片（×58000）

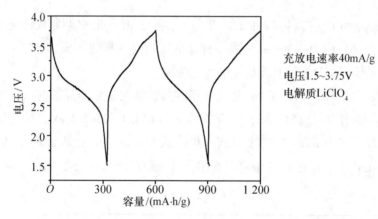

充放电速率40mA/g
电压1.5~3.75V
电解质LiClO₄

图 4.16　活性 MnO_2/Li 实验电池前 2 周充放电循环曲线

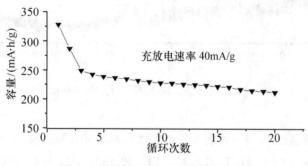

图 4.17　活性 MnO_2 的循环容量曲线

2. 纳米 SnO₂：Sb

SnO_2 是一种优良的气敏半导体材料,且它在太阳能电池、电热材料、电极材料等方面也有广泛的应用。纳米级 SnO_2 具有比表面积大、抗红外吸收、物理强度高等特点,作为抗红外隔热材料而备受关注。掺杂少量锑的纳米二氧化锡有很好的吸波特性,可用作隐身材料。一般制备纳米级 SnO_2 的方法主要是采用化学沉淀法和溶胶-凝胶法,但前者的产品颗粒不均匀、长期稳定性差,后者的生产成本较高。用流变相-先驱物法合成纳米级 SnO_2 则可以克服以上缺点,其制备方法如下:

将氧化亚锡、三氧化二锑和草酸按适当摩尔比研磨混合均匀,转入反应器中,加适量去离子水调成流变态,在80℃恒温反应10h,干燥得到先驱物。然后,把先驱物放入坩埚中在马弗炉中加热升温至分解温度恒温 2~4h 即得到分散性很好的纳米 SnO_2：Sb 粉末样品。

$$SnO + xSb_2O_3 + (1+1.5x)H_2C_2O_4 \longrightarrow SnSb_x(C_2O_4)_{1+1.5x} \xrightarrow{\text{热分解,空气}} SnO_2：Sb$$

这样得到的 SnO_2：Sb 的平均粒度约为 50 nm(热处理2h),其透射电镜照片如图4.18所示。粉末 X 射线衍射结果表明,这种纳米 SnO_2：Sb 仍是四方晶系,晶胞参数 $a = 0.473\ 8nm$,$c = 0.318\ 8\ nm$。产物的晶粒大小与热处理时间的长短有关,热处理时间越长,产物的粒度越大。

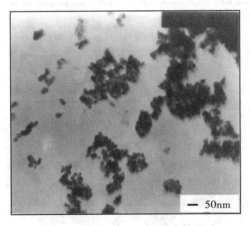

图 4.18　纳米 SnO_2：Sb 的电镜照片

3. 纳米 Li-Mn 尖晶石

二次锂电池在所有可充电电池中具有最高的比能量,近几十年来人们曾经进行过很多研究,但是由于其安全性问题一直未能得到应用。自从索尼公司于1990年开发出可充电锂离子电池以来,人们一直在寻找更好的正极材料,其中纳米 Li-Mn 尖晶石正极材料是近几年的研究热点之一。

将醋酸锂($LiAc \cdot 2H_2O$)、醋酸锰($MnAc_2 \cdot 4H_2O$)和柠檬酸按 1∶2∶3 摩尔比研磨混合均匀,在反应器中用少许水调制成流变体混合物,在 90~100℃ 反应 14 h 生成浅黄色的固体先驱物。然后,将先驱物于 550℃ 灼烧 2 h,再于 680℃ 烧结 4~6 h,即得到 Li-Mn 尖晶石 $LiMn_2O_4$。

$$LiAc+2MnAc_2+3C_3H_5O(COOH)_3 \longrightarrow LiMn_2H_4[C_3H_5O(CO_2)_3]_3 + 5HAc$$

$$LiMn_2H_4[C_3H_5O(CO_2)_3]_3 \xrightarrow{\text{热分解,空气}} LiMn_2O_4+CO_2+H_2O$$

粉末 X 射线衍射分析结果表明,用这种方法所得到的产物无杂相,是单纯的尖晶石相(见图 4.19),粒度分布均匀、分散性好、无团聚,粉末颗粒尺寸为 30~100 nm(见图 4.20)。

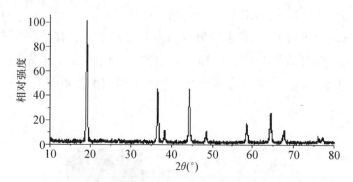

图 4.19 于 680℃ 热解得到的 $LiMn_2O_4$ 的粉末 X 射线衍射谱图

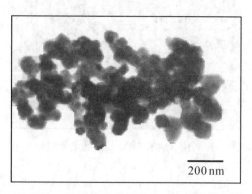

图 4.20 于 680℃ 热解得到的 $LiMn_2O_4$ 的透射电镜照片

用这种纳米锂锰尖晶石作为锂离子正极材料制成 $Li/LiMn_2O_4$ 电池(电解质 $LiClO_4/EC$),在电压 4.3~3.5 V、电流密度 $1mA/cm^2$ 条件下的初始放电容量达到 126mA·h/g,其充放电循环曲线如图 4.21 所示，充放电 50 周后的容量损失是 12%。

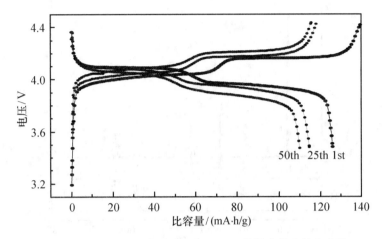

图 4.21　$LiMn_2O_4/Li$ 电池在 3.5~4.4 V 范围内的充放电曲线

在 $LiMn_2O_4$ 中掺杂少量的钇可以显著地提高材料的充放电循环稳定性。例如，将醋酸锂、醋酸锰、氧化钇和柠檬酸按 0.96∶2.00∶0.01∶3 的摩尔比研磨混合均匀，用少许水调制成流变体，在 90~100℃反应 14h 得到浅黄色的固体先驱物。然后于 580℃在空气中热分解 4h，再于 750℃进行二次烧结 6h，即得到 $(Li_{1-3x}Y_x)Mn_2O_4$ 尖晶石。

从图 4.22 中可以看出在 580℃有 Y_2O_3 杂相存在，在 750℃杂相 Y_2O_3 完全消失。也就是说，在较低温度下氧化钇在锂锰尖晶石中的溶解度较低，在较高温度下所掺杂的钇离子可以全部进入晶格位置，生成了单一晶相的尖晶石结构。掺杂钇之后晶胞参数明显减小（$Li_{0.94}Y_{0.02}Mn_2O_4$：$a = 0.818\ 1\ nm$，$LiMn_2O_4$：$a = 0.824\ 1\ nm$），Y^{3+} 是占据 Li^+ 离子的位置，形成一个杂质缺陷 $Y_{Li}^{\cdot\cdot}$ 和两个空位缺陷 V'_{Li}。

图 4.23 给出了用 $Li_{1-3x}Y_xMn_2O_4$ 作正极材料制成的模拟电池(用金属锂作负极)的放电容量与充放电循环次数的关系(放电容量稳定性)。当掺杂 0.02mol 时，第 1 周的放电容量达到 126 mA·h/g，进行充电放电 50 次之后，其容量仅下降4.8 %。当掺杂 0.04mol 时稳定性更好，但是初始放电容量下降，仅有 105mA·h/g。

4.8.6　用流变相反应法生长单晶

用流变相反应法不仅可以制备非晶复合氧化物和纳米粉末材料，更有趣的是利用流变相反应法还可以获得大的单晶。这是因为许多物质在流变相状态下存在分子识别和自组装功能。下面举几个例子说明。

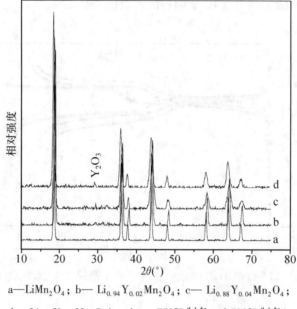

a—$LiMn_2O_4$；b— $Li_{0.94}Y_{0.02}Mn_2O_4$；c— $Li_{0.88}Y_{0.04}Mn_2O_4$；

d— $Li_{0.94}Y_{0.02}Mn_2O_4$（a，b，c 750℃制备，d 580℃制备）

图 4.22　掺杂钇的锂锰尖晶石的 XRD 谱图

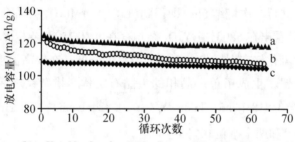

a— $Li_{0.94}Y_{0.02}Mn_2O_4$；b—$LiMn_2O_4$；c—$Li_{0.88}Y_{0.04}Mn_2O_4$；

电解质：$1mol \cdot L^{-1}LiClO_4$-（EC+PC），电流密度：$1mA/cm^2$

图 4.23　掺杂钇的锂锰尖晶石的放电容量稳定性

1. 四水合水杨酸镍的合成和晶体结构

$Ni(OH)_2 + 2HSal + 2H_2O \longrightarrow NiSal_2 \cdot 4H_2O$ 晶体（$Sal = C_6H_4OHCO_2$），按1：2摩尔比准确称取一定量的氢氧化亚镍和水杨酸，研磨混合均匀，加适量去离子水调制成流变体，放入密闭的反应器中，于50℃恒温反应 3d，即生成淡黄绿色的$Ni(Sal)_2$晶体，并且获得了很多大颗粒单晶体。原料 $Ni(OH)_2$ 和单晶产物的形貌如图 4.24 所示。

单晶结构分析结果证实它的分子式为 $C_{14}H_{18}NiO_{10}$，$M = 404.99$；属单斜晶系，$P2_1/n$

空间群，晶胞参数为 $a = 0.678\ 74(3)$ nm，$b = 0.515\ 91(2)$ nm，$c = 2.313\ 30(9)$ nm，$\beta = 90.928\ 6(17)$ °，$V = 0.809\ 94(6)$ nm³，$Z = 2$，$D_{calc} = 1.661\text{g/cm}^3$；最终偏离因子 $R = 0.027\ 9$，$R_w = 0.065\ 0\ [I > 2\sigma(I)]$。

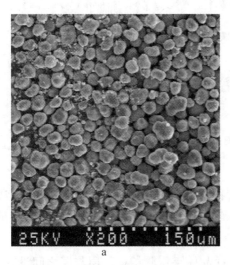

图 4.24　原料 $Ni(OH)_2$（图 a）和单晶 $NiSal_2 \cdot 4H_2O$（图 b）的形貌

　　图 4.25 和图 4.26 给出了配合物的分子结构、中心离子的配位结构和在 X, Y, Z 方向上的分子堆积图。

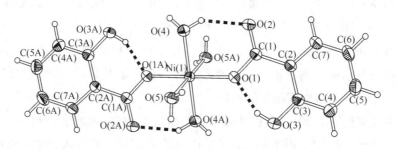

图 4.25　$NiSal_2 \cdot 4H_2O$ 的分子结构

　　从图 4.25 中可以看出，中心金属离子位于分子的对称中心位置。镍离子与来自 4 个水分子和 2 个水杨酸酸根中的 2 个羧氧原子形成近似正八面体配位。Ni^{2+} 与 $O(1),O(4)$，$O(5)$ 的键长分别是 $0.201\ 6(1)$，$0.204\ 5(1)$，$0.209\ 9(1)$ nm。$O(1)—Ni—O(4)$、$O(1)—Ni—O(5)$ 和 $O(4)—Ni—O(5)$ 键角分别为 91.50(4)°，90.94(4)°和 90.56(4)°。

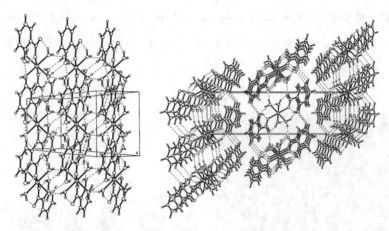

图 4.26　$NiSal_2 \cdot 4H_2O$ 晶胞在 X、Y、Z 方向的堆积图

水杨酸根是以一个羧氧原子 $O(1)$ 与 Ni^{2+} 离子形成单齿配位。另一个羧氧原子 $O(2)$ 与一个配位水分子 $O(4)$ 形成氢键。由于 $O(1)$ 还与羟基氢原子形成了氢键(键长为 0.714 nm),使水杨酸根呈平面结构。即 $O(1)$,$O(2)$,$O(3)$ 和 $C(1)$ 与苯环共平面。

从图 4.26 中可以清楚看出,$Ni(Sal)_2 \cdot 4H_2O$ 晶体呈层状结构,层与层之间没有化学键。在同一层内,苯环平面都相互平行排列。在 Y 轴和 Z 轴方向上,分子与分子之间通过配位水分子 $O(5)$ 与另外两个分子中的羟氧原子 $O(3')$ 和羧氧原子 $O(2'')$ 之间的氢键 $O(5)—H(5)a1 \cdots O(3')$ 和 $O(5)—H(5)a2 \cdots O(2'')$ 联结,形成二维链结构。

由晶体结构分析结果可知,在流变相反应体系中,$Ni(Sal)_2 \cdot 4H_2O$ 分子有多位分子识别功能。晶体生长过程实际上是通过多位分子识别的自组装过程。在流变相反应过程中生成的 $Ni(Sal)_2 \cdot 4H_2O$ 分子进入固体 $Ni(OH)_2$ 颗粒附近的介质中形成准自由分子。当采用大颗粒的 $Ni(OH)_2$ 时,反应速度较慢,准自由分子有机会相互识别组装成大的晶体。在使用小颗粒的 $Ni(OH)_2$ 时,由于反应速度很快,生成大量晶核,很难得到大的单晶。

2. 二水合邻苯二甲酸氢铜晶体的制备

称取分析纯氧化铜 2.00g,分析纯邻苯二甲酸酐 7.45g,研磨混合均匀,加入适量蒸馏水调制成流变体,置入密闭的反应器中,于80℃反应 1d,即得到深蓝色的长方柱状 $Cu(HPht)_2 \cdot 2H_2O[Pht=C_6H_4(CO_2)_2]$ 晶体。

单晶结构分析结果表明晶体的分子式为 $Cu(C_8H_5O_4)_2 \cdot 2H_2O$,$M=429.81$;属单斜晶系,$P2_1/c$ 空间群,晶胞参数为 $a=0.83706(4)$ nm,$b=1.43997(7)$ nm,$c=0.70934(2)$ nm,$\beta=112.227(3)°$,$V=0.79146(6)$ nm^3,$Z=2$,$D_{calc}=1.804g/cm^3$;最终偏离因子 $R=0.0352$,$R_w=0.0879[I>2\sigma(I)]$。图4.27给出了配合物的分子结构,中心金属离子位于分子的对称中心位置。铜离子与 2 个水分子和 2 个邻苯二甲酸根中的氧原子形成近似正方

形平面配位。邻苯二甲酸根以一个氧原子 O(1) 与 Cu^{2+} 离子形成单齿配位。

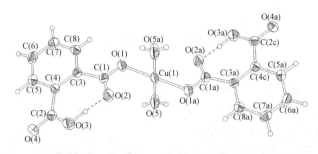

图 4.27　$Cu(HPht)_2 \cdot 2H_2O$ 的分子结构

O(2) 与—COOH 基团上的氢原子 H(7) 形成了很强的氢键，$O(2) \cdots H(7)$ 键长为 0.141(4) nm。羧羟基 O(3)—H(7) 的键长是 0.100(4) nm。另一方面，在(OCO)基团中，C(1)—O(2) 键长 [0.126 7(2) nm] 大于 C(1)—O(1) [0.125 7(2) nm]，这意味着 $O(2) \cdots$ H(7) 的键能已经超过了 O(1)——>Cu^{2+} 配位键的键能。也就是说，形成了 O(2)——>H(7) 的配位键。水分子上的 2 个氢原子分别与另外 2 个分子中羧基(COOH)上的氧原子形成弱氢键。

在晶体中 $Cu(HPht)_2 \cdot 2H_2O$ 分子堆积图如图 4.28 所示。在晶体中所有苯环平面都相

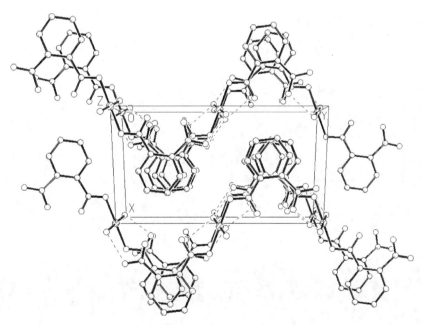

图 4.28　$Cu(HPht)_2 \cdot 2H_2O$ 的分子堆积图

互平行排列，分子与分子之间以氢键联结形成二维链结构，呈折皱层状结构。层与层之间没有化学键。

思　考　题

1. 何谓软化学？它有什么特征？

2. 绿色化学是在什么背景下提出的？它有什么内涵和特点？

3. 软化学和绿色化学有哪些异同点？

4. 分别叙述先驱物法和溶胶-凝胶法的定义和特点。在何种情况下不宜用先驱物法？

5. 溶胶有什么特点？如何使溶胶成为凝胶？为什么说溶胶体系是热力学上不稳定而动力学上稳定的体系？

6. 试述局部化学反应的意义和类型。

7. 试述低热固相反应的机理、规律和应用。

8. 什么叫水热合成法？按反应温度可分几类？水热合成法有哪些优点和应用前景？高温高压下水热反应有哪些特征？说明用水热法合成水晶的必然性。

9. 何谓流变态？它涉及哪些领域？

10. 流变相反应有哪些优点？有哪些应用？

第5章　特殊合成方法

特殊合成方法是相对于常规合成方法而言的，对于常规合成方法来说，其化学反应一般都可自发进行，或在通常热活化的条件下，就可将反应进行到底。而对于不可自发进行的反应，或在通常热活化的条件下难以或不能进行的反应，就必须采取特殊的手段。简而言之，特殊合成方法即是采用诸如电、光、磁等特殊手段进行合成的方法。本章主要介绍电化学合成、光化学合成、微波合成、生物合成等方法。

5.1　电化学合成

如何使本来不能自发进行的反应能够进行呢？较便捷的方法就是给反应体系通电，这就是电化学反应。利用电化学反应进行合成的方法即为电化学合成法。电化学合成本质上是电解，故也称为电解合成。

5.1.1　电化学的一些基本概念

要想将电能输入反应体系，使不能自发进行的反应能够进行，就必须利用电化学的反应器——电解池或简称电池。电池包括两组"金属/溶液"体系，这种"金属/溶液"体系称为电极。两电极的金属部分与外电路相接，它们的溶液通过隔膜相互沟通。当电池工作时，电流必须在电池内部和外部流通，构成回路。所谓电流就是电荷的流动，电流的大小或电流强度是指单位时间内通过的电荷数量或电量。在此所说的电荷应指正电荷，其流动方向与电流方向一致。

电池与一般回路的不同之处主要是存在着两种不同的导电体。其一是金属导体，在其中可以移动的电荷是电子，电流的方向与电子流动的方向相反。其二是电解质溶液导体，在其中可以移动的电荷是正、负离子。电流通过时，正、负两种离子向相反的方向移动。众所周知，电子是不能自由进入水溶液的。要使电流能在整个回路通过，必须在两个电极的金属/溶液界面处发生有电子参与的化学反应，这就是电极反应。有电子参与的电极反应必然引起化学物质价态的改变，在与电源正端联结的电极金属上缺乏电子，因此发生反应物质价态的增加即氧化反应，这个金属电极即为阳极。在与电源负端联结的电极金属上电子富足，因此发生反应物质价态的降低即还原反应，这个金属电极即为阴极。

1. 法拉第定律与电流效率

当电流通过金属/溶液界面时必定会伴随电极反应的发生。如果电流在整个回路中通过时没有在任何位置发生电荷的滞留，则当一定量的电荷通过电池时，电极上发生的反应必须是相当量的。这就是大家熟知的法拉第电解定律。法拉第电解定律的数学式可表示如下：

$$G = \frac{E}{96\ 490} \cdot Q = \frac{E}{96\ 490} It$$

式中，G 为析出物质的质量（g）；E 为析出物质的摩尔质量，其值随所取的基本单元而定（原子量或分子量与每分子或原子得失电子数的比值）；Q 为电量（C）；I 为电流强度（A）；t 为电流通过的时间（s）。

一摩尔质子的电荷（即一摩尔电子所带电量的绝对值）称为法拉第常数，以 F 表示之，即

$$F = Le = 6.022 \times 10^{23}\ \text{mol}^{-1} \times 1.602\ 2 \times 10^{-19} \text{C}$$
$$= 96\ 484.6 \text{C} \cdot \text{mol}^{-1} \approx 96\ 490\ \text{C} \cdot \text{mol}^{-1}$$

式中，L 为阿伏伽德罗常数，e 是质子的电荷。

既然电解时化学反应的量和通过的电量有严格的正比关系，那么电解反应的快慢即反应的速率与电流的大小也应严格成正比关系。故电流强度能够反映电池中反应的强度也就是产率。

在实际电解时，实际析出的物质量往往低于理论上应析出的量，其比值即称为电流效率，以 η 表示。

$$\eta = \frac{\text{实际析出量}}{\text{理论析出量}} \times 100\%$$

理论析出量是指按法拉第定律计算得到的析出量。由于存在着副反应，或电极上存在着不止一个电极反应，因此电流效率往往达不到 100%。

2. 电流密度

每单位电极面积上所通过的电流强度称为电流密度，通常以每平方米电极面积所通过的电流强度（安培）来表示。

3. 电极电位和标准电极电位

在一电解质溶液中，浸入同一金属的电极，在金属和溶液的界面处就产生电位差，通常称为电极电位。测量时，选择 $\phi_{H^+/H^2}^Q = 0$ 为标准，金属不同电极电位也不同，而且溶液的浓度和温度对电极电位也有影响。电极电位可由能斯特（Nernst）公式计算：

$$E = E^0 + \frac{2.303RT}{nF} \lg a$$

式中，$R = 8.314\ \text{J/mol·K}$；$F = 96\ 490\ \text{C/mol}$，$n$ 为离子价态的变化数（或得失电子数），a 为溶液活度。E^0 为标准电极电位，在一定温度下，它是一个常数，即溶液中离子的活度为 1 时的电极电位。

对于任意氧化还原反应，Nernst 公式可表示为：

$$E = E^0 + \frac{2.303RT}{nF}\lg\frac{a_{氧化态}}{a_{还原态}}$$

式中，a 表示活度。

根据电极电位可判断金属在水溶液中的还原能力。

4. 分解压和超电压

电流之所以能通过电池，是因为存在一定的电压，即外加一电压到电池的两极。由于电解过程中，电池的两极组成新的原电池，所产生的电位方向与通入电池的电压方向相反。因此，当外加电源对电池两极所加电压低于这个反电压数值时，电流不可能正常通过，电解过程就不能进行。这个最低电压的数值称为理论分解电压。它是随电极反应不同而不同的。理论分解电压等于反向电压，而实际开始分解的电压往往要比理论分解电压大一些，两者之差称为超电压。在此，认为电流无限小，电解池内溶液电阻产生的电压降（IR）趋于零。而实际分解电压，还应包括电解池内溶液电阻产生的电压降（IR）。若令外加电动势为 $E_{外}$（即实际分解电压），则有：

$$E_{外} = E_{可逆} + \Delta E_{不可逆} + E_{电阻}$$

式中，$E_{可逆}$ 是电解过程中产生的原电池电动势；$E_{电阻}$ 是电解池内溶液电阻产生的电压降（IR）；$\Delta E_{不可逆}$ 是超电压部分（极化所致）。

电极上产生的超电压主要由如下的过电位构成：

(1)浓差过电位：由于电解过程中电极上产生了化学反应，消耗了电解液中的有效成分，使得电极附近电解液的浓度和远离电极的电解液的浓度（本体浓度）发生差别所造成的。

(2)电阻过电位：由于在电极表面形成一层氧化物薄膜或其他物质，对电流产生阻力而引起的。

(3)活化过电位：由于在电极上进行电化学反应的速度往往不大，易产生电化学极化，从而引起的过电位。电极上有氢气或氧气形成时，活化过电位更为显著。

超电压受以下因素所影响：

(1)电极材料：氢在各电极上的超电压如图 5.1 所示。在镀铂的铂黑电极上，氢的超电压很小，氢在铂黑电极上析出的电极电位在数值上接近理论计算值，若以其他金属作电极，要析出氢必须使电极电位较理论值更负。

(2)析出物质的形态：通常金属的超电压较小。而气体物质的超电压比较大。

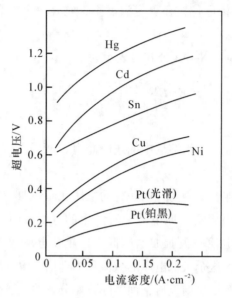

图 5.1　氢在金属阴极上的超电压

（3）电流密度：电流密度大，则超电压随之增大，如表 5.1 所示。

表 5.1　　　　　　　　　　　　　25℃时 H_2 在各金属上的超电压/V

A/cm²	Ag	Cu	Hg	Cd	Zn	Sn	Pb	Bi	Ni	Pt
0.01	0.76	0.58	1.04	1.13	0.75	1.08	1.09	1.05	0.75	0.07
0.10	0.87	0.80	1.07	1.25	1.06	1.22	1.18	1.14	1.05	0.29
0.50	1.03	1.19	1.11	1.25	1.20	1.24	1.24	1.21	1.21	0.57
1.00	1.09	1.25	1.11	1.25	1.20	1.23	1.26	1.23	1.24	0.68

5. 槽电压

电解槽的槽电压都高于理论分解电压。电压是电流的推动力，槽电压越高，槽电流越大，但一般不成正比关系。当电压不断增高时，电流并不能无限增大，而将达到一个极限数值，这个极限数值称为极限电流。电解槽电压由下述各种电压组成：

（1）反抗电解质电阻所需的电压。电解质像普通的导体一样，对通过的电流有一种阻力，反抗这种阻力所需的电压，可根据欧姆定律计算，为 IR_1。

（2）完成电解反应所需的电压。这种电压是用来克服电解过程中所产生的原电池的电动势的，设为 $E_{可逆}$。

(3)电解过程的超电压。如上所述设为 $\Delta E_{不可逆}$。

(4)反抗输送电流的金属导体的电阻和反抗接触电阻需要的电压,为 IR_2。

综上所述,槽电压 $E_{槽}$ 应为:

$$E_{槽}=E_{可逆}+\Delta E_{不可逆}+IR_1+IR_2$$

5.1.2 含高价态元素化合物的电氧化合成

电可以说是一种适用性非常宽广的氧化剂或还原剂。一般要进行一个氧化反应,就必须找到一个强的氧化剂。如氟是已知最强的一个氧化剂,要从氟化物制备氟,用什么去氧化它呢?显然现在还没有这样一种氧化剂,因此必须采用电化学的方法。事实上许多强氧化剂都是利用电氧化合成生产的。

(1)高氯酸钠和 K_2MnO_4 的合成。

将 $NaClO_3$ 溶于水,在 318~323 K 溶解饱和,使溶液中含 $NaClO_3$ 640~680g/L,再加上 $Ba(OH)_2$ 以除去 SO_4^{2-} 等杂质,经过滤后送往电解槽。电解槽中阳极采用 PbO_2 棒,阴极用铁、石墨、多孔镍、铜、不锈钢。电流密度为 1 500 A·m^{-2},槽电压为5~6 V,pH 值为 6~7。电解液温度为 323~343 K。在槽内加入 NaF 以减小阴极还原。电解反应如下:

$$NaClO_3+H_2O-2e^-\longrightarrow NaClO_4+2H^+ \tag{5.1}$$

电流效率为 87%~89%,原料转化率为 85%。

生产 $KMnO_4$ 有碳化法和电解法,电解法的优点是 K_2MnO_4 利用率高,动力消耗少。目前工业上以电解法生产为主。

软锰矿与 KOH 的理论比配成 1:1.28,由于存在副反应,因此 KOH 用量高于此量的 10%~20%。粉碎后,在 515 K 下吸收空气中的氧,吸氧时间为 8~12 h,吸氧转化后的 K_2MnO_4 用水浸取,配成电解液,其组成为 K_2MnO_4 160~180g/L,KOH(游离)45~60g/L,K_2CO_3<60g/L,在 323 K 下加入电解槽进行电解,反应式如下:

$$2K_2MnO_4+2H_2O_2\xrightarrow{电解}2KMnO_4+2KOH+H_2 \tag{5.2}$$

电解槽阳极表面为光滑镀镍铁板,阴极为圆铁条,阴阳极面积比为 1:10,阴极电流密度为 50~100A·m^{-2},槽电压为 2.4~2.8V。电解液最终组成控制在 K_2MnO_4 40~60g/L,KOH(游离)90~110g/L,即为电解终点,此时溶液呈紫红色,电解完成后冷却,离心分离得 94% $KMnO_4$ 晶体,再进一步纯化。

(2)对于极强氧化性物质如 OF_2,$Na_2S_2O_8$,NiF_4,NbF_6,AgF_2 等均可采用电解的方法来完成。

由于这类氧化合成反应产物均具有很强的氧化性,有高的反应性和不稳定性,因而往往对电解设备、材质和反应条件有特殊的要求。

5.1.3　含中间价态和特殊低价态元素化合物的电还原合成

电氧化合成利用的是电解过程的阳极反应, 而电还原合成利用的是阴极反应。含中间价态和特殊低价态元素化合物借一般的化学方法来合成是相当困难的, 因为无论是采用化学试剂还是利用高温下的控制还原来进行都不如电还原反应的定向性优越, 而且用前者还会碰到副反应的控制和产物的分离问题, 因而在采用电还原合成的路线后, 有一系列难以合成的此类化合物被有效合成出来。

(1)含中间价态非金属元素的酸或其盐的合成。如 $HClO$, $HClO_2$, BrO^-, BrO_2^-, IO^-, $H_2S_2O_4$, H_3PO_3, $H_4P_2O_6$, H_3PO_2, HNO_2, $H_2N_2O_2$ 等, 用一般化学方法来合成纯净和较低浓度的溶液都是相当困难的。

(2)特殊低价元素的化合物。这类化合物由于其氧化态的特殊性, 很难借其他化学方法合成得到纯净的化合物, 然而, 电氧化还原法在此具有明显优点。用它可以从水溶液中得到 $K_2[MoCl_5H_2O]$, $K_3[MoCl_6]$, $K_2[MoCl_5]$ 等化合物。此外如 $K_2[Ni(CN)_3]$, $K_2[Co(CN)_3]$, $K_3[Mn(CN)_4]$ 等均可借特定条件下的电解方法合成得到。

(3)非水溶剂中低价元素化合物的合成。由于水溶液中无法合成或电解一些能与水发生化学反应的产物, 因此某些低价化合物只能在非水溶剂中合成, 如 NF_2, NF_3, N_2F_2, SO_2F_2 等。用液氨溶剂可合成一系列难以制得的化合物如 N_2H_2, N_2H_4, N_3H_3, $NaNO_2$, Na_2NO_2 等。

5.1.4　水溶液中的电沉积

1. 金属电沉积原理

金属电沉积理论主要是研究在电场作用下, 金属从电解质中以晶体形式结晶出来的过程, 又称电结晶。电镀就是电沉积过程, 电提取、电解精炼等也都属金属电沉积过程, 不同的是电镀要求沉积金属与基体结合牢固, 结构致密, 厚度均匀。

2. 水溶液中电沉积的方法

通过电解金属盐的水溶液而在阳极沉积纯金属的方法, 根据原料的供给分为下列两类:

(1)以粗金属为原料作阳极进行电解, 在阴极上获得纯金属的电解提取法。

(2)以金属化合物为原料, 以不溶性阳极进行电解的电解提取法。

无论是前者还是后者, 电解液的组成、电流密度、电解温度、金属离子的配位作用和添加剂都是支配金属电沉积的主要因素。其中电解液包括下列部分:

(1)主盐, 即被沉积金属的盐。

(2)被沉积金属的配位剂。

(3)电解质(导电盐)。

(4)稳定剂(防止水解)。

(5)缓冲剂。

(6)添加剂(光亮剂、整平剂、润滑剂、应力消除剂、硬化剂等)。

3. 简单金属离子的还原

溶液中任何金属离子,在电极电位足够负时,原则上都可能在电极上还原及电沉积,但溶液中存在某一组分的还原电位比金属离子的电位更正时,此金属的还原析出就不可能。如果金属电极的阴极过程产物为合金,本来不能或很难还原的金属也可以某种合金的形式在阴极上还原,如汞在阴极上可以从溶液中还原碱金属、碱土金属和稀土金属离子,而生成汞齐。若溶液中存在多种金属离子,当阴极电位达到或超过这些离子的析出电位时,它们会共同析出形成合金,如 Cu-Zn,Cu-Sn,Pb-Sn,Zn-Ni 等形成合金镀层。

由于从含有多金属盐的混合物中能分离沉淀出纯金属或合金,这一途径可应用于金属的提纯、精炼和多金属资源的综合利用等,这也是湿法冶金的一个重要方面。

5.1.5 熔盐电解

1. 离子熔盐种类

离子熔盐通常是指由金属阳离子和无机阴离子组成的熔融液体,据统计,构成熔盐的阳离子有 80 种以上,阴离子有 30 多种,简单组合就有 2 400 多种单一熔盐,其实熔盐种类远远超过此数。

(1) 二元和多元混合熔盐。如 LiF-KF(离子卤化物混合盐),KCl-NaCl-AlCl$_3$(离子卤化物混合盐再与共价金属卤化物混合)和 Al$_2$O$_3$-NaF-AlF$_3$-LiF-MgF$_2$(多种阳离子和阴离子组成的多元混合熔盐,其中还有共价化合物 AlF$_3$)。

(2) 含配位阴离子的熔盐。同一溶质在不同溶剂中可能出现不同价态的配位阴离子。例如,氯化钒在 C$_S$AlCl$_4$ 中生成 $[VCl_4]^-$,而在 LiCl-KCl 中形成 $[VCl_4]^{2-}$,$[VCl_6]^{3-}$ 和 $[VCl_6]^{4-}$。而同一溶质 Al$_2$O$_3$ 在同一熔剂 NaF-3AlF$_3$ 中,随溶质含量的变化生成不同的配合阴离子。例如,在 0~2% Al$_2$O$_3$(质量百分数)浓度范围内,有 AlF$_6^{3-}$,AlF$_4^-$,Al$_2$OF$_{10}^{6-}$,Al$_2$OF$_8^{4-}$,Al$_2$OF$_6^{2-}$;在 2%~5% Al$_2$O$_3$ 时,有 AlF$_6^{3-}$,AlF$_4^-$,AlOF$_5^{4-}$ 和 Al$_2$OF$_5^-$;在 5%~11.5%(溶解度极限)时,则有 AlF$_6^{3-}$,AlF$_4^-$ 和 Al$_2$O$_2$F$_4^{2-}$ 生成。

在这一熔盐体系中,能生成众多的配位阴离子,是因为氧和氟的离子半径相近,彼此可能发生相互取代,即氧离子可以取代 AlF$_6^{3-}$ 或 AlF$_4^-$ 中的部分氟离子,氟离子也可能取代 Al$_2$O$_3$ 中的 O^{2-} 而形成铝氧氟型配合离子。综上所述,组成熔盐的离子,无论是阳离子或是阴离子种类均繁多,这多种多样的盐与其他物质发生化学或电化学作用,又将衍生出形形色色的各种离子。

2. 熔盐的特性

作为离子化高温特殊熔剂的熔盐类具有下列特性：

（1）高温离子熔盐对其他物质具有非凡的熔解能力，一些矿石、难熔氧化物、高温难熔物质，可望在高温熔盐中进行处理。

（2）熔盐中的离子浓度高，黏度低，扩散快，导电率大，从而使高温化学反应过程中传质、传热速率快，效率高。

（3）金属/熔盐离子电极界面间的交换电流 i^0 特别高，达到 $1 \sim 10 A/cm^2$（而金属/水溶液离子电极界面间的 i^0 只有 $10^{-4} \sim 10^{-1} A/cm^2$），使电解过程中的阳极氧化和阴极还原不仅可在高温高速下进行，而且能耗低；动力学迟缓过程引起的活化过电位和扩散过程引起的浓差过电位都较低，熔盐电解生产合金时，往往伴随去极化作用。

（4）常用熔盐作为熔剂，用于电解制备金属（水溶液中，电解无法得到）。

（5）大多数熔盐在一定温度范围内，具有良好的热稳定性。

（6）熔盐的热容量大，贮热和导热性能好，可用作蓄热剂、载热剂和冷却剂。

（7）熔盐耐辐射，在核工业受到重视和广泛应用。

3. 熔盐在无机合成中的应用

1）合成新材料

（1）熔盐法或提拉法生长激光晶体。如 YAG：Nd^{3+}（掺钕的钇铝石榴石），GSGG：Nd^{3+}，Cr^{3+}（掺钕和铬的钆钪镓石榴石）以及氟化物激光晶体基质材料等。

（2）单晶薄膜磁光材料的制备。如用稀土石榴石单晶在等温熔盐浸渍液相外延法生长制备。

（3）玻璃激光材料的制备。目前输出脉冲能量最大、输出功率最高的固体激光材料是稀土玻璃，其中有稀土硅酸盐玻璃，磷酸盐玻璃，氟磷酸盐玻璃和氟锆酸盐玻璃等。

（4）稀土发光材料的制备。如 Gd_2SiO_5：Ce 闪烁体就是用提拉法单晶生长工艺制备的，新的闪烁体 BaF_2：Ce，CeF_3 和 LaF_3：Ce 也是用提拉法或熔剂法生长出来的。

（5）阴极发射材料和超硬材料的制备。如 LaB_6 粉末可通过熔盐电解法制备，LaB_6 单晶也可通过熔剂生长法、熔盐电解法或区域熔炼法获得。

（6）合成超低损耗的氟化物玻璃光纤预制棒。它们是将按比例配好无水氟化物的原料，在 $800 \sim 1\,000 \, ℃$ 下熔化混合熔盐，而后浇注成型。

2）非金属元素 F_2，B，Si 的制取

工业上单质氟就是通过中温（$80 \sim 110 \, ℃$）和高温（$250 \sim 260 \, ℃$）分别电解 $KF \cdot 2HF$（低共熔点 $68.3 \, ℃$）和 $KF \cdot HF$（低共熔点 $229.5 \, ℃$）来实现的。

3）在熔盐中合成氟化物

如在电化学制氟过程中，对有机化合物如 $CH_3(CH_2)_nSO_2Cl$ 进行电化学氟化反应，而

生成所需的氟化物 $CF_3(CF_2)_n\text{-}SO_2F$ 产品。

4) 合成非常规价态化合物

如低价、高价以及原子簇化合物和复杂无机晶体都可望用熔盐反应来合成。

4. 稀土金属的制备

熔盐电解制备稀土的电解质有两类：$RECl_3\text{-}KCl$ 和 $REF_3\text{-}LiF\text{-}RE_2O_3$，制取熔点低于 1000℃ 的混合稀土和单一稀土金属的电解，通常在高于该金属的熔点下进行。金属均呈液态，冷却得块状产物。在熔盐电解制取钇和重稀土金属的过程中，有的用低熔点金属如镁、锌或镉作液态阴极电解制成合金，然后蒸馏掉低熔点金属而得稀土金属；也有从氧化物-氟化物熔体直接制得液态金属的。

熔盐电解制取稀土金属的过程：

1) 阴极过程

在稀土氯化物和碱金属氯化物混合熔体的电解中，研究阴极电流密度和电位关系的极化曲线时，可看出整个阴极过程大致分为如下三个阶段：

(1) 较稀土金属平衡电位更正的区间，即阴极电位在 $-1.0\sim-2.6V$ 之间，电位较正的杂质阳离子会在阴极析出，变价稀土离子如 Sm^{3+} 和 Eu^{3+} 也会发生不完全放电：

$$RE^{3+}+e^-\longrightarrow RE^{2+}$$

(2) 接近稀土平衡区间，即阴极电位在 $-3.0V$ 左右，阴极电流密度从 $-0.1A/cm^2$ 到 $10A/cm^2$，稀土离子直接还原成金属：

$$RE^{3+}+3e^-\longrightarrow RE$$

(3) 较稀土平衡电位负的区间，即阴极电位在 $-3.3\sim-3.5V$ 之间，发生碱金属离子还原，为了避免这个过程，氯化稀土的含量必须足够大，阴极电位和电流密度要控制在稀土金属析出范围内。

2) 阳极过程

在正常的电解过程中，石墨阳极上生成氯气，它的主要过程是：

$$Cl^--e^-\longrightarrow Cl\cdot \qquad 2Cl\cdot\longrightarrow Cl_2$$

5.1.6 非水溶剂中无机化合物的电解合成

非水溶剂包括多种有机溶剂和无机溶剂，近年来广泛应用于无机物的合成。由于电解质在非水溶剂中的性能大大不同于在水溶液的，因而促使其电位、电极反应等以至于非水溶剂对电解产物的选择性各具特点，从而可借助非水溶剂中的电解反应合成出很多颇具特点的无机化合物来。

在近20年来，已经比较广泛的应用在下列与无机合成有关的方面，其中包括：某些特种简单盐类的制备，低价化合物电解制备中的稳定化作用，金属配位化合物与金属有机化合物的制备，更值得注意的是不少非金属化合物可从非水溶剂中电解合成出来。

5.2 光化学合成

5.2.1 概述

光化学合成是依靠反应体系吸收光能而发生化学反应的合成技术。应用该方法可以得到用热化学反应难以或必需在苛刻条件下才能合成的化合物。早期光化学家认为光是一种特殊的、能够产生某些反应的试剂。在 1843 年 Draper 就发现氢与氯在气相中可发生光化学反应。1908 年 Ciamician 利用地中海地区的强烈的阳光进行各种化合物光化学反应的研究，只是当时对反应产物的结构还不能鉴定。到 20 世纪 60 年代上半叶，已经有大量的光化学反应被发现。60 年代后期，随着量子化学的广泛应用和物理测试手段的突破(主要是激光技术与电子技术)，光化学开始飞速发展。现在，光化学被理解为分子吸收大约 200~700nm 范围内的光使分子达到电子激发态的化学。由于光是电磁辐射，光化学研究的是物质与光相互作用引起的变化，因此光化学是化学和物理学的交叉学科。与热化学相比，光化学有如下特点：①光是一种非常特殊的生态学上清洁的"试剂"；②反应条件温和；③安全，因为反应基本上在室温或低于室温下进行；④可缩短合成路线。

5.2.2 光化学反应的基本原理

一个光子的能量 E(以焦耳计)可由普朗克公式给出：

$$E = h\nu = \frac{hc}{\lambda}$$

式中，h 是普朗克常数($6.626\ 2 \times 10^{-34}$ J·s)；ν 是光辐射的频率；c 是光速($2.997\ 9 \times 10^8$ m/s)，λ 是光的波长(m)。

一摩尔的光子也被定义为一爱因斯坦。光化学反应的发生，通常要求分子吸收的光能要超过热化学反应所需要的活化能与化学键键能。光化学与热化学的基础理论并无本质差别。用分子的电子分布与重新排布、空间立体效应与诱导效应解释化学变化和反应速率等对光化学与热化学都同样适用。

根据电子激发态中电子的自旋情况，激发态有单线态(自旋反平行)和三线态(自旋平行)。这两种状态有不同的物理性质和化学性质。能量上三线态低于单线态。当一个反应体系被光照射，光可以透过、散射、反射或被吸收。光化学反应第一定律(Grotthus Draper定律)指出：只有被分子吸收的光子才能引起该分子发生光化学反应。但并不是每一个被分子吸收的光子都一定产生化学反应，其激发能可通过荧光、磷光或分子碰撞等方式失去。图 5.2 表明了分子激发与失活的主要途径。图中 S_0，S_1，…分别表示单线态基态，第一单线态激发态……T_1，T_2，…则表示第一三线态激发态……当电子从单线态基态跃迁到单线态第一激发态时，吸收光子，在吸收光谱中给出相应的吸收带（$S_0 \rightarrow S_1$）。当电子从三线态的第一激发态跃迁到第二激发态时产生 $T_1 \rightarrow T_2$ 的吸收带（T_2 激发态图中未示出）。然而这种吸收很弱，一般的仪器难以检测出来。与之相反的过程，是发射光子的过程。电子从第一单线态激发态回到单线态基态时，得到的发射光称为荧光（$S_1 \rightarrow S_0$）。而电子从第一三线态激发态回到单线态基态时所发射的光称为磷光（$T_1 \rightarrow S_0$）。这两种光的寿命相差很大，后者大于前者。电子从单线态第二或更高的激发态返回到第一激发态的过程称为内部转换，该过程相当快，为无辐射过程。电子从三线态的第一激发回到单线态的基态也可通过称为系间窜跃的无辐射过程实现。此外，电子从单线态的激发态向三线态的激发态的转变也通过系间窜跃实现。在这一过程中电子的自旋状态发生了改变。以上所述的各种光物理过程对光化学反应都有直接或间接的影响。

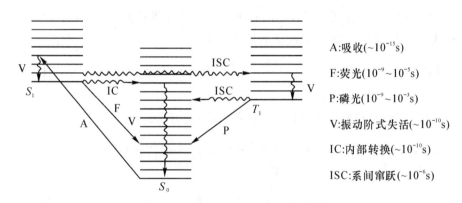

图 5.2　分子激发与失活的主要途径

光化学合成主要在于某些新颖结构化合物的合成以及开辟新的合成途径。光化学合成所用光源主要是汞灯（200~750nm），氙-汞灯和太阳光，以及各种激光光源。光化学反应的产率由光电子的利用率决定，后者由量子产率

$$\varphi = \frac{\text{产生的分子数（或消失的分子数）}}{\text{吸收的光子数}}$$

给出，并可通过使用相应的光量计测定光子数予以确定。一个光化学反应只要量子产率足够高，原则上即可用于光化学合成，但实际上应由为实现该反应所必备的诸多技术问题所决定。最近发展起来的超分子光化学、激光化学为光化学合成提供了新的理论基础，阳光分解水制氢的研究为新能源开发展示了美好前景。

5.2.3　配位化合物的光化学合成

1. 光取代反应

绝大多数光取代反应的研究集中在对热不活泼的某些配合物上。这些配合物主要是 d^3、低自旋的 d^5 和 d^6 组态的金属离子的六配位配合物和 d^8 组态的平面配合物以及 Mo(Ⅳ) 和 W(Ⅳ) 的八氰基配合物，其取代反应类型和取代程度依赖于以下几个方面：①中心金属离子和配位体的本性；②电子激发产生的激发态类型；③反应条件（温度、压强，溶剂以及其他作用物等）。

许多光取代反应可表现为激发态的简单一步反应：

$$\{[\text{ML}_x]^{n+}\}^* + \text{S} \longrightarrow [\text{ML}_{x-1}\text{S}]^{n+} + \text{L}$$

式中，L 为配体；M 为中心金属离子；S 为另一种取代基；* 表示激发态。根据配合物的种类以及取代基的不同，光取代反应可分为如下几类：

1）光水合反应

对于过渡金属离子 Cr(Ⅲ) 配合物的光水合反应研究得较多，在光的作用下，反应按照完全不同于热反应的方式发生对配体的取代反应：

$$[\text{Cr}(\text{NH}_3)_5\text{Cl}]^{2+} + \text{H}_2\text{O} \xrightarrow{h\nu,\ 365\sim506\text{nm}} [\text{cis-Cr}(\text{NH}_3)_4(\text{H}_2\text{O})\text{Cl}]^{2+} + \text{NH}_3,$$
$$\varphi = 0.36$$

利用光水合反应还可制备多取代基配体的配合物，例如：

$$\text{trans-}[\text{Cr}(\text{en})_2\text{F}_2]^+ + \text{H}_2\text{O} + \text{H}^+ \xrightarrow{h\nu} [\text{Cr}(\text{en})(\text{enH})(\text{H}_2\text{O})\text{F}_2]^{2+},$$
$$\varphi = 0.46$$

$$\text{trans-}[\text{Co}(\text{CN})_4(\text{SO}_3)_2]^{5-} + \text{H}_2\text{O} \xrightarrow{h\nu,\ 366\text{nm}} [\text{Co}(\text{CN})_4(\text{SO}_3)]\text{H}_2\text{O}^{3-} + \text{SO}_3^{2-},$$
$$\varphi = 0.57$$

2）金属羰基配合物的取代反应

单核金属羰基配合物取代反应可用通式表示为：

$$\text{M}(\text{CO})_n\text{L}_m \xrightarrow{h\nu} \text{M}(\text{CO})_{n-1}\text{L}_m + \text{CO}$$

$$\text{M}(\text{CO})_n\text{L}_m \xrightarrow{h\nu} \text{M}(\text{CO})_n\text{L}_{m-1} + \text{L}$$

反应依赖于起始配合物的性质和辐照用光的波长，后者决定于配合物激发态的结构。众多过渡金属羰基配合物都能发生上述取代反应而形成具有多种取代基的过渡金属配合物。此类反应在某些情况下也可以通过热反应来实现，如当 L=PF$_3$ 时：

$$(\eta^5\text{-C}_5\text{H}_5)_2\text{Hf}(\text{CO})_2 + \text{L} \xrightarrow{h\nu,\ 庚烷} (\eta^5\text{-C}_5\text{H}_5)_2\text{Hf}(\text{CO})\text{L} + \text{CO}$$

可以由受热发生，但当 $L=P(C_6H_5)_3$ 时，热反应不能得到相应的取代产物。

双核和多核金属羰基配合物的取代反应，当存在金属-金属键时，光辐照的主要结果是金属-金属键均裂而形成反应性的金属羰基自由基，而后发生热取代反应。如：

$$[Mn(CO)_5]_2 + 2PPh_3 \xrightarrow{h\nu} [Mn(CO)_4(PPh_3)] + 2CO$$

$$Os_3(CO)_{12} + PPh_3 \xrightarrow{h\nu, \ 甲苯} Os_3(CO)_{11}PPh_3 + CO$$

$$Os_3(CO)_{11}PPh_3 + PPh_3 \xrightarrow{h\nu, \ 甲苯} Os_3(CO)_{10}(PPh_3)_2 + CO$$

取代反应不仅仅对一个配体发生取代，有时一种取代基可以取代两个羰基产生新的配合物：

$$\eta^5\text{-}C_5H_5V(CO)_4 + RC\equiv CH \xrightarrow{h\nu, \ 苯} \eta^5\text{-}C_5H_5V(CO)_2RC\equiv CH + 2CO$$

其中，$R=H$，$n\text{-}C_3H_5$，$n\text{-}C_4H_9$，CMe_3。

在某些情况下，取代继之以聚合成多核配合物的反应也能发生，如：

$$2\eta^5\text{-}C_5H_5V(CO)_4 \xrightarrow{h\nu, \ THF} (\eta^5\text{-}C_5H_5)_2V_2(CO)_5 + 3CO$$

双核产物的产率可达 90%。

上述配合物分子式中的符号 η^n 代表与金属原子成 π 键合的配位原子数。$\eta^4\text{-}C_7H_8$ 表示环庚三烯中有 4 个碳原子与金属成 π 键合。当配体只提供一个原子与金属 σ 键合时，可用 η^1 表示，或用国际理论和应用化学协会（IUPAC）于 1970 年提出的规则，将词头 σ 加在配体前。有时同一配体既存在 σ 键合方式又存在 π 键合方式，甚至两种键合方式还同时出现在同一化合物中，如烯丙基和环戊二烯基等。以下是几个例子：

M—CH₂—CH=CH₂ 的结构式

$(\eta^1\text{-}C_3H_5)M(\sigma$ 键合)

M— 连接 CH(CH₂)(CH₂) 的结构式

$(\eta^3\text{-}C_3H_5)M(\pi$ 键合)

$(\eta^5\text{-}C_5H_5)Fe(\eta^1\text{-}C_5H_5)$
π 键合 σ 键合

$(\eta^5\text{-}C_5H_5)_2Ti(\eta^1\text{-}C_5H_5)_2$
π 键合 σ 键合

3）非羰基配体的金属配合物

除上述金属羰基配合物的取代反应外，其他配位基的有机金属配合物，如含有金属氢化物的有机金属配合物，含有异氰化物的有机金属配合物，含有烯烃的和芳烃以及烷基的金属有机配合物等也可发生光取代反应，产生相应的取代产物。这些有机金属配合物的取代反应具有潜在的合成和应用前景。

（1）金属氢化物配合物当光解时主要产生脱氢产物，由此产生了在热反应条件下所不能得到的具有反应活性的有机金属配合物。通过此产物可以合成多种其他的有机金属配合物。例如：

$$(\eta^5\text{-}C_5H_5)_2WH_2 \xrightarrow{h\nu,\ -H_2} (\eta^5\text{-}C_5H_5)_2W$$

$$(\eta^5\text{-}C_5H_5)_2WH_2 \xrightarrow{THF} (\eta^5\text{-}C_5H_5)_2WH(C_4H_7O\text{-}\eta)$$

$$(\eta^5\text{-}C_5H_5)_2WH_2 \longrightarrow (\eta^5\text{-}C_5H_5)_2WH(OCH_3)+(\eta^5\text{-}C_5H_5)_2W(CH_3)(OCH_3)$$

（2）金属异氰配合物可发生光致配位基的解离。如 Cr，Mo，W 的六芳基异氰基配合物在极纯的吡啶中光解，产生吡啶对异氰基的取代产物：

$$M(CNR)_6 \xrightarrow{h\nu,\ py} M(CNR)_5(py)+CNR \quad (M=Cr,\ Mo,\ W)$$

其量子产率列于表 5.2 中。

表 5.2　　　　　吡啶对 [M(CNR)$_6$] 中 CNR 光取代反应的量子产率

配合物	激发波长	
	313nm	426nm
Cr(CNPh)$_6$	0.54	0.23
Mo(CNPh)$_6$	0.11	0.06
W(CNPh)$_6$	0.01	0.01
Cr[CN-2, 6-(Pri)$_2$Ph]$_6$	0.55	0.23
Mo[CN-2, 6-(Pri)$_2$Ph]$_6$	0.02	0.02
W[CN-2, 6-(Pri)$_2$Ph]$_6$	$<1\times10^{-4}$	$<3\times10^{-4}$

（3）含有芳基的过渡金属配合物，光解时可发生配体的部分或全部取代，生成新的配合物。例如：

$$[\eta^5\text{-}C_5H_5(\text{二甲苯-}p\text{-}\eta^6)Fe]^+ + L \xrightarrow{h\nu} \eta^5\text{-}C_5H_5FeL_3 + p\text{-二甲苯}$$

式中，单配位基 $L=CNC_6H_4Me$，CO，$P(OPh)_3$；双配位基 $L_3=\eta^6\text{-}C_6Me_6$ 和 $PhP(CH_2PPh_2)_2$。在 $L_3=PhP(CH_2PPh_2)_2$ 的情况下，对二甲苯的光取代量子产率（436nm）是 0.57。

2. 光异构化反应

某些金属的有机金属配合物中的配体当受到光照时，会发生异构化作用产生具有不同配体异构配合物。例如，固体反式 $[Ru(NH_3)_4Cl(SO_2)]Cl$ 在 365nm 的低温光解发生配位基 SO_2 的异构化：

$$Ru(\mathrm{II}) - S \overset{O}{\underset{O}{\Vert}} \xrightarrow{h\nu} Ru(\mathrm{II}) \overset{O}{\underset{}{\triangle}} S = O$$

反应在室温下是可逆的。同样，Co 的配合物也可发生这样的反应：

$$\left[(en)_2 Co \overset{O \; O}{\underset{NH_2CH_2}{\diamond}} CH_2 \right]^{2+} \xrightarrow{h\nu} \left[(en)_2 Co \overset{O-S=O}{\underset{NH_2-CH_2}{\diamond}} CH_2 \right]^{2+}$$

$$\left[(NH_3)_5 CoNO_2 \right]^{2+} \longrightarrow \begin{array}{l} \longrightarrow \left[(NH_3)_5 CoONO \right]^{2+} \\ \longrightarrow Co^{2+} + 5NH_3 + NO_2 \end{array}$$

$$\left[(NH_3)_5 CoOOCH \right]^{2+} \xrightarrow{h\nu} \left[(NH_3)_5 Co - C \overset{O}{\underset{OH}{\diagdown}} \right]^{2+}$$

但以上三种异构化产物对热是不稳定的，可能会缓慢地变回到起始反应物或像第二个反应那样分解成 Co^{2+} 离子。

由于这样的异构化产物的不稳定，长时间光照可使配位体自身的异构化产物进一步发生反应生成由溶剂或其他配体取代的产物。

$$\left[Pd(MeE+4dien)NO_2 \right]^+ \xrightarrow{h\nu} \left[Pd(MeE+4dien)(ONO) \right]^+ \xrightarrow{h\nu}$$

$$\left[Pd(MeE+4dien)S \right]^{2+} + \left[NO_2 \right]^-$$

式中，S 表示溶剂分子；MeE+4dien ══ 4-甲基-1，1，7，7-四乙基二乙撑三胺。

3. 光致电子转移反应

电子转移反应中涉及的电子激发态是多种多样的，根据电子跃迁的分子轨道，激发态可分为：①以金属为中心的(MC)或配位场(LF)激发态；②以配体内或配体为中心的(LC)的激发态；③电荷转移(CT)激发态。后者又分为金属到配体(MLCT)或配体到金属(LMCT)两种。另外还有电荷到溶剂的(CTTS)转移以及发生在多核配合物中的金属-金属间的转移。涉及电子转移反应的光化学合成，最重要的有如下两类：

1）光氧化还原反应制备低价过渡金属配合物

例如：

$$Fe(\eta^5\text{-}C_5H_5)_2 \xrightarrow{h\nu, \; CCl_4} \left[Fe(\eta^5\text{-}C_5H_5)_2 \right]^+ Cl^-$$

189

前一个反应是光氧化反应产生一价铁的配合物，后一个反应是光化学还原除 H_2 反应。某些四方平面 d^8 配合物也进行这样的反应：

$$M(C_2O_4)L_2 \xrightarrow{h\nu} 2CO_2 + ML_2 \qquad M = Ni, \ Pd, \ Pt$$

这里使人感兴趣的是 $16e^-$ 的四方平面配合物经光照后产生了碳烯的无机类似物——$14e^-$ 的金属配合物。由此方法可以制备出低价金属如 Pt^0，Rh^+ 的配合物。

2) 光解水制备 H_2 和 O_2

光解水制备 H_2 和 O_2 是光致电子转移和氧化还原反应研究得相当多的领域。在光致水的氧化还原反应中，主要的步骤是：光致强氧化剂、还原剂的生成和在催化剂存在下，这些光反应生成的强氧化剂、还原剂对水的催化还原分解。为防止产生的强氧化剂、还原剂再发生反应回到原始反应物，如何控制和分离这些氧化剂、还原剂就是十分重要的步骤。有许多方法可以利用：①利用其他的(第三组分)氧化剂或还原剂去防止产生的强氧化剂和还原剂再反应，达到光致产物的分离或存留。②利用一定结构的分子聚集体实现光致电荷分离。这种方法的思想是利用反应物和产物亲油性和亲水性的固有差别，通过导入带电界面，在微观尺度上把它分开。③利用半导体悬散粒子体系和胶体作为光吸收剂。利用半导体的好处在于光致的氧化还原反应常常是不可逆的。

光解水制取 H_2 和 O_2 的主要反应可描述为：

$$SA \xleftarrow{h\nu} S^+ + A^-$$

$$4S^+ + 2H_2O \xrightarrow{cat_1} 4S + 4H^+ + O_2$$

$$2A^- + 2H_2O \xrightarrow{cat_2} 2A + 2OH^- + H_2$$

式中，S^+ 可以是配合物离子，金属离子或半导体的光照产生的空穴；A^- 可以是配合物离子或半导体的光照产生的电子。第一个反应主要是光致产生强氧化剂和还原剂的过程；第二、三个反应是其后对水的氧化还原反应。在半导体粒子体系，发生的反应可以 TiO_2 为例描述为：

$$TiO_2 \xrightarrow{h\nu} TiO_2(e_{cb}^- + h^+)$$

$$2e_{cb}^- + 2H^+ \xrightarrow{Pt} H_2$$

$$4h^+ + 2H_2O \longrightarrow O_2 + 4H^+$$

190

式中，角标 cb 表示导带。

到目前为止光解水制备 H_2 和 O_2 的体系是很不完善的，离大规模实际应用还有很大的距离，目前这方面的研究相当活跃，正在寻找更有效的体系以及新型材料以期达到实用的目标。最近新发现的一些适合紫外光的多相催化材料包括含有某些金属或金属氧化物 NbO_x，RuO_2，RhO_2 或铂的钛酸盐和铌酸盐，具有铜铁矿结构的 $CuFeO_2$ 材料被发现在光照射下可分解水产生氢气和氧气。

从最近的发展来看，新型光催化剂材料的发现与开发使水作为二级能源的综合利用将为期不远了。

4. 光敏化反应

光敏化反应是在敏化剂存在下进行的光化学反应。敏化剂的作用在于传递能量或自身参与光化学反应生成自由基，而后与反应物作用再还原成敏化剂。因此，在光化学合成中，光敏剂是实现光化学反应的关键，如上述光分解水制取氢和氧的反应得以实用化，将依赖于新型配套光敏剂研究的突破。

在众多的无机光化学反应中，汞敏化的反应是比较多的，主要有下列数种：

1）氢化物的聚合反应

第四主族 C，Si，Ge，第五主族 P，As，Sb 等氢化物在汞存在下易进行氢化物的聚合反应。

$$2SiH_4 \xrightarrow{Hg(^3P_1)} Si_2H_6 + H_2$$

$$2GeH_4 \xrightarrow{Hg(^3P_1)} Ge_2H_6 + H_2$$

$$2PH_3 \xrightarrow{Hg(^3P_1)} P_2H_6$$

$$2AsH_3 \xrightarrow{Hg(^3P_1)} As_2H_6$$

$$SiH_3 + C_2H_4 \xrightarrow{Hg(^3P_1)} C_2H_4SiH_3$$

这些反应之所以发生是因为 M—H 键能都在 $294 \sim 378 kJ \cdot mol^{-1}$ 范围内，氢化物在 $220 \sim 250 nm$ 之间的明显特征吸收与 $Hg(^1S_0)$ 在 250nm 下产生 $Hg(^3P_1)$ 所需要的吸收光的效率相匹配。此法合成的产物具有较高的纯度并易于进行产物分离提纯。

汞对上述反应的敏化作用，可从反应产率的影响看出：

产物	无 Hg 蒸气的产率/mmol	有 Hg 蒸气的产率/mmol
$H_3SiC_4H_8SiH_3$	0.09	0.47
n-$C_4H_9SiH_3$	0.15	0.71

利用汞的敏化反应还可以制备环球状的 C_3F_6 化合物，其反应机理如下：

$$N_2O \xrightarrow{Hg(^3P_1)} N_2 + O + Hg(^1S_0)$$

$$O + C_2F_4 \xrightarrow{分解} CF_2O + CF_2$$

$$CF_2 + C_2F_4 \xrightarrow{聚合} C_3F_6$$

2）羰基配合物的合成

过渡元素 Fe，Mo，W 和 Cr 与羰基（CO）所形成的 M—C 键，其键能与第四、五、六主族元素的氢化物键能差不多，故可以用 Hg 敏化来合成。这也是许多羰基配合物的主要合成方法之一。如：

$$2Fe(CO)_5 \xrightarrow{Hg(^3P_1)} Fe_2(CO)_9 + CO$$

$$Fe(CO)_5 + CH_3CN \xrightarrow{Hg(^3P_1)} Fe(CO)_4CH_3CN + CO$$

$$Cr(CO)_6 + CH_3CN \xrightarrow{Hg(^3P_1)} Cr(CO)_5CH_3CN + CO$$

$$Cr(CO)_6 + 2CH_3CN \xrightarrow{Hg(^3P_1)} Cr(CO)_4(CH_3CN)_2 + 2CO$$

3）硼化物的合成

许多非金属氢化物同样可以用汞敏化反应来合成，如：

$$BCl_3 + Hg(^3P_1) \longrightarrow B_2H_6 + Hg(^1S_0)$$

$$B_2H_6 + Hg(^3P_1) \longrightarrow B_4H_{10} + H_2 + Hg(^1S_0)$$

除 Hg 作为敏化剂外，其他一些原子也可以作为某些光化学反应的敏化剂。表 5.3 给出了几种原子的敏化作用数据。

表 5.3　　　　　几种原子的敏化作用数据

原子	激态原子	ΔE/ev	寿命	吸收波长/Å
Cd	Cd($^3P_1$)	3.80	2.5μs	3 261
Cd	Cd($^1P_1$)	5.417	1.98ns	2 288
H	H(^2P)	10.2	1.60ns	1 216
Na	Na($^2P_{1/2}$)	2.10	15.9ns	5 890
Na	Na($^2P_{1/2}$)	2.10	15.9ns	5 890
Ar	Ar($^3P_1$)	11.623	8.4ns	1 067
Ar	Ar($^1P_1$)	11.827	2.0ns	1 048

原子	激态原子	$\Delta E/ev$	寿命	吸收波长/Å
Kr	$Kr(^3P_1)$	10.032	3.7ns	1 236
Kr	$Kr(^1P_1)$	10.643	3.2ns	1 165
Xe	$Xe(^3P_1)$	8.436	3.7ns	1 470

* ΔE 是激发态与基态能级的差值。

5.2.4 光化学气相沉积制备半导体薄膜

化学气相沉积(CVD)技术与真空热蒸发技术和溅射技术都是目前世界各国电子行业应用得最普遍的一种薄膜沉积技术。光化学沉积(PVD)技术作为化学气相沉积技术的一个重要分支,相对来讲,是一种较新的薄膜沉积技术。这一技术的主要特点是利用紫外光辅助完成整个 CVD 过程。它具有沉积温度低(50~250℃),带电离子冲击样品的概率很小,膜层覆盖均匀等特点。

在化学气相沉积的过程中,反应气体如硅烷、氨气、有机锌化合物等被引入反应室并且分解,然后在加热的样品表面上形成所需要的薄膜。目前有以下几种方法可使反应气体分解:①加热(热沉积);②等离子体或射频放电(等离子体沉积);③紫外光照射(光沉积)。紫外光照射法也就是光化学气相沉积法。目前,光化学气相沉积法在约 133Pa 的低压沉积室内进行。少量的 Hg 蒸气被引入沉积室,用 254nm 的紫外光使其中的 Hg 受激处于激活态。其反应式为:

$$Hg \xrightarrow{h\nu,\ 254nm} Hg'$$

激活态的 Hg 使反应气体的分子分解。

如要沉积 ZnS,则需两种反应气体,即 COS 和 $Zn(CH_3)_2$,其反应式为

$$COS+Hg \longrightarrow CO+S$$

$$S+Zn(CH_3)_2 \xrightarrow{h\nu,\ 254nm,\ Hg} ZnS+气体$$

如要沉积 Si_3N_4,则需 SiH_4 和 NH_3 两种反应气体,其反应式为

$$SiH_4+NH_3 \xrightarrow{h\nu,\ 254nm,\ Hg} Si_3N_4+气体$$

如要沉积 SiO_2,则需 SiH_4 和 N_2O 两种反应气体,其反应式为

$$SiH_4+N_2O \xrightarrow{h\nu,\ 254nm,\ Hg} SiO_2+气体$$

上述反应过程中形成的 ZnS, Si_3N_4 及 SiO_2 在加热的样品表面形成薄膜,剩余的气体及 Hg 蒸气经过滤后由真空泵抽走。通过对工艺条件的控制,可沉积形成满足不同需求的

薄膜。

5.2.5 激光诱导液相表面化学反应

随着激光技术的不断发展和进步，激光化学在表面加工(特别是在电子技术表面加工)中的应用研究日益增多。激光加工法与传统方法相比，具有低温制备、定位作用、对材料任意改性和过程兼容性等许多优点，同时它在微电子学、光电子学的材料制备中具有很大的潜在应用前景，如集成元件制造的每一道工序都可以用激光方法代替，并加以简化。而用液相作反应相与用气相反应相相比，还具有许多优越性，如大多数的化学反应都可以在液相下进行，因而不受反应物或产物在常压下必须有一定挥发性的限制。而且界面温度可以一直保持低温(在气相反应中难以实现)，空间分辨力可以通过控制溶液中的扩散路程来得到限制等。因此，激光诱导液相表面加工的研究正日益活跃，其中主要包括光助沉积和腐蚀两大方面的研究。

1. 沉积

激光诱导液相下的金属沉积反应基本上可分为两类：化学沉积和电镀。它们都是利用激光的高强度和单向性，通过激光对反应溶液进行定域的照射诱导，从而发生了局部的光还原或光分解反应，生成相应的金属单质，并沉积在一定的基片上。不同的是电镀法还需要有一定的外加电压，所用的基片是电极材料或预先进行金属镀膜，化学沉积则没有这样的要求。此外，如果根据反应溶液和基片对激光的吸收性大小来分，又可以将沉积分为两种：①溶液不吸光，基片吸光；②溶液吸光，基片不吸光。对第一种情况，即溶液不吸光，基片对光强吸收的情况，一般将基片浸在反应溶液中，光透过溶液直接对基片进行照射，激光辐照点附近的溶液发生高温分解和光化学分解反应，生成的金属同时沉积在基片上。反应主要是由于基片对光强吸收而导致的，反应的主要机理为热化学反应。例如，当用高强度($10 \sim 100 mW/cm^2$)的准分子-泵浦染料激光作为光源，辐照 Pt，Au 和 Ni 的盐溶液或配合物的水溶液，在 InP 和 GaAs 等半导体基片上沉积得到了相应的金属薄膜，而当激光强度小于 $10 mW/cm^2$ 时，或者改用 Si 基片，则沉积不发生。又例如，激光诱导 Au 和 Cu 的电镀反应，该反应也属于热化学范畴。采用 CW 的 Ar^+ 激光作为光源，将一种常用的 Au 或 Cu 的电源液连续地喷向激光辐照的基片，基片上加有一定的偏压。电镀由于基片的热作用而迅速发生，其速度可达 $20\mu m/s$，沉积得到金属镀层的质量也非常好。对于溶液吸收光而基片不吸光的情况，光透过不吸光的玻璃或石英等基片并照射溶液，在界面上发生了光化学反应。这种情况是因为反应溶液吸收光，从而诱发了反应，所以反应的机理主要是光化学反应。例如，用不同的金属盐的水溶液作为起始反应物，经过一个光还原反应，沉积得到了 Ag，Cu 和 Pd 的镀层。首先，金属碳基化合物发生光解反应，产生具有强还原性的游离基，然后再和溶液中的另一个金属配合物分子反应，得到"0"价的金属单质。类似的反应还有用 Ar⁺ 激光诱导液相的三异丁基铝的光解反应，激光直射得到导电性能良好的铝导线；用 Ar⁺ 激光器诱导二苯铬二苯钼的苯溶液，分别沉积得到了金属铬和钼。用 Ar⁺ 激光作为光源，照射 $CuSO_4$ 或 $CuCl_2$ 的水溶液，也得到了厚度为 $30\mu m$ 的金属铜镀层。三例都采用的是不吸光的基片，这种形式沉积反应的应用非常有限，首先它必须采用一个不吸光的基片，而且沉积金属膜的厚度还受到透过基片光强的影响。但是，如果采用激光先辐照反应溶液的方法（这时基片也可以是吸光性的），则可以通过调节溶液厚度的方法，使到达基片的光强处在合适的数值，也可以得到质量较好的金属薄膜。

2. 腐蚀

腐蚀即意味着将物质从表面上消除。对于一个气-固相反应体系，一般的做法是反应生成具有较大挥发性的产物而达到"消除"的目的。这种情况一般比较困难，而且在"消除"过程中还要有一定的温度，这对于保证半导体性能往往是不利的。而对于一个液-固相反应体系来说，只要所生成的产物能溶解在某种溶剂中就可以了，这一点是很容易办到的。因此，在微电子工业的材料腐蚀操作中，湿加工法比纯粹的干加工法更合理。激光用于溶液对金属或半导体的腐蚀研究早有报道。1986 年 Tsao 和 Ehrlich 报道了 Ar⁺ 激光诱导的磷酸、硝酸、重铬酸钾混合溶液对金属铝的腐蚀，该反应是一个更严格意义上的热反应。为了增加该热反应的空间分辨力，必须选择那些具有较高反应活化能的反应，使激光辐照点和非辐射点的温度有一个较大的差值，从而使它们的反应速度也有一个较大的差值。类似的反应还有 H_2SO_4/H_2O_2 溶液对金属铜的腐蚀，中性盐溶液对不锈钢的腐蚀，所用的激光器均为 Ar⁺ 激光器。此外，还研究了卤素水溶液对金属 Mo 的腐蚀，以 Kr⁺ 激光器作为光源，并提出了可以用下面的式子来简单地加以描述的光化学反应机理。其中，X⁻ 来自可溶性的卤代盐 KX，反应生成的金属钼离子可以溶解在反应溶液中，从而达到了"消除"的目的。

$$X_2 \longrightarrow 2X' \qquad X'+X'\longrightarrow X_2^- \qquad X_2^-+Mo \longrightarrow 2X^-+Mo^+ \quad (X=I, Br)$$

虽然不能确定该光化学反应的具体步骤是完全正确的，但这种类型的光化学反应在对其他许多材料的腐蚀中都是可以观察到的。

激光诱导的溶液对半导体腐蚀过程也可分为光化学和固体表面的光化学反应。其中属于热反应机理或溶液中的光化学反应的激光诱导的溶液对半导体的腐蚀和对金属的腐蚀情况是基本一样的。例如，KOH 溶液对 Si 的腐蚀和磷酸溶液对 InP 半导体腐蚀，以及卤素水溶液对 Ge 和 GaAs 的腐蚀。另外，由固体表面光化学反应引起的半导体的腐蚀比较特殊。半导体能隙在光的辐照下易发生光解反应，生成非常活泼的空穴（以 h⁺ 表示），再和半导体元素发生反应，结果半导体元素被氧化。如 GaAs，InP，GaP 和 GaInAs₂ 等半导体腐蚀，都是由于电子-空穴对发生光解反应产生氧化空穴所导致的半导体元素被氧化的例子。具体的过程，如 GaAs 的腐蚀反应，可以用下面的式子简单地表示：

$$GaAs+6h^+ \longrightarrow Ga^{3+}+As^{3+}$$

对其他半导体来讲，其反应机理也基本相同。用此法得到的腐蚀结果，空间分辨能力高，但量子效率较低，这是因为空穴扩散路程很短的缘故。

除了可以对金属和半导体进行腐蚀以外，溶液中的激光光化学腐蚀也可以应用于其他材料的研究。如陶瓷和玻璃的表面改性中用激光作为光源，对这些材料表面进行聚焦照射，使激光辐照点的表面熔融，KOH 等腐蚀液再和这些材料发生高温反应。反应历程是由该高温反应的反应速度和腐蚀液由于局部沸腾而造成的快速搅动作用共同决定的。但如果要达到快速腐蚀的目的（如 200μm/s），则需要较大的激光能流密度（>106W/cm^2）方可进行。随着激光技术和集成元件的飞速发展。激光用于微电子技术的表面加工研究将进一步深入和扩大，而且激光加工法将可能用于 16 兆比特的存储器制作。

5.3　微 波 合 成

5.3.1　概述

微波是一种频率在 300MHz~300GHz，即波长在 1~1000mm 范围内的电磁波。位于电磁波谱的红外辐射（光波）和无线电波之间。微波是特殊的电磁波段，不能用在无线电和高频技术中普遍使用的器件（如传统的真空管和晶体管）来产生。100W 以上的微波功率常用磁控管作为发生器。微波在一般条件下可方便地穿透某些材料，如玻璃、陶瓷、某些塑料（如聚四氟乙烯）等。20 世纪 30 年代初，微波技术主要用于军事方面。第二次世界大战后，发现微波具有热效应后才广泛应用于工业、农业、医疗及科学研究。实际应用中，一般波段的中波长即 1~25cm 波段专门用于雷达，其余部分用于电信传输。为防止微波对无线电通信、广播、电视和雷达等造成干扰，国际上对科学研究、医学及民用微波的频段都做了相应的规定。

微波加热作用的最大特点是可以在被加热物体的不同深度同时产生热，也正是这种"体加热作用"，使得加热速度快且加热均匀，缩短了处理材料所需的时间，节省了能源。也正是微波的这种加热特性，使其可以直接与化学体系发生作用从而促进各类化学反应的进行，进而出现了微波化学这一崭新的领域。由于有强电场的作用，在微波中往往会产生用热力学方法得不到的高能态原子、分子和离子，因而可使一些在热力学上本来不可能的反应得以发生，从而为有机和无机合成开辟了一条崭新的道路。微波合成技术在化学领域的应用已经非常广泛，如在无机化学方面，陶瓷材料的烧结、超细纳米材料和沸石分子筛的合成都有广泛的应用。

5.3.2 微波燃烧合成和微波烧结

所谓微波烧结或微波燃烧合成是用微波辐射来代替传统的热源，均匀混合的物料或预先压制成型的料坯通过自身对微波能量的吸收(或耗散)达到一定高的温度，从而引发燃烧反应或完成烧结过程。由于它与传统技术相比较，属于两种截然不同的加热方式，因此微波烧结或微波合成有着自身的特点：

(1)采用微波辐射，样品温度很快达到着火温度，一旦反应发生后，并能保证反应在足够高的温度下进行，反应时间短。

(2)通过对一系列参数的调整，可以人为地控制燃烧波的传播，是一个可以控制的过程。可供调控的主要参数有：样品的质量和压紧的密度、微波功率、反应物料颗粒大小、添加剂的种类和数量等。

和传统加热方式相比微波烧结或微波燃烧合成有着大不相同的传热过程(如图 5.3 所示)。

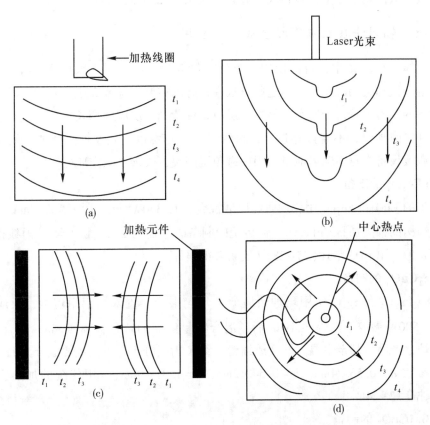

图 5.3 不同加热方式引发的燃烧波的传播过程

从图 5.3(a)(b)及(c)中可以看出，当用传统方式加热时，点火引燃总是从样品表面开始，燃烧波从表面向样品内部传播，最终完成烧结反应。而采用微波辐射时(图5.3d)，情况就不同了。由于微波有较强的穿透力，能深入到样品的内部，首先使样品中心温度迅速升高达到着火点并引发燃烧合成，并沿径向从里向外传播，使整个样品几乎是均匀地被加热最终完成烧结反应。

5.3.3　微波的水热合成

该法主要是用于沸石分子筛的合成。沸石分子筛是一种具有规则孔道结构的新型无机材料，在催化、吸附和离子交换等领域有着广泛的应用。沸石分子筛一般是在一定的温度下利用水的自身压力的水热法合成。按一定比例配制成的混合物，混合均匀后成为无色不透明的凝胶(成胶速率因配比的不同而不同)，再置于反应容器中在一定温度下进行晶化反应。采用微波合成方法制得了比常规方法更为优异的 NaA 沸石。用微波法合成 NaA 沸石的优点不仅在于其晶化时间短(最多几十分钟)，节省能源；而且合成的 NaA 沸石粒径比用传统方法合成的要小得多，粒径大部分分布在 $1.0 \sim 2.0 \mu m$ 之间。

5.3.4　微波辐射法在无机固相合成中的应用

无机固体物质制备中，目前使用的方法有制陶法、高压法、水热法、溶胶-凝胶法、电弧法、熔渣法和气相沉积法等，这些方法中，有的需要高温或高压，有的难以得到均匀的产物，有的制备装置过于复杂、昂贵，反应条件苛刻，反应周期长。微波可直接穿透样品，内、外同时加热，不需传热过程，瞬时可达一定温度。微波加热节能，便于连续操作，由于微波设备本身不辐射能量，因此避免了高温，改善了工作环境。

1. $CuFe_2O_4$ 的制备

等摩尔的 CuO 和 Fe_2O_3 用玛瑙研钵研磨混合，在 350W 下，微波辐照 30min，得到四方和立方结构的铜尖晶石 $CuFe_2O_4$，而传统的制备方法需要 23h，粉末经 X 射线衍射的结果表明其 d 值与 JCPDS 卡片($25 \sim 28$)d 值吻合得很好。

2. La_2CuO_4 的制备

12.28g La_2O_3 和 3g CuO 用玛瑙研钵研磨均匀混合，置入高铝坩埚内，反应物料在 2450MHz，500W 微波炉内辐照 1min 后，混合物呈鲜亮的橙色，辐照 9min 混合物熔融，关闭微波炉，产品冷却至室温，研磨成细粉，经 X 射线分析，表面主要成分为 La_2CuO_4 产物，晶胞参数 $a = 0.535\ 4nm$，$b = 0.540\ 2nm$，$c = 1.314\ 9nm$,若用传统的加热方式制备 La_2CuO_4 则需 12~24h。

3. YBa_2CuO_7 的制备

CuO，Y_2O_3 和 $Ba(NO_3)_2$ 按一定的化学计量比混合，反应物料置入经过改装的微波炉内(能使反应过程中释放出来的 NO_2 气体安全排放),在 500W 功率水平,辐照 5min,所有 NO_2 气体均已释放出(取样经 X 射线分析表明,已无 $Ba(NO_3)_2$ 相存在),物料重新研磨,辐照(130~500W 功率以上)15min;再研磨,辐照 25min,取样,经衍射分析显示,产物的主要成分为 $YBa_2Cu_3O_{7-x}$,但也存在强度较低的 YBa_2CuO_5 衍射线,若继续辐照 25min,则可得到单一纯的 $YBa_2Cu_3O_{7-x}$,其四方晶胞参数为:$a=b=0.386\ 1nm$,$c=1.138\ 93nm$,这个四方结构按常规方式通过缓慢冷却,将转变为具有超导性质的正交结构。

4. 稀土磷酸盐发光材料的微波合成

发光材料的研制和开发是材料科学的一项重要任务,它在充分利用能源方面,起着促进科学进步的作用。稀土元素是良好的发光材料激活剂,已广泛地用于彩色电视、照明或印刷光源、三基色节能灯、荧光屏等方面。通常制备发光材料是用固相高温反应法。利用微波辐射的新技术,可合成以 Y^{3+},La^{3+} 稀土离子的磷酸盐为基质,以稀土元素(Gd^{3+},Eu^{3+},Dy^{3+},Sm^{3+},Tb^{3+})和钒为激活剂的发光体。在 100~350W 微波功率下,可一步合成晶态、微晶态和无定型态磷酸盐发光体。

综上所述,化学反应中采用微波技术会产生热力学方法所得不到的高能态原子、离子和分子,使某些传统热力学方法不可能的反应得以发生,且一些反应速度比传统方法的快数倍甚至数百倍。由此可知,微波合成作为一种新兴的合成方法,将为化学合成带来一场变革,在化学合成领域具有广阔的应用前景。

5.4 自蔓延高温合成

5.4.1 概述

自蔓延高温合成(self-propagating high-temperature synthesis,SHS)是材料与工程领域的研究热点之一,也称为燃烧合成,它由苏联科学家 Merzhanov 和 Borovinskaya 于 1967 年首次提出。该法是基于放热化学反应的基本原理,首先利用外部热量诱导局部化学反应,形成化学反应前沿(燃烧波),接着化学反应在自身放出热量的支持下继续进行,进而燃烧波蔓延至整个反应体系,最后合成所需材料,其过程如图 5.4 所示。

SHS 作为材料制备新技术具有以下特点:①节能。SHS 反应充分利用化学反应本身放出的热量,通常低热系统为 418~836J/g,高热系统为 4 180~8 360J/g。在合成材料过程中温度一般为 2 000~3 000℃,最高可达 4 500℃ 左右,不需从外界再补充能量,是一个节能的技术。同时也不需要传统粉末冶金工业中的炉子等设备。②高效。SHS 反应是在原料混合物内部进行,其反应所产生的大量热能又直接用于材料的合成,无需热量从外部传递到物料的过程,整个合成过程始终处于高温下,合成反应速率非常快。③合成产品纯度高。

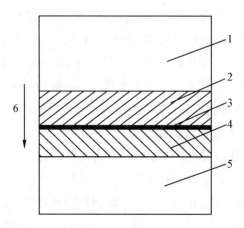

1—生成物区；2—合成区；3—燃烧波；
4—预热区；5—反应物区；6—反应传播方向
图 5.4　SHS 过程示意图

在高温下合成时一些低熔点杂质可以得到进一步净化；SHS 工艺采用的是一次直接原位合成，合成产物的污染相对于多次复杂加工而言轻微得多。④合成产品成本低。采用 SHS 工艺，合成设备简单、占地面积小、生产效率高、生产人员少，加之 SHS 工艺的节能效果，使合成产品成本大幅度降低，市场竞争力提高。⑤易于从实验转入规模生产。只要在 SHS 实验中找到合理的原料配比及掌握合适的合成工艺参数，条件变化不大的情况下，在同一设备中易于实现产品的中试及规模生产。⑥可控制合成产品冷却速率。通过控制合成产品冷却速率，可达到控制合成产品结构的目的。

　　鉴于 SHS 技术与传统材料制造工艺相比具有节能、省时、设备和生产工艺简单、效率高、成本低等优点，合成产物具有高纯度、高活性等优良的性能，因此 SHS 技术的问世引起世界各国的高度重视。我国在 20 世纪 80 年代末期也开展了 SHS 技术的研究，其研究成果已开始应用于工业生产中。SHS 发展初期主要用于合成难熔化合物粉末，经过科学工作者的不断努力，目前已用该方法制备了碳化物、硼化物、硅化物、氮化物、金属间化合物等超过 500 种，同时还发展了数十种与 SHS 相关的工艺。

5.4.2　燃烧反应和燃烧三要素

　　燃烧是一种复杂的物理化学过程，燃烧反应是一种链式反应，或称连锁反应，链式反应的载体(活性中心)主要是游离基(自由基)，少数为离子，链式反应可以在瞬间完成，使燃烧反应以异常快的速度进行，反应遵循化学动力学的规律，这一内容称燃烧化学。

　　发生燃烧作用应具备的三个基本要素为可烧物、氧和热量，只有当三者间以适当比例结合时，才发生燃烧作用，三个基本要素间的相互关系，常常形象化地用三角形来表示，如图 5.5 所示。

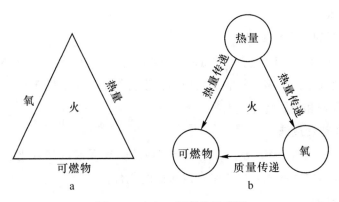

图 5.5 火与三要素的关系图

这一图形不仅表达了三个要素之间的联系，而且具体地说明了它们之间的联系途径。

5.4.3 燃烧反应温度的估算

通常，燃烧反应火焰最高温度的计算是近似地把燃烧反应看成绝热反应，$Q_P = 0$，反应释放的热量全部用于体系升温，由于燃烧反应通常在恒压条件下进行，因而 $Q_P = \Delta H = 0$，进而利用 $\Delta H = 0$，计算出火焰的温度。然而，利用该方法计算得到的火焰理论温度比实际温度要高得多，尽管造成此情况原因很多，如燃烧反应不能完全绝热，燃烧氧气过量，燃烧不充分等，但有一个原因不应忽视，那就是在燃烧过程中产生了光，光带走了部分能量，这部分能量没有用于体系的升温。当考虑到发出光子的能量时，可以较准确地确定火焰的温度。

假定某燃烧反应发出几摩尔光子，那么体系的非体积功为：

$$W' = nE_m = \frac{nNhc}{\lambda} = 0.119\ 6n/\lambda$$

式中，E_m 是每摩尔光子的能量；$N = 6.022 \times 10^{23}\ \text{mol}^{-1}$；$h = 6.626\ 2 \times 10^{-34}\ \text{J} \cdot \text{s}$；$c = 2.998 \times 10^8 \text{m} \cdot \text{s}^{-1}$；$\lambda$ 为波长，m。

根据热力学定律并结合焓的定义可知：

$$\Delta H = -W' = -0.119\ 6n/\lambda$$

对 H_2 和 O_2 燃烧生成水的反应若按 $\Delta H = 0$ 计算，燃烧温度为 4 599K，与燃烧的实际温度 2 500~3 000℃ 相差较大。若按 $\Delta H = -0.119\ 6n/\lambda$ 计算，$\lambda = 500\text{nm}$，则计算温度为

2 894K，与燃烧温度 2 500~3 000℃较为相近。

5.4.4　SHS 在无机合成中的应用

1. 直接合成法

以合成 TiB_2，TaC，BN 为例：

$$Ti+2B \longrightarrow TiB_2；\qquad Ta+C \longrightarrow TaC；\qquad 2B+N_2 \longrightarrow 2BN$$

直接合成原料成本高，需要特制的反应器，设备复杂，主要用于粉末冶金领域中制备难熔的金属间化合物和金属陶瓷。

2. Mg 热、Al 热合成法

此法采用活泼金属 Al，Mg 等，首先把金属或非金属元素从其氧化物中还原出来，之后通过还原出的元素之间的相互反应来合成所需的化合物。

1）TiC-Al 体系的合成

将 Ti 粉、石墨粉和铝粉按 Ti/C 原子比为 1 的比例配制不同 Al 含量的混合料。在球磨罐中混合均匀，放入不锈钢模具中压成圆片状坯料，然后将压坯放入热压烧结炉中。在氮气保护下，以一定升温速度加热样品，当升温速度10℃/min时，Ti-C-Al 体系才能发生热爆反应，其热爆起始温度为 700~800℃。热爆起始温度与升温速度无关，随铝的含量增加，略有升高，一旦爆炸发生，其产物均为 TiC 和 Al 两相组成。

2）碳化钨的合成

以工业 WO_3 粉，炭黑或石墨粉（200 目），化学纯镁粉为原料，将反应物混合料压成圆柱形样品，放入 SHS 反应器中，反应器抽真空后充氩气至 300~500kPa，用钨丝点燃样品。在热压机上，采用电阻直接加热对 WO_3-Mg-C 系反应产物进行热压，得到 WC-MgO 复合材料，反应式为：

$$WO_3+3Mg+C =\!\!=\!\!= WC+3MgO+Q$$

3）陶瓷内衬复合钢管的制备

反应原理：

$$Fe_2O_3+2Al \longrightarrow 2Fe+Al_2O_3+836kJ/mol$$

$$3Fe_3O_4+8Al \longrightarrow 9Fe+4Al_2O_3+3\ 265kJ/mol$$

反应物粉料经混合、烘干、点火燃烧后，合成反应就从点火处自发地蔓延开去。反应一开始就形成了反应燃烧波，产生大量的热量，使反应系温度达3 000℃以上。在燃烧波前面有预热区，在燃烧波后面有合成区，随着反应的进行，反应波迅速前移，高温合成区和预热区也迅速前移，生成物区不断扩大，反应物区不断缩小，直至反应结束。

SHS 陶瓷内衬复合钢管有 2 种制造方法，即离心铸造法和重力分离法。自蔓延高温合成离心铸造法，又称离心铝热法（centrifugal-thermite，C-T）。目前美国、日本、俄罗斯和中国都已掌握了离心铝热法制造陶瓷内衬复合钢管的技术，并且已经实现了产业化。SHS-离心法如图 5.6 所示。将 Fe_2O_3（或 Fe_3O_4）和铝粉按一定比例均匀混合装入钢管后，固定在离心机上，待离心机转数达到一定值后将反应物点燃，便发生燃烧反应。放热反应的燃烧温度达2 450K，使生成物 Al_2O_3 和 Fe 瞬时熔化。在离心力的作用下，密度较小的 Al_2O_3 分布于钢管内表面，密度较大的 Fe 分布在陶瓷层和钢管之间，并将二者结合起来，最终形成具有 3 层结构的陶瓷复合钢管。研究表明，离心力的作用主要表现在：①有利于 Fe 和 Al_2O_3 分层。在离心力作用下，产物的密度差别越大，越容易分层；离心力越大，分层越彻底。但离心力过大，会影响陶瓷层与铁层之间的结合强度。②有利于提高陶瓷的致密度。在燃烧过程中，由于反应物中水分、低熔点杂质的挥发，产生大量气体，对陶瓷层的性能影响极大。一定离心力的存在，有利于液相产物和气相产物的分离，加快气体的逸出，提高陶瓷层的致密度。陶瓷层密度相当于 $\alpha\text{-}Al_2O_3$ 的理论密度的 $85\% \sim 90\%$。陶瓷层显微硬度远远高于普通无缝钢管的硬度。较高的压溃强度说明陶瓷内衬复合钢管具有较好的抗敲击、振动性能。

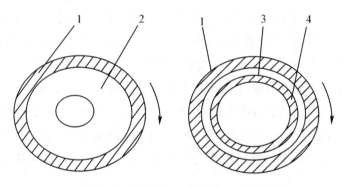

1—钢管；2—铝热剂；3—铁层；4—陶瓷层

图 5.6 SHS-离心法示意图

　　用 SHS-离心法制得的陶瓷内衬层一般存在较多的孔隙，有部分孔隙甚至贯穿整个陶瓷层。孔隙率是一项重要性能指标，对陶瓷内衬钢管的耐腐蚀性、耐热性和耐磨性等性能有重要的影响，陶瓷层致密化问题是研究的一个热点。为了提高陶瓷层的致密性，近年来开展了在 $Al\text{-}Fe_2O_3$ 系中加入 SiO_2、长石等添加剂的研究。在此基础上，通过加入助燃剂（按化学计量配制的 $Al\text{-}CuO$ 系铝热剂）并加大 SiO_2 的添加量，添加适量的 Cr_2O_3，均取得良好的效果。

　　由于 SHS-离心法制备陶瓷内衬钢管，只能在直管中实现陶瓷衬层。对于弯管，目前采取的解决措施是分段制作后拼焊。由于每段陶瓷层之间存在缝隙，并且不是光滑连续的，增大了输送物料时的阻力，用于输送具有腐蚀性的物料时缝隙处易于优先腐蚀。对于小直径管，由于 SHS-离心法难以实现较大离心力不能进行相分离而无法生产。SHS-离心法也无法应用于变径管等其他一些异型管件，大大地制约陶瓷内衬钢管的应用。借助重力的作用可以实现 Al_2O_3 陶瓷与金属 Fe 的相分离，浮在上面的熔融陶瓷层在冷的管壁上凝固形成陶瓷衬层从而制备出陶瓷内衬复合钢管，SHS-重力分离法可以制备细管、弯管、变径管及其他异型管材。基本原理如图 5.7 所示，将粒度一定的三氧化二铁粉和铝粉按一定比例配制成铝热剂，充分混合并烘干后置于钢管内，点燃钢管上部的反应物料使其发生燃烧反应。由于该燃烧反应的温度达 2 000℃以上，使生成物 Al_2O_3 和 Fe 处于熔融状态，并在钢管未反应物料上部形成熔池。由于熔池中液相铁的密度大于 Al_2O_3 熔融陶瓷的密度，因而在重力的作用下，不互溶两相熔体分离，使金属铁沉积于熔池底部，陶瓷 Al_2O_3 浮于上部。随着自蔓延反应燃烧波面和反应熔池自上而下的移动和钢管沿径向向外散热冷却，Al_2O_3 陶瓷自上而下在钢管内壁结晶凝固，从而形成了一层厚度在 0.8~2.5mm 均匀的 Al_2O_3 内衬陶瓷层。由于 Al_2O_3 内衬陶瓷与钢管在热膨胀系数上存在着较大的差异，使钢管对陶瓷层产生较强烈的机械压迫效应，从而使两者在工作状态下能保持良好的结合而不分层。与 SHS-离心法相比，SHS-重力分离法由于没有离心力的作用，有两个关键问题必须引起注意：①形成陶瓷-母管双层结构时，由于没有过渡层，容易引起结合强度不足；②体系中气体和低熔点杂质完全靠自然逸出，容易引起陶瓷层致密度下降。为解决上述问题，有人研究了添加剂对重力分离 SHS-复合钢管性能的影响，发现 SiO_2 和 Cr_2O_3 在燃烧过程中分别起稀释剂和化学激活剂的作用，SiO_2 对陶瓷致密过程具有双重影响，Cr_2O_3 在一定程度上通过提高溶液温度促进陶瓷致密，选取适当的添加剂配比，可以使 SHS 重力分离复合钢管的力学性能基本达到 SHS-离心复合钢管的相应水平，并在热冲击性能上表现良好。

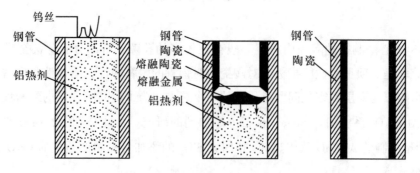

图 5.7　SHS-重力分离法制备陶瓷内衬复合钢管原理

5.5 生物合成法

在自然界中动植物并非仅仅属于纯有机物范畴的碳水化合物，实际上还有大量无机物和属于无机化合物范畴的配合物，如 CO_2，O_2，NH_3，H_2NCONH_2，NO 以及叶绿素、血红素、鳞甲、骨齿、贝壳、珍珠等。本节仅介绍 NO 和含有同位素的标记化合物的生物合成法。

5.5.1 一氧化氮(NO)的合成

1992 年，一氧化氮(NO)被 Science 杂志选为当年的明星分子。1998 年，弗奇戈特(Furchgott R. F.)、伊格纳罗(Ignarro L. J.)和穆拉德(Murad F.)因发现和研究哺乳动物体内 NO 及其生理功能，荣获诺贝尔生理医学奖。NO 研究的另两位开拓者蒙卡达(Moncada S.)和施奈德(Snyder S. H.)也因作出重大贡献被选为美国国家科学院院士。NO 之所以能获得人们如此的重视和关注，主要有三点原因：①NO 作用的广泛性，参与体内众多的生理病理过程；②NO 是体内发现的第一个气体信息分子，对今后其他信息的发现有重大启示；③NO 调控剂在新药研究开发方面有巨大的潜在价值。

1. NO 的生物合成

在哺乳动物体内，NO 是由 NO 合酶(NOS)氧化 *L*-精氨酸生成的，反应的另一产物是 *L*-瓜氨酸，如图 5.8 所示。NOS 包括三种同功酶：内皮型 eNOS，神经型 nNOS 和诱生型 iNOS。前两种又称为原生型 NOS(cNOS)，主要存在于内皮细胞和神经细胞，是 Ca^{2+} 和钙调素(CaM)依赖性的酶。由它们催化生成的 NO 量较少，一般在 10^{-12} mol · L^{-1} 水平。cNOS 活性只能维持几秒到几分钟，主要调节细胞的信息传递和其他一些生理功能。iNOS 是在内毒素脂多糖(LPS)和/或细胞因子如 TNF-α，IL-1，IFN-γ 等诱导下生成的。据报道，一些心血管病变也可能诱导 iNOS 生成。iNOS 存在于巨噬细胞和其他一些细胞中，是 Ca^{2+} 和 CaM 非依赖性的酶。iNOS 一经诱导生成，活性可维持数小时到数天，并催化生成大量 NO，其水平可高达 $10^{-9} \sim 10^{-6}$ mol · L^{-1}，作为细胞毒分子，在宿主防御功能方面起重要作用，但也能介导多种疾病的发生。

2. NO 的生理功能

NO 在多个系统多种细胞内具有广泛的生理功能，作用机理见图 5.8。在心血管系统，NO 具有扩张血管，抑制血小板聚集并黏附于血管内皮的作用，因此在维持血管张力、血压及血流动力学方面起着重要作用。在免疫系统，NO 既是白细胞、淋巴细胞、巨噬细胞的效应分子，也是它们的调节分子。在通常的免疫过程中，NO 作为细胞毒分子杀灭入侵的微生物包括细菌、真菌及寄生虫等病原体和肿瘤细胞。在中枢神经系统，NO 作为信息

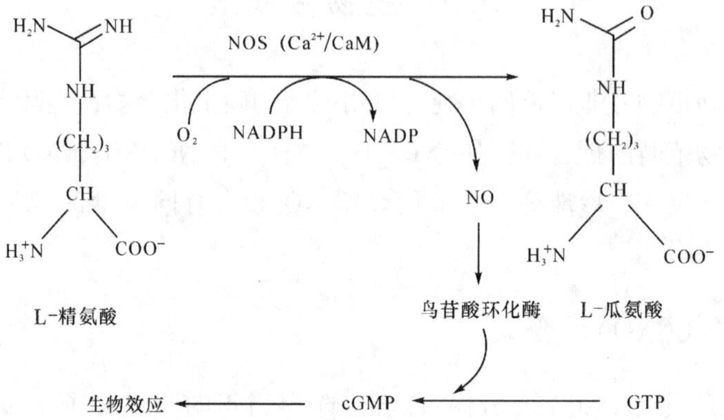

图 5.8 NO 的生物合成及作用机理

分子起重要作用，参与动物的学习、记忆过程，参与神经递质释放的调节、脑血流的调节以及痛觉的调制等。在外周神经系统，NO 可能是非肾上腺素能、非胆碱能神经的递质或介质，参与胃肠功能调节。NO 还可通过扩张胃肠黏膜血管，调节胃黏膜的血流量，促进胃黏液的分泌及黏膜损伤后的修复而具有黏膜保护作用。在呼吸道，NO 可调节基础肺血管张力，对保持气道舒张、正常通气/血流比和黏膜分泌有着重要作用。此外，人类海绵体的舒张及阴茎勃起功能的增强也与 NO 有关。

3. NO 的病理作用

败血性休克的典型症状是血压急剧下降以及肝脏、肾脏和心脏功能衰竭，这些致命的功能衰竭导致大部分患者不能存活，死亡率高达 80%。目前虽然对败血性休克确切的发病机理还不够清楚，但已肯定 NO 过多地释放是造成败血性休克中严重低血压和器官衰竭的主要因素之一。胰岛素依赖性的糖尿病是免疫应答错误导向造成的，宿主的免疫系统把宿主胰岛素生成细胞当作外来机体，在应答中加以摧毁，这种免疫应答的错误导向与 NO 生成过多有关。研究还表明，一些炎症疾病如风湿性类的风湿性关节炎、胰腺炎、哮喘，脑血管疾病如脑缺血、中风、偏头痛，以及神经退行性疾病如早老性痴呆、帕金森氏症等也与 NO 产生和释放过多有密切的关系，而心绞痛、阳痿和高血压则认为与 NO 生成量不足相关。

5.5.2 标记化合物的合成

标记化合物的生物合成法是将动物、高等植物、藻类、酶、微生物等作为生物媒介，用带有放射性的原料（如 $^{14}CO_2$，^3H_2O 等）作养料，培育之后，从这些生物的体内或体外取出所需要的有机化合物的方法。利用此法制备标记化合物时，最重要的是选好生物。所选择的生物，应当容易得到，管理简单，具备产生大量目标化合物的能力，而且同位素原料的稀释度差，可以用简单的化合物作原料，得到比较纯的目的物。但是，很难设想一种生物都能满足这些要求。比如，对动物而言，可以从简单的原料出发得到目的物，但排出$^{14}CO_2$，因此防护管理是个大问题。微生物是最理想的生物。在酵母中可供使用的是啤酒酵母和产蛋白质的圆酵母，其中后者更为合适，因为它在仅含有无机盐和糖（葡萄糖、果糖或蔗糖）的培养液中能大量繁殖，在少至 300mg 的酵母中即可掺入高达 $1.85×10^{10}$ Bg 的^{14}C。看来，这样大剂量的放射性物质掺入酵母细胞中，并不对其生长繁殖产生有害影响。

利用高等植物的叶进行$^{14}CO_2$的吸收同化作用，可得标记的碳水化合物。此方法产率高，是个很有实用价值的重要方法。例如，利用烟叶可制得淀粉，其收率为 70%；利用美人蕉属（canna）可以制得收率为 72%的蔗糖。绿藻（chlorella）在无机化合物培养液中，把$^{14}CO_2$作为碳源繁殖、同化，其收率几乎达到 100%。绿藻对放射性有较强的抵抗力，在同位素浓度为 80%的$^{14}CO_2$之下也能正常繁殖，因而能够生长高放射性比度的标记化合物。经蛋白质的加水分解可得十多种 L-氨基酸[^{14}C]。由脂类可得十四烷酸[^{14}C]、十六烷酸[^{14}C]、棕榈烯酸[^{14}C]、硬脂酸[^{14}C]、油酸[^{14}C]、亚油酸[^{14}C]、亚麻酸[^{14}C]等。改变绿藻的培养条件，标记化合物的生成率、标记情况等也随之发生变化。除了绿藻之外，红藻、褐藻类也被用于合成之中。在表 5.4 中介绍了生物合成标记化合物的例子。

表 5.4 生物合成标记化合物的例子

化合物	利用的生物	原料
葡萄糖	烟 叶	$^{14}CO_2$
葡萄糖	昙花属叶	$^{14}CO_2$
果 糖	烟 叶	$^{14}CO_2$
果 糖	昙花属叶	$^{14}CO_2$
果 糖	豆	$^{14}CO_2$
棉子糖	昙花属叶	$^{14}CO_2$
蔗 糖	烟 叶	$^{14}CO_2$
蔗 糖	昙花属叶	$^{14}CO_2$
各种氨基酸	绿 藻	$^{14}CO_2$
淀 粉	烟 叶	$^{14}CO_2$

续表

化合物	利用的生物	原料
尿　核	酵　母	^{15}N
L-蛋氨酸	酵　母	$^{35}SO_4^{2-}$
L-胱氨酸	酵　母	$^{35}SO_4^{2-}$
原生质磷胎类		$H_3{}^{32}PO_4$

　　一般来说，由生物法合成的标记化合物的放射性比度和产量比较低，贵重的同位素在生物体中被稀释而使其浓度大为下降。在此法中，标记位置也是难以控制的，这种特性对合成特定位置的标记化合物而言当然不利，但是要想均匀标记却非常有利。利用此法也很难得到纯的标记化合物，合成时间也比较长。利用动物合成标记化合物时，动物的呼吸，排泄物中包含有放射性同位素，因而带有一定的危险性。尽管如此，此合成方法比较简单，尤其是对于那些很难或不可能用一般有机化学方法来合成的物质(如蛋白质、淀粉、核酸和多糖等)，利用此法就比较方便，因此生物合成法得到了广泛的应用。

思　考　题

　　1. 讨论理论分解电压、超电压、实际分解电压、槽电压之间的关系。

　　2. 某氯碱厂用隔膜槽电解食盐水，每个电解槽通过电流 10 000A，问理论上每个电解槽每天可生产多少氯、氢和氢氧化钠？设阳极的电流效率为 97%，问实际上每天产氯多少？

　　3. 在上题中若槽电压为 3.8V，则每个槽每天消耗的能量为多少焦耳？相当于多少度电能？生产 1t 氯消耗多少度电能？

　　4. 试述熔盐的特性，举例说明熔盐在无机合成中的应用。

　　5. 说明光化学反应的原理和配位化合物光化学合成的类型。

　　6. 试解释吸收、荧光、磷光、内部转换和系间窜跃的意义。

　　7. 说明微波的概念和微波加热的特点。

　　8. 简述自蔓延高温合成的意义和类型。

第6章 极端条件下的合成化学

我们过去所积累的许多有关化学变化的知识，仅限于有影响的变量的小范围内，其中最重要的是温度和压力。现在随着科学技术的发展，测试技术也越来越先进，我们就能够研究远远超越正常环境条件下发生的化学过程。研究这种极端条件下的化学，可以扩展实验变量的数目，从而可以改变并控制化学反应性。同时这些极端条件将严格地检验我们对化学过程的基本理解。凭借现有和将有的能力集中力量进行极端条件下的化学合成研究，将会在新材料、新工艺、新设备和新知识方面获得重大进展。化学反应的条件通常主要是指温度和压力。所谓极端条件是指极限情况，即超高温、超高压、超真空及接近绝对零度、强磁场与电场、激光、等离子体等。本章就极端条件下的合成进行介绍。

6.1 超高温超高压合成

碳和氮化硼的高压高温多形体立方相，是已知的仅次于金刚石和立方氮化硼的最硬固体。Knittle E. 等人利用 Nd∶YAG 激光直接加热放置于 DAC 样品室中的 $C_x(BN)_{1-x}$ 温度达 $1\,500\sim2\,000K$，压力为 $30\sim50GPa$，结果合成出立方闪锌矿结构的 $C_x(BN)_{1-x}$ 固溶体。当 $x=0.33$ 时，其体模量为 $(335\pm19)GPa$。Jeanloz R. 等人利用 DAC 和激光加热，于 (30 ± 5) GPa，$2\,000\sim2\,500$ K 下，合成出一种新 C-N 晶体相，结构尚不清楚。

值得注意的是不用超高压超高温合成法，而采用高能球磨石墨和 h-BN 的方法，可以制备出非晶粉末的 BCN 化合物。以非晶粉末 BCN 作原料，在真空 $(133.3\times10^{-5}Pa)$、高温 $(1\,470K)$ 烧结，可获得块状的非晶 BCN 化合物，在常压和不同温区范围下具有半导体或半金属性质。在 4.0GPa 下，经 880K 以上保温退火 1h，可获得一新相，对 $1\,170K$ 退火的产物，晶格参数为 $a=1.685nm$ 和 $c=0.537nm$，具有半金属性。令人感兴趣的是，在非晶 BCN 固体于常压高温 $(800\sim900$ K$)$ 下，等温退火后，观察到通常只有在 30GPa，$2\,000K$ 极端条件才能得到的立方纳米固溶体 $C_{0.65}(BN)_{0.35}$，其晶格参数为 $a=0.358\,7$ nm，纳米粒子尺寸为 $10\sim50$ nm。

6.2 等离子体化学合成

等离子体合成也称放电合成，是利用等离子体的特殊性质进行化学合成的一种技术。利用等离子体进行化学合成，开始于1897年Henry和Dolton用电容放电法由甲烷合成乙炔。工业规模的应用则开始于1905年，由Birkeland和Eyde建立的合成NO_2的生产装置。由于其效率很差，很快就被淘汰了。但从此以后，等离子体化学就为人们所熟悉，并取得了很大的进展。随着测量技术的改善，人们对激发态的作用、等离子体淬灭技术和等离子体与固体表面的相互作用等方面都有了越来越深入的了解，等离子体化学也日趋成熟。它给高分子合成化学、有机合成化学、无机合成化学、电子材料的加工和处理等都开辟了崭新的领域。

6.2.1 等离子体的一般概念

等离子体是物质高度电离的一种状态，是含有正负离子、电子和中性粒子的集合体。由于正负电荷总数相等，宏观上仍呈电中性，所以称为等离子体。等离子体是一种导电率很高的流体，其性质与一般固态、液态和气态完全不同，所以也称为物质的第四态。

按电离度α的大小，等离子体可分为弱电离体（$10^{-3}<\alpha<10^{-2}$）、中电离体（$10^{-2}<\alpha<10^{-1}$）和强电离体（$0.1<\alpha<1$）。按温度高低，可分为高温等离子体或热等离子体（高压平衡等离子体）和低温等离子体或冷等离子体（低压非平衡等离子体）两种类型。

等离子体的带电粒子间的静电作用，带电粒子与中性离子的相互作用均遵守量子力学规律。等离子体的特性主要表现为：①具有高导电性，与外电场、外磁场或电磁辐射场发生强烈的相互作用；②能借助于自洽场而在其粒子间产生一种特殊的集体相互作用；③具有弹性，在等离子体内可传播各种振荡波。

在气体放电等离子体中，带电粒子受到加速电场的作用，电子的平均动能相当于电子按麦克斯韦能量分布的某个温度，称为电子温度T_e。T_e是气体放电等离子体的一个重要参数。

在等离子体物理中，一般用E/p或E/n作为热等离子体与冷等离子体的判据（E为电场强度，p为压强，n为离子密度）。高离子密度或高压会使电子与重粒子间的碰撞和能量交换增强，高电场则使电子气体能量增加。所以热等离子体的E/p或E/n值较小，而冷等离子体的E/p或E/n值较大（一般比热等离子体高几个数量级）。

6.2.2　热等离子体和冷等离子体的获得

1. 热等离子体

（1）电弧放电法。获得等离子体的比较简单和直接的方法是采用高强度（直流或交流）电弧放电，即电流大于50A，气压大于10kPa（0.1atm）的电弧放电。图6.1示出了在电弧放电中，两极间的电位分布示意图。

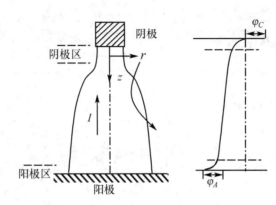

图6.1　电弧及其电位沿轴向分布的示意图

由图6.1可知，电弧可分成阳极区、阴极区和弧柱三部分。弧柱在高强电弧中接近局部热力学平衡态，是真正的等离子体。根据使弧柱稳定的方法不同，可以进一步把电弧分类，如自由燃烧电弧、自稳定电弧、壁稳定电弧、电极稳定电弧、涡流稳定电弧、强制对流稳定电弧和磁稳定电弧等。

（2）射频放电法。射频放电有电容耦合放电（E放电）和电感耦合放电（H放电）两种类型。由于电容耦合放电是借位移电流建立闭合电路，要产生热等离子体需很高的频率，不太实用。而在实用上较重要的是电感耦合放电。电感耦合放电工作的频率范围为100kHz~100MHz。射频放电等离子体不存在电极材料引起的玷污问题，因为其电极或磁场线圈并不直接接触等离子体本身，所以特别适用于等离子体化学反应和等离子体加工。

（3）等离子体喷焰和等离子体炬。它们可以由高强直流电弧、交流电弧或高强射频放电产生，是一种无场等离子体。在离开喷口以后，温度衰减很快（即温度梯度很大），能迅速将能量按特定方式传递给流动气体，所以其是一种很好的高温热源。

等离子体炬按应用不同可分为两类：一类应用于航天试验（如模拟导弹、卫星重返大气层时的环境），要求有极高的热焓和耐冲击压力水平，这种试验一般只能维持几秒到几分钟；另一类用于化工生产和材料合成及处理，对热焓的要求并不高，耐压也只要能耐 0.1MPa 左右即可，但效率很重要，因为这种等离子体炬必须要能连续工作几周乃至几个月。用于化工生产的等离子体炬还应有较大的体积，这可用转动电弧或扩展弧柱的办法实现。现在等离子体炬的功率水平已可达几千瓦至约一兆瓦，其热效率则为 30%～90%。几种实用的热等离子体反应器如图6.2所示。

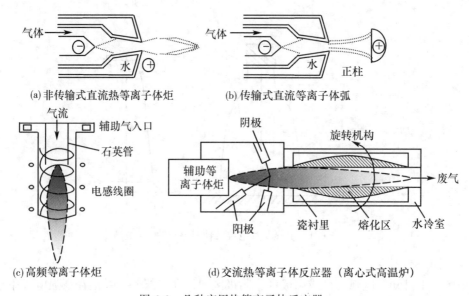

(a) 非传输式直流热等离子体炬   (b) 传输式直流等离子体弧

(c) 高频等离子体炬   (d) 交流热等离子体反应器（离心式高温炉）

图 6.2　几种实用热等离子体反应器

2. 冷等离子体

依靠低压下气体放电的方法可获得冷等离子体，如用低强度电弧、辉光放电、射频放电和微波诱导放电等均可得到冷等离子体。由于电弧放电和辉光放电都有电极与等离子体直接接触而引起玷污等问题，所以在等离子体化学中一般都采用各种无电极放电的方法，如射频、微波、辉光放电等。

射频（radio-frequency）是指适合于无线电发射的频率，其频率范围为 3 000Hz～3 000 MHz。在这个范围内的电波可用天线发射出去，所以叫射频（可射出去的频率）。射频放电是频率高于 10 000Hz 的交流放电。微波（microwave）的频率范围在 10^9～$3×10^{11}$ Hz。辉光放电（glow discharge，cold-cathode discharge）则是指在相当低的电压下电子管内气体的放电现象。其特点是具有很多扩散区域，而在邻近阴极处，则有明亮的辉光，并有比气体电离电压还要大得多的电压降。

6.2.3 等离子体在合成化学中的应用

1. 等离子体化学反应

在冷等离子体中，重粒子的能量约为0.1eV，温度相当低，而电子温度却很高，能量可达1~10eV。高能电子与分子碰撞的结果将产生一系列活性组分，其基本过程为：

(1) 弹性碰撞。此时在高能电子和分子间无明显的能量转移发生。

(2) 电子附着。$e^- + AB \longrightarrow AB^-$

$$AB^- \longrightarrow A + B^-$$

(3) 碰撞电离。$e^-(快) + AB \longrightarrow A^+ + B^- + e^-(慢)$

$$e^-(快) + AB \longrightarrow AB^+ + 2e^-(慢)$$

$$AB^+ \longrightarrow A^+ + B$$

(4) 碰撞激发。$e^-(快) + AB \longrightarrow AB^* + e^-(慢)$

$$AB^* \longrightarrow AB + h\nu$$

$$AB \longrightarrow A + B$$

由此产生一系列离子、原子、自由基和各种介稳态组分，彼此间又将会发生一系列反应。因此，整个等离子体将是一个颇为复杂的反应体系，其中比较有用的等离子体反应主要有以下四种：

(1) 化学蒸发。　　$A(s) + B(g) \longrightarrow C(g)$

(2) 化学沉积。　　$A(g) + B(g) \longrightarrow C(g) + D(s)$

(3) 表面反应。　　$A(s) + B(g) \longrightarrow C(s)$

(4) 等离子体化学反应。　　$A(g) + B(g) + M(s) \longrightarrow AB(g) + M(s)$

由于在等离子体中存在着电子、离子、中性原子、分子等许多能量和性质都不相同的组分，实际发生的反应往往相当复杂：既有形成目标产物的正反应，又有使该产物破坏的副反应或逆反应，而且两者都有很高的反应速率。因此，有些反应，从热力学的角度看是可行的，但实际上却往往很难利用。这也是等离子体化学中需要重点研究解决的课题。目前主要是采用淬灭法，即在反应产物形成以后让等离子体淬灭（如采用突然降温、离心分离等），使产物不致发生副反应或逆反应。

在热等离子体中，由于温度很高，而且达到了局部热力学平衡状态，复杂分子无法存在，一般都离解成原子和离子等。因此，特别适用于粉末冶金、特种高温材料的合成和金属精炼，也适用于吸热大的反应。

2. 热等离子体在化学合成中的应用

热等离子体可看作一种由电能产生的密度很高的热源，其温度可达6 000~10 000K。

单柱或单炬传递能量的速度可达 10kW～5MW。热等离子体的有关应用都是以这种高密度热能为基础的。例如，金属和合金的冶炼；超细、超纯耐高温粉末材料的合成；亚稳态金属粉末和单晶的制备；NO_2 和 CO 的生产等。

1）固氮——NO_2 的合成

在等离子体无机合成化学方面，最早实现工业生产的是 NO_2，用等离子体加热氧气和氮气混合物，并随之将其淬灭而获得 NO_2。其合成试验装置如图6.3所示。这种方法比传统方法利用天然气先形成氨，而后合成 NO_2 的方法要简单得多。

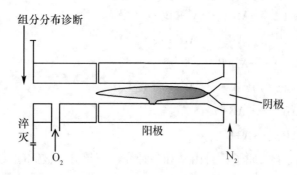

图 6.3　研究合成 NO_2 的反应条件采用的试验装置

传统方法：

$$天然气 \xrightarrow{+H_2O(g)} H_2 \xrightarrow[催化剂]{空气} NH_3 \xrightarrow[催化剂]{+O_2} NO，NO_2 \xrightarrow{+H_2O} HNO_3$$

等离子体法：

$$空气 \xrightarrow{等离子体} NO \xrightarrow[淬灭]{O_2} NO_2 \xrightarrow{H_2O} HNO_3 + NO$$

2）煤化学——CO 和 C_2H_2 的合成

以煤为原料，用简便、经济的方法合成 CO 和 C_2H_2 的化学是煤化学的基础。20 世纪 60 年代德国 AVCO 和 Huels 化工厂分别建立了用煤粉作原料合成乙炔的1MW 和 0.5MW 的反应器。

美国 Cardox 公司发表了用等离子体喷焰反应器，由 CO_2 和碳粉合成 CO 的研究结果，从电弧上部加碳粉，使 CO 的收率有很大提高。其反应式为：

$$C(s) + CO_2(g) = 2CO(g)$$

当 C 和 CO_2 固气比为 1.07(g/L)时，耗电 52 kW 可以 15 600 L/h 的速率生产 CO。

3）超纯、超细耐高温材料及陶瓷和超导材料的合成超纯、超细耐高温材料及陶瓷材料和超导材料的合成是无机合成化学最活跃的研究领域之一。用等离子体合成金属化合物或陶瓷材料，一般是将某种形式的金属引入等离子体，使其与等离子体气体或另一化学组分反应，然后将其很快地淬灭($>10^6 \mathrm{K \cdot s^{-1}}$)至室温。利用这种方法可以获得化合物的高温相。例如，由下式反应可制得具有超导性质的 δ-NbN。

$$2NbCl_5 + 5H_2 + N_2 \longrightarrow 2\delta\text{-}NbN + 10HCl$$

用类似的方法也可以制得类金刚石碳化钨，还可以制得非晶态金属或化合物粉末。目前较普遍的是将金属有机化合物用做金属源。

美国 Las Alamos 国家实验室曾设计了一种可以合成超细、超纯材料的射频等离子体(ICP)系统。将反应物注入氩离子体炬，成功地合成了 SiC，Si_3N_4，B_4C 等超纯、超细粉末。其主要反应如下：

$$SiH_4(g) + CH_4(g) \longrightarrow SiC(s) + 4H_2(g)$$

$$3SiH_4(g) + 4NH_3(g) \longrightarrow Si_3N_4(s) + 12H_2(g)$$

$$2B_2H_6(g) + CH_4(g) \longrightarrow B_4C(s) + 8H_2(g)$$

4）金属及合金的制造和冶炼

热等离子体化学合成方法在金属及金属的制造和冶炼方面的应用，主要有四个方面：①用价格便宜的煤炭或煤气(H_2+CO)代替焦炭还原铁矿石，得到高产优质的铁。②铁-钒、铁-铬、铁-锰等铁合金以及镍、镁、钼、钽、钛等金属的制造和冶炼。③制备活性金属和合金(如用作储氢材料的 MgNi，MgCu)、拉制耐高温金属和合金(TiC，HfC，TaC，NbC等)的单晶、生产过饱和氢(达1.8%)的钢等。④形状记忆合金及梯度功能材料的合成。

3. 冷等离子体化学合成的应用

冷等离子体主要用于合成那些反应吸热大，产物又是高温不稳定的化合物。例如，氨、肼($H_2N—NH_2$)和金刚石的合成等，它们通常需要在高温高压下才能合成，采用等离子体技术则可在较温和的条件下实现。

利用直流辉光放电，MgO 作催化剂可以在常温低压下由 N_2 和 H_2 直接合成 NH_3：

$$N_2 + 3H_2 \xrightarrow[\text{MgO}]{10^3 Pa} 2NH_3$$

NH_3 的生成与 MgO 的比表面积成正比，也与放电电流大小有关。

用等离子体法合成氨的另一途径是采用微波等离子体使氮和氢激发，激发态的氮具有很高的化学反应活性，可以在反应器壁(Fe，Al，Pt 等)上发生离解吸附，然后与激发态氢发生反应生成 NH_3，整个反应可以表示如下：

$$N_2 \xrightarrow{\text{微波等离子体}} N_2^* \text{（激发）}$$

$$H_2 \xrightarrow{\text{离解}} 2H$$

$$N_2^* \xrightarrow{\text{离解吸附}} 2N(a) \quad (a = \text{吸附})$$

$$H \longrightarrow H(a)$$

$$N(a) + 3H(a) \longrightarrow NH_3 \text{（表面反应）}$$

用这种方法合成氨效率很高，与传统的高温高压法相比，可以节能 20% 以上。

6.2.4　等离子体化学气相沉积

1. 金刚石和特种功能膜的合成

人工合成金刚石的传统方法是高温高压法，即在金属催化剂存在下，在 5GPa，约 1 450℃ 的条件下，利用石墨作原料进行合成。1976 年用直流等离子体化学气相沉积（直流 PCVD）法成功地合成了金刚石。后来又出现了射频 PCVD、微波 PCVD 等方法。这些方法都是采用烷烃（多数用甲烷）作原料，在减压（0.13～133Pa）状态下工作，产物都是多晶金刚石或类金刚石膜。在金刚石生成的同时，往往还有石墨析出。若在原料气中引入一定比例的氢气，则可以在很大程度上抑制石墨析出。添加氢气有以下几个方面的作用：

（1）促进甲烷分解形成金刚石。

$$H_2 \xrightarrow{e^-} 2H$$

$$H + CH_4 \longrightarrow \cdot CH_3 + H_2$$

$$\cdot CH_3 \xrightarrow{\text{基底表面}} 3H + C^* \longrightarrow \text{金刚石}$$

（2）抑制石墨碳的形成，石墨可以与氢发生选择性反应形成碳氢化合物，使析出的石墨重新转变为气体进入反应体系。

（3）原子态氢还可以抑制各种高分子量碳氢化合物的形成。

（4）原子态氢还可以与析出的金刚石表面的碳原子结合而起到维持金刚石 sp^3 结构的作用。

用微波等离子体法可以获得几微米至几毫米厚的金刚石膜，其装置如图6.4所示。利用这种装置也可以合成其他具有特殊性质的功能材料膜。如 Si_3N_4、硅、SiO_2、SiC、磷硅玻璃等。与化学气相沉积法（CVD）相比，这种等离子体（辅助）化学气相沉积法（PCVD）可以在更加温和的条件下进行，而且所得膜的质量较好。例如，用 CVD 法制备 Si_3N_4 需在 900℃ 条件下进行，而采用射频等离子体在 350℃ 条件下就可以了。若采用微波等离子体，则可在 100℃ 左右就沉积出优质的 Si_3N_4 膜。

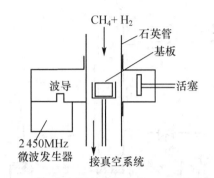

图 6.4　微波等离子体合成金刚石的装置

2. 纳米粉体的合成

低温 PCVD(等离子体化学气相沉积)法是合成超微细粉体氧化物、氮化物、碳化物、硼化物、硫化物、含氧酸盐以及金属、合金等纳米粉体的重要合成方法。

例如，用低温 PCVD 法制备纳米级 TiO_2 超细粉末，其反应装置如图 6.5 所示。整个装置由竖式反应器、源区和产物收集区三个部分组成。硬质玻璃管和真空活塞构成一个真空反应室，由高频感应加热设备(200W，10~15MHz)通过反应室外的一对瓦形铜电极供给高频感应电场，反应系统与普通真空系统相连。源区中的氧气流量由浮子流量计给出。无水 $TiCl_4$ 盛于玻璃容器内，置于杜瓦瓶中，在恒温条件下提供无水 $TiCl_4$ 蒸气，并通过微调针状阀进入反应室。反应室内的真空度和温度由热偶真空规和镍铬-康铜热电偶测量。

基本操作为：反应室抽真空后接通高频电源，反应管内即产生暗紫色辉光，此时通入氧和无水 $TiCl_4$，反应立即开始。为了使反应停止，首先应停止通入反应物质，然后加大氧气流量清洗反应系统，最后才能切断电源收集反应产物。

3. 光导纤维预制棒的制造

光导纤维预制棒的制法采用化学气相沉积法，主要沉积工艺有管内沉积法(改进化学气相沉积法，MCVD)，管外沉积法(外部气相氧化法，OVPO)，轴向沉积法(VAD)和等离子体(激活)化学气相沉积法(PCVD)。这些方法都是用高纯度的挥发性化合物 $SiCl_4$，SiF_4，$GeCl_4$，BCl_3，$POCl_3$，O_2 等作为原料气，但 OVPO(管外沉积法)和 MCVD(管内沉积法)法都需要分两步才能完成。即先沉积出一层不透明的"烟灰层"，然后使其在高温下熔融中实成为透明介质。两步都是在高温下进行，因此，产品质量不稳定。采用等离子体激活化学气相沉积法，由于可在尽可能低的温度下进行，故可以避免气相中发生的热反应，从而防止灰粒生成，所以不需要熔化这一步。同时利用氧等离子体还可以对石英管内壁作

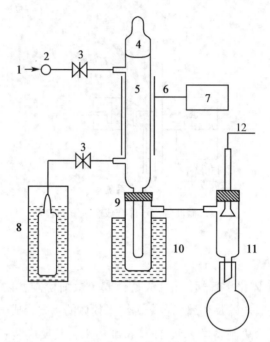

1—来自纯化系统的 O_2；2—过滤球；3—截止阀；4—磨口塞；5—玻璃反应室；

6—瓦形铜电极；7—GP02-A 高频感应加热装置；8—盛有无水 $TiCl_4$ 的恒温器；

9—冷凝器；10—冰水冷阱；11—超细粉收集装置；12—接真空系统

图 6.5　用低温 PCVD 法合成纳米级 TiO_2 的反应装置

很好的清洗，因此产品质量的稳定性可以大大提高。管内沉积法、管外沉积法和轴向沉积法已在 3.12 节述及，在此，介绍 PCVD 法制造光导纤维预制棒的工艺。

用 PCVD 法制造光导纤维预制棒的装置十分简单，如图 6.6 所示。反应器由一微波谐

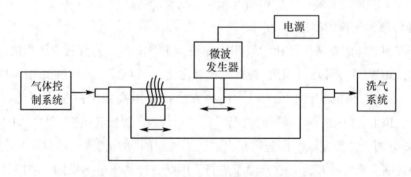

图 6.6　PCVD 法制造光导纤维预制棒的装置

振腔和一高温炉组成，谐振腔与一微波电源(最大功率 200 W)相连，在整个沉积过程中，系统内气压保持在 100~300Pa 之间(起始压强应低于10^{-5} Pa)，温度保持在 1 100℃。最近又有采用常压微波等离子体的报道，其 SiO_2 的沉积效率可达 100%，掺杂物 GeO_2 的沉积效率也可达 25%~35%。

6.3　溅射合成法

6.3.1　溅射合成的特点和装置

溅射技术广泛应用于制备多晶质和无定形薄膜，也可在适当的条件下制备单晶薄膜。其主要优点是：与普通升华-凝结法相比，薄膜的生长温度较低，因为源物质采用的是电场蒸发而不是热蒸发。按是否发生化学反应来划分，溅射技术可分为阴极溅射(非反应溅射)、反应溅射和吸气溅射三种：

1. 阴极溅射

阴极溅射设备如图 6.7 所示。阴极由欲溅射的材料组成(例如，由 Ta 作阴极)，而阳极为基底，二者之间保持数千伏的直流电压。阳极可以制成包含一只支持工作的试样架(适当掩遮可用来沉积取向一定的薄膜)。并可装备有能独立控制阳极和阴极温度的设备。

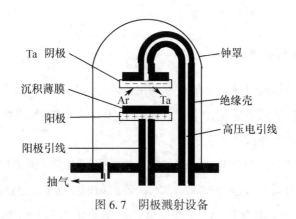

图 6.7　阴极溅射设备

系统中充有惰性气体，如 13.3~1.3 Pa 的 Ar，在气体中形成的 Ar^+ 轰击阴极并使钽质分离，钽质立即被推进到基底上形成薄膜。用合金作阴极则可制成合金薄膜。基底温度高有利于单晶生长，有可能制备厚度为几埃到几微米的薄膜。确定生长速度的主要参数是阴极电流密度、电压、阴极材料以及阴极和阳极的几何形状。

2. 反应溅射

该反应是将反应气体导入与阴极溅射相同的装置系统内，和阴极物质反应。所以，在基底上的沉积物是由阴极材料和反应气体的反应产物，需要几千伏的电压；所用气体的压强在 13.3~0.133 Pa 范围内；气氛由惰性气体和反应气体的混合物组成。同时使用由不同材料制成的溅射阴极可以制备多组分薄膜。用反应溅射技术可以沉积多种化合物薄膜。因为金属元素通常是可以溅射的，而非金属元素的离子可以作为反应气体。

3. 吸气溅射

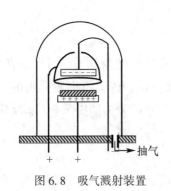

图 6.8　吸气溅射装置

在由阴极溅射开始沉积形成薄膜之前，反应组分由于反应溅射作用而从气体中除去(被吸气)，其结果是溅射薄膜的纯度特别高，这称之为吸气溅射。在典型的吸气溅射装置中，除正常基底阳极之外，还备有第二个阳极，该阳极包围阴极呈罐盒状。开始时，基底用遮板遮盖以防止沉积，在罐内的任何反应气体都被从阴极溅射出来的金属所吸收并沉积在罐壁上。经过这一步，系统中反应气体的压强可降低至大约 10^{-8} Pa。然后把基底上的遮板移去，阴极物质便溅射到基底上。吸气溅射提供了在超纯条件下研究晶体生长机制的可能手段和制备超纯薄膜的方法。吸气溅射装置如图 6.8 所示。

6.3.2　钡铁氧体薄膜的溅射合成

具有磁铅石结构的钡铁氧体是单轴对称的磁各向异性的晶体，除作为永磁材料外，也可用于磁记录材料。作为垂直磁记录介质，钡铁氧体有两种成膜方法：一种是粉末涂布，另一种是用溅射等方法制备薄膜。

采用溅射法制备薄膜，用单晶硅片作基板。为了提高成膜时的温度以利于钡铁氧体膜的晶化，通常采用对薄膜基板进行加热的方法。若溅射时不加热，溅射后应在 650~950℃ 进行晶化处理。溅射时气氛为 O_2-Ar 混合气体，总溅射压力为 0.67 Pa。靶是直径为 8cm 的圆片，其成分为 $BaO \cdot 4Fe_2O_3$。靶中 BaO 含量比钡铁氧体磁铅石($BaO \cdot 6Fe_2O_3$)中要高，这是因为钡的溅射率较低，适当提高钡的含量可使薄膜成分接近磁铅石相的成分。

通过对不同氧分压 p_i 和不同基板温度 T_s 溅射合成的薄膜结构的研究表明，当 T_s 为 650~700℃ 时，薄膜主要为磁铅石结构，c 轴明显地沿垂直薄膜平面的方向择优取向；当 p_i 为 0.06 Pa 时，c 轴垂直取向最好。

6.3.3　PTC 电子陶瓷薄膜的溅射合成

电子陶瓷 PTC(positive temperature coefficient) 薄膜热敏响应特性比块体材料的好，而且膜越薄其优越性越明显，甚至由于其二维特性愈加明显而出现全新的现象。用直流溅射法制备 PTC 薄膜时，基片只能用纯 $BaTiO_3$ 或纯 $Ba(Sr)TiO_3$，这大大限制了 PTC 薄膜的应用，并且制成的薄膜是绝缘体，必须经过较繁杂的热处理过程，才会具有半导体特性及产生 PTC 效应。采用射频溅射法比直流溅射法更优越，基片还可以是非钙钛矿型的多晶或非晶氧化物，所得薄膜无须后续热处理，即具有半导体特性和 PTC 特性。

例如，有人曾采用含有 CaO，Sb_2O_5，MnO_2，Al_2O_3 和 SiO_2 各为 0.05% ~ 1.1% 的 $BaTiO_3$ 靶(外径 90 ~ 92mm，厚度 4 ~ 6mm)，基片用 99% 的 Al_2O_3 或石英玻璃，使用 JS-450A 型射频溅射仪，在频率 13.56MHz、外加磁场场强100G(高斯)、电压 2.5 kV、电流 0.3 A、真空压强 $3×10^{-5}$ Pa、O_2 气氛 100% 和基片温度 673 ~ 773 K 条件下溅射制得了厚度为 60nm 的 PTC 薄膜。结果表明薄膜的化学组成与靶基本一致；在 410 ~ 440 K 区间内，薄膜的方块电阻由 $2×10^5\Omega/\square$ 变为 $1×10^6\Omega/\square$，升阻比为 5，居里点为 420 K，即薄膜的方块电阻-温度曲线呈现出明显的 PTC 特征。

6.3.4　SnO_2 气敏薄膜的溅射合成

二氧化锡 SnO_2 是研究最多、应用最广的金属氧化物半导体电阻式气体传感器材料，实际使用的材料主要是用烧结法制备的 SnO_2 气敏元件。该元件的稳定性、选择性以及元件间的互换性都不佳，并存在不利于集成化、多功能化等缺点，采用反应溅射法制备的 SnO_2 薄膜，则可克服这些缺点和不足。

例如，使用具有圆形平面锡靶的多功能磁控溅射镀膜机，在较高的真空度下充入氧气和氩气，在"反常辉光放电区"利用直流反应溅射沉积法，可生成具有较好敏感性、重复性和稳定性的 SnO_2 薄膜。采用此法还可方便地掺杂 Pt，Pd，Ag，Al 和 Mo 等金属元素，以获取各种性能的掺杂材料。

6.4　离子束合成法

6.4.1　离子束合成技术

离子束合成又称为离子注入，是通过高能离子束轰击固态基材——靶，而将靶室中已由其他方式汽化的气态源物质直接强行打入固态基体靶内(即将离子注入靶内)的非平衡过程。图 6.9 是一种 200 keV 离子注入机的靶室示意图。它包括四个组成单元，即四源蒸发器、高低温靶、原位电阻测量系统和膜厚监测计。蒸发器能交替蒸发和沉积四种材料以获得不同元素的多层膜。高低温靶座为 45°倾角的紫铜块，它通过一个不锈钢热交换器和两根不锈钢细管和顶部的液氮杜瓦瓶相连以得到低温，同时还装有一个电阻加热器以得到高温。用 Pt 电阻温度计测量靶温，温度变化范围为 80~600 K。整个高低温靶通过旋转电绝缘真空密封头和靶室外壳连接，既可改变靶样位置，又可测量束流强度。靶室内还装有四探针电阻测量器，借助于精密恒流电源和数字电位表对样品电阻进行原位测量。一套自制的石英测厚计可监测靶上沉积的薄膜厚度和蒸发速率。靶室真空压力为 1.33×10^{-3} Pa。

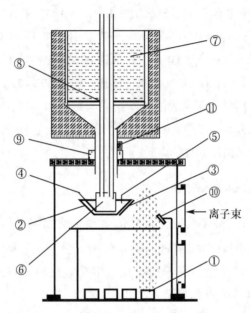

1—四源蒸发器；2—紫铜靶座；3—样品靶；4—电阻加热器；

5—Pt-温度计；6—热交换器；7—液氮杜瓦瓶；8—针阀；

9—旋转密封接头；10—石英晶体膜厚计；11—多芯引线密封头

图 6.9　离子注入机多功能靶室示意图

离子束合成法与溅射合成法显然有区别，其不同点在于：

（1）溅射合成技术中的靶载有待汽化的源物质(经溅射出来而汽化)，而离子束合成技术中的靶既是离子束轰击的目标，又是另一个被汽化的气态物质的宿居地；

（2）溅射法中靶上的溅射是所期望的效应，离子束法有可能产生的溅射则是要克服的损失；

（3）溅射法的产物只沉积在基底表面，离子束法的源物质(有时亦包括离子束中的离子、产物)可进入基底靶体的内层，并能改变靶材的微观结构和组成；

（4）离子束合成不受热力学条件和常规反应的限制，载能离子束轰击过程中能有效地改变靶材表层乃至深层的化学组成、几何构型和电子结构，可产生极高的冷却速率（10^{14} K/s），从而获得平衡相化合物及其过饱和固溶体、晶体、非晶态或亚稳态物相。

应用离子束注入法可合成各种功能薄膜、功能复合材料、梯度功能材料，进行功能材料的物理掺杂、化学掺杂、半导体 P-N 结制作等，具有其他方法所没有的优越性。

6.4.2　非晶态合金薄膜

可采用上述离子注入机制备非晶态 Al-Mn 合金薄膜，其制备过程大致为：在2cm×1cm 的玻璃基片上通过掩膜预先蒸镀上四探针测量用 Ag 电极，然后在靶室内依次交替蒸镀 4 层 Al 薄膜和 3 层 Mn 薄膜。调节薄膜的厚度以获得所需的合金成分比，每层薄膜厚度不超过 15nm，样品的总厚度为 100nm。在室温下用 20keV 的 Ar^+ 束轰击样品，选择离子能量使 Ar^+ 的注入分布与样品总厚度相当，离子剂量范围为 $1 \times 10^{14} \sim 1 \times 10^{16}$ at/cm^2（at＝atom），束流密度≤1.5 $\mu A/cm^2$，以免靶温过高。原位测量试样的电阻率随轰击离子剂量以及温度的变化关系。用 RBS 方法分析合成的动态过程。SEM 能谱测定样品的组分为 $Al_{60}Mn_{40}$。

6.4.3　非晶态复合氧化物薄膜

有人曾使用一台 400 keV 离子注入机对由 Sol-Gel 法制备的非晶态钛酸铅$PbTiO_3$薄膜进行了改性研究，注入离子分别采用 He^+，N_2^+，N^+，O_2^+，O^+ 和 Ar^+，束流为 4～10 μA。离子注入时基片不加热或加热至 100～500℃，注入剂量为 $10^{15} \sim 10^{17}$ at/cm^2。结果表明在基片温度较低时（如200℃），离子注入使非晶态的钛酸铅薄膜中出现晶态铅；基片温度在 400℃ 左右时，薄膜中在出现结晶铅的同时出现晶态氧化铅；当基片加热到 500℃ 时，薄膜的 X 射线衍射谱图上出现晶态铅、氧化铅和钛酸铅的衍射峰，而被不锈钢掩蔽的部分，其晶化过程与单一温度条件作用下非晶态钛酸铅薄膜的晶化过程相同。即在温度较低时为非晶薄膜，加热到500℃时转化为钙钛矿结构的钛酸铅薄膜。

6.5　激光物理气相沉积法

利用激光器使固态源物质在激光高温烧蚀下快速汽化，气态源物质不经化学反应而沉积在衬底上的方法称为激光物理气相沉积法（LPVD），源物质从汽化到沉积过程中发生化学反应者称为激光诱导化学气相沉积法（LICVD）。近年来国际上用这两种方法制备金属、合金、金属间化合物、非金属化合物等超细粉末及薄膜材料的工作日益增多。

1992 年 Tiwari 等报道，用激光物理气相沉积法在硅衬底及具有 SiO_2 和用氧化钇稳定化的氧化锆（YSZ）为缓冲层的硅衬底上生成了 $CoSi_2$ 薄膜，并研究了薄膜的物理和电学性

223

质。实验使用的是脉冲准分子激光器,烧蚀靶材料是$CoSi_2$。最佳衬底温度为 600℃时,沉积的薄膜无颗粒。约 40nm 厚的 $CoSi_2$ 薄膜的室温电阻为$23\mu\Omega\cdot cm$。研究带有 SiO_2,YSZ 缓冲层的衬底上沉积膜的特性发现,膜以及硅化物-硅界面特性与衬底无关。这表明 LPVD 技术可用作化学配比成分的硅化物的沉积。$CoSi_2$ 与 P^+-Si 的接触为欧姆接触。沉积态的欧姆接触电阻为 $10^{-5}\ \Omega\cdot cm$ 数量级。硅化物接触的质量不受热处理温度的影响。因而 LPVD 提供了一种制备低电阻的硅化物偶联和欧姆接触,而且无须高温烧结的方法。

6.6　失重合成

失重合成也即太空合成。随着空间技术的发展,太空合成已变成现实。在太空中合成材料,是由于它可提供地球上所得不到的种种特殊环境条件。第一是无重力(实际上还有 $10^{-4}G$ 的微弱重力,G 是引力常数);第二是高真空($1.3\times10^{-12}Pa$);第三是可以得到大量的廉价太阳能;第四是温度条件,可以容易地得到$-100\sim+100℃$的温度。这些条件对于合成材料是十分有利的。

首先是无重力。在地球上制造合金时,由于重力的作用,密度大的金属会下沉,密度小的金属会上浮,会产生偏析、分离等缺陷。但是在太空无重力的条件下,就可以制得无上述缺陷的均匀合金。在地球上那种因热而引起金属熔体产生的密度差、黏度差和对流等现象,在太空中也不会发生。

其次是高真空。在地球上熔解活性金属和高熔点金属时,坩埚材料和周围气氛始终是个很难解决的问题。而在太空中,熔体能够浮起,无须使用坩埚,既不必担心坩埚材料问题,也不必担心杂质由坩埚或空气由大气中混入的问题。高真空使得活性再大、熔点再高的金属也容易熔解。

期望在太空中发展的新材料有各种合金和各种功能无机材料。例如,一些在地球上很难制造的超导合金、超塑性合金、电磁合金等高级合金,在太空中制造则容易得多。太空中制作有固溶间隙的合金,质量很均匀,如 Al-In 合金,其均匀合金只有在太空中才能制作。地球上制造的玻璃纤维、碳纤维、陶瓷纤维等因有许多缺陷,实际强度还不到理论值的几分之一,在太空中则可以得到接近理论强度的超纤维。在金属材料方面,那些难混合金、偏晶合金、非晶合金、共晶合金、超导材料、磁性材料、发泡金属以及复合材料等,都可在返回式卫星上进行搭载研制实验。如此的太空环境对于生长活性高的化合物半导体单晶和制备复合材料也都十分有利。

在太空生长单晶体的首选目标是半导体单晶,因为半导体材料是信息产业的基石之一,信息元器件对半导体材料提出了很高的要求,而在地球上生长的单晶体还不能高标准地满足要求,而今只有硅材料获得了大规模工业生产和应用。比单晶硅有更广泛的应用前景的化合物半导体材料，由于制造技术的困难，迄今未能实现大规模工业应用。太空上的微重力、超高真空和超洁净的环境有利于提高和改善半导体材料的质量，因而有可能在生产出高纯、掺杂和组分分布均匀的完美单晶体。半导体 GaAs 富有活性，但受坩埚材料的困扰使得其优质单晶的制造一直有困难，而在太空中可以制得完整单晶。我国的女科学家林兰英院士已在 20 世纪 90 年代首次实现了砷化镓单晶体太空生长的搭载实验，取得了优异成果。为寻找更大更纯净更完美的晶体，可在太空中晶化沸石和分子筛。

在太空进行生物材料研制实验的主要是制药，为此正在进行两个方面的工作：一是利用太空电泳技术高效率地提纯可作为药品的生物制品；二是蛋白质晶体的生长，主要目的是获得大尺寸的蛋白质晶体。

太空材料科学研究的目的不仅是开发材料的太空产业，而且还可以通过太空材料研究不断地启迪人们对新材料的认识，又反过来指导和改进地球上的材料产业和加工工艺，提高地球上产品的质量。

思 考 题

1. 何谓极端条件？

2. 何谓等离子体？其有哪些类型和特点？如何获得冷、热等离子体？

3. 无机合成中如何应用等离子体？

4. 采用直流等离子体化学气相沉积法合成金刚石时，往往会有石墨析出。若在原料气中引入一定比例的氢气，则可以在很大程度上抑制石墨的析出。氢的作用机理是什么？

5. 什么叫溅射合成法？溅射合成法有哪些应用？

6. 离子束合成法有哪些特点？其基本原理是什么？

7. 失重合成有什么特点？

第7章 单晶生长

本章介绍无机单晶的生长。熔融-凝固是制备材料的一种工艺，在很多情况下，使熔融物急剧冷却可得到玻璃状物质，缓慢冷却可得到结晶固体物质。然而，仅仅缓慢冷却所得到的固体一般是几个微米的结晶颗粒的集合体，有时可达到几个毫米。要制成很大的单晶体，需要特别的工艺。在单晶生长技术中有很多方法，其中有代表性的单晶制备方法是溶液法和熔融法。

7.1 从溶液中生长晶体

从溶液中生长晶体的基本原理是将原料溶解在溶剂中，采取适当的措施造成溶液的过饱和，使晶体在其中生长。从溶液中生长晶体过程的最关键因素是控制溶液的过饱和度。使溶液达到过饱和状态，并在晶体生长过程中维持其过饱和度的途径有：

(1)根据溶解度曲线，改变温度。

(2)采取各种方式(如蒸发、电解)除去溶剂，改变溶液成分。

(3)通过化学反应来控制过饱和度。由于化学反应速度和晶体生长速度差别很大，做到这一点是很困难的。需要采取一些特殊的方式，如通过凝胶扩散使反应缓慢进行等。

(4)用亚稳相来控制过饱和度，即利用某些物质的稳定相和亚稳相的溶解度差别，控制一定的温度，使亚稳相不断溶解，稳定相不断生长。

根据晶体的溶解度与温度系数的差别，从溶液中生长晶体的具体方法有降温法、流动法(温差法)、蒸发法、凝胶法、电解溶剂法等数种，以下分别予以介绍。

7.1.1 降温法

降温法是从溶液中培养晶体的一种最常用的方法。这种方法适用于溶解度和温度系数都较大的物质，并需要一定的温度区间。这一温度区间也是有限制的：温度上限由于蒸发量大而不宜过高；当温度下限太低时，对晶体生长也不利。一般来说，比较合适的起始温度是 50~60℃，降温区间以 15~20℃ 为宜。

降温法的基本原理是利用物质较大的正溶解度温度系数，在晶体生长的过程中逐渐降低温度,使析出的溶质不断在晶体上生长。用这种方法生长的物质的溶解度温度系数最好不低于 $1.5g/(1\ 000g\ 溶液\cdot℃)$。

降温法生长晶体常用的装置如图7.1所示。在降温法生长晶体的整个过程中,必须严格控制温度,并按一定程序降温。研究表明,微小的温度波动就足以在生长的晶体中,造成某些不均匀区域。为提高晶体生长的完整性,要求控温精度尽可能高($±0.001℃$),此外还需要提供适合晶体生长的其他条件。

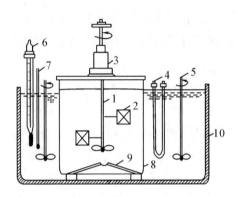

1—掣晶杆;2—晶体;3—转动密封装置;4—浸没式加热器;5—搅拌器;
6—控制器(接触温度计);7—温度计;8—育晶器;9—有孔隔板;10—水槽
图 7.1 水浴育晶装置

在降温法生长晶体的过程中,不再补充溶液或溶质。因此整个育晶器在生长过程中必须严格密封,以防溶剂蒸发和外界污染。为增加温度的稳定性,育晶器的容量都比较大(大型育晶器一般为 50~80L),并将其置于水浴中或加上保温层。育晶器顶部经常保持有冷凝水回流,育晶器底部最好有加热器,使得溶液表面和底层都有不饱和层保护,以避免自发晶核的形成。

育晶装置的加热方式有浸没式加热、外部加热和辐射加热等几种。对以水为介质的控温装置,通常采用浸没式加热器(见图7.1),由于水浴热容量大,若搅拌充分,其温度波动较小。为进一步提高控温精度,减少生长槽的温度波动,还可以使用双浴槽育晶装置。外浴槽接冷却装置,不但可基本消除室温波动的影响,而且使其降温下限不受室温限制。内浴槽像一般水浴槽一样采用浸没式加热。当外浴槽波动为 $±0.2℃$ 时,内浴槽波动为 $±0.002℃$,最内层的生长槽(育晶器)温度波动可降至 $±0.001℃$。这种装置能满足培育高完整性单晶的需要。

为使溶液温度均匀并使生长中的各个晶面在过饱和溶液中能得到均匀的溶质供应,要求晶体对溶液做相对运动(最好是杂乱无章的运动)。这种运动可采取多种形式,如晃动法

(固定晶体,摇晃整个育晶器,使溶液对晶体做相对运动),转晶法(晶体在溶液中作自转、公转或行星式转动)等,其中以晶体在溶液中自转或公转最为常用。为了克服这种转动方式所造成的某些晶面总是迎液而动,而某些晶面总是背向液流的缺点,转动需要定时换向,即用以下程序进行控制:正转→停→反转→停→正转。

降温法控制晶体生长的关键是在晶体生长过程中,掌握合适的降温速度,使溶液始终处在亚稳区内并维持适宜的过饱和度。降温速度一般取决于以下几个因素:

(1)晶体的最大透明生长速度(即在一定条件下不产生宏观缺陷的最大生长速度)。这一数值对不同晶体是有明显差别的(和亚稳区大小有关)。例如,对硝酸钠($NaNO_3$)晶体为1mm/d;对酒石酸钾钠(KNT)晶体则可达5mm/d以上。对同一种晶体该数值还与生长温度和晶体尺寸有关。

(2)溶解度的温度系数。溶解度的温度系数不但随不同物质而异,有时对同一物质在不同的温度区间也是不一样的。

(3)溶液的体积V(mL)和晶体生长表面积S之比,简称体面比。有些晶体在生长过程中,生长表面积基本不变,而有些晶体在各个方向上都生长,S在生长过程中则在不断增加。

总之,上述三个因素对于不同晶体是有明显差别的;对同一种晶体,这些因素在生长过程中也是在变化的。因此必须从实际出发,对不同的晶体在不同的阶段制定不同的降温计划。一般来说,在生长初期降温速度要慢,到了生长后期可稍快些。掌握规律后,也可按设定程序,实行自动降温。

在控制降温过程中,最好能随时测定溶液的过饱和度。同时,观测晶体生长中的一些现象,如生长涡流的强弱、晶面相对大小的变化、一些对过饱和度比较敏感的次要面的出现和消失、晶面花纹等,往往是溶液过饱和度偏高或偏低以及晶体均匀性将遭到破坏的"信号"。这些现象也可作估计过饱和度、控制降温速度的参考。

7.1.2 流动法(温差法)

在用降温法生长晶体时,由于大部分溶质在生长结束时,仍保留在母液中,因此在成批地生产晶体时,就需要使用大量的溶液。这样就要用很大的育晶器,于是在处理上带来许多不便,同时也不经济。采用溶液循环流动法可以克服这一缺点。这种方法将溶液配制、过热处理、单晶生长等操作过程分别在整个装置的不同部位进行,而构成了一个连续的流程。这种方法的装置如图7.2所示。

整个装置由三部分容器组成:C是晶体生长槽;A是用来配制饱和溶液的饱和槽,其温度高于C槽;B是过热槽。A槽的原料在不断搅拌下溶解,使溶液在较高的温度下饱和,然后经过滤器进入过热槽。经过加热后的溶液用泵打回C槽。溶液在C槽所控制的温

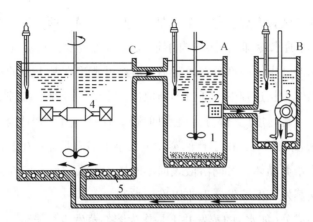

1—原料；2—过滤器；3—泵；4—晶体；5—加热电阻丝

图 7.2 循环流动晶体生长装置

度下，进入过饱和状态(其过饱和度等于 A，C 两槽的温度差)，使析出的溶质在晶种上生长。因消耗而变稀的溶液流回 A 槽重新溶解原料，并在较高的温度下达到饱和。溶液如此循环流动，使 A 槽的原料不断溶解，而 C 槽中的晶体不断生长。晶体生长速度靠溶液的流动速度和 A 槽与 C 槽的温差来控制。这种方法的优点是生长温度和过饱和度固定，而且调节也很方便，使晶体始终在最有利的生长温度和最合适的过饱和度下恒温生长。加上该法对温度波动相对地不敏感，因此长成的晶体均匀性较好。流动法的另一个优点是利用这种方法生长大批量的晶体和培养大单晶并不受晶体溶解度和溶液体积的限制，而只受容器大小的限制。例如，用此法曾长出了 20kg 的磷酸二氢铵(ADP)大单晶。

7.1.3 蒸发法

蒸发法生长晶体的基本原理是将溶剂不断蒸发，而使溶液保持在过饱和状态，从而使晶体不断生长。这种方法比较适合于溶解度较大而溶解度温度系数很小或是具有负温度系数的物质(见表 7.1)。蒸发法和流动法一样，晶体生长也是在恒温下进行的。但流动法用的是不断向育晶器中补充溶质的方法，而蒸发法则是采用了不断自育晶器中移去溶剂的方法。

表 7.1 一些适用于蒸发法生长的晶体的物质在 60℃时的溶解度及其温度系数

物质	溶解度 g/1 000g 溶液	溶解度温度系数 g/(1 000g 溶液·℃)
K_2HPO_4	720	+0.1
$Li_2SO_4 \cdot H_2O$	244	-0.36
$LiIO_3$	431	-0.2

蒸发法生长晶体的装置有许多种类型。图 7.3 是比较简单的一种：在严格密封的育晶器上方设置冷凝器(可通水冷却)，溶剂自溶液表面不断蒸发，水蒸气一部分在盖子上冷凝，沿着器壁回流到溶液中，一部分在冷凝器上凝结并积聚在其下方的小杯内再用虹吸管引出育晶器外。在晶体生长过程中，通过不断取出一定量的冷凝水来控制蒸发量。注意应使取水速度始终小于冷凝速度(大部分冷凝水回流)。这种装置比较适合于在较高的温度下使用(60℃以上)。温度较低时，由于自然蒸发量太小不能满足晶体生长的要求。因此若要在室温附近用蒸发法培养晶体，可向溶液表面不断送入干燥空气，它在溶液上方带走了部分水蒸气，使水不断蒸发，但蒸发速度难以准确控制。

有时体系中某一成分(如水)的蒸发并不是作为溶剂蒸发直接导致晶体生长，而是该成分蒸发引起化学反应，间接导致晶体生长。例如，在 Nd_2O_3-H_3PO_4(或 Nd_3O_3-P_2O_5-H_2O)体系中生长五磷酸钕(NdP_5O_{14})晶体，其形成机制可能是：

$$14H_3PO_4 + Nd_2O_3 \xrightarrow{>260℃} 2NdP_5O_{14} + 2H_4P_2O_7 + 17H_2O\uparrow$$

NdP_5O_{14} 在焦磷酸($H_4P_2O_7$)中有较大的溶解度，所以不会从溶液中析出。当温度升至 300℃以上时，焦磷酸逐渐脱水，形成多聚偏磷酸，NdP_5O_{14} 在其中溶解度很小，在升温和蒸发过程中，由于焦磷酸浓度降低而使 NdP_5O_{14} 在溶液中达到过饱和而结晶出来。

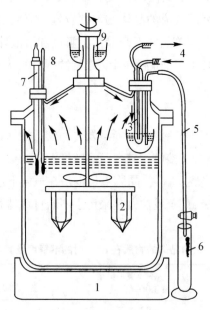

1—底部加热器；2—晶体；3—冷凝器；4—冷却水；5—虹吸管；

6—量筒；7—控温器；8—温度计；9—水封

图 7.3　蒸发法生长晶体的装置

$$nH_4P_2O_7+NdP_5O_{14} \xrightarrow{>300℃} 2(HPO_3)_n+NdP_5O_{14}\downarrow+nH_2O$$

据此机制，在一定的温度下，控制水的蒸发速率就可以生长出质量较好的 NdP_5O_{14} 晶体。

这种晶体生长方式实际上是晶体在无机溶剂(焦磷酸)的溶液中，通过水的蒸发引起焦磷酸的脱水缩聚反应，使溶剂不断减少，并使溶质(NdP_5O_{14})从其饱和溶液中结晶出来的过程。

7.1.4 凝胶法

凝胶法是以凝胶作为扩散和支持介质，使一些在溶液中进行的化学反应通过凝胶(最常用的是硅胶)使扩散缓慢进行。溶解度较小的反应产物常在凝胶中逐渐形成晶体。所以凝胶法也是通过扩散进行的溶液反应法。该法适于溶解度十分小的难溶物质的晶体生长。由于凝胶法晶体生长是在室温条件下进行的，因此也适于对热很敏感(如分解温度低或熔点以下有相变)的物质的晶体生长。表 7.2 列出了一些用该法生长晶体的实例。

表 7.2　　　　　　　　　　　在硅酸凝胶中生长的一些晶体

晶体	体系	生长时间	晶体尺寸
酒石酸钙 $CaC_4H_4O_6$	$H_2C_4H_4O_6+CaCl_2$		8~11mm
方解石 $CaCO_3$	$(NH_4)_2CO_3+CaCl_2$	6~8 周	6mm
碘化铅 PbI_2	$KI+Pb(Ac)_2$	3 周	8mm
氯化亚铜 CuCl	CuCl+HCl(稀)	1 月	8mm
高氯酸钾 $KClO_4$	$KCl+NaClO_4$		20mm×10mm×6mm

凝胶法生长晶体的基本原理：

以生长酒石酸钙晶体为例，图 7.4(a)给出了试管单扩散系统，$CaCl_2$ 溶液进入含有酒石酸的凝胶，发生如下化学反应：

$$CaCl_2+H_2C_4H_4O_6+4H_2O \longrightarrow CaC_4H_4O_6\cdot 4H_2O\downarrow+2HCl$$

图 7.4(b)为 U 形管双扩散系统，Ca^{2+} 和 $C_4H_4O_6^{2-}$ 分别扩散进凝胶中去，同样可生成酒石酸钙晶体。除了上例中的复分解反应之外，还可以利用氧化还原反应来生长金属单晶。一些化合物(如氯化亚铜、碘化银等)溶于相应的酸中而形成配合物($CuCl\cdot HCl$，$AgI\cdot HI$)溶液，将这种溶液扩散入含水的凝胶中，在扩散过程中配合物因稀释而分解，造成过饱和并逐渐形成晶体。

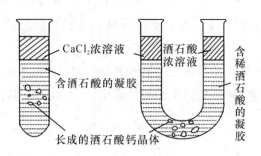

(a)试管单扩散系统　　　(b)U 形管双扩散系统

图 7.4　凝胶法生长酒石酸钙晶体的装置

凝胶法生长晶体获得成功的关键之一是避免过多地形成自发晶核。在一些实验中观察到凝胶本身有抑制成核的作用。通常认为是一些能引起非均相成核的颗粒被包裹在凝胶网络中的封闭腔内，在一定程度上减少了非均相成核的可能性。为了降低成核概率，除了应用高纯度的试剂和保持实验环境清洁之外，还可采取先用较稀的溶液进行扩散，待形成少数晶核之后再逐渐添加浓溶液，使晶体长大或者在凝胶中放置籽晶。

凝胶法的突出优点在于可用十分简单的方法在室温下生长一些难溶的或是对热敏感的晶体。此外，由于在这种方法中，晶体的支持物是柔软的凝胶，这样就避免了通常溶液法难以避免的籽晶架或器壁对长成晶体的影响(产生应力，使晶体外形不完整)。特别要强调指出的是：凝胶中溶液不发生对流，环境条件相对地说比较稳定，凝胶又可以切割进行局部分析，加之在凝胶中生长的晶体，一般都具有规则的外形，而且可直接观察晶体的产生和生长过程以及晶体中宏观缺陷的形成，还可以均匀掺杂，所有这些都为晶体生长研究工作提供了有利条件。因此，凝胶法虽有生长速度慢、长成晶体尺寸小、难以获得现代科学技术所要求的大块晶体等不足之处，但这个过去和化学、矿物学联系较为密切的古老方法，在今天的晶体生长领域中，仍有其无可否认的实用价值。

7.1.5　电解溶剂法

电解溶剂法是用电解法来分解溶剂，使溶液处于过饱和状态。显然这种方法，只能应用于溶剂可以被电解而其产物很容易从溶液中移去(如生成气体)的体系。同时还要求所培养的晶体物质在溶液中能导电而又不被电解。因此，这种方法特别适用于一些稳定的离子晶体的水溶液体系。

采用电解溶剂法的育晶器中装有一对铂电极，当通以稳定的直流电，溶剂就被电解，其速度由电流密度控制。溶液要搅拌以免产生浓差极化。溶液表面用流动液层(如邻二甲苯)覆盖以防溶剂蒸发。电解的气体产物从冷凝器中排出,在生长过程中,溶液 pH 值应保持稳定。

与流动法和蒸发法一样,用电解溶剂法来生长晶体也是在恒温下进行的。由于过饱和度是用直流电准确控制的,因此和生长温度关系不大,也可在室温下进行。这一点比蒸发法优越,当温度较低时,蒸发量小、蒸发速度难以控制。所以这种方法既适用于溶解度温度系数比较小的物质,也适于生长有数种晶相存在,而每种晶相仅在一定温度范围内才能稳定存在的物质的晶体。

用电解溶剂法来生长 KDP 型晶体(特别是 DKDP 晶体)获得了满意的结果。因为溶液中存在的常导致这些晶体柱面楔化的一些金属杂质离子(如 Fe^{3+}, Al^{3+}, Cr^{3+} 等)可以在电解过程中除去,从而消除这些杂质的有害影响。对 DKDP 晶体可以在低于其转变点的温度下生长,以防止单斜相的干扰。由于分解 H_2O 所需要的能量比分解 D_2O 低,溶液中的 H_2O 在电解过程中比较容易除去。溶液在生长过程中还可以保持较高的氘化程度。

对于从重水溶液中生长高质量的 KDP 型晶体,电解溶剂法是一个有前途的方法。在从溶液中生长晶体的各种方法中,以降温法、蒸发法、流动法最为常用,大部分水溶性晶体都是用这些方法培养的。

7.2 水热法生长晶体

晶体的水热生长法是一种在高温高压下的过饱和水溶液中进行结晶的方法。这种方法的研究已有悠久的历史。早在 19 世纪初,这种方法就被广泛地应用于研究地质化学的相平衡以及人工晶体的生长等方面。尤其在第二次世界大战后,由于人工培养水晶的成功,使水热生长单晶技术得到肯定与发展。现在用水热法可以合成水晶、刚玉、方解石、红锌矿、蓝石棉以及一系列硅酸盐、钨酸盐和石榴石等上百种晶体。

目前较普遍地采用温差水热结晶法。结晶或生长是在特制的高压釜内进行的,其装置如图 7.5 所示。培养晶体的原料放在高压釜较热的底部,籽晶悬挂在温度较低的上部。高压釜内装入一定程度的溶剂介质。由于容器内上下部溶液之间的温差而产生的对流,将高温的饱和溶液带至籽晶区形成过饱和溶液而结晶。过饱和度的量决定于溶解区与生长区之间的温差以及结晶物质溶解度的温度系数,而高压釜内过饱和度的分布则取决于最后的热流。通过冷却析出部分溶质后的溶液又流向下部,溶解培养料。如此循环往复,使籽晶连续不断地得以长大。

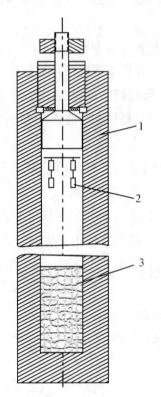

1—高压釜；2—籽晶；3—原料
图 7.5 水热法生长晶体主要
装置示意图

7.2.1 水热法晶体生长技术

1. 高压釜

高压釜是水热法生长晶体的关键设备，晶体生长的效果与它有直接的关系。由于高压釜是在高温高压下工作，并同酸、碱等腐蚀介质接触，所以要求高压釜的材料能耐腐蚀，有较好的高温机械性能，釜体密封结构要可靠、简单，这样才便于制造和装启，同时又能保证长周期连续使用。

（1）制造高压釜用的材料。水热法生长单晶的温度范围一般是 $200 \sim 1\,100℃$，压力是 $20 \sim 10^3\,MPa$。所以钢材的选择非常重要，尤其在压力超过 $10^2\,MPa$ 时，更要采用耐高温、抗压强度大的材料。

（2）釜壁厚度计算。可根据实际需要和工作条件采用以最大剪切应力理论导出的下面公式来计算：

$$K_d = \frac{D_w}{D_n} = \sqrt{\frac{[\sigma]}{[\sigma] - 2P}}$$

式中，P 为工作压力（kg/cm^2）；$[\sigma]$ 为许用应力（kg/cm^2），$[\sigma] = \sigma_s^\tau / \eta_s$；$\sigma_s^\tau$ 为设计壁温下材料的屈服极限（kg/cm^2）；η_s 为安全系数；D_w 为容器外径（cm）；D_n 为容器内径（cm）；K_d 为直径比。

当温度小于 $400℃$ 时可以用上式，大于 $400℃$ 时应考虑蠕变和持久强度。另外，为了保证使用高压釜时的安全，在使用前必须进行耐压试验。

（3）高压釜的直径与高度比。因为水热法生长晶体是利用溶液在一定的温差下形成过饱和而产生的，所以为了便于控制温差，容器必须有足够的长度。但是容器过长容易造成温度的分布不均匀。同时也给设备制造带来困难。一般对内径为 100～200mm 的高压釜来说，内径与高度之比为 1∶16 左右。内径再增加，比例也相应增大。

（4）关于防腐蚀的问题。水及水溶液在高温高压下，对大部分金属及合金均有腐蚀作用。尤其在使用酸、碱溶液时，更要考虑到容器内壁的防腐蚀问题。一般采用惰性材料制成的衬管来防止腐蚀。

（5）研究生长动力学用的高压釜装置。由于水热法晶体生长是在密闭的容器内进行的，因此既不易观察其反应状态，又不易了解其中间过程。所以通过不同高压釜的装置

(如采用天平式或摆式的高压釜装置)来研究生长动力学方面的问题，也引起人们的重视。图 7.6 是一种天平式的高压釜装置。

高压釜作为分析天平的臂水平地躺着，釜与炉子的重心支撑在垂直轴 3 上并固定在三角棱锥 5 上。这套装置可以自由摆动。在晶体生长过程中，质量从一端移至另一端，可以移动十字棒上的砝码来使其平衡，从重量的变化可以知道釜内是否有晶体生长及其生长率是多少。

图 7.7 是另一种类型的摆式装置。高压釜通过固定轴 10 与砝码箱 11 相连。在固定轴 10 上有一轴承，在砝码箱 11 内有两个砝码架相对于晶体生长区及溶解区的中心。在晶体

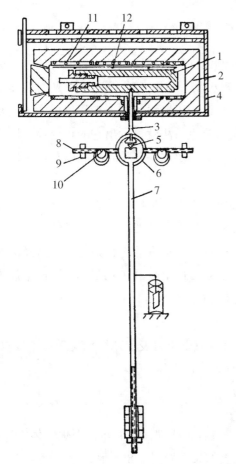

1—高压釜；2—保温炉；3—支撑轴；4—铁壳；
5—三角棱锥；6—环；7—摆锤；8—水平轴；
9—校零点的砝码；10—固定环状砝码的十字棒；
11—加热丝；12—热电偶

图 7.6　天平式的高压釜装置

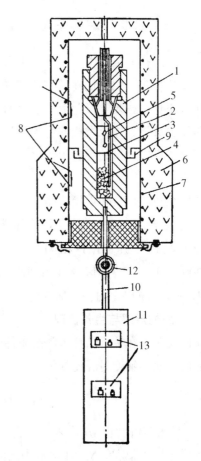

1—釜体；2—热电偶；3—挡板；4—培养体；
5—籽晶；6—保温炉；7—加热丝；8—热电偶；
9—外挡板；10—固定轴；11—砝码箱；
12—轴承；13—砝码

图 7.7　摆式高压釜装置

235

生长的过程中，可以看到高压釜摆动周期的变化。如果晶体确实生长了，上臂（高压釜）的重心往下移，摆动周期增加。此时，可以将砝码架上的砝码移向下部，使摆动周期恢复正常。从移去砝码的重量就可以计算出生长在籽晶上晶体的重量。

2. 高压釜的加热系统与温度控制

高压釜固定在底座上，釜体用由绝热材料制成的炉体来保温。为了便于控制温差，在釜体外部相应于培养区与生长区之间加一用绝热材料制成的隔板，使下部的热空气不能对流到上部。其加热方式可以采用固定在釜体外壁的加热圈加热，其功率值可由高压釜的大小来决定。利用热电偶的工作端可插入釜体的测温孔中进行温度的测量，自由端用补偿导线接到仪表上。温度控制可采用程控升温系统。

7.2.2 人造水晶的水热合成

人造水晶在通信技术中，主要用来制造频率控制元件和滤波器元件。目前有压电性能的材料虽然很多，但它们在这些功能方面都远不如水晶。又由于它透过紫外光的性能很好，所以还是一些光学仪器上很重要的材料。然而适合于压电级和制造光学仪器的天然水晶矿床比较贫乏，优质大块的水晶更为少见，于是水热生长法就显示出它的重要性。因为它是将自然界中大量的不能用于制造光学和压电元件的碎块水晶，重新结晶以获得优质水晶的人工方法。

我国在 20 世纪 50 年代后期，开始人造水晶的研究工作，早已能够正式大量生产。生产用的高压釜由 43CrNi$_2$MoV 不锈钢材料制成，其密封形式为改进后的布里奇曼结构，适用于温度 400℃、压力 1.5×10^2 MPa。每炉产量为 150 kg。其适宜的生长条件为：结晶区温度为 300~350℃，溶解区温度为 360~380℃；压力为 $1.1 \times 10^2 \sim 1.6 \times 10^2$ MPa；矿化剂为 1.0~1.2mol/L 的 NaOH；添加剂为 LiF，LiNO$_3$ 或 Li$_2$CO$_3$。

1. 水晶的溶解与生长机理

实验表明，在接近培育水晶的条件下，溶剂比容（或以压力表示）对溶解度的影响是非常微弱的。而溶解度对温度的依赖关系则符合于 Arrhenius 方程，即：

$$\lg S = -\frac{\Delta H}{2.303RT}$$

式中，S 代表溶解度；ΔH 代表溶解热，负号意味着过程为吸热反应；R 为理想气体常数；T 为绝对温度。水晶在 NaOH 溶液中的溶解度与温度的关系如图 7.8 所示。

通过测量溶液中的电导，可看出由于水晶的溶解引起溶液之电导率 k 急剧地下降，见图 7.9。但无论 NaOH 溶液的浓度是 0.5 或 1mol/L，其溶解后溶液的电导均很近似。温度越高其电导率越接近。这就表明温度对于溶液中的生成物起主要作用。

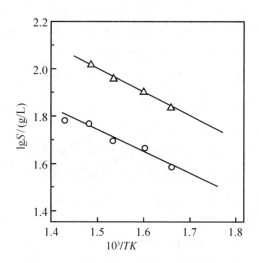

○ 在 1.004mol/L NaOH 溶液中装满度为 85%

△ 在 0.68mol/L NaOH 溶液中装满度为 85%

图 7.8 水晶在 NaOH 溶液中的溶解度与绝对温度的关系

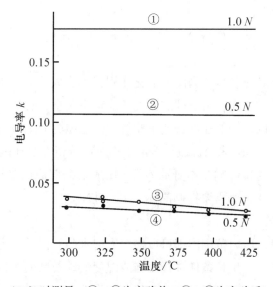

（25℃时测量；①、②为实验前，③、④为实验后）

图 7.9 在不同温度下装满度为 80% 时，实验前后的电导率关系

溶液电导率的下降，说明溶液中 OH^- 离子和 Na^+ 离子的减少，因此 OH^- 和 Na^+ 离子参与了石英溶解的反应。有人认为，水晶在 NaOH 溶液中化学反应的产物以 $Si_3O_7^{2-}$ 占主要形式；而在 Na_2CO_3 溶液中则以 SiO_3^{2-} 占优势。它是氢氧离子和碱金属与水晶表面没有补偿电荷的硅离子及氧离子起化学反应的结果。这种聚合物的形式是与温度、压力有关的，即 SiO_2/Na_2O 的比值随着温度压力而变动。因此石英在 NaOH 溶液中的溶解反应可用下式表示：

$$SiO_2(水晶)+(2x-4)NaOH \Longrightarrow Na_{(2x-4)}SiO_x+(x-2)H_2O$$

式中，x 为 $\geqslant 2$。在接近培育水晶的条件下，测得 x 值在 $7/3 \sim 5/2$ 之间，这显然意味着反应的产物应当是 $Na_2Si_2O_5$，$Na_2Si_3O_7$ 以及它们的电离和水解产物。

$Na_2Si_2O_5$ 及 $Na_2Si_3O_7$ 经过电离和水解，在溶液中产生大量的 $NaSi_2O_5^-$ 和 $NaSi_3O_7^-$。因此人造水晶的生长包含两个过程：

（1）溶质离子的活化。

$$NaSi_3O_7^- + H_2O \Longrightarrow \cdot Si_3O_6^- + Na^+ + 2OH^-$$

$$NaSi_2O_5^- + H_2O \Longrightarrow \cdot Si_2O_4^- + Na^+ + 2OH^-$$

（2）活化了的离子受生长体表面活性中心的吸引（静电引力、化学引力及范氏引力）穿过生长体表面的扩散层而沉降到水晶表面。

关于水晶晶面的活化，有不同的观点，有人认为是由于晶面的羟基化所致，所以产生如下反应所形成的新晶胞层：

$$Si—OH+(Si—O)^- \longrightarrow Si—O—Si+OH^-$$
$$\underset{水晶表面}{\underset{羟基化的}{}} \quad \underset{化学吸附}{\underset{水晶表面的}{}} \quad \underset{进入溶液中}{}$$

有人认为 OH^- 与 Na^+ 均参与了晶面的活化作用，也有人认为是由于 Si—ONa 的生成所致。在人造水晶生长的过程中，由于硅酸盐离子缩合不完全，有的 OH^- 以物理吸附或化学吸附的形式残留在晶体内。一般在生长速率比较大的晶体内 OH^- 较多，这表明在快速生长的条件下，反应不完全，OH^- 未全部放回溶液中而有部分留在晶体内。

人造水晶中的 OH^- 直接影响其本身的 Q 值（做成谐振器后的品质）。因此为了要把晶体中的 OH^- 量控制到最小，就需要控制晶体的生长速率。

2. 人造水晶的缺陷

虽然在较宽的温度、压力范围内都可以培育人造水晶，但并不是所有的条件均能生长出优质单晶来的。往往由于生长条件选择不当或温度波动及杂质等影响，而使晶体在生长过程中形成种种缺陷。此外，由于晶体本身的各向异性和生长时环境的局限给晶体品质带来不均匀性。其缺陷主要表现为下列四类：

（1）裂隙。人造水晶中的裂隙大致可分为三种。

第一种是与光轴近乎平行的针状或带状裂隙。这种裂隙的形成，主要是由于系统中溶质的供应与生长率不相适应所致。在高温低装满度，和使用低浓度矿化剂的情况下，尤其在生长后期由于溶质的供不应求，容易出现这种裂隙，所以又称做后期裂隙。相应地提高系统的装满度和助溶剂的浓度可以克服这种裂隙。

第二种是平行于棱面的裂隙。它的特征是分布在晶体的棱面上并且平行于棱面的针状裂隙。它并不向晶体内部延伸，而是在基面边缘伴随有突起的边齿结构。这种裂隙往往是在溶质供过于求的情况下，即由于过多的溶质和过小的晶面结晶能而形成。溶质集聚在晶面边界产生过大的局部过饱和度，从而形成边齿结构。裂隙即从边齿之间沿棱面延伸。为了避免这些缺陷，可稍许降低溶液的 NaOH 浓度，以降低溶质的过饱和度。

第三种是应力裂隙，或开裂。由于晶体的各向异性及其脆性的特点，当晶体温度急剧变化时，晶体各方向的收缩或膨胀程度差别很大，因而使晶体产生热应力开裂。开裂往往起源于籽晶的界面。如果籽晶本身有缺陷而应力较大，或者籽晶材料是从不同的生长条件下获得的，那么原籽晶的晶胞参数与后来生长晶体的晶胞参数相差较大，就容易使晶体产生结构应力。所以开裂往往出现在籽晶界面。选择优质的籽晶，防止生长系统中过多地进入杂质，控制温场的变化，可以克服晶体的开裂。

（2）包裹体。人造水晶中的包裹体以及它对晶体结构和压电性能的影响，一直是比较引人注意的。从肉眼观察，人造水晶中的包裹体有灰白色的颗粒，其大小从几十到二百微米，有呈针状的空隙，也有似晶芽状的包裹体。水晶是在合金钢制的釜内从 SiO_2—Na_2O—H_2O 体系中生长的，有时候溶液中还掺入添加剂如 LiF 等。所以在反应体系中的杂质，如釜壁上的脱落物硅酸铁钠以及在原料和籽晶架上出现的 $NaAlSiO_4$，$Na_3Li_3Fe_2F_{12}$，$Li_2Si_2O_5$ 等均可能在热的波动下进入晶体。

人造水晶中包裹体的分布是不均匀的，它们一方面与晶体所在高压釜中的部位及其本身的结构有关，另一方面与温度的波动有关。在一串晶体中往往下部的晶体包裹体较多。在 Y 棒晶体中，由于 X 轴的极性作用，使 $+X$ 和 $-X$ 两端的生长率相差甚大。在 $-X$ 端硅氧四面体的结合键方位受到压缩而错排，形成极为紧密的生长前沿，影响对杂质与 OH 的排除作用，所以在 $-X$ 区的缺陷和杂质多，红外吸收也大。

（3）杂质。人造水晶由于用天然水晶中的碎料作培养体，所以它们的杂质含量是近似的。其中存在的金属杂质有 Ge，Cr，Mn，Fe，Mg，Al，Ca，Cu，Ag 等。人造水晶中的杂质含量，随着结晶方位的不同而各异。一般在 Z 生长区杂质比较少，$+X$ 区稍多，$-X$ 区更多。除了上述金属杂质外，还有影响人造水晶品质的典型杂质 OH^-。OH^- 的影响胜于上述离子。优质的人造水晶，在紫外及红外波段的（$0.15 \sim 3\ \mu m$）光透过率是很高的（见图 7.10）。人造水晶中的 OH^- 量的多少，直接表现在 3 590 cm^{-1} 的吸收大小，对于压电水晶，由于其在红外 3 590 cm^{-1} 的吸收与晶体的内耗有着密切关系（即在 3 590 cm^{-1} 的吸收越大，其内耗也越大，作为压电元件的 Q 值也越大），因此检验人造水晶中 OH^- 的多少，就成为评定压电用水晶的主要手段。

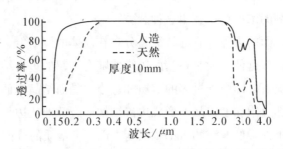

图7.10　人造水晶及天然水晶在红外及紫外区的透过率

（4）结构畸变。人造水晶的结构畸变，如位错、层错、杂质偏析等，可用X射线形貌法、X射线双晶体分光计、腐蚀法、激光、显微观察及红外吸收法来鉴定。用X射线形貌法来显示人造水晶中各部位的结构畸变更为清晰。图7.11为Y切人造水晶的X射线形貌图。从形貌图中可以看出各生长区的品质是不均匀的。

图7.11　Y切($2\bar{1}\bar{1}0$)人造水晶的X射线形貌图

7.2.3　红宝石的水热合成

红宝石的性能及其用途将在焰熔法晶体生长一节中详细论述。这里仅对水热合成技术做一些介绍。

红宝石为含有Cr_2O_3的Al_2O_3单晶体，所以对其水热合成的条件，可参照Al_2O_3-H_2O及Cr_2O_3-H_2O的相图。图7.12为Cr_2O_3-H_2O的相图，Cr_2O_3的稳定相在500~550℃以上，其稳定性对温度的要求高。所以合成红宝石的结晶温度必须大于470℃，溶解区的温度必须大于500℃，才能获得0.3mm/d左右的生长率[沿($10\bar{1}0$)，在Na_2CO_3溶液中]，温度越高，掺入的铬的含量也越多。

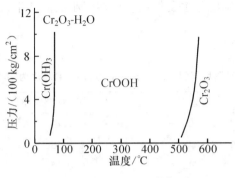

图 7.12 $Cr_2O_3\text{-}H_2O$ 的相图

高压釜：为了适应高温高压（600℃，$2×10^2$MPa）的需要，高压釜可用 GH33 高温合金制成，同时为了防止釜体腐蚀，避免晶体的玷污，釜内壁采用银衬套。

籽晶：选用焰熔法生长的宝石把它切割成与光轴成不同角度的圆棒或条片。在相同条件下，各晶面生长速率的大小顺序如下：

$$(10\bar{1}0)>(11\bar{2}0)>(10\bar{1}1)>(22\bar{4}3)>(0001)$$

各类晶面的生长习性也是不同的，(0001) 面上呈现台阶状的生长层以及在 $(22\bar{4}3)$ 面上出现的网状裂隙，这都不利于形成优质晶体。只有在由 $(10\bar{1}4)$ 和 $(22\bar{4}3)$ 或者 $(10\bar{1}1)$ 和 $(22\bar{4}3)$ 所围成的区域品质较好。

溶剂：有 NaOH，Na_2CO_3，$NaHCO_3$+$KHCO_3$，K_2CO_3 等几种水溶液。氢氧化钠几乎抑制红宝石的生长；在碳酸钠溶液中生长较慢；以用 $NaHCO_3$+$KHCO_3$ 混合液为较好。适当地加大矿化剂浓度，譬如浓度从 1.0mol/L 增加到 1.25mol/L，可以提高生长速率，但再继续增加浓度，则看不出有提高速率的趋势（见图 7.13）。

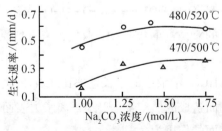

图 7.13 生长速率与 Na_2CO_3 溶液浓度之间的关系

结晶温度与温差：结晶温度低于 420℃ 时，晶体几乎不生长。随着结晶温度的提高，晶体的生长速率、透明度和颜色均有所改善。在提高结晶温度与缩小温差的同时，对提高生长率来说，往往是结晶温度起主要作用。只在很小的温差下，温差才起主要作用(参见表 7.3)。

表 7.3　　　　　　结晶温度与温差对生长速率的影响(装满度为 70%)

结晶温度/℃	温差/℃	生长速率/(mm/d)	Na_2CO_3 溶液/mol
400/500	100	极小	1.0
420/500	80	0.13	1.0
430/500	70	0.15	1.0
460/500	40	0.13	1.0
460/500	40	0.10	1.0
470/500	30	0.34	1.25
470/500	30	0.36	1.5
470/500	30	0.37	1.75
440/520	80	0.40	1.0
460/520	60	0.43	1.0
480/520	40	0.46	1.0
480/520	40	0.60	1.25
480/520	40	0.63	1.5
480/500	20	0.16	1.5
480/500	20	0.16	1.5

在水热条件下，刚玉晶面上吸附了 OH^-。由于各类晶面结构的各向异性，其吸附 OH^- 的性能也是不同的。在 (0001) 面上的游离键 Al-O 比较多，吸附水层的稳定性也更好，所以 (0001) 面生长慢，刚玉的生长是由于自始至终有 Al-O 键的不断形成。在此条件下，其生长过程可表示如下：

$$Al-OH+AlO_2^- \longrightarrow Al-O-Al-O+OH^-$$

在晶面上形成的不平衡的氧，将重新被 OH^- 取代，恢复到原来的活化状态，使晶体不断生长。

至于刚玉在 K_2CO_3 及 $KHCO_3$ 溶液中的生长速率比在 Na_2CO_3 溶液中要快，这是由于上述助溶剂的去水能力的不同而造成的。K^+ 离子比 Na^+ 离子去表面水的能力要强。在 $KHCO_3$ 的过程中，由于它与晶体表面的作用为：

$$HCO_3^-+OH^- \longrightarrow CO_3^{2-}+H_2O$$

因此就减少了化学吸附水的牢固性，从而提高了晶面的生长速率。

7.2.4 沸石单晶的合成

沸石大单晶的合成需要严格控制影响晶化过程的各种因素。一般说来，水热或溶剂热沸石的生成需要经过以下几个步骤：①原料混合后，反应活性物种达到过饱和；②成核；③晶体生长。为获得沸石大单晶，应注意控制晶化过程。首先，过饱和度对成核和晶体生长(包括生长速率和最终晶体大小)有很大的影响，但是在多数沸石合成中，过饱和度不是一个独立变量。无定形凝胶先驱物的溶解度控制溶液的过饱和度，由反应混合物的组成和条件来决定。其次，成核是整个晶化过程的关键，不论是均相成核还是非均相成核，少量的成核将使反应体系有足够的反应活性物种供给晶体生长直到晶体长到最大尺度。

(1) 通过加入成核抑制剂和优化合成条件可以合成均匀的 A 型沸石(LTA)和 X 型沸石(FAU)大单晶。加入三乙醇胺到反应混合物中可增大 LTA(A)和 FAU(X)的晶体尺寸。在这样的体系中，晶体能够较稳定地悬在含有丰富营养的凝胶当中，各个可能的生长面都有机会得到生长。另外，三乙醇胺对铝有一定的配位作用，铝的活性成分在整个晶化过程得以缓慢释放，因此成核受到抑制。使用高纯度的反应物能够抑制非均相成核和避免杂质引起的晶面缺陷，有利于获得尺寸均一、外形完美的大晶体。

(2) 使用多硅源技术可以得到 MOR 和 MFI 等结构。多硅源技术是指使用一种以上的含硅化合物作为硅源，如硅酸钠溶液和干 SiO_2 粉末联合用作硅源。活性较高的硅酸钠先被耗尽(控制成核数量)，而活性较低的 SiO_2 会慢慢地释放出活性物种供给晶体生长。

(3) 在氟离子体系中，得到一系列大单晶体，包括 Silicalite-1，B-MFI，Ti-MFI，$AlPO_4$-5，$AlPO_4$-11，$AlPO_4$-34，磷酸镓和磷酸铟。氟离子作为矿化剂可以使沸石在接近中性的体系中晶化，而不是传统的强碱性介质。由于较低的过饱和度，氟离子体系中的成核和晶化都很慢，因此较容易得到大晶体。氟离子对硅、硼、钛、铝、磷等有一定的配位作用，这种作用使得这些活性物种得以缓慢释放，逐渐地补给营养从而生成大晶体。

(4) 从溶液中可以直接合成 FAU 和 LTA 等硅铝沸石，在均匀溶液中容易晶化出 AFI 大单晶。裘式纶等人将此方法应用到磷酸铝分子筛合成，从溶液中获得了 $AlPO_4$-5 大单晶。用此方法能够容易地将 B，Fe，Ni，Co 及其他元素引入磷酸铝骨架。与传统的凝胶法相比，溶液法较容易控制溶液的过饱和度。

(5) 醇体系是一种非常有效地获得一些沸石和金属磷酸盐大单晶的方法。徐如人等发展了这一方法，在广泛的体系中合成出一系列沸石和磷酸铝分子筛，其中多数是大单晶。

7.2.5 其他晶体的水热合成

ZnO，CdO，PbO，V_2O_3，V_2O_4，Fe_3O_4，Fe_2O_3，TiO_2，SnO_2，GeO_2，ZnS，CaF_2，

$NiFe_2O_4$，$ZnFe_2O_4$，$CaWO_4$，$CaMoO_4$，$SrMoO_4$，$Y_3Fe_5O_{12}$，$Y_3Al_5O_{12}$ 等晶体的水热合成条件列于表 7.4，合成方法可参考相关文献。

表 7.4 其他晶体的水热合成条件

晶体	溶剂	结晶温度/℃	温差/℃
ZnO	1.0mol NaOH	400	10
CdO	NaOH	400	10
PbO	NaOH	400	10
V_2O_3	H_2O	500~700	50
V_2O_4	1mol NaOH 或 1mol HAc	380	20
Fe_3O_4	0.5mol H_4Cl	515	15
Fe_2O_3	0.5mol H_4Cl	515	15
TiO_2	7%~10% KF，NaF	500~550	30
TiO_2	9.15mol H_2SO_4	600~700	80~100
SnO_2	2mol KOH	700	100
GeO_2	H_2O	450~700	45~100
ZnS	2mol NaOH	380	30
CaF_2	H_2O 或 $NaBO_3$	370	30
$NiFe_2O_4$	0.5mol NH_4Cl	475	
$ZnFe_2O_4$	NaOH	400	
$CaWO_4$	1mol NaOH	250	100
$CaMoO_4$	3%~15% NaOH	400~500	
$SrMoO_4$	3%~15% NaOH	400~500	
$Y_3Fe_5O_{12}$	1~3mol NaOH 或 1~3mol $NaCO_3$		
$Y_3Al_5O_{12}$	8mol K_2CO_3	550	

7.3 从熔体中生长晶体

从熔体中生长晶体的研究已经有很长的历史。从 19 世纪末到 20 世纪 20 年代，熔体生长的几种主要方法就已经陆续创立，其中焰熔法生长宝石的研究最早获得了工业上的应用。随着现代科学技术的发展，从熔体中生长晶体的工艺和科学才逐渐完善起来。在 20 世纪 40~60 年代，晶体管的研制成功以及红宝石受激发射的发现，对熔体生长的技术、工艺和理论的发展起了巨大的推动作用。而熔体生长的工艺和科学的日益成熟，对于存储、计算、通信、传感、激光和太阳能利用等现代科学技术发展的进程又产生了决定性的影响。

从熔体中生长晶体是制备大单晶和特定形状的单晶最常用的和最重要的一种方法。电子学、光学等现代技术应用中所需要的单晶材料，大部分是用熔体生长方法制备的。例如，单晶 Si，Ge，GaAs，GaP，LiNbO₃，LiTaO₃，YAG：Nd，GGG，Al₂O₃，Al₂O₃：Cr 以及某些碱金属和碱土金属的卤族化合物等，并且，很多种晶体早已开始进行不同规模的工业生产。

与溶液生长法、气相生长法和固相生长法相比，熔体生长法通常具有生长快、晶体的纯度高和完整性好等优点。目前熔体生长的工艺和技术已发展到相当成熟的程度。例如，大尺寸无位错的硅单晶和 GGG 单晶早已实现商品化。然而，单晶的重要价值并不只限于技术应用方面，用单晶样品还可以最有效地研究固体的某些性能，从而为科学技术的进一步发展奠定基础。因此，随着固体器件和固体理论的发展，熔体生长的工艺和技术无疑将会进一步发展。

7.3.1 熔体生长过程的特点

通常，当一个结晶固体的温度高于熔点时，固体就熔化为熔体；当熔体的温度低于凝固点时，熔体就凝固成固体(往往是多晶)。因此，熔体生长过程只涉及固-液相变过程，这是熔体在受控制的条件下的定向凝固过程。在该过程中，原子(或分子)随机堆积的阵列直接转变为有序阵列，这种从无对称性结构到有对称性结构的转变不是一个整体效应，而是通过固-液界面的移动而逐渐完成的。

熔体生长的目的是为了得到高质量的单晶体，为此，首先要在熔体中形成一个单晶核(引入籽晶，或自发成核)。然后，在晶核和熔体的交界面上不断进行原子或分子的重新排列而形成单晶体。只有当晶核附近熔体的温度低于凝固点时，晶核才能继续发展。因此，生长着的界面必须处于过冷的状态。然而，为了避免出现新的晶核和避免生长界面的不稳定性(这种不稳定性将会导致晶体的结构无序和化学无序)，过冷区必须集中于界面附近狭小的范围之内，而熔体的其余部分则处于过热状态。在这种情况下，结晶过程中释放出来的潜热不可能通过熔体来导走，而必须通过生长着的晶体而导走。通常，使生长着的晶体处于较冷的环境之中，由晶体的传导和表面的辐射导走热量。随着界面向着熔体发展，界面附近的过冷度将逐渐趋近于零。为了始终保持一定的过冷度，生长界面必须向着低温方向不断离开凝固点等温面，只有这样，生长过程才能继续进行下去。另一方面，熔体的温度通常远高于室温，为了使熔体保持适当的温度，必须由加热器不断供应热量。上述的热传输过程在生长系统中建立起一定的温度场(或者说形成一系列等温面)，并决定了固-液界面的形状。因此，在熔体生长过程中，热量的传输问题将起着支配的作用。此外，对于那些掺杂的或非同成分熔化的化合物，在界面上会出现溶质分凝问题。分凝问题由界面附近溶质的浓度所支配，而后者则取决于熔体中溶质的扩散和对流传输过程。因此，溶质的传输问题也是熔体生长过程中的一个重要问题。

从熔体中生长晶体，一般有两种类型：

（1）晶体与熔体有相同的成分。单质元素和同成分熔化的化合物（具有最高熔点）属于这一类，这类材料实际上是单元体系。在生长过程中，晶体和熔体的成分均保持恒定，熔点不变。这类材料容易得到高质量的晶体（如 Si，Ge，Al_2O_3，YAG 等），也允许有较高的生长率。

（2）生长的晶体与熔体成分不同。掺杂的元素或化合物以及非同成分熔化的化合物属于这一类。这类材料实际上是二元或多元体系。在生长过程中，晶体和熔体的成分均不断变化，熔点（或凝固点）也随成分的变化而变化，熔点和凝固点不再是一个确定的数值，而是用一条固线和一条液线所表示。这一类材料要得到均匀的单晶就困难得多。有些材料可以形成连续固溶体，但多数材料只有有限的固溶度，一旦超过固溶限，将会出现第二相沉淀物，甚至出现共晶或包晶反应，使单晶的生长受到破坏。

此外，熔体生长过程中不仅存在着固-液平衡问题，还存在着固-气平衡和液-气平衡问题。那些蒸气压或离解压较高的材料（如 GGG，GaAs 等），在高温下某种组分的挥发将使熔体偏离所需要的成分，而过剩的其他组分将成为有害的杂质。生长这一类材料将增加技术上的困难。

只有那些没有破坏性相变，又有较低的蒸气压或离解压的同成分熔化的化合物（包括单质元素）才是熔体生长的理想材料，用熔体生长法可以方便地得到这类材料的高质量单晶。

7.3.2　熔体生长的方法

熔体生长的方法有许多种，目前尚无统一和严格的分类方法。可以根据是否使用坩埚来分类，也可以根据熔区的特点来分类。前一种分类法是从技术和工艺的角度来考虑的，有其方便之处；而后一种分类法对于讨论生长过程中的某些问题，则可能是方便的。这里，采用后一种分类法，将熔体生长的方法分为两大类：

（1）正常凝固法。该方法的特点是在晶体开始生长的时候，全部材料均处于熔态（引入的籽晶除外）。在生长过程中，材料体系由晶体和熔体两部分所组成。生长时不向熔体添加材料，而是以晶体的长大和熔体的逐渐减少而结束。

（2）区熔法。该方法的特点是固体材料中只有一小段区域处于熔态。材料体系由晶体、熔体和多晶原料三部分所组成，体系中存在着两个固-液界面，一个界面上发生结晶过程，而另一个界面上发生多晶原料的熔化过程。熔区向多晶原料方向移动，尽管熔区的体积不变，但实际上是不断地向熔区中添加材料。生长过程将以晶体的长大和多晶原料的耗尽而结束。

7.3.3 提拉法

提拉法是熔体生长中最常用的一种方法，许多重要的实用晶体都是用这种方法制备的。用这种方法能够顺利地生长某些易挥发的化合物(如 GaP 等)和特定形状的晶体(如管状宝石和带状硅单晶等)。

提拉法的装置如图 7.14 所示。材料装在一个坩埚中，并被加热到材料的熔点以上。坩埚上方有一根可以旋转和升降的提拉杆，杆的下端装有一个籽晶。降低提拉杆，使籽晶插入熔体之中，只要熔体的温度适中，籽晶既不熔掉，也不长大。然后缓慢向上提拉和转动晶杆，同时缓慢降低加热功率。籽晶就逐渐长粗。小心地调节加热功率，就能得到所需直径的晶体。整个生长装置安放在一个外罩里，以便使生长环境中有所需要的气体和压强。通过外罩的窗口可以观察到晶体生长的状况。用这种方法已经成功地生长了半导体、氧化物和其他绝缘体等类型的大晶体。

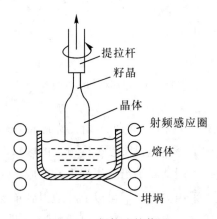

图 7.14 提拉法的装置

这种方法的主要优点是：

(1) 在生长过程中，可以方便地观察晶体的生长状况。

(2) 晶体在熔体的自由表面处生长，而不与坩埚相接触。这样能显著减小晶体的应力并防止在坩埚壁上的寄生成核。

(3) 可以方便地使用定向籽晶和"缩颈"工艺，以得到完整的籽晶和所需取向的晶体。

提拉法的最大优点在于能够以较快的速率生长较高质量的晶体。例如，提拉法生长的红宝石与焰熔法生长的红宝石相比,具有较低的位错密度,较高的光学均匀性,也没有嵌镶结构。

总之,提拉法生长的晶体完整性很高,而其生长率和晶体尺寸也是令人满意的。

7.3.4 坩埚移动法

这种方法的特点是让熔体在坩埚中冷却而凝固。凝固过程都是由坩埚的一端开始而逐渐扩展到整个熔体,在晶体生长初期,晶体不与坩埚壁接触,以减少缺陷。凝固过程通过移动固-液界面来完成,移动界面的方式是:移动坩埚或移动加热炉或降温均可。坩埚移动法又可根据其移动方式的不同而分为坩埚下降法和水平移动法两种。其晶体生长装置如图 7.15 所示。

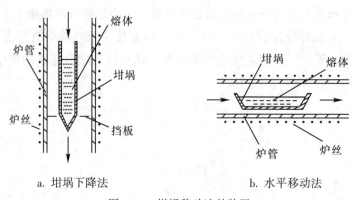

a. 坩埚下降法　　　　　　　　　　b. 水平移动法

图 7.15　坩埚移动法的装置

坩埚下降法又称为梯度炉法或称布里奇曼-斯托克巴格(Bridgman-StockBarger)法。在通常情况下,坩埚在结晶炉中下降,通过温度梯度较大的区域时,熔体在坩埚中自下而上结晶为整块晶体。这个过程也可用结晶炉沿着坩埚上升,或者坩埚和结晶炉都不动,而是通过结晶炉缓慢降温来实现。采用尖底坩埚可以成功地得到单晶,也可以在坩埚底部放置籽晶。对于挥发性材料要使用密封坩埚。为防止晶体黏附于坩埚壁上,可以使用石墨衬里或涂层。

这种方法主要用于生长碱金属和碱土金属的卤素化合物(如 CaF_2,LiF,NaI 等),其最大的优点是工艺条件容易掌握,易于实现程序化、自动化,能够制造大直径的晶体。因而广泛用于生长闪烁晶体、光学晶体和其他一系列晶体,生长的晶体的直径和高度都可达几百毫米。与提拉法比较,它可以把熔体密封在坩埚内,熔体挥发很少,成分容易控制。由于它生长的晶体留在坩埚中,可以一炉同时生长几块晶体。其主要缺点是晶体和坩埚壁接触容易产生较大的内应力或寄生成核,不适于生长在结晶时体积增大的晶体。另外,在晶体生长过程中也难以直接观察，生长周期比较长。

7.3.5 区熔法

1. 水平区熔法

这种方法主要用于材料的物理提纯，但也常用来生长晶体。该方法与坩埚水平移动法大体相同，不过熔区被限制在一段狭窄的范围内，而绝大部分材料处于固态。随着熔区沿着料锭由一端向另一端缓慢移动，晶体的生长过程也就逐渐完成。与正常凝固法相比这种方法的优点是减小了坩埚对熔体的污染（减少了接触面积），并降低了加热功率。另外，这种区熔过程可以反复进行，从而提高了晶体的纯度或使掺杂物质均匀化。其晶体生长装置如图 7.16 所示。

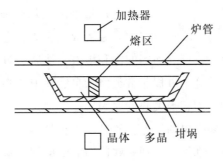

图 7.16 水平区熔法的装置

2. 浮区法

这种方法也可以说是一种垂直的区熔法。该方法是由 P. H. Keek 和 M. J. E. Golay 于 1953 年创立的，其晶体生长装置如图 7.17 所示。在生长的晶体和多晶原料棒之间有一段熔区，该熔区由表面张力所支持。通常，熔区自上而下移动，以完成结晶过程。该方法的主要优点是不需要坩埚，从而避免了坩埚造成的污染。常用于生长半导体材料（如单晶硅）。此外，由于加热温度不受坩埚熔点的限制，因此也可以生长熔点极高的材料（例如，W 单晶，熔点 3 400℃）。熔区的稳定是靠表面张力与重力的平衡来保持，因此，材料要有较大的表面张力和较低的熔态密度。这种方法对加热技术和机械传动装置的要求比较严格。

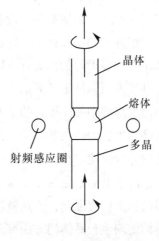

图 7.17 浮区法的装置

3. 基座法

这种方法具有提拉法和浮区法的特点，但不使用坩埚，熔区仍由晶体和多晶原料来支持。与浮区法不同之处在于多晶原料棒的直径远大于晶体的直径。其晶体生长装置如图 7.18 所示。将一个大直径的多晶材料的上部熔化，降低籽晶使其接触这部分熔体，然后向上提拉籽晶以生长晶体。这也是一种无坩埚技术，用这种方法曾成功地生长了无氧硅单晶。

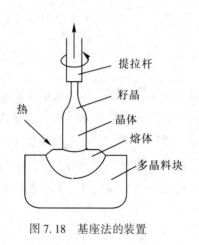

图 7.18 基座法的装置

7.3.6 助熔剂法

助熔剂法生长晶体十分类似于溶液生长法。因为这种方法的生长温度较高，故一般称为高温溶液生长法。它是将晶体的原成分在高温下溶解于低熔点助熔剂溶液内，形成均匀的饱和溶液，然后通过缓慢降温或其他办法，形成过饱和溶液，使晶体析出。这个过程非常类似于自然界中矿物晶体在岩浆中的结晶，这也是矿物学家对助熔剂生长晶体相当关心的原因。

助熔剂法生长晶体有许多突出的优点，和其他生长晶体的方法相比，这种方法的适用性很强，几乎对所有的材料，都能够找到一些适当的助熔剂，从中将其单晶生长出来。助熔剂法生长温度低，许多难熔的化合物和在熔点极易挥发或由于变价而分解释出气体的材料以及非同成分熔融化合物，直接从其熔液中常常不可能生长出完整的单晶，而助熔剂法却显示出独特的能力。用这种方法生长出的晶体可以比熔体生长的晶体热应力更小、更均匀完整。此外，助熔剂生长设备简单，坩埚及单晶炉发热体、测温和控温都容易解决。这是一种很方便的生长技术，这种方法的缺点是晶体生长的速度较慢、生长周期长、晶体一般较小。许多助熔剂都具有不同程度的毒性，其挥发物还常常腐蚀或污染炉体。

助熔剂中晶体生长的动力学过程类似于水溶液中晶体生长的过程，在许多情况下，常常利用水溶液中晶体生长的某些结论进行讨论，但其可靠性尚缺乏直接的实验证据。助熔剂法晶体生长的特点是：①三维成核要求的过饱和度一般都比较大，晶体生长阶段所需要的过饱和度也比较高；②晶体生长阶段一般遵从螺型位错生长机制，或通过顶角和晶棱成核；③由于助熔剂黏滞度比水溶液大得多，边界层较厚，晶体生长速度主要受溶质穿过边界层的扩散过程限制；④热量输运对晶体生长的影响可忽略。

助熔剂生长晶体的方法可分为两大类：一类是自发成核法，另一类是籽晶生长法。前者包括缓冷法、助熔剂蒸发法、助熔剂反应法等。后者包括助熔剂提拉法、移动熔剂熔区法、坩埚倾斜法和倒转法等。

助熔剂法生长的晶体类型很多，从金属到硫族及卤族化合物，从半导体材料、激光晶体、非线性光学材料到铁电体、磁性材料、声学晶体等，范围很广。本章主要以磁性石榴石晶体生长为例，对助熔剂法做一个简单的介绍。

1. 助熔剂的选择

良好的助熔剂需要具备下述物理化学性质：

(1)对晶体材料应具有足够强的溶解能力，在生长温度范围内，溶解度要有足够大的变化，以便获得足够高的晶体产量。

(2)在尽可能宽的温度范围内，所要的晶体是唯一的稳定相。这就要求助熔剂与晶体成分最好不要形成许多种化合物。但实际上，二者的组分之间不形成任何化合物常常是不可能的。经验表明，只有二者组分间可以形成某种化合物时，熔液才具有较高溶解度。此外，助熔剂在晶体中的固溶度应尽可能小。为此，最好选取与晶体具有相同离子的助熔剂，而避免选取性质与晶体成分相近的其他化合物。

(3)应具有尽可能小的黏滞性，以便得到较快的溶质扩散速度和较高的晶体生长速度。

(4)应具有尽可能低的熔点和尽可能高的沸点，以便选择方便和较宽的生长温度范围。

(5)应具有很小的挥发性(助熔剂蒸发法除外)、腐蚀性和毒性；不伤害坩埚材料，如铂金。

(6)应易溶于对晶体无腐蚀作用的溶剂中，如水、酸、碱等，以便容易将晶体自助熔剂中分离出来。

实际上使用的助熔剂很难同时满足上述要求。近年来倾向采用复合助熔剂，使各成分取长补短。少量助熔剂添加物常常显著地改善助熔剂性质。复合助熔剂的组分过多，会使熔液中的相关系复杂化，扰乱了待长晶体的稳定范围。现阶段助熔剂的选取主要是凭借经验和试验，尚无完善的规律可循。

2. 自发成核法

钇铁石榴石是 20 世纪 50 年代人工合成的一种亚铁磁材料，在磁性理论研究和微波技术应用中具有重要的地位。YIG 的相区很窄，并具有非同成分熔融的特点。它在未熔化前首先发生分解，在 1 400℃释放出氧气，1 555℃时发生第二次分解。

$$Y_3Fe_5O_{12} \xrightarrow{1\ 555℃} YFeO_3(固相) + Fe_2O_3(液相)$$

因此直接从 YIG 溶液中生长单晶是极困难的。利用助熔剂法，在较低温度生长，避开了非同成分熔化和分解释氧造成的困难，显示了这一方法的特长。

a. 助熔剂缓冷法

助熔剂缓冷法的应用最为普遍，高温炉可采用硅碳棒炉，温度控制要有良好的稳定性，并带有适用的降温程序。对氧化物材料，通常使用白金坩埚。为防止助熔剂挥发，可将坩埚密封。坩埚在单晶炉内，其底部温度要比顶部温度低几度至十几度，使晶体倾向在底部成核。底部温度高于顶部温度时，熔液易溢出。保温温度比饱和温度高出十几度。保温时间可为四小时至二十多小时，视助熔剂溶解能力而定。降温速度取 0.2~5℃/h。缓慢的降温速度对提高晶体质量有好处。为节省时间，保温温度至成核温度可采用突降的办法。突降的温度幅度不能过大，以防止温度越过所估计的成核温度。成核温度既不容易测量，又很不确定，其数值常常与材料纯度等因素有关。因此，成核温度应该估计得偏高些。在其他结晶相出现的温度，或者在溶解度变化率 $dC_e/dt \approx 0$ 的温度附近，可以结束晶体生长。

用 PbO-PbF$_2$ 助熔剂生长 YIG 时，一个可供使用的配方是 Y$_2$O$_3$，Fe$_2$O$_3$，PbO，PbF$_2$ 的摩尔比为 8：22：30：40。熔液在 1 200℃ 保温 4h，以 0.5℃/h 降温，在 1 040℃ 停止生长。用热稀硝酸或热稀硝酸与醋酸混合液溶掉固化的助熔剂，将晶体取出。这个配方中由于 PbF$_2$ 含量高，在 1 040℃ 以下已开始大量出现磁铅石，除非允许 PbF$_2$ 大量挥发。一个改进了的成分是：Y$_2$O$_3$，Fe$_2$O$_3$，PbO，PbF$_2$，B$_2$O$_3$，CaO 的摩尔比为 10：20.5：37：27：5.5：0.1。1 300℃ 保温，其他条件类似上述。由于 PbF$_2$ 含量减少，Fe$_2$O$_3$ 也减少了些，生长温度可至 950℃ 左右。据认为，加入 CaO 有促进石榴石相生成的作用。使用高纯原料，若不加少量二价氧化物，甚至不会有石榴石相生成。

b. 助熔剂蒸发法

借助助熔剂蒸发也可以使熔液形成过饱和状态，达到析出晶体的目的。生长设备简单，不需要降温程序。使用的助熔剂必须有足够高的挥发性，比如 PbF$_2$，BiF$_3$ 等。挥发量依助熔剂性质、生长温度和坩埚盖开孔大小不同而异。由于是恒温生长，晶体成分较均匀，也避免了缓冷过程遇到的外相干扰，这是助熔剂蒸发法的优点。此外，在降温过程中会生成发生结构相变或变价的化合物单晶。如 Cr$_2$O$_3$ 在 1 000℃ 以下变为 CrO$_3$，用这种恒温生长是合适的。这种方法的主要缺点是晶体一般生成在表面，质量往往不好。若采用比重比晶体小的助熔剂并加搅拌时，情况可能会得到改善。助熔剂蒸气大多数有毒和有腐蚀性，危害很大。使用一种冷凝蒸气回收助熔剂装置，可以解决这个问题。

Grodkiewicz 和 Nitti 曾用此法从 PbF$_2$-B$_2$O$_3$ 中生长出 YCrO$_3$，Al$_2$O$_3$，CeO$_2$，TiO$_2$ 等多种单晶。生长温度为 1 300℃。生长 CeO$_2$ 时，助熔剂每天蒸发 35g，生长 5d，得到 10g 晶体。Wanklyn 从 PbF$_2$-B$_2$O$_3$-PbO 中生长 YbCrO$_3$ 晶体，生长温度在 1 260℃，持续蒸发 9d，最大晶体 3mm×3mm×2mm。助熔剂缓冷法生长单晶时，如果助熔剂挥发很快，就必须同时考虑缓冷和蒸发对晶体生长过程的影响。

c. 助熔剂反应法

这种方法是通过助熔剂和溶质系统的化学反应（常常同时加上其他条件）产生并维持一定的过饱和度，使晶体成核并生长。Brixner 和 Babcock 以 BaCl$_2$ 作助熔剂，在 BaCl$_2$-Fe$_2$O$_3$

高温溶液中通水蒸气，产生高温化学反应

$$BaCl_2+6Fe_2O_3+H_2O \longrightarrow BaFe_{12}O_{19}(晶体)+2HCl\uparrow$$

生长出钡铁氧体单晶。水汽的通入和 HCl 的挥发，控制反应向右进行。类似地可从 $CaCl_2$-Fe_2O_3，$SrCl_2$-Fe_2O_3，$SrCl_2$-TiO_2 中生长出 $CaFe_2O_4$，$SrFe_{12}O_{19}$ 及 $SrTiO_3$ 晶体。Weaver 等用 KF 做助熔剂，生长 $K_2Ge_4O_9$ 单晶，采用的反应是：

$$2KF+4GeO_2+H_2O \longrightarrow K_2Ge_4O_9+2HF\uparrow$$

$$2KF+4.5GeO_2 \longrightarrow K_2Ge_4O_9+0.5GeF_4\uparrow$$

在上面的例子中，助熔剂参加化学反应，产生了晶体生长所必需的原材料。在另一类反应生长中，助熔剂则是在反应生长过程中产生的。比如液相输运法生长磁性半导体单晶 $CdCr_2Se_4$，$CdCr_2S_4$ 等，是将 CdSe 和 $CrCl_3$ 粉末压成直径相同的圆片，用铝片包起来，放在抽真空的石英管中，在 700℃ 左右保温，在固相 CdSe 和 $CrCl_3$ 之间产生反应：

$$6CdSe+6CrCl_3+Pt \overset{700℃}{\rightleftharpoons} CdCr_2Se_4(晶体)+PtSe+5CdCl_2+4CrCl_2$$

反应物中 $CdCl_2$-$CrCl_2$ 是液相，起着助熔剂的作用，是输运载体。固相成分不相混合，避免生成 $CdCr_2Se_4$ 和 Cr_2Se_3 多晶。Pt 是催化剂，促进生成 $CrCl_2$，并吸取 Se，避免生成 Cr_2Se_3，否则由于 Cr 的缺少，$CdCr_2Se_4$ 的生长受到抑制。$CdCr_2Se_4$ 单晶生长在靠近 CdSe 一边的液相区。在 700℃ 保温 3~5d，晶体可长到数毫米。

3. 助熔剂籽晶法

助熔剂籽晶法包括助熔剂提拉法、移动熔剂熔区法、坩埚倾斜法和倒转法等。

1）助熔剂提拉法

这是助熔剂法和提拉法的结合。籽晶生长克服了自发成核晶粒数目过多的缺点；由于籽晶旋转的搅拌作用，晶体生长较快，包裹缺陷减少；可以完全避免热应力和助熔剂固化加给的应力；晶体生长完毕，剩余熔体可以再加溶质继续使用。具体的方法又可分为温度梯度输运法和缓冷法。这里的籽晶缓冷的热过程类似于自发成核缓冷法，不同的是熔液上部加有籽晶可以一边旋转一边提拉，也可以只旋转不提拉。

2）移动熔剂熔区法

这是助熔剂法和浮动熔区技术相结合的方法，加热方式和生长设备很类似浮区法。籽晶和多晶互相连接的熔融区内含有助熔剂，生长温度比通常的浮区法低得多。随着熔区的移动（移动样品或移动加热器）晶体不断地生长，助熔剂被排挤到多晶一边。熔融区的尺寸视材料直径和熔液表面张力而定，过大的熔区会使熔液滴落。熔化区温度分布基本上是对称的，中心高、两边低，生长界面温度和多晶熔化界面温度相差很小。只要适当地控制生长速度和必要的生长气氛，用这种方法可以得到均匀固熔和均匀掺杂的晶体。一个典型的例子是生长 YIG，图 7.19 是 YIG 的相图。虽然 YIG 相区很窄，并具有不同成分熔化的特点，但在 AB 液相线之下，存在着纯石榴石相和 Fe_2O_3 液态混合区。这就启发我们采用 Fe_2O_3 做助熔剂，在 AB 液相线区生长 YIG 单晶。

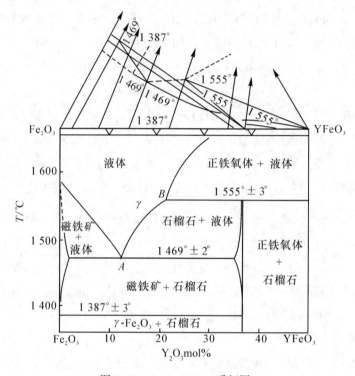

图 7.19　Fe_2O_3-$YFeO_3$ 系相图

Балбашов 等采用移动熔剂熔区技术生长出质量很好的 YIG 单晶。采用感应电炉加热，纯 YIG 单晶做籽晶，多晶棒成分为 $0.175Y_2O_3 \cdot 0.825Fe_2O_3$。单晶生长速度（即熔区移动速度）3mm/h，籽晶沿主轴取向。为防止分解释氧，生长在 20atm 下进行。获得的晶体直径 5~6mm，长 80mm。晶体含 Fe^{2+} 很少。Abernethy 曾用类似的方法生长出直径 6mm 的 YIG 单晶棒，感应电炉加热，在熔区加少量 Fe_2O_3 助熔剂。充氧压高于 1.75atm，可得到单相，氧压加到 7atm，磁性能更好。

　　3）坩埚倾斜法和倒转法

　　助熔剂籽晶法还有坩埚倾斜法和倒转法。它们或是将籽晶预先固定在舟形坩埚一端，坩埚倾斜放置，使熔液和籽晶不接触；或者将籽晶固定在密封坩埚盖上。待助熔剂熔液均匀化，降温至饱和温度以下，将舟形坩埚反向倾斜，或将密封坩埚倒转，籽晶浸入熔液，继续缓慢降温，籽晶开始长大。待晶体生长结束，坩埚再转回原位，晶体与助熔剂脱离。正确选取籽晶浸入熔液的温度，是本方法成败的关键。

Bennet 用 PbO-PbF$_2$-B$_2$O$_3$ 做助熔剂，采用坩埚倒转籽晶法生长 YIG 单晶。熔液成分 Y$_2$O$_3$（320g），Fe$_2$O$_3$（480g），PbO（845g），PbF$_2$（750g），B$_2$O$_3$（52g）。在 1 280℃ 保温，在 1 210℃ 倒转坩埚，使籽晶浸入熔液，以 0.5℃/h 降温，在1 070℃ 停止生长，12g 重的籽晶长大到 57g。Tolksdorf 用 PbO-PbF$_2$ 做助熔剂，用此法生长 YIG，得到 49g 重的晶体。

7.3.7 焰熔法

焰熔法是一种最简便的无坩埚生长方法，是法国化学家 A. Verneuil 于 1890 年前后确立的一种生长宝石的方法。长期以来人们把焰熔法作为生长宝石的主要方法，其基本原理是用纯净氧化铝为原料，以氢氧焰加热的焰熔炉，用振动器使粉末状原料以一定的速率撒下，通过火焰高温区熔融，熔化以后落在结晶杆籽晶上形成液层，籽晶向下移动使液层凝固，其凝固速率与供料速率保持平衡。其结晶装置如图 7.20 所示。

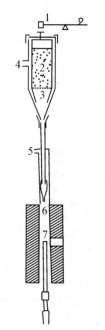

图 7.20 焰熔法生长宝石装置

用焰熔法生长宝石时，需要一种非常疏松的三氧化二铝（γ-Al$_2$O$_3$）粉料。γ-Al$_2$O$_3$ 粉料放在料筒 2 中，小锤 1 敲打 2 的顶部，震动粉料经筛网 3 而撒落下，氧经入口 4 将粉料往下送，5 是氢的入口，氢和氧在喷口 6 处混合燃烧，粉料经火焰的高温而熔化，落在炉体内的结晶杆 7 上。因为炉体内腔有一定的温度分布，落下来的氧化铝熔层就逐渐结晶成宝石，如果要使宝石生长出有一定的长度，那就需要有下降机构把结晶杆逐渐下移。

焰熔法生长单晶体与其他方法相比有如下优点：

（1）此方法生长单晶体不需要坩埚，因此既节约了做坩埚的耐高温材料，又避免了晶体生长中坩埚污染的问题。

（2）氢氧焰燃烧时，温度可以达到 2 800℃，故应用这方法能生长熔点较高的单晶体。一般来说，熔点可达到 1 500~2 500℃ 之间，不怕挥发和氧化的材料，都可以用这个方法来生长单晶。

（3）生长速率较快，短时间内可以得到较大的晶体，可以 10g/h 左右的速度生长出宝石，故这方法适用于工业生产。

（4）应用此方法可以生长出较大尺寸的晶体。例如，生长棒状的宝石，其尺寸可以达到 $\phi = 15~20$mm，$l = 500~1\ 000$mm。还可以生长盘状、管状、片状的宝石。生长设备也比较简单。

这种方法主要缺点是：

（1）火焰中的温度梯度较大，一般情况下结晶层的纵向和横向温度梯度均较大，生长出来的晶体质量欠佳。

（2）因为发热源是燃烧的气体，其温度不可能控制得很稳定。

（3）生长出的晶体位错密度较高，内应力也较大（例如，焰熔法生长的宝石，一般说来其位错密度可达 $10^5 \sim 10^6$ cm^{-2}，内应力约为 $8 \sim 10$ kg/mm^2）。

（4）对易挥发或易被氧化的材料，就不适宜用此方法来生长单晶体。

（5）在使用此方法时，有一部分材料从火焰中撒下时，并没有落在结晶杆上，估计约有30%的材料会在结晶过程中损失掉。因此对名贵或稀少的原料来说，用这种方法结晶就很不经济了。

世界上每年宝石的产量均以吨来计算，工厂生产宝石绝大多数是用焰熔法。焰熔法亦可以用来生长其他氧化物单晶（如金红石、尖晶石或尖晶石型铁氧体），但均属小型生产或实验室范围内的规模。

焰熔法生长宝石原料的制备：一般生长宝石的初始原料为铝铵矾（硫酸铝铵），其分子式为 $(NH_4)_2Al_2(SO_4)_4 \cdot 24H_2O$。这种原料便于提纯和着色，并能满足焙烧后得到疏松的 $\gamma\text{-}Al_2O_3$ 的要求。铝铵矾的合成多半是应用硫酸铝 $Al_2(SO_4)_3$ 和硫酸铵 $(NH_4)_2SO_4$ 及纯水，按一定比例混合在一起加热溶解后而合成的。由于工业合成的铝铵矾杂质较多，一般都需要经多次重结晶提纯。

铝铵矾的热解过程及人造宝石粉料的要求：人造宝石粉料应是 $\gamma\text{-}Al_2O_3$，是由铝铵矾加热分解而得。铝铵矾加热后，从 200℃ 到 900℃ 的过程中，首先脱水成无水明矾，再逐渐变成硫酸铝，再脱硫成无定形化合物，最后形成 $\gamma\text{-}Al_2O_3$。如 $\gamma\text{-}Al_2O_3$ 的温度再升高，则变成 $\alpha\text{-}Al_2O_3$。$\gamma\text{-}Al_2O_3$ 是晶粒度极细小的，其 X 射线行射谱图是弥散的。

将铝铵矾焙烧成 $\gamma\text{-}Al_2O_3$ 时，要求盛料的坩埚内的温度要很均匀。如果温度不均匀，部分偏高或部分偏低，则会使烧成后的 $\gamma\text{-}Al_2O_3$ 的晶粒度不一样，甚至有部分转变成为 $\alpha\text{-}Al_2O_3$，或含有少部分无定型或脱硫不充分，这些情况对于焰熔法生长宝石都很不利。

对掺铬的铝铵矾来说（一般是掺杂重铬酸钠水溶液于铝铵矾中再焙烧），更要求焙烧时坩埚内的温度要均匀，因为在不同温度下 Cr_2O_3 的烧失量会不一样。如果粉料的含铬量不恒定，会影响结晶时的稳定性。Cr_2O_3 与 Al_2O_3 形成固溶体，其熔点随 Cr_2O_3 含量的增多而增高。

$\alpha\text{-}Cr_2O_3$ 为绿色粉末，把少量的 Cr_2O_3 掺入到铝铵矾中烧成以 $\gamma\text{-}Al_2O_3$ 为主的宝石粉料后，则呈微黄或浅暗的绿色，但 Cr_2O_3 熔于 $\alpha\text{-}Al_2O_3$ 中则呈红色，L. E. Orgel 认为这种颜色的变化是因为铬离子在 $\alpha\text{-}Al_2O_3$ 的晶格中受到挤压的缘故。因此要判断红宝石的粉料是否烧过头（即是否烧成 α 型），可以根据粉料是否变红来判断。

用焰熔法还可以生长 ZrO_2，SrO，Y_2O_3，$MgAl_2O_4$，$SrTiO_3$，NiO，$\beta\text{-}Ge_2O_3$，TiO_2，$CaWO_4$ 等多种晶体。

7.4 高温固相生长

7.4.1 再结晶法

这是一种在冶金中常用的固-固生长法。它包括以下几种类型：

(1) 烧结。如果将某种(主要是非金属)多晶棒或压实的粉料在低于其熔点的温度下，保温数小时，材料中一些晶粒逐渐长大而另一些晶粒则消失。

(2) 应变退火法。材料(多为金属)在制造加工过程中引进应变，贮存着大量的应变能，退火能消除应变使晶粒长大(非应变单晶区并吞应变区)。应变能就是这种再结晶的驱动力。

(3) 形变生长。可用形变(如滚压或锤结)来促进晶粒长大，如绕制冷拔钨丝时，促进钨丝中单晶的生长，这些单晶能把灯丝松垂减至最小。

(4) 退玻璃化法。很多玻璃在加热时，发生再结晶而使玻璃失透称为退玻璃化。这通常是不希望发生的。这种再结晶形成晶粒一般很小，但用籽晶从玻璃体的单组分熔体中提拉晶体也并不是不可实现的。

(5) 脱溶生长。这种再结晶是通过脱溶析出晶体。

再结晶法的缺点是难以控制成核和难以形成大单晶。

7.4.2 多形体相变

(1) 一般多形体相转变。如同素异形元素(如铁)或多形化合物(如 CuCl)具有由一种相转变为另一种相的转变温度，则让温度梯度依次经过这种材料棒，便可进行晶体生长。

(2) 高压多形体相转变。对于大多数高压下的多形体转变，相变进行很快，难以控制。由石墨合成金刚石可称为高压下多形体转变的一个实例。根据石墨-金刚石相图，如果温度接近室温，金刚石在抵达 1 000MPa 时即是稳定的。但低温下的转变速率非常慢，以致没有什么实际意义。为了加速转变必须升高温度(至2 000~2 500℃)，此时为保持在金刚石稳定区，还必须提高压力(6~7GPa)。

目前合成金刚石的具体方法很多，按技术特点可分为静态超高压高温法(简称静压法)、动态超高压高温法(简称动压法)和常压高温法(低压法)等。按金刚石形成机制特点，又可归纳为超高压高温直接转变法(简称直接法)、静压溶剂触媒法(简称溶媒法)、低压外延生长法等。目前工业上有生产价值的，主要是静压溶剂触媒法，该法的基本问题是选择静态超高压高温容器和选用静态超高压高温介质，常用的容器有对顶压砧-压缸式(两面顶)和多压砧式(多面顶，如四面顶和六面顶等)，如图 7.21 所示，容器中所用的介质是固体材料，它起着传压、密封、耐高温、电绝缘、支撑试样和压砧的作用。目前比较常用的介质是叶蜡石。静压法所用的催化剂实际上是碳的溶剂。常用的催化剂有铬、锰、钴、镍和钯等，由于考虑到金刚石的生长实际上是在溶液中进行，也有人把这种方法归入助熔剂法一类。目前合成金刚石因颗粒较小，多数用作磨料。人造金刚石的高压合成详见 3.4.3 节。

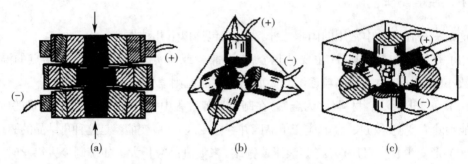

图 7.21　几种典型的超高压容器图

7.5　流变相反应法

流变相反应法生长单晶是将固体反应物用适量的溶剂调制成流变相，然后在适当条件下恒温反应一段时间而获得所需要的单晶。这种方法通过流变相化学反应、利用许多物质在固-液流变相状态下具有自组装功能来制备单晶的一种新方法。用这种方法制备单晶非常简单，其关键是先驱物反应的设计和大颗粒先驱物的制备。

7.5.1　双核苯甲酸铜晶体的制备

氧化铜的制备：选用直径约 0.14mm 铜丝、剪成约 5 cm 的小段，将细铜线疏松地放入石英舟内，于管式炉中在 600℃氧气气氛中灼烧 10h，冷却后取出并将未氧化完全的样品稍稍压碎，再反复灼烧 2 次，共计 30h。样品增重量与理论计算值一致，样品压碎后在显微镜下没有观测到红色氧化亚铜，且粉末 X 射线衍射谱中也只有 CuO 而无 Cu_2O 的衍射峰。将烧后样品稍加研磨，过 140 目筛，取筛上样品备用。

双核苯甲酸铜配合物的制备：按 1∶3 摩尔比分别准确称取自制氧化铜和试剂氧化铜各 5.00g 和苯甲酸 23.03g，将苯甲酸充分研磨，后与氧化铜混合均匀，转入聚四氟乙烯反应器中。再加入 22.0mL 去离子水调制成流变体，加盖密闭，套上不锈钢外套，扭紧。于 90℃下恒温反应 53h，然后在 95℃下真空干燥 12h，除去吸附水。即可得到粒度分布均匀、流动性和分散性好的多面体颗粒状的深蓝绿色的 $Cu_2(Bzo)_4 \cdot 2HBzo$（Bzo = $C_6H_5CO_2$）晶体，其晶粒大小如图 7.22 所示。单晶 X 射线衍射分析结果表明，该化合物属单斜晶系，

$P2_1/n$ 空间群，$a = 1.079\ 9(2)$ nm，$b = 1.178\ 0(2)$ nm，$c = 1.530\ 3(3)$ nm，$\beta = 91.35$ $(3)°$，$V = 1.946\ 1(7)$ nm^3，$Z = 2$，$\rho_{calc} = 1.460$ g·cm^{-3}，其分子结构和分子堆积如图7.23 和图7.24所示。

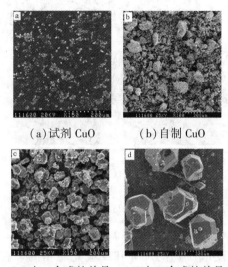

(a)试剂 CuO　　(b)自制 CuO

(c)由 a 合成的单晶　　(d)由 b 合成的单晶

图7.22　CuO 及 Cu(C$_6$H$_5$CO$_2$)$_3$H 单晶的扫描电镜照片

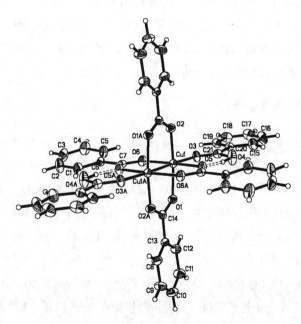

图7.23　Cu(C$_6$H$_5$CO$_2$)$_3$H 的分子结构图

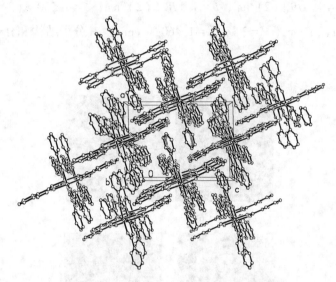

图 7.24 Cu(C₆H₅CO₂)₃H 晶胞沿 b 轴的堆积图

由图 7.22 可以看出，反应产物的尺寸和反应先驱物的颗粒大小密切相关这一规律。用大颗粒的氧化铜在流变相状态下可以成功合成大的 $Cu_2(Bzo)_4 \cdot 2HBzo$ 单晶体。若使用的是粒径较小的试剂氧化铜，反应的速度较快，有大量的晶核生成，只能得到小的单晶。这是因为在流变相反应进行的过程中，生成的 $Cu_2(Bzo)_4 \cdot 2HBzo$ 分子能够进入到 CuO 颗粒附近的介质中形成准自由分子。当 CuO 颗粒较大时，由于比表面积减小，反应速度减缓，所生成的准自由分子有时间组装成较大晶体。或者说，大颗粒的单晶能够在大粒径的反应先驱物的基础上通过流变相方法合成。

7.5.2 噻吩羧酸铕晶体的制备

将氧化铕(0.35g)和 α-噻吩羧酸(1.26g)研磨混合均匀，加入适量水(2.2mL)调制成流变体，在一个密闭的反应器中于 90℃反应 3d。用这种方法同时得到了两种具有一维结构的新型 α-噻吩羧酸铕配合物 $Eu(C_4H_3SCO_2)_5H_2$ 和 $[Eu(C_4H_3SCO_2)_3(H_2O)_3]_2 \cdot H_2O$ 单晶。前者是具有单链结构的配位聚合物，后者是具有双链结构的超分子化合物。这两种化合物在紫外光激发下均能产生很强的铕离子的特征跃迁发射——红色发光。

单晶X射线衍射分析结果表明：$Eu(C_4H_3SCO_2)_5H_2$ 是单斜晶系，属 Cc 空间群。其晶胞参数为 $a = 20.5629(9)$ Å，$b = 14.1736(6)$Å，$c = 9.7736(4)$Å，$\beta = 91.9980(10)°$，$V = 2846.8(2)$Å³，$Z = 4$，$\rho_{calc} = 1.842$g·cm⁻³。铕离子是 8 配位，其配位结构如图 7.25 所示。Eu³⁺ 离子之间通过三个羧酸根(OCO)以桥式配位联结起来形成一维链结构(见图 7.26 和图 7.27)。

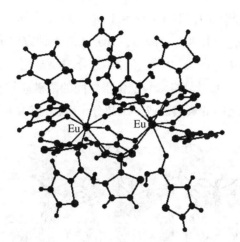

图 7.25 $Eu(C_4H_3SCOO)_5H_2$ 的配位结构

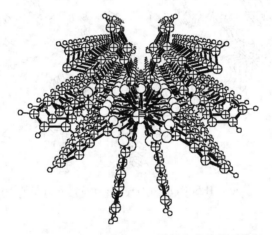

图 7.26 $Eu(C_4H_3SCOO)_5H_2$ 沿链方向的分子堆积

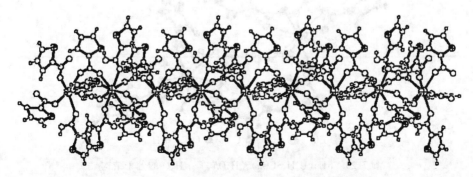

图 7.27 $Eu(C_4H_3SCOO)_5H_2$ 配位聚合物的链结构

$[Eu(C_4H_3SCO_2)_3(H_2O)_3]_2 \cdot H_2O$ 是单斜晶系，属 $P2_1/c$ 空间群，晶胞参数为 $a = 1.890\,0(4)$ nm，$b = 0.595\,70(12)$ nm，$c = 1.966\,8(4)$ nm，$\beta = 109.96\,(3)°$，$V = 2.081\,4(7)$ nm^3，$Z = 2$，$\rho_{calc} = 1.903$ g·cm^{-3}，其分子沿 b 轴方向分子堆积如图 7.28 所示。在这个化合物中，铕离子是 9 配位，其分子结构如图 7.29 所示。两个 $Eu(C_4H_3SCO_2)_3(H_2O)_3$ 分子通过晶格水与配位水之间的氢键联结。在 b 轴方向上，通过配位水分子和羧酸根氧原子之间的氢键形成一维超分子双链结构(见图 7.30)。

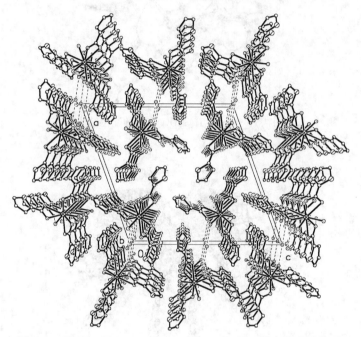

图 7.28 $[Eu(C_4H_3SCO_2)_3(H_2O)_3]_2 \cdot H_2O$ 沿 b 轴方向分子堆积

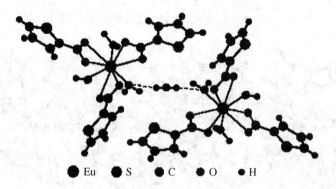

● Eu ● S ● C ● O ● H

图 7.29 $[Eu(C_4H_3SCO_2)_3(H_2O)_3]_2 \cdot H_2O$ 的分子结构

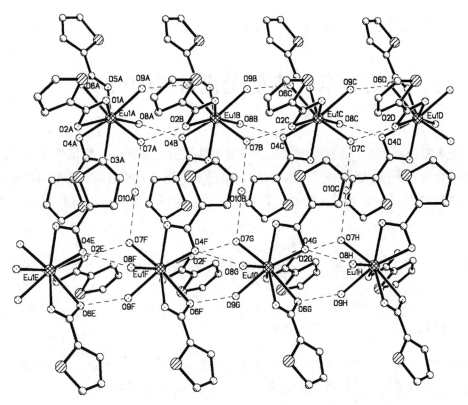

图 7.30　$[Eu(C_4H_3SCO_2)_3(H_2O)_3]_2 \cdot H_2O$ 沿 b 轴方向的双链结构

思 考 题

1. 从溶液中生长晶体有哪些方法？电解溶剂法和溶液蒸发法有何区别和共同之处？

2. 试述凝胶法生长晶体的基本原理，凝胶的作用是什么？

3. 用浮区熔法生长单晶有何优点？

4. 用水热法制备二氧化硅单晶的原理是什么？写出其反应式和反应条件。

5. 试举例说明流变相反应法生长晶体的特点，试描述其晶体生长反应机理。

第8章　典型无机材料的合成

以上各章分别介绍了经典合成方法，极端条件下的合成方法，软化学和绿色合成方法，特殊合成方法和单晶生长法。本章介绍典型无机材料的合成方法，典型无机材料主要包括精细陶瓷材料、纳米粉体材料、非晶态材料、沸石分子筛催化材料和色心晶体材料等。

8.1　精细陶瓷材料的合成

8.1.1　概述

陶瓷在我国的生产历史悠久，是我们祖先的伟大发明之一。陶瓷的传统概念称谓是：由黏土或主要含黏土的混合物，经成型、干燥、烧成而得产品的总称。

近几十年来，由于高科技的迅猛发展，特别是能源、信息技术、空间技术、计算机技术的发展，对具有特殊性能材料的需求日益增加，而某些陶瓷材料恰恰具备这些特殊的性能。因此，近年来这类陶瓷材料的研究与开发取得了长足的发展。这类具有特殊性能的陶瓷在原料、工艺性能等方面都与传统陶瓷有较大的差异，故称之为精细陶瓷。精细陶瓷的精确定义尚无定论，但通常认为，精细陶瓷是"采用高度精选的原料，具有能精确控制的化学组成，按照便于控制的制造技术加工，便于进行结构设计，并具有优异特性的陶瓷"。按照以上定义，精细陶瓷与传统陶瓷主要有以下区别：

(1)原料。打破了传统陶瓷以黏土为主的限制，精细陶瓷一般采用精选、高纯的氧化物、氮化物、硼化物、碳化物等作为主要原料。

(2)成分。不同产地的原料对传统陶瓷产品的组成与结构影响颇大；精细陶瓷的原料是纯化合物，其性质的优劣由原料的纯度和工艺所决定，因此产品的组成与结构同产地无关。

(3)制备工艺。传统陶瓷以窑炉为主要制造设备，而精细陶瓷的制备随着工业技术的进步，已广泛采用真空烧结、气氛烧结、热压、热等静压等现代材料制备的方法。

(4)性能与用途。精细陶瓷具有多种特殊的性质与功能，如高强度、高硬度、耐磨耐蚀，以及在磁、电、热、声、光、生物工程、超导、原子能等方面的特殊功能，因而使其在机械、电子、化工、计算机、能源、冶金、航空航天、医学工程、信息产业各方面得到了广泛的应用。

按照其化学组成来划分，精细陶瓷可分为氧化物陶瓷和非氧化物陶瓷，其中非氧化物陶瓷包括碳化物陶瓷、氮化物陶瓷、硼化物陶瓷、硅化物陶瓷等。依据材料的功能来划分，精细陶瓷又可分为结构陶瓷与功能陶瓷，其中结构陶瓷是以强度、刚度、韧性、耐磨性、硬度、疲劳强度等力学性能为特征的材料；功能陶瓷则以声、光、电、磁、热等物理性能为特征。

精细陶瓷的研究与开发潜力巨大，这主要表现在：①精细陶瓷具有多功能以及广泛的实用价值；②其功能具有可设计性；③其主要原料在地球上储量丰富、价格便宜、易于获取；④在精细陶瓷领域，发现新材料、获得新功能的概率颇大。

现代材料科学研究表明，材料的内在性质(通常是用力学、热学、电学、光学或化学的术语来表述)和功能(一般是在工程结构、器件和工业产品中应用时被定义而测定的)与其组成和内部的组织结构密切相关。研究精细陶瓷主要是探求和了解其组成、结构与性能之间的关系。通过控制材料的结构来达到获得所需功能的目的。大多数精细陶瓷是多晶材料。其结构包括电子结构、晶体结构、显微结构及宏观结构等。当化学组成确定后，工艺过程是控制材料结构的主要手段。为了弄清精细陶瓷结构的形成过程及控制机理等，直接的显微观察与成分分析是必要的。因此目前在表面态、非晶态、原子像、固态中的杂质与缺陷、一维与二维结构、非平衡态、相变的微观机制以及点阵结构的稳定性等领域的研究日益活跃。人们期望通过对精细陶瓷基本规律的掌握，能够对材料结构与性能设计以及为新产品、新工艺和新技术的研究与开发提供重要的依据。

精细陶瓷的研究任务主要是：提高现有材料的性能；发掘材料的新性能；探索和开发新材料；研究与发展材料制备技术与加工工艺。随着对以上诸多领域研究的深入，陶瓷科学逐渐同冶金学、物理学、化学、生物学、材料科学和数学等学科相互交叉渗透，从而逐步构建其完整的科学体系。

8.1.2　精细陶瓷原粉的化学合成

精细陶瓷的粉体制备方法一般可分为机械法和合成法两种。前一种方法是采用机械粉碎方式将机械能转化为颗粒的表面能，使粗颗粒破碎为细粉；后一种方法是由离子、原子、分子通过反应、成核和成长、收集、后处理等手段获取微细粉末。这种方法的特点是纯度、粒度可控，均匀性好，颗粒微细，并可以实现颗粒在分子级水平上的复合、均化。在此仅介绍化学合成法，它包括固相法、液相法和气相法等。

1. 固相法

1) 化合法

在一定的温度和气氛下使两种或两种以上相互混合均匀的物质发生反应制备所需要的原粉，反应物的粒度和混合均匀程度以及反应温度等直接影响固相反应速度。直接化合的反应通式可写为：

$$Me+X = MeX$$

Me，X 分别代表金属和非金属元素。在许多情况下，常常用金属氧化物代替金属，那么这时的反应通式变为：

$$MeO+2X = MeX+XO\uparrow$$

或在温度较低时：

$$2MeO+3X = 2MeX+XO_2\uparrow$$

用此法生产氮化物时，有时用 NH_3 作氮化气氛代替 N_2，反应式变为：

$$2MeO+2NH_3 = 2MeN+3H_2\uparrow$$

在许多情况下，上式常有碳参加：

$$2MeO+N_2(或\ NH_3)+2C = 2MeN+2CO+(H_2O+H_2)$$

两种固态化合物粉直接反应可以生成复杂化合物粉，例如：

$$BaCO_3+TiO_2 \xrightarrow{1100\sim1150℃} BaTiO_3+CO_2$$

$$Al_2O_3+MgO = MgAl_2O_4(尖晶石)$$

$$3Al_2O_3+2SiO_2 = 3Al_2O_3 \cdot 2SiO_2(莫来石)$$

用这一方法可以生产多种碳化物、氮化物和氧化物粉末。

制取金属硼化物的基本反应是：

$$4MeO+B_4C+3C = 4MeB+4CO$$

有时在反应中加入 B_2O_3 降低反应产品中碳的含量。上式也可用 B_2O_3 作为硼的来源，反应为：

$$2MeO+B_2O_3+5C = 2MeB+5CO$$

或者用金属还原剂代替碳：

$$3MeO+3B_2O_3+8Al(或\ Mg,\ Ca,\ Si) = 3MeB_2+4Al_2O_3(或\ MgO,\ CaO,\ SiO_2)$$

2) 自蔓延高温合成法（SHS）

SHS 技术最早于 1967 年在苏联科学院结构宏观动力学研究所进行研究，获得了很大的成功。现已经能用这一技术生产近千种化合物粉末。该方法特别适合制备氮化物、碳化物、硼化物和金属间化合物，并且具有经济、简便、反应产率高和纯度高等特点。SHS 技术制取粉末可概括为以下两大方向：

（1）元素合成。如果反应中无气相反应物也无气相产物，则称为无气相燃烧。如果反应在固相和气相混杂系统中进行，则称为气相渗透燃烧，主要用来制造氮化物和氢化物。例如：

$$2Ti+N_2 ===== 2TiN$$
$$3Si+2N_2 ===== Si_3N_4$$

就属于这类合成方法。如果金属粉末与 S，Se，Te，P，液化气体（如液氮）的混合物进行燃烧，由于系统中含有高挥发组分，气体从坯块中逸出，从而称之为气体逸出合成。

（2）化合物合成。用金属或非金属氧化物为氧化剂、活性金属为还原剂（如 Al，Mg 等）的反应即为两例。这实际上是前面谈到的化合法，或称之为 Al（或 Mg）热法。

复杂氧化物的合成是 SHS 技术的重要成就之一。例如，高 T_c 超导化合物的合成可写为：

$$3Cu+2BaO_2+\frac{1}{2}Y_2O_3 \xrightarrow{O_2} YBa_2Cu_3O_{7-x}$$

3）热分解法

通过加热分解氢氧化物、草酸盐、碳酸盐、碱式碳酸盐、有机酸盐、硫酸盐获得氧化物固体粉料。热分解的温度、时间和气氛对粉体的晶粒生长和烧结性都有很大的影响。如硫酸铝铵 $[Al_2(NH_4)_2(SO_4)_4 \cdot 24H_2O]$ 在空气中热分解可获得性能良好的 Al_2O_3 粉末：

$$Al_2(NH_4)_2(SO_4)_4 \cdot 24H_2O \xrightarrow{\sim 200℃} Al_2(SO_4)_3 \cdot (NH_4)_2SO_4 \cdot H_2O + 23H_2O\uparrow$$

$$Al_2(SO_4)_3 \cdot (NH_4)_2SO_4 \cdot H_2O \xrightarrow{500\sim600℃} Al_2(SO_4)_3 + 2NH_3\uparrow + SO_3\uparrow + 2H_2O\uparrow$$

$$Al_2(SO_4)_3 \xrightarrow{800\sim900℃} \gamma\text{-}Al_2O_3 + 3SO_3\uparrow$$

$$\gamma\text{-}Al_2O_3 \xrightarrow{1\,300℃,\ 1.5\sim2.0h} \alpha\text{-}Al_2O_3$$

4）爆炸法

利用瞬间的高温高压反应制备微粉。

2. 液相法

液相法制取粉末主要可分为沉淀法和溶胶-凝胶法两大类，后者常常是制取超细陶瓷粉的有效方法。

（1）沉淀法。易溶性的金属化合物之间，易溶性的金属化合物与溶剂、沉淀剂间通过氧化还原、水解、复分解等反应得到各种金属氧化物、复合氧化物以及不溶性的金属盐。

利用水溶液制备氧化物粉末的方法是从制备二氧化硅和三氧化二铝粉开始的。沉淀法的实质是在某种金属盐溶液中添加沉淀剂制成另一种盐或氢氧化物，之后热分解而得该金属的氧化物。

如果使用两种金属的盐同时沉淀，可得到复合的金属氧化物粉末，这种方法常称为共沉淀法。共沉淀法生产的复合氧化物粉末纯度高、组分均匀，用一般的固相混合加球磨粉碎的方法是难以达到的。这种复合氧化物粉末可以直接用来制成复杂陶瓷。

在金属盐溶液中加入沉淀剂时，即使沉淀剂的含量很低，并不断搅拌，沉淀剂的浓度在局部也会很高，从而难免会作为杂质引入。如果不外加沉淀剂，而是在溶液内部自己生成，上述问题就可避免。在内部生成沉淀剂而且立即消耗掉，所以沉淀剂的浓度可始终保持很低的状态，因此沉淀的纯度高。溶液内部自己产生沉淀剂的这种沉淀方法，称为均匀沉淀法。尿素就是一个很好的内部沉淀剂，其水溶液加热到70℃左右发生如下水解反应：

$$CO(NH_2)_2 + 3H_2O \Longrightarrow 2NH_3 \cdot H_2O + CO_2$$

尿素水解后能与 Fe，Al，Sn，Ga，Th，Zr 等金属的化合物反应生成氢氧化物或碱式盐沉淀。利用这种方法还可以生成磷酸盐、草酸盐、碳酸盐等。

(2) 溶胶-凝胶(sol-gel)法。根据溶胶-凝胶法的基本工艺以无机盐、有机醇盐或金属有机化合物为起始原料可以制备超细氧化物、复合氧化物和非氧化物陶瓷粉体。由于胶体粒径通常都是在几十纳米以下，所以溶胶有透明性。胶体十分稳定，可以使多种金属离子均匀稳定地分布于其中。胶体经脱水后就变成凝胶，从而可获得活性极高的超细粉。这种方法最早于20世纪60年代中期就用来制造 ThO₂。所得 ThO₂ 粉烧结性良好，在 1 150℃就可烧得相对密度为0.99的制品。

(3) 溶剂蒸发法(solvent evaporation)。沉淀法制粉的缺点是：沉淀剂有可能作为杂质混入粉末中；凝胶状的沉淀很难水洗和过滤；水洗时，一部分沉淀物还可能再溶解等。为了解决这些问题，发展了不用沉淀剂的溶剂蒸发法，其过程是由金属盐溶液经雾化后，通过有机介质或热风或高温液体或高温气体或低温液体等使溶剂挥发或脱水，得到金属盐的颗粒，然后进行热分解得到氧化物粉末。

(4) 微乳液法。利用微乳液法可以制备超微细、单分散的氧化物和复合氧化物陶瓷原粉。

(5) 水热法和溶剂热法。利用水热法和溶剂热法可以直接合成单分散具有特定形貌的纳米氧化物陶瓷原料。

3. 气相法

(1) 气相热分解。将无机金属盐、有机醇盐或金属有机化合物的溶液汽化后，使之在一定的温度下和特定的装置中分解，得到单分散的微粉。

(2) 化学气相沉积法。利用化学气相沉积法可以得到高纯度、超微细的氧化物、氮化物和碳化物及其复合物粉体。

8.1.3　精细陶瓷的成型

成型是将粉体转变成具有一定形状、体积和强度的坯体的过程。成型方法和技术的选择是根据制品的性能要求、形状、产量和经济效益等综合因素决定的。为了调整和改善原粉的物理、化学性质，满足后续工序和产品性能的需要，通常情况下，原粉在使用前需要经过预处理。

1. 原粉的预处理

煅烧可以除去原粉中易挥发的杂质、化学物理吸附的气体、水分及有机物。使晶形发生转换，颗粒收缩，使粒径、比表面积发生改变。

采用干法和湿法，配合合适的添加剂，对原粉进行混合处理，使原粉尽可能均匀分布，以提高产品合格率。添加剂通常为水或易挥发、可燃烧的有机物质，这些物质易除去且不留残渣。

通过加入较理想的塑化剂，对原粉进行塑化处理，使物料具有可塑性。塑化剂包括无机和有机塑化剂。一般由三类物质组成，即黏结剂、增塑剂和溶剂。理想的塑化剂要考虑成型方法、物料性质、制品性能要求、塑化剂的价格以及烧结时能否排除和排除的温度高低等因素。

原粉制粒能获得良好的烧结性能并且能提高精细陶瓷的品质。制粒方法有普通制粒、压块制粒和喷雾制粒三类。

2. 粉料的成型

成型的目的是将粉末制成要求形状的半成品。将粉料制成一定形状的半成品有多种方法。主要的有干压成型、浆料成型、可塑成型、注射成型(热压注成型)。

1)干压成型

(1)钢模压制。这是最常用的成型方法。压制原理示意图如图 8.1 所示。由于粉末颗粒之间，粉末与模块、模壁之间的摩擦，使压制压力损失，造成压坯密度分布不均匀。单向压制时，密度沿高度方向降低。为了改善压坯密度的分布，一方面可以改为双向压制(包括用浮动阴模)，另一方面可以在粉末中混入润滑剂，如油酸、硬脂酸锌、硬脂酸镁、石蜡汽油溶液等。陶瓷材料的压制压力一般为 40~100MPa。模压成型一般适用于形状简单、尺寸较小的制品。钢模压制易于实现自动化。

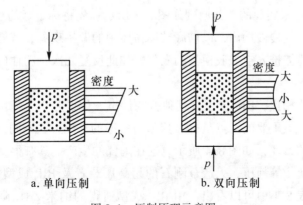

a. 单向压制　　　　b. 双向压制

图 8.1　压制原理示意图

（2）等静压制。等静压制与钢模压制相比有以下优点：①能压制具有凹形、空心、细长件以及其他复杂形状的零件；②摩擦损耗小，成型压力较低；③压力从各个方向传递，压坯密度分布均匀、压坯强度高；④模具成本低廉。等静压制的缺点是：压坯尺寸和形状不易精确控制，生产率较低不易实行自动化。后一个缺点在一定程度上可被干袋式等静压方法（dry bag isostatic pressing）克服。这种方法因操作人员不与液体介质接触，故称"干袋"，单台生产率已可达 500~3 800 件/小时。干袋式等静压制一般适用生产陶瓷球、管、过滤器、磨轮、火花塞等。陶瓷的压制压力一般为 70~200MPa。通常采用天然橡胶、氯丁橡胶、聚氨基甲酸酯、聚氯乙烯等做模具。

冷等静压成型是当前很常用的一种成型方法。冷等静压成型是将较低压力下干压成型的坯体置于一橡皮模内密封，在高压容器中以液体为压力传递介质，使坯体均匀受压，得到的生坯密度高、均匀性好。

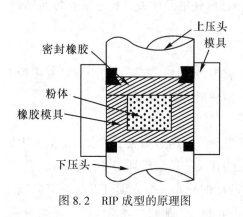

图 8.2　RIP 成型的原理图

橡胶等静压成型（rubber isostatic pressing, RIP）是最近出现的一种新型的成型方法，利用这种方法，不仅可以获得较高的压力，而且所得试样也比较大。

图 8.2 是 RIP 成型的原理图。橡胶模具被置于钢模中，粉体放入橡胶模具的空腔内，然后在上、下压头的作用下粉体被压制成型。与一般干压的区别是，RIP 成型时由于橡胶发生形变，粉体不仅会受到上下压头方向的压力，而且受到来自侧向的压力，因此受力均匀，类似于等静压。另外，通过调节橡胶模具的形状和厚度，还可控制粉体的受压过程，以达到最佳的成型效果。

橡胶等静压成型的关键在于将粉体均匀地装入橡胶模具中。这一过程是通过空气振动技术（air taping，AT）来实现的，其原理如图 8.3 所示。先将称量好的粉体倒入空腔中，加上盖后将空腔中的空气慢慢抽出，以彻底破坏粉体中的架桥现象和气孔，然后再往空腔中迅速注入空气，将粉体推入空橡胶模具的底部。如此反复几次，粉体的表观密度即为振实密度。

与其他成型方法相比，RIP 成型有其独特的优点，如误差小、速度快、坯体均匀、模具价格低廉等，另外最重要的一点是 RIP 成型与一般的干压方法不同，它可以很方便地压制不同大小和形状的素坯，如图 8.4 所示。这在陶瓷的生产上具有很高的实用价值。

表 8.1 是用普通冷等静压、人造金刚石的超高压装置及 RIP 成型制得的纳米 ZrO_2 陶瓷素坯的比较。从表 8.1 中可以看出，用 RIP 成型所得的纳米 ZrO_2 陶瓷素坯的相对密度比较高，样品也比较大，兼有冷等静压和超高压成型两者的优点。

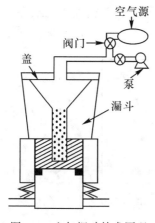

图 8.3 空气振动技术原理

图 8.4 不同大小和形状的素坯

表 8.1 不同成型方法所得 Y-TZP 素坯的比较

成型方法	CIP	超高压	RIP
压力/MPa	450	~3 000	~1 000
相对密度/%	47	60	54
质量/g	–	<45	16

图 8.5 是用 RIP 方法制得的 Y-TZP 素坯的气孔分布曲线。由于所加压力大，橡胶等静压成型后素坯中的平均气孔小于冷等静压成型后素坯的气孔。

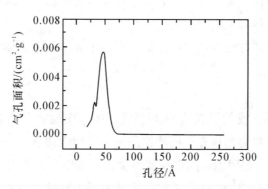

图 8.5 Y-TZP 素坯的气孔分布曲线图

由于素坯密度高，样品可在较低的温度下烧结。图 8.6 是橡胶等静压成型和普通冷等静压成型所得纳米 Y-TZP 素坯的烧结曲线。可以看到，由 RIP 成型的素坯在 1 100℃时相对密度就可达 97%，而同一温度下冷等静压成型所得坯体的相对密度为 92%左右。

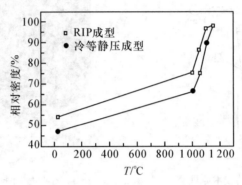

图 8.6　橡胶等静压成型和普通冷等静压成型
所得纳米 Y-TZP 素坯的烧结曲线

2）浆料成型

所谓浆料成型是指在粉料中加入适量的水或有机液体以及少量的电解质形成相对稳定的悬浮液，将悬浮液注入石膏模中，让石膏模吸去水分，达到成型的目的。浆料成型的关键是获得好的粉浆。它要求：①粉浆有良好的流动性，足够小的黏度，以便倾注；②当粉浆中固液比发生某种程度的变化时，其黏度变化要小，以便在浇注空心件时，容易倾除模内剩余的粉浆；③良好的悬浮性，足够的稳定性，以便粉浆可以贮存一定的时间，同时在大批量浇注时，前后粉浆性能一致；④粉浆中水分被石膏吸收的速度要适当，以便控制空心坯件的壁厚和防止坯件开裂；⑤干燥后坯件易于与模壁脱开，以便脱模；⑥脱膜后的坯件必须有足够的强度和尽可能大的密度。

浆料成型的主要工艺方法有：空心注浆、实心注浆、压力注浆、离心注浆、真空注浆和流延成型等。

3）可塑成型

可塑泥团是由固相、液相组成的塑性-黏性系统，由粉料、黏结剂、增塑剂和溶剂组成。可塑泥团与粉浆的重要差别在于固液比不同。可塑泥团含水一般为 19%~26%，而粉浆含水高达 30%~35%。泥团颗粒间存在着两种力：①吸力，主要有范德华力、静电引力和毛细管力。吸力作用范围约 2nm。毛细管力是泥团颗粒间引力的主要来源；②斥力，在水介质中斥力作用范围约 20nm。

可塑成型要求泥团有一定的可塑性，影响泥团可塑性的主要因素有：陶瓷原料的性质和组成、吸附离子的影响和溶剂的影响。

4）注射成型

注射成型又称热压注成型，是在压力下把熔化的含蜡料浆（简称蜡浆）注满金属模中，冷却后脱膜得到坯件，然后排蜡和烧结。这种方法生产的产品尺寸精确，光洁度高，结构致密，已广泛应用于制造形状复杂、尺寸和质量要求高的精细陶瓷产品。

注射成型常用石蜡为增塑剂，它有以下优点：①熔点低，成型可在 70~80℃ 进行，容易操作；②石蜡熔化后，黏度小，易填满模腔，有润滑性，不磨损模具，冷却后坯件有一定的强度；③石蜡冷却后有 7%~8% 的收缩，容易脱模；④一般不与粉料反应；⑤来源丰富，价格低廉。

因为陶瓷粉颗粒表面一般都带有电荷，具有极性，是亲水的，而石蜡是非极性，憎水的。这样，陶瓷粉料和石蜡不易吸附，长期加热容易产生沉淀现象。表面活性物质一方面有亲水基（即羧基 COOH），与陶瓷粉容易吸附；另一方面又有亲油基，与石蜡能够吸附。通过表面活性物质的桥梁作用，使陶瓷和石蜡间接地吸附在一起。常用的表面活性物质有油酸、硬脂酸、蜂蜡等。

8.1.4 精细陶瓷的烧结

烧结是陶瓷材料致密化、晶粒长大、晶界形成的过程，是陶瓷制备过程中最重要的阶段。烧结的实质是粉末坯块在适当环境或气氛中受热，通过一系列物理化学变化，使粉末颗粒间的黏结发生质的变化，坯块强度和密度迅速增加，其他物理力学性能也得到明显的改善。烧结决定产品的最终性能，因此谨慎地控制烧结过程是十分重要的。

烧结是一个复杂的物理化学变化过程。烧结机制经过长期的研究，可归纳为：黏性流动、蒸发与凝聚、体扩散、表面扩散、晶界塑性流动等。实践说明：用任何一种机制去解释某一具体烧结过程都是困难的，烧结是一个复杂的过程，是多种机制作用的结果。精细陶瓷常用的烧结方法如下。

1. 无压烧结

无压烧结设备简单，易于工业化生产，是目前最基本的烧结方法。在烧结过程中，颗粒粗化（coarsening）、素坯致密化（densification）、晶粒生长（grain growth）三者的活化能不相同，其中 $Q_g > Q_d > Q_c$，因此这三者的动力学过程与温度有不同的依赖关系，即颗粒粗化、素坯致密化、晶粒生长三者主要在不同的温度区间进行。利用这种关系，就可通过烧结温度的控制，获得致密化速率大、晶粒生长较慢的烧结条件。烧结制度的控制，主要是控制升（降）温速度、保温时间及最高温度等。最常用的无压烧结为等速烧结。

在无压烧结中，由于温度制度是唯一可控制的因素，故对材料烧结的控制相对比较困难，致密化过程受到粉体性质、素坯密度等因素的影响十分严重。这里，以无压烧结制备纳米 Y-TZP 陶瓷为例分析各种因素对烧结的影响。

纳米 ZrO_2(3Y) 粉体采用醇-水溶液加热法合成。将煅烧后所得粉体干压成型，经 450MPa 冷等静压压成素坯。在预定温度下无压等温烧结，保温时间为 2h，升温速度为 2~5℃/min。最后自然冷却，得到不同密度的 Y-TZP 陶瓷。

密度与晶粒的变化是烧结过程中最基本的变化。图 8.7 是纳米 Y-TZP 陶瓷密度与烧结温度的关系。从图 8.7 中可见，和普通陶瓷一样，纳米 Y-TZP 陶瓷的无压烧结大致也可分为三个阶段：①烧结初期：从室温到 1 000℃之前。坯体的相对密度从 47% 增加到 62%，变化较小；②烧结中期：烧结温度在 1 000~1 150℃之间，坯体的密度迅速提高到 96% 以上；③烧结后期：烧结温度高于 1 150℃，坯体接近致密化。图 8.8 是材料晶粒生长与烧结温度的关系。从图 8.8 中可以看到，晶粒生长可分为两个阶段，

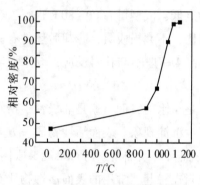

图 8.7　密度与烧结温度的关系

在温度低于 1 300℃时，晶粒生长比较缓慢；而温度继续升高时，晶粒迅速生长。比较图 8.7 和图 8.8 可以发现，在 1 150~1 300℃之间，虽然材料已基本致密，但晶粒并未迅速长大，这与一般经典理论所说到的烧结末期后晶粒迅速长大似乎不大相符。其原因可能是：由于纳米 Y-TZP 材料在 1 100℃以上烧结时，晶粒中的 Y^{3+} 会向晶界析出，并在晶界富集，从而阻止了晶粒长大，因此在一定温度下，即使在烧结后期晶粒生长也会受到抑制。有人认为，纳米 Y-TZP 的烧结中期与后期，晶粒生长指数 n 都为 3，即遵循相同的扩散形式，这也可部分解释图 8.8 的结果。比较图 8.7 和图 8.8 可知，在 1 150℃时可获得烧结密度达 97.5%、晶粒大小仅 90nm 左右的纳米 Y-TZP 材料。

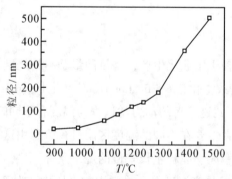

图 8.8　纳米 Y-TZP 陶瓷晶粒生长与烧结温度的关系

无压烧结可控制的因素少，因此容易受各种外在因素的影响。粉体的煅烧温度就是影响烧结的因素之一。图 8.9 是 400℃，450℃和 600℃下煅烧纳米Y-TZP粉体的烧结曲线的

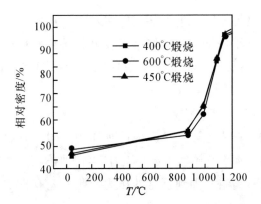

图 8.9   不同温度下煅烧纳米 Y-TZP 粉体的烧结曲线的比较

比较。从图 8.9 中可以看到,在这几种温度下煅烧的粉体所制坯体的致密化过程基本是同步进行的。在 1 000℃之前,三种坯体的相对密度都只从46%～48%增加到62%～63%,变化较小。当烧结温度在 1 000～1 150℃时,坯体的密度都迅速升高,从63%左右提高到96%以上。而当烧结温度继续升高时,坯体已接近致密化,相对密度仅稍有提高。但煅烧温度对烧结还是有一些影响。从图 8.9 中也可以看出,当烧结温度过高时(600℃),由于颗粒较大、比表面能小,烧结动力也比较小,所得 Y-TZP 陶瓷的密度较低;但煅烧温度过低(400℃)时,会因粉体中残余基团未除尽而阻碍坯体的致密化。而煅烧温度为450℃时,粉体粒径较小,同时残余基团较少,结果坯体在相同温度下烧结体的相对密度最高。

升温速率是无压烧结中可以人为控制的因素之一。很多情况下,升温速率不同,最后的烧结结果也不一样。但并不是不同的升温速率就一定会出现不同的烧结结果。如纳米 Y-TZP 陶瓷的烧结过程中,升温速率为 5℃/min 和 2℃/min 比较常见,但这两种升温速率对烧结结果的影响并不明显(如表 8.2 所示)。

表 8.2   烧结升温速率与坯体相对应的关系

升温速率	1 000℃	1 100℃	1 200℃
5℃/min	65%	87%	98.5%
2℃/min	66%	87%	98.6%

一般认为,升温速率快而造成 Y-TZP 陶瓷密度较低的原因为:一是粉体中残存的 Cl⁻ 离子不能及时排出而包裹在坯体中;二是 Y-TZP 材料的低热传导率造成坯体内外存在热梯度。

2. 热压烧结

如果加热粉体同时进行加压，那么烧结主要取决于塑性流动，而不是扩散，对于同一材料而言，压力烧结与常压烧结相比，烧结温度低得多，而且烧结体中气孔率也低。另外，由于在较低的温度下烧结，抑制了晶粒成长，所得的烧结体致密，且具有较高的强度。

1）一般热压法（又叫压力烧结法）

它是对较难烧结的粉料或生坯在模具内施加压力，同时升温烧结的工艺。加压操作有：恒压法，整个升温过程中都施加预定的压力；高温加压法，高温阶段才加压力；分段加压法，低温时加低压，高温时加到预定的压力。此外还有真空热压烧结、气氛热压烧结、连续加压烧结等。

在热压法中，使用最广泛的模具材料是石墨。但因目的的不同也可选用氧化铝和碳化硅等。加热方式几乎都采用高频感应方法。对于导电性能好的模具，也可采用低电压、大电流的直接加热方式。热压法的缺点是加热冷却时间长，而且产品必须加工处理，生产效率低。

2）高温等静压法

高温等静压（HIP）法，就受等静压作用这一点而言，类似于成型方法中所述的等静压成型。高温等静压法中用金属箔代替加压成型中的橡胶模具，用气体代替液体，使金属箔内的粉料均匀受压，通常所用的气体为氦气、氩气等惰性气体。模具材料有金属箔（低碳钢、镍、铂）、玻璃等。也可先在大气压下烧成具有一定形状的非致密体，然后进行高温等静压烧结（可以不用金属箔模具）。

和一般热压法相比，HIP 法使物料受到各向同性的压力，因而陶瓷的显微结构均匀。另外 HIP 法中施加压力高，这样就能使陶瓷坯体在较低的温度下烧结，使常压不能烧结的材料有可能烧结。就氧化铝陶瓷而言，常压下普通烧结，必须烧至 1 800℃ 以上的高温，热压（20MPa）烧结需要烧至 1 500℃ 左右；而 HIP（400MPa）烧结，在 1 000℃ 左右的较低温度下就已经致密化了。

3. 其他烧结方法

随着科学的不断发展，新的精细陶瓷的烧结方法不断产生。

1）电场烧结

陶瓷坯体在直流电场作用下的烧结。某些高居里点的铁电陶瓷，如铌酸钾陶瓷在其烧结温度下对坯体的两端施加直流电场，待冷却至居里点（T_c = 1 210℃）以下撤去电场，即可得到有压电性的陶瓷样品。

2）超高压烧结

热压烧结是在加热粉体的同时施加一定的压力，使样品的致密化主要依靠外加压力作用下物质的迁移而完成的一种烧结方法。但是当人们将热压烧结应用于纳米陶瓷的制备时，却往往不能获得预期的成功，即热压烧结并不能有效地降低纳米粉体的烧结温度。经过研究，人们发现主要原因是普通热压烧结所施加的外压过低，无法达到"阈值"所致。于是，超高压烧结便应运而生。利用超高压烧结，人们成功地获得了密度达 98.2%，晶粒不到 100nm 的纳米 Al_2O_3 陶瓷。

图 8.10 是超高压烧结装置结构图。利用这种装置，可在 2 000℃ 下获得高达 8GPa 的超高压。首先利用化学气相沉积法制得晶粒为 18nm 的 $\gamma\text{-}Al_2O_3$ 粉体，将所得粉体在 500MPa 的压力下压成素坯，然后用钽箔和钼箔将素坯包裹起来以避免与石墨坩埚直接接触。将反应池置于高压装置的压头间，在 $1\sim8GPa$ 和 $400\sim800℃$ 的条件烧结 $15\sim30min$，获得高 4mm、直径为 4mm 的纳米 Al_2O_3 陶瓷。

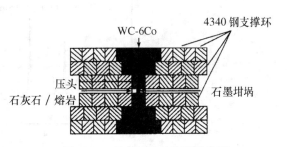

图 8.10 超高压烧结装置结构图

在无压烧结状态下，$\gamma\text{-}Al_2O_3$ 粉体在 $1\,100\sim1\,200℃$ 下仍可保持稳定，而且，当发生相转变时，会导致晶粒的迅速生长，产生所谓的蠕虫状结构，使得烧结温度大大提高，这对于制备纳米陶瓷是极为不利的。而在外压作用下，从 $\gamma\text{-}Al_2O_3$ 到 $\alpha\text{-}Al_2O_3$ 的相转变温度可以大大降低。图 8.11 是 Al_2O_3 相转变温度随外压变化的曲线。从图 8.11 可以看到，相转变温度当无外压作用时为 $1\,075℃$，当外压为 $1.0GPa$ 时为 $800℃$，当外压为 $2.5GPa$ 时为 $640℃$，而当外压提高到 $8GPa$ 时，相变温度仅为 $460℃$。更深入的研究表明，外压的作用主要是提高了 $\alpha\text{-}Al_2O_3$ 晶核的形成速率，同时抑制了其晶粒的长大，因此在烧结温度相同

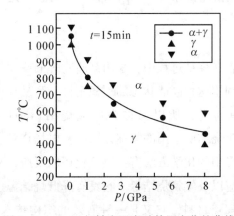

图 8.11 Al_2O_3 相转变温度随外压变化的曲线

时，更高的外压下所得瓷体密度高而晶粒小。因此，利用这一特性，就可以在高压低温的条件下，获得纳米 Al_2O_3 陶瓷。图 8.12 为在 8GPa，800℃下烧结 15min 所得的纳米 Al_2O_3 陶瓷 XRD 谱，所有衍射峰均为 α 相。

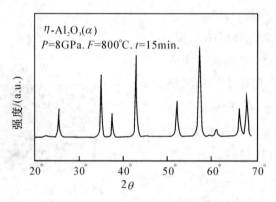

图 8.12　纳米 α-Al_2O_3 陶瓷的 XRD 谱

纳米 Al_2O_3 粉体的比表面积很大，很容易吸附化学物质，特别是空气中的水汽，形成氧化铝水合物如 $Al_2O_3 \cdot H_2O$，$Al_2O_3 \cdot 1/5 H_2O$ 等。这样，烧结过程总是在化学吸附的气体的包围中进行。在无压烧结的情况下，由于烧结温度高，这些水汽很早就分解并从坯体中排出，故对 Al_2O_3 陶瓷烧结的影响不是很明显。而在超高压烧结过程中，这种影响就比较突出。研究发现，在有氧化铝水合物存在的情况下，Al_2O_3 相转变时的晶粒生长迅速，很难控制。这是因为这时的相转变不是从 γ-Al_2O_3 到 α-Al_2O_3，而是从氧化铝水合物到 α-Al_2O_3，而这种相转变很容易引起晶粒的生长。由此可见，要在超高压烧结中成功制备出纳米 Al_2O_3 陶瓷，必须首先彻底去除粉体中的结合水。对粉体进行真空处理可以有效地除去其中的结合水。

3）活化烧结

其原理是在烧结前或者在烧结过程中，采用某些物理的或化学的方法，使反应物的原子或分子处于高能状态，利用这种高能状态的不稳定性，容易释放出能量而变成低能态的特性，作为强化烧结的新工艺，所以又称为反应烧结（reactive sintering）或强化烧结（intensified sintering）。活化烧结所采用的物理方法有：电场烧结、磁场烧结、超声波或辐射等作用下的烧结等。所采用的化学方法有：以氧化还原反应，氧化物、卤化物和氢氧化物的离解为基础的化学反应以及气氛烧结等。它具有降低烧结温度、缩短烧结时间、改善烧结效果等优点。对某些陶瓷材料，它又是一种有效的织构技术。也有利用物质在相变、脱水和其他分解过程中，原子或离子间结合被破坏，使其处于不稳定的活性状态，如使其比表面积提高、表面缺陷增多；加入可在烧结过程中生成新生态分子的物质；加入可在促使烧结物料形成固溶体的物质；增加晶格缺陷的物质，皆属活化烧结。另外，加入微量可形成活性液相的物质，促进物料玻璃化，适当降低液相黏度，润湿固相，促进固相溶解和重结晶等，也均属活化烧结。以下介绍氮化硅(Si_3N_4)、氧氮化硅(Si_2ON_2)和碳化硅(SiC)等的烧结。

烧结 Si_3N_4 是将多孔硅压坯在 1 400℃ 左右和烧结气氛 N_2 发生作用形成的 Si_3N_4。由于是放热反应，所以正确控制反应速度是十分重要的。如果反应速度过高，将会使坯块局部温度超过硅的熔点。这样，一方面将阻碍反应的进一步进行，另一方面使已反应的物料形成粗大的晶粒。随着反应的进行，氮气扩散愈来愈困难，所以反应很难彻底，产品相对密度较低，一般只能达到90%左右。

烧结 Si_2ON_2 是将 Si，SiO_2 和 CaF_2（或 CaO，MgO 等玻璃形成剂）混合，压成坯体，在高温下 Si 与烧结气氛氮发生反应，CaF_2，CaO，MgO 等与 SiO_2 形成玻璃相。氮溶解入熔融的玻璃中，Si_2ON_2 晶体从被氮饱和的玻璃相中析出。反应烧结氧氮化硅的密度可大于90%。

烧结 SiC 是将 SiC-C 多孔坯块用液态硅浸渍反应而制成的。

以上烧结的特点是坯块在烧结过程中尺寸基本不变，可制得尺寸精确的制件，同时工艺简单、经济，适于大批量生产。缺点是材料力学性能不高，这是由于密度较低所造成的。

4) 放电等离子烧结(spark plasma sintering，SPS)

SPS 最早出现在 20 世纪 60 年代。现在的 SPS 系统是在 PAS(plasma activated sintering)的基础上设计出来的，日本住友石碳矿业株式会社制造，商品名为 Dr. Sinter。该系统利用脉冲能、放电脉冲压力和焦耳热产生的瞬时高温场来实现烧结过程，结合最新的软件和硬件技术，已发展成为可用于工业生产的实用设备。

放电等离子烧结系统的结构如图 8.13 所示。住友石碳矿业株式会社的 SPS 系统包括一个垂直单向加压装置和加压显示系统；一个特制的带水冷却的通电装置和特制的直流脉冲烧结电源；一个水冷真空室和真空/空气/氩气气氛控制系统；冷却水控制系统和温度测量系统、位置测量系统和位移速率测量系统、各种内锁安全装置和所有这些装置的中央控制操作面板。

从图 8.13 中可以看出，放电等离子烧结是压力烧结的一种，除具有热压烧结的特点外，其主要特点是通过瞬时产生的放电等离子使烧结体内部每个颗粒均匀地自身发热和使颗粒表面活化，因而具有非常高的热效率，可在相当短的时间内使烧结体达到致密。

传统的热压烧结主要是通过通电产生的焦耳热(I^2R)和加压造成的塑性变形这两个因素来促使烧结过程的进行。而 SPS 过程除了上述作用外，在压实颗粒样品上施加了由特殊

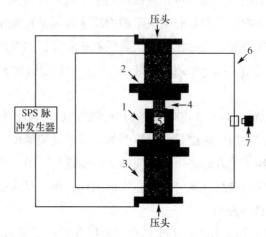

1—石墨模具；2—石墨块；3—压头；
4—冲头；5—样品；6—真空室；7—光学温度计

图 8.13　放电等离子烧结系统的结构

电源产生的直流脉冲电压，并有效地利用了粉体颗粒间放电所产生的自发热作用。在压实颗粒样品上施加脉冲电压产生了在通常热压烧结中没有的各种有利于烧结的现象。

在 SPS 过程中有一个非常重要的作用，在粉体颗粒间高速升温后，晶粒间结合处通过热扩散迅速冷却，施加脉冲电压使所加的能量可以在观察烧结过程的同时高精度地加以控制，电场的作用也因离子高速迁移而造成高速扩散。通过重复施加开关电压，放电点（局部高温源）在压实颗粒间移动而布满整个样品，这就使样品均匀地发热和节约能源。能使高能脉冲集中在晶粒结合处是 SPS 过程不同于其他烧结过程的一个主要特点。

SPS 过程中，当在晶粒间的空隙处放电时，会瞬时产生高达几千度至一万度的局部高温，这在晶粒表面引起蒸发和熔化，并在晶粒接触点形成"颈部"，对金属而言，即形成焊接状态，由于热量立即从发热中心传递到晶粒表面和向四周扩散，因此所形成的颈部快速冷却。因颈部的蒸气压低于其他部位，气相物质凝聚在颈部而达成物质的蒸发-凝聚传递。与通常的烧结方法相比，SPS 过程中的蒸发-凝聚的物质传递要强得多，这是 SPS 过程的另一个特点。同时在 SPS 过程中，晶粒表面容易活化，通过表面扩散的物质传递也得到了促进。晶粒受脉冲电流加热和垂直单向压力的作用，体扩散和晶界扩散都得到加强，晶粒间的滑移也有可能加强，从而加速了烧结致密化的过程，因此用比较低的温度和比较短的时间就可以得到高质量的烧结体。图 8.14 是 SPS 烧结过程的示意图。

SPS 系统可用于短时间、低温、高压（500~1 000MPa）烧结，也可以用于低压（20~30MPa）、高温（1 000~2 000℃）烧结，因此可广泛地用于金属、陶瓷和各种复合材料的烧结，包括一些用通常方法难以烧结的材料。例如，表面容易生成硬的氧化层的金属钛和金属铝用 SPS 可以在短时间烧结到 99%～100% 致密。同样，SPS 也可用于纳米陶瓷的烧结。

首先，采用沉淀法制备纳米 ZnO 粉体，粉体颗粒大小约 25nm。把煅烧后的粉体装入内径为 30mm 的石墨模具中，在真空气氛中以大约 200℃/min 的升温速度加热到预定的烧结温度。所加压力为 30MPa，到达烧结温度后保温 1min。然后减去压力，迅速降温，获得纳米 ZnO 陶瓷。

作为一种新型的烧结方法，放电等离子烧结有很高的烧结效率。微波烧结是一种常见的快速烧结方法，将微波烧结与放电等离子烧结做一比较（如图 8.15 所示），就可以看出，放电等离子的烧结效率极高。微波烧结下 ZnO 至少要达到 900℃ 才能达到较高的致密度，而在放电等离子烧结的条件下，在 550℃ 下 ZnO 的相对密度就可达到 98.5%。

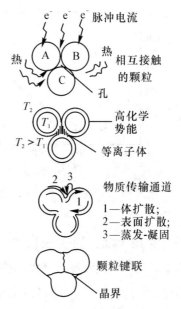

图 8.14 SPS 烧结过程示意图

放电等离子烧结制备纳米 ZnO 陶瓷时，必须严格控制烧结温度，这是由于温度过高，一方面会使坯体的密度下降（见图 8.15），另一方面晶粒也能迅速长大，如图 8.16 所示。研究表明，当烧结温度过高时，会在 ZnO 坯体中产生不均匀的热传导，导致晶粒迅速生长。

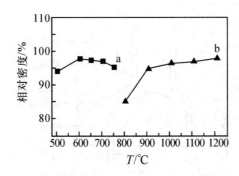

a—放电等离子烧结；b—微波烧结

图 8.15 微波烧结与放电等离子烧结的比较

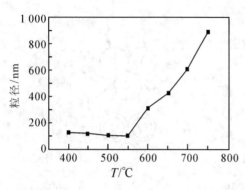

图 8.16　SPS 烧结中的晶粒生长曲线

e. 爆炸烧结

在纳米陶瓷的烧结过程中，利用外压促进坯体的致密化是一种非常有效的方法。但由于技术设备及成本问题，在一般的压力辅助烧结如一般热压、高温等静压或超高压烧结中，其外加的压力很难进一步提高。因此，一些特殊的烧结方法被引入，爆炸烧结就是其中的一种。爆炸烧结是 20 世纪 50 年代发展起来的，从 20 世纪 80年代开始用于陶瓷的制备并很快成为研究的热点。其基本原理是：粉体在冲击波载荷下，受绝热压缩及颗粒间摩擦、碰撞和挤压作用，在晶界区域产生附加热能而引起的烧结。爆炸烧结持续时间极短（10^{-6}s）可以抑制晶粒生长，同时冲击波产生的极高动压（几十吉帕）可使粉体迅速形成致密块体，因此有利于制备纳米陶瓷。纳米氧化铝陶瓷的爆炸烧结就是一例。

首先利用湿化学法制得粒径为 40nm 左右的 $\alpha\text{-}Al_2O_3$ 纳米粉。用 TNT、2 号岩石炸药和少量 RDX 配制成混合炸药。先在金属容器外围预装好配制好的混合炸药，再将 $\alpha\text{-}Al_2O_3$ 纳米粉装填在柱状金属容器内并压实，然后将纳米粉体预热到一定温度后将炸药引爆。在柱面冲击波的作用下纳米粉体瞬间被烧结成相对密度为 96% ~ 100% 的纳米 Al_2O_3 陶瓷。图 8.17 为爆炸烧结过程示意图。

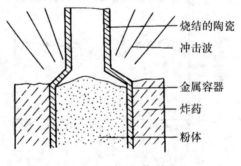

图 8.17　爆炸烧结过程示意图

8.2　纳米粉体材料的合成

8.2.1　引言

纳米科学技术是 20 世纪 80 年代末期兴起，并正在迅猛发展的交叉科学的前沿领域。它的基本含义是在纳米尺寸范围内认识和改造自然，通过直接操作和安排原子、分子创制新的物质。纳米科技是研究由尺寸在 0.1~100nm 之间的物质所组成体系的运动规律和相互作用，及其实用技术问题的科学技术。它主要包括纳米体系物理学、纳米化学、纳米材料学、纳米生物学、纳米电子学、纳米加工学和纳米力学。

纳米材料和技术是纳米科学技术领域最富有活力、研究内涵十分丰富的学科分支。广义地讲，纳米材料是指在三维空间中至少有一维处于纳米尺度范围或由它们作为基本单元构成的材料。纳米材料可分为两个层次，纳米微粒和纳米固体。前者指单个纳米尺寸的超微粒子、纳米微粒的集合体称谓零维超微粉末或纳米粉。纳米固体是由纳米微粒聚集而成，它包括三维的纳米块体、二维纳米薄膜和一维纳米线。

大多数纳米粒子呈现为单晶，较大的纳米粒子中能观察到孪晶界、层错、位错及介稳相存在，也有呈现非晶态或各种介稳相的纳米粒子，因此纳米粒子有时也称为纳米晶。

8.2.2　纳米粒子的基本理论

1. 久保效应

久保(Kubo)效应是针对金属超微颗粒费米面附近电子能级状态分布而提出的，它与通常处理大块材料费米面附近电子能级状态分布的传统理论不同，有新的特点。这是因为当颗粒尺寸进入到纳米级时，由于量子尺寸效应，原大块金属的准连续能级产生离散现象。久保等人指出，金属超微粒子中电子数较少，因而不再遵守费米统计。小于 10nm 的微粒强烈地趋向于电中性，这就是久保效应，它对微粒的比热、磁化强度、超导电性、光和红外吸收等均有影响。

2. 表面与界面效应

纳米粒子尺寸小、表面大、界面多、表面能高，位于表面的原子占相当大的比例。铜粒子的粒径、表面积、表面能和表面结合能之间的关系列于表 8.3 中。表面原子数占全部原子数的比例和粒径之间的关系见图 8.18。从表 8.3 和图 8.18 中可以看出，随着粒径的减小，纳米粒子的表面原子数迅速增加，表面积增大，表面能及表面结合能也迅速增大。由于表面原子所处的环境和结合能与内部原子不同，表面原子周围缺少相邻的原子，有许多悬空键，表面能及表面结合能很大，易与其他原子相结合而稳定下来，故具有很大的化学活性。这种表面状态不但会引起纳米粒子表面原子输运和构型的变化，同时也引起表面电子自旋构象和电子能谱的变化。

表 8.3　　　　　　　　　　铜粒子的粒径、表面积、表面能和表面结合能

粒子直径/nm	表面积/$(cm^2 \cdot mol^{-1})$	表面能/4.142J	表面结合能/4.142J	表面能/体积能
1×10	4.3×10^8	1.6×10^4	2.0×10^{-1}	27.5%
1×10^2	4.3×10^7	1.6×10^3	2.0×10^{-2}	2.75%
1×10^3	4.3×10^6	1.6×10^2	2.0×10^{-3}	0.275%
1×10^4	4.3×10^5	1.6×10^1	2.0×10^{-4}	0.027 5%
1×10^5	4.3×10^4	1.6×10^0	2.0×10^{-5}	0.002 75%

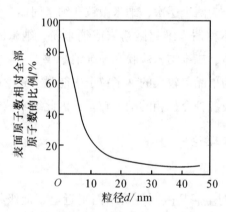

图 8.18　表面原子数占全部原子数的比
例和粒径之间的关系

3. 小尺寸效应

当粒子的尺寸与光波波长、德布罗意波长以及超导态的相干长度或透射深度等物理特征尺寸相当或更小时，晶体周期性的边界条件将被破坏，非晶态纳米微粒的颗粒表面层附近原子密度减小，导致声、光、电、磁、热、力学等特性均随尺寸减小而发生显著变化。例如，光吸收显著增加，并产生吸收峰的等离子共振频移；磁有序态变为磁无序态；超导相向正常相转变；声子谱发生改变等。利用等离子共振频率随颗粒尺寸变化的性质，可以改变颗粒尺寸，控制吸收边的位移，制造具有一定频宽的微波吸收纳米材料，可用于电磁波屏蔽、隐形飞机等。

4. 量子尺寸效应

当粒子尺寸降到某一值时,费米能级附近的电子能级由准连续能级变为离散能级的现象和纳米半导体微粒存在不连续的最高占据分子轨道和最低未被占据分子轨道能级,能级变宽的现象均称为量子尺寸效应。纳米粒子的量子尺寸效应表现在光学吸收光谱上则是其吸收特性从没有结构的宽谱带过渡到具有结构的分立谱带。当能级间距大于热能、磁能、静磁能、静电能、光子能量或超导态的凝聚能时必然导致纳米粒子磁、光、声、热、电以及超导电性与宏观特性有显著不同,引起颗粒的磁化率、比热容、介电常数和光谱线的位移。

5. 宏观量子隧道效应

微观粒子具有贯穿势垒的能力称为隧道效应。人们发现纳米粒子的一些宏观性质,例如磁化强度、量子相干器件中的磁通量及电荷等亦具有隧道效应,它们可以穿越宏观系统的势垒而产生变化,故称为宏观量子隧道效应。用此概念可以定性地解释纳米镍粒子在低温继续保持超顺磁性等现象。宏观量子隧道效应与量子尺寸效应一起,确定了微电子器件进一步微型化的极限,也限定了采用磁带、磁盘进行信息储存的最短时间。

8.2.3 纳米粒子的特性

上述的表面与界面效应、小尺寸效应、量子尺寸效应、宏观量子隧道效应都是纳米微粒与纳米固体的基本属性。它使纳米微粒与纳米固体呈现出许多特性,出现一些反常现象。

1. 物理特性

1)热性质的变化

纳米粒子的熔点、开始烧结温度和晶化温度可以在较低温度时发生。由于颗粒小,表面能高,比表面原子数多,这些表面原子近邻配位不全,活性大以及体积远小于大块材料的纳米粒子熔化时所需增加的内能小得多,这导致纳米粒子的熔点急剧下降。例如块状铅的熔点为600K,而粒径为20nm的球形铅的熔点降低到288K。金微粒的粒径与熔点的关系如图8.19所示。由图可看出,当粒径小于10nm时,熔点急剧下降。

所谓烧结是指把粉末先用高压压制成形,然后在低于熔点的温度下使这些粉末互相结合成块,达到致密化。纳米微粒尺寸小,表面能高,压制成块材后的界面具有高能量,在烧结中高的界面能成为原子运动的驱动力,有利于界面中的孔洞收缩,空位团的湮没。因此,在较低的温度下烧结就能达到致密化的目的,即烧结温度降低。例如,常规 Al_2O_3 烧结温度在2 073~2 173K,在一定条件下,纳米 Al_2O_3 可在1 423~1 773K烧结,致密度可达99.7%。常规 Si_3N_4 烧结温度高于2 273K,纳米氮化硅烧结温度降低673~773K。纳米 TiO_2 在773K加热呈现出明显的致密化,而晶粒仅有微小的增加,致使纳米微粒 TiO_2 在比

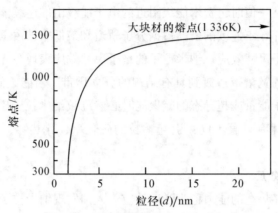

图 8.19　金微粒的粒径与熔点的关系

大晶粒样品低 873K 的温度下烧结就能达到类似的硬度。

非晶纳米微粒的晶化温度低于常规粉体。传统非晶氮化硅在 1 793K 晶化成 α 相，纳米非晶氮化硅微粒在 1 673K 加热 4h 全部转变成 α 相。纳米微粒的开始长大温度随粒径的减小而降低。图 8.20 表明 8，15 和 35 nm 粒径的 Al_2O_3 粒子快速长大的开始温度分别为 ~1 073，~1 273 和 1 423K。

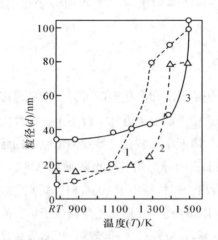

粒径分别为：$d_1 = 8nm$；$d_2 = 15nm$；$d_3 = 35nm$

图 8.20　不同原始粒径的纳米 Al_2O_3 微
粒的粒径随退火温度的变化

某些纳米粒子在低温或超低温条件下几乎没有热阻，导热性能极好，已成为新型低温热交换材料，如采用 70nm 银粉作为热交换材料，可使工作温度达到 $10^{-2} \sim 3 \times 10^{-3} K$。当温度不变时，比热容随晶粒减小而线性增大，13nm 的 Ru 比块体的比热容增加 15%~20%。纳米金属铜的比热容是传统纯铜的 2 倍。

2）磁性的变化

纳米微粒的小尺寸效应、量子尺寸效应、表面效应等使得它具有常规粗晶粒材料所不具备的磁特性。当粒径为 10~100nm 的微粒一般处于单磁畴结构，矫顽力 H_c 增大时，即使不磁化也是永久性磁体。铁系合金纳米粒子的磁性比块状强得多，晶粒的纳米化可使一些抗磁性物质变为顺磁性，如金属 Sb 通常为抗磁性，其 $x = -1 \times 10^{-6} \mathrm{em\mu}/(Oe \cdot g)$，而纳米 Sb 的 $x = 20 \times 10^{-6} \mathrm{em\mu}/(Oe \cdot g)$，表现出顺磁性。

纳米微粒尺寸小到一定临界值时进入超顺磁状态，即变成顺磁体。这时磁化率不再服从居里-韦氏定律。例如，粒径为 85nm 的 Ni 微粒，矫顽力很高，磁化率服从居里-韦氏定律，而粒径小于 15nm 的 Ni 微粒，矫顽力 $H_c \rightarrow 0$，这说明它们进入了超顺磁状态，镍微粒的矫顽力 H_c 与颗粒直径 d 的关系曲线如图8.21所示。

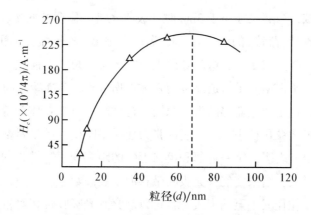

图 8.21 镍微粒的矫顽力 H_c 与颗
粒直径 d 的关系曲线

超顺磁状态的起源可归为以下原因：在小尺寸下，当各向异性能减少到与热运动能可相比拟时，磁化方向就不再固定在一个易磁化方向，易磁化方向作无规律的变化，结果导致超顺磁性的出现。不同种类的纳米磁性微粒显现超顺磁的临界尺寸是不相同的。

3）离子导电性增加

研究表明，纳米 CaF_2 的离子电导率比多晶粉末 CaF_2 高 1~0.8 个数量级，比单晶 CaF_2 高约两个数量级。随着粒子的纳米化，超导临界温度 T_c 逐渐提高。

4）光学性质变化

半导体的纳米粒子的尺寸小于激子态(电子-空穴对)的玻尔(Bohr)半径(5~50nm)时，它的光吸收就发生各种各样的"蓝移"，改变纳米颗粒的尺寸可以改变吸收光谱的波长。与大块材料相比，纳米微粒的吸收带普遍存在"蓝移"现象，即吸收带移向短波长方向。例如，纳米 SiC 颗粒和大块 SiC 固体的峰值红外吸收频率分别是 $814cm^{-1}$ 和 794 cm^{-1}。纳米 SiC 颗粒的红外吸收频率较大块固体蓝移了 $20~cm^{-1}$。纳米氮化硅颗粒和大块 Si_3N_4 固体的峰值红外吸收频率分别是 $949~cm^{-1}$ 和 $935~cm^{-1}$，纳米氮化硅颗粒的红外吸收频率比大块固体蓝移了 $14~cm^{-1}$。由不同粒径的 CdS 纳米微粒的吸收光谱中可以看出，随着微粒尺寸的变小而有明显的蓝移(如图8.22所示)。体相 PbS 的禁带宽度较窄，吸收带在近红外。但是 PbS 体相中的激子玻尔半径较大(大于 10nm)，

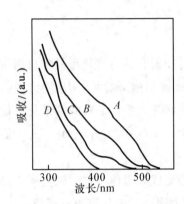

A—6nm；B—4nm；C—2.5nm；D—1nm
图 8.22　CdS 溶胶微粒在不同尺寸下的吸收谱

更容易达到量子限域，当其尺寸小于 3nm 时，吸收光谱已移至可见光区。

对纳米微粒吸收带"蓝移"的解释有几种说法，归纳起来有两个方面：一是量子尺寸效应。由于颗粒尺寸下降能隙变宽，这就导致光吸收带移向短波方向。对这种蓝移现象的普适性解释是，已被电子占据分子轨道能级与未被占据分子轨道能级之间的宽度(能隙)随颗粒直径减小而增大，这是产生蓝移的根本原因。这种解释对半导体和绝缘体都适用。二是表面效应。由于纳米微粒颗粒小。大的表面张力使晶格畸变，晶格常数变小。对纳米氧化物和氮化物小粒子研究表明，第一近邻和第二近邻的距离变短。键长的缩短导致纳米微粒的键本征振动频率增大，结果使红外光吸收带移向了高波数。

在一些情况下，粒径减小至纳米级时，可以观察到光吸收带相对粗晶材料呈现"红移"现象，即吸收带移向长波长。例如，在 200~1 400nm 波长范围，单晶 NiO 呈现 8 个光吸收带，它们的峰位分别为 3.52，3.25，2.95，2.75，2.15，1.95 和 1.13eV，纳米 NiO(粒径在 54~84nm 范围)不呈现 3.52eV 的吸收带，其他 7 个带的峰位分别为 3.30，2.93，2.78，2.25，1.92，1.72 和 1.07eV，很明显，前 4 个光吸收带相对单晶的吸收带发生蓝移，后 3 个光吸收带发生红移。这是因为光吸收带的位置是由影响峰位的蓝移因素和红移因素共同作用的结果，如果前者的影响大于后者，吸收带蓝移，反之，红移。随着粒径的减小，量子尺寸效应会导致吸收带的蓝移，但是粒径减小的同时，颗粒内部的内应力会增加，这种内应力的增加会导致能带结构的变化，电子波函数中叠加大，结果带隙、能级间距变窄，这就导致电子由低能级向高能级及半导体电子由价带到导带跃迁引起的光吸收带和吸收边发生红移。纳米 NiO 中出现的光吸收带的红移是由于粒径减小时红移因素大于蓝移因素

所致。

金属纳米粉末一般呈黑色，而且粒径越小，颜色越深，即纳米粒子的吸收光能力越强。

5）力学性能变化

常规情况下的软金属，当其颗粒尺寸小于 50nm 时，位错源在通常应力下难以起作用，使得金属强度增大。粒径约为 5 ~ 7nm 的微粒制得的铜和钯纳米固体的硬度和弹性强度比常规金属样品高出 5 倍。纳米陶瓷具有塑性和韧性，其随着晶粒尺寸的减小而显著增大。例如，氧化钛纳米陶瓷在 810℃（远低于 TiO_2 陶瓷熔点温度1 830℃）下经过 15 h 加压，从最初高度为 3.5mm 的圆筒变成小于 2mm 高度的小圆环，且不产生裂纹或破碎。纳米陶瓷的这种塑性来源于纳米固体高浓度的界面和短扩散距离，原子在纳米陶瓷中可迅速扩散，原子迁移比通常的多晶样品快好几个数量级。

2. 化学特性

（1）化学反应性能提高。纳米粒子随着粒径减小，反应性能显著增加。可以进行多种化学反应。刚刚制备的金属纳米粉末接触空气时，能产生剧烈的氧化反应，甚至在空气中会燃烧。即使像耐热耐腐蚀的氮化物纳米粒子也会变得不稳定。例如，粒子为 45nm 的 TiN，在空气中加热，即燃烧成为白色的 TiO_2 纳米粒子。

（2）吸附性强。纳米粒子由于大的比表面积和表面原子配位不足，与相同材质的大块材料相比，有较强的吸附性。

（3）催化效率高。纳米粒子比表面积大，表面活化中心多，催化效率大大提高。用纳米铂、银、氧化铅、氧化铁等作催化剂，在高分子聚合物的有关催化反应中，可以大大提高反应效率。利用纳米镍粉作为火箭固体燃料反应催化剂，燃烧效率可以提高 100 倍。

8.2.4 纳米粒子的制备

纳米粒子的特殊性决定了纳米材料在国民经济各领域中广阔的应用前景。纳米材料的关键在于纳米粉体材料的制备。新的制备方法和工艺也将促进纳米材料以及纳米科学技术的发展。有关纳米粉体材料的制备方法很多，本节主要介绍纳米粉体材料的化学合成方法。

（1）化学气相沉积法。是利用挥发性金属化合物蒸气的化学反应来合成纳米粉。该方法所制备的纳米粉具有纯度高、分散性好、粒度易控制等特点。适合于合成高熔点纳米无机材料，如金属、氧化物、氮化物、碳化物和硼化物。但合成成本相对较高。

（2）沉淀法。沉淀法包括直接沉淀法、共沉淀法、均匀沉淀法和配位沉淀法。过渡金属纳米氧化物及碱土-过渡金属纳米复合氧化物的制备常采用沉淀法制备。

（3）溶胶-凝胶法。以无机盐、醇盐或混合醇盐为原料，通过水解和缩聚反应形成溶胶，再进一步缩聚得到凝胶，最后经过陈化、干燥和热处理得到纳米微粒。

（4）微乳液法。在表面活性剂的作用下，使两种互不相溶的溶剂（其中一种溶剂中含有一定浓度的反应物）形成一个均匀的乳液，在一定的条件下，使之相互反应，通过超速离心或向混合物中加入各种可使纳米颗粒与微乳液分离的溶液（或溶剂），再经过洗涤和干燥等处理得到纳米固体粉末。反应物的浓度、活性剂的用量以及溶剂的类型对纳米粒子的大小都有影响。通过该方法能够得到单分散且分布均一的纳米材料。

（5）流变相合成法。将反应物调成流变相，再在适当条件下反应，直接得到纳米固体粉末。

（6）水热及溶剂热法。利用水热法可以直接合成纳米氧化物、硫化物，并且能够降低或避免硬团聚的形成；而溶剂热法特别适合于制备纳米非氧化物（Ⅲ～Ⅴ族）和其他纳米微粉。

（7）先驱物法。采用共沉淀法、溶胶-凝胶法、微乳液法、流变相法等方法合成先驱物后，再在适当的条件下（温度、气氛）热分解先驱物，得到纳米颗粒。

8.3　非晶态材料的合成

8.3.1　概述

在自然界中，物质通常以三种聚集状态存在，即气态、液态、固态。这些物质状态在空间的有限部分则为气体、液体和固体。然而，气体又有两种形式：普通气体和等离子体；液体又有两种形式：普通液体和液晶；固体也有两种形式：晶体和非晶体。此外，1982年谢赫特曼首次发现了准晶体，它是介于晶体和非晶体之间的一种固体。

晶体和非晶体分别是晶态物质和非晶态物质（也称为玻璃态物质或无定形态物质）在空间的有限部分。它们在宏观上都呈现固体的特征，两者的根本区别在于其内部的微观结构。这两类物质的微观结构状态即称为晶态和非晶态（也称为玻璃态或无定形态）。非晶体与晶体不同之处在于不具有特定的形状，是物质的另一种结构形态。

非晶态材料是目前材料科学中广泛研究的一个新领域，也是发展迅速的一类重要的新型材料。它涉及将金属材料、无机非金属材料、高分子材料作为三大支柱的整个材料领域。它由非晶态半导体、非晶态超导体、非晶态电介质、非晶态离子导体、无机氧化物和氟化物玻璃、金属玻璃等所组成。在此，将不涉及高分子材料。

8.3.2　非晶态材料的结构特征

非晶态材料所具有的许多优异的物理、化学性能大都是由它的微观结构决定的。将非晶态与晶态比较可以看出非晶态材料的结构具有以下两方面的主要特征。

1. 长程无序性

晶体结构最基本的特点是原子排列的长程有序性，即晶体的原子在三维空间的排列沿着每个点阵直线的方向，原子有规则地重复出现。而在非晶态结构中，原子排列没有这种规则的周期性，即原子的排列从总体上是无规则的。但是近邻原子的排列是有一定的规律，即短程有序。一般说来，非晶态结构的短程有序区的线度约为$(1.5±0.1)$nm。由于非晶态结构的长程无序性，因而可把非晶态材料看作是各向同性的和均匀的结构。

2. 亚稳态性

晶态材料在熔点以下一般是处在自由能最低的稳定平衡态。非晶态材料则是一种亚稳态。所谓亚稳态是指在该状态下体系的自由能比平衡态高，有向平衡态转变的趋势。但是，从亚稳态转变到自由能最低的平衡态必须克服一定的势垒。因此，非晶态及其结构具有相对的稳定性，这种稳定性直接关系到非晶态材料的使用寿命和应用。深入探讨非晶态材料的亚稳态性在理论和实际应用上都具有十分重要的意义。

8.3.3　非晶态材料的制备

和晶态材料的制备相比，非晶态材料的制造比较简便易行，并很有实用价值。例如，可以通过急冷法将非晶态金属制成带材，为了达到急速致冷，必须进行快速卷绕。这一事实说明非晶态金属带的生产效率极高，在实用上颇有意义。非晶态材料的另一制造特点是它所适应的化学组成范围广泛，且组成可以连续变化。这就意味着可能对所要求的物性进行改善，并可以进一步提高其实用价值。所以非晶态材料被广泛用于微电子、光电子信息、能源、生物、冶金等高科技领域。其制备方法大体上分为熔体冷却法、气相凝聚法、晶体能量泵入法和化学反应法。

1. 熔体冷却法

熔体冷却法是通过熔融达到物质长程无序的结果，通过冷却形成非晶态物质。这种方法的关键在于冷却的速度，如果冷却的速度达不到所需求的程度，非晶态物质就难于制得。因为不同的物质其非晶态的生成要求不同冷却速度，形成了不同的冷却方法，因而熔体冷却法得到了较大的发展。

（1）传统玻璃冷却法。适用于合成常规的玻璃。这一方法冷却速度较慢，处于$1\sim10$K/s。此法不适合制备金属、合金以及一些离子化合物的非晶态材料。

（2）超速冷却法。这种方法是随着金属玻璃的出现而发展起来的。主要是解决传统玻璃冷却法的不足。具体采用的超速冷却方法有喷枪法、活塞-砧法、轧辊急冷法以及许多用于液态的冷却技术。这些方法的冷却速度可达$10^5\sim10^8$K/s。可使以前不能形成非晶态的氧化物、硫酸盐、金属和合金形成非晶态。众多的化合物如Pb-Si，Au-Si-Ge，V_2O_5，

WO_2，$LiNbO_3$，$KTaO_3$，$LiLa(SO_4)_2$，$Li_2Mo_2O_7$，$Y_2Fe_5O_{12}$ 等都能通过超速冷却法制成非晶态材料。其中的某些材料具有铁电性、反铁磁性以及大的离子导电性等特点，有着广泛的应用前景。

（3）激光自旋融化和自由落下冷却法。这种方法是通过大功率激光器产生一定波长的中红外光，经聚焦到高速旋转的待熔样品上使之迅速熔化，熔体在旋转离心力的作用下甩射出去并自由落下，并在冷衬底上得到急冷形成非晶态材料的方法。这种方法可以制备高熔点的化合物玻璃而不需熔制容器，避免了污染。用这种方法，Ga_2O_3，In_2O_3，Nb_2O_3，La_2O_3，Sc_2O_3，Y_2O_3 等非晶态材料已经得到。

2. 气相凝聚法

气相凝聚法是把样品加热蒸发成蒸气，然后再凝聚形成非晶态物质的方法。这种方法包括热蒸发即真空蒸镀法、辉光放电分解法、化学气相沉积法以及溅射法。运用热蒸发法可以制备第Ⅳ到第Ⅴ副族氧化物如 ZrO_2，TiO_2，Ta_2O_3，Nb_2O_3 等，一些半金属单质如 Si，Ge，Bi，Ga，B，Sb 等和其他化合物（如 MgO，MgF_2，Al_2O_3，SiC）等非晶态物质。辉光放电分解法是利用直流电或高频电产生的辉光放电来制造原子氧，形成等离子区，并在 13.3Pa 低压下分解金属有机化合物，形成非晶态氧化物薄膜和单质玻璃。非晶态二氧化硅、非晶态硅和非晶态锗等就是由这种方法方便地制备出来的，并且在太阳能电池材料上有着重要的应用。化学气相沉积法应用较为广泛，主要用来制备各种各样的薄膜涂层如半导体薄膜、电阻薄膜、介电薄膜、透明导电薄膜、太阳能转换薄膜、光波导、激光材料以及复合材料用涂层等。溅射法是利用阴极电子或惰性气体原子离子束轰击金属或类金属以及氧化物制成的合金和化合物靶，并把靶上原子打下来而形成溅射，然后在冷衬底上冷却而形成非晶态材料的方法。这种方法对于像 B，Ge，MgO，Al_2O_3，ZrO_2，TiO_2 等单质、化合物以及合金等非晶态材料的制备起着重要的作用。

3. 晶体能量泵入法

这是从晶态物质制备非晶态物质的方法。其中包括辐射法、冲击波法、剪切非晶态化法、非晶态化反应法以及离子注入法。辐射法中依据物质的种类可采用不同的辐射源。这里重要的是要把晶体中的长程有序破坏掉。冲击波法是靠极大的压力和高温作用形成非晶态的方法。剪切非晶态化法是靠机械的方法使晶体结构破坏而形成非晶态。非晶态化反应法是靠化学反应如脱结构水等形成非晶态的方法。离子注入法是将在高压电场中加速的离子束注入晶体中，使之形成非晶态的方法。基本的要求是离子的注入量要大于一定的浓度，一般 ≥10%离子浓度，多种稀土-铝玻璃态磁性合金以及玻璃态磁性薄膜都是由此方法制得的。

4. 化学反应法

（1）溶液化学反应。采用一定浓度的几种溶液一步直接快速混合制备非晶态固体粉末。如用有机酸或有机酸盐的较稀水溶液还原高锰酸钾的水溶液直接得到高活性非晶态二氧化锰。

（2）溶胶-凝胶法。通过溶胶的制备和凝胶的获得两个过程得到非晶态固体粉末。通常以无机盐或金属醇盐在水或有机溶剂中发生水解或醇解反应，获得非晶态氧化物或水合氧化物，如二氧化硅、二氧化锡、水合二氧化钛等。

（3）微乳液法。根据微乳液法的基本原理、选择合适的有机溶剂和表面活性剂制得所需要的乳液，从而得到非晶态物质。

（4）先驱物法。将所制备的先驱物在一定温度下和合适的气氛中热分解，得到非晶态物质。由 $ZnSn(OH)_6$ 热分解得到非晶态 $ZnSnO_3$ 作为锂离子电池负极材料。

（5）流变相法。将几种反应物调制成流变态后，在适当条件下反应，得到非晶态物质。将苯甲酸锰和高锰酸钾制成流变态在一定的温度下反应可得到具有很高电化学活性的二氧化锰。

8.4　沸石分子筛催化材料的合成

沸石分子筛是硅氧四面体 $[SiO_4]$ 和铝氧四面体 $[AlO_4]$ 通过共用氧原子连接而成的多孔性晶体硅铝酸盐，统称为 TO_4 四面体。由于骨架中铝离子的存在，需要额外的阳离子来平衡由此产生的骨架负电荷。沸石分子筛的这种结构特点使它具有应用广泛的物理和化学性质，如离子交换性质、吸附性质、酸性以及催化性质等。沸石分子筛可在自然界中存在，也可在实验室中合成出来。已发现的天然沸石分子筛有五十几种，实验室合成出来的有一百多种。由于沸石分子筛的实验室人工合成，使这种物质成为主要的工业用催化材料。

沸石分子筛的合成主要采用水热晶化法。基本的操作是将一定量的硅酸盐、铝酸盐溶液混合并加入一定量的碱以保持整个体系处于一定的碱度条件下，形成的凝胶被装入反应容器中，在一定的温度下进行水热晶化，即得到沸石分子筛产物。以硅铝酸钠沸石为例，反应可表示如下：

$$NaAl(OH)_4(aq) + Na_2SiO_3(aq) + NaOH(aq)$$

$$\downarrow 25℃$$

$$(Na_a(AlO_2)_b(SiO_2)_c \cdot NaOH \cdot H_2O)凝胶$$

$$\downarrow 25{\sim}175℃$$

$$Na_x[(AlO_2)_x(SiO_2)_y] \cdot mH_2O \text{ 沸石晶体}$$

沸石分子筛的形成大致经历这样几个阶段：成胶→成核→生长。关于其形成机理的描述主要有两种观点：一种认为沸石是在凝胶的液相中形成的，经历了液相成核，凝胶固相溶解进入液相等过程；另一种认为沸石是在凝胶固相中经过固相重排形成的，凝胶液相不参与反应。近年来人们试图把这两种观点结合起来，认为固相和液相对沸石的形成同时在起作用。

沸石分子筛合成采用的体系一般说来是四元体系，即 $M_2O-Al_2O_3-SiO_2-H_2O$。三元体系或五元体系以及更多元体系也已采用。四元体系的 M_2O 一般指碱金属氧化物，因而通常沸石分子筛的合成都是在碱性介质中完成的。近年来，沸石分子筛的合成已经取得了很大的进展，与最早期的沸石分子筛合成相比，面貌已大大改观。主要的发展有如下几个方面：

（1）组成元素大大扩展。早期的沸石分子筛合成只局限于硅铝酸盐分子筛，近年来已经打破了元素界限，除硅铝外的众多元素如 B，Ca，Ge，P，Ti，Be，Fe，As 等都已成为沸石分子筛骨架的组成元素。杂原子分子筛就是在这种元素取代的基础上开发出来的。

（2）合成体系大变化。早期的合成都是在水溶液体系中进行的。近年来，合成体系已从水溶液体系扩展到半水体系和非水体系。原来合成的强碱性介质体系也已扩展到中性体系和酸性体系。众多新颖结构的分子筛就是在新的体系中合成出来的。如 ZSM 系列分子筛以及磷酸铝系列分子筛。

（3）有机模板剂的使用。有机模板剂的使用使沸石分子筛的合成发生了巨大的变化，众多新颖结构的沸石分子筛在不同的有机模板剂如有机胺存在下合成出来了。ZS-5 沸石分子筛的合成就是这方面进展取得成效的标志之一。这种分子筛在甲醇一步合成汽油反应中的催化作用，为新能源的开发奠定了坚实的基础。

除了水热合成沸石分子筛以外，沸石分子筛特别是具有不同组成的系列分子筛和杂原子分子筛也可用其他的方法如同晶置换方法合成。这种方法的基本点主要是在保持原有沸石分子筛结构不变的前提下对其进行改性而实现的。这种合成方法在扩展沸石分子筛构成元素的种类方面起着相当重要的作用。

沸石分子筛的合成受多种的因素如碱度、硅浓度、温度以及模板剂的种类等影响。这些因素当中，比较重要的因素是碱度和硅浓度。

碱度不但影响成核和生长的速度而且影响产物的组成硅铝比。一般来说，碱度越高，成核和生长的速度越快，即晶化所需的时间越短；对于产物沸石分子筛来说，组成硅铝比越低。所以一般低硅铝比的沸石分子筛在较强的碱性介质中合成。

硅浓度在沸石分子筛的合成中是另一个重要的因素。原始凝胶中硅浓度的高低决定着产物中的组成硅铝比。一般来说，凝胶中硅浓度越高，产物的组成硅铝比越高。另外，硅浓度决定着凝胶液相中硅酸根离子的聚合状态及其分布，其对沸石分子筛的成核与生长起着至关重要的作用。研究结果表明，某种特定的硅酸根离子的聚合状态决定着沸石的成核。前面提到的碱度影响，一方面是通过影响硅铝酸盐的缩聚反应来影响成核与生长，另一方面就是通过影响硅酸根离子的聚合状态及其分布来起作用的。

温度影响沸石分子筛的晶化速度，一般来说，温度越高晶化速度越快。如果体系是两相或多相竞争的体系，则温度越高越有利于热力学上稳定的相的生成。

模板剂的种类包括阳离子和有机分子两类。这些阳离子和有机分子在形成沸石的过程中起着决定沸石种类即结构类型的作用。有时在其他诸条件都相同的情况下，只是改变了阳离子类型就可以使一种结构转变成另一种结构，最典型的例子是在合成 Y 型分子筛的体系条件下，把所有的钠离子换成钾离子，就形成了完全不同的 L 型沸石。如把所用的钠离子部分地换成四甲基胺离子，产物即变成了 Ω 沸石。这种结构的变化完全是由所采用的阳离子模板剂决定的，因此不同种类分子筛的形成都有其最佳的阳离子类型。尽管如此，一种分子筛仍可在多种阳离子或有机分子模板剂存在下合成出来。例如，新近发展起来的磷酸铝-5 型分子筛可以在二十几种有机分子模板剂下合成出来，熟知的 ZSM-5 型分子筛也可在众多的有机胺、醇等存在下合成。这些有机模板剂看上去可能是互不相同，然而现在人们已认识到它们可在沸石分子筛的形成过程中通过配合形成某种特定结构的配合物，这种由不同分子形成的配合物结构上具有共同的特点如几何形状，从而导致了同一结构的沸石分子筛的形成。

下面我们给出几种类型的沸石分子筛的合成体系及采用的合成条件：

（1）A 型分子筛的合成。这种分子筛主要用作吸附剂，离子交换剂。

$$2NaAlO_2 + 2(Na_2SiO_3 \cdot 9H_2O) \xrightarrow{90℃, \ 2\sim5h} Na_2O \cdot Al_2O_3 \cdot 2SiO_2 \cdot 4.5H_2O + 4NaOH + 11.5H_2O$$

产物的晶胞组成：$Na_{12}[(AlO_2)_{12}(SiO_2)_{12}] \cdot 27H_2O$。

（2）Y 型沸石的合成。这种沸石主要用作石油裂解催化剂。

$$2NaAlO_2 + 5SiO_2 + xH_2O \xrightarrow{95℃, \ 48\sim72h} NaO \cdot Al_2O_3 \cdot 5SiO_2 \cdot xH_2O$$

产物的晶胞组成：$Na_{56}[(AlO_2)_{56}(SiO_2)_{136}] \cdot 250H_2O$。

（3）TMA 菱钾沸石的合成。这种沸石分子筛主要用作催化剂。

$$Na_2O + K_2O + TMA_2O + Al_2O_3 + 14SiO_2 + xH_2O \xrightarrow{95℃, \ 48\sim72h} (Na_2O \cdot K_2O \cdot TMA_2O)Al_2O_3 \cdot 14SiO_2 \cdot xH_2O$$

TMA_2O＝四甲基铵氢氧化物，产物中 $Na_2O + K_2O + TMA_2O$ 的摩尔数等于 Al_2O_3 的摩尔数。产物的晶胞组成：$TMA \cdot 2K \cdot Na[(AlO_2)_4(SiO_2)_{14}] \cdot 7H_2O$。

（4）ZSM-5 型沸石的合成。

$$1.7TPA_2O + 6.7Na_2O + 1.1Al_2O_3 + 46.2SiO_2 + 1\,675H_2O \xrightarrow{150℃, \ 72h} TPA \cdot Na \cdot Al_2O_3 \cdot 45SiO_2 \cdot xH_2O$$

TPA$_2$O=四丙基铵氢氧化物，产物的晶胞组成：Na$_x$（TPA）$_4$[（AlO$_2$）$_x$（SiO$_2$）$_{45-x}$·（OH）$_4$]，典型的产物为 $x=3$。

（5）AlPO$_4$-5 分子筛的合成。

$$Al_2O_3+H_3PO_4+TPA_2O+H_2O \xrightarrow{125\sim200℃，24\sim72h} xTPA_2O \cdot Al_2O_3 \cdot P_2O_5 \cdot yH_2O$$

TPA$_2$O 为四丙基铵氢氧化物，产物的晶胞组成：TPA[（Al$_2$O$_3$）$_6$（P$_2$O$_5$）$_6$]（OH）。

8.5 色心晶体的合成

8.5.1 色心的含义及类型

理想完整的离子晶体其禁带宽度很大，如 NaCl 晶体高达 7eV，单纯的热激发（0.1eV 量级）获得的自由电子极少，而在光照条件下只有紫外波段才有本征吸收，整个可见范围都无吸收，因此纯的离子晶体通常是绝缘体，并且是无色透明的。在实际晶体中，由于杂质和各种点缺陷的存在，它们附近的电子能级将会改变，在禁带中出现特征的杂质能级或缺陷能级。这就是如图 8.23 所示的那样，正离子空位在价带以上产生一个已为电子所占据的能级 A，负离子空位则在导带以下产生一个空着的电子能级 B。它们虽然影响晶体的吸收谱，但 A 能级至导带及价带至 B 能级的跃迁所需能量仅稍小于本征吸收，因而纯粹点缺陷相关的吸收只对紫外区的本征吸收有影响，晶体仍是无色的。

在晶体中引入电子或空穴，则由于它们与点缺陷之间的静电交互作用，将分别被带有正、负有效电荷的点缺陷所俘获，形成多种俘获电子中心或俘获空穴中心，同时产生新的吸收带。由于部分中心的吸收带位于可见光范围内，使晶体呈现出各种不同的颜色，故称这类中心为色心。部分吸收带位于近紫外区，它虽不能使晶体着色，但也是吸收光的基因，故统称为色心。

最简单的色心是 F 心（来自德文 farbenzentre），如图 8.24 所示。它是俘获在负离子空位上的一个电子。光照时，F 心能级至导带间的电子跃迁因吸收光量子而形成 F 心吸收带。F 带吸收峰的能量取决于 F 心能级的位置而与产生 F 心的原因和过程无关，因而 F 带光吸收是含 F 心晶体的最突出的特征。

F 心是单个俘获电子，它有一个未成对的自旋，所以有一个电子顺磁磁矩。研究色心的一个最有效的方法是 ESR 谱，它能检测到未成对电子。F 心的结构和在八面体空穴中电子的离域性都可用 ESR 谱显示。电子自旋磁矩和俘获电子周围钠离子磁矩间的超精细相互作用也已观察到。

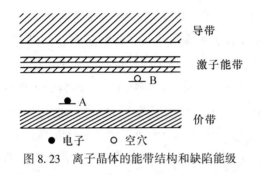

图 8.23 离子晶体的能带结构和缺陷能级

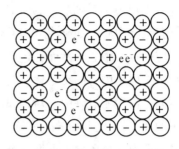

图 8.24 碱金属卤化物晶体中的 F 心、
F′心和 F_2 心

缺陷可以从晶体中消除，其中一种方法是通过它们彼此湮灭。例如，如果 F 心和 H 心相遇，它们可能彼此抵消掉，留下一个完善的晶体区。事实上，在纯的离子晶体中，由 F 心为基本单位组成的电子中心有许多种。诸如 F′心，它是俘获在一个负离子空位上的两个电子；M(F_2)心，它是一对最近邻的 F 心；R(F_3)心，它是定位在一个(111)晶面上的三个最近邻的 F 心；还存在电离的或带电荷的簇心，如 M^+，R^+ 和 R^-。

此外还有 F_A 心，它也是一个 F 心，只是六个相邻的正离子之一是一个外来的一价正离子，如 NaCl 中的 K^+。由于杂质离子的引入，F_A 心的对称性较 F 心为低，因而具有光学偏振效应。如果 F 心近邻的两个碱金属离子被碱金属杂质所取代，则形成 F_B 心。F_A，F_B 心的基态 F_A(Ⅰ)心，F_B(Ⅰ)心与 F 心的性质差别不大，但是它们的激发态 F_A(Ⅱ)心，F_B(Ⅱ)心发生了组态的重大变化，如图 8.25 所示，一卤素离子占据杂质旁(F_A)或杂质间(F_B)的间隙位置，空位一分为二分布于它的两侧而呈哑铃型，同时其俘获的电子也占据它两翼的势阱。由于这种结构上的差异，它们的光吸收及发射性质均发生了很大的变化。

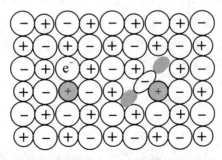

左部为基态 F_A(Ⅰ)；右部为激发态 F_A(Ⅱ)

图 8.25 碱金属卤化物晶体中有杂质参与的电子中心 F_A 心

如果将碱金属卤化物晶体置于卤素蒸气中加热，或用 X 射线照射以后，则其光吸收谱的近紫外区将出现一系列吸收带，这表明晶体内出现了与电子中心完全不同的另一类中心，即俘获空穴中心。如果将空穴看作电子的反型体，那么对应于各种电子中心，理应存在多种相应的空穴中心。然而在包括卤化物和氧化物在内的离子晶体中，空穴中心的确很多，但均不是电子中心的反型体，关键在于被俘获的空穴总是局域化于一个准分子态的区域内。诸如，卤素亚点阵中一对相邻卤素离子俘获一个空穴构成的 V_K 心，实际上是一个卤素分子的离子，如图 8.26 左所示。而一列卤素离子中插入一个卤素原子而形成的 H 心，也可看成一个卤素分子离子占据一个正常卤素离子位置的挤列式填隙组态，如图8.26右所示。此外还有 V 心，它是 V_K 心近邻存在正离子空位构成的；H_A 心，它是 H 心近邻存在碱金属杂质离子构成的。

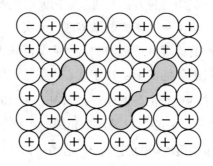

左部为 V_K 心；右部为 H 心

图 8.26　碱金属卤化物晶体中的空穴中心

简单氧化物晶体中的色心类型与碱金属卤化物的极为相似，但是，由于它们由两价离子组成，因而色心类型较后者更多样化。其中俘获电子中心主要有两类，F^+ 心由氧空位俘获一个电子构成，F 心由氧空位俘获两个电子构成。后者重新建立了晶体的电荷平衡，与碱金属卤化物中的 F 心相当类似。

当色心比较单纯时，晶体则由无色变成有色(称为着色)，即成为色心晶体。许多色心晶体的组成，属于非化学计量范畴。

8.5.2　色心的制备

1. 加热法

可以在一种碱金属蒸气中加热一种碱金属卤化物来制备 F 心。在钠蒸气中加热氯化钠由于形成 $Na_{1+\delta}Cl(\delta \ll 1)$，而变成非整比，呈现一种浅绿黄色。这一过程必定涉及钠原子的吸收，它随后在晶体的表面上电离。形成的 Na^+ 离子留在表面上，但电离出的电子可能扩散进晶体，它们在那里遇到并占有空的负离子格位。为保持整个晶体的电中性，有同等数目的 Cl⁻ 离子要以某种方式到达晶体表面。俘获电子提供了"箱中电子"的一个经典实例。在这一箱中的电子有一系列的能级可用，从一个能级转移到另一个能级所需要的能量处于电磁波谱的可见区，因此形成了 F 心的颜色。各能级的能量值和观察到的颜色依赖于基质晶体而与电子的来源无关。所以，在钾蒸气中加热 NaCl 与在钠蒸气中加热 NaCl 有相同的浅黄色，而在钾蒸气中加热 KCl 呈紫色。

2. 辐照法

在 NaCl 中产生 F 心的另一个方法是通过辐照。NaCl 粉末在受到 X 射线轰击 1.5h 左右后显出浅绿黄色。颜色的产生也是由于俘获电子，但在这种情况下不可能是由钠的非整比过量引起的。它们多半是由结构中某些氯负离子的电离引起的。

对于用 X 射线或紫外光照射而着色的晶体，若以波长在 F 带内的光照射它，则 F 心将吸收光量子而释放出被俘获的电子，留下孤立的负离子空位，从而使晶体退色。但是对于在碱金属蒸气中加热引入逾量碱金属原子而着色的晶体，由于碱金属原子电离而产生的自由电子被负离子空位俘获形成 F 心，晶体内部已建立了新的电荷平衡，即使用 F 带光照，F 心释放的电子将在晶体内游离，最终仍被失去电子的 F 心俘获，因而不会发生退色现象。

F 心是电中性的，它在电场作用下不发生移动。但是通过热激发或 F 带光照可以使部分 F 心离化，释放出的电子和留下的负离子空位可在电场作用下分别向正、负电极方向移动，因而既可表现出 F 心的宏观移动，也可造成附加的导电性，即光电导性。

LiF 的色心晶体是一种在室温下有较高量子效率、不易潮解、导热率高($0.103W/cm℃$)的可调谐激光晶体。

为获得大块晶体的均匀着色，常采用穿透力很强的 γ 射线。当高能射线打到光学质量好的 LiF 晶体上时，会在晶体内引起电离，生成空穴、空位和自由电子等缺陷。电子被卤素离子空位所俘获时，则生成 F 心，吸收峰在 250nm 处。F 心荧光量子产率很低，不能实现激光振荡，但它是构成其他聚集心的基石，随着辐照剂量的增加，F 心的密度增加。在 10^7Rad 时，晶体中除有大量的 F 心外，还产生 F_2 和 F_2^+ 心。$F_2 \propto [F]^2$，只有一定的 F 心存在时，才会出现 F_2 心，它是由两个 F 心沿 [110] 方向结合而成的。F_2 心吸收峰在 450nm 处，荧光峰在 698nm 处，F_2^+ 心吸收峰在 650nm 处，荧光发射峰在 910nm 处。这种辐射剂量下的试样刚取出时为果绿色，室温下放置一天后变为淡黄色，即 F_2^+ 吸收峰消失。这种计量下的试样用来产生 F_2 和 F_2^+ 心振荡是较理想的，色心比较单纯。当增加辐照剂量达到 3×10^7Rad 时，又出现一种新的 F_2^- 心，它的吸收峰在 960nm 处，荧光发射峰在 1 120nm 处。它是 F_2 心多俘获一个电子，结构上类似 F_2 心。F_2^- 心的吸收和 F_2^+ 心的发射重叠，所以用高剂量试样实现 F_2^+ 心振荡时，必须除去 F_2^- 心。当剂量再增加到 10^8Rad 时，在 790nm 处又出现一个新的吸收峰，它相应 R^- 心，它的荧光发射峰在 900nm 处，其结构是三个 F 心在[111]面结合而成，并多俘获一个电子。由于 R^- 心不是中心对称，除 790nm 处吸收外，还有一个吸收峰在 680nm 处，埋没在 F_2 等心的吸收带内。用这种高辐射剂量的试样对 F_2^+ 心激发振荡不利，因为 R^- 心在 680nm 处有吸收。但在 530nm 处强光作用下 R^- 心会离解。但此时 F_2^+ 心密度高，可使振荡次数增加到 7 000 次，大大超过 10^7Rad 下几十次的使用寿命。再增加辐照剂量时，F_2^+ 心和 R^- 心密度继续增加，到 $5×10^8$Rad 时 R^- 心增加要快于 F_2^+ 心。这表明 R^- 心的生成要消耗 F_2^+ 心，同时 F_2^+ 心已趋于饱和。

3. 电子束法

用电子束对 LiF 晶体进行着色，也可以得到高密度的色心，着色速度也快。色心生成种类主要是和电子密度有关。在电子密度为 10^{13}/cm^2 时(电流密度为 $1.6×10^{-3}$A/cm^2)，主要生成 F 心，试样呈淡紫色。电子密度达到 10^{14}/cm^2 时，晶体呈果绿色，包含有 F，F_2 和 F_2^+ 心，放置两天变成淡黄色，此时对应于 γ 射线辐照 10^7Rad 剂量的结果。在电子密度达到 10^{15}/cm^2 时，试样呈红褐色，增加 F_2^- 心，相应于 10^9Rad 的 γ 射线剂量。对于 $5×10^{15}$/cm^2 电子束，则相应于 $5×10^8$Rad 的 γ 射线结果。当电子密度达 $5×10^{16}$/cm^2 时，晶体呈黑色，吸收曲线平滑、饱和吸收效应消失，表明其温升已超过 F_2^- 色心的热分解温度。

除采用加热法、γ 射线辐照法、电子束法外，制备色心晶体及非化学计量化合物还可以采用 β 射线、X 射线辐照法。

8.6　固溶体材料的合成

固溶体普遍存在于无机固体材料中，材料的物理化学性质，能随着固溶体的生成，在一个更大的范围内变化。固体化合物材料的光电等性能几乎都与固溶体有关。现在经常采用生成固溶体的方法，来提高材料性能，这在材料设计中经常应用。在此，我们把由生成固溶体的方法得到的材料称为固溶体材料。

8.6.1　概述

通常把含有外来杂质原子的晶体称为固体溶液，简称固溶体。为了便于理解，可以把原有的晶体看作溶剂，把外来原子看作溶质，这样可以把生成固溶体的过程，看成溶解过程。

固溶体可按杂质原子在固溶体中的位置分类，也可按杂质原子在晶体中的溶解度划分。

　　杂质原子进入晶体之后，可以进入原来晶体中正常格点位置，生成取代型的固溶体。目前发现的固溶体，绝大部分是这种类型。

　　杂质原子也可能进入溶剂晶格中的间隙位置，生成填隙型固溶体。

　　溶质和溶剂两种晶体可以按任意比例无限制地相互溶解生成无限固溶体。如果杂质原子在固溶体中的溶解度是有限的，存在一个溶解度极限，那么这样的固溶体就是有限固溶体，也称不连续固溶体或部分互溶固溶体。

　　此外，固溶体还可以从取代离子的角度划分为等价取代固溶体和异价(不等价)取代固溶体两大类型。在等价取代中，一个离子被另一个带相同电荷的离子所取代，不需要额外的变化来保持电荷平衡。在异价取代中，一个离子被另一个带不同电荷的离子所取代，此时，需要额外的变化来保持电荷平衡。

　　固溶体实质上属杂质缺陷的范畴，表示缺陷的符号和原则都适用于固溶体。

8.6.2　固溶体的特点

　　固溶体像溶液一样，它是一个均匀的相。它不同于溶剂(原始晶体)，也不同于机械混合物，更不同于化合物。

　　固溶体与化合物之间有本质的区别。首先，A 和 B 若形成化合物时，A 和 B 之间的物质的量存在着严格确定的比例。而当 A 和 B 形成固溶体时，A 和 B 之间不存在确定的物质的量比，A 和 B 之间的物质的量比可在一定的范围内浮动。其次在结构上也有区别，对于化合物来说，从概念上应是理想的不含杂质的也不存在缺陷的结构。它不同于 A 的结构也不同于 B 的结构。而固溶体的结构一般和原始晶体即溶剂的结构保持一致。再者，固溶体的组成有一变化范围，因此它的物性也会随组成的不同而变化。而化合物的性质则是确定不变的。

　　固溶体也不同于机械混合物。当 A 和 B 形成固溶体时，成为均匀的单相，它的结构与溶质的结构无直接的关联，其性质与原始晶体也有显著的不同。而 A 和 B 的机械混合物则是多相体系，各相保持着各自的结构和性质。

　　固溶体与原始晶体即溶剂都是均匀的单相，其基本结构相同。其不同之处在于，原始晶体是单元的，而固溶体是多元的。固溶体的晶体结构相对于原始晶体的结构来说，发生局部畸变，晶胞参数随组成的变化而变化。它们的性质也有区别。

8.6.3　固溶体的形成

1. 取代固溶体

在高温下 Al_2O_3 和 Cr_2O_3 反应而形成的氧化物体系是取代固溶体的一个典型例子。Al_2O_3 和 Cr_2O_3 都具有刚玉晶体结构(近似为氧离子六方密堆积结构，三分之二的八面体格

位被 Al^{3+} 离子所占有）。固溶体可以用化学式表示为 $(Al_{2-x}Cr_x)O_3$ $(0 \leq x \leq 2)$。在 x 取中间值时，Al^{3+} 和 Cr^{3+} 离子随机地分布于 Al_2O_3 的正常被占有的八面体空隙。因此，虽然任何一个特定的空隙必然含有一个 Cr^{3+} 或一个 Al^{3+} 离子，但含每一种离子的概率则与组成 x 有关。当把结构作整体看待且所有空隙的占有被平均地处理时，想象每个空隙被一个原子序数、大小等性质介于 Al^{3+} 和 Cr^{3+} 之间的"平均阳离子"所占有是等效的。许多合金完全是取代固溶体，如在青铜中，铜和锌原子在一个大的组成范围内互相替代。

要形成一个简单的取代固溶体系，必须满足一些最起码的条件。这些条件包括离子尺寸、离子的电荷以及晶体结构等。

1）离子尺寸

对合金的形成曾经有人提出，若要形成取代固溶体，互相取代的金属原子可容许的最大半径差为 15%。对于非金属体系的固溶体，虽然难以进行定量估计，但可允许的大小的极限差别看来比 15% 要稍大一些。在很大程度上，这是因为难以定量地估计离子本身的大小。以碱金属阳离子的鲍林（Pauling）结晶半径（单位为 nm）为例：Li^+，0.06；Na^+，0.095；K^+，0.133；Rb^+，0.148；Cs^+，0.169。K^+、Rb^+ 和 Rb^+、Cs^+ 两个离子对的半径差均在彼此的 15% 以内，这就是说，获得相应的 Rb^+ 和 Cs^+ 盐之间的固溶体是容易的。然而，Na^+ 和 K^+ 盐亦常互相形成固溶体（例如高温下的 KCl 和 NaCl），但 K^+ 离子比 Na^+ 离子大约 40%。有时候，Li^+ 和 Na^+ 超过组成的极限范围互相取代，而 Na^+ 要比 Li^+ 大约 60%。可是，Li^+ 和 K^+ 的大小差别对于形成任何范围的固溶体来说都显得太大了。假若用以 $\gamma_{O^{2-}} = 0.126nm$ 为基础的香农（Shannon）和普雷韦特（Prewitt）半径来代替，可看到碱金属阳离子大小差别的类似效应。

在相互取代的两种离子大小相差很大的体系中，常常发现较大的离子可以部分地被较小的代替；但反过来，要以一个较大的离子代替一个较小的离子则要困难得多。例如，在碱金属的偏硅酸盐 Na_2SiO_3 中，一半以上的 Na^+ 离子可以在高温下（约 800℃）被 Li^+ 代替而得到固溶体 $(Na_{2-x}Li_x)SiO_3$，但在 Li_2SiO_3 中的 Li^+ 只有 10% 能被 Na^+ 取代。这种类型的原子或离子可互相取代而形成取代固溶体。镧系元素因它们在大小上的相似性，易在其氧化物中互相形成固溶体。实际上，早期化学家试图分离镧系元素时遇到极大困难的一个原因就是它们十分容易形成固溶体。

2）晶体结构

在呈现无限固溶的体系中，两个物相要有等结构是至关重要的。硅酸盐和锗酸盐往往是等结构的，可以通过 $Si^{4+} \rightleftharpoons Ge^{4+}$ 互相替代形成固溶体。不过，反过来不一定对，仅仅因为两个相结构相同，它们未必就能互相形成固溶体。例如 LiF 和 CaO 都具有岩盐结构，但在结晶态它们并不互相混溶而形成固溶体。

尽管无限固溶体能在像高温下 Al_2O_3-Cr_2O_3 那样的有利情况下形成，但更为常见的是部分或有限固溶体系，此时，两物相要等结构的限制不再有效。例如矿石镁橄榄石 Mg_2SiO_4 和硅锌矿 Zn_2SiO_4 为部分互溶，橄榄石和硅锌矿的晶体结构大不相同；橄榄石含有近似六方密堆积的氧离子层，但密堆积的氧离子层在硅锌矿中是不存在的。两者都含有 SiO_4 四面体，但镁在橄榄石中是八面体配位，而锌在硅锌矿中则为四面体配位。然而，就它们的配位要求而言镁和锌都是可变通的离子，它们均倾向采取四面体或八面体配位。这样，在橄榄石固溶体 $(Mg_{2-x}Zn_x)SiO_4$ 中锌代替八面体间隙的镁，而在硅锌矿固溶体 $(Zn_{2-x}Mg_x)SiO_4$ 中镁就代替四面体间隙的锌。Mg^{2+} 是略大于 Zn^{2+} 的阳离子，这一点在如下的事实中有所反映：在氧化物结构中，镁稍稍优先采取八面体配位而锌似乎倾向四面体配位。铝亦能被氧四配位或六配位，这一点表现在 $LiAlO_2$-$LiCrO_2$ 体系中，其中 $LiCrO_2$ 形成范围广泛的固溶体 $Li(Cr_{1-x}Al_x)O_2(0 \leqslant x \leqslant 0.6)$；在该固溶体中，$Cr^{3+}$ 和 Al^{3+} 都在八面体间隙。然而，$LiAlO_2$ 含四面体配位的 Al^{3+}，完全不存在 $LiCrO_2$ 在 $LiAlO_2$ 中的固溶体，说明 Cr^{3+} 并不是四面体配位。

3) 离子电荷

要形成无限固溶体，除了离子大小和晶体结构的条件外，离子电荷的要求也是一个必要条件。那就是互相取代的离子必须带同样的电荷。这样的例子有 Al_2O_3-Cr_2O_3、$PbTiO_3$-$PbZrO_3$、MgO-CoO 等体系。如果互相取代离子的电荷不同，为了保持电荷平衡，则会产生空位或填隙子，从而得不到连续固溶体，而只能得到不连续固溶体。

在取代固溶体中阴离子也能互相代替，如 $AgCl$-$AgBr$ 固溶体，但这远不及由阳离子取代形成的固溶体普遍，可能是因为具有相似大小及结构、电荷要求的阴离子对不多的缘故。

此外，许多金属形成填隙固溶体，其中小原子如氢、碳、硼、氮等能进入金属主体结构内空着的间隙位置。金属钯以它能"吸藏"大容积的氢气而著名，最终的氢化物是化学式为 $PdH_x(0 \leqslant x \leqslant 0.7)$ 的填隙固溶体，其中氢原子占有面心立方金属钯内部的间隙位置。氢到底是在八面体空隙还是四面体空隙上，至今尚未确定，看来位置的占有与组成 x 有关。或许在技术上最重要的填隙固溶体是碳在面心立方 γ-Fe 的八面体空隙的固溶体。这种固溶体是炼钢的基础。

2. 异价取代固溶体

在等价取代中，一个离子被另一个带相同电荷的离子所取代，不需要额外的变化来保持电荷平衡。在异价取代中，一个离子被另一个带不同电荷的离子所取代，此时，需要额外的变化来保持电荷平衡。这些额外的变化包括空位或填隙子的形成，称之为离子补偿；另一些额外的变化包括电子或空穴的形成，称之为电子补偿。对于离子补偿，阳离子取代有 4 种可能性，如图 8.27 所示。阴离子取代可能有相似的方案，但是因为在固溶体中阴离子取代不常发生，故不做进一步的讨论。

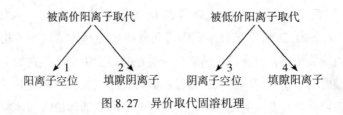

图 8.27　异价取代固溶机理

1) 离子补偿机理

(1) 阳离子空位。若基质结构中可能被代替的阳离子的电荷比代替它的阳离子要低，为保持电中性，就得发生另外的变化。一种变化是产生阳离子空位。例如，NaCl 可以溶解少量 $CaCl_2$，固溶体形成的机理涉及两个 Na^+ 离子被一个 Ca^{2+} 离子取代；所以一个 Na^+ 的位置空着。在 600℃ 时化学式可以写成 $Na_{1-2x}Ca_xCl(0 \leqslant x \leqslant 0.15)$，其中有一个阳离子空位。缺陷式可表示为：

$$CaCl_2 \xrightarrow{NaCl} Ca_{Na}^{\cdot} + V_{Na}' + 2Cl_{Cl}$$

上式中，NaCl 代表溶剂，$CaCl_2$ 表示溶质。

尖晶石 $MgAl_2O_4$ 在高温下与 Al_2O_3 形成部分互溶的固溶体，其相图如图 8.28 所示。在这些固溶体中，四面体位置上的 Mg^{2+} 离子以 3∶2 的比例被 Al^{3+} 代替，固溶体化学式可写为 $Mg_{1-3x}Al_{2+2x}O_4$；因此必然产生 x 个可能是呈四面体的 Mg^{2+} 离子空位。缺陷式可表示为：

$$Al_2O_3 \xrightarrow{MgAl_2O_4} 2Al_{Mg}^{\cdot} + V_{Mg}'' + 3Oo$$

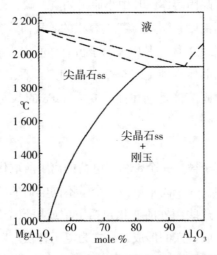

图 8.28　$MgAl_2O_4$-Al_2O_3 体系中呈现尖晶石相固溶体的部分相图

许多过渡金属化合物是非整比的，可以在一定组成范围内存在，因为过渡金属离子存在有一种以上的氧化态。这就形成了一种固溶体系，例如方铁矿（$Fe_{1-3x}^{2+}Fe_{2x}^{3+}$）O 也可表示为 $Fe_{1-x}O(0<x\leqslant0.1)$。事实上，方铁矿的实际结构比 Fe^{2+}、Fe^{3+} 和阳离子空位遍布于岩盐结构的八面体阳离子位置要复杂得多，而代之以缺陷簇的形成。$Fe_{1-x}O$ 的缺陷式可表示为：

$$Fe_2O_3 \xrightarrow{FeO} 2Fe_{Fe}^{\cdot} + V_{Fe}'' + 3O_O$$

（2）填隙阴离子。高价阳离子可以取代低价阳离子的另一种机理是同时产生填隙阴离子。氟化钙能溶解少量氟化钇；阳离子总数保持不变，因而产生了 F^- 离子填隙，其固溶体化学式为（$Ca_{1-x}Y_x$）F_{2+x}。这些填隙 F^- 离子占据萤石结构中的大空隙，而该萤石结构中的立方体顶角被其他八个 F^- 离子围绕。缺陷式可表示为：

$$YF_3 \xrightarrow{CaF_2} Y_{Ca}^{\cdot} + F_i' + 2F_F$$

同样，氧化钙中可溶解少量氧化钇，固溶体化学式为 $Ca_{1-2x}Y_{2x}$）O_{1+x}，产生填隙阴离子。其缺陷式可表示为：

$$Y_2O_3 \xrightarrow{CaO} 2Y_{Ca}^{\cdot} + O_i'' + 2O_O$$

（3）阴离子空位。若基质结构中能被取代的阳离子的电荷比代入的阳离子高，电荷平衡可以通过产生阴离子空位或填隙阳离子来维持。在氧化钙稳定化立方氧化锆（$Zr_{1-x}Ca_x$）$O_{2-x}(0.1\leqslant x\leqslant0.2)$ 中有阴离子空位存在。立方氧化锆具有萤石结构，在它与氧化钙的固溶体中阳离子的总数保持不变，所以 Zr^{4+} 被 Ca^{2+} 代替就要求产生氧离子空位。这些物质作为耐火材料和氧离子传导的固体电解质是很重要的。缺陷式可表示为：

$$CaO \xrightarrow{ZrO_2} Ca_{Zr}'' + V_{\ddot{O}} + O_O$$

同样，氧化锆中也可溶解少量氧化钇，固溶体化学式为（$Zr_{1-2x}Y_{2x}$）O_{2-x}，产生阴离子空位。其缺陷式可表示为：

$$Y_2O_3 \xrightarrow{ZrO_2} 2Y_{Zr}' + V_{\ddot{O}} + 3O_O$$

（4）填隙阳离子。低价阳离子取代高价阳离子的另一种机理是在取代的同时产生填隙阳离子。"填充硅石"相是铝硅酸盐，其中硅石（石英、鳞石英或方石英）之结构可以通过 Si^{4+} 被 Al^{3+} 部分代替而修饰，与此同时碱金属阳离子就进入硅石骨架中正常空着的间隙位置。

填充石英结构的化学式为 Li_x（$Si_{1-x}Al_x$）O_2，其中 $0\leqslant x\leqslant0.5$。缺陷式可表示为：

$$LiAlO_2 \xrightarrow{SiO_2} Li_i^{\cdot} + Al_{Si}' + 2O_O$$

图 8.29 是部分 SiO_2-$LiAlO_2$ 体系的相图，由该相图可看出 SiO_2-$LiAlO_2$ 体系形成了宽范围的填充石英固溶体，但在 $x=0.5$（$LiAlSiO_4$，锂霞石）和 $x=0.33$（$LiAlSi_2O_6$，锂辉石）处存在着特定的组成。β-锂辉石具有热膨胀系数小，甚至略负的异常性质，所以含 β-锂辉石

为主要成分的陶瓷在容积上稳定且能抗热冲击，因而它们在高温范围有许多应用。石英结构中的间隙位置对于容纳比 Li 要大的阳离子来说是太小了。鳞石英和方英石的密度比石英小，它们的结构中有较大的间隙。与填充石英固溶体相似，填充鳞石英和方英石固溶体亦能形成，但在这些固溶体中填隙或填充阳离子是 Na⁺ 和 K⁺。

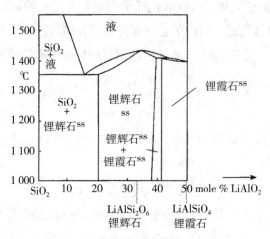

图 8.29　部分 SiO₂-LiAlO₂ 体系的相图

　　(5)双重取代。在这类过程中两种取代同时发生。如在人造橄榄石中 Mg^{2+} 可以被 Fe^{2+} 代替，与此同时 Si^{4+} 被 Ge^{4+} 取代而得到固溶体 $(Mg_{2-x}Fe_x)(Si_{1-y}Ge_y)O_4$。溴化银和氯化钠形成无限互溶固溶体：$(Ag_{1-x}Na_x)(Br_{1-y}Cl_y)(0<x，y<1)$，其中阴离子和阳离子都互相取代。只要总的电中性得到保证，取代的离子可带不同的电荷。在斜长石型长石中，钙长石 $CaAl_2Si_2O_8$ 和钠长石 $NaAlSi_3O_8$ 形成无限互溶固溶体。它们的化学式可写成 $(Ca_{1-x}Na_x)$ $(Al_{2-x}Si_{2+x})O_8(0<x<1)$，而 $Na \Longleftrightarrow Ca$ 和 $Si \Longleftrightarrow Al$ 二种取代必定同时发生并达到同样的程度。

　　以上三种固溶体的缺陷式可分别表示为：

$$FeO+GeO_2 \xrightarrow{Mg_2SiO_4} 2Fe_{Mg}+Ge_{Si}+3Oo$$

$$NaCl \xrightarrow{AgBr} Na_{Ag}+Cl_{Br}$$

$$NaAlSi_3O_8 \xrightarrow{CaAl_2Si_2O_8} Na'_{Ca} + Si^{\cdot}_{Al} + Al_{Al} + 2Si_{Si} + 8Oo$$

双重取代过程发生在赛龙(Sialons)中，这是一种基于 Si_3N_4 母体结构的 Si-Al-O-N 体系的固溶体。β-氮化硅由 SiN_4 四面体通过顶角相连而构成，形成一种 3-D 网络。每个氮原子为平面配位并成为三个 SiN_4 四面体的顶角。在赛龙固溶体中，Si^{4+} 部分地被 Al^{3+} 取代而 N^{3-} 部分地被 O^{2-} 取代。电荷平衡用这种方法得以保持。固溶体的结构单位为 $(Si，Al)(O,N)_4$

四面体，而固溶体机理可写为 $(Si_{3-x}Al_x)(N_{4-x}O_x)$。缺陷式可表示为：$Al'_{Si}+O_N^{\cdot}$。

氮化硅是潜在的、十分有用的高温陶瓷。Jack 及其同事在纽卡斯尔对赛龙及其衍生物的最新发现开辟了结晶化学的一个新领域并扩展了氮基陶瓷的应用领域。

2) 电子补偿机理：金属，半导体和超导体

在由异价取代的固溶体中，一个额外的电荷补偿机理是必需的。其可以是离子补偿，如上所述。迄今为止讨论的所有例子涉及的物质或是电绝缘性的或是呈现由空位或填隙子导致的离子导电性的。这些例子都没有涉及电子导电性。在许多含有过渡金属的材料中，尤其是在固溶体形成时产生有混合价态的材料中，所得的产物可能非常不同，有半导性的，有金属性的，甚至有在低温下呈超导性的。为了讨论这些电子导电性，也就是电子补偿机理，我们同样使用图 8.27 所示的取代类型，每种类型的例子叙述如下。

(1) 阳离子空位。阳离子空位可通过脱嵌产生，如从诸如 $LiCoO_2$ 和 $LiMn_2O_4$ 中脱锂或移去 Li^+（和 e^-）。为保持电荷平衡，通过移去 Li^+ 的同时移去 e^-，建立正的空穴。这些空穴通常位于结构网络中的其他阳离子上，其缺陷表示式和化学式如下：

$$-Li^+ \xrightarrow{LiCoO_2} V'_{Li}+Co\cdot_{Co}\ \ Li_{1-x}Co_{1-x}^{3+}Co_x^{4+}O_2$$

$$-Li^+ \xrightarrow{LiMn_2O_4} V'_{Li}+Mn\cdot_{Mn}\ \ Li_{1-x}Mn_{1-x}^{3+}Mn_{1+x}^{4+}O_4$$

上式中，$-Li^+$ 表示脱嵌锂离子，而建立的正空穴分别在 Co^{4+}，Mn^{4+} 上。这些固溶体同样可考虑由高价阳离子（Co^{4+}，Mn^{4+}）取代低价阳离子（Co^{3+}，Mn^{3+}）来产生，如图 8.27 所示。这两个材料在商业锂电池中是非常重要的。$LiCoO_2$、$LiMn_2O_4$ 目前已广泛地用作锂离子电池的正极材料。

许多氧化物加热时吸收氧，氧分子离解，氧原子从低氧化态过渡金属离子得到电子而形成 O^{2-} 离子。因为此时的结构有一个过剩的氧，从而生成阳离子空位。一个典型的例子是淡绿色绝缘体 NiO 当加热时被氧化而变成黑色的半导体，在高价镍离子上形成正的电子空穴。其缺陷表示式和化学式如下：

$$\frac{1}{2}O_2 \xrightarrow{NiO} 2Ni\cdot_{Ni}+V''_{Ni}+O_O \quad Ni_{1-3x}^{2+}Ni_{2x}^{3+}O$$

该产物有与 NiO 相同的岩盐结构，在该结构中，Ni^{2+}，Ni^{3+} 混合离子和阳离子空位分布在八面体空隙的位置。

(2) 填隙阴离子。二氧化铀具有萤石结构。UO_2 氧化时形成一种与钇掺杂 CaF_2 相似的固溶体。产物是 UO_{2+x} 并含有 x 个填隙 O^{2-} 离子与 x 个 U^{6+} 阳离子（即电子空穴）一起保持电荷平衡，其固溶体化学式为 $(U_{1-x}^{4+}U_x^{6+})O_{2+x}$。缺陷式可表示为：

$$\frac{1}{2}O_2 \xrightarrow{UO_2} U\ddot{}_U+O''_i$$

混合价阳离子同样可伴随嵌入填隙阴离子而形成。高 T_c 超导体的几个新家族就是这种类型的固溶体。众所周知的有 YBCO 或 Y123，$YBa_2Cu_3O_\delta$。依据氧含量 δ，Cu 有+1，+2的混合价（如 $\delta=6$），或者全是+2 价（$\delta=6.5$），或是+2，+3 的混合价（$\delta=7$）。起初 $\delta=6$，过量的氧可以导入到结构中（在空气或 O_2 中加热至 350℃），发生铜离子的氧化，原料逐渐由一个半导体（$\delta=6$）转变成 $T_c=90K$ 的超导体（$\delta=7$）。化学式为 $YBa_2Cu^+_{1-2x}Cu^{2+}_{2+2x}O_{6+x}$，在二价铜离子上产生电子空穴，其缺陷式可表示为：

$$\frac{1}{2}O_2 \xrightarrow{YBa_2Cu_3O_6} 2Cu^\cdot_{Cu} + Oi''$$

（3）阴离子空位。在 $YBa_2Cu_3O_\delta(6<\delta<7)$ 的情况中，由 O 占据的额外空隙位置在 $\delta=6$ 时全空，$\delta=7$ 时全满。因此，如果起初 $\delta=6$，这个固溶体可看作图 8.27 中机理 2 的一个例子，如前所述。

如果起初 $\delta=7$，并且氧含量逐渐减少，则可看作机理 3 的例子。生成阴离子空位，进而导致空穴减少，电子增加，高价铜离子变低价。化学式为 $YBa_2Cu^{2+}_{2+2x}Cu^{3+}_{1-2x}O_{7-x}$。其缺陷式可表示为：

$$-\frac{1}{2}O_2 \xrightarrow{YBa_2Cu_3O_7} 2Cu'_{Cu} + V^{\cdot\cdot}_O$$

许多氧化物对氧的损失很敏感，氧的损失是由阴离子空位的形成、高温下伴随的还原、特别是在还原气氛下的加热所造成的。这个过程可看作：

$$2O^{2-} \rightarrow O_2 + 4e^-$$

释放的电子进入高价阳离子的空穴中，使高价阳离子变成较低价态的阳离子，并形成一个具有任何过渡金属阳离子参与的混合价态。得到的材料往往是半导性或金属性的，具体例子有 TiO_{2-x}，WO_{3-x} 和 $BaTiO_{3-x}$（1400℃ 以上）。他们的缺陷式和化学式分别如下：

$$-\frac{1}{2}O_2 \xrightarrow{TiO_2} 2Ti'_{Ti} + V^{\cdot\cdot}_O \qquad Ti^{4+}_{1-2x}Ti^{3+}_{2x}O_{2-x} \qquad TiO_{2-x}$$

$$-\frac{1}{2}O_2 \xrightarrow{WO_3} W''_W + V^{\cdot\cdot}_O \qquad W^{6+}_{1-x}W^{4+}_xO_{3-x} \qquad WO_{3-x}$$

$$-\frac{1}{2}O_2 \xrightarrow{BaTiO_3} 2Ti'_{Ti} + V^{\cdot\cdot}_O \qquad BaTi^{4+}_{1-2x}Ti^{3+}_{2x}O_{3-x} \qquad BaTiO_{3-x}$$

（4）填隙阳离子。一个元素的填隙阳离子和另一元素的混合价阳离子形成于诸如 Li 对 MnO_2 的嵌入。其是在（1）中所述的 $LiCoO_2$ 和 $LiMn_2O_4$ 的简单逆过程。填入一个阳离子，为保持电中性，也要引入一个电子，电子进入基质阳离子的空穴中，使阳离子变成较低价态的阳离子，并形成一个具有任何过渡金属阳离子参与的混合价态。

其他的例子是由 WO_3 同碱金属反应形成的钨青铜，它是在碱金属蒸气中加热或同正丁基锂反应或由电化学插入法制得的。他们的缺陷式和化学式如下：

$$Li_2O \xrightarrow{CoO_2} 2Li \cdot_i + 2Co'_{Co} + O_O \qquad Li_xCo^{4+}_{1-x}Co^{3+}_xO_2$$

$$Li_2O \xrightarrow{Mn_2O_4} 2Li \cdot_i + 2Mn'_{Mn} + O_O \qquad Li_xMn^{4+}_{1-x}Mn^{3+}_{1+x}O_4$$

$$Li_2O \xrightarrow{WO_3} 2Li \cdot_i + 2W'_W + O_O \qquad Li_xW^{6+}_{1-x}W^{5+}_xO_3$$

W 的混合价导致金属导电性和一个类钨青铜的外貌。由于 Li 能迅速和可逆地插入或从结构中移去，所以这些材料在薄膜镀铬器件和玻璃涂敷中找到了应用。因为在某些情况下，颜色可随 x 发生明显的变化。

(5)双重取代。当一个元素形成等量的双重取代机理时同样可以产生混合价。一个典型的例子是掺-Ba 的 La_2CuO_4，该物质由 Bednorz 和 Muller 在 l986 年发现，这一发现触发了高 T_c 超导体的科学革命。其机理是：

$$BaO \xrightarrow{La_2CuO_4} Ba'_{La} + Cu^{\cdot}_{Cu} + O_O , \quad La_{2-x}Ba_xCu^{2+}_{1-x}Cu^{3+}_xO_4$$

含有不连续物种 Bi^{3+} 和 Bi^{5+} 的半导体 $BaBiO_3$ 是由 $Ba^{2+} \Longleftrightarrow K^+$ 取代形成的超导性材料的主体。在 $BaBiO_3$ 中(其有一个扭曲的钙钛矿结构)有等数的 Bi^{3+} 和 Bi^{5+}，但掺入 K，Bi^{5+} 的比例应该增大。

$$K_2O \xrightarrow{BaBiO_3} 2K'_{Ba} + Bi^{\cdot\cdot}_{Bi} + O_O , \quad Ba_{1-2x}K_{2x}Bi^{3+}_{0.5-x}Bi^{5+}_{0.5+x}O_3$$

然而事实上情况要复杂得多，因为当掺-K 后，结构恢复到简单立方钙钛矿时，Bi^{3+} 和 Bi^{5+} 之间的结晶学差别就失去了。总之，K 取代时，Bi 的平均价态大于+4。

决定固溶体，特别是决定比较复杂的固溶体能否形成的因素，目前只是定性地有所了解。对一个给定的体系，要估计它是否会形成固溶体，或者它能形成固溶体而要估计它们的组成范围，这并非容易的事，得由实验来测定。如果限于那些在平衡条件下存在而能用合适相图来表示的固溶体，那么只有在他们的自由能比具有相同总组成的任何其他相或相集合要低的情况下才能形成。然而，在非平衡条件下，通过采用软化学合成法或其他制备技术，往往能制得比平衡条件下存在的要广泛得多的固溶体。β-矾土 $Na_2O \cdot 8Al_2O_3$ 可以作为一个简单的例子。它的部分或全部 Na^+ 离子能被包括 Li^+、K^+、Ag^+、Cs^+ 在内的许多一价离子所交换，但多数这样的离子交换得到的材料在热力学上是不稳定的。

不论是互相直接取代，还是进入间隙位置，对离子的相对大小的限制已在前面谈及。在异价固溶体机理中，起作用的离子的电荷往往是不同的。显而易见，在总体上必须保持电荷平衡，但在此限度内，且对大小的要求得到满足时，引入不同电荷离子的余地往往很大。Li_2TiO_3 是一个颇为极端的例子，在高温下它具有岩盐结构，其中 Li^+、Ti^{4+} 离子无序地分布在氧离子立方密堆积列阵的八面体空隙中。它能形成含过量 Li_2O 或过量 TiO_2 的两个系列的固溶体，化学式分别为：

（a）$Li_{2+4x}Ti_{1-x}O_3(0<x\leqslant 0.08)$ 　　　$Li_2O\xrightarrow{LiTiO_3}Li'''_{Ti}+3Li\cdot_i+2O_O$

（b）$Li_{2-4x}Ti_{1+x}O_3(0<x\leqslant 0.19)$ 　　　$TiO_2\xrightarrow{LiTiO_3}Ti\cdots_{Li}+3V'_{Li}+2O_O$

两者均涉及一价和四价离子的交换，产生填隙 Li^+ 离子（a）或 Li^+ 离子空位（b）以维持电中性。Li^+ 和 Ti^{4+} 在电荷上之巨大差别并不妨碍固溶体的形成。为何能形成固溶体，其部分原因看来是 Li^+ 和 Ti^{4+} 两者都能占据具有金属-氧间距在 $0.19\sim 0.22nm$ 范围内的、大小相似的八面体空隙。

在固溶体形成时大小相似但电荷差别很大的离子能互相取代的例子很多。类钛铁矿相 $LiNbO_3$ 通过在八面体空隙中的 $5Li^+\Longrightarrow Nb^{5+}$ 取代形成一有限的固溶体，在立方稳定氧化锆结构的八配位空隙中，Zr^{4+} 离子可以被 Ca^{2+}，Y^{3+} 离子所取代，例如 $Zr_{1-x}Ca_xO_{2-x}$。Na^+ 和 Zr^{4+} 也有相似的大小，这些离子就能在固溶体系 $Na_{5-4x}Zr_{1+x}P_3O_{12}(0.04<x<0.15)$ 中互相取代。

$$5Li_2O\xrightarrow{LiNbO_3}2Li''''_{Nb}+8Li\cdot_i+5O_O \qquad Li_{1+5x}Nb_{1-x}O_3$$

$$Nb_2O_5\xrightarrow{LiNbO_3}2Nb\cdots\cdot_{Li}+8V'_{Li}+5O_O \qquad Li_{1-5x}Nb_{1+x}O_3$$

$$CaO\xrightarrow{ZrO_2}Ca''_{Zr}+V\ddot{}_O+O_O \qquad Zr_{1-x}Ca_xO_{2-x}$$

$$Y_2O_3\xrightarrow{ZrO_2}2Y'_{Zr}+V\ddot{}_O+3O_O \qquad Zr_{1-2x}Y_{2x}O_{2-x}$$

$$ZrO_2\xrightarrow{Na_5ZrP_3O_{12}}Zr\cdots_{Na}+3V'_{Na}+2O_O \qquad Na_{5-4x}Zr_{1+x}P_3O_{12}(0.04<x<0.15)$$

8.6.4　固溶体材料的合成

固溶体就是含有杂质原子的晶体，这些杂质原子的引入使原始晶体的性质发生了很大变化，即晶格常数、密度、电性能、光学性能都可能发生变化，因此固溶体材料为新型功能材料的来源开辟了一个广阔的领域。在此介绍几种固溶体材料的合成和制备。

1. 压电材料

固溶体的电性随着杂质浓度的变化，往往会出现线性或连续的变化，利用这样的特性，可制造出具有各种特殊性能的电子陶瓷材料，应用得最广泛的要算压电陶瓷了。

作为压电陶瓷，$PbTiO_3$ 和 $PbZrO_3$ 的性能都不佳。$PbTiO_3$ 是一种铁电性物质，如将 $PbTiO_3$ 制成压电陶瓷，发现其烧结性能相当差，烧结过程中晶粒迅速长大，晶粒之间结合力很弱，居里点为 $490\ ℃$，发生相变时晶格常数发生剧烈变化，一般在常温下开裂，所以很难制得纯的 $PbTiO_3$ 陶瓷。$PbZrO_3$ 是一个反铁电性物质，居里点约 $230\ ℃$ 左右。利用 $PbZrO_3$ 和 $PbTiO_3$ 结构相同，Zr^{4+}、Ti^{4+} 离子尺寸相差不大的特性，可生成连续的固溶体 $Pb(Zr_xTi_{1-x})O_3(x=0\sim 1)$。随着组成的不同，在常温下形成不同晶体结构的固溶体，而在斜方铁电体和四方铁电体的边界组成 $Pb(Zr_{0.54}Ti_{0.46})O_3$ 处，压电性能、介电常数都达到最大值，如图 8.30 所示，烧结性能也很好，得到了性能优于纯粹的 $PbTiO_3$ 和 $PbZrO_3$ 的陶瓷材料，称为 PZT。也正是利用了固溶体的特性，在 $PbZrO_3$-$PbTiO_3$ 二元系的基础上又发展了三元系，四元系的压电陶瓷。

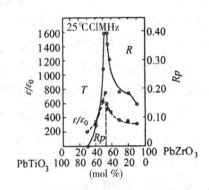

图 8.30　$PbTiO_3$-$PbZrO_3$ 系的介电常数及径向机
电耦合系数在相界附近出现极大值

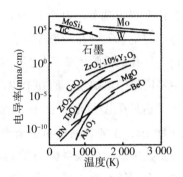

图 8.31　若干陶瓷的电导率随温度的变化

在 $PbZrO_3$-$PbTiO_3$ 体系中发生的是等价取代，因此对它们的介电性能影响不大。在异价取代中，引起材料的绝缘性能的重大变化，可以使绝缘体变成半导体，甚至导体，而且它们的导电性能是与杂质缺陷浓度成正比的。例如纯的 ZrO_2 是一种绝缘体，当加入 Y_2O_3 生成固溶体时，Y^{3+} 进入 Zr^{4+} 的位置，在晶格中产生氧空位。缺陷反应如下：

$$Y_2O_3 \xrightarrow{ZrO2} 2Y'_{zr} + V\ddot{}_O + 3O_o$$

从上式可以看到，每进入一个 Y^{3+} 离子，晶体中就产生一个准自由电子 e'，而电导率 σ 是与自由电子的数目 n 成正比的，电导率当然随着杂质的浓度的增加直线地上升。电导率与电子数目的关系如下：

$$\sigma = ne\mu$$

式中，σ 为电导率；n 为自由电子数目；e 为电子电荷；μ 为电子迁移率。图 8.31 是若干高温材料的电导率与温度的关系，从图中可以看到，添加了 $10\%Y_2O_3$ 的 ZrO_2，在 $1000℃$ 下，比纯氧化锆的电导率约提高了两个数量级。复合添加的氧化锆固溶体已被用为高温发热体，空气中可在 $1800℃$ 的高温下使用。

2. 透明陶瓷材料

通过在晶体中引入杂质离子的方法可对其光学性能进行调节或改变。例如 PZT 除了采用热等静压制备技术之外，是得不到透明压电陶瓷的。在 PZT 中加入少量的 La_2O_3，生成所谓 PLZT 陶瓷，成为一种透明的压电陶瓷材料，开辟了电光陶瓷的新领域。这种陶瓷的一个基本配方为：

$$Pb_{1-3x}La_{2x}(Zr_{0.65}Ti_{0.35})O_3$$

上式中，$2x=0.09$，这个组成常表示为 9/65/35。这个化学式是假设 La^{3+} 取代钙钛矿结构中的 A 位的 Pb^{2+}，并在 B 位产生空位以获得电荷平衡而设计的，属于离子补偿机理。PLZT 可用热压烧结或在高 PbO 气氛下通氧烧结而达到透明。图 8.32 是若干透明陶瓷在红外光波长下的透过率。为什么 PZT 用一般烧结方法达不到透明，而 PLZT 能透明呢？陶瓷达到透明的主要关键在于消除气孔，如果能做到没有气孔，就可以做到透明或半透明。烧结过程中气孔的消除主要靠扩散。我们注意到在 PZT 中，因为是等价取代的固溶体，因此扩散主要依赖于热缺陷，而在 PLZT 中，由于异价取代，La^{3+} 取代 A 位的 Pb^{2+}，为了保持电中性，不是在 A 位便是在 B 位必须产生空位，或者在 A 位和 B 位都产生空位。这样 PLZT 的扩散，主要将通过由于杂质引入的空位而扩散。这种空位的浓度要比热缺陷浓度高出许多数量级。扩散系数与缺陷浓度成正比，由于扩散系数的增大，加速了气孔的消除，这是在同样有液相存在的条件下，PZT 不透明，而 PLZT 能透明的根本原因。

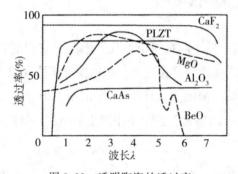

图 8.32　透明陶瓷的透过率

作为透明陶瓷，除了 PLZT 之外，还有 Al_2O_3-MgO 氧化铝-氧化镁陶瓷和 Al_2O_3-Y_2O_3 氧化铝-氧化钇陶瓷等。

3. 人造宝石

宝石晶莹透亮、华丽耀眼，深受人们的喜爱，不但是漂亮的装饰品，也是非常重要的工业材料。天然宝石来源稀少，价格昂贵，使其应用受到限制。所以，人们渴望能人工制造出宝石。随着科学技术的发展，人们已制出了各种具有高硬度和优良光学性能的人造宝石。在表 8.4 中列出了若干人造宝石的组成。可以看到，这些人造宝石全是固溶体，其中蓝钛宝石是非化学计量的。同样以 Al_2O_3 为基体，通过添加不同的着色剂可以制出四种不同颜色的宝石来，这都是由于不同的添加物与 Al_2O_3 生成固溶体的结果。纯的 Al_2O_3 单晶是无色透明的，称白宝石。利用 Cr_2O_3 能与 Al_2O_3 生成无限固溶体的特性，可获得红宝石和淡红宝石。

表8.4 人造宝石

宝石名称	基 体	颜 色	着色剂，%
淡红宝石	Al_2O_3	淡红色	Cr_2O_3 0.01~0.05
红宝石	Al_2O_3	红色	Cr_2O_3 1~3
紫罗蓝宝石	Al_2O_3	紫色	TiO_2 0.5，Cr_2O_3 0.1，Fe_2O_3 1.5
黄玉宝石	Al_2O_3	金黄色	NiO 0.5，Cr_2O_3 0.01~0.5
海蓝宝石(蓝晶)	$Mg(AlO_2)_2$	蓝色	CoO 0.0~0.5
橘红钛宝石	TiO_2	橘红色	Cr_2O_3 0.05
蓝钛宝石	TiO_2	蓝色	不添加，氧空位

1)制备方法。淡红宝石和红宝石的 Al_2O_3 粉料都是以硫酸铝铵 $NH_4Al(SO_4)_2 \cdot 12H_2O$ 为原料，经过多次重结晶处理精制，以提高纯度，并在 1000℃ 左右加热分解而成的 $\gamma\text{-}Al_2O_3$ 或 $\alpha\text{-}Al_2O_3$。要求粉末细度达到 0.2~0.8μm。Cr^{3+} 离子是以离子状态引入，使其与 Al_2O_3 充分均匀混合，然后用氢氧焰在单晶炉中用火焰熔融法拉制。单晶炉结构如图 8.33 所示。粉料从上部落到放有宝石单晶体的架上熔化，炉子里存在温度梯度，下部温度较低，单晶架一边转动一边缓慢地下降，晶体就不断地生长。

2)着色机理。在 Al_2O_3 中，由少量的 Ti^{3+} 使蓝宝石呈现蓝色；由少量 Cr^{3+} 取代 Al^{3+} 呈现作为红宝石特征的红色。红宝石及清澈透明的蓝宝石的透射率与光线频率的关系如图 8.34 所示。红宝石强烈地吸收蓝紫色光线，随着 Cr^{3+} 浓度的不同，由浅红色到深红色，而出现表8.4 中所列的浅红宝石及红宝石。Cr^{3+} 离子能使 Al_2O_3 变成红色的原因，是与 Cr^{3+} 造成的电子结构缺陷有关。Cr^{3+} 离子在红宝石中是点缺陷，其能级位于 Al_2O_3 的价带与导带之间。能隙正好可以吸收蓝紫色光线而发射红色光线。这可做以下进一步的说明。

Al_2O_3 母体的 Al^{3+} 和 O^{2-} 离子都具有氖的结构。因此，在基态时，最外壳层的 2p 轨道被占满，但在激发态时，2p 电子中的 1 个跃迁到 3s 轨道。这个电子由 2p→3s 跃迁所需的能量在 Al^{3+} 和 O^{2-} 的情况下是很大的，相当于紫外线的能量。因此，氧化铝本身不吸收可见光，和红宝石的红色光没有关系。

Cr^{3+} 离子最外壳层的 5 个 3d 轨道填有 3 个电子。在氧化铝中，铬离子进入并置换了 Al^{3+} 的晶格位置，而处于 6 个 O^{2-} 构成的畸变八面体晶场中间，其 3d 轨道和电子跃迁如图 8.35 所示，首先分裂为 t_{2g} 和 eg 轨道，然后各进一步分裂成两小组。在基态 ^4A 中，3 个电子全部进入 t_{2g} 轨道，而在激发态 ^4T 时，其中一个电子以两种方式进入 eg 轨道。Cr^{3+}

由 $^4A \rightarrow {}^4T$ 激发，需要吸收 410nm 或 560nm 的可见光，而放出 693.4nm 的光，所以红宝石因此而呈红色。对于 Cr^{3+} 还有另外两个激发态 ^2E。但是这个激发态的自旋量子数是 1/2，和基态的值 3/2 不同。自旋量子数不同，状态间的跃迁被禁阻。因此，在红宝石中，即使以 ^2E 和基态间的能量差(即 693.4nm)的光照射，也不引起吸收。

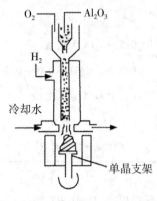

图 8.33 制备红宝石的单晶炉

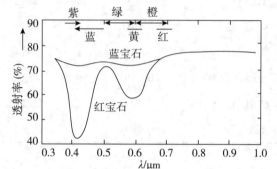

图 8.34 蓝宝石(含微量 Ti^{3+} 的 Al_2O_3)和红宝石(含 Cr^{3+} 的 Al_2O_3)的透射率。蓝宝石在可见光范围几乎是均匀透射的，因而基本上没有颜色；红宝石强烈吸收某些波长，因而呈现红色。

人造红宝石硬度很大，除了用于装饰之外，还广泛地用作钟表的轴承材料(即所谓钻石)和激光材料。人造蓝宝石因能使紫外线和可见光通过，可用于制造光学仪器。

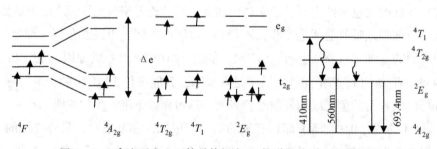

图 8.35 Cr^{3+} 离子在八面体晶体场中 3d 轨道的分裂和电子跃迁

8.7 核-壳结构材料的制备

核-壳结构材料是由中心的核体和包覆在外部的壳层组成，是通过化学键或其他相互作用包覆形成的有序组装结构的复合材料。与单一的材料相比，核-壳结构材料具有独特的结构特性，它整合了内外两种材料的性质，进行优势互补，克服不足，为不同物质间功能的组合提供了新思路。核-壳结构材料组成种类众多，可以用任意种类的材料来制备，如有机聚合物、无机固体、半导体材料、金属和绝缘体等。核-壳结构材料还有不同的核-壳组合，如有机-无机、无机-无机、有机-有机、半导体-金属、有机-金属等。核-壳结构颗粒尺寸、结构和组成可以根据要求进行控制，从而得到具有希望性质的材料。核-壳结构的形成取决于核体与壳体物质之间的相容性和相互作用力，由热力学和动力学因素所决定。对于相容的两种物质，作用力越强越容易形成稳定的核-壳结构；反之，则不形成核-壳结构。

8.7.1 核-壳结构的形成机理

形成核-壳结构的主要驱动力来自核壳之间的化学键、静电引力以及壳体物质的过饱和度。其各种作用驱动机制简述如下。

1. 化学键作用机制

在形成核-壳结构的过程中，核壳体之间通过发生化学反应形成了化学键，壳体均匀致密的包覆在核体表面，从而生成了牢固、不易脱落的核-壳结构。如在一定条件下用 Al_2O_3 溶胶涂覆 TiO_2 纳米晶粒得到核-壳结构的纳米粒子，通过 XPS 表征包覆前后钛的 2p 电子结合能的变化，证明了核-壳之间是由化学键相结合，生成了 Al-O-Ti 键。这种核-壳结构的表征相对较困难，文献报道的较少。

2. 静电引力作用机制

静电吸引是建立在带相反电荷颗粒间相互作用的基础上的。由于颗粒表面带有电荷，溶液中带相反电荷的离子将通过静电作用力吸附在颗粒表面，形成紧密的吸附层。如果这些带相反电荷的粒子为小的纳米粒子，则这些纳米粒子同样被吸附在颗粒表面形成吸附层。当两种带电颗粒粒径相差悬殊时，每个大颗粒表面上将吸附大量的小颗粒，从而形成核-壳结构。利用静电作用力形成的核-壳结构，其壳体由无数个颗粒组装，形成多孔壳层，通常具有透气性。壳层的致密程度与壳体中颗粒大小及均匀性有关。

3. 壳体物质的过饱和度作用机制

根据结晶学原理，溶液在一定的 pH 值下有异相物质存在，其浓度超过它的饱和度达到过饱和度时，将会有大量的晶核生成，并沉积到异相颗粒表面。晶体析出时的溶液浓度低于无异物时的浓度。这是由于在非均相体系的晶体成核与生长过程中，新相在已有固相上形成或生长时体系表面自由能的增加量小于均相成核或生长时自由能的增加量，即均相成核的自由能大于异相成核的自由能。所以分子在异相界面的成核与生长优先于体系中的均相成核与生长。在液相中，晶种诱导结晶或利用水解沉淀对颗粒包覆即是利用这个原理，其中水解沉淀包覆法在核-壳结构制备中被广泛使用。在这种情况下，壳体物质的过饱和度对生成核-壳结构的作用，不仅仅取决于壳体物质的化学组成，还与反应条件及核体的性质有关，常会有如图 8.36 所示的三种情况。图 8.36(a)所示的是壳体物质在核体表面均匀结晶析出，形成致密的单晶壳结构，这是以上所讨论的异相成核生长情况，当溶液中核体和壳体均为无机物，相容性良好，且反应条件控制合适时容易出现这种情况；图 8.36(b)所示的是壳体物质自身成核，然后沉积在核体颗粒表面。这种情况常发生在溶液中壳体物质的过饱和度太高，导致壳体物质的快速成核和生长，所形成的壳层常常为多晶或非晶态，致密性和牢固性降低，表现出多孔特征。$SiO_2 \cdot nH_2O$ 在 $CaCO_3$ 表面的包覆容易发生这种情况；图 8.36(c)所示的是壳体物质在核体物质表面不产生包覆作用，有机体与无机体之间由于不相容性容易发生这种情况。另外，当核-壳体之间热膨胀系数相差较大时，特别是壳体热膨胀系数较小时，形成的核-壳结构容易产生壳体脱离现象。

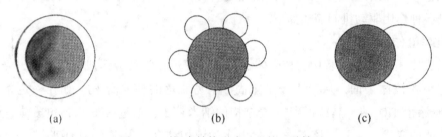

(a)　　　　　　　　　(b)　　　　　　　　　(c)

图 8.36　核-壳结构形成过程的三种情况

8.7.2　核-壳结构材料的制备

1. 化学沉淀法

化学沉淀法有直接沉淀和分步沉淀之区别。直接沉淀法是在一定条件下将壳体的先驱体化合物通过化学或物理的作用直接沉淀在核体表面。这种方法最显著的特点是没有材料元素化合价的变化，通常用无机氧化物壳材料，如 SiO_2、TiO_2、ZrO_2 等来进行包覆。

如利用正硅酸乙酯(TEOS)在异丙醇溶液中水解，将沉淀的 SiO_2 包覆在 $\alpha\text{-}Fe_3O_4$ 的外表面。当 TEOS 水解的动力学因素得到合理控制时，沉淀的 SiO_2 可均匀包覆在 $\alpha\text{-}Fe_3O_4$ 的外表面，如图 8.37(a)所示。采用同样的方法也可以制备出单分散性良好的 SiO_2 包覆氧化钇或氧化钇包覆 SiO_2 亚微米结构的核-壳材料，如 8.37(b)所示。

直接沉淀法操作比较简单、过程容易控制，在常温下就能进行，制备出来的核-壳材料颗粒小，可达到纳米级大小，且分散性良好。根据材料的不同，可以制备出各种形貌的核-壳结构，如球形、椭圆形、线形等。这种方法非常适合用于包覆小核体微球。用于包覆大核体微球时，常会出现包覆不规则且覆盖率较低的现象。

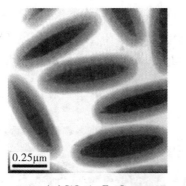
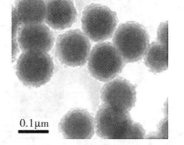

$$(a)SiO_2/\alpha\text{-}Fe_3O_4 \qquad (b)Y_2O_3/SiO_2$$

图 8.37 核-壳结构粒子的 TEM 图像

分步沉淀法的关键是要掌握核-壳体组成变化和壳体均匀性控制技术。利用分步沉淀法制得了锂离子电池正极材料 $Li[(Ni_{0.8}Co_{0.1}Mn_{0.1})_{1-x}(Ni_{0.5}Mn_{0.5})_x]O_2$，该材料比容量高，热稳定性良好。制备这个材料的出发点是将具有高比容量的电极材料与具有热稳定性的电极材料组合成核-壳结构的电极材料，使两种材料的性能产生协同效应。锂离子电池正极材料 $Li(Ni_{0.8}Co_{0.1}Mn_{0.1})O_2$ 有较高的比容量，但其稳定性欠佳；而锂离子电池正极材料 $Li(Ni_{0.5}Mn_{0.5})O_2$ 比容量较低，但热稳定性能较好。用分步沉淀法先合成核体 $(Ni_{0.8}Co_{0.1}Mn_{0.1})(OH)_2$，然后再将 $(Ni_{0.5}Mn_{0.5})(OH)_2$ 沉积在该核体的表面，最后经用 $LiOH\cdot H_2O$ 锂化、在空气中煅烧，得到核-壳结构的锂离子电池正极材料 $Li[(Ni_{0.8}Co_{0.1}Mn_{0.1})_{1-x}(Ni_{0.5}Mn_{0.5})_x]O_2$。其制备过程如图 8.38 所示。

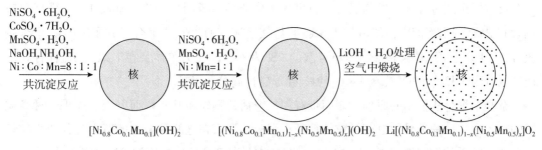

图 8.38 分步沉淀法制备核-壳结构锂离子电池正极材料的流程图

分步沉淀反应在同一反应釜中进行，只是将反应溶液的化学组成进行调整，分两步沉淀完成。首先在氮气氛下将反应原料、沉淀剂(NaOH)和螯合剂(NH_3)配成合适浓度的水溶液，分别加入反应釜中进行沉淀反应。严格控制溶液浓度、pH 值、温度和搅拌速度，以便球形核的形成；反应进行一定时间后，将壳体原料溶液加入反应釜中，进行第二步沉淀反应，继而形成壳体。第二步沉淀中，若反应溶液组成调节不当，会产生自身成核或不生成沉淀。图 8.39 为核-壳结构锂离子电池正极材料 $Li[(Ni_{0.8}Co_{0.1}Mn_{0.1})_{1-x}(Ni_{0.5}Mn_{0.5})_x]O_2$ 的扫描电镜(SEM)图，(a)为材料的外观形貌，(b)为该材料碎片的形貌。核的尺寸为 $12\sim13\mu m$，壳的厚度为 $1\sim1.5\mu m$。

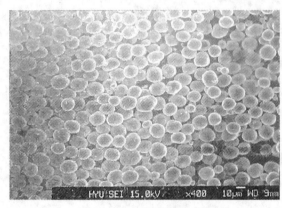 

(a)颗粒表观形貌   (b)颗粒压碎碎片

图 8.39 核-壳结构电极材料 $Li[(Ni_{0.8}Co_{0.1}Mn_{0.1})_{1-x}(Ni_{0.5}Mn_{0.5})_x]O_2$ 的 SEM 图

2. 表面聚合包覆法

表面聚合包覆法主要用来进行聚合物的包覆，根据聚合方式不同可分为单体吸附在中心核表面后进行聚合、杂凝聚聚合和溶胶-凝胶聚合三类。

单体吸附在中心核表面后发生聚合，是一种聚合物包覆的常规方法。在这种方法中，聚合反应既可通过外加引发剂引发，也可采用中心核自身引发聚合。如将 Fe_3O_4 微球分散到含有 PVP 的水溶液中，然后加入苯胺的盐酸溶液，通过原位聚合得到了 Fe_3O_4/聚苯胺核-壳材料。使用原位聚合法，以单分散的 PSt 为种子，St 为单体，在 Fe_3O_4 磁流体存在下成功制备出了核为 PSt、壳为 Fe_3O_4 的核-壳形磁性高分子微球。

杂凝聚聚合法依据的原理是表面带有相反电荷的颗粒相互吸引而凝聚。如果一种微粒子的粒径比另一种带异种电荷微粒的粒径小很多，那么在这两种微粒的凝聚过程中小粒子将会在大粒子的外围形成壳层。构成核-壳结构的关键因素是溶液浓度以及核体微粒的尺寸大小。如通过杂凝聚聚合制备了 SiO_2/PS 核壳结构纳米微粒。先将经氨基修饰的 PS 微球通过戊二醛组装到经氨基修饰的 SiO_2 微球上，然后在乙二醇溶液中加热到 PS 球的玻璃化温度使之包覆在 SiO_2 微球表面，得到了均匀的核-壳结构纳米微粒。

溶胶通常是指固体分散在液体中的胶体溶液，凝胶是在溶胶聚沉过程的特定条件下形成的一种介于固态和液态间的冻状物。溶胶-凝胶聚合即是将所需包覆的颗粒分散于所制备的溶胶中，再在一定的反应条件下完成凝胶化，这样就可在核体微粒表面包覆所需的壳层。通过溶胶-凝胶表面活性剂模板法制备了以 Ag-Au 纳米核壳微球为核体，孔方向为径向的介孔 SiO_2 壳层的核-壳结构纳米微粒，具体过程如图 8.40 所示。曾报道过通过超声处理的溶胶-凝胶方法获得了稳定的、具有荧光性质的 $ZnO/Cd(OH)_2$ 核-壳结构的纳米微粒。$Cd(OH)_2$ 壳层厚度会随着 ZnO 核体颗粒半径的减小而增加。在 $Cd(OH)_2$ 壳层的保护下，该核-壳微粒十分稳定，即使在室温下保存也不会降低其荧光强度。

表面聚合包覆法不仅可以用来对各种尺寸大小(纳米级、微米级或亚微米级等)的有机或无机核进行包覆，而且可以制备多壳层结构的核-壳材料。该方法操作工艺简单、适用性广，制备的壳层连续、均匀、厚度易于控制。

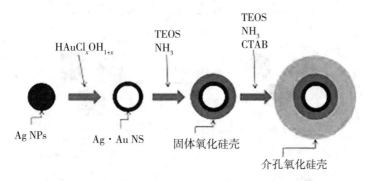

图 8.40　溶胶-凝胶聚合法制备介孔 SiO_2 壳层的核-壳结构纳米微粒的过程示意图

3. 自组装法

自组装法是一种常用的核-壳结构制备方法，制备过程无需人工干预，各组分自动组装成所需要的结构。自组装法主要可以分为两亲性共聚和层层沉积(Layer-by-layer)两种方式。两亲性共聚的原理是共聚物同时含有亲水和疏水功能端，在水溶液中当体系达到临界胶束浓度以上，疏水端就会自动组装成核，亲水端包覆在疏水核上形成核-壳结构，其过程如图 8.41 所示。层层沉积法是通过吸附带电聚电解质在核体上，然后沉积带有相反电荷的壳层，如此反复循环可得到目标核-壳结构材料，过程如图 8.42 所示。如以 SiO_2 为核体，依次连续沉积了聚二烯丙基二甲基氯化铵壳层、聚苯乙烯磺酸钠壳层及聚二烯丙基二甲基氯化铵壳层，最后将钯纳米粒子用化学还原方法包覆在 SiO_2 核体上，从而获得了完整的钯纳米壳层，此方法无需使用其他金属作为成核位点，为制备无机/金属类型的核-壳结构材料提供了参考。如先制备得到结构规整的中空 SiO_2 纳米粒子，然后采用层层沉积法制备出单层减反射薄膜和宽波段双层减反射薄膜。

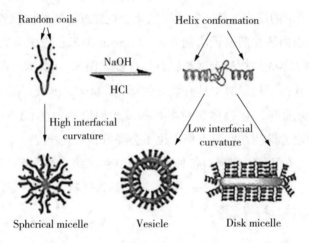

图 8.41 两亲性共聚物自组装成核-壳胶束

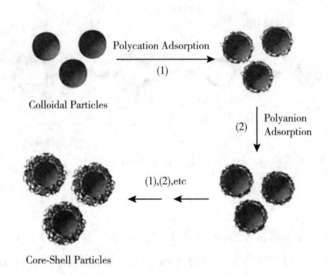

图 8.42 层层沉积过程示意图

两亲性共聚物自组装法虽然操作简单,但是形成的核壳胶束并不是很稳定的。层层沉积法可以通过调节壳层的数量来控制壳层的厚度,也可以通过选择不同的壳层制备多组分的核-壳材料,此方法实验条件温和、环境友好(大多数为水溶液)、适用范围广,可制备各种尺寸、组成和结构的核-壳结构,不足之处就是制备过程相对复杂,用时较长。

4. 化学镀法

化学镀法是在无外加电源的情况下,将具有催化活性的核体表面浸入到含有金属离子的溶液中,当向反应体系中加入还原剂后,就可以利用还原剂提供的电子使金属离子还原为金属原子沉积在核体表面,形成牢固且致密的镀层(实质上是自催化氧化还原反应)。

可通过还原金属离子制备 Cu-(P_t-R_u)核-壳结构的纳米微粒。首先制备 Cu 微球,然后通过氧化还原反应将 H_2PtCl_6 和 $RuCl_3$ 还原成 Pt-Ru 作为壳体包覆在 Cu 微球表面。也可通过金属离子的还原制备 Pt-Ru 核-壳结构的纳米微粒。首先将钌的乙酰丙酮化物在回流的乙二醇中还原,然后将 $PtCl_2$ 加入 Ru 和乙二醇的胶体中缓慢加热至200℃,最后得到 Pt 包覆在 Ru 表面的核-壳结构的纳米微粒。还可通过还原 Au 离子包覆在 Fe_3O_4 纳米微粒表面制备 Fe_3O_4／Au 核-壳结构纳米微粒。其方法是在柠檬酸钠溶液中将 $HAuCl_4$ 还原为 Au,Au 壳层的厚度可以通过改变 $HAuCl_4$ 溶液的浓度来调控。

化学镀法广泛应用于在核体表面包覆金属壳层,过程简单可控,可使核体表面获得结构均匀、厚度可控的包覆层。

5. 机械混合法

机械混合法主要是利用高速气流的冲击力来完成颗粒的包覆。颗粒在高速气流作用及设备的机械力作用下被迅速分散,同时不断受到以冲击力为主的包括颗粒间相互作用的压缩、摩擦及剪切力等诸多力的作用,在短时间内就可以均匀完成固定或成膜的包覆工艺。在此过程中,由于强烈的机械作用可以使粒子间发生化学作用或者改变其中一种粒子的晶体结构、溶解性能、化学吸附和反应活性等,使其与另一种物质进行结合形成核-壳结构粒子。如将 MoO 和 Al 粉末置于球磨机内进行研磨,通过快速的燃烧反应生成了 Al_2O_3 包覆 Mo 的复合粒子。

此外,还有超临界流体流化床快速膨胀法、异相成核法、反胶束法、离子交换法和化学反应法、超声波法、辐照合成法等等。

8.7.3 中空结构材料的合成

中空结构材料是核-壳结构材料的一个重要扩展,通过特殊的方法除去核体形成中空结构,这种特殊的结构材料与实体粒子相比,具有更大的比表面积、更小的密度以及更特殊的性能。

制备中空结构核-壳材料通常使用模板法。模板法按模板的形态又可分为硬模板法和软模板法。硬模板法是指模板粒子是一些具有相对刚性结构、形态为硬性的粒子。能用于制备中空结构材料的硬模板主要有球形的离子交换树脂颗粒、高分子乳胶粒以及氧化物、金属等无机胶态粒子,其基本原理是以模板为核,通过沉淀反应、溶胶-凝胶法等手段在模板核外包覆一层所需材料(或其先驱物)的壳层,形成核-壳结构的复合微粒,用焙烧、有机溶剂溶解或化学反应等方法除去模板,就得到了所需材料的中空结构。如以胶体微粒为核体,通过层层沉积技术制备核-壳结构材料,然后用溶解或煅烧的方法除去内核得到一系列的中空结构材料,其过程如图8.43所示。如通过层层沉积技术将 TaO_3 壳层和聚烯丙基二甲基氯化铵(PDDA)吸附在聚苯乙烯(PS)胶体微球表面形成核-壳结构,然后通过煅烧除去 PDDA 及 PS 胶体，最后得到中空结构的 TaO$_3$ 微球。还可在制备出 SiO$_2$/聚苯胺（PANI）核-壳结构材料后，加入 HF 溶液，将 SiO$_2$ 核体溶解掉，形成 PANI 的中空结构球型微粒。

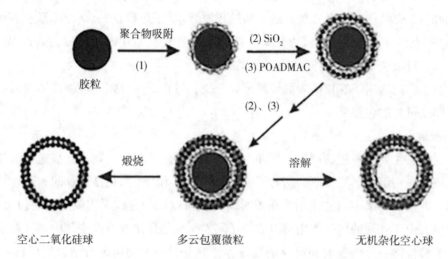

图 8.43　无机胶体中空结构球型微粒的制备过程

软模板法是指以表面活性剂、双亲嵌段共聚物等表面活性物质在溶液中形成的有序聚集体（如超分子胶束或囊泡、高分子聚合体、乳化液滴、气泡等）为模板使沉淀反应或聚合反应在其表面上进行，形成壳层结构。如以十六烷基三甲基溴化铵（CTAB）囊泡为模板，制备了中空介孔硅纳米微球（HMSNs）。还有以水分散在十二烷中形成的油包水型微乳液为模板，以十六烷基三甲基溴化铵（CTAB）作为微乳液稳定剂，水解 Al(sec-OC$_4$H$_9$)$_3$ 制备 AlO(OH) 的中空结构球型微粒。如利用肼还原产生的 N$_2$ 气泡为模板制备出 ZnSe 中空结构微球，过程如图 8.44 所示。

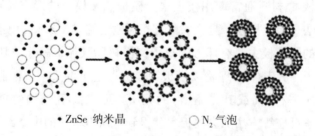

·ZnSe 纳米晶　　　○N$_2$ 气泡

图 8.44　以气泡为软模板制备中空结构微球示意图

硬模板法的最大优点在于通过调节模板粒子的大小，可以很容易控制中空结构微球内部的孔径大小。而软模板法由于软模板的自身特点，易受外部环境如 pH 值、温度、浓度、溶剂和添加剂等的影响，因此对中空结构微球的大小、形状、壳层厚度和形态等较难控制。模板法还可以制备多核体核-壳结构，可以产生特殊组分间的协同效应。

中空材料去除核体的途径有两种：①煅烧法去内核；②溶解法去内核。相对来说，有机核的去除比较容易，一是通过加热、煅烧使有机物分解为小分子而除去。如文献中常用聚苯乙烯微球作为模板，经过煅烧后，聚苯乙烯微球分解为二氧化碳和水分子而挥发出来。煅烧温度对壳层纳米粒子的晶型、壳层稳定性等有显著影响。加热速率影响壳层结构，在相对低的加热速率下，可得到完整的壳层，若以高速率加热，则得到的壳层会有裂缝甚至会破碎；再一种方法就是加入一定的溶剂将核粒子溶解出来，而不破坏壳粒子。如聚苯乙烯可溶解在四氢呋喃或二甲亚砜中；其他有机物胶体核可根据聚合物的性质选择溶剂。但是，若壳层厚太薄，容易破碎。对于无机核的去除，相对来说要困难一些，通常采用溶解法，如 SiO_2 核可用 HF 酸溶解。需要注意的是，选择的溶解液不能影响壳体材料的性质和结构。不难看出，以上两种途径均适用于除去有机物内核，但煅烧时，可能会导致局部结构塌陷。这是因为，由于壳层体首先被加热，有机核体会分解为气体，气体的压力会冲击壳层，导致壳的破裂；另外，由于热收缩，高的冷却速率也会导致壳的破裂。第二种途径适用于除去无机物内核，谨慎操作，可保持壳粒子原有的形貌。

8.7.4 仿生合成——超疏水表面的制备

"出淤泥而不染，濯清涟而不妖"，这是古代诗人赞美荷花的诗句，超疏水的研究就是始于这句诗。为什么荷花会出淤泥而不染呢？那是因为荷花上面有一层超疏水材料，使得水聚成水珠而滚落。不只是荷花上面有这种材料，有些昆虫的足上也有，比如水蝇、蚊子等，由于足上有疏水物质，不会划破水面，它们得以在水面上行走。超疏水材料是一种新型材料，它可自行清洁需要干净的表面，还可以涂在金属表面防止外界的腐蚀。

超疏水表面一般是指水接触角大于 150° 的表面，自然界中最著名的超疏水表面是荷花及其莲叶。获得超疏水表面的必要条件是表面具有一定的粗糙度。具有双重甚至是多重的粗糙度是获得超疏水表面的重要因素。核-壳结构的纳米粒子，由于其小尺寸效应，可以用来作为增强次级粗糙度的手段，用以提高表面的憎水性，从而制得超疏水表面。

利用光刻法在氮化硅表面获得低表面粗糙度的结构，采用硅烷改性后其润湿状态为亚稳态的超疏水状态。但是当把二氧化硅纳米粒子旋涂于粗糙表面，并通过硅烷改性粒子表面后，该核-壳结构的二氧化硅纳米粒子构成了氮化硅表面的次级粗糙度，从而将亚稳态的超疏水表面转化为稳定的超疏水表面，其过程如图 8.45 所示。此外，由于纳米粒子仅填充于表面凸起之间，不仅提高了表面的疏水性，也可能用于制备耐磨性较强的表面。

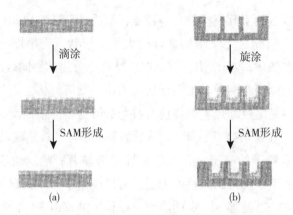

图 8.45　纳米粒子在氮化硅片上涂层过程和单分子层形成的示意图

滴涂　旋涂　SAM形成　SAM形成　(a)　(b)

利用核-壳结构纳米粒子制备超疏水表面的研究还包括采用溶胶-凝胶法和自组装过程，利用堆积聚苯乙烯小球然后表面改性，利用层层自组装法等。由于复合纳米粒子的纳米级尺寸，该类表面通常具有微纳米级的复合粗糙度，因而该类表面的超疏水性相对稳定且机械强度较高，是一类有前景的超疏水涂层的制备方法。

在超疏水表面，水珠非常容易滚落，且在滚落的过程中带走灰尘，因而超疏水表面具有非常好的防沾、防污和自清洁的功能。在国防、工业生产和日常生活中都有着广泛的应用前景。

8.7.5　核-壳结构材料的应用

核-壳结构复合材料既可以满足人们在纳米尺度上对材料结构和性能的设计、剪裁和优化要求，还具备许多不同于单组分材料独特的光、电、磁、催化等性能，这些材料已经应用于许多领域，如催化剂、光学材料、生物医药材料、复合导电材料、光敏材料、荧光材料、光子带隙材料等。

1. 催化剂

多相催化剂的催化活性与催化剂的比表面积成正比，而纳米颗粒的高比表面积和高表面能可增强催化性能，因此核-壳纳米复合材料是非常理想的催化剂。纳米复合催化剂可能同时具有配位催化和多相催化的特点，使得催化剂既具有配位催化的高效性，同时具有多相催化的易回收特性。

1)湿化学反应催化

湿化学反应催化是指催化剂在液相或者气相介质中诱导化学反应路线发生改变，而使化学反应变快或减慢或者在较低的温度环境下进行化学反应。纳米复合催化剂本身具有高表面能、高比表面积，在催化化学反应时，其催化活性将大大提高，同时核-壳纳米复合材料也可产生协同效应。另外，由于纳米复合催化剂结构的特殊性，催化剂的稳定性及其与反应物的接触面积也有所增强。纳米复合催化剂在湿化学反应催化中已经被应用于偶联反应，氧化反应，还原反应，水解反应，加成反应，以及氧化还原反应等。

Au-Pt 复合纳米粒子可用于质子交换膜燃料电池（PEMFC）氧化还原反应的催化剂。Au-Ag 核-壳纳米复合材料可嵌入到甲基功能化的硅烷树脂（MTMOS）中用于还原过氧化氢。其中纳米 $Au_{73}Ag_{27}$ 复合粒子协同催化过氧化氢的活性最好，比单金属纳米粒子的催化活性有较大的提高。

钯是催化卤代烃与芳香硼酸偶合合成不对称联芳烃的常用催化剂，该方法就是通常所说的铃木偶联反应。该反应广泛应用于天然产物、核苷类似物和药品的合成，通常使用 Pd/C 负载型催化剂。利用模板法制得中空钯球的 BET 表面积为 $64m^2g^-$，远远高于实心球的表面积（$8.3m^2g^{-1}$）。催化结果表明中空钯球催化碘代噻吩与苯基硼酸间的铃木偶联反应收率超过 95%，回收 6 次后反应收率仍不低于 95%，解决了实心球催化剂因团聚而导致的失活问题。Pd 纳米粒子镶嵌于纳米 PS-P4VP 复合微球壳层中，也可用于催化铃木偶联反应。

无机/有机纳米复合催化剂代表性的工作是制备具有核-壳结构的纳米 SiO_2-聚苯乙烯-咪唑复合粒子，该核-壳纳米复合材料可在温和的反应条件下高效催化甲醇羰基化合物缩醛反应。

磺酸修饰的单分子层保护的纳米 Au 粒子可用于催化三甲基硅醚（TMS）的水解。该催化剂兼具有配位催化剂和多相催化剂的特性。由于该特性，这类催化剂可用于研究特殊反应的动力学和开发新型催化剂。

2）光催化剂

光催化剂又称光触媒，是能够加速光化学反应的催化剂。常用的光触媒有磷化镓（GdP）、砷化镓（GdAs）等。最广泛使用的是二氧化钛，它能靠光的能量来进行消毒、杀菌。

纳米复合光催化剂的研究包括光催化降解有机物以及甲基橙等，具有高催化活性、良好的化学稳定性、无二次污染、安全无毒等特点，是具有开发前景的绿色环保催化剂。具有海胆型核-壳结构的纳米 SiO_2-TiO_2 复合材料，可用于甲基橙的光催化降解。

核-壳结构的 CdTe-CdS 纳米复合催化剂在紫外光照射下，纳米 CdTe-CdS 复合粒子的催化活性是未改性纳米 CdTe 的 10 倍，且纳米 CdTe-CdS 复合催化剂的光催化稳定性也有很大的提高。纳米复合催化剂不仅改善了催化剂在催化反应体系中的分散性，同时提高了催化剂的比表面积和比表面能，因而较之单一组分的活性高、催化效果好。

3）生物质能利用催化剂

催化剂的活性、稳定性和重复使用性决定了其经济价值。由于壳层的包覆，可以形成封闭的内部微环境以富集反应物，提高反应速率，又由于外层的保护作用，大大提高了催化剂的稳定性，能防止催化剂发生团聚，延长催化剂寿命。这些优点使得核-壳结构催化剂在生物质催化转化方面有重要的应用。

以核-壳结构 Al_2O_3 颗粒作为载体的负载型 Ni 催化剂用于固定床反应器中生物质焦油蒸汽重整催化反应。与普通的 Al_2O_3 载体催化剂相比，核-壳结构载体催化剂不仅显示出优越的催化活性，而且有效抑制了积碳，具有良好的稳定性。另外，由于金属活性组分均匀地分布在稳定的壳层上，为催化反应提供了更多的活性位点，这种结构能加强 Ni 与载体的相互作用，有效阻止 Ni 团聚失活，从而保持催化活性。磁性的 Fe_3O_4-$(C$-$SO_3H)$ 核-壳结构纳米催化剂用于纤维素的水解反应，效果良好，催化剂在反应中显示出了优越的稳定性。利用生物质热解的副产物——生物炭，制备石墨壳层包裹 α-Fe 的核-壳结构催化剂，用于生物质合成气的费托合成反应制取碳氢液体燃料，获得很高的合成气转化率和烯烃选择性。而且在经过 1500 小时测试后，该催化剂仍能达到 95% 的 CO 转化率和 68% 的产物选择性。通过沉积沉淀制备的 SiO_2-Al_2O_3 核-壳结构催化剂用于生物质在水热环境下的催化转化。该催化剂在水热条件下转变成层状的无定形结构软铝石，能抑制催化剂本身的水解，具有很高的稳定性。同时，该催化剂具有很大的比表面积，且酸性位点分布均匀，有效促进了反应的进行。将磺酸基固定在 SiO_2 包覆的 Fe_3O_4 颗粒表面制备的 Fe_3O_4-$(SiO_2$-$SO_3H)$ 核-壳结构催化剂，在纤维素水解为还原性糖的反应中表现出很高的催化活性，在温和的反应条件下就能达到 73.2% 的还原性糖收率。另外，Fe_3O_4-$(SiO_2$-$SO_3H)$ 催化剂易于重复利用，且表现出很高的稳定性，在多次重复使用后催化活性没有明显降低。

2. 光学材料

1) 光敏材料

光敏高分子材料也称为光功能高分子材料，是在光的作用下能够表现出某些物理或化学特性变化的高分子材料，如光聚合、光交联、光降解等化学变化；互变异构、激发、发光、外观尺寸等物理变化。通常所说的光敏材料是指光敏半导体材料，其特点是在无光照的状态下呈绝缘性，在有光照的状态下呈导电性。由于纳米材料吸光能力大大超过体相材料和微米级材料，因而纳米复合材料在光敏性、吸光强度方面远高于体相材料。现已普遍应用的感光材料有硒、氧化锌、硫化镉、有机光导体等。

海胆状 Zn-ZnO 复合粒子可采用热蒸发法制备。与壳-核同轴的核-壳纳米复合材料层不同，该核-壳纳米复合材料具有很强的光电感应特性，可作为太阳能转换装置的阳极材料。

用反胶束法将 SiO_2 纳米粒子与感光聚酰亚胺溶液混合，制得核-壳纳米复合感光材料。纳米 TiO_2 粒子与聚酰亚胺复合的材料中的感光聚酰亚胺可作为通信产业中光波导、光联接等装置的材料。ZnO/Cu_2S 核-壳纳米棒具有很强的光电感应特性，能实现快速电子转移，且具有良好的稳定性。通过表面聚合的方法制备的亚微米级的核-壳微胶囊可以用来作为亚微米尺度的最基本的感光功能单元。

2) 荧光材料

荧光材料在化学传感、光学材料及生物检测和识别等领域有重要应用。与传统的荧光材料相比，核-壳结构荧光纳米粒子具有更高的亮度和光稳定性，也能更容易地实现水分散性和生物相容性。例如通过改进的 Stober 合成方法制备的一系列高荧光性和高光稳定性的核壳-结构纳米微粒，与单组分的荧光基团相比，单分散性更好，荧光更亮且具有更高的光稳定性。

荧光核-壳纳米复合材料基本上以包覆荧光纳米粒子如 CdS、ZnS 和 CdSe 等为主。单分散 $SrAl_2O_4$-(PMMA-BA)：(Eu^{2+}，Dy^{3+})核-壳纳米复合材料与 PVC 树脂基体有很好的兼容性，可使 PVC 树脂具有荧光性能，因此，改性 PVC 能应用于门窗及户外建筑材料等。

使用乙二醇包覆 $CdS/Cd(OH)_2$ 荧光纳米晶对活体克氏锥虫进行了标记。通过共焦荧光显微镜和透射电镜分析揭示了寄生虫内吞路径。该标记方法有助于了解细胞分化和内吞进程。

除无机/有机复合材料外，无机物基复合材料也可用于制备荧光材料。如 CdS-(Cd-Sn)、T-ZnO-SnO_2 棒杂化复合材料、CdSe-ZnS 等。特别是纳米复合 CdSe-ZnS 粒子以荧光量子点形式分散在聚乙烯醇薄膜中所制得的复合薄膜在生物医学中有很好的应用前景。

3) 光子带隙材料

将不同介电常数的介电材料组成周期结构，电磁波在其中传播时由于布拉格散射会受到调制而形成能带结构，这种结构称为光子带(photonic band)。光子带之间可出现带隙，即光子带隙(photonic bandgap，简称 PBG)。具有光子带隙的周期性介电结构的晶体就是光子晶体(photonic crystals)，或者称为光子带隙材料(photonic bandgap materials)。光子带隙材料的光学特性与半导体的电学特性有许多可比之处。当电磁波发射到光子带隙材料上时，频率落在光子带隙中的电磁波无法通过，而其他频率的电磁波传播不受影响。光子带隙可以通过改变微粒的尺寸大小，在红外线至可见光区域内进行调整。光子带隙的存在带来了许多新的物理应用，如制造硅基激光、光纤等。

采用自组装技术在 PS 胶体微球表面上沉积 HgTe 纳米晶，将该纳米复合微球定向规则排列形成胶体晶体。增加 HgTe 纳米晶在 PS 微球表面的沉积层数，可以增大纳米复合微球的粒径和有效折射率，相应的胶体晶体的禁带位置将出现红移，当 HgTe 层数分别为 1、2、3 时，禁带位置分别为 1425nm、1435nm 和 1460nm。

以乳液聚合法制备的 PS 为模板，十二烷基苯磺酸钠为表面活性剂，通过超声波处理 $Zn(Ac)_2$ 的乙醇溶液与硫代乙酰胺反应生成核-壳结构纳米 PS-ZnS 复合微球，热处理后可得到具有较大折射率和相对低吸收率的 ZnS 空心球，可用于光子晶体组装。

在 PS 微球表面自组装聚电解质和发光半导体纳米 CdTe、CdS 粒子，得到了有机无机复合的核-壳结构纳米复合微球，再将该纳米微球自组装成三维规则结构的胶体晶体，该胶体晶体具有光子带隙特性，光子禁带位置出现在 320nm 附近。

有效的光子晶体需要在点阵和介质之间具有 2 倍左右的折射率差，但是在高分子材料中很难找到。为了解决这一难题，研究者采用聚合物作为模板，再用其他高折射率的材料（如 Si、Ge、TiO$_2$ 等）进行填充，通过煅烧、化学腐蚀等方法除去模板，制备出具有更高折射指数的光子晶体。因此，功能纳米复合材料，特别是无机有机复合材料成为制备光子晶体的最佳选择。

3. 生物医药材料

核-壳结构纳米复合材料一般不与胶体溶液和生物溶液发生反应，但其壳层或内核能够包裹具有生物活性的生物分子及其他配体，能与生物环境体系中的细胞相互结合，并且能够选择性地与抗原、靶细胞或病毒发生相互作用，从而可用于生物医学领域的生物检测、生物分离、药物释放、生物传感等方面。

1）药物载体及释放

药物的控制释放通常以药物为核，以响应性（如 pH、温度敏感性等）材料为壳，可以保持药物的定量持续释放，维持血药浓度的相对平稳，减少给药次数和用量，有效地拓宽给药途径，提高药物的生物利用度，同时降低某些药物集中吸收对胃肠道所造成的刺激。纳米复合材料，特别是胶囊型材料在该方面的价值尤为显著。

如具有 pH 敏感的中空 P（MBAAM-co-MAA）微球，在对阿霉素盐酸盐的控制释放中，pH＝7 时，24 小时对阿霉素盐酸盐释放量为 15%；在 pH＝10 时，为 35%；而在 pH＝1 时，为 98%。可见，该胶囊可以有效地控制药物在人体中的释放部位。中空纳米 PPy 微球和中空碳纳米微球都可作为药物释放和催化的载体。

在含有纳米 Fe$_3$O$_4$ 种子溶液中水解 TEOS 得到纳米 Fe$_3$O$_4$-SiO$_2$ 复合粒子，通过硅烷偶联剂 KH570 表面改性进一步乳液聚合异丙基酰胺制得温度和磁性双重响应的聚合物微球，该微球可到达特定部位，在指定位置一定温度下可以保证药物的准确释放。

具有磁性、荧光、介孔性能的核-壳结构纳米 Fe$_3$O$_4$-nSiO$_2$-mSiO$_2$-YVO$_4$：Eu^{3+} 复合材料可作为药物载体，其药物释放具有持续性，随着药物释放的数量增加，Eu^{3+} 的发光特性也相应增强，为利用荧光跟踪和监视药物的释放提供了可能。

2）生物检测

在具有核-壳结构的纳米复合微球的核内或者壳层中引入具有生物活性的吸附剂或者其他配体（如抗体、荧光物质等）活性物质，能与生物环境体系中的细胞相互作用，因此该纳米复合材料能用于生物检测。生物检测主要是指荧光免疫测定、DNA 杂交检测、磷酸质谱分析、生物细胞识别等。

将 Au 纳米粒子、客体配位基通过层层自组装包覆在乳胶微球表面制得核-壳结构纳米复合微球，作为抗维生素免疫球蛋白的荧光标签猝灭剂及在荧光免疫测定中有潜在应用。在纳米金刚石膜表面制备了具有核-壳结构纳米 ZnO-SiO$_2$复合棒阵列，因其具有独特的结构使其荧光信号有所增强，该阵列可用于 DNA 的检测。磁性的核-壳结构纳米(Fe$_3$O$_4$-C-SnO$_2$)复合粒子可用于磷酸丰度的分析。利用 Stober 方法制备了兼具磁性和荧光性能的 Fe$_3$O$_4$-SiO$_2$：Tb^{3+}核-壳结构纳米复合材料，该纳米复合粒子在生物识别、生物分析和生物标记方面有潜在应用价值。

3）生物传感

生物传感器是利用生物要素与物理化学检测要素组合在一起对被分析物进行检测的装置。生物传感可利用表面等离子共振、压电和荧光变化作为检测手段。生物传感器可以用于环境检测、细胞识别等领域。

AgCl-PANI 纳米复合粒子在中性条件下具有很强的氧化还原性，可作为选择性多巴胺的生物传感器。核-壳结构纳米 ZnO-polymer 复合粒子具有可控的发光性能和较高的量子产率，可用于细胞识别。具有核-壳结构纳米 PS-TiO$_2$微球胶体和非球形大孔材料 TiO$_2$能用于生物感应器、过滤器和光子带隙材料。

4）生物分离

在核-壳结构纳米复合材料的核或壳层中引入具有生物活性的物质，这些生物活性物质能与生物环境体系中的特定目标分子结合，从而使这些材料具有生物分离的效果，包括细胞分离、蛋白质分离、氨基酸分离和生物抗体分离等。生物分离一般利用核-壳磁性纳米粒子与目标物质相结合，在磁场作用下，获得目标产物，如 γ-Fe$_2$O$_3$，Fe$_3$O$_4$等。

总之，随着科学技术的发展，纳米材料以及纳米技术与生物医学结合越来越紧密，特别是纳米复合材料在生物医药方面的应用也越来越广泛。

4. 复合导电材料

许多导电纳米材料可以与聚合物材料复合得到纳米聚合物复合导电材料，进而制作导电涂料和导电胶等，在电子工业上有广泛应用。导电纳米材料常用金、银、铜纳米粒子。用纳米级导电材料代替微米级常规导电材料可以提高材料的物化性能，例如用纳米银粉代替微米银制成导电胶，在保证同导电能力的情况下，可以大大节省银的用量，降低材料密度。由于碳纳米管具有良好的导电性，与聚合物材料复合所制备的纳米复合材料也是导电的。

将 CuCo$_2$O$_4$@ MnO$_2$核-壳结构材料负载在碳纤维上后可以作为很好的电化学电容，同时具有良好的稳定性。对天然纤维硅酸黏土(ATP)进行改性，然后采用化学接枝法把导电材料聚吡咯(PPy)以单分子层方式接枝到 ATP 上，形成单分子层纳米 ATP-PPy 复合粒子，该纳米复合粒子涂层具有玉米芯形状的形貌，有很高的电导率，且其电导率对温度的依赖性很小，并显示出良好的热稳定性，可应用于屏蔽电磁的干扰，制成防静电涂层和电流变液体。

氟化聚酰亚胺/硅酸盐纳米复合材料较单纯聚酰亚胺具有较低的漏电电流和介电常数，可广泛应用于微电子器件。具有导电性能的单分散核-壳结构纳米复合粒子以热塑性聚合物为核，聚电解质为壳，将其用聚吡咯(PPy)进行点缀修饰可得到表面光滑的纳米复合粒子，该纳米复合粒子能够黏附在 ITO 模板上，在可见光区域有较高的光透过率，可应用于电子工业方面。

利用水热合成法制备具有一维核-壳结构的 $CNTs$-Co_3O_4 复合粒子，该纳米复合材料能够用做锂离子电池的负极材料，具有很好的电化学性能。通过采用一种操作简单、低成本的化学沉积法制备具有核-壳结构纳米 TiO_2-CdS 复合粒子，可将纳米复合粒子作为电极材料应用于光伏电池。结果表明，纳米 TiO_2-CdS 复合粒子作为电极材料的光电流性能较之最初的纳米 TiO_2 棒和 CdS 膜有所增强。

5. 其他应用

纳米复合材料作为新型的功能材料在光学、磁学、催化、药物载体等领域显示出巨大的应用潜力。随着纳米复合材料不断向功能化方向发展，能够根据实际需要设计合成出各种各样的功能材料，而核-壳结构纳米复合材料的发展正顺应了这种发展趋势。随着纳米材料的研究和表征技术的进一步发展，纳米复合核-壳材料在更多的领域将得到应用，如航空航天、电磁屏蔽、隐身材料、军事吸波、环境治理、污水处理等等方面。

8.8　无机-有机杂化材料的合成

8.8.1　杂化材料结构特性

杂化结构不同于复合结构，在复合材料结构中存在着增强相与基体相之间的界面，在两界面间可通过接枝杂化等方式将其连接在一起，但这仅属于局部杂化结构，整体材料中仍有两种相存在；而杂化材料则不同，在杂化材料结构中不存在两种相，更没有相界面的存在。纳米杂化材料有时能够检测到两种相的存在，严格地讲，也属于复合材料。但是，考虑到纳米粒子尺寸效应以及材料本身表现出的特殊性质，在某种程度上类似或超过分子杂化材料，为了区别于传统复合材料，把这种材料称为纳米复合材料，也常称为纳米杂化材料。杂化结构中通常可以划分出不同组分或结构的簇，如原子簇、分子簇、离子簇和纳米簇等，簇之间一般通过共价键、配位键、离子键或分子间力等结合在一起，称为单一相、均匀相或准均匀相结构。

值得注意的是，文献中报道的纳米杂化材料结构与纳米复合材料结构没有严格的区别，杂化材料，有时也叫复合材料。

无机-有机杂化材料整合了无机材料和有机材料的优良特性，其中必须有一相的尺寸至少有一个维度在纳米级，纳米相与其他相间通过化学(共价键，配位键)与物理(氢键等)作用在纳米水平上复合。无机-有机杂化材料具有纳米材料的小尺寸效应、表面效应、量子尺寸效应等性质。另外，这种材料的形态和性能可在相当大的范围内调节使材料的性能呈现多样化。因此，无机-有机杂化材料在力学、热学、光学、电学、催化、生物环保等领域中展现出广阔的应用前景。

多金属氧酸盐是一类含有氧桥的多核配合物，能与许多有机分子尤其是具有强给电子能力的含大 π 共轭体系的有机分子(如四硫富瓦烯类、含氮有机物、含茂环有机金属和有机高聚物)等结合形成具有新型功能特性的杂化材料；通过特定的物理和化学修饰还可获得具有特定功能的无机-有机杂化材料。多金属氧酸盐-有机杂化材料在催化、导电、光致变色、磁性、非线性光学材料以及生物制药等领域具有潜在的应用前景。

8.8.2　无机-有机杂化材料的分类

无机-有机杂化材料根据无机-有机两组分间的结合方式和组成材料的组分，可分为以下 3 种类型。

1. 包埋

有机分子或聚合物简单包埋于无机基质中，此时无机有机两组分间通过弱作用力(如范德华力、氢键、静电作用或亲水-疏水平衡)相互作用。如大多数掺杂有机染料或酶等的凝胶即属于此类。

2. 分子水平的杂化

无机组分与有机组分之间形成分子水平的杂化，存在强的化学键(如共价键、离子键或配位键)，所以有机分子不是简单包裹于无机基质中。以共价键结合的无机-有机杂化材料主要是无机先驱物与有机功能性官能团共水解与缩合。无机组分与有机组分彼此带有异性电荷，可形成离子键而得到稳定的杂化材料体系。以配位键结合的无机-有机杂化材料基质与粒子以孤对电子和空轨道相互配位的形式产生化学作用，而构成杂化材料。

3. 掺杂

在上述 1 和 2 杂化材料中，加入有机或无机掺杂物时，掺杂组分嵌入无机-有机杂化基质中得到新型的杂化材料。

有机组分在无机-有机杂化材料中可起到多种作用，主要包括：①起电荷平衡、空间填充和结构导向作用；②作为有机配体同金属原子配位形成配位阳离子；③作为有机配体直接和无机骨架连接，起支撑作用；④通过与骨架上的杂原子配位连接无机骨架。

8.8.3　无机-有机杂化材料的制备方法

无机-有机杂化材料的制备方法主要有溶胶-凝胶法，水热合成法，共混法和自组装法等。

1. 溶胶-凝胶法

1)溶胶-凝胶法的特点

由于有机物与无机物的热稳定性差别较大,无机材料的制备大多需要经过 1000℃以上的退火处理,而有机物在此温度下则会发生分解。因此不能用传统的高温熔融法制备无机有机杂化材料。目前常用的制备方法为溶胶-凝胶法(Sol-Gel Process),该方法一般是将金属(Si,Ti,Al,Fe,Zr 等)的有机醇盐或添加过强螯合剂(柠檬酸、EDTA 等)的无机盐在一定条件下,如溶液的 pH 值、温度和浓度等一定进行水解缩聚反应形成溶胶、凝胶,并经热处理而成为氧化物或其他固体化合物的方法。

用溶胶-凝胶法制备材料,由于反应组分在纳米级均匀混合,因此材料的均一性好,化学成分可以有选择的掺杂,制品的纯度高,可以制得块状玻璃、薄膜、纤维等不同形态的制品。反应温度在 300℃以内,比传统的高温熔融法大大降低。因此通过溶胶-凝胶法,在低温有机溶液下,将有机物与无机物复合形成杂化材料成为可能。在溶胶-凝胶过程中有机化合物所起的作用主要有以下两点。①在制备无机材料中,有机基团可控制反应介质的反应速率,溶胶的流变性,凝胶的均一性及微观结构。高温焙烧时可将之分解而获得纯的无机材料,不会影响无机材料的物理性质和化学性质。②在制备高分子-无机复合材料的过程中,因最终的材料是无机物和聚合物的互穿网络结构,有机基团可用来改进无机组分的性能或使其功能化,从而加强了无机物和聚合物之间的键结合力,改善了网络结构。

2)溶胶-凝胶法中金属醇盐的水解缩聚机理

在溶胶-凝胶反应过程中,金属醇盐的水解缩聚反应是重要的组成部分。以硅醇盐为例、在碱性条件下、水解速率快,而缩聚速率低,凝胶化时间长,反应形成大分子聚合物,交联度高,使得凝胶透明度低,结构疏松。而在酸催化条件下,水解由 H_3O^+ 的亲电机理引起,缩聚反应在水解完全进行之前即已开始,生成的聚合物分子小,交联度低,制得的干凝胶透明致密,因此一般采用酸性条件下或先酸后碱条件下制备无机有机杂化材料。对于金属醇盐而言,由于硅原子电负性大,原子半径小,配位饱和,故硅醇盐反应活性低,亲核水解反应慢,所以其溶胶-凝胶反应可以均匀地进行。过渡金属如钛电负性小,原子半径大,配位不饱和度高,亲核水解反应快,凝胶化时间短,易产生沉淀,反应难以控制,须加入配合剂进行改性。配合剂与金属中心发生配合可扩张其配位,这样可减小其表观官能度和水解能力。并且配合物可起到表面活性剂的作用,使得溶胶稳定化,从而使反应均匀地进行,避免沉淀的形成。

3)凝胶的干燥处理

金属醇盐溶胶在形成湿凝胶后,由于湿凝胶中包裹着大量的水分、有机基团和有机溶剂,要进行热处理以形成干凝胶。在此过程中表观上表现为收缩,硬固,同时产生应力,最后可能导致凝胶开裂。加入控制干燥的化学添加剂(DCCA),减小挥发速率和超临界干燥法都可以减小开裂的发生。无机材料通过与有机物杂化或改性可以增加无机网络的柔韧性，也大大地减小了开裂的形成和产物的制备时间，同时制得了所需的无机有机杂化材料。

溶胶-凝胶法是目前制备无机-有机杂化材料最常用的也是最完善的方法。如采用溶胶-凝胶法利用四乙氧基硅烷和胺丙基三乙氧基硅烷的共水解制备包埋磷钨酸(PW_{12})的光致变色无机-有机杂化薄膜，它的红外光谱中可清晰显示出 $PW_{12}O_{40}^{3-}$ 阴离子的 Keggin 结构特征。多金属氧酸盐阴离子与 RNH_3^+ 离子之间有强的相互作用，并共存于硅胶网络骨架中。如以石英为基片通过溶胶-凝胶法合成铕取代杂多钨酸盐的超薄膜。该复合膜的荧光激发与发射光谱中可观测到多金属氧酸盐固体中无法观测到的配体-金属电荷转移跃迁谱带。

4) 溶胶-凝胶法制备无机-有机杂化材料的优点

包括：①反应在液相中进行，有机物与无机物混合均匀，可达到亚微米级甚至分子级复合；②最终得到的材料是无机物和有机物的互穿网络结构，从而加强了无机物和有机物之间的键合能力；③温和的制备温度(室温或略高于室温)允许引入有机小分子低聚物或高聚物，而最终获得具有精细结构的有机-无机杂化材料；④产品纯度高；⑤反应物各组分的比例可精确控制。

5) 溶胶-凝胶法的缺点

溶胶-凝胶反应时间较长，需几天甚至几周；其次凝胶中存在大量微孔，在干燥过程中会逸出许多气体及有机物，并产生收缩。在制备膜材料时会使膜材料易脆裂，很难获得大面积或较厚的杂化膜材料。尽管如此，溶胶-凝胶法仍是目前应用最多的方法之一。在溶胶-凝胶反应过程中，先驱物将经历复杂的水解缩合和缩聚过程。这些反应过程特别是溶胶阶段水解和缩合过程的不同将直接影响生成的无机-有机杂化材料的结构和性能。对微观溶胶-凝胶反应过程进行探索，并将反应过程与材料的宏观性能进行联系，改变反应过程的条件与参数，指导和控制材料的制备，对无机-有机杂化材料的发展具有重大的影响。

2. 水热合成法

水热合成法是指在一定的温度($10\sim1\,000℃$)和压力($1\sim1\,000MPa$)下，在溶剂中进行的特定化学反应。反应一般在特定类型的密闭容器或高压釜中进行。在水热合成反应中，水处于亚临界和超临界状态，反应物在水中的物性和化学反应性能均异于正常状态，反应活性很高。如在用水热合成法合成大量无机-有机杂化材料的基础上，从简单的反应原料出发合成出了具有螺旋结构的无机-有机杂化材料$[M(4,4'\text{-b py})_2][(VO_2)(HPO_4)]_2$($M=Co$，$Ni$；bpy 为双吡啶)。还有采用水热合成法制备一系列多金属氧酸盐-有机杂化材料。图 8.46 所示是用水热合成法制备的一种新的有机-无机杂化钒酸盐复合物$[Co(2,2'\text{-bpy})_2V_3O_{8.5}]$的二维网状结构示意图。该化合物由左旋和右旋的两条链组成，这两条链由钒氧构筑块相互作用，缠绕形成螺旋状。

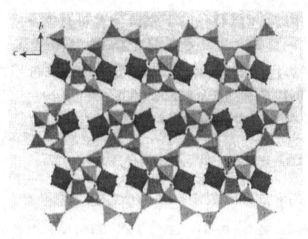

图 8.46　以多面体表示 $[Co(2, 2'\text{-bpy})_2V_3O_{8.5}]a$ 轴方向的二维网状结构示意图

3. 共混法

共混法是通过物理或化学方法使无机纳米粒子和聚合物或单体混合均匀，从而制得纳米杂化材料的一种方法，也称为纳米微粒填充法。该方法主要包括机械共混、熔融共混、溶液共混、乳液共混等。机械共混是将纳米粒子与基体粉末放在研磨机中充分研磨，混合均匀后，再制成纳米复合材料；熔融共混是将纳米粒子和基体材料在基体材料的熔点以上熔融并混合均匀，进而制得纳米杂化材料；溶液共混是把基体粉末溶解在合适的溶剂中，加入纳米粒子，搅拌溶液使纳米粒子分散均匀，除去溶剂后获得纳米杂化材料；乳液共混是把聚合物乳液与纳米粒子均匀混合，除去溶剂后成型而制得纳米杂化材料。

共混法操作方便，工艺简单，适合于各种形态的无机纳米粒子。而且该方法还可通过控制合成的路径和反应的条件来调控粒子的形态和尺寸。使用该方法，已成功制备出了 PS/尼龙-6 和 PS-CdS 等杂化材料。也制备出了掺杂 PW_{12} 的聚乙烯醇(PVA)膜。室温下膜的电导率为 $1 \times 10^{-3} S/cm$。红外光谱和 X 射线衍射表征发现，PW_{12} 已包埋在 PVA 中。膜的含水率、电导率和甲醇透过系数，随膜中 PW_{12} 含量的增加而增加。同样制备了掺杂 PW_{12} 的磺化聚醚醚酮的复合膜，并进行了同样的测试，得到类似的结果。

共混法的难点是粒子分布不均匀，易发生团聚，不利于材料的均匀化。为防止无机纳米粒子的团聚，与有机物共混之前，必须对其表面进行改性处理或加入增溶剂等。

4. 自组装法

自组装法制备无机-有机杂化材料的基本原理是体系自发地向自由能降低的方向移动，形成共价键、离子键或配位键，得到多层交替无机-有机膜。自组装的复合聚合物的结构中，不仅包含金属离子与有机配体间相互作用的配位键，还包含分子间弱的相互作用（如氢键、π-π 相互作用、范德华力和静电力等），因此，制备的无机-有机杂化材料具有丰富的构型，如一维的直链、螺旋链；二维的蜂巢型、石墨型、方格型和砖墙型等；三维的金刚石和立方格子等拓扑结构类型。如在聚合物的溶液自组装体系中加入多金属氧酸盐，当聚合物溶胀时，聚合物网络变得疏松，作为掺杂剂的多金属氧酸盐嵌入其中，并通过化学键或氢键与有机物结合。利用层接层自组装技术，制备光敏性的重氮树脂（DR）/悬臂式多金属氧酸盐衍生物（$DR/SiW_{11}O_{39}CoH_2P_2O_7$）$_n$无机有机杂化复合薄膜和壳聚糖（CTS）/Keggin 型多金属氧酸盐（$CTS/\alpha-H_4SiW_{12}O_{40}$）$_n$或（$CTS/\alpha-H_3PMo_{12}O_{40}$）$_n$无机-有机杂化复合薄膜。研究结果表明，上述各种无机和有机组分均被组装到复合膜中，且保持了原来的结构和性能。自组装复合膜的增长是一个线性均一的层层增长的过程，复合膜表面是由粒径较为均匀的球状粒子均匀分布而成的。在较大范围内光滑平坦，成膜组分的结构与化学性质在成膜之后，依然保留在复合膜中。如由逐层自组装方法制备的 P_2W_{18}/聚乙烯吡咯烷酮多层膜，同时具有电致变色与光致变色的性能。

与溶胶-凝胶法、水热合成法、共混法等制备方法相比，自组装法合成的无机-有机杂化材料具有有序结构，可从分子水平上控制无机粒子的形状、尺寸、取向和结构，更便于精确调控纳米材料的结构和形态。但它存在着操作流程和结构控制复杂等问题，限制了其应用。

5. 其他方法

1）插层法

插层法的原理是在具有典型层状结构的无机化合物（如硅酸类黏土、磷酸盐类、石墨、金属氧化物、二硫化物、三硫化磷配合物和氯氧化物等）中插入各种有机物。插层法是制备高性能杂化材料的方法之一。根据有机高聚物插入层状无机物中的形式不同，可分为熔体插层法、溶液插层法、插层聚合法三种。该法原料来源极其丰富且价廉，而且由于纳米粒子的片层结构在杂化材料中高度有序，使得杂化材料具有很好的阻隔性和各向异性。但其中插层聚合法受单体浓度、反应条件、引发剂（自由基聚合时）品种和用量等因素的影响。

插层法的优点是工艺比较简单，合成的材料热稳定性及尺寸稳定性都较好，原料价格低廉且易得到。复合过程中，可利用层状结构使分子有规律地排列，使纳米复合材料的结构规整，具有各向异性。无机颗粒在一维方向上处于纳米尺度，这样可以防止颗粒团聚的发生，使其良好分散。插层法的缺点主要是适合用于插层的单体和溶液选择的种类有限，及大量溶剂不利于回收且污染环境。

2）微波法

微波加热速率快且均匀。在强电磁场的作用下，可望产生一些用普通加热法难以得到的高能态原子分子和离子，从而引发一些在热力学上较难进行甚至不能进行的反应。采用微波法合成 $Ni_{20}(C_5H_6O_4)_{20}(H_2O)_8$ 多孔无机-有机杂化材料，与常规电加热合成需要几小时或几天相比，微波辐射大大加快了结晶速率(仅需几分钟)。

3)LB 膜技术

LB 膜技术制备无机-有机杂化材料的原理是，利用具有疏水端和亲水端的两亲性分子在气液界面的定向性质，在侧向施加一定压力的条件下，形成分子紧密定向排列的单层膜，再通过一定的挂膜方式均匀地转移到固定衬基上，制备出纳米微粒与超薄有机膜形成的无机-有机层交替的杂化材料。

已用 LB 膜技术制备了新型的无机-有机杂化膜，并考察了其电化学性质。此膜含有 Keggin 型结构的多金属氧酸盐以及一系列不同间距的两亲性分子。当带正电荷的含 PW_{12} 的两亲性分子在水溶液液面之下扩散时，由于静电作用使得空气与溶液接触面上产生杂化单层膜。这些单层膜随后被转移到固体负载物上，并形成多层膜。可采用紫外光谱、X 射线电子能谱、原子力显微镜等技术对其进行表征。用循环伏安法考察了此杂化多层膜的电化学活性，发现当膜附着在玻碳电极表面时，被修饰的电极对 NO_2^- 的还原具有很强的活性。

4)电解聚合法

电解聚合法是利用电能来制备无机-有机杂化材料的方法。如以 1，4-苯醌(BQ)和氯化磷腈三聚体为原料制备了聚氯化磷腈苯醌杂化材料。反应机理是，电化学反应—化学反应—电化学反应—化学反应机制。根据 X 射线光电子能谱，^{31}P-核磁共振，傅立叶变换红外光谱等方法的分析结果表明，产物是一种无机-有机复合结构，外观为无定形多孔结构，具有对化学试剂稳定，不导电，不燃烧的特点。

5)原位悬浮聚合法

原位悬浮聚合是指在聚合阶段将无机纳米粒子引入到有机物的基体中，在液相状态和较均匀的介质中原位参与聚合物的生成，可大幅度避免无机纳米粒子在加工过程中的团聚。它既可实现无机纳米粒子在高聚物中的均匀分散，同时又保持了无机纳米粒子的特性。如采用原位悬浮聚合法制备了含 Y_2O_3 纳米粒子的 Y_2O_3-聚苯乙烯(PS)杂化材料。并考察了引发剂过氧化二苯甲酰用量、Y_2O_3 用量、表面修饰剂钛酸酯偶联剂含量等对 Y_2O_3-PS 杂化材料结构性能的影响。

在无机有机杂化材料中无机组分多为 SiO_2，TiO_2 等，有机组分多为有机高聚物。如有机改性硅酸盐(Ormosils)，该材料由有机组分改性 SiO_2 制得。该材料在制备过程中一般通过无机部分的水解和有机部分的聚合反应完成。有机聚合反应多为自由基聚合反应，依照有机和无机组分的性质和含量，可以合成从橡胶改性硅酸盐到脆性玻璃大范围的新材料。

丙烯酸类聚合物如聚甲基丙烯酸甲酯(PMMA)、聚甲基丙烯酸丁酯(PBA)均可与 SiO_2

等无机组分杂化，产生透明的杂化材料，两相间以氢键或共价键如 Si-C 或 Si-O-C 键等结合。反应生成的低分子量的聚合物填充于 SiO_2 凝胶的微孔中，提高了材料的导热性。

目前研究较多的是 PMMA 与无机物的杂化材料，采用方法多为预先掺杂法。分别以丙烯酸和烯丙基乙酰丙酮作为交联剂，将 PMMA 接枝到 TiO_2 无机网络中制得了 PMMA/TiO_2 有机无机杂化材料。以丙烯酸为交联剂时，所制得的材料为透明的，根据交联剂和 TiO_2 含量的不同，其颜色可以是深红色到黄色。以烯丙基乙酰丙酮为交联剂时，所制得的材料具有热致变色效应，在较低温度下为不透明的黄色，而在较高温度下为透明的橙红色或深红色。该材料与纯的 PMMA 相比，其热稳定性明显提高，分解温度提高了 50℃。

8.8.4 无机-有机杂化材料的应用

无机-有机杂化材料的应用前景极为广阔。主要应用在以下方面。

1. 结构材料

无机物的加入限制了聚合物链的移动，因此无机-有机杂化材料的力学及机械性能优良、韧性和热稳定性好，适于用作耐磨材料及结构材料。制备出的聚酰亚胺/SiO_2 杂化材料中 SiO_2 质量分数高达 25%。材料的拉伸强度为 175MPa，热分解温度达 475℃。是一种性能优良的结构材料。

2. 电学材料

在无机-有机杂化材料制备过程中，通过加入有机导电聚合物或无机成分，可得到具有电子性能的材料。有机导电聚合物(如聚苯胺、聚吡咯、聚噻吩等)具有优良的导电性和掺杂效应；而多金属含氧酸具有强酸性和强氧化性，是优良的高质子导体，用多金属含氧酸作掺杂剂，可大幅度提高聚合物的导电性能，一般来说，多金属含氧酸与聚合物形成复合材料后，多金属含氧酸在聚合物中仍保持其原有的骨架结构，只发生轻度畸变；但聚合物与杂多阴离子存在电荷相互作用，产生了新的共轭体系。如制备了一系列取代型多金属含氧酸-有机杂化材料，并测定了其质子导电性能，研究表明，不同多金属含氧酸掺杂同一种聚合物，会得到电导率不同的复合材料。对聚苯胺来说，用含钨多金属含氧酸作掺杂剂比用含钼多金属含氧酸的效果好。所制备出的复合材料电导率更高；而用含钒的 11-磷钼酸($H_4PMo_{11}VO_{40}$)作掺杂剂比不含钒的 12-磷钼酸($H_3PMo_{12}O_{40}$)作掺杂剂得到的复合材料的电导率高。而且从总体来看含氢多的多金属含氧酸对提高复合材料的电导率贡献更大。

3. 光学材料

多金属氧酸盐通常具有可逆的氧化还原性质，并在还原态时呈现出不同程度的颜色，因此是一种较重要的电致变色材料。如制备的两种含有有机染料分子的 α-SiW_{12}/罗丹明 B 和 α-SiW_{12}/罗丹明 6G 纳米复合膜，均显示出染料分子的特征荧光发射峰，从而为制备高发光品质和高亮度的无机-有机复合膜发光材料提供了参考。

4. 催化材料

自 20 世纪 70 年代成功地实现了多金属氧酸盐催化丙烯水合工业化以来，多金属氧酸盐作为有机合成和石油化工中的催化剂已备受关注。如采用自组装技术合成了负载型多金属氧酸盐-有机胺-二氧化钛杂化催化剂 $K_5[Mn(H_2O)PW_{11}O_{39}\text{-}APS\text{-}TiO_2]$（APS 为 $(C_2H_5O)SiCH_2CH_2CH_2NH_2$）。该催化剂很好地解决了非均相反应中负载型多金属氧酸盐易脱落的问题。此类催化剂耐水性好，不易溶脱，可重复使用。Keggin 型多金属氧酸盐目前最广泛的应用，就是作为工业催化剂，它可广泛地用于氧化催化、酸催化及光催化，也常用作工业加氢脱硫、加氢脱氮以及化石燃料中加氢脱金属催化剂。

5. 生物材料

已应用于临床的骨修复材料，主要是生物活性陶瓷和金属（如钛及其合金）制成的生物材料。它们能与生物骨结合，但与人体松质骨相比弹性模量高且柔韧性较低，需要一种具有与天然生物骨力学性能相类似的生物活性材料相匹配。目前已通过溶胶-凝胶法分别用聚二甲基硅氧烷、明胶、（甲基丙烯酰氧基）丙基三甲氧基硅烷及聚四氢呋喃与无机基质合成了具有生物活性的无机-有机杂化材料。通过在有机基质中引入 Ca^{2+} 和特殊的功能化基团（如 Si-OH 等）获得生物活性。

6. 絮凝材料

絮凝剂在污水处理中具有很重要的作用。无机絮凝剂具有一定的腐蚀性和毒性，对人类健康和生态环境会产生不利影响；有机高分子絮凝剂的残余单体具有"三致"效应（致畸、致癌、致突变），因此，其应用范围受到限制。由于天然有机和无机高分子絮凝剂各自存在着一定的优缺点，使得复合絮凝剂成为发展方向。聚合氯化铝（PAC）稳定，对高浓度、高色度及低温的污水都有较好的混凝效果，形成的矾花大，易沉降，且具有易生产、价廉、适用范围广等优点。CTS 是自然资源十分丰富的线型聚合物——甲壳质脱 N-乙酰基的衍生物。因其天然无毒、对人体无任何损害而在水处理中展示了独特的优越性。人们将 PAC 与 CTS 复合，制备了新型的无机-有机天然高分子复合絮凝剂 PAC-CTS。探讨了 PAC-CTS 复合絮凝剂的组成、投加量及废水 pH 对城市废水和含不同金属的合成水样絮凝效果的影响。结果表明，PAC-CTS 复合絮凝剂兼有无机和有机絮凝剂的优点，是一种使用范围较广的新型絮凝剂。如对无机-有机复合絮凝剂 PAC-聚二甲基二烯丙基氯化铵用于废水除磷的研究，探索了复合絮凝剂的最佳配比和最佳用量。结果表明，在最佳条件下对模拟废水中的磷去除率为 94.4%，浊度去除率为 97.0%。将该复合絮凝剂用于处理实际生活废水，磷去除率为 95.0%，浊度去除率为 94.5%，达到国家含磷污水排放的一级标准。

此外，无机-有机杂化材料还可作为涂层材料、磁性材料、储氢材料等。

设计合成具有不同孔径，高度有序结构，有应用价值的功能杂化材料是对无机-有机杂化材料进行研究的最终目标。目前虽已能通过一定的合成路线制备出热稳定性,机械性,耐腐蚀性等方面性能优良的杂化材料,应用和潜在应用领域广泛。但对于无机物与有机物的杂化机理、材料的结构与性能的关系、杂化条件对杂化材料功能的影响、如何有针对性地精确控制杂化材料的结构等都有待于深入研究。随着科学技术的进步、研究工作的深入、无机-有机杂化材料的制备技术将日臻完善,无机-有机杂化材料的性能将进一步提高,并将得到广泛的应用。

思 考 题

1. 何谓精细陶瓷?其与传统陶瓷有什么区别?

2. 精细陶瓷的制备有哪些工序?各工序又有哪些方法?

3. 简述 SPS 烧结法的原理与特点。

4. 何谓纳米科技与纳米材料?纳米粒子有哪些物理效应和特点?

5. 解释纳米粒子吸收光谱蓝移和红移的原因。

6. 制备纳米粒子有哪些方法?

7. 何谓非晶态材料?其结构特征有哪些?

8. 制备非晶态材料有哪些方法?

9. 沸石分子筛为何物?主要合成方法有哪些?

10. 影响沸石分子筛合成的因素有哪些?

11. 理想晶体为什么是无色透明的?

12. 何谓色心?其形成机理是什么?

13. 色心有哪些制法?其显色原理是什么?

14. 试述影响取代固溶体的固溶度的条件。

15. 从化学组成,相组成考虑,试比较固溶体与化合物、机械混合物的差别。

16. 说明为什么只有取代固溶体的两个组分之间才能相互完全溶解,而填隙固溶体则不能。

17. 为什么 PZT 用一般烧结方法达不到透明,而 PLZT 则可以?

18. 核-壳结构的形成机理有哪些?壳体物质的过饱和度对生成核-壳结构的作用取决于哪些因素?

19. 如何制备中空结构材料?中空化有哪些方法?

20. 核-壳结构材料有哪些应用领域?

21. 杂化材料结构有哪些特性?无机-有机杂化材料分哪几种类型?

22. 自组装法制备无机-有机杂化材料的基本原理是什么?

第9章　典型无机化合物的合成化学

前两章介绍了单晶的生长和典型无机材料的合成,本章将介绍典型无机化合物的合成化学。配位化合物是一类比较典型的无机化合物,它是由配位体(配体)与中心体经配位键合而形成的化合物,简称配合物。配体通常是简单分子和负离子,也可以是复杂分子、离子、基团、有机高分子或聚合物;中心体通常是金属原子、离子,也可以是某些非金属原子、离子。以金属原子或离子为中心体的配合物,称为金属配合物,其中,有机配体以碳原子与金属键合(即存在 M—C 键)者又称为有机金属(organo-metallic)化合物。有机配体以非碳原子与金属键合(即不存在 M—C 键)者又称为金属有机(metallo-organic)化合物。存在金属-金属键的多核配合物,又称为金属簇状化合物,简称为金属簇合物。配位化合物的复杂性、多样性和广泛性,使得配合物合成化学涉及传统有机合成及现代无机合成化学的各个领域。在此主要介绍配位化合物、金属有机化合物、金属簇合物的合成化学。此外对非化学计量比化合物和标记化合物的合成也做一简单介绍。

9.1　配位化合物的合成

9.1.1　直接配位反应法

直接配位反应是指通过配体与金属离子直接反应合成配合物的方法,其包括溶剂法、无溶剂法、气相法、配位聚合法、固相反应法、金属蒸气法和基底分离法等,本节简单介绍几种常用的重要的合成方法。

1. 溶剂法

在溶剂存在下直接进行配位反应,最常用的金属化合物是无机盐(如卤化物、醋酸盐、硫酸盐等)、氧化物和氢氧化物等。在这种方法中,选择溶剂是很重要的,可用单一溶剂,亦可用混合溶剂。

1)简单配体与金属配位

水是最常用的溶剂之一。例如以下反应就是在水溶液中进行的:

$$CuSO_4 + 2K_2C_2O_4 \xrightarrow{H_2O} K_2[Cu(C_2O_4)_2] + K_2SO_4$$

340

影响反应产率和产物的分离之主要因素是溶液的酸度，控制 pH 值对合成某些化合物显得极为重要。例如，由三氯化铬与乙酰丙酮水溶液合成 $[Cr(C_5H_7O_2)_3]$ 时，由于反应物和产物都溶于水，而使反应无法进行到底。若通过加入尿素来控制溶液的 pH 值，则产物就可很快地结晶出来。

$$CrCl_3 + 3H_3C-\overset{O}{\overset{\|}{C}}-CH_2-\overset{O}{\overset{\|}{C}}-CH_3 \xrightarrow{H_2O} \left(\begin{array}{c} H_3C \\ C=O \\ HC \qquad Cr \\ C-O \\ H_3C \end{array} \right)_3 +3HCl$$

$$OC(NH_2)_2 + H_2O \longrightarrow 2NH_3 + CO_2$$

$$NH_3 + HCl \longrightarrow NH_4Cl$$

卤素、肼、磷酸酯、膦、胺、β-二酮等配位的配合物，可在非水溶液中合成，常用的有机溶剂有乙醇、乙醚、苯、甲苯、丙酮、四氯化碳等。例如，把 β-二酮 $CF_3COCH_2COCF_3$ 直接加入 $ZrCl_4$ 的 CCl_4 溶液中，加热回流到无 HCl 放出，即可得到锆的螯合物：

$$ZrCl_4 + 4\left(\begin{array}{c} F_3C \\ C=O \\ H_2C \\ C=O \\ F_3C \end{array} \right) \xrightarrow[\text{回流}]{CCl_4} \left(\begin{array}{c} F_3C \\ C=O \\ H_2C \qquad Zr \\ C=O \\ F_3C \end{array} \right)_4 +4HCl$$

2）卤代烃与金属直接配位反应

一价金属的反应通式为：

$$2M+RX \longrightarrow RM+MX$$

式中，M=Li，Na，K，Cs；X=Cl，Br，I 等。反应常用烷烃、乙醚作溶剂，但在乙醚中反应较快。卤代烃的反应活性为 RI>RBr>RCl。RI 易发生偶合等副反应，多选用溴代烃或氯代烃与金属直接反应。为了减少副反应发生，通常在较低的温度下进行。

二价金属的反应通式为：

$$M+RX \longrightarrow RMX$$

反应多在乙醚、THF 等溶剂中进行，有时加入少量碘或碘甲烷引发反应。例如：

$$Mg+t\text{-}C_4H_9Cl \xrightarrow{\text{乙醚}} t\text{-}C_4H_9MgCl$$

$$Ca+CH_3I \xrightarrow{THF} CH_3CaI$$

$$Hg+CH_2=CHCH_2I \longrightarrow CH_2=CHCH_2HgI$$

三价金属的反应通式为：

$$2M+3RX \longrightarrow R_3M_2X_3$$

反应仅适合于低碳数的氯代烷，如氯甲烷、氯乙烷。如：

$$2Al+3CH_3Cl \longrightarrow$$

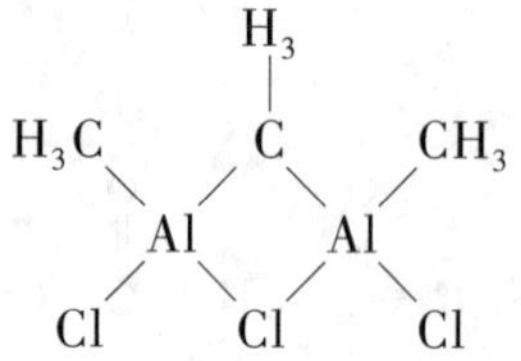

3）冠醚配合物的合成

冠醚金属配合物的合成方法基本上是在溶剂中进行的，主要归纳以下几种：

（1）加热熔融直接反应法。这种方法不另外使用溶剂，而是将反应物熔融作为溶剂。如将粉末状的 NaI 与等摩尔的苯并-15-冠-5 的混合物在烧杯中熔融，使其充分反应即可得到苯并-15-冠-5 合钠：

NaI ＋ 苯并-15-冠-5 —加热熔融→

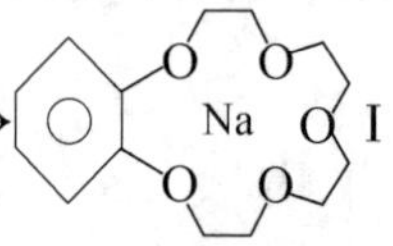

（2）将冠醚与等摩尔的金属盐溶于合适的溶剂中，然后用真空蒸发法除去溶剂。如：

二苯并-18-冠-6 ＋ KI —CH₃OH→

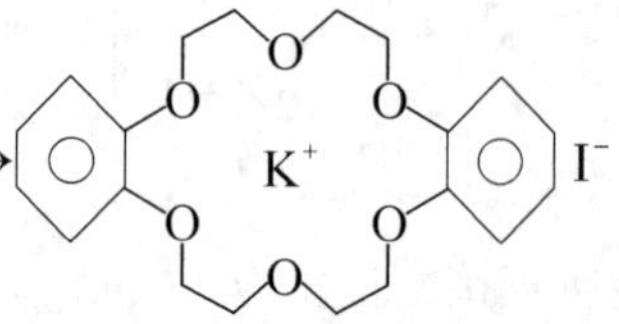

（3）将冠醚和等摩尔或过量的金属盐溶于尽可能少量的热溶剂中，在冷却后生成配合物沉淀，过滤即得配合物。如：

二苯并-18-冠-6+KCNS —甲醇/加热→ 清液 —→活性炭处理 —→过滤 —→冷却到室温 —→针状配合物

（4）将冠醚和等摩尔或过量的金属盐在盐易溶的溶剂中加热。如将二苯并-18-冠-6 与 PbAc₂·3H₂O 在正丁醇中加热溶解变为清液，再冷却到室温析出结晶，然后过滤，再用正丁醇洗涤，干燥后即得到配合物。

（5）将冠醚溶于一个与水不相混溶的溶剂中，再与等摩尔或过量的金属盐水溶液相混合，所生成的配合物要比原料化合物在任一溶剂中的溶解度都小，而作为晶体分离出来。如：

二苯并-18-冠-6 的二氯甲烷溶液+KI 水溶液 —→激烈振荡 —→配合物

2. 气态配体直接配位

在一定温度和压力下，由气态配体(如 N_2，H_2，O_2，CO，CO_2 分子)与金属直接进行配位反应而合成具有相应分子的金属配合物的方法，因涉及固氮、储氢、化学传感器和 C_1 化学而具有极大的理论意义和应用价值。最典型的是在一定压力下由 CO 与固态过渡金属进行直接配位反应合成羰基化合物。如：

$$Ni(s)+4CO(g)\xrightarrow[10^5Pa]{30℃}Ni(CO)_4$$

$$Fe(s)+5CO(g)\xrightarrow[20MPa]{200℃}Fe(CO)_5$$

$$Mo(s)+6CO(g)\xrightarrow[25MPa]{200℃}Mo(CO)_6$$

氮分子和 CO 分子一样几乎能与所有过渡金属直接配位生成低价态(0，+1，+2 价)金属混合配体配合物，所含其他配体可以是卤离子、氢负离子、取代膦、肼、胺、环戊二烯基、H_2O、NH_3、CO 等。如气态 N_2 与固态金属配合物的插入反应：

$$RuH_2(PPh_3)_3+N_2\longrightarrow RuH_2(N_2)(PPh_3)_3$$
$$FeH_2(PR_3)_3+N_2\longrightarrow FeH_2(N_2)(PR_3)_3 \quad (R=PEtPh_2，PBuPh_2)$$

这两种配合物中的分子氮为端基配位。在已合成的几百种单核、双核或多核分子氮配合物中，大多数是端基 σ-电子配位，少数是侧基 π-电子配位。如双核镍配合物，可按如下路线合成。

$$2Ni\cdot CDT+6PhLi+2N_2\xrightarrow[Et_2O]{0℃}[(PhLi)_3Ni(N_2)\cdot 2Et_2O]_2+2CDT$$

（CDT=环十二碳三烯）

在该配合物中存在 Ni—Ni 键，N—N 键长为 0.135nm(大于自由氮分子的键长0.109 8nm)，N_2 已被较好地活化。1975 年 Fischlor 将其与水反应得到了氨。

3. 金属蒸气法和基底分离法

1)金属蒸气法(MVS)

金属蒸气法的装置一般是由金属蒸发器、反应室和产物沉积壁三部分组成，整个装置体系要保持良好的真空度，其装置如图 9.1 所示。反应物在蒸发器中经高温蒸发生成活性很高的蒸气，这些活泼的金属原子和配体分子(或原子)在低温沉积壁上发生反应而得到产物。

这种方法主要用于合成一些低价金属单核配合物、多核配合物、簇状配合物及有机金属配合物。

（1）膦配体金属配合物。

例如，由 Co 蒸气直接合成 $Co_2(PF_3)_8$，可将 Co 置于图 9.1 所示的坩埚中，将体系抽

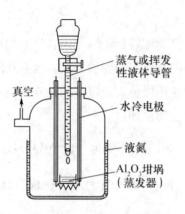

图 9.1　金属蒸气法反应器

（标注：蒸气或挥发性液体导管；水冷电极；液氮；Al₂O₃坩埚（蒸发器）；真空）

真空后，加热至 1 300℃，用液氮冷却反应器，以 10mmol/min 的速度加入 PF₃，再将坩埚加热至 1 600℃（Co 熔点 1 490℃）使金属挥发。

$$2Co + 8PF_3 \longrightarrow Co_2(PF_3)_8$$

反应结束后，冷却坩埚，充入 N_2，取出坩埚，加上盲板，再将装置从液氮中取出，加热至室温将未反应的 PF_3 抽出，产物 $Co_2(PF_3)_8$ 留在反应器壁上。$Ni(PF_2Cl)_4$，$Mn(PF_3)(NO_3)_3$，$Cr(PF_3)_6$，$Ni(PF_3)_3(PH_3)$ 及四（三甲基膦）合铁等，均可用类似的装置合成。

（2）金属 π-配合物。

具有共轭 π 电子体系的不饱和烃可以与活化态过渡金属直接发生配位反应，生成金属 π-配合物

$$M^* + C{=}C \longrightarrow \underset{M}{C{=}C}$$

$$Cr^* + 2C_6H_6 \longrightarrow \text{(benzene)}{-}Cr{-}\text{(benzene)}$$

$$Mo^* + 3CH_2{=\!=}CHCH{=\!=}CH_2 \longrightarrow Mo(\eta^4\text{-}C_4H_6)_3$$

$$Cr^* + 2 \text{(2,6-dimethylpyridine)} \longrightarrow \text{Cr complex}$$

金属蒸气法对不适于用 Fischer-Hafner 法制备的双芳烃化合物特别有价值。用这种方法已合成了（ClC_6H_5）₂M，（FC_6H_5）₂M，（$p\text{-}F_2C_6H_4$）₂M 和（C_6F_6）M（C_6H_6）等化合物（Fischer-Hafner 法：在 $AlCl_3$ 或 $AlBr_3$ 以及作为还原剂的 Al 存在下，使金属卤化物与芳烃反应）。

第二、第三过渡金属的挥发性较低，用金属蒸气法制备它们的芳环夹心配合物较困难。

2）基底分离法

该法与 MVS 法相似。在 MVS 法中最低共沉积温度是液氮温度（77K），若要合成以克计的含 N_2、O_2、H_2、CO、NO 和 C_2H_4 等配体的配合物是不可能的。因为在 77K 温度下，这些配体不凝聚，另外金属原子在这类挥发性配体中的扩散和凝聚速度远超过金属-配体间的反应速度，所以在反应器壁上得到的是胶态金属。当体系温度低于配体熔点的 1/3（Tamman 温度）时，基底上金属-配体的配位作用超过金属的凝聚作用。例如，镍原子和氮的反应：

$$Ni+N_2 \xrightarrow{77K} Ni \cdot xN_2(吸附)$$

$$Ni+N_2 \xrightarrow{12K} Ni(N_2)_4$$

所以要实现配合物的合成必须在很低的温度下进行。在具体的合成工作中要针对反应体系选择适当的温度、沉积速率以及配体和金属原子的浓度等条件。

基底分离法合成装置中包括由电子枪产生金属原子（V，Cr，Mn，Fe 和 Ru）蒸气的大容量闭合循环氦制冷器（反应室温度可达 10 K）作为反应室和用来沉积配合物的反应屏。反应产物不是沉积在反应器的基底上，而是沉积在反应屏上。

例如，用此法合成过渡金属羰基配合物时，把 10~100mg 金属蒸气和 10~100mgCO 在 $10^{-3}Pa$，30K 的条件下，沉积到铜质反应屏上，反应完成后，将深冷屏加热除去未反应的 CO，然后把产物溶于适当的溶剂中（如戊烷、甲苯等）将产物分离出来。

9.1.2 组分交换反应法

由反应物之间进行取代、置换等组分交换反应来合成金属配合物是最广泛使用的合成方法。

1. 金属交换反应

1）配合物间的金属交换

金属螯合物和某种过渡金属的盐（或过渡金属化合物、配合物）之间发生金属离子的交换：

$$MCh_l+M'^{n+} \Longleftrightarrow M'Ch_k+M^{n+}+(l-k)Ch^{m-}$$

式中，M 可以是过渡金属，也可以是非过渡金属；M′是过渡金属；Ch 是螯合基。

反应结果，M'^{n+} 置换了螯合物中的 M^{n+}，生成更稳定的螯合物 $M'Ch_k$。

例如：

$$2Ln(NO_3)_3+3Ba(tfac)_2 \Longleftrightarrow 2Ln(tfac)_3+3Ba(NO_3)_2$$

tfac = *d*-trifluoroacetylcamphanone *d*- 3-三氟乙酰樟脑

金属离子的置换有一定的规律性，对于不同的配体有不同的金属置换序。如双水杨叉

乙二胺配合物（ ）的置换序（即生成配合物的稳定性次序）为

$Cu>Ni>Zn>Mg$。

该法操作简单，可以从一种螯合物出发得到一系列不同过渡金属的取代产物。

另一类型是两种不同有机金属化合物的金属或配位基相互交换反应。如果能得到一种有机金属化合物难溶于有机溶剂或利用其他方法可以分离，就可用这种反应方法。其反应通式为：

$$RM+R'M' \rightleftharpoons RM'+R'M$$

反应特点是电负性较大的有机基团 R 与电正性较大的金属 M′相结合，则有利于反应向生成物方向进行。例如：

$$(CH_2{=}CH)_4Sn+4C_6H_5Li \longrightarrow 4CH_2{=}CHLi+(C_6H_5)_4Sn\downarrow$$

对于用一般方法难于制得的乙烯基、烯丙基、多取代甲基锂等用相应的 Sn，Hg 等金属的有机化合物来制备较为容易。

2）金属与有机金属化合物反应

许多活性较高的金属能以游离态形式从有机金属化合物中置换出活性较低的金属而合成新的有机金属化合物。例如：

$$M'+RM \rightleftharpoons RM'+M$$

$$Mg+Bu_2Hg \longrightarrow Bu_2Mg+Hg$$

$$Zn+Et_2Hg \longrightarrow Et_2Zn+Hg$$

$$2Ga+3Ar_2Hg \longrightarrow 2Ar_3Ga+3Hg$$

$$2In+3Ar_2Hg \longrightarrow 2Ar_3In+3Hg$$

在实际合成中，虽处理有机汞化合物存在毒性问题，但生成的汞易分离。因此，仍常用于制备各种纯的有机金属化合物。

3）有机金属化合物与金属卤化物反应

有机金属试剂与过渡金属卤化物反应，常用来制备有机过渡金属化合物：

$$MX+RM' \longrightarrow RM+M'X$$

通常，σ-键烃基过渡金属化合物不稳定，易发生 β-氢消除反应，但钛族烃基衍生物和铂的 σ-烃基衍生物较稳定。例如：

$$TiCl_4+4PhCH_2MgCl \longrightarrow (PhCH_2)_4Ti+4MgCl_2$$

$$PtCl_2+2C_3H_5MgCl \longrightarrow (\sigma{-}C_3H_5)_2Pt+MgCl_2$$

这一方法广泛应用于制备烯烃过渡金属 π-配合物中，如：

$$MCl_n + C_5H_5M' \longrightarrow (\eta^5\text{-}C_5H_5)_2M + nM'Cl \quad (M=Ti, Zr, Hf, Fe, Cr, V 等; M'=Li, Na, K 等)$$

$$NiBr_2 + 2CH_2 \!=\! CHCH_2MgBr \longrightarrow (\eta^3\text{-}C_3H_5)_2Ni + 2MgBr_2$$

2. 配体取代反应

在一定条件下新配体可以置换原配合物中部分配体或全部配体，从而得到新配合物。配体配位能力的强弱和反位效应顺序可以作为合成新配合物的指导原则，控制反应条件是提高产率的关键。

1）取代单原子配体

烯、炔、芳烃等不饱和烃与金属卤化物反应是制备 π-配合物的重要方法。例如：

$$CH_2\!=\!CH_2 + K_2PtCl_4 \longrightarrow K[Pt(CH_2\!=\!CH_2)Cl_3] + KCl$$

$$2C_6H_6 + FeCl_3 + i\text{-}PrMgBr \xrightarrow{h\nu} [\text{环戊二烯}]Fe[\text{环戊二烯}] + \frac{2}{3}Cl_2 + 2i\text{-}PrMg + \frac{1}{2}Br_2$$

$$C_6H_6 + CrCl_3 \xrightarrow{Al+AlCl_3} [Cr(C_6H_6)_2]^+[AlCl_4]^- \xrightarrow{OH^-,\ [S_2O_4]^{2-}} Cr(C_6H_6)_2 + SO_3^{2-} + H_2O$$

$$[环戊二烯] + MCl_2 + (C_2H_5)_2NH \longrightarrow (\eta^5\text{-}C_5H_5)_2M + 2(C_2H_5)_2NH \cdot HCl \quad (M=Fe, Co, Ni 等)$$

如果配体被部分取代，就得到混合配体的配合物。例如：

$$K_2PtCl_4 + 2(C_2H_5)_2S \longrightarrow cis\text{-}Pt[(C_2H_5)_2S]_2Cl_2 + 2KCl$$

制备方法非常简单，将四氯合铂(Ⅱ)酸钾的水溶液和二乙基硫在带玻璃塞的锥形瓶中混合，放置，蒸干，苯萃取，冰浴冷却，最后得到黄色产物。

制备 $(NH_4)[Pt(NH_3)_3Cl_3]$ 时，将 $cis\text{-}[Pt(NH_3)_2Cl_2]$ 溶解在浓盐酸中，然后用水稀释，回流，待反应结束后蒸去盐酸，在水中重结晶后即得到产物。

在溶液中双齿和多齿配体取代卤离子的反应最为常见，许多大环配体、多胺配体、α-二亚胺和二硫纶(dithiolene 烯二硫基)配体与金属卤化物在溶液中的反应即属此类。例如，在常温和1:1的乙醇-水体系中，5,6-二氢-1,4-二噻英-2,3-二硫纶钾盐(K_2DDDT)与过渡金属氯化物反应，在取代铵 NR_4^+ 离子存在下得到具有导电性的层状晶体：

2）取代小分子配体

用烯、炔、芳烃等不饱和烃 π-配体取代金属羰基化合物的 CO，制备新的取代金属羰基化合物。例如：

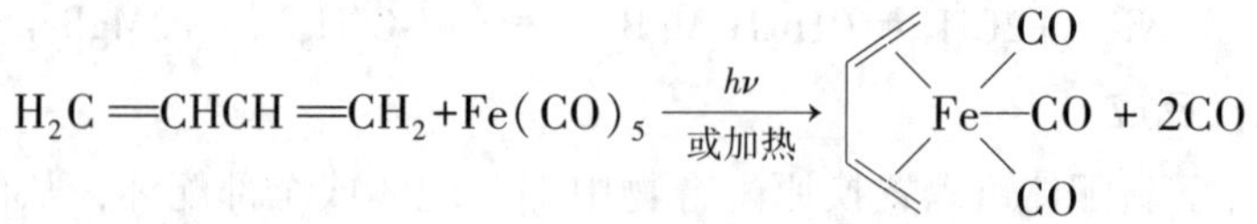

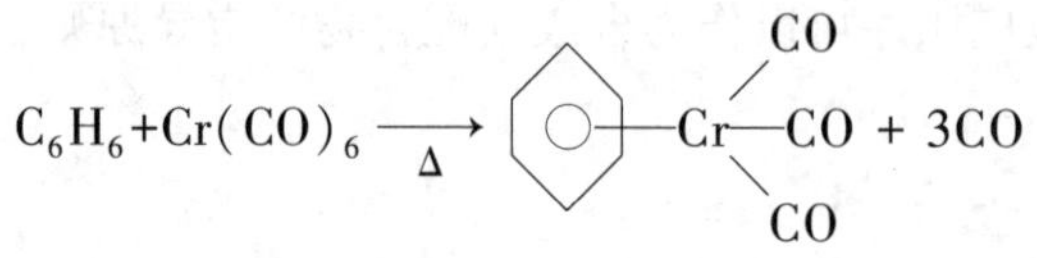

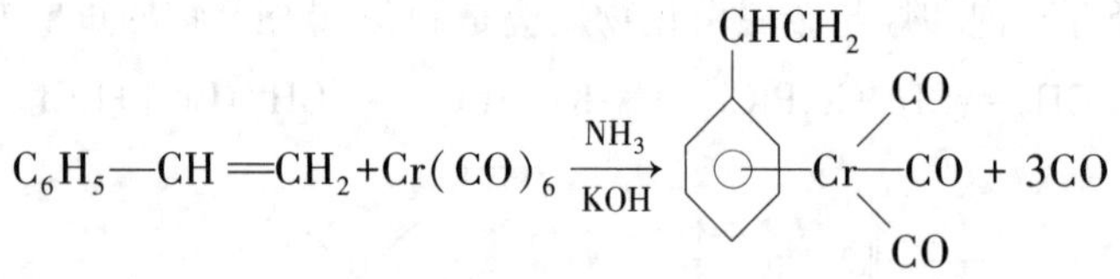

$$H_2C=CHCH=CH_2 + Fe(CO)_5 \xrightarrow[\text{或加热}]{h\nu} \text{Fe—CO} + 2CO$$

$$C_6H_6 + Cr(CO)_6 \xrightarrow{\Delta} \text{Cr—CO} + 3CO$$

$$C_6H_5—CH=CH_2 + Cr(CO)_6 \xrightarrow[\text{KOH}]{NH_3} \text{Cr—CO} + 3CO$$

用其他配体取代 CO，如：

$$Ni(CO)_4 + 4PCl_3 \longrightarrow Ni(PCl_3)_4 + 4CO\uparrow$$

在二氧化碳气氛中无水条件下将三氯化磷加到羰基镍中，迅速搅拌，待反应完全后过滤，干燥得取代产物。

c. 配合物间的配体交换

在金属配合物之间可发生配体交换反应生成新配合物。在平面型双（*N*，*N*-二乙氨基二硒代甲酸根）合钯（Ⅱ）与二氯双（三苯基膦）合钯（Ⅱ）在苯中反应，就得到新的混合配体的钯（Ⅱ）配合物：

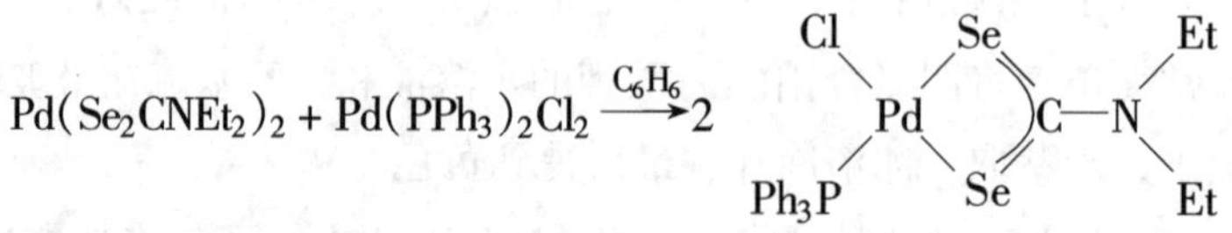

$$Pd(Se_2CNEt_2)_2 + Pd(PPh_3)_2Cl_2 \xrightarrow{C_6H_6} 2\,[\text{Pd complex}]$$

3. 配体原料的组分转移与取代反应

利用配体原料的组分转移（或分离）反应与该配体的取代反应一步合成功能性配合物的方法，是新近国际上备受关注的方法。该方法的基本原理是配体原料与媒质进行组分交换反应，生成具有高反应活性的配体，再与金属配合物进行配体取代反应而生成新配合物。这两大步反应在溶剂存在下一次完成，表现为一步合成反应。

1）二硫纶金属配合物

在甲醇中有甲醇钾（或甲醇钠）存在的情况下，由 4，5-二（苯甲酰硫基）-1，3-二硫-2-硫酮与过渡金属氯化物反应，可得到结晶形相应金属离子的 1，3-二硫-2-硫酮-4，5-二硫基(dmit^{2-})配合物阴离子的盐：

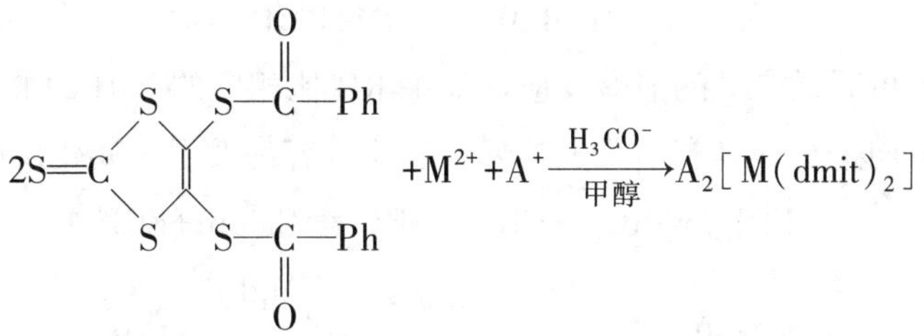
O
S
S—C—Ph
H_3CO^-
2S═C
+M^{2+}+A^+
甲醇
$A_2[M(dmit)_2]$
S
S—C—Ph
O

式中，A 为大阳离子，M = Ni^{2+}，Pt^{2+}，Pd^{2+}，Fe^{2+}，Co^{2+}，Cu^{2+} 等。这类配合物具有超导性，是当前的研究热点之一。

b. 四硫纶金属配合物

同上述单核二硫纶配合物相似，采用下列化合物作为配体原料

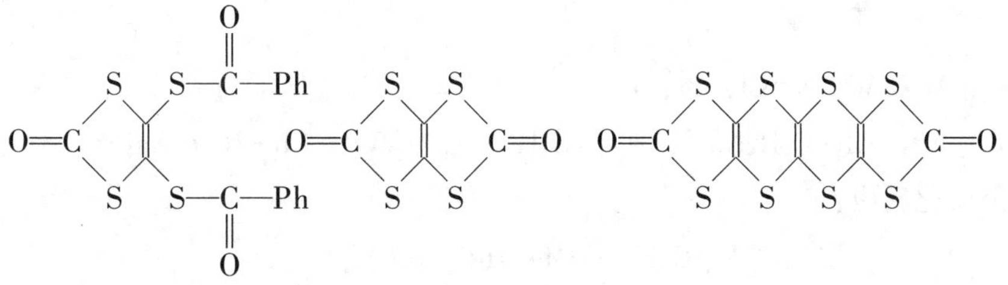

(Ⅰ)　　(Ⅱ)　　(Ⅲ)

可按下列路线合成以相应四硫纶为桥配体的金属配合物或聚合物：

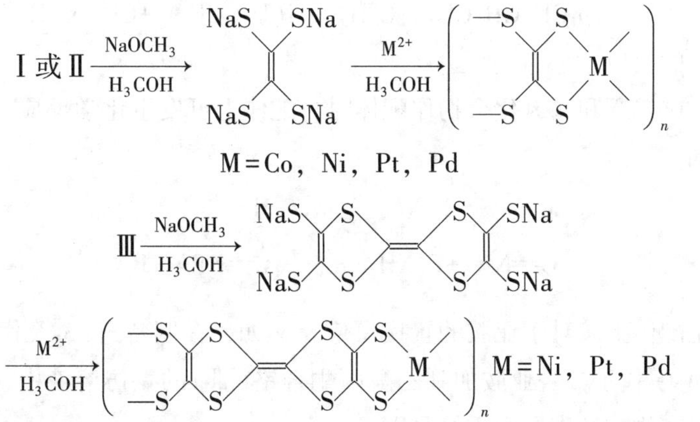
Ⅰ或Ⅱ
$NaOCH_3$
H_3COH
NaS
SNa
NaS
SNa
M^{2+}
H_3COH
M
n
M = Co，Ni，Pt，Pd
Ⅲ
$NaOCH_3$
H_3COH
M^{2+}
H_3COH
M = Ni，Pt，Pd

反应中间体四硫纶钠盐无须分离出来，紧接着将相应金属盐的醇溶液滴入第一步反应混合物，即生成最终产物，并能得到高产率。产物为不溶性非晶态聚合物，是具有高度离域化共轭 π 电子体系的一维本征导电高分子配合物，其中 Ni(Ⅱ)配合物在室温下的导电率为 $0.1\Omega^{-1}\cdot cm^{-1}$，且具有很低的活化能。

2)有机金属化合物

(1) 金属化反应。

有机金属化合物的金属置换烃类活泼氢的反应，也称为金属化反应。其通式为：

$$RH+R'M \Longrightarrow RM+R'H$$

金属化反应也可看做广义的酸碱反应。如果 RH 比相应的 R'H 的酸性强，则反应平衡有利于向生成物方向进行。具有活泼氢的烯烃、炔烃容易发生金属化反应。例如：

$$EtMgBr+RC\equiv CH \longrightarrow RC\equiv CMgBr+EtH$$

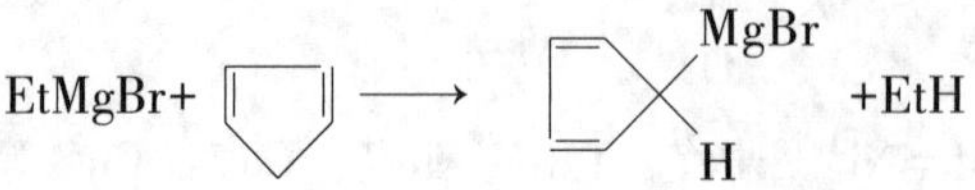

金属卡宾配合物与卤化硼作用进而转变为卡拜配合物。例如：

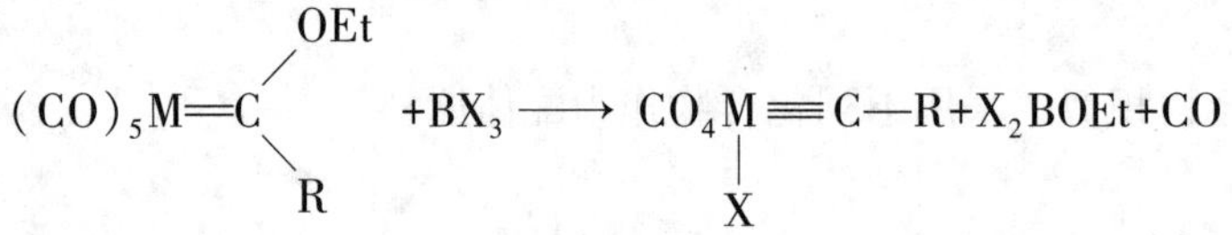

$M=Cr$, Mo, W；$X=Cl$, Br, I

$$Br(CO)_4W\equiv CR+C_5H_5Na \longrightarrow (\eta^5\text{-}C_5H_5)(CO)_2W\equiv CR+2CO+NaBr$$

其他金属化反应：

$$C_6H_5-OMe+Hg(O_2CCH_3)_2$$
$$\longrightarrow p\text{-}MeO-C_6H_4-HgO_2CCH_3+CH_3CO_2H$$
$$C_6H_5\text{-}(CH_2)_2CH_3+Tl(O_2CCF_3)_3$$
$$\longrightarrow p\text{-}CH_3CH_2CH_2-C_6H_4-Tl(O_2CCF_3)_2+CF_3CO_2H$$

（2）配体上的反应。

以席夫碱、戊二酮和偶氮化合物作配体时，配体上可发生化学反应，从而导致新配合物的生成。例如：

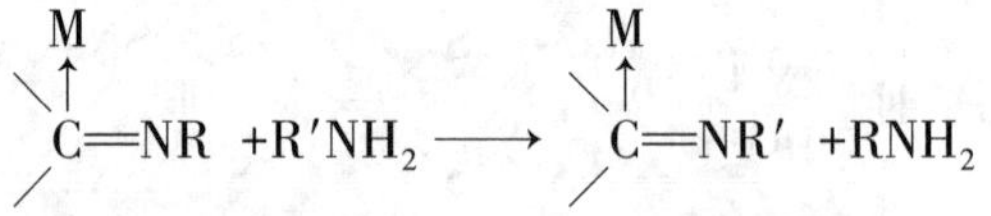

这类反应是配体上胺对于亚胺的置换反应。又如，在制备三(3-溴代-2，4-戊二酮)合铬(Ⅲ)时，将 N-溴代丁二酰亚胺加到乙酰丙酮合铬(Ⅲ)的氯仿溶液中，搅拌，加热，除去溶剂，过滤，产物在苯庚烷中重结晶即可。

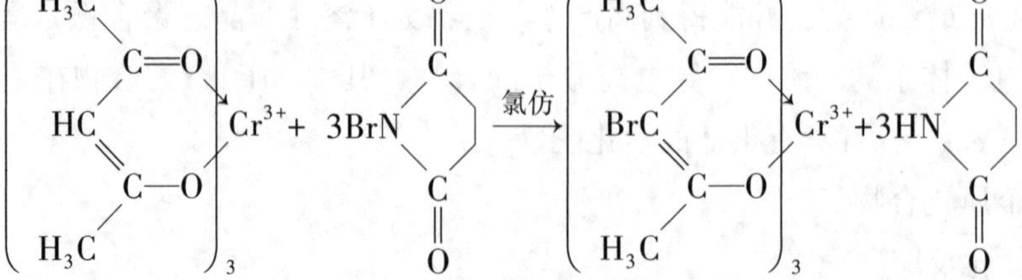

9.1.3 元件组装反应法

所谓元件组装反应法，是指金属配合物及其聚合物的有关组分、基团等部件单体经过一步或多步装配式地配位、连接、聚合或缩合反应而形成目标化合物的反应，它包括配位聚合、配位缩合、桥联聚合或缩合、嵌入聚合、配体接枝、配体加成、局部或整体环合等反应。因此，元件组装反应是大环配体金属配合物及其聚合物、多核配合物、金属簇合物、高分子金属配合物最通用的合成反应，也是生物体内生物配合物常用的合成反应。

1. 配位聚合反应

卟啉、四氮杂卟啉、酞菁类配体及某些含杂原子的冠醚和席夫碱类等配体的金属配合物，都可采用配位聚合反应法合成。

Schiff base 是由醛类或酮类与伯胺类缩合形成的具有 $=C=N-$ 基的一类衍生物 $RCH=NR'$ 或 $RR'C=NR''$，一般为无色晶体，呈弱碱性，可被水和强酸水解成胺和羟基化合物。其缩合反应如下：

$$RHC=O+H_2NR' \longrightarrow RHC=NR'+H_2O$$

$$R-C(O)-R'+H_2NR'' \longrightarrow \begin{array}{c} R' \\ | \\ C=N-R''+H_2O \\ | \\ R \end{array}$$

a. 模板反应法

$(M = Fe, Co, Ni, Cu, Zn, Pt)$

在加热条件下，一定数目的配体单体围绕金属离子聚合成稳定大环配体，同时与金属离子配位而形成大环配体金属配合物的化学反应，称为模板反应(template reaction)。在这种情况下，金属离子的半径必须能与目的大环的空穴大小相匹配，否则得不到大环配体配合物。例如合成金属酞菁(MPc)，就是由 4mol 邻苯二腈(或苯酐+尿素)与 1mol 二价过渡金属离子反应得到的。

该类合成反应可使用高沸点溶剂，如喹啉、多氯代苯，也可在无溶剂存在下加热完成(有人称之为固相法)。

也可用模板反应法合成金属卟啉，例如将 $Zn(CH_3COO)_2 \cdot 2H_2O$ 的吡啶饱和溶液经分子筛脱水，然后与吡咯、吡啶醛、分子筛一起装入高压釜中，脱气后用油浴加热到 130~150℃，保温 48h、冷却、过滤，用无水乙醇洗涤晶体，风干即可得到锌卟啉紫色晶体。

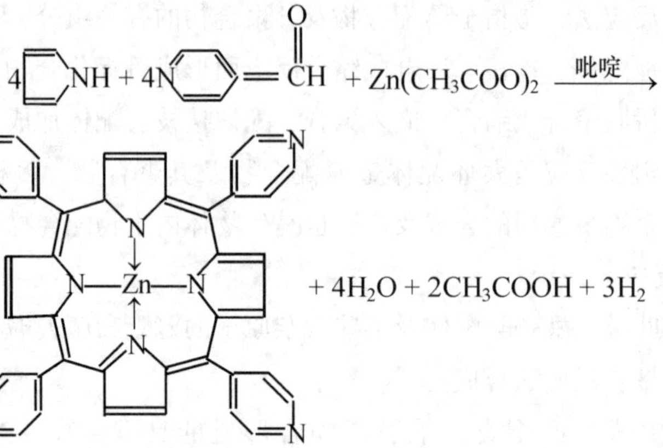

用模板反应法还可合成二维聚金属酞菁：

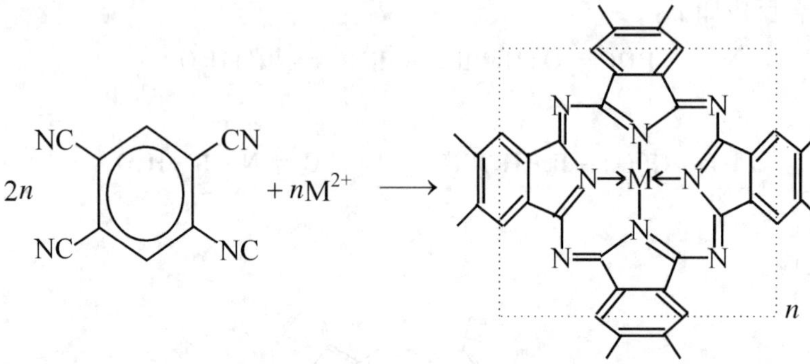

将四官能团的 1，2，4，5-四氰基苯或均苯四甲酸和各种二价金属盐在高沸点溶剂中或在熔融状态下进行反应，则可得到深蓝色的粉末状聚酞菁金属配合物 $(MPc)_n$。将四氰基苯与氨或甲醇的加成产物加热到 300℃，可得到不含中心金属离子的聚酞菁。这些高分子聚合物的聚合度并不高，平均分子量一般为 3 000~6 000（聚合度为 3~6），聚合度高的也仅为 16 左右。由四氰基苯制得的金属聚酞菁配合物具有网状结构，其导电率随合成方法不同而有差别。以铜为中心时，其导电率为 $10^{-2}S \cdot cm$。若合成反应中不用金属盐，而是在金属薄膜（如 Cu，Ti）上进行固气反应，则可得到聚酞菁金属配合物薄膜。

b. 配位环合反应

利用配位效应使单体环合成共轭大环的反应称为配位环合反应。例如，由二醋酸乙二胺邻苯二胺合铜与溴代丙二醛就可发生环合反应生成 3，10-二溴-1，6，7，12-四氢-1，5，8，12-苯并四氮杂环十四烯合铜（Ⅱ）。其具体合成方法为：将邻苯二胺无水乙醇溶液加热后加入醋酸铜（Ⅱ）溶液中，过滤，沉淀用无水乙醇洗涤，然后将沉淀加入无水乙醇制成悬浮液，于 10℃ 左右滴加乙二胺的无水乙醇溶液，在暗处放置 24h，生成二醋酸乙二胺邻苯二胺合铜(Ⅱ)，在快速搅拌下将反应混合物冷至2℃，再加入溴代丙二醛的无水溶液，放置7d，得到黑色悬浮固体即为3，10-二溴-1，6，7，12-四氢-1，5，8，12-苯并四氮杂环十四烯合铜(Ⅱ)。

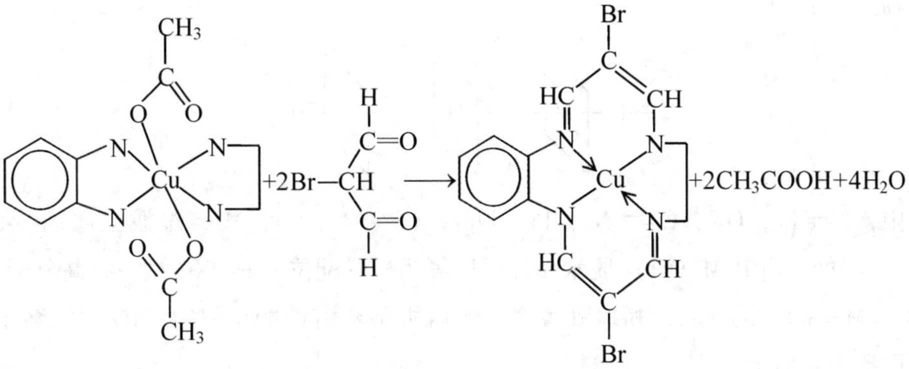

发生配位环合反应的例子很多，例如：

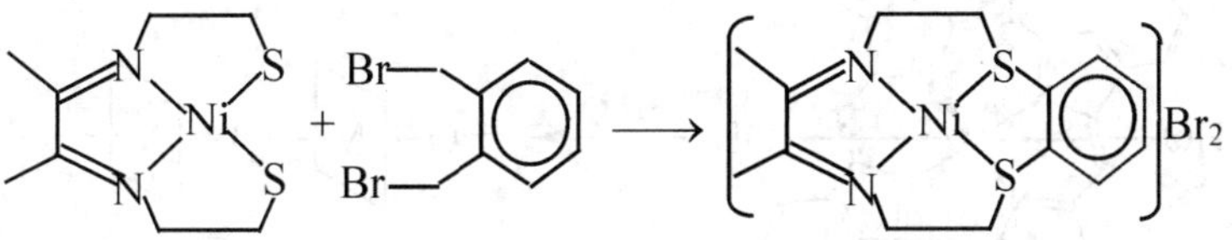

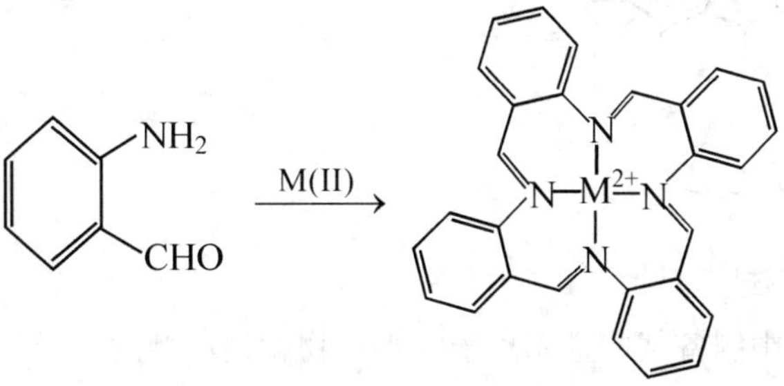

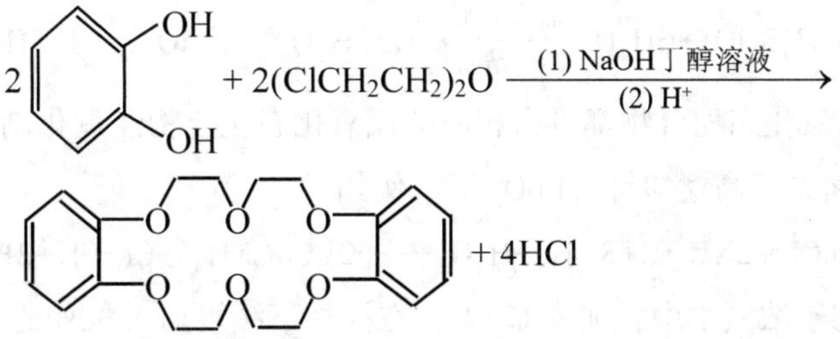

2. 桥联聚合反应

配合物的桥联聚合反应主要有四大类：

(1) 配体(桥配体)桥联中心金属离子生成多核配合物。

(2) 金属离子桥联配合物中配体形成多核配合物或聚合物。

(3) 桥基桥联配合物中配体形成多核配合物或聚合物。

（4）金属桥联配合物中心金属离子形成金属簇合物。

大环配体配合物一般仅涉及前三类。

酞菁、四氮杂卟啉、卟啉类金属配合物可由桥配体 L 沿轴向配位于金属而生成一维柱状聚合物。

式中，$L=F^-$，O^{2-}，$C\equiv N^-$，Pz，bipy，$C=C^{2-}$，…；M＝过渡金属离子，Al^{3+}，Si^{4+}，…。例如：由 $PcM(OH)_2$ 脱水而形成以氧为桥联配位的 μ-OXO 型一维高分子配合物 $[PcMO]_n$（M＝Si，Ge，Sn）。桥联酞菁聚合物通常是不溶性的，但 $[PcMO]_n$ 能溶于硫酸、亚硫酸甲酯等强酸中。

9.1.4 氧化还原反应法

1. 金属氧化反应法

将金属溶解在酸中制备某些金属离子的水合物就是典型的例子。例如：

$$Ga+3HClO_4+6H_2O \xrightarrow[\text{冷却结晶}]{\text{加热至沸}} [Ga(H_2O)_6](ClO_4)_3+1.5H_2\uparrow$$

过渡金属的高氧化态配合物都可由相应的低氧化态化合物经氧化制得。常用的氧化剂有 H_2O_2、空气、卤素、高锰酸钾、PbO_2 等。例如：

$$2CoCl_2+2NH_4Cl+8NH_3+H_2O_2 \longrightarrow 2[Co(NH_3)_5Cl]Cl_2+2H_2O$$

先将 NH_4Cl 溶于浓氨水中，加入 $CoCl_2$，在搅拌下缓慢加入 30% 的 H_2O_2，到无气泡产生时再加入浓盐酸即得到红紫色的晶体 $[Co(NH_3)_5Cl]Cl_2$。

氯气可把 Pt(Ⅱ)配合物直接氧化为 Pt(Ⅳ)配合物。

$$cis\text{-}[Pt(NH_3)_2Cl_2]+Cl_2 \longrightarrow cis\text{-}[Pt(NH_3)_2Cl_4]$$

低价过渡金属有机化合物易和卤代烃发生氧化加成反应，得到高价态金属有机化合物，其氧化态和配位数都升高。

2. 金属还原反应法

（1）由高氧化态金属化合物经还原制备低氧化态金属配合物，还原剂可用 H_2，K，Na（或钾、钠汞齐），Zn，肼以及有机还原剂等。例如：

（2）配体本身作还原剂。例如：

$$2Cu(NO_3)_2 \cdot 3H_2O + 5PPh_3 \longrightarrow 2Cu(PPh_3)_2NO_3 + OPPh_3 + 2HNO_3 + 5H_2O$$

（3）由高氧化态金属氧化低氧化态金属制备中间价态金属配合物。例如：

$$Cu(NO_3)_2 \cdot 3H_2O + Cu + As(C_6H_5)_3 \xrightarrow[\text{甲醇回流}]{N_2} 2Cu(AsPh_3)_3NO_3 + 3H_2O$$

（4）在还原剂作用下高价态过渡金属盐被还原，并与 CO 反应生成金属羰基化合物。作为还原剂有碱金属、镁、铝等，烷基金属试剂，如 R_3Al、电子转移试剂 $[Ph_2CO]^-$ 和 H_2 等。

$$CrCl_3 + Al + 6CO \xrightarrow[C_6H_6]{AlCl_3} Cr(CO)_6 + AlCl_3$$

$$WCl_3 + Et_3Al + 6CO \xrightarrow[50℃，1MPa]{C_6H_6} W(CO)_6 + AlCl_3$$

$$2MnCl_2 + 4[Ph_2CO]^- Na^+ + 10CO$$

$$\xrightarrow[200℃，20MPa]{THF} Mn_2(CO)_{10} + 4Ph_2CO + 4NaCl$$

（5）过渡金属（Co，Ni，Fe，Mo，W 等）的羰基配合物可由氧化物用 CO 作还原剂在高压下直接合成。

$$MoO_3+9CO \longrightarrow Mo(CO)_6+3CO_2$$

3. 还原和氧化聚合反应法

1）还原聚合

还原聚合主要是用于合成含有 M—M 键的金属簇合物。由较高氧化态的化合物还原到较低氧化态有利于 M—M 键的形成。例如：

$$2KReO_4+8HCl+2H_3PO_2+2H_2O \xrightarrow{HCl 溶液}$$

$$K_2Re_2Cl_8 \cdot 2H_2O(墨绿色晶体)+4H_2O+2H_3PO_4$$

$$6RuCl_3+9Zn+24CO \xrightarrow{甲醇} 2Ru_3(CO)_{12}+9ZnCl_2$$

$$2RhCl_3+6CO+2H_2O \longrightarrow Cl(CO)_2Rh—Rh(CO)_2Cl+4HCl+2CO_2$$

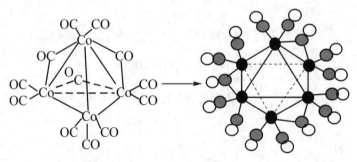

$$3Co_4(CO)_{12}+2Na \xrightarrow{THF} 2[Co_6(CO)_{15}]^{2-}+6CO+2Na^+$$

$$6Rh_2(CO)_4Cl_2+14CH_3CO_2Na+13CO+7H_2O \xrightarrow[25℃，1atm]{乙醇-水}$$

$$Na_2[Rh_{12}(CO)_{30}]+12NaCl+14CH_3CO_2H+7CO_2$$

2）氧化聚合

氧化聚合多见于简单的羰基金属阴离子的氧化反应。例如：

$$3Fe(CO)_5+3OH^-+3MnO_2 \longrightarrow Fe_3(CO)_{12}+3HCO_3^-+3MnO$$

$$3[Fe(CO)_4]^{2-}+2MnO_2 \xrightarrow[25℃]{H_2O} [Fe_3(CO)_{11}]^{2-}+2MnO+CO$$

4. 电氧化和电还原法

电化学法合成配合物时，不必另外加入氧化剂或还原剂，因而是直接、简单的氧化还原反应合成方法。该类方法可以在水溶液中进行，也可以在非水溶剂或混合溶剂中进行；可用惰性电极(如铂电极)，也可用参加反应的金属作为电极。例如，用电解法制备九氯合二钨(Ⅲ)酸钾的装置如图 9.2 所示。电解在三颈瓶中进行，先加入浓盐酸并冷至 0℃，然后加入钨酸钾浆液。由管 4 通入氯化氢，从管 7 不断往多孔杯 2 中加水。当阴极 3 周围的溶液开始变红时，将反应液加热到 45℃，继续电解到生成棕绿色沉淀为止。将沉淀分离出来后，再用最少量的水将沉淀溶解，过滤，滤液中加入 90% 的乙醇使产物 $K_3[W_2Cl_9]$ 沉淀出来。

电化学合成法目前用得较多的是有机弱酸和卤化物反应体系。例如，在水和甲醇的混合溶剂中加入乙酰丙酮和氯化物，用铁作电极(这里电极就是参加反应的金属)，电解后得到浅棕色晶体产物 $[Fe(C_5H_7O)_2]$。电解结束后，在电解液中通入空气或氧气就得到 $[Fe(C_5H_7O)_2]$，电解装置如图 9.3 所示。

氧化还原法除用于上述通常意义的配合物的合成外，还用于电荷转移型分子配合物和高分子配合物的合成。

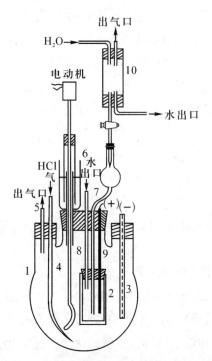

图 9.2 制备九氯合二钨酸钾(Ⅲ)的装置图

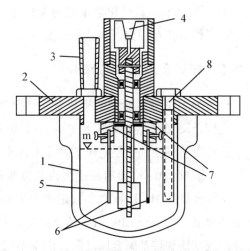

1—容器；2—盖子；3— 接口；4，5—搅拌器；
6—电极；7—电极架；8—热电偶

图 9.3 电解装置图

9.2 有机金属化合物的合成

有机金属化合物是指金属原子与有机基团或化合物分子中的碳原子直接键合的一类化合物。第一个公认的有机金属化合物 $K[PtCl_3(C_2H_4)]$ 是在 1827 年由 W. C. Zeise 合成的，所以也叫 Zeise 盐。直到 20 世纪 50 年代初成功地合成了二茂铁，并确定其结构以后，有机金属化学才获得迅速发展，成为无机化学和有机化学的交叉边缘学科。从此以后，过渡金属和副族元素与环戊二烯、苯、烯烃等生成的有机金属化合物就接踵而来，层出不穷。其中不少具有实际应用价值，有的可作为有机反应的催化剂，用以制备复杂的有机化合物。它们在反应过程中往往生成有机过渡金属化合物中间体。例如，$Co_2(CO)_8$ 可作为烯烃氧化或醛还原为醇的催化剂，在反应中生成羰基氢化钴中间体；铑的三苯基膦卤化物 $Rh(PPh_3)_3Cl$ 对于均相加氢反应有很高的催化活性，该有机金属化合物是著名的 Wilkonson 催化剂；烷基铝-金属卤化物 $[Al(C_2H_5)_3-TiCl_3]$ 是 Ziegler-Natta 催化剂，已用于烯烃聚合反应。为此，K. Ziegler 和 G. Natta 曾荣获 1963 年诺贝尔化学奖。

有机金属化学的重要性不仅表现在它对有机合成的实际应用价值，而且许多过渡金属的有机化合物本身具有特殊的结构和新的键型，在有机合成化学领域中的应用至关重要。许多有机金属化合物是生物活性化合物，在生物学上也有很重要的意义。例如，维生素 B_{12}、血红素、细胞色素 C 等，也含有过渡金属 Co，Fe 等与有机基团形成的配合物。血红素是亚铁与原卟啉的配合物，维生素 B_{12} 和辅酶 B_{12} 都是钴的配合物。在 B_{12} 中还包含有金属-碳键。目前有机金属化学正成为无机化学、有机化学、结构化学、配位化学以及生物化学等多种学科互相交叉和共同研究的重要领域。

9.2.1 有机金属化学基础知识

1. 主族和过渡族金属的有机金属化合物

主族金属和过渡金属都可生成含有 M—C 键的有机金属化合物，但二者有显著的差别。这可以从键型和价层电子数两个方面来考虑。

（1）键型：M—C 键有离子型、共价型和缺电子共价型三类。

主族金属的 M—C 键大多数是离子型的，也有部分金属如 Li，Be，Mg，Al 等形成缺电子共价型。Ca，Sr，Ba，Ra 的有机金属化合物较难得到，它们的烷基化合物的性质通常介于烷基镁和烷基碱金属之间。由于不比烷基镁和烷基锂具有特殊的优点，这类化合物研究较少。

过渡金属的 M—C 键一般都是共价型，镧系和锕元素也生成离子型和共价型有机金属化合物，但数量比一般过渡金属少得多。镧系、锕系与环戊二烯的化合物是离子型，锕系中的 U，Th，Pu 与环辛四烯的化合物属共价型。

（2）价层电子数：主族金属形成有机金属化合物遵守八隅体规则，过渡金属的有机金属化合物遵守有效原子序数规则。

下面对离子型和共价型有机金属化合物做些简要说明。

离子型：电正性高的 I A 族和 II A 族金属（除 Be，Mg 外），生成离子型有机金属化合物，如 $(C_4H_9)^-Na^+$，$(C_6H_5)^-Li^+$ 等。它们不溶于烃类溶剂，对空气和水敏感。这类化合物的稳定性与碳负离子的稳定性有关。但像 Mg 这样电正性略差的金属，一般只生成共价型的有机金属化合物，如丁基镁。有时也形成离子型化合物，但需要负电荷分散在有机配体的几个碳原子上，如二环戊二烯合镁 $(\eta^5\text{-}C_5H_5)_2^{2-}Mg^{2+}$。

共价型：这种键型在过渡金属中是最常见的。过渡后金属（包括 Zn，Cd，Hg）以及主族金属通常形成 σ 共价型化合物，如 $(CH_3)_4Sn$，$(CH_3)_4Pb$，$(CH_3)_2Zn$ 和 $(CH_3)_2Cd$ 等。其中部分烷基也可被卤素、羟基等取代。这类化合物的挥发性较大，与有机物很相似。过渡金属与烷基或芳基键合也生成 σ 共价型化合物，如 $[(CH_3)_3PtI]_4$，$Ti(CH_3)_4$，$Cr(CH_3)_4$，$W(CH_3)_6$ 等。$[(CH_3)_3PtI]_4$ 的结构如图 9.4 所示。在上述 σ 共价型有机金属化合物中，金属和有机基各提供一个电子形成二中心二电子 M—C 键。

图 9.4　$[(CH_3)_3PtI]_4$ 的结构

虽然过渡金属的 σ 共价型有机金属化合物的键能为 160~350 kJ/mol，但一般不如主族金属或过渡后金属的类似物稳定。这主要是由于过渡金属有 d 轨道，可以扩大其配位数，发生从烷基 β 位上夺取 H 的消除反应而使 M—C 键断裂。例如，

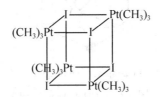

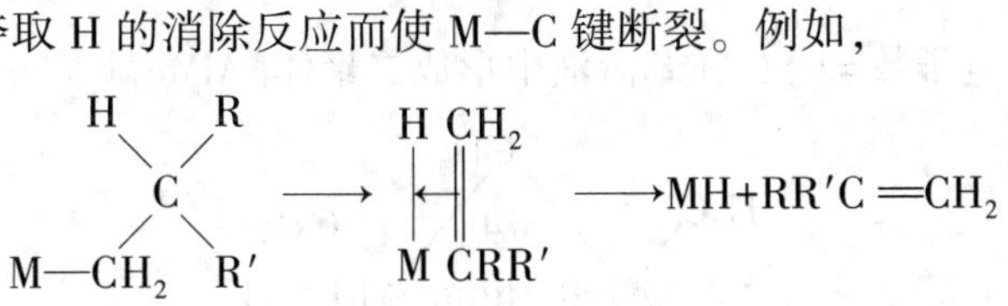

主族金属的 d 轨道能量较高，一般不会发生 β 氢转移反应。用甲基或位阻大的烷基（—CH_2SiMe_3 或 —$CH_2C_6H_5$）与过渡金属键合，它们没有 β 氢，因此可以抑制 M—C 键的断裂。上述反应的逆反应，即烯烃与 M—H 键的加成反应，已被利用于合成具有 σ 共价型 M—C 键的有机金属化合物。

过渡金属除与烷基、芳基等形成 σ 共价型化合物外，还能与烯烃、炔烃、芳烃或其他不饱和有机分子形成 π 共价型有机金属化合物。这类化合物的配体具有以多个原子与过渡金属键合的特点，成键电子高度离域，适用于分子轨道理论处理。

过渡金属与 CO，N_2，NO 等也形成共价型化合物。但金属与配体间同时存在 σ 和 π 电子相互作用。

2. 八隅体规则和有效原子序数规则

八隅体规则(octet rule)是指金属价电子数与配体提供的电子数总和等于 8 的分子是稳定的。如 $Pb(C_2H_5)_4$ 中 Pb 的价电子数为 4，每个乙基提供一个电子形成 4 个 σ 键，所以价层电子数等于 8，因此，该化合物是稳定的。 I A，II A，III A 族金属的价电子数较少，加上配体提供的电子数仍小于 8，形成的有机金属化合物属缺电子型。它们常表现出与溶剂缔合或本身聚合或形成多中心 2 电子键。例如甲基锂(价层电子数 = 2)形成四聚体 $[MeLi]_4$，其结构如图 9.5 所示。

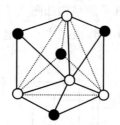

○Li，●CH_3；Li–Li 268pm，C—Li 231pm，∠Li—C—Li68°

图 9.5 $(CH_3Li)_4$ 的结构

甲基铍形成链状多聚物 $[BeMe_2]_x$，

$$Be \underset{CH_3}{\overset{CH_3}{<}} Be \underset{CH_3}{\overset{CH_3}{<}} Be \underset{CH_3}{\overset{CH_3}{<}} Be$$

三甲基铝(价层电子数 = 6)，在苯溶液中形成二聚体 $[AlMe_3]_2$。

$$\begin{array}{c} H_3C \\ H_3C \end{array} Al\cdots 0.26nm\cdots Al \begin{array}{c} CH_3 \\ CH_3 \end{array}$$
74° 123.1°
0.196nm CH_3 0.215nm

但是，四甲基硅仍是单体，因其价层电子数 = 8。以上几个化合物的挥发性按Li→Be→Al 顺序迅速增加。

有效原子序数规则(effective atomic number Rule，简称 EAN 规则)：

在过渡金属配合物中，金属的全部电子数与所有配体提供的 σ 电子数的总和恰好等于金属所在周期中稀有气体的原子序数。如果只考虑价层电子，那么金属价电子数加上配体提供的 σ 电子数的总和等于 18 的分子是稳定的。所以有效原子序数规则又称为 18 电子规则。这一规则反映了过渡金属原子用它的 5 个 $(n-1)$d 轨道、1 个 ns 轨道和 3 个 np 轨道（总共 9 个价轨道）最大限度地成键（在每个价轨道中可以容纳一对自旋相反的电子，共计 18 个电子）形成稳定结构。该规则可以解释或预言许多过渡金属形成的有机金属化合物，特别是羰基、亚硝酰基、异氰基的过渡金属配合物的稳定性和结构。但是该规则不适用于联吡啶、二硫代烯等离域 π 配体的配合物，羰基化合物也有例外。对于第二、第三系列过渡金属 d^8 组态离子，如 Rh(Ⅰ)，Pd(Ⅱ)，Ir(Ⅰ)，Pt(Ⅱ) 等，它们的 p 轨道能量较高，不能全部参加成键，以至生成平面正方形配合物时，16 或 14 电子构型比 18 电子构型更稳定。

3. 配体的分类

在有机金属化学中常按照配位到金属原子上的碳原子数（单齿、双齿和多齿）或配体提供的电子数（1 电子、2 电子和 3 电子）对配体进行分类，也可以根据配体与金属键合的本质将配体分为 σ 配体、π 酸配体和 π 配体三类。

1) σ 配体

一些含碳原子配位的有机基，如烷基、烯基、炔基、芳基、酰基等，在与金属形成 M—C 键时，只有一个碳原子直接同金属键合形成 σ 键。这类配体为 σ 配体，配位方式为端式。

烷叉基（$R_2C=$）或烷川基（$RC\equiv$）也属于含碳的 σ 配体，但它们与金属可形成多重键。高价过渡金属与烷叉基形成 μ_2-烃叉配合物（alkylidene complexe）；与烷川基形成 μ_3-烃川配合物（alkylidyne complexe）。低价过渡金属可与烷叉基或烷川基形成 M$=$C 二重键的碳烯（Carbene）或 M$\equiv$C 三重键的碳炔（carbyne）配合物，这两类配合物中的键合情况比较复杂。

2) π 酸配体

在这类配体中，碳原子既可以是 σ 电子给予体，又可是 π 电子接受体，所以也叫 σ-π 配体。这类配体一般是中性分子，如 CO，RNC 等。在这类分子轨道中，既有占满的 σ 轨道，又有空的 π 轨道。因此，它与低价过渡金属成键时发生 σ 成键和 π 成键两种作用。例如在 CO 中，充满电子的 σ 轨道与金属的 σ 杂化空轨道重叠时，产生 σ 成键作用，电子从碳原子移向金属原子。根据 Pauling 的电中性原理，金属原子上多余的负电荷必须返回给配体。恰好 CO 有空的 π 轨道可以接受填充于金属原子 dπ 或 dpπ 杂化轨道的电子，于是产生 π 成键作用。CO 同金属的 π 成键作用又称为 π 反馈作用，它与 σ 成键作用同时存在，并互相加强，两者"协同"稳定过渡金属的低氧化态，而形成稳定的羰基化合物。按照 Lewis 酸碱的概念，CO 既是 σ 碱又是 π 酸，简称 π 酸。其他 π 酸配体，如异腈（NC）、膦（PR$_3$）、胂（AsR$_3$）、（SbR$_3$）、亚硝酰基（NO）等，它们与过渡金属的成键方式类似 CO，但配体接受金属"反馈"电子的轨道不同，CO 是空的 $p\pi^*$，而膦、胂是空的 $d\pi^*$ 轨道(见图 9.6)。

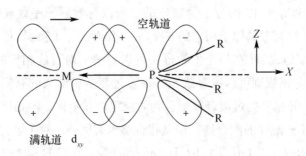

图 9.6　PR_3 与过渡金属的成键作用

3) π 配体

π 配体多数是含碳的不饱和有机分子，它们以多个碳原子与金属配位，提供 π 电子与金属键合。这类不饱和有机分子有链状的烯烃、炔烃、π 烯丙基、丁二烯等和环状的环戊二烯、苯、环辛四烯等。

π 配体与金属的键合作用类似 π 酸，也有 σ 成键和 π 成键两类。但它们与 π 酸配体有以下两个方面的区别：① π 配体给出和接受电子都是利用配体 π 轨道，而 π 酸配体给出电子是利用 σ 轨道，接受电子是利用空的 π 轨道；② 在 π 配体形成的配合物中金属原子不一定在 π 配体平面内(如铁茂中的 Fe 不在环戊二烯平面内)，而在 π 酸配体形成配合物中，金属原子在直线型配体的轴上(如羰基化合物中金属原子在 M—CO 轴上)或平面型配体的平面内。

4. 配体的电子数和金属的氧化数

1) 配体的电子数

在讨论有机过渡金属化合物成键作用时，计算配体电子数是很重要的。按照一般习惯将一氧化碳、氨、三苯基膦、卤素离子等都作为 2 电子给予体。对于氢、卤素、甲基，既可作为 1 电子给予体，又可作为 2 电子给予体。按配位化学的观点，一般将它们作为提供一对电子的配体。只有在 σ 共价型的有机化合物中将它们作为 1 电子给予体，这时金属也提供一个电子形成 σ 共价键。中性有机分子的每个双键或叁键也提供一对电子(前提是不考虑电子离域)，所以乙烯是 2 电子给予体，丁二烯是 4 电子给予体。碳烯(R_2C ═)是 2 电子给予体。碳炔(RC≡)是 3 电子给予体，烯丙基—C_3H_5 和亚硝酰基 NO(直线型)也作为 3 电子给予体。含有多个双键的烯烃提供的 π 电子数是可变的。例如环庚三烯 C_7H_8，既可作为 4 电子给予体[如在 η^4-C_7H_8Fe$(CO)_3$ 中]，也可作为 6 电子给予体[如在 η^6-C_7H_8Cr$(CO)_3$ 中]。环辛四烯也是这样，它们形成的配合物可举例如下：

η^4	η^4	η^4	η^6
$3d^6 4s^2$	$3d^6 4s^2$	$3d^7 4s^2$	$3d^5 4s^1$
环庚三烯	环辛四烯	环辛四烯	环辛四烯

上述配合物分子式中的符号 η^n 代表的意义见 5.2.3。

2) 金属的氧化数

在有机过渡金属化合物中，金属的氧化数是指将配体除去后在金属原子上剩下的电荷数。例如，$Fe(CO)_5$ 是 18 电子结构的中性分子，由于 CO 是中性的，将它除去后电荷为 0，所以铁的氧化数等于 0。又如 $(PPh_3)_2PtCl_2$ 分子中，PPh_3 是中性的，Cl^- 电荷为 -1，除去 PPh_3 和 Cl^- 后，Pt 的电荷等于 +2，所以 Pt 的氧化数是 +2。

不难看出，在有机过渡金属化合物中，金属氧化数的确定取决于配体的形式电荷。当然，不是中性分子时还必须考虑配离子的电荷。关于配体形式电荷的确定有以下几点经验规则：

(1) 氢和卤素的形式电荷都是 -1。

(2) NH_3，PPh_3，AsR_3，SR_2 等中性配体的形式电荷为 0。

(3) 含碳配体有以下两种情况：① 当键合的 C 原子数是偶数时（英文以 -ene 结尾），形式电荷等于 0，如乙烯（Ethylene）、苯（Benzene）等；② 当键合的碳原子数是奇数时（英文以 -yl 结尾），形式电荷等于 -1，如 — CH_3（Methyl）、$\pi - C_3H_5$（Allyl）、$\pi - C_5H_5^-$（Pentadienyl）等。

例如，在 $CH_3Mn(CO)_5$ 中，CO 是中性，CH_3 含奇数 C，带一个形式上的负电荷，所以 Mn 的氧化数为 +1。在 $Fe(CO)_3C_4H_4$ 中，环丁二烯是一个偶数碳键合的配体，形式电荷等于 0，CO 也是中性，所以 Fe 的氧化数是 0。

必须指出氧化数是人为指定的一种形式，不能用物理方法直接测定它的数值，也不对应于某种物性，并且同化学性质也不一定发生直接关系。例如，M—H 键可以异裂出 H^- 或 H^+（M—H 键有极性），也可以均裂产生 H（M—H 键没有极性）。即使这样，我们仍然可以规定 M 的氧化数(配体氢均为 H^-,形式电荷为 -1)。此外氧化数的数值与分子轨道计算的金属和配体间的电荷分布数值也不同。例如,在二茂铁中,一般认为 Fe 的氧化数是 $+2$,但用分子轨道法计算出 Fe 的净电荷为 $+1.23e$,是一个非整数。

9.2.2　羰基化合物

几乎所有过渡金属都可以与 CO 形成金属羰基配合物,这类化合物有三个有趣的特点:① 通常认为 CO 是一个强的 Lewis 碱,但是,在羰基配合物中 CO 能与金属形成强键;② 金属常处于低氧化态 0;③ 绝大多数羰基化合物遵守有效原子序数规则(18 电子规则)。

1. 羰基化合物的制备和性质

比较简单的金属羰基化合物的制备方法有两种:

(1) 金属粉末与 CO 直接反应。如 $Ni(CO)_4$,$Fe(CO)_5$,$[Co(CO)_4]_2$,$Mo(CO)_6$,$Ru(CO)_5$ 和 $[Rh(CO)_4]_2$ 等,可用这种方法制得。

$$Ni + 4CO \xrightarrow{\text{常温常压}} Ni(CO)_4$$

$$Fe + 5CO \xrightarrow[200atm]{200℃} Fe(CO)_5$$

$$Co + 4CO + \frac{1}{2}H_2 \xrightarrow[50atm]{150℃} HCo(CO)_4$$

(2) 用金属化合物与 CO 反应(在有还原剂存在的条件下进行)。

$$CrCl_3 + Al + 6CO \xrightarrow[C_6H_6]{AlCl_3} Cr(CO)_6 + AlCl_3$$

$$Re_2O_7 + 17CO \longrightarrow Re_2(CO)_{10} + 7CO_2$$

$$2Co(H_2O)_4(CH_3CO_2)_2 + 8(CH_3CO)_2O + 8CO + 2H_2$$
$$\longrightarrow Co_2(CO)_8 + 20CH_3CO_2H$$

(3) 用热分解或光化学法可以制得多核羰基化合物。

$$3Os(CO)_5 \xrightarrow{\text{加热}} Os_3(CO)_{12} + 3CO$$

$$2Fe(CO)_5 \xrightarrow{h\nu} Fe_2(CO)_9 + CO$$

羰基化合物的性质:

大多数羰基化合物是易挥发的固体,但 $Fe(CO)_5$,$Ru(CO)_5$,$Os(CO)_5$ 和 $Ni(CO)_4$ 在常温下为液体。它们大多数溶于有机溶剂,在空气中易氧化,但氧化速度各不相同。例如,$Co_2(CO)_8$ 在常温下会氧化,而 $Cr(CO)_6$,$Mo(CO)_6$ 和 $W(CO)_6$ 却相当稳定,$Fe(CO)_5$ 及 $Ni(CO)_4$ 的蒸气与空气的混合物易发生爆炸。羰基化合物可发生以下反应。

(1) 取代反应,羰基化合物中的 CO 基可被两电子给予体取代。

$$Ni(CO)_4+PX_3 \longrightarrow Ni(CO)_3PX_3+CO \quad (X=F, Cl, Ph 等)$$

$$Fe(CO)_5+PPh_3 \longrightarrow (Ph_3P)Fe(CO)_4+CO$$

$$Cr(CO)_6+C_6H_6 \longrightarrow (C_6H_6)Cr(CO)_3+3CO$$

（2）与碱作用。

$$Fe(CO)_5+3NaOH \xrightarrow{H_2O} Na[HFe(CO)_4]+Na_2CO_3+H_2O$$

$$Fe_2(CO)_9+4OH^- \longrightarrow [Fe_2(CO)_8]^{2-}+CO_3^{2-}+2H_2O$$

$$3Fe(CO)_5+Et_3N+H_2O \xrightarrow[H_2O]{80℃} (Et_3NH)^+[Fe_3(CO)_{11}H]^-+CO_2+3CO$$

（3）双核羰基化合物与 NO 作用形成亚硝酰基配合物。

$$Fe_2(CO)_9+4NO \longrightarrow 2Fe(CO)_2(NO)_2+5CO$$

$$Co_2(CO)_8+2NO \longrightarrow 2Co(CO)_3(NO)+2CO$$

（4）氧化还原反应。

$$Mn(CO)_5Br+Na[Mn(CO)_5] \longrightarrow Mn_2(CO)_{10}+NaBr$$

$$Co_2(CO)_8+2Na \xrightarrow[(Hg)]{THF} 2Na[Co(CO)_4]$$

与卤素反应生成羰基卤化物：

$$Mn_2(CO)_{10}+Br_2 \xrightarrow{40℃} 2Mn(CO)_5Br$$

由于这类羰基化合物很容易合成，而且有广泛的反应性，所以常常用作制备许多有机金属化合物的起始原料。

2. 羰基化合物的结构

1）多核羰基化合物的结构特点

（1）CO 可用两种不同的方式与金属配位。一种是以其碳原子的一端与一个金属原子结合形成端式羰基(—C≡O)，端羰基的 C—O 键与游离 CO 相似，接近叁键，可由红外光谱证实。

$$\nu_{CO}=2\,143\ cm^{-1} \qquad \nu_{-CO}=2\,050\pm100\ cm^{-1}$$

另一种配位方式是以桥基形式与两个或三个金属原子配位，其电子结构近似于有机化合物中的羰基，键级接近于 2。这也可由红外光谱的 C≡O 伸缩振动频率反映出来。饱和酮中的 $\nu_{CO}=1\,715\pm10cm^{-1}$，桥式 $\nu_{CO}=1\,800\pm100cm^{-1}$。

（2）在多核金属羰基化合物中有金属-金属键生成，实际上是金属原子簇化合物。

2）价层电子数的计算

（1）过渡金属离子的价电子数就等于它的 d 电子数，但中性原子的价电子数须根据电子组态决定。例如，$Ni(3d^84s^2)$ 的价电子数不是 8，而是 8+2=10。

（2）计算 CO 的电子数时，当它为端基配位时提供 2 个电子，μ_2 桥基配位时，分别对每个金属原子提供一个电子，总共也是提供 2 个电子。

（3）若形成金属-金属键，则每个金属分别提供一个电子。

（4）其他配体提供的电子数：CH_3，H，X，$\eta'\text{-}C_3H_5$ 等提供 1 个电子；NH_3，X^-，H^-，PPh_3 提供 2 个电子，C_2H_4，$RC\equiv CR$，$R_2C=$ 等提供 2 个电子；$RC\equiv$（碳炔），$\eta^3\text{-}C_3H_5$、NO 等提供 3 个电子；$CH_2=CH\!-\!CH=CH_2$，$\eta^4\text{-}C_7H_8$（环庚三烯），$\eta^4\text{-}C_7H_8$（降冰片二烯），$\eta^4\text{-}C_8H_8$（环辛四烯）等提供 4 个电子；$\eta^6\text{-}C_6H_6$，$(\eta^5\text{-}C_5H_5)^-$，$\eta^6\text{-}C_7H_8$（环庚三烯），$\eta^6\text{-}C_8H_8$，$(\eta^7\text{-}C_7H_7)^+$ 等提供 6 个电子。

3）利用有效原子序数（EAN）规则判断配位结构

绝大多数有机金属化合物都遵守 18 电子规则，特别是羰基化合物。利用这一规则可以相当准确地判断简单羰基化合物的配位数和某些羰基化合物是否以单分子形式存在及可能结构。下面分别举例说明：

（1）判断配位数。

对于 Cr，Fe，Ni 等金属与 CO 所形成的简单金属羰基化合物，依照 EAN 规则，要使 Cr，Fe，Ni 金属原子的电子数达到稀有气体元素 Kr（36e）的构型，其配位数应等于（N_R－N_M）/2（N_R＝稀有气体的原子序数，N_M＝金属的原子序数），分别为 6，5，4。

Cr	24e	Fe	26e	Ni	28e
6CO	12e	5CO	10e	4CO	8e
$Cr(CO)_6$	36e	$Fe(CO)_5$	36e	$Ni(CO)_4$	36e

（2）判断是否以单分子形式存在。

原子序数为奇数的金属原子仅以单个原子加合一氧化碳配体，显然不能满足 EAN 规则。为使这些金属满足 EAN 规则，有以下几种途径：

① 通过还原剂提供一个电子使之形成一价负离子 $[M(CO)_n]^-$。

② 使未配对电子和一个具有未成对电子的原子或基团形成共价键，如和 H，Cl 作用生成 $[HM(CO)_n]$ 或 $[M(CO)_nCl]$。

③ 形成双核有机金属化合物，使奇数电子成对。如在 Mn（25e），Co（27e）的 CO 配合物中，就形成二聚体 $Mn_2(CO)_{10}$ 和 $Co_2(CO)_8$。

在双核羰基化合物中，如在 $[Mn_2(CO)_{10}]$ 和 $Co_2(CO)_8$ 分子中，每个金属原子的奇数电子成对，形成了金属-金属键。因此，它们是反磁性的。

在一些被认为是 CO 不足的羰基化合物中，如 $Fe_2(CO)_9$，$Fe_3(CO)_{12}$ 和 $Co_4(CO)_{12}$ 中，也遵守 EAN 电子规则。EAN＝36e/M （Kr＝36e）。

$[Fe_2(CO)_9]$		$[Fe_3(CO)_{12}]$		$[Co_4(CO)_{12}]$	
2Fe	52e	3Fe	78e	4Co	108e
9CO	18e	12CO	24e	12CO	24e

$$Fe-Fe(2\times1) \quad 2e \qquad Fe-Fe(3\times2) \quad 6e \qquad Co-Co(4\times3) \quad 12e$$
$$36\times2=72e \qquad\qquad 36\times3=108e \qquad\qquad 36\times4=144e$$

也就是说，在 $Fe_2(CO)_9$ 中应有一个 M—M 键，是双核配合物。在 $Fe_3(CO)_{12}$ 中每个 Fe 应形成两个 M—M 键，是三核配合物。在 $Co_4(CO)_{12}$ 中，每个 Co 应形成三个 M—M 键，所以应是四面体型四核配合物，其结构如图 9.7 所示。

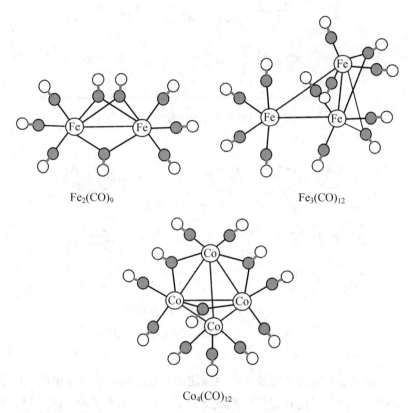

$Fe_2(CO)_9$

$Fe_3(CO)_{12}$

$Co_4(CO)_{12}$

图 9.7　双核和多核金属羰基化合物的结构

4)σ-π 双重配位键

一氧化碳和金属原子间的化学键，除有 M←CO 配位键以外，还有 M→CO 的反馈键（back bonding）。这种键的本质可由一氧化碳的分子轨道能级图（见图 9.8）来说明。在 CO 中共有 10 个价电子，其电子排布是 $(3\sigma)^2$、$(4\sigma)^2$、$(1\pi)^4$、$(5\sigma)^2$。它的结构可简单表示为 ：C≡O：，在 C—O 之间有一个 σ 键，2 个 π 键，在两端各有一对孤对电子。从图 9.8 中可以看出，CO 分子中有空的反键 π^* 轨道。在端式羰基中，CO 以碳原子的孤对电子和金属原子的空轨道形成 σ 配键（见图 9.9a）。此外，一氧化碳的空的反键 π^* 轨道还可以和金属原子中充满电子的具有 π 对称性的 d 轨道重叠，形成 π 键。这种 π 键是由金属原子提供电子，称之为 dπ-pπ 反馈键（见图 9.9b）。因此，M—CO 之间的化学键是 σ-π 配键。这种键合模型是由 Dewas，Chatt 和 Dunconson 提出的，所以称为 DCD 模型。

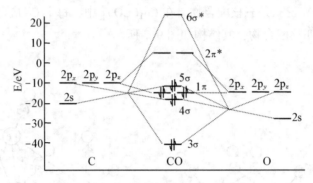

图 9.8　CO 的分子轨道能级和电子排布

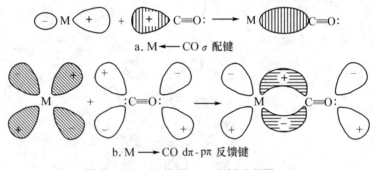

a. M ←— CO σ 配键

b. M —→ CO dπ - pπ 反馈键

图 9.9　M—CO 间的 σ-π 配键示意图

应用 σ-π 双重配位键理论能较圆满地描述羰基化合物中的成键情况。由于羰基化合物中有反馈 π 键的形成，促使 σ 键更大程度的重叠，从而加强了原来的 σ 键。同时，由于 σ 键的增强，中心金属原子（或离子）上的负电荷积累增加，又促进了对配体更大程度的给予作用，从而又加强了 π 键的成键作用。以这两种方式成键的共同作用称之为 σ-π 键协同效应。这种协同效应是金属羰基化合物以及许多低价态过渡金属配合物得以形成稳定结构的根本原因。

9.2.3　烯烃和炔烃配合物

1. 烯烃和炔烃配合物制备

1）烯烃配合物的制备方法

（1）直接反应。如由氯羰基二（三苯基腾）铱配合物与烯烃直接反应。

$$IrCl(CO)(PPh_3)_2+R_2C \!=\! CR_2 \rightleftharpoons \begin{array}{c} Ph_3P \quad CO \quad CR_2 \\ | \quad \| \\ Ir \\ | \quad | \\ Ph_3P \quad Cl \quad CR_2 \end{array}$$

当乙烯中的 H 被氰基取代时有利于反应进行，其反应相对平衡常数如下：

烯 烃	相对平衡常数
$H_2C \!=\! CH_2$	$k=1$
$(NC)HC \!=\! CH(CN)$	$k=1\,500$
$(NC)_2C \!=\! C(CN)_2$	$k=140\,000$

（2）置换反应。可被置换的配体有卤原子、一氧化碳、非共轭或未螯合的烯烃和苯等。如 π-配合物 Zeise 盐（金黄色）可用这种方法在稀盐酸溶液中制备。

$$K_2PtCl_4+C_2H_4+H_2O \xrightarrow{稀\ HCl} K[Pt(C_2H_4)Cl_3] \cdot H_2O+KCl$$

许多烯烃配合物可用烯烃置换羰基化合物的 CO 基得到。例如：

$$Fe(CO)_5+H_2C \!=\! CH \!-\! CH \!=\! CH_2 \xrightarrow{140℃} \begin{array}{c} \\ \end{array} Fe(CO)_3 + 2CO$$

（3）还原加成反应。

这种方法特别适用于制备铂族金属烯烃配位化合物。制备时从最高价态金属盐开始，最终甚至可得到零价态金属烯烃配合物。如：

$$(Ph_3P)_2PtCl_2+C_2H_4 \xrightarrow[EtOH]{N_2H_4 \cdot H_2O} (Ph_3P)_2Pt(C_2H_4)$$

2）炔烃配合物的制备。

炔烃配合物通常可采用制备烯烃配合物的方法制备。下面举两个例子：

（1）利用两个 π 键起到四电子给予体的作用制备单炔配合物。如由 $Co_2(CO)_8$ 和二苯乙炔反应制备钴的二苯乙炔配合物。

$$Co_2(CO)_8 + PhC \!\equiv\! CPh \longrightarrow \begin{array}{c} PhC \!-\! CPh \\ \\ (OC)_3Co \!-\! Co(CO)_3 \end{array} + 2CO$$

（2）反式-$PtClMeL_2+RC \!\equiv\! CMe+AgPF_6 \xrightarrow{CH_3OH} [PtMeL_2(RC \!\equiv\! CMe)]^+[PF_6]^-+AgCl$

$$反式\text{-}PtClMeL_2+RC \!\equiv\! CH+AgPF_6 \xrightarrow{CH_3OH} \left(\begin{array}{c} L \quad OMe \\ | \quad \diagup \\ Me \!-\! Pt : C \\ | \quad \diagdown \\ L \quad CH_2R \end{array} \right)^+ [PF_6]^-+AgCl$$

（$L=PMe_2Ph$，$R=Me$，Et，Ph）

2. 烯烃和炔烃配合物的结构

1）烯烃配合物

Zeise 盐 K[PtCl$_3$(C$_2$H$_4$)]中阴离子[PtCl$_3$(C$_2$H$_4$)]$^-$的空间结构如图9.10所示。其结构有以下4个重要特点：

（1）配位烯烃的 C═C 键比游离乙烯中的 C═C 键(133.7pm)长。

（2）C═C 键与[PtCl$_3$]$^-$平面垂直。

（3）由于配位作用，使原来平面形的烯烃变为非平面形，在烯键 C 原子上的氢或取代基位于远离中心金属原子的位置。

（4）配位作用是对称的，烯烃的两个 C 原子与金属原子的距离几乎相等。

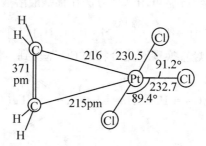

图9.10 [PtCl$_3$(C$_2$H$_4$)]$^-$的空间结构

对于 Zeise 盐的空间结构和键合本质可以用 DCD 模型(σ-π 双重键理论)解释。由于 Pt(Ⅱ)具有 d^8 电子构型，它的空轨道 5d$_{(x^2-y^2)}$与 6s，6p 轨道形成平面正方形的四个 dsp^2 杂化轨道。其中三个与 Cl$^-$离子形成三个 σ 键，另一个用于接受乙烯的 π 电子形成第四个三中心 σ 键。这就是 Zeise 盐形成平面正方形几何构形的原因。但这种 σ 键的形成尚不足以说明烯烃配合物具有较高的稳定性的原因。因此，DCD 模型还假定乙烯分子的 π*(2p) 反键空轨道可以接受中心金属离子 Pt(Ⅱ)的 5d$_{xz}$6p 杂化轨道上的一对电子形成反馈 π 配键(见图9.11)。这样既加强了 Pt(Ⅱ)与乙烯间 σ 键的结合能力，同时又促进了乙烯 π 电子向中心金属离子空轨道的电子转移。正是这种 σ-π 配键的协同效应，使得过渡金属乙烯配合物得以稳定化。

由于在乙烯配合物中存在着 σ-π 配键的协同效应，使得烯烃配合物中 C═C 键被削弱、键长增长。这为乙烯打开双键进行加成反应创造了条件。

2）炔烃配合物

炔烃也可与许多金属形成 π 配合物。炔烃具有两个 π 轨道和两个 π* 轨道，每个 π 轨道都能与金属原子轨道进行类似乙烯那样的键合。在单核配合物中，炔烃通常像乙烯那样

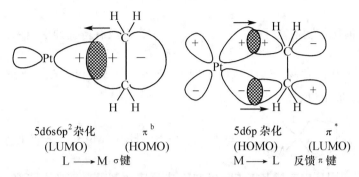

5d6s6p²杂化
(LUMO)
L ⟶ M σ键
π^b
(HOMO)
5d6p杂化
(HOMO)
M ⟶ L 反馈π键
π*
(LUMO)

图 9.11　乙烯和 Pt(Ⅱ)的键合示意图

以侧基形式配位。例如，$(CH_3)_3C—C\equiv C—C(CH_3)_3$ 与 $PtCl_2(p\text{-}NH_2C_6H_4CH_3)$ 所形成的 Pt(Ⅱ)配合物(见图 9.12a)，其中 C≡C 键轴与 $PtCl_2N$ 平面接近垂直，提供一对 π 电子和金属成键，并以 π^* 轨道接受金属的反馈电子。配位后 C≡C 键由 121pm 增长到 124pm，*t*-Bu 基与 C≡C 键轴成 16.5°角。

炔烃(如乙炔)与金属可形成相当多的双核配合物，这与炔基有提供两对 π 电子的倾向有关。在双核配合物，如$[(t\text{-}Bu)C\equiv C(t\text{-}Bu)]Co_2(CO)_6$(图 9.12b)中，两个金属原子可分别与两对 π 电子成键。

16.5°
C(CH3)3
Cl
C
H3C
NH2
210
Pt
121pm
C
Cl
C(CH3)3
t-Bu—C≡C—t-Bu
(CO)3Co
Co(CO)3

a　　b

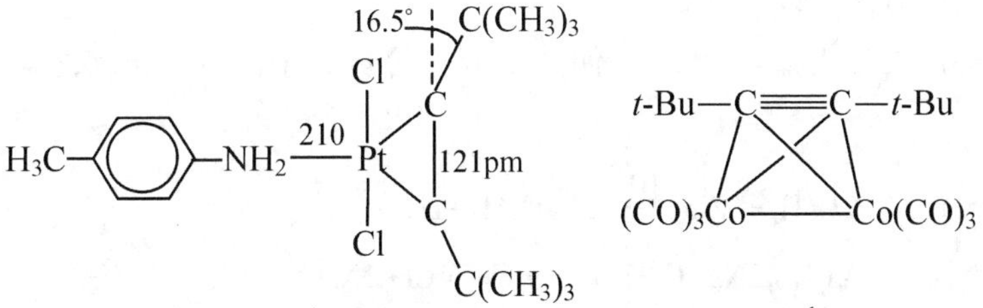

图 9.12　单核和双核炔烃配合物的结构

9.2.4　夹心配合物

夹心配合物通常是由环多烯(如环戊二烯基 $C_5H_5^-$，用 Cp 表示)和芳烃(如苯)与某些 2 价、3 价、4 价过渡金属离子形成的配合物。在这类配合物中，金属离子是夹在两个环之间，结构特征像夹心面包一样，所以称为夹心配合物。最重要的夹心配合物有环戊二烯基和苯的金属配合物。

1. 金属茂

环戊二烯与金属形成的环戊二烯配合物称为金属茂(Metal-Locene)，最先合成的环戊二烯配合物是二茂铁(1951 年)，即 $(\eta^5\text{-}C_5H_5)_2Fe$。当时，Kealy 等人想以 C_5H_5MgBr 为原料，以 $FeCl_3$ 作催化剂制备富瓦烯

，但没有得到预期结果，而意外地获得了一种稳定的橙色化合物 $(C_5H_5)_2Fe$。原来是 Fe^{3+} 先被格氏试剂还原为 Fe^{2+}，再与 C_5H_5MgBr 反应生成了 $(C_5H_5)_2Fe$。

现在实验室常用环戊二烯与 $FeCl_2$ 在 THF 中反应而制备，常加入胺使环戊二烯的酸性 H 容易移去：

$$2C_5H_6 + FeCl_2 + Et_2NH \xrightarrow{THF} (C_5H_5)_2Fe + 2Et_2NH_2Cl$$

1) 金属茂的制备

制备对称金属茂是从制备母体分子 C_5H_6 开始，即首先由二聚环戊二烯裂解生成环戊二烯，然后再合成金属茂。

合成金属茂的方法有以下几种：

(1) 先使环戊二烯去掉一个 H^+，使其生成一价负离子，然后再使之与无水金属盐反应。例如：

$$2C_5H_6 + 2Na \xrightarrow{THF} 2NaC_5H_5 + H_2 \uparrow$$

$$VCl_3 + 2Na(C_5H_5) \longrightarrow Cp_2VCl + 2NaCl$$

$$2C_5H_6 + Tl_2SO_4 + 2KOH \longrightarrow 2Tl(C_5H_5) + K_2SO_4 + 2H_2O$$

$$TiCl_4 + 2Tl(C_5H_5) \longrightarrow Cp_2TiCl_2 + 2TlCl$$

在脱氢反应中生成的环戊二烯钠盐或铊盐对空气不稳定，通常不分离出来，而直接与无水金属盐反应生成金属茂。

(2) 由环戊二烯与金属配合物直接反应。

$$Co_2(CO)_8 + 2C_5H_6 \xrightarrow[\text{苯}]{h\nu} 2(C_5H_5)Co(CO)_2 + 4CO + H_2$$

$$NiCl_2 + 2C_5H_6 + Et_2NH \longrightarrow Cp_2Ni + 2[Et_2NH_2]Cl$$

(3) 利用配体交换反应制备镧系和锕系元素茂化合物。

$$2PuCl_3 + 3(C_5H_5)_2Be \longrightarrow 2(C_5H_5)_3Pu + 3BeCl_2$$

2) 金属茂的性质与反应

二茂铁在 100℃ 时在空气中是稳定的，它能升华而不分解。二茂铁及其衍生物可用作火箭燃料添加剂、汽油抗震剂及紫外线吸收剂。金属茂一般对水对空气都比较稳定，但是二茂铬却能自燃。用适当氧化剂能将金属茂氧化成金属茂的阳离子 $[M(C_5H_5)_2]^+$。金属茂中的茂环具有芳香性，因此可进行许多类似于苯的反应。金属茂通常比苯更容易与亲核试剂反应。金属茂的典型反应有以下三种。

(1) 酰化反应。二茂铁在以磷酸作催化剂时可被乙酸酐酰化。

$$Fe(C_5H_5)_2 + (CH_3CO)_2O \xrightarrow{H_3PO_4} \quad \underset{\text{Fe}}{\text{COCH}_3} \quad +CH_3COOH$$

(2) 缩合反应。二茂铁可与甲醛和胺发生缩合反应。

$$Fe(C_5H_5)_2 + H_2CO + HNMe_2 \xrightarrow[H_3PO_4]{CH_3CO_2H} \quad \underset{\text{Fe}}{\text{CH}_2\text{NMe}_2} \quad +H_2O$$

(3) 金属化反应。

$$Fe(C_5H_5)_2 + n\text{-BuLi} \longrightarrow \quad \underset{\text{Fe}}{\text{Li}} \quad +n\text{-C}_4\text{H}_{10}$$

$$(C_5H_5)Fe(C_5H_4Li) + n\text{-BuLi} \longrightarrow Fe(C_5H_4Li)_2 + n\text{-C}_4H_{10}$$

二茂铁的一锂代和二锂代衍生物是合成各种二茂铁衍生物的中间体。有关的一些典型反应有：

$$(\eta^5\text{-C}_5H_5)Fe(\eta^5\text{-C}_5H_4Li) \xrightarrow[(2)\ H_2O]{(1)\ CO_2} (\eta^5\text{-C}_5H_5)Fe(\eta^5\text{-C}_5H_4CO_2H)$$

$$(\eta^5\text{-C}_5H_5)Fe(\eta^5\text{-C}_5H_4Li) \xrightarrow{N_2O_4} (\eta^5\text{-C}_5H_5)Fe(\eta^5\text{-C}_5H_4NO_2)$$

$$\xrightarrow{Fe,\ HCl} (\eta^5\text{-C}_5H_5)Fe(\eta^5\text{-C}_5H_4NH_2)$$

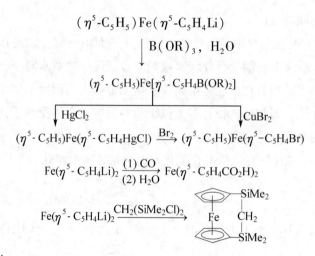

$$(\eta^5\text{-}C_5H_5)Fe(\eta^5\text{-}C_5H_4Li)$$

$$\downarrow B(OR)_3, H_2O$$

$$(\eta^5\text{-}C_5H_5)Fe[\eta^5\text{-}C_5H_4B(OR)_2]$$

$(\eta^5\text{-}C_5H_5)Fe(\eta^5\text{-}C_5H_4HgCl) \xrightarrow{Br_2} (\eta^5\text{-}C_5H_5)Fe(\eta^5\text{-}C_5H_4Br)$

$Fe(\eta^5\text{-}C_5H_4Li)_2 \xrightarrow[(2)\ H_2O]{(1)\ CO} Fe(\eta^5\text{-}C_5H_4CO_2H)_2$

$Fe(\eta^5\text{-}C_5H_4Li)_2 \xrightarrow{CH_2(SiMe_2Cl)_2}$

3)金属茂的结构

现以二茂铁为例来说明金属茂的结构。X 射线衍射研究结果表明二茂铁具有如图 9.13 所示的夹心结构。在气相状态下，其平衡结构是覆盖型。在晶体中两个五元环的相对位置是不规则的，在任何方位都可出现。

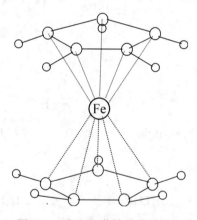

图 9.13 气相二茂铁的分子结构

金属茂的化学键可用定性分子轨道能级图(见图 9.14)说明。每个茂环有 5 个 π 分子轨道，如图 9.15 所示：一个强成键(a)、一对简并弱成键(e_1)和一对简并反键(e_2)轨道，两个茂环共有 10 个 π 轨道，若假设金属茂是 D_{5d} 对称，则分子中有对称中心(g)和反对称中心(u)(D_{5d} 有 1 个 5 重轴，5 个垂直主轴的二次轴和包含主轴且等分二个副轴夹角的对称面)。在能级图 9.14 中，左边是茂环的 10 个 π 轨道，右边是第一过渡金属的 9 个价电子轨道(3d，4s，4p)，中间是茂环的 π 轨道和金属价电子轨道相互作用形成的 19 个分子

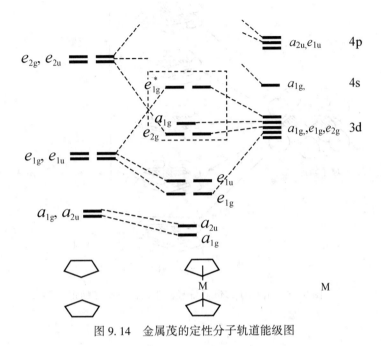

图 9.14 金属茂的定性分子轨道能级图

轨道。其中有 9 个成键和非键轨道、10 个反键轨道。在二茂铁中，每个 $C_5H_5^-$ 环提供 6 个电子(共 12 个)，加上 Fe^{2+} 本身有 6 个 d 电子，刚好满足 18 电子构型，具有理想的 18 价电子数，18 个电子恰好充满成键和非键轨道。所以，$(C_5H_5)_2Fe$ 的稳定性很好。

2. 芳烃夹心配合物

1)芳烃夹心配合物的制备

（1）Fischer-Hafner 法。在 $AlCl_3$ 或 $AlBr_3$ 以及作为还原剂的金属铝存在下，使金属卤化物与芳烃反应。如：

$$3CrCl_3+2Al+AlCl_3+6C_6H_6 \longrightarrow 3[(C_6H_6)_2Cr]^+[AlCl_4]^-$$

产物 $[(C_6H_6)_2Cr]^+$ 可用连二亚硫酸钠还原为零价金属配合物：

$$2[(C_6H_6)_2Cr]^++(S_2O_4)^{2-}+4OH^- \longrightarrow 2(C_6H_6)_2Cr+2SO_3^{2-}+2H_2O$$

（2）配体置换法。羰基配合物中的羰基或异氰基可被芳烃置换。

$$M(CO)_6+C_6H_6 \longrightarrow (C_6H_6)M(CO)_3+3CO \qquad (M=Cr,\ Mo,\ W)$$

$$(CH_3CN)_3Cr(CO)_3+C_6H_6 \longrightarrow (C_6H_6)Cr(CO)_3+3CH_3CN$$

纯 CO 基配合物反应率低，用混合羰基配合物作初始物较好。

（3）金属原子蒸气法。这是十多年发展起来的一种新方法，Cr，Mo，W 的芳烃配合物可用相应的金属原子蒸气与 C_6H_4XY 反应制备（X = F，Cl，CF_3，NMe_2，C(O)OMe 等；Y = H 或其他基团）。例如：

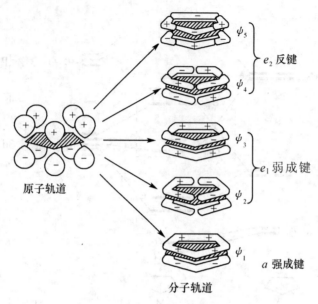

图 9.15 由 $C_5H_5^-$ 环的 $p\pi$ 轨道形成的 π 分子轨道

$$2C_6H_5F(g) + Cr(g) \longrightarrow$$

2) 芳烃夹心配合物的性质

（1）与亲核试剂反应。和游离的芳烃相反，夹心配合物中的芳环易受亲核试剂直接攻击。

（2）可被其他芳烃或给予体置换。

$$[(1,2,3\text{-}Me_3C_6H_3)_2Cr]^+ + 2C_6H_6 \longrightarrow [(C_6H_6)_2Cr]^+ + 1,2,3\text{-}Me_3C_6H_3$$

3) 芳烃夹心配合物的结构

在芳烃夹心配合物中以二苯铬最稳定，其结构和键合情况与二茂铁相似。

9.3 金属簇合物的合成

金属簇状化合物是指含有金属-金属键多面体骨架的化合物，又称原子簇化合物。它们的电子结构以形成离域的多中心键为特征。由于它们的结构特殊，一些簇合物表现出很特别的催化活性、导电性和光化学性能。金属-羰基和金属-卤素原子簇化合物是最主要的两类金属簇合物。在这些簇状化合物中，形成金属-金属键的难易程度与金属在周期表中的位置和氧化态有关。第二、第三过渡族金属比第一过渡族金属形成簇合物的趋势大。对于同一金属而言，氧化态低的较易形成簇状化合物。下面介绍几种典型的原子簇化合物的结构和性质。

9.3.1 双核簇合物

在 X^- 离子存在下，还原高铼酸盐可得到 $[Re_2X_8]^{2-}$：

$$2ReO_4^- + 8HX \xrightarrow{H_3PO_2} [Re_2X_8]^{2-} + 4H_2O \quad (X = Cl, Br)$$

$[Re_2Cl_8]^{2-}$ 的结构如图 9.16 所示，它有两个特点：一是 Re—Re 键距特别短，只有 224 pm；二是上下 Cl 原子呈对齐重叠取向，上下 Cl—Cl 距离为 332 pm，小于 Cl 原子的范德华半径之和（为 340~360pm），这就要求 Re—Re 之间必须有相当强的成键作用，以克服 Cl—Cl 之间的斥力。为了解释这种现象，1946 年 Cotton 提出了四重键理论：

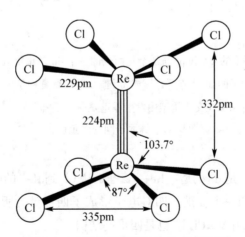

图 9.16 八氯二铼离子 $[Re_2Cl_8]^{2-}$ 的结构

（1）设 z 轴为两个铼原子的连线轴，每个 Re 原子利用 $d_{x^2-y^2}$ 轨道构成近似 dsp^2 杂化轨道，与 4 个 Cl 原子以近似正方形平面相结合，Re 原子离正方形平面很近（50pm），Re 原

子的 d_z^2 和 p_z 轨道沿着键轴连线形成两个 dp 杂化轨道。一个 dp 杂化轨道与另一个 Re 的取向相同的轨道形成 σ 键。另一个 dp 杂化轨道在相反方向上成非键轨道(见图 9.17a)。

(2)两个 Re 原子的 d_{xz} 和 d_{yz} 分别形成两个 d-dπ 键,一个在 xz 平面上,另一个在 yz 平面上(见图 9.17b)。

(3)每个 Re 原子剩余的 d_{xy} 轨道相互重叠形成第 4 个 δ 键(图 9.17c)。只有上下对齐位置时 δ 重叠最大,交错位置时 δ 重叠为 0。这个键是四重键中最弱的键。

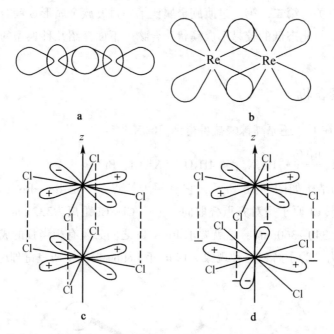

a—每个铼原子的 d_z^2 和 p_z 轨道杂化而成的一个 dp 杂化轨道重叠形成 σ 键;

b—每个铼原子的 d_{xz} 轨道重叠形成 π 键;c—在重叠构型中 d_{xy} 对正重

叠形成 δ 键;d—在交错构型中发生零重叠

图 9.17　铼原子间的多重键

在 $[Re_2Cl_8]^{2-}$ 中,Re^{3+} 是 d^4 构型,Re—Cl 键是从 Cl^- 到 Re^{3+} 的配位键。Re—Re 之间形成一个 σ 键、2 个 dπ 键和一个 δ 键,四对电子形成了四重键。所以这种化合物是反磁性的。与 $[Re_2Cl_8]^{2-}$ 等电子的 $[Mo_2Cl_8]^{4-}$ 也是四重键结构。

双核原子簇化合物也可以是叁键、双键和单键成簇,如图 9.18 所示的铬簇合物:在双五甲基茂四羰基二铬簇合物中是叁键;在 $Cr_2(O_2CCH_3)_4 \cdot 2H_2O$ 中是四重键;在 $Cr_2(C_5H_5)_2(CO)_6$ 中是单键。

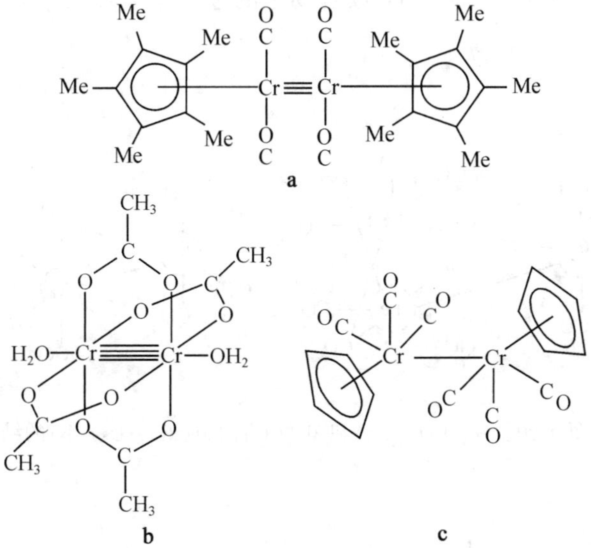

a—Cr$_2$(CO)$_4$(C$_5$Me$_5$)$_2$; b—Cr$_2$(O$_2$CH$_3$)$_4$ · 2H$_2$O ; c—Cr$_2$(C$_5$H$_5$)$_2$(CO)$_6$

图 9.18 双核铬簇合物中的多重键

9.3.2 三核簇合物

[Re$_3$Cl$_{12}$]$^{3-}$ 是一种典型的三核簇合物，其结构如图 9.19 所示，三个铼原子按三角形直接键合。Re—Re 间距离是 247 pm，比四重键(224 pm)稍长，但比(CO)$_5$Re—Re(CO)$_5$ 中的 Re—Re 单键(302 pm)要短得多。因此，可以认为[Re$_3$Cl$_{12}$]$^{3-}$ 中的 Re—Re 键是双键。此外，在[Re$_3$X$_{11}$]$^{2-}$，[Re$_3$X$_{10}$]$^-$ 及 Re$_3$X$_9$L$_2$(X=Cl，Br；L=中性配体)中均有类似结构。

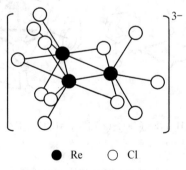

● Re ○ Cl

图 9.19 [Re$_3$Cl$_{12}$]$^{3-}$ 的结构

铁分族(Fe，Ru，Os)的三核羰基簇合物 M$_3$(CO)$_{12}$ 有一个重要的特征递变规律。从 Fe 到 Os 桥式羰基从有到无(见图 9.20)，颜色由深变浅：Fe(绿)，Ru(橙色)，Os(黄色)。

在 Ru，Os 簇合物中的 M—M 键比 Fe 簇合物中的金属-金属键强，因此，在取代反应中骨架不易断裂。

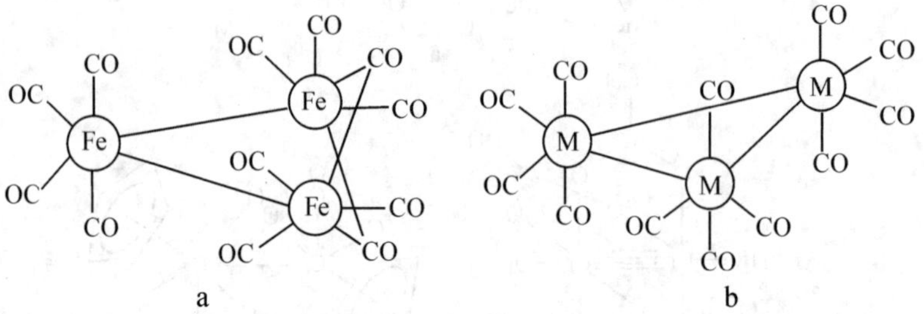

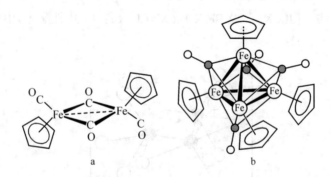

图 9.20　$Fe_3(CO)_{12}$(a)和 $M_3(CO)_{12}$(M＝Ru，Os)(b)的结构

9.3.3　四核和六核簇合物

具有四个和四个以上原子的簇状化合物，多半是由三角面构成的多面体。将 $Fe(CO)_5$ 与双环戊二烯回流数小时，得到结构如图 9.21a 所示的红紫色$(\eta^5\text{-}C_5H_5)_2Fe_2(CO)_4$；若回流两周，即得到墨绿色$(\eta^5\text{-}C_5H_5)_4Fe_4(CO)_4$四面体簇合物(见图 9.21b)。这个四核簇合物的结构特点是具有羰基三桥键，这种键在簇合物中经常出现。端式、桥式、三桥式羰基可由红外光谱 CO 伸缩振动频率鉴别(见表 9.1)。

图 9.21　$(\eta^5\text{-}C_5H_5)_2Fe_2(CO)_4$(a)和$(\eta^5\text{-}C_5H_5)_4Fe_4(CO)_4$(b)的结构

表 9.1　　　　　　　　　　　　　**CO 键长和伸缩振动频率范围**

配位方式	端式	桥式	三桥式
键长/pm	112～119	116.5～120	119～122
ν_{CO} cm^{-1}	2 150～1 950	1 900～1 750	1 900～1 700

Co，Rh，Ir 都可以生成 $M_4(CO)_{12}$ 簇合物，它们和三核簇合物有类似的变化规律：同一分族由上到下颜色变浅；同一金属，簇中核数越多，颜色越深。

$Co_4(CO)_{12}$	黑色	$Fe(CO)_5$	淡黄色液体
$Rh_4(CO)_{12}$	红色	$Fe_2(CO)_9$	金黄色固体
$Ir_4(CO)_{12}$	黄色	$Fe_3(CO)_{12}$	墨绿色固体
$Fe_4(\eta^5\text{-}C_5H_5)_4(CO)_4$	墨绿色固体		

钴、铑、铱三种 $M_4(CO)_{12}$ 簇合物都是四面体结构，每个金属原子都遵守 18 电子规则，但是，它们的羰基排列方式不同(见图 9.22)。在钴和铑簇合物中有 9 个端羰基和 3 个桥羰基，而在铱簇合物中全部都是端羰基。在较重金属的簇合物中桥羰基数比较轻金属簇合物中的桥羰基数少。

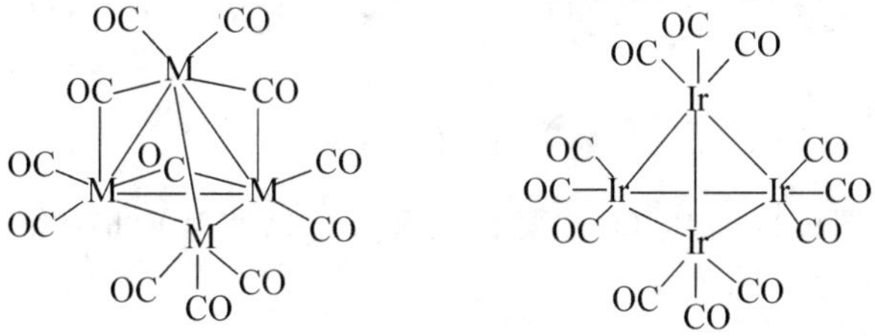

图 9.22　$M_4(CO)_{12}(M=Co，Rh)(a)$ 和 $Ir_4(CO)_{12}(b)$ 的结构

六核簇合物以八面体结构为特征。Co，Rh，Ir 都可以生成 $M_6(CO)_{16}$ 型簇合物。图 9.23 是十六羰基六铑簇合物的结构。每个 Rh 原子有 2 个端羰基，共 12 个端羰基，其余 4 个 CO 基位于八面体的 4 个三角面的上方，形成 4 个三桥基，整个排列达到四面体对称的程度。

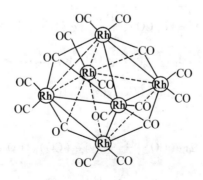

图 9.23　$Rh_6(CO)_{16}$ 的结构

多核金属卤化物簇合物是另一大类簇状化合物，主要由第二、三过渡系列的前半部分元素（Nd，Ta，Mo，W，Tc，Re）所形成。其六核簇合物有两种结构类型：$[M_6X_8]^{n+}$ 和 $[M_6X_{12}]^{n+}$。$[M_6X_8]^{n+}$ 型，如 $[Mo_6Cl_8]^{4+}$ 离子，其中 8 个 Cl^- 离子都是以三桥键与八面体三角面上的 3 个 Mo 原子相联结，其结构如图 9.24a 所示。$[M_6X_{12}]^{n+}$ 型，如 $[Ta_6Cl_{12}]^{2+}$，12 个 Cl 原子分布在八面体的 12 个棱边外形成桥键，其结构如图 9.24b 所示。

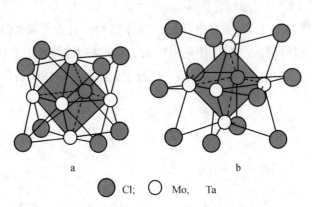

a　　　　　　　　　　b

⬤ Cl;　　○ Mo，Ta

图 9.24　$[Mo_6Cl_8]^{4+}$ 离子（a）和 $[Ta_6Cl_{12}]^{2+}$ 离子（b）的结构

9.3.4　羰基金属簇合物

许多羰基金属簇合物都可用缩合反应法制备，下面给出一些不同缩合反应的例子。

1. 消除 H 的缩合反应

$$2HCo(CO)_4 \longrightarrow H_2 + Co_2(CO)_8$$

2. 氧化还原缩合

$$2M(CO)_6 \xrightarrow[h\nu]{Na\text{-}Mg,\ THF} [M_2(CO)_{10}]^{2-} + 2CO \qquad M = Cr,\ Mo,\ W$$

$$[Fe_3(CO)_{11}]^{2-} + Fe(CO)_5 \xrightarrow{THF} [Fe_4(CO)_{13}]^{2-} + 3CO$$

$$Fe(CO)_5 + (C_5H_6)_2 \xrightarrow[2h]{回流} Fe_2(CO)_4(\eta^5\text{-}C_5H_5)_2 \xrightarrow[一周]{回流}$$

$$Fe_4(CO)_4(\eta^5\text{-}C_5H_5)_4$$

3. 光解缩合

$$2Fe(CO)_5 \xrightarrow[h\nu]{冰醋酸} Fe_2(CO)_9 + CO$$

$$Re_2(CO)_{10} + 4Fe(CO)_5 \xrightarrow[h\nu]{Na,\ Et_2O} 2[ReFe_2(CO)_{12}]^- + 6CO$$

$$3Rh(CO)_2(\eta^5\text{-}C_5H_5) \xrightarrow{h\nu} Rh_3(CO)_3(\eta^5\text{-}C_5H_5)_3 + 3CO$$

4. 热解缩合

$$Ru_3(CO)_2 + Os_3(CO)_{12} \xrightarrow[CO, \text{ 二甲苯}]{175℃, \ 9hr} Ru_2Os(CO)_{12} + RuOs_2(CO)_{12}$$

$$Ru_3(CO)_{12} \xrightarrow[n\text{-}BuO, \ H_2]{142℃} Ru + Ru_4(CO)_{12}H_4 + Ru_4(CO)_{12}H_2 + Ru_6(CO)_{17}C$$

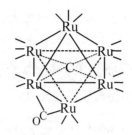

$$Os_3(CO)_{12} \xrightarrow[12hr]{210℃} Os_5(CO)_{16} + Os_6(CO)_{18} + Os_7(CO)_{21} + Os_8(CO)_{23}$$

黄色　　　7%粉红色　　　80%深棕色　　　10%橙色　　　2%橙色

$$Re_2(CO)_{10} + Mn_2(CO)_{10} \xrightarrow[60h]{200℃} 2(CO)_5Re\text{—}Mn(CO)_5$$

9.3.5　金属-硫原子簇化合物

各种固氮微生物之所以具有特殊的固氮本领，是因为它们都含有一种固氮酶。目前认为在固氮酶中含有两种非血红素的铁-硫蛋白质。一种是分子中含有两个钼原子及 24~32 个铁和硫原子，称为钼铁蛋白质；另一种是每个分子中含有 4 个铁原子和 4 个硫原子，称为铁蛋白。铁蛋白起着传递电子的作用，对氧非常敏感。在铁蛋白中的铁和硫以 Fe_4S_4 原子簇的形式存在。其结构类似于立方烷 C_8H_8，因此 M_4S_4 原子簇通称类立方烷原子簇（cubane-like cluster），它的结构如图 9.25 所示。

钼铁硫化学就是在此基础上发展起来的。为了模拟固氮酶的功能，人们曾进行了大量的化学模拟固氮研究，合成了许多铁硫和钼铁硫簇合物。

1. Fe_4S_4 和 Fe_2S_2

1972 年 Holm 等合成出了第一个铁硫蛋白活性中心模拟物 $[Fe_4S_4(SCH_2Ph)_4]^{2-}$。

$$4FeCl_3 + 6RS^- + 4HS^- + 4MeO^- \xrightarrow{MeOH}$$

$$[Fe_4S_4(SR)_4]^{2-} + 12Cl^- + 4MeOH + RS\text{-}SR$$

这里 HS^- 是桥硫原子的来源。这个反应可以提供类立方烷型铁硫簇合物。这类簇合物可以在室温无氧条件下由普通试剂制得，反应溶剂一般为甲醇。

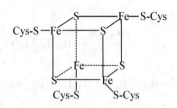

图 9.25   Fe$_4$S$_4$ 原子簇结构图

徐吉庆等发现，在适当条件下，MS$_4^{2-}$（M＝Mo，W）可以发生自身氧化还原反应，硫原子解离出来而作为[Fe$_4$S$_4$(SR)$_4$]$^{2-}$中桥硫原子的来源：

$$\text{FeCl}_2 + (\text{NH}_4)_2\text{WS}_4 + \text{NaS}_2\text{CNEt}_2 \xrightarrow[\text{DMF}]{\text{MeOH}} [\text{Fe}_4\text{S}_4(\text{S}_2\text{CNEt}_2)_4]^{2-}$$

采用不同的桥硫原子来源也可以得到[Fe$_2$S$_2$(SR)$_4$]$^{2-}$：

$$2\text{FeCl}_3 + 8\text{RS}^- + 4\text{S} \xrightarrow{\text{MeOH}} \left(\begin{array}{c}\text{RS} \quad \text{S} \quad \text{SR} \\ \text{Fe} \quad \text{Fe} \\ \text{RS} \quad \text{S} \quad \text{SR}\end{array}\right)^{2-} + 2\text{RSSR} + 6\text{Cl}^-$$

2. 铁钼硫簇合物

铁钼硫簇合物也分为类立方烷和线形两类。绝大多数的铁钼硫簇合物的合成以 MoS$_4^{2-}$ 离子为钼的来源，在无氧或纯氮或氩气保护下，在非水溶剂中于室温或温热条件下进行。

a. 立方烷型

含有 MoFe$_3$S$_4$ 型立方结构单元的铁钼硫簇合物的合成反应，多用甲醇或乙醇作溶剂，将相应的反应物混合在一起，在一定条件下即会"自发地"组合成簇合物：

$$\text{MS}_4^{2-} + (3\sim3.5)\text{FeCl}_3 + (9\sim12)\text{NaSR} \xrightarrow[\sim25℃]{\text{MeOH，EtOH}}$$

$[\text{M}_2\text{Fe}_6\text{S}_9(\text{SEt})_8]^{3-}$

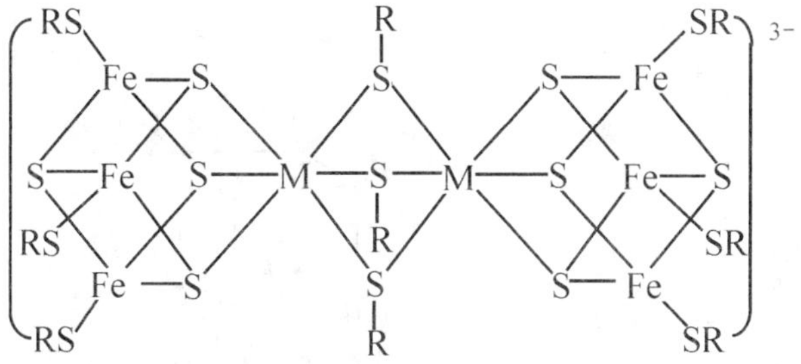

$$[M_2Fe_6S_8(SEt)_9]^{3-}$$

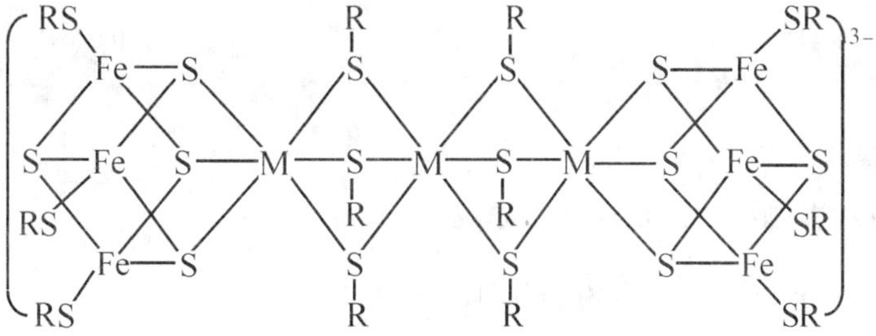

$$[M_2Fe_7S_8(SEt)_{12}]^{3-}$$

式中，$M=Mo$、W；$R=Et$，$—CH_2Ph$。

b. 线形簇合物

含有以 S 为桥的线形 Fe—Mo—S 簇合物的合成，一般用 Fe^{2+} 化合物与 MoS_4^{2-}（按摩尔比 $1\sim2:1$）在乙腈、DMF 等溶剂中合成。如：

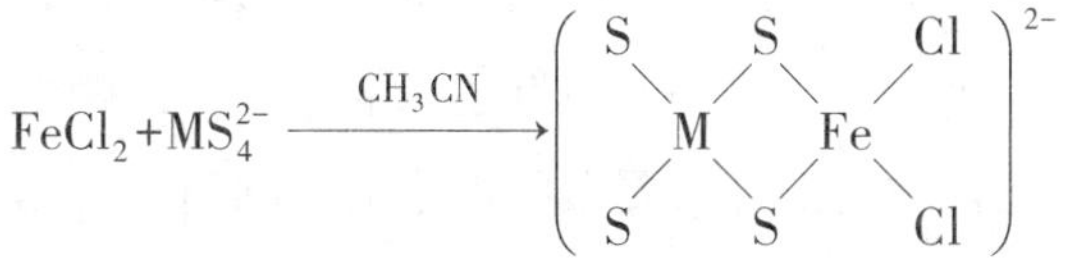

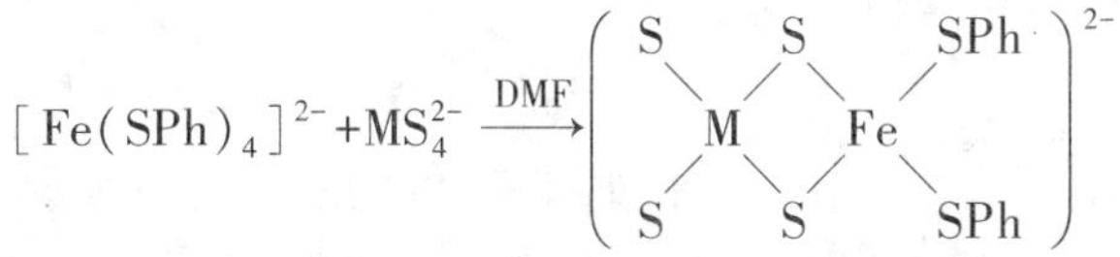

此外，由 $Hg[Fe(CO)_3(NO)]$（亚硝基三羰基合铁化汞）和硫在甲苯溶液中回流可得到黑色的四亚硝基四硫四铁簇合物 $Fe_4S_4(NO)_4$，其结构如图 9.26 所示。

$$Hg[Fe(CO)_3(NO)]+S \xrightarrow[\text{回流}]{\text{甲苯}} Fe_4S_4(NO)_4$$

在另一种类立方烷原子簇中，金属原子之间并没有化学键的作用，例如，$(\eta^5\text{-}C_5H_5)_4Co_4S_4$（见图 9.27）。

9.3.6 硼笼簇合物

许多硼烷、硼烷阴离子和碳硼烷都具有笼状结构，所以也称硼笼化合物。在这类化合物中，用简单的价键理论不能解释其结构特性。

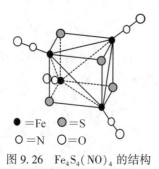

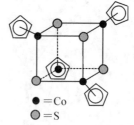

图 9.26　$Fe_4S_4(NO)_4$ 的结构　　　　图 9.27　$(\eta^5\text{-}C_5H_5)_4Co_4S_4$ 的结构

1. 硼烷的结构和化学键

还原硼的卤化物不是得到甲硼烷，而是得到乙硼烷。

$$8BF_3 + 6NaH \xrightarrow{\text{聚醚}} 6NaBF_4 + B_2H_6 \uparrow$$

$$4BCl_3 + 3LiAlH_4 \xrightarrow{(C_2H_5)_2O} 3LiCl + 3AlCl_3 + 2B_2H_6$$

$$4BF_3 + 3NaBH_4 \xrightarrow{(C_2H_5)_2O} 3NaBF_4 + 2B_2H_6$$

在 B_2H_6 中，显然硼是 4 配位。本来 BH_3 中 B 的 $2s^2$，$2p^1$ 3 个电子就全部参与成键，已经满足了简单价键理论的全部要求，构成四配位的硼似乎还需要 2 个电子。所以从形式上看，乙硼烷是缺电子的化合物。但是，当有还原剂存在时，硼烷化合物并没有接受电子的倾向。因此，对硼烷化合物的键合需要做些理论上的阐明。

a. 硼烷中的多中心定域键

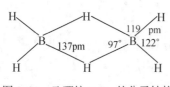

图 9.28　乙硼烷 B_2H_6 的分子结构

电子衍射和 X 射线衍射研究表明，乙硼烷的结构如图 9.28 所示，每个硼原子以变形四面体的结构被四个氢原子所包围，桥键 B—H—B 中的桥氢原子与硼原子的距离为 137 pm，比末端的 B—H 键距（119 pm）大。

这种桥键结构目前最完满的解释是形成了三中心二电子键：每个硼原子都是以 sp_3 杂化轨道成键，硼原子用两个价电子和两个 sp_3 杂化轨道形成的两个末端 B—H 键是简单的 σ 键，即两中心二电子键。剩下的 2 个 sp^3 杂化轨道和 1 个价电子可进一步成键，两个 B 原子各用一个 sp^3 杂化轨道和氢原子的 1s 轨道相互作用，即由两个 B 原子的轨道波函数 ϕ_{B1}，ϕ_{B2} 和氢原子的轨道波函数 ϕ_H 的线性组合，得到三个分子轨道：

$$\psi_b = \frac{1}{2}(\phi_{B1}+\phi_{B2}) + \frac{1}{\sqrt{2}}\phi_H$$

$$\psi_n = \frac{1}{\sqrt{2}}(\phi_{B1}-\phi_{B2})$$

$$\psi_a = \frac{1}{2}(\phi_{B1}+\phi_{B2}) - \frac{1}{\sqrt{2}}\phi_H$$

式中，ψ_b 是成键轨道，ψ_a 是反键轨道，ψ_n 是非键轨道。B_2H_6 分子中的原子轨道重叠和分子轨道能级如图 9.29 所示，每个 B—H—B 由一个成键轨道组成，这就是整个结构很稳定的原因。由以上分析可知，在乙硼烷中有两种键：三中心二电子 B—H—B 桥键和二中心二电子 B—H 端键。在更高级的硼烷中还有另外三种类型的键：

2c-2e   B—B 键

3c-2e   B—B—B 开式硼桥键

3c-2e $\searrow$—B 闭式硼桥键

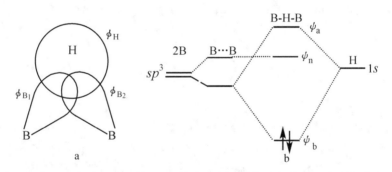

图 9.29　B_2H_6 分子中原子轨道的重叠(a)和三中心 B—H—B 成键轨道 ψ_b 的形成和三个分子轨道 ψ_b、ψ_n、ψ_a 的相对能级图(b)

Lipscomb 利用这些定域键的概念提出了硼烷分子 $(BH)_nH_m$ 中键结构的半拓扑图式和 *styx* 数(半拓扑图式是将分子摊在平面上表示原子间的键合情况，并不反映分子的空间结构，是一种群论处理方法)。

s：3c-2e   B—H—B 键数目

t：3c-2e   B—B—B 和 $\searrow$—B 键数目

y：2c-2e   B—B 键数目

x：2c-2e　　　　B—H 键数目

x 不包括 $(BH)_n$ 中的 B—H 键数目，x 是每个具有 B—H 端键的 B 原子上除去一个 B—H 之外的 B—H 键数。用 $styx$ 数可描述硼烷的骨架结构。在不同类型的硼烷中 $styx$ 数不同，和化学式 $(BH)_nH_m$ 中的 n，m 之间有下列三个平衡关系式：

$$s+t=n \qquad 3c \text{ 键平衡（缺电子数）}$$

$$s+x=m \qquad H \text{ 原子平衡}$$

$$s+t+y+x=n+\frac{m}{2} \qquad \text{电子对数平衡}$$

根据以上三个平衡关系式和一些常识条件就可以求出简单硼烷分子的 $styx$ 数。从而可以得到硼烷结构的半拓扑图式。例如，B_2H_6 可写成 $(BH)_2H_4$，即 $n=2$，$m=4$。已知 $t=0$，解以上三个方程得到一组解：$s=2$、$t=0$，$y=0$，$x=2$，简写为 $styx=2002$。这样就得到乙硼烷的半拓扑图式为：

又如 B_4H_{10}，即 $(BH)_4H_6$，$n=4$，$m=6$。设 $s=2$，3，4，5，则可得到以下 4 组解：

s	t	y	x
2	2	-1	4
3	1	0	3
4	0	1	2
5	-1	2	1

$s=2$ 时，$y=-1$；$s=5$ 时，$t=-1$。这些值都与事实矛盾，不可取。所以，只有 $s=3$ 或 $s=4$ 时的解是正确的，其半拓扑图式如下：

4012　　　　　　　　　　　　　　　　　　　　3103

半拓扑图式对于对称性低、结构开放的硼烷较为适用，但对于对称性高的硼烷不适用。这时若用分子轨道法则能较好地给予解释。

b. 骨架成键电子对理论——Wade 规则

存在于 $K_2B_{12}H_{12}$ 中的 $[B_{12}H_{12}]^{2-}$ 十二硼烷阴离子是具有 20 个等边三角面的正二十面体笼状结构（见图 9.30）。硼原子位于二十面体的 12 个顶角上，并以端式 B—H 键与 12 个氢连接。含有三个 B—B 键和 10 个闭合 3B 三中心 2 电子键。

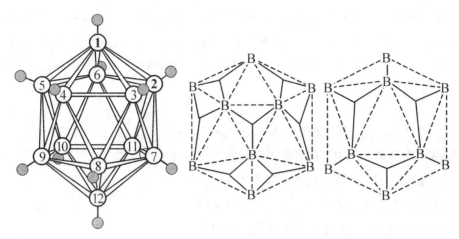

图 9.30　$[B_{12}H_{12}]^{2-}$ 离子的结构

大多数硼烷的硼骨架可以看成结构高度对称的三角面二十面体笼状结构的碎片。十硼烷可以看成 $B_{12}H_{12}$ 骨架中去掉 B1 和 B6 的碎片(见图9.31a)；己硼烷是 $B_{12}H_{12}$ 骨架去掉 B7，B8，B9，B10，B11，B12 的碎片，呈五角锥体(见图9.31b)；辛硼烷的结构如图 9.31c 所示，是从 $B_{12}H_{12}$ 骨架中去掉 B1，B4，B5，B6 的碎片。

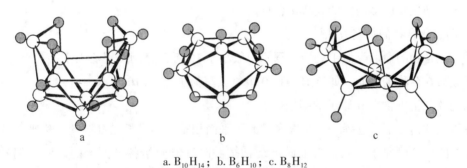

a. $B_{10}H_{14}$；b. B_6H_{10}；c. B_8H_{12}

图 9.31　与$[B_{12}H_{12}]^{2-}$有关的硼烷的分子结构

为了解释对称性高的硼烷及其衍生物的结构，Wade 提出了骨架成键电子对理论。其要点如下：

(1) 硼烷和碳硼烷是三角面多面体构型。

(2) 多面体顶点全部占据是闭合型，空一个顶点是巢穴型，空两个顶点是蛛网型。

（3）每个骨架硼有一个 H 或其他单键配体以端基形式联结在上面，硼还剩 2 个价电子参与骨架成键，是骨架成键电子。

（4）每个硼提供 3 个原子轨道（AO）给骨架成键，组合成 $n+1$ 个成键分子轨道（MO），多面体的对称性不是取决于硼的原子个数，而是取决于由这些 AO 产生的骨架成键分子轨道数。因此，只要算出任一硼烷的成键 MO 数就可知其对称性，成键 MO 数等于骨架成键电子对数 $n+\dfrac{m}{2}$。

（5）骨架成键电子对数与硼烷多面体构型的关系如下：

① 闭式硼烷负离子 $B_nH_n^{2-}$ 的骨架电子对数等于 $n+1$。

② 巢式硼烷 B_nH_{n+4} 的骨架电子对数等于 $n+2$。

③ 蛛网式硼烷 B_nH_{n+6} 的骨架电子对数等于 $n+3$。

④ 网式硼烷 B_nH_{n+8} 的骨架电子对数等于 $n+4$。

例如：$B_6H_6^{2-}$ 骨架成键电子对数 $=n+\dfrac{m}{2}=6+\dfrac{2}{2}=n+1$，它是闭合型正八面体；$B_5H_9$ 骨架成键电子对数 $=5+\dfrac{4}{2}=n+2$，是巢穴型。

闭合型、巢穴型和蛛网型三者结构的关系如图 9.32 所示，从斜线的左下角到右上角相当于去掉一个顶角硼原子。

骨架成键电子对理论对确定硼烷及其衍生物的结构非常简单方便。这个理论方法也可推广至其他三角面多面体的簇状化合物。

c. 硼氢化合物的命名方法

硼氢化合物的命名类似于烷烃，硼原子数小于 10 者，分别按甲乙丙丁……顺序命名，氢原子数写在名称的后面，如 B_4H_{10} 有 10 个氢，写为丁硼烷（10）。

硼烷及其衍生物中 B 原子的编号：

在闭式的情况下，选择一个与次多硼原子平面相垂直的最长最高级的对称轴，从轴上最高位置的一个硼原子开始，自上而下绕轴按顺时针方向给各平面上的硼原子编号。如 $B_{10}H_{10}^{2-}$（见图 9.33a）。

开式硼烷骨架，从开口部分向下俯视，从投影图内圈位于 12 点位置的 B 原子开始，按顺时针方向编号，如 $B_{10}H_{14}$（图 9.33b）。有杂原子的骨架，从杂原子开始编号。

2. 硼烷的化学性质

1）氧化反应

硼烷最突出的性质是易和空气发生爆炸反应，它们的燃烧热非常大，比相应的碳烷大 1.5 倍左右，如

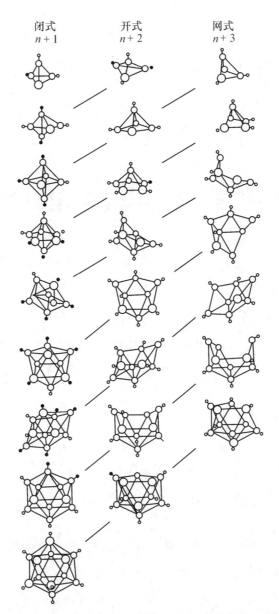

图 9.32 闭式、开式和网式硼烷的结构关系(相似的结构间用斜线相连)

$$B_2H_6 + 3O_2 \Longrightarrow B_2O_3 + 3H_2O \qquad \Delta H^0 = -2\ 138\ kJ/mol$$

$$B_2H_6 + 6Cl_2 \xrightarrow{\text{激烈反应}} 2BCl_3 + 6HCl$$

2)热分解反应

硼烷的热稳定性各不相同，例如，B_8H_{12} 室温瞬间分解；B_5H_9 在 523K 还比较稳定；$Cs_2B_{12}H_{12}$ 在真空密闭的石英管内加热到 1 083K 仍不分解；$Cs_2B_{10}H_{10}$ 在 873K 还很稳定；

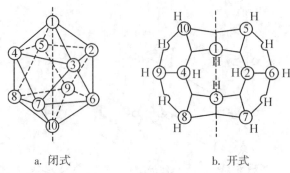

a. 闭式 　　　　　　　　　　 b. 开式

图 9.33　硼烷及其衍生物中 B 原子的编号

B_2H_6 在 100℃ 可发生聚合反应。

$$5B_2H_6 \xrightarrow{100℃} B_{10}H_{14} + 8H_2$$

3）水解反应

所有硼烷都易水解生成 $B(OH)_3$ 和 H_2，例如：

$$B_2H_6 + 6H_2O \Longrightarrow 2B(OH)_3 + 6H_2$$

但有些硼烷阴离子，如 $[B_{10}H_{10}]^{2-}$ 和 $[B_{12}H_{12}]^{2-}$ 却非常稳定。一般说来，闭合型结构比巢穴型和蛛网型结构稳定，反应性低。

4）加氢反应

$$2B_5H_{11} + 2H_2 \xrightarrow{373K} 2B_4H_{10} + B_2H_6$$

乙硼烷与 LiH 反应可得到一种更强的还原剂 $LiBH_4$。

$$B_2H_6 + 2LiH \xrightarrow{乙醚} 2LiBH_4$$

5）与 Lewis 碱的反应

缺电子的硼烷与具有未共享电子对的试剂的反应，主要表现为裂解反应。乙硼烷与 Lewis 碱反应，可使乙硼烷发生对称裂解和非对称裂解。

较大或较软的 Lewis 碱，如 L＝胺、醚、膦、H^-、NCS^-、CN^-、CO 等，与乙硼烷反应

是对称裂解反应。

$$B_2H_6+2(CH_3)_2O \longrightarrow 2[(CH_3)_2O:BH_3]$$
$$B_2H_6+2CO \longrightarrow 2[H_3B:CO]$$

小而硬的 Lewis 碱，如 NH_3 和 OH^-，与乙硼烷反应是非对称性裂解反应，和 NH_3 反应得到以离子形式存在的硼烷氨合物。

$$B_2H_6+2NH_3 \longrightarrow [BH_2(NH_3)_2]^+ + [BH_4]^-$$

硼烷裂解的反应机理可以描述如下：

第一步是 Lewis 碱使一个桥氢键断裂，形成只有一个氢桥键的中间物质。

$$B_2H_6+L \longrightarrow \underset{\underset{L}{|}}{H_2B}-H-BH_3$$

第二步是使剩下的一个桥氢键断裂。这一步有两种情况，可以生成两种不同产物：

$$\underset{\underset{L}{|}}{H_2B}-H-BH_3 + L \longrightarrow 2H_3BL$$

$$\underset{\underset{L}{|}}{H_2B}-H-BH_3 + L \longrightarrow H_2BL_2^+ + BH_4^-$$

前者相应于 B_2H_6 的对称裂解，后者是非对称裂解。决定第二步反应的主要因素有三个：①第一步已配位的配体 L 的诱导效应，②配位基给予体特性，③空间位阻效应。

丁硼烷和乙硼烷一样，不但可以进行双桥键的对称裂解，而且也可以进行非对称裂解（见图 9.34）。

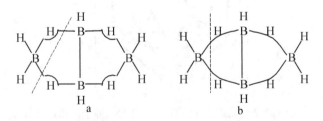

图 9.34 丁硼烷的对称裂解（a）和非对称裂解（b）的图示

3. 碳硼烷

通式为 $B_{n-2}C_2H_n$ 的多面体碳硼烷与笼状硼烷阴离子 $[B_nH_n]^{2-}$ 在结构上很相似。碳硼烷是硼烷阴离子中的两个 BH^- 基团被等电子的 CH 基团取代的结果。它们仍可保持一个等电子体系。研究最多的是 $C_2B_{10}H_{12}$（二碳代十二硼烷），它也是很稳定的化合物，有邻（1，2-）、间（1，7-）、对（1，12-）三种异构体，其结构和转变温度如图 9.35 所示。

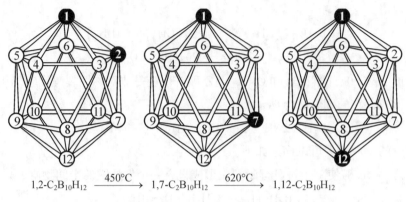

$$1,2\text{-}C_2B_{10}H_{12} \xrightarrow{450℃} 1,7\text{-}C_2B_{10}H_{12} \xrightarrow{620℃} 1,12\text{-}C_2B_{10}H_{12}$$

图 9.35　笼状二碳代十二硼烷三种异构体的结构和异构化

巢穴型和蛛网型笼状结构的碳硼烷，能以多中心键和金属离子结合形成多种形式的化合物——金属碳硼烷。例如，$[C_2B_9H_{11}]^{2-}$ 离子是巢穴型结构，在敞口面上有 2 个 C 原子和 3 个 B 原子，每个原子都有一个 sp^3 杂化轨道指向中心顶点位置（见图 9.36）。这些轨道作为一个整体与金属离子结合成多中心 π 键。$[C_2B_9H_{11}]^{2-}$ 很容易和过渡金属离子反应，特别是铁（Ⅱ）、钴（Ⅲ）离子。

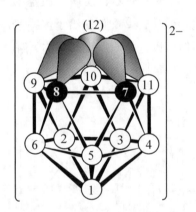

（5 个 sp^3 杂化轨道指向空着的第 12 号硼原子的顶点位置）

图 9.36　$[C_2B_9H_{11}]^{2-}$ 阴离子的结构

$$2(C_2B_9H_{11})^{2-}+FeCl_2 \longrightarrow [(C_2B_9H_{11})_2Fe]^{2-}+2Cl^-$$

$$(C_2B_9H_{11})^{2-}+C_5H_5^-+FeCl_2 \longrightarrow [(C_2B_9H_{11})Fe(C_5H_5)]^-+2Cl^-$$

一些金属碳硼烷的结构如图9.37所示。由于碳硼烷具有"超芳香性"的笼状结构，所以碳硼烷有高度的热稳定性。如聚环氧丁基碳硼烷 $CH_2\text{—}CH\text{—}CH_2CH_2\text{—}C\underset{B_{10}H_{10}}{\overset{O}{\text{—}}}C\text{—}CH_2CH_2$

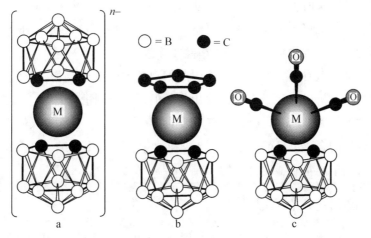

a. M = Fe(Ⅱ)，Co(Ⅲ)，Ni(Ⅱ)；b. M = Fe(Ⅱ)；c. M = Mn

图 9.37　几种金属碳硼烷的结构

—CH—CH$_2$ 是一种很好的黏合剂。它可用二氨苯砜(H$_2$NC$_6$H$_4$SO$_2$C$_6$H$_4$NH$_2$)在 244℃ 固
　　 \
　　 O

化，已用于宇宙飞船。碳硼烷-苯并咪唑是耐热树脂，聚间-碳硼烷-环氧烷可作为高温弹性
体和涂层，适用于航天飞机和宇宙飞船中的密封材料。聚环氧丁基碳硼烷可由下列反应
制备。

$$LiC\!\!-\!\!CLi \quad +2BrCH_2CH_2CH\!=\!CH_2 \quad \xrightarrow{-2LiBr}$$
$$\underset{B_{10}H_{10}}{}$$

$$CH_2\!=\!CH\!-\!CH_2CH_2\!-\!C\!\!-\!\!C\!-\!CH_2CH_2\!-\!CH\!=\!CH_2 \quad \xrightarrow[O_2]{CF_3COOH}$$
$$\underset{B_{10}H_{10}}{}$$

$$CH_2\!-\!CH\!-\!CH_2CH_2\!-\!C\!\!-\!\!C\!-\!CH_2CH_2\!-\!CH\!-\!CH_2$$

9.4　非化学计量比化合物的合成

　　随着科学技术的发展，非化学计量比化合物(或称为非整比化合物)越来越显出它的重
要的理论意义和实际价值。由于各种缺陷的存在，往往给材料带来了许多特殊的光、电、
磁、声、力和热性质，使它们成为很好的功能材料。氧化物陶瓷高温超导材料的出现就是
一个极好的例证。为此，人们认为非化学计量比是结构敏感性能的根源。

　　对于非化学计量比(non-stoichiometry)的化合物，可以从两个方面加以规定：

（1）纯粹化学定义所规定的非化学计量比化合物，是指用化学分析、X 射线分析和平衡蒸汽压测定等手段能够测定其组成偏离整比的均一物相，如 FeO_{1+x}，FeS_{1+x}，PdH_x 等过渡元素的化合物。这一类化合物的组成偏离整比较大。

（2）从点阵结构上看，点阵缺陷也能引起偏离整比性的化合物，其组成的偏离很小，以至于不能用化学分析或 X 射线分析观察出来。但可以由测量其光学、电学和磁学的性质来研究它们。这类偏离整比的化合物具有重要的技术性能，已引起了人们极大关注。

非整比化合物的合成，目前还是散见于文献之中，尚未作归纳。许多制备固体化合物的实验技术均可用于制备非整比化合物。

9.4.1　高温固相反应合成

用高温固相反应制备非整比化合物是最普通和实用的方法。在制备时也视各种化合物的稳定性和技术要求所采用的具体方法而不同，合成时应以相图做参考，根据相图确定配料比例、温度、气体的压强、制备方法等。常用骤冷的方法来固定高温缺陷状态。

1. 直接合成：在空气中直接加热或进行固相反应，可以获得那些稳定的非整比化合物

例如，将单晶硅放在石英坩埚中，于真空或惰性气氛中在高温下加热一段时间，单晶硅中将会含有氧原子，这些氧原子是渗入晶格间隙之中。含氧的硅单晶经 450℃ 左右长时间热处理，会使晶体中分散分布的氧逐渐集聚起来，成为一个缔合体，使硅单晶的电学性质发生明显的变化。

又如，ZnO 在 800℃ 加热时生成多金属的 $Zn_{1.007}O$，$Zn_{1.007}O$ 是淡黄色，纤锌矿结构（六方），n 型半导体。在 600℃ 处理 CdO 时则生成缺金属的 $Cd_{0.9}O$。

具有萤石结构的 CdF_2 晶体是无色的绝缘体，当在 500℃ 于镉蒸汽中加热 CdF_2 和 SmF_3 的混合物时，即会得到掺杂的 CdF_2 晶体，它是深蓝色的半导体。其缺陷反应式和化学式如下：

$$SmF_3 \xrightarrow{CdF_2} Sm_{Cd}+F'_i+2F_F \qquad Cd_{1-x}Sm_xF_{2+x}$$

2. 热分解很容易制得许多非整比化合物

热分解的原料可以是无机物，也可以是金属有机化合物。热分解的温度对所形成的反应产物十分重要，例如，制备非整比稀土氧化物 Pr_6O_{11} 或 Tb_4O_7，可以用它们的碳酸盐于空气中加热到 800℃ 以上热分解制得，也可以用草酸盐、柠檬酸盐等在>800℃ 热分解制得。镨的氧化物体系虽然常写成 Pr_6O_{11}，但实际上是很复杂的，它有 5 种稳定相，每一种相都是非整比化合物。Pr_6O_{11} 含有混合价，可写为 $Pr_4^{4+}Pr_2^{3+}O_{11}$。Tb-O 体系也很复杂，属非整比化合物，Tb_4O_7 可写为 $Tb_2^{4+}Tb_2^{3+}O_7$。随制备条件不同所得产物的组成也可由 $TbO_{1.17}$

$(Tb^{2+}_{0.66}Tb^{3+}_{0.34}O_{1.17})$ 变化到 $TbO_{1.81}$ ($Tb^{4+}_{0.62}Tb^{3+}_{0.38}O_{1.81}$)。在隔绝空气的条件下加热草酸亚铁可以得到 $FeO_{1+\delta}$，可进一步表示为 $Fe^{2+}_{1-2\delta}Fe^{3+}_{2\delta}O_{1+\delta}$。

3. 在不同气氛下进行高温固相反应是合成非整比化合物的最重要的方法

目前最引人注目的例子是合成高温超导材料 $YBa_2Cu_3O_{7-\delta}$（零电阻温度>90K），其中 δ 随合成温度的变化而变化。美国 Argonne 实验室按 Y∶Ba∶Cu 摩尔比为 1∶2∶3 将 Y_2O_3，CuO 和 $BaCO_3$ 粉末研磨混合均匀，压成圆片，在氧气流中加热到 975℃烧结 10 h 后，随炉缓冷，可得到单相程度达 95%的超导试样，$T_c=92.5K$。

$$YO_{1.5}+2BaCO_3+3CuO \xrightarrow[O_2]{975℃10h} YBa_2Cu_3O_{7-\delta}$$

关于高温氧化物超导体的制法，已有许多报道，可采用固相反应合成法、化学共沉淀法、热分解法、水热法、焙烧法、热压烧结法等。尽管方法各有不同，但对 $YBa_2Cu_3O_{7-\delta}$ 高温超导相的生成过程都可分为高温、脱氧、冷却吸气和相变氧迁移有序化等四个步骤。

无论用何种方法得到的均匀钇钡铜氧化物，在较低温度下烧结时，在 $\left(\frac{1}{2}, 0, 0\right)$ 和 $\left(0, \frac{1}{2}, 0\right)$ 位置上，氧有较大的占有率。随着温度升高，晶格中 $\left(\frac{1}{2}, 0, 0\right)$ 和 $\left(0, \frac{1}{2}, 0\right)$ 位置上的氧脱去，当温度升到 930℃时，这两个位置的氧被脱尽，生成含有 1 价铜的缺氧四方晶相（$YBa_2Cu_3O_6$），在脱氧过程中伴有吸热效应。

缓慢冷却时发生吸氧过程，氧吸入量与温度有关。在 650℃以上所吸入的氧以相等的概率分布在 $\left(\frac{1}{2}, 0, 0\right)$ 和 $\left(0, \frac{1}{2}, 0\right)$ 位置上。在 650℃时发生四方相向正交相的转变，此时吸入的氧容易从 $\left(0, \frac{1}{2}, 0\right)$ 位置迁移到 $\left(\frac{1}{2}, 0, 0\right)$ 位置，造成在两个位置上氧的占有率有较大的差异，从而引起晶胞参数 a，b 不等，a 与 b 的差值越大，超导相的正交性越高。这意味着 Cu—O 一维链的有序度越高，超导性能越好。

大量研究结果表明，$YBa_2Cu_3O_{7-\delta}$ 超导体中的氧空位的含量以及不同条件下缺陷浓度的变化，对超导体的晶形转变和超导特性都有非常重要的影响。因为在 $YBa_2Cu_3O_{7-\delta}$ 中的氧空位是属于化学缺陷，其缺陷浓度不仅与温度有关，而且也与氧分压有关。只有形成单一正交晶相的 $YBa_2Cu_3O_{7-\delta}$ 时，才能得到正确的氧缺陷值。室温下测得在空气中合成的 $YBa_2Cu_3O_{7-\delta}$ 的 δ 值为 0.237±0.008。

在脱氧过程中，晶体表面上的氧离子丢下两个电子，以分子的形式进入气相，其反应式可表示如下：

$$O_O^\times \Longrightarrow V_O^{\cdot\cdot} + 2e' + \frac{1}{2}O_2$$

碱金属卤化物色心激光晶体着色，也可把晶体放入相应的碱金属蒸气中加热处理。例如，将 KCl 晶体放在 K 蒸气中加热，就可使晶体中的阳离子多于阴离子，造成阴离子空位，产生 F 色心。经过 K 蒸气处理的 KCl 晶体呈品红色或黄褐色。这是由于晶体中原有的阴离子空位 $V_{Cl}^{\cdot}$（肖特基缺陷）与附着在晶体表面上的原子电离后所释放出来的电子缔合，生成（$V_{Cl}^{\cdot}$ + e'）的缺陷缔合体。

$$K(表面) \longrightarrow K^+ + e'$$

$$V_{Cl}^{\cdot} + e' \longrightarrow V_{Cl}^\times$$

这个与 $V_{Cl}^{\cdot}$ 缔合的电子像类氢原子中的 1s 电子，可以被光激发到 2p 状态，即成为一种 F 色心。

将掺杂 Pr 的稳定化氧化锆晶体片放入刚玉坩埚内，加碳保护，在 1 200℃ 退火 7h 后取出，可以观察到晶片由黄变紫，甚至变成紫黑色。其原因是在高温和还原气氛条件下退火，给予晶体内部的氧离子提供了足够的能量，使部分氧离子失去电子变成氧原子从表面逸出，并与碳迅速反应，保持一定的还原气氛，留在晶格中的电子被晶格中的氧空位俘获而形成色心。该色心的吸收带位于 580nm 附近。

$$O^{2-} \longrightarrow 2e' + V_O^{\cdot\cdot} + \frac{1}{2}O_2 \uparrow$$

$$2e' + V_O^{\cdot\cdot} \longrightarrow V_O^\times = F \; 心$$

$$\frac{1}{2}O_2 + C \longrightarrow CO$$

9.4.2　掺杂合成

采用掺杂的方法可以合成许多具有特殊性质的非整比化合物，并已在许多功能材料上获得应用。在许多发光和激光材料中，往往掺杂少量的杂质元素，这种掺杂不仅给材料赋予新的性质，而且形成了一些新的非整比化合物。

用蒸发溶液法可从磷酸溶液中生长出掺锰的五聚磷酸铈晶体 CeP_5O_{14}：Mn。由 EPR（顺磁）谱可知，晶体中锰离子呈 2 价。并根据 2 价锰离子发出绿色光的特征，证实 Mn^{2+} 离子是处于四面体的结构中，而 Ce^{3+} 在五聚磷酸盐晶体中则处于八配位的十二面体中。由此可以推断，Mn^{2+} 离子位于 CeP_5O_{14} 晶体的层状结构的间隙之中。

CeP_5O_{14}：Mn（Ⅱ）晶体的生长过程是，将一定量的磷酸放入金坩埚中，加入一定比例的 $MnCO_3$ 和 CeO_2，加盖后将坩埚放入不锈钢炉管内，接上水封，缓慢升温至 150℃恒温数小时，以除去磷酸中的水分，然后在 250℃ 保温 24h 使 CeO_2 全部溶解，最后在约 560℃ 生长晶体约一周以上。然后用热水浸出残余母液，则得到 CeP_5O_{14}：$Mn(II)$ 晶体。

$$H_3PO_4+MnCO_3+CeO_2 \xrightarrow{\sim 150℃} 脱水 \xrightarrow[24h]{250℃} CeO_2 \ 全部溶解$$

$$\xrightarrow[1周]{560℃} 结晶 \xrightarrow[浸泡]{热水} CeP_5O_{14}：Mn \ 晶体$$

其缺陷反应式和化学式也可写作：

$$MnO \xrightarrow{CeP_5O_{14}} Mn_i'' + 2Ce_{Ce}' + O_o$$

$$Ce_{1-2x}^{3+}Ce_{2x}^{2+}Mn_x^{2+}P_5O_{14}$$

符合化学计量比的 ZnO 应是一个绝缘体，经高温处理后，由于本征缺陷的存在——主要是间隙锌原子，在室温下这些间隙锌原子已基本电离，从而使 ZnO 具有 n 型半导体的特征。其缺陷反应式和化学式可写作：

$$ZnO \xrightarrow{ZnO} Zn_i'' + 2Zn_{Zn}' + O_o \quad Zn_{1-2x}^{2+}Zn_{2x}^{+}Zn_x^{2+}O \ 即 \ Zn_{1-x}^{2+}Zn_{2x}^{+}O \quad Zn_{1+x}O$$

$$或 \ ZnO \xrightarrow{ZnO} Zn_i' + Zn_{Zn}' + O_o \quad Zn_{1-x}^{2+}Zn_{2x}^{+}O \quad Zn_{1+x}O$$

若在 ZnO 中进行多组分掺杂，如按 $(100-x)ZnO + \dfrac{x}{6}(Bi_2O_3 + 2Sb_2O_3 + Co_2O_3 + Cr_2O_3)$ 比例混合均匀，在空气中于 750~800℃ 预烧 2h，造粒，于 1 280~1 350℃ 灼烧 2h，然后随炉冷至室温，即可获得稳定性好的 ZnO 压敏电阻。

9.4.3 钛酸钡铁电体

钛酸钡是一个典型的钙钛矿型结构的晶体(见图 9.38)。在它的单胞中，钛原子位于立方体的中心，氧原子位于六个面心上，组成一个氧八面体，钡原子位于立方体的顶角上。当温度从 120℃ (居里点)以上下降时，$BaTiO_3$ 的晶体结构将发生变化。其相变点分别为 120，5，-80℃。

$$立方 \xrightarrow{120℃} 四方 \xrightarrow{5℃} 正交 \xrightarrow{-80℃} 三方$$

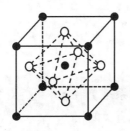

图 9.38 $BaTiO_3$ 的晶体结构

由于晶体结构发生了变化，使 $BaTiO_3$ 在居里点以下产生自发极化，并能形成畴结构。对应于三个相变点的极化方向分别是原立方结构的[001]，[011]和[111]方向。

$BaTiO_3$ 的禁带宽度为 2.9eV，纯净无缺陷的 $BaTiO_3$ 在室温下是一个绝缘体。但是，由于各种原子缺陷的存在，可以在禁带中的不同位置生成与各原子缺陷相对应的杂质能级，从而使 $BaTiO_3$ 具有半导体性质。

在未掺杂的 $BaTiO_3$ 中，所考虑的原子缺陷是氧空位和钡空位。实验表明，在低氧分压和高温下，$BaTiO_3$ 是一种含氧空位的 n 型半导体，氧空位的形成可用下式表示：

$$O_O^\times \longrightarrow V_O^\times + \frac{1}{2}O_2(g)$$

$$V_O^\times \longrightarrow V_O^{\cdot\cdot} + 2e'$$

当氧分压降低时，氧亚晶格中的氧在较高温度下通过扩散以气体形式逸出，与此相反，当氧分压增高时，上式将向左进行。

在高氧分压和较低温度的情况下，$BaTiO_3$ 是一个金属离子不足的 p 型半导体。当氧分压增高时，氧可以结合在格点上产生钡空位 $V_{Ba}^\times$，钡空位的形成可用下式表示：

$$\frac{1}{2}O_2(g) \longrightarrow O_O^\times + V_{Ba}^\times$$

$$V_{Ba}^\times \longrightarrow V_{Ba}'' + 2h^{\cdot}$$

若氧分压下降，反应则向左进行，$V_{Ba}^\times$ 减少。

将 La^{3+} 引进 $BaTiO_3$ 中，可使 $BaTiO_3$ 变成在室温下具有相当高的导电率的 n 型半导体。这类半导体已获得广泛应用。引进 La^{3+} 离子以后，由于 Ba^{2+} 的离子半径(134pm)和 La^{3+} 离子半径(114pm)相近，La^{3+} 离子占据 Ba^{2+} 的位置，并带有过量的正电荷，形成杂质缺陷 $La_{Ba}^{\cdot}$。为了维持电中性，可通过两种方式进行电荷补偿：一种是通过导带电子进行补偿，此时导带电子的浓度等于占据 Ba^{2+} 位置的 La^{3+} 离子浓度，这称为电子补偿；另一种是通过金属离子空位来补偿过剩的正电荷，这叫空位补偿。实验结果表明，低氧分压和高温有助于形成电子补偿，形成 $Ba_{1-2x}La_{2x}Ti_{2x}^{3+}Ti_{1-2x}^{4+}O_3$，而高氧分压和较低温度时，则空位补偿占优势，形成 $Ba_{1-3x}La_{2x}TiO_3$。其缺陷反应式分别可写作：

$$La_2O_3 \xrightarrow{\ BaTiO_3\ } 2La_{Ba}^{\cdot} + 2Ti_{Ti}' + 3O_O$$

$$La_2O_3 \xrightarrow{\ BaTiO_4\ } 2La_{Ba}^{\cdot} + V_{Ba}'' + 3O_O$$

9.4.4　钛的氧化物体系

最引人注目的非整比化合物体系是 Ti—O 体系。X 射线分析结果表明，在 Ti—O 体系中存在着一系列与非化学计量组分有关的相。

α 相　　　　$TiO_{2.00} \sim TiO_{1.90}$　　　　金红石型

β 相 $TiO_{1.80} \sim TiO_{1.70}$ 对称性较低的金红石型

γ 相 $TiO_{1.50} \sim TiO_{1.40}$ 刚玉型

δ 相 $TiO_{1.25} \sim TiO_{0.70}$ NaCl 型

高温型 $TiO_{1.25}$ 具有 NaCl 型结构,约在 $TiO_{0.7} \sim TiO_{1.25}$ 之间有广阔的非整比组分,其点阵结构如图 9.39 所示,属于 Schottky 型缺陷结构。

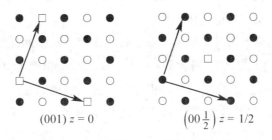

$(001)\ z=0$ $\left(00\frac{1}{2}\right) z=1/2$

图 9.39   高温型 $TiO_{1.25}$ 的超点阵结构

若把氧化钛在高压(~7.7GPa)下进行退火,则空位就会基本消失,点阵常数增大。这个变化是可逆的。

低温型 TiO(1260 K 以下),由电子衍射和 X 射线衍射测得的空位超点阵排列如图 9.40 所示。若将 $TiO_{1.25}$ 的高温相试样于低温下进行长时间退火,即得到低温相结构。若 TiO_x 中的 x 在 1.1~1.25 范围内就变成两者的混合相。

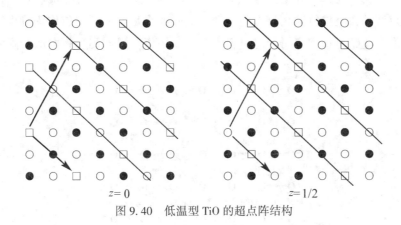

$z=0$ $z=1/2$

图 9.40   低温型 TiO 的超点阵结构

9.4.5   稳定化氧化锆

氧化锆 ZrO_2 的熔点很高,化学稳定性也好,适用于作耐热功能材料。但是随着温度升高其晶体结构从单斜晶系转变为四方和立方晶系，体积变大，导致材料的破坏，因而不能直接作为材料使用。

$$单斜晶系 \underset{}{\overset{\sim 1170℃}{\rightleftharpoons}} 四方晶系 \underset{}{\overset{2200℃}{\rightleftharpoons}} 立方晶系$$

为此采用稳定化的方法，使其与二价金属氧化物（CaO，MgO）或三价稀土氧化物（Y_2O_3，Sc_2O_3，Yb_2O_3，Sm_2O_3，Nd_2O_3，Gd_2O_3 等）形成固熔体。这样，即使在室温下也是稳定的萤石型立方结构。在这种稳定化了的 ZrO_2 中表现出氧离子导电性（离子导体）。这种氧化锆系固体电解质称为稳定化氧化锆。

在萤石结构中，阳离子相对于阴离子取立方八配位。从结晶化学角度来看，这种八配位的理想离子半径比（阳离子/阴离子）应是 0.732，但是在纯 ZrO_2 中其半径比为 0.586（Zr^{4+} 82 pm，O^{2-} 140 pm），因而成为变形相当大的萤石结构。若在其中固溶有离子半径比 Zr^{4+} 大的 Ca^{2+}，阳离子的平均半径接近理想八配位的离子半径，就能使萤石结构稳定化。在这种结构中，每个阳离子有两个阴离子格点相应存在。CaO 的每个 Ca^{2+} 只能带入一个 O^{2-} 离子，要保持电中性就要剩下一个阴离子格点空着而产生 V_O 空位，其缺陷反应式和化学式如下：

$$CaO \xrightarrow{ZrO_2} Ca''_{Zr} + V_O^{\cdot\cdot} + O_O \qquad Zr_{1-x}Ca_x)O_{2-x}$$

这样就通过这个空位缺陷产生氧离子导电性质。若以三价稀土氧化物稳定化，则产生稀土离子半数的氧离子空位。其缺陷反应式和化学式如下：

$$Y_2O_3 \xrightarrow{ZrO_2} 2Y'_{Zr} + V_O^{\cdot\cdot} + 3O_O \qquad Zr_{1-2x}Y_{2x})O_{2-x}$$

氧化钙稳定化氧化锆的导电机理模式可用图 9.41 表示。在空位缺陷附近的氧离子一旦向空位格点移动，空位就向相反方向移动，实际上也是氧离子空位作为导电离子形式运动。稳定化的氧化锆可作为离子导电材料用于汽车用氧传感器和燃料电池的固体电解质。

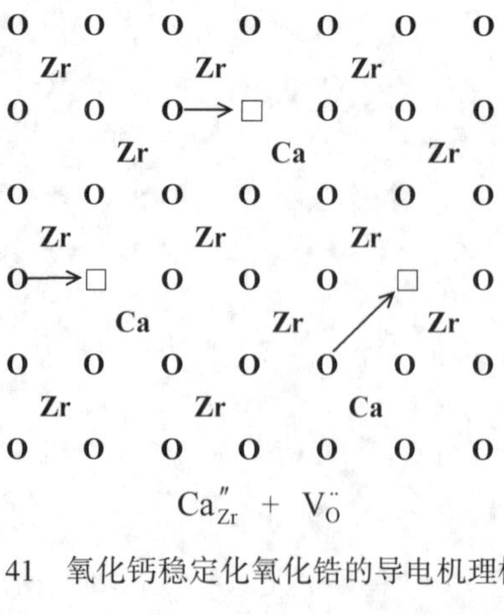

图 9.41　氧化钙稳定化氧化锆的导电机理模式

9.5 标记化合物的合成

在标记化合物的合成中，最常用的是同位素交换法和生物合成法。此外还有反冲标记法(或叫热原子法)、辐射合成法、反应堆法、加速粒子照射法以及放电合成法等。

9.5.1 同位素交换法

在用同位素交换法合成标记化合物时，标记化合物中的标记原子不应该参与任何交换反应，否则丢失标记，不能用于示踪实验。因此，必须采用不同寻常的条件，在这种特殊条件下，稳定的原子变成不稳定状态之后参加同位素交换，而在通常的状态下，它就不参加同位素交换，这样达到了制备标记化合物的目的。比如，把$C_{15}H_{11}O_4NI_4^+$和$Na\ ^{131}I$的丁醇-水混合溶液在 pH=5 条件下进行加热时，就显著地进行了交换反应，得到高放射性比度的$C_{15}H_{11}O_4N\ ^{131}I_4^+$。但是此反应在碱性范围内几乎不发生，因此，可在此范围内作为示踪剂应用。

利用这种方法，可以合成各种元素的标记化合物，有时还得到较好的结果。比如，在三氯化铝催化作用下，重水和苯进行同位素交换可得到同位素浓度为 99.3% 的C_6D_6。温度在 650~800℃时，KCN 和$Ba\ ^{14}CO_3$进行同位素交换获得了$K\ ^{14}CN$，其产率为 90% 以上。利用化学合成法制得的$CH_2{=}\underset{\underset{CH_3}{|}}{C}{-}COO\ ^{14}CH_3$的产率为 75%~80%，但是，利用如下的交换反应

$$CH_2{=}\underset{\underset{CH_3}{|}}{C}{-}COOCH_3 + {}^{14}CH_3OH \longrightarrow CH_2{=}\underset{\underset{CH_3}{|}}{C}{-}COO^{14}CH_3 + CH_3OH$$

在 150℃温度下，几乎瞬时得到高产率的产品。为研究此交换反应的机理，进行了甲基丙烯酸甲酯与碘甲烷的交换，如果并未发现交换反应的发生，这说明甲基丙烯酸甲酯的交换是通过酯甲氧基进行的。

同位素交换法的特点是可以一步合成，因此，设备和操作都比较简单。对多数的有机化合物而言，很容易得到10^7 Bq/mg 级放射性比度的产品。有时，在理想的条件下，可以达到1.85×10^{10} Bq/mg 的放射性比度。但是，用此法合成标记化合物，很难控制标记位置，化合物纯度也成问题，要想得到纯的产品，必须认真做好纯化工作。

同位素交换法，尤其是催化交换法，在制备^{2}H 或^{3}H 标记化合物方面得到了相当的推广，特别宜于标记芳香族化合物。合成复杂的生物和药物制剂时，利用化学合成法不太合适，这时，可以利用碳的同位素交换法。此法在无机标记化合物合成方面得到了广泛的

应用。

9.5.2 反冲标记法

反冲标记法是利用核转变过程中的化学效应(Szilard-Chalmers 齐拉-却尔曼斯效应)来制备标记化合物的方法。当放射性同位素发生衰变时,生成核受到了反冲。这时反冲能量破坏了化学键,从而放射性同位素的母体化合物和反冲核(即生成核)所处的化学状态往往是不同的。这种受到反冲作用的反冲核,因为它具有特别高的能量,所以称之为热原子。毫无疑问,这种热原子的化学活性是很高的,可以参与各种反应。例如,选择比较简单的放射性同位素化合物和另一种比较适当的化合物(它的组成与想要合成的标记化合物的组成完全相同或相类似),把它们混合在一起放置一段时间,就能得到标记化合物。这是因为热原子与体系内的其他化合物发生了化学反应。这种方法常被利用于气态体系,因为这时可以有效地利用热原子。例如,利用氚-乙烯体系制备氚标记乙烯时,可以发生如下反应:

(1) 氚的 β 衰变。 $\qquad$ $T_2 \longrightarrow (^3HeT)^+ + e^- (T = {}^3H)$

(2) 反冲核的作用。 $\qquad$ $(^3HeT)^+ + C_2H_4 \longrightarrow C_2H_3T + (^3HeH)^+$

(3) 电子的作用。 $\qquad$ $T_2 \xrightarrow{e^-} T_2^+ + e^- \longrightarrow T_2{}^* \longrightarrow T + T^*$

$$T^* + C_2H_4 \longrightarrow C_2H_3T + H$$

以上这些是主要反应,实际过程要复杂得多,因此,可能得到各种不同的标记化合物。

9.5.3 辐射法及核化学法

辐射合成法是利用射线的辐射效应来制备标记化合物的方法。把同位素化合物和另一种化合物混合,由外部辐射源供给的射线来照射,就可得到标记化合物的混合物。比如由苯和氨[^{15}N]混合物经辐射直接生成苯胺[^{15}N]。

$$C_6H_6 + {}^{15}NH_3 \xrightarrow{n} C_6H_5({}^{15}NH_2) + 2H$$

反应堆法和加速粒子照射法基本相同,只不过射线源不同。前者用反应堆中放射出来的中子,后者用加速器中加速的各种粒子。利用这种方法合成标记化合物时,有直接标记法和间接标记法两种。

直接标记法:选择一种化合物,它的组成与要合成的标记化合物组成完全相同或类似,以其作为靶子,利用反应堆或加速器中出来的粒子直接照射实现核反应而得到标记化合物。

例如,利用中子照射吖啶,这时由 $^{14}N(n, p)^{14}C$ 反应所产生的热原子 ^{14}C 的作用得到了^{14}C标记蒽。

$$^{14}_7N+n \longrightarrow {}^{14}_6C+p, \quad n \longrightarrow p+e$$

间接标记法：选择能引起核反应的比较简单的靶子物和与要合成的标记化合物组成完全相同或类似的化合物混合在一起，把这个混合物直接进行照射得到标记化合物。实际上，这是利用原子核反应过程中的化学效应来制备标记化合物。

例如，把磨得很细的碳酸锂和葡萄糖的混合物用中子照射时发生$^6Li(n, \alpha)^3H$核反应，这里所产生的氚和葡萄糖作用得到了放射性比度（单位重量的放射性强度）约为$7.4 \times 10^6 Bq/g$的氚标记的葡萄糖。

$$^6_3Li+n \longrightarrow {}^3_1H+{}^4_2He^{2+} \qquad (\alpha \text{ 粒子} = {}^4_2He^{2+})$$

同样，用中子照射硫酸锂和苯甲酸的混合物，可得到放射性比度为$3.55 \times 10^8 Bq/g$的在苯环上标记氚的苯甲酸。

在实际工作中常用的^{32}P的化学形态是PO_4^{3-}，^{32}P是由$^{32}S(n, p)^{32}P$反应获得的。一般方法是用元素硫作靶子，在照射后先经氧化，然后用$La(OH)_3$载带下来，再经离子交换法加以纯化。假如能选择一种合适的靶子，如K_2SO_4作靶子，则不经氧化就能得到PO_4^{3-}形式，这样可省去许多放射性化学操作。

近年来，用反应堆法在合成标记化合物方面的工作有很大进展，特别是借助$^6Li(n, \alpha)^3H$，$^{14}N(n, p)^{14}C$等核反应将^3H和^{14}C直接标记在有机化合物中。用这种方法成功地获得了甲烷、乙烷、苯甲酸、水杨酸、乳酸、葡萄糖等一系列标记化合物。

以上介绍的几种合成方法的共同特点是：方法简单，可以一步完成合成工作。但是这些方法都不能控制标记位置，很难保证标记化合物的纯度，所得放射性比度也不太高。总之，虽然这些方法或多或少地得到了实际应用，但从整体上来看，仍处在探索性阶段，需要做大量、细致和深入的研究工作。

此外，标记化合物的生物合成法在5.5.2小节中已介绍，在此不赘述。

9.5.4　几种典型的标记化合物

1. 碳标记化合物的合成

标记用的核素中，用得最普遍、最重要的核素是碳同位素。其中实用的是^{11}C，^{13}C，^{14}C三种同位素。^{11}C是放射性同位素，半衰期为20.3 min，放射出0.97 MeV的正电子。^{13}C是稳定同位素，同位素丰度为1.107%，近年来随着核磁共振的广泛应用，它的利用也正在增加。^{14}C是放射出0.155 MeVβ射线的放射性同位素，半衰期为5 730年。它是标记化合物合成中用得最多的一种核素，这是因为它具有非常易于使用的很多性质。它放射的 β 射线能量可用各种测定仪器来高精度地、简单地测定出来；由于半衰期很长，在标记化合物的合成与使用中不受时间限制，在测量中用不着进行放射性衰变而引起的误差校正；由于它放出软 β 射线，可忽视体外照射对人体的伤害，对生物的危险性也较小；同其他同位素相比，同位素交换，标记位置的转移也较少。

^{14}C 是以碳酸钡形式市售的碳标记化合物，因此所有 ^{14}C 标记化合物的合成应该从碳酸钡开始。图 9.42 表给出了标记无机化合物合成流程图。

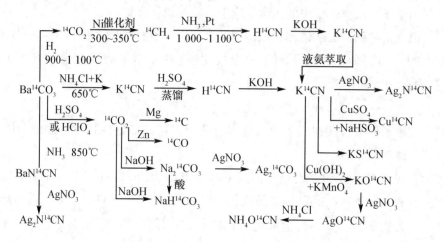

图 9.42　^{14}C 标记无机化合物合成流程图

1) $^{14}CO_2$ 的合成

$$Ba^{14}CO_3 + 2HClO_4 \longrightarrow Ba(ClO_4)_2 + {}^{14}CO_2 + H_2O$$

$^{14}CO_2$ 的合成装置如图 9.43 所示，100mL 的两口烧瓶 1 中加入几毫摩尔 $Ba^{14}CO_3$ 的水悬浊液，一个瓶口中连接盛有 80% 高氯酸的滴液漏斗 2，另一瓶口连接干冰冷阱 3 和液氮冷阱 4。用丙酮-干冰混合物冻结悬浊液之后关闭旋塞 6，往悬浊液中加入高氯酸。除掉悬浊液的冷却剂，随着悬浊液熔融反应在进行，所生成的 $^{14}CO_2$ 在冷阱 3 中干燥之后，收集在冷阱 4 中。反应结束之后关闭旋塞 5，把冷阱 4 的冷却剂换成干冰，用液氮冷却反应容器 8，把 $^{14}CO_2$ 真空升华到反应容器 8 中，这样得到的干燥 $^{14}CO_2$ 可直接用于合成反应。

用过量的 0.5mol/L 氢氧化钾水溶液吸收上面得到的 $^{14}CO_2$，则生成 $Na_2{}^{14}CO_3$。

$$^{14}CO_2 + 2NaOH \longrightarrow Na_2{}^{14}CO_3 + H_2O$$

2) ^{14}CO 的合成

利用特普勒泵（Toepler pump）把 0.1mmol 的 $^{14}CO_2$ 吹入到已加热至 (385 ± 5)℃ 的 50g 的锌粉上，使 $^{14}CO_2$ 在锌粉上反复前后流动。锌粉的制备方法如下，即把 20 筛目的锌粉末用

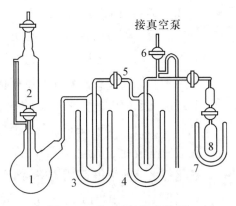

图 9.43　$^{14}CO_2$ 的发生装置

稀醋酸洗净后干燥，在真空中 385℃温度下保持一夜，把它作为还原剂使用。最初一次操作中可还原到 50%，再反复进行五六次可定量地还原。

$$Zn+{}^{14}CO_2 \longrightarrow ZnO+{}^{14}CO$$

利用加热到 800℃的活性炭和 $^{14}CO_2$ 的作用，也可定量地得到 ^{14}CO。

3）$NaH^{14}CO_3$ 的合成

在含有 $Na_2{}^{14}CO_3$ 的 0.5mol/L 氢氧化钠水溶液里加入甲酚红紫指示剂后用甲酸滴定，或加入酚酞指示剂后用硫酸滴定。

$$Na_2{}^{14}CO_3+HCOOH \longrightarrow NaH^{14}CO_3+HCO_2Na$$

$$2Na_2{}^{14}CO_3+H_2SO_4 \longrightarrow 2NaH^{14}CO_3+Na_2SO_4$$

也可以用 NaOH 和 $^{14}CO_2$ 反应得到 $NaH^{14}CO_3$。

$$NaOH+{}^{14}CO_2 \longrightarrow NaH^{14}CO_3$$

图 9.44 给出了一种制备 $NaH^{14}CO_3$ 的反应装置。1 中加入一定量的 $Ba^{14}CO_3$ 的水悬浊液，其中立着放入盛有过量的 60% 高氯酸的小试管 3。在 2 中加入一定量的 1mol/L 氢氧化钠水溶液，用干冰冻结 1 和 3 中的物质之后，将反应容器抽真空排气。倾斜容器，使 3 中的高氯酸流入到冻结的碳酸钡悬浊液上，随着冻结物的熔融产生 $^{14}CO_2$，被 2 中的氢氧化钠吸收生成 $NaH^{14}CO_3$。

4）氰化物的制备

从 $Ba^{14}CO_3$ 或 $^{14}CO_2$ 开始合成氰化物的方法很多，其中操作简单，产率较高的方法有几种，其具体合成方法如下：

0.2g $Ba^{14}CO_3$ 和 0.1g NH_4Cl 混合物放在直径 1.6 cm、长 17 cm 的硬质玻璃安瓿瓶中，

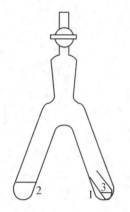

图 9.44 NaH^{14}CO$_3$ 的合成装置

以氮置换安瓿瓶中的空气之后，加入用乙醚洗净的金属钾 1~2g，加热使金属钾熔化，排气，把乙醚完全除去后，封好安瓿瓶。再一次将金属钾熔化，摇动安瓿瓶使瓶内的物质混合均匀。安瓿瓶放在预先加热到 640℃ 的电炉中，安瓿瓶达到此温度之后，继续加热 60min。取出安瓿瓶，冷却后开封。用乙醇处理参加反应的钾之后，把溶液转移到蒸馏烧瓶中，用热水重洗安瓿瓶，其洗液也转移到烧瓶中。加硫酸使溶液变成酸性，蒸出 H^{14}CN，把它捕集在过量的氢氧化钾水溶液中得到 K^{14}CN，产率约为 94%。

把 1mmol Ba^{14}CO$_3$、1.0g 锌粉以及 0.2g 粒状金属钠的混合物在氨气流中于 650℃ 反应 4h 而得 Na^{14}CN。

把 0.1~0.4g Ba^{14}CO$_3$ 和三倍量的叠氮化钾以及 1.0~1.2g 钾的混合物在氮气流中于 300~400℃ 保持 3~5min，再于 750~780℃ 保持 2~3min，就能得到 K^{14}CN。

这种方法设备简单，操作容易，适用范围很广，但由于氰化钾容易挥发而且是剧毒药品，所以很少用它。

2. 氢标记化合物

氢有三种同位素：^{1}H，^{2}H(D) 和 ^{3}H(T)，氘是稳定同位素，天然丰度为 0.0149%，价格便宜，它是应用最广泛的一种同位素。氚是放射性同位素，半衰期为 12.262 年，放射出弱 β 射线 (0.0186MeV)。这两种同位素都可作为同位素指示剂，通常氘和氚是以 D$_2$O 和 T$_2$O 的形式出售的。

合成氘标记化合物，可利用与 D$_2$O，D$_2$ 的同位素交换反应。可是要做到完全氘化就需要大量的 D$_2$O 和 D$_2$，因此，在一般情况下，利用化学合成法较好。

合成氘标记化合物，还可利用生物合成法、反冲标记法，反应堆法、加速粒子照射法等。但除了化学合成法之外，其他方法很难制得一定标记位置的标记化合物，因此，除了特殊的化合物之外，一般都采用化学合成法。合成高放射性比度的标记化合物，有时用加速粒子照射法和同位素交换法就更加方便。

1) HD 的制备

在双口烧瓶上分别连接注射器和冷凝器，冷凝管末端再接上储气瓶，用来收集所生成的 HD。注射器中加入一定量的重水，在烧瓶中放入搅拌用的磁铁和 160mL 正丁醚（在金属钠存在下用蒸馏法精制），其中再加 30%~40% 过量的 LiAlH$_4$，凝固正丁醚溶液，把体系充分排气之后，加热溶液、回流 1.5h，再次凝固溶液，抽真空之后加入 D$_2$O。此间，用液氮使温度保持 0℃ 以下。把生成的 HD 用真空蒸馏法精制后，可得到纯度为 99.8% 的产品。

$$LiAlH_4+4D_2O \longrightarrow LiOD+Al(OD)_3+4HD$$

2)LiD 的制备

$$Li+0.5D_2 \longrightarrow LiD$$

制备 LiD 的装置如图 9.45 所示。把体系抽真空的同时，将反应管 1、2 分别加热到 430℃ 和 700℃ 之后，把 2 冷却至室温。关闭 3，凝固重水，弄破重水安瓿瓶，缓慢加热到 110~115℃。在体系压强稍微超过 101.325 KPa 时打开 4，稍微放出 D_2 气体，把 2 加热到 700℃，约过 2h 后关闭 5，将 2 抽真空。重复 2~3 次进行此操作之后，关闭 4、打开 5，分别把 D_2O 和 2 的温度下降到室温和 300℃，然后关闭 5，往钢舟中放入约 7g 金属锂。再次抽真空 2，打开 5，把 D_2O 和 2 分别加热到 110~115℃ 和 350~450℃。开始吸收 D_2 气体之后，将 2 的温度提高到 700℃。此时调节 2 温度使体系内压强不致下降到 $6.7×10^3$ Pa 以下。在 700℃ 反应 2h，由 D_2 气体的变化量可知反应是否已结束。根据需要，把所生成的 LiD 粉碎，未反应的 Li 含量在 0.5% 以下。

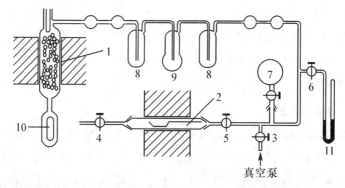

1-55×2.6cm 的派列克斯管，从下端起装入 20 筛目(40g)，30 筛目(30g)，40 筛目(10g)的镁粒；

2-46×3cm 的石英管，放置直径 2cm 的钢舟(放 Li 用)；3~6-旋塞；7-D_2 保存器；

8-干冰-酒精冷阱；9-加入矿物油的起泡器；10-重水安瓿瓶；11-压力计

图 9.45 制备 LiD 的装置

3)LiAlD₄ 的制备

$$4LiD+AlCl_3 \longrightarrow LiAlD_4+3LiCl$$

细碎过量的 LiD(2.96mol)加在 300mL LiAlD₄(0.08mol)乙醚溶液中，搅拌均匀。再加入 200mL AlCl₃(0.534mol)乙醚溶液，此时加入速度要适当，以便 LiD 溶液继续保持沸腾，反应结束后，过滤 LiCl 沉淀和过量的 LiD，在氮气氛中赶出乙醚。收率为 85.7%。加 LiAlD₄ 是为了分解乙醚中所含的水分，如不加，则反应的诱导期相当长，而且一旦开始反应，就很难控制反应。如用精心干燥的乙醚，则可不加 $LiAlD_4$。

3. 氧标记化合物

氧同位素中作标记用的同位素是^{17}O 和^{18}O，它们都是稳定同位素，是以水的形式市售的。

1) $^{18}O_2$ 的制备

在长 33 cm，直径 1.4 cm 的 U 形电解槽中插入一对铂电极，U 形管底部插入玻璃管通氮气，将 20% 的硫酸 $H_2^{18}O$ 溶液放在电解槽中，把槽放在冷水中，通氮后以 4A 电流电解，把生成的^{18}O 通过干冰-丙酮冷阱除水。

2) $C^{18}O$ 和 $C^{18}O_2$ 的制备

在真空中把粒状碳加热到 1 000℃，使其充分脱气。把这种碳加热到 800 ~ 900℃，用特普拉泵打进$^{18}O_2$，则同时生成 $C^{18}O$ 和 $C^{18}O_2$。把混合气体通过液态空气冷阱，收集 $C^{18}O_2$。$C^{18}O$ 收集在预先排气好的储气瓶中。停止通$^{18}O_2$ 之后，用特普拉泵把 $C^{18}O$ 反复通到炽热的碳上面，使其中可能含有的 $C^{18}O_2$ 还原成 $C^{18}O$。如果在 300℃ 的碳上面通$^{18}O_2$，那么仅仅得到 $C^{18}O_2$。

3) 氮氧化物 $N^{18}O$ 的制备

将 200mL $^{18}O_2$ 和 120mL 氮的混合物，通过高压电弧，则生成三氧化二氮$N_2^{18}O_3$和四氧化二氮 $N_2^{18}O_4$ 的混合物，把这些氧化物和原料气分离之后，把它密封在含有 10g 硒粉的管中，在室温下放置数日，就全部还原成 $N^{18}O$。

4) 硫酸 $H_2S^{18}O_4$ 的制备

往连有冷凝管和滴液漏斗的三口烧瓶中加入 32g 硫和 80mL $H_2^{18}O$ 边搅拌混合物边加入 300g 溴。反应后期需要加热，待所有的硫溶解之后，溶液温度加热到 130℃ 进行蒸馏。为了氧化杂质，加入几滴硝酸，减压到 13 000 Pa，蒸馏到 220℃，反应收率为 99%。

5) 磷酸(^{18}O)化合物的制备

用 $H_2^{18}O$ 分解 PCl_3，在真空中蒸出水，则得到 $H_3P^{18}O_3$ 白色结晶。

$$PCl_3 + H_2^{18}O \longrightarrow H_3P^{18}O_3 + 3HCl$$

将 P_2O_5 溶解在 $H_2^{18}O$ 中生成磷酸。其中加入固体 KOH，调 pH 值为 4.5，在封闭管中于 100℃，保存 72h，开封后真空蒸出水分，则得到磷酸二氢钾[^{18}O]结晶。

4. 氮标记化合物

作标记用的稳定同位素^{15}N，主要是以($^{15}NH_4)_2SO_4$，$^{15}NH_4NO_3$，$NH_4^{15}NO_3$ 等形式供应的。用次溴酸盐氧化氨可得氮$^{15}N_2$，用二氧化氮、亚硝酸盐或硝酸盐同汞和浓硫酸的反应，可得到一氧化氮。

$$2^{15}NH_3 + 3KBrO \longrightarrow ^{15}N_2 + 3H_2O + 3KBr$$

$$2K^{15}NO_3 + 6Hg + 4H_2SO_4 \longrightarrow 2^{15}NO + 3Hg_2SO_4 + K_2SO_4 + 4H_2O$$

制备 $^{15}N_2$ 的反应装置如图 9.46 所示。瓶 1 中放入 $^{15}NH_4Cl$ 后抽真空，用分液漏斗 2 慢慢地滴下次溴酸盐溶液（在 125g/L KOH 或 80g/L NaOH 水溶液中加入 25mL 的 Br_2，用冰冷却）。液体经过填充玻璃球的柱子 5（长 20 cm）时，同未反应的微量的氨起氧化反应。利用理论计算量的 2.4 倍的次溴酸盐溶液时收率好。把生成的氮气通过液氮冷阱，以便除掉水蒸气和副产物氧化二氮（~3%），然后把它吸附在冷却的活性炭或用液氢来凝固之后，转移到储气瓶 4 中。除了生成氧化二氮副产物之外，还可能产生微量的硝酸盐，其反应收率为 95%。

从硝酸盐或亚硝酸盐合成一氧化氮时，可利用如图 9.47 那样的真空系统。2 中放入汞、$K^{15}NO_3$ 以及聚四氟乙烯包裹的磁铁搅拌子，3 中放入浓硫酸，然后打开 4~6 旋塞，把系统抽真空到 0.1 Pa 左右，关闭 4、5。把 3 中的浓硫酸倒入 2 中，则开始产生一氧化氮。反应结束后，打开 5、6，用液氮冷却 1 收集一氧化氮。如用电磁搅拌 2 中的反应物，反应就很快结束。在真空系统中，一氧化氮和过量的氧在室温下反应可得到二氧化氮。用干冰凝固所生成的二氧化氮之后，把过量的氧抽出。

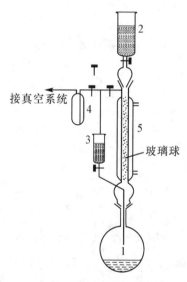

图 9.46 $^{15}N_2$ 的制备装置

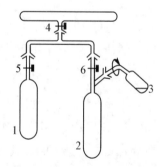

图 9.47 ^{15}NO 的制备装置

制备 $^{15}NH_3$ 可采用图 9.48 所示的装置由铵盐（^{15}N）水溶液和过量的氢氧化钾反应得到。约 1g 铵盐（^{15}N）和 5mL 水通过 1 加到烧瓶 2 中，从 3 和 4 分别加入 4g 和 8g 固体氢氧化钾，为了使氢氧化钾不掉入反应容器 2 中，玻璃管下部做成细口，封好 1、3、4，用液氮冷却冷阱 5，使体系内压强减压到 6×10^4 Pa 的程度。关好旋塞 7，用小火小心加热 2，铵盐溶解，水蒸气上升后，溶解氢氧化钾颗粒，其浓溶液掉落到 2，开始产生氨。随着反应的进

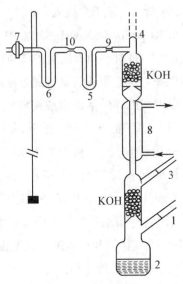

图 9.48　$^{15}NH_3$ 的合成装置

行，下部的氢氧化钾完全被溶解，这时不加热仍进行反应。由于氨在 8 被冷凝，所以体系内的压强几乎保持一定，由于上部的氢氧化钾的干燥作用而被脱水的氨冷凝在 5 中。若使溶液沸腾半个小时左右，则反应就能结束。停止加热，体系压强变为 4 000 Pa 左右。封好 9，用液氮冷却冷阱 6，将 5 换成干冰-三氯乙烯冷阱。抽掉体系内残留的空气，5 的氨蒸馏到 6 中，然后，封好 10，收率几乎达到 100%。

制备硫氰酸盐(^{15}N)可采用下述反应：

$$3NH_4NO_3+3CS_2+2Fe(OH)_2+6NaOH \longrightarrow$$

$$3NaSCN+2FeS+H_2S+3NaNO_3+10H_2O$$

把 25mL CS_2，17g $Fe(OH)_2$，40mL CH_3OH 和 108g $^{15}NH_4NO_3$ 放在磨口容器中，用电磁搅拌。在混合物中，把 10.8g 氢氧化钠分 9 次、每隔 2h 加 1 次，然后再搅拌 24h。用水稀释反应物，离心分离，取出上面清液，用水洗几次沉淀，把澄清液和洗液合在一起，通硫化氢达到饱和溶液后过滤。加盐酸将溶液调成酸性，加热沸腾，冷却后用稀氢氧化钠溶液中和。在真空中把溶液蒸发干涸，用乙醇萃取生成的盐。含有硫氰酸盐的萃取液在蒸气浴上蒸发干涸。再加入 100mL 无水乙醇萃取硫氰酸盐，蒸发干涸得到了 9.8g 硫氰酸钠。

5. 磷标记化合物

磷同位素中可作为指示剂的是 ^{32}P，它是以 $H_3^{32}PO_4$，$KH_2^{32}PO_4$、红磷和五氧化二磷等形式供应的，其中前两种最普遍。图 9.49 是磷标记无机化合物合成反应的流程图。

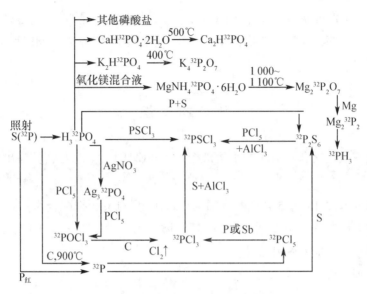

图 9.49 合成磷标记化合物的流程图

磷和磷酸根离子不与有机磷化合物或磷的含氧酸起交换反应，因此，磷标记有机化合物可用化学合成法或生物合成法合成。例如，利用磷酰氯同格氏试剂反应得到 $R_3{}^{32}PO$：

$$^{32}POCl_3 + 3RMgX \longrightarrow R_3{}^{32}PO + 3MgXCl$$

6. 硫标记化合物

硫同位素中作指示剂用的同位素是 ^{35}S，它是以元素硫、硫酸、硫酸盐及硫化物的形式出售的，其中最常见的是 $H_2{}^{35}SO_4$。图 9.50 是合成硫标记无机化合物的流程图。

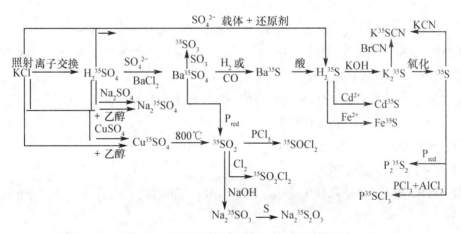

图 9.50 硫标记无机化合物合成反应流程图

413

7. 卤素标记化合物

可作氯指示剂的同位素是^{36}Cl,^{37}Cl 和^{38}Cl,其中最常用的是^{36}Cl,它是以 H^{36}Cl 或 K^{36}Cl 的形式出售的。溴和碘的指示剂可用^{82}Br 和^{131}I,它们是以溴化铵、溴化钾和碘化物形式供给的。

思　考　题

1. 如何由三氯化铬和乙酰丙酮水溶液合成 Cr(C$_5$H$_7$O$_2$)$_3$ 配合物？写出其反应式和产物的结构式。

2. 如何制备苯并-15-冠-5 合钠配合物及二苯并-18-冠-6 合钾配合物？

3. 如何用金属蒸气法制备 Co$_2$(PF$_3$)$_8$ 配合物？

4. 什么叫模板反应？举例说明。

5. 完成下列反应：

$$C_6H_6 + CrCl_3 \xrightarrow{Al + AlCl_3}$$

$$C_5H_6 + FeCl_2 + (C_2H_5)_2NH \longrightarrow$$

$$CH_2CHCHCH_2 + Fe(CO)_5 \xrightarrow[\triangle]{h\nu}$$

$$C_6H_6 + Cr(CO)_6 \xrightarrow{\triangle}$$

$$Pd(Se_2CNEt_2)_2 + Pd(PPh_3)_2Cl_2 \xrightarrow{C_6H_6}$$

$$(CO)_5Cr{=}C\genfrac{}{}{0pt}{}{R}{OEt} + BCl_3 \longrightarrow$$

6. 写出合成 Ni(CO)$_4$,Fe(CO)$_5$ 和 Mo(CO)$_6$ 的反应式和反应条件。

7. 根据实测,配合物 [Cr$_2$(CH$_3$COO)$_4$(H$_2$O)$_2$] 是反磁性物质,由此得出关于 Cr—O 键性质的什么结论？解释之。

8. 在 [Mo$_6$Cl$_8$]$^{4+}$,Mo—Mo 键的最可能的键级是多少？画出该离子的可能结构。

9. 试描述下列各配位离子的结构：

(1) [Co(CO)$_4$]$^-$,(2) [Mn(CO)$_6$]$^+$,(3) [HFe(CO)$_4$]$^-$。

10. 预测下列反应的产物：

(1) B$_5$H$_{11}$+KH,(2) B$_5$H$_9$+NMe$_3$,(3) B$_{10}$H$_{14}$+SMe$_2$,

(4) B$_5$H$_9$+HCl,(5) B$_6$H$_{10}$+Br$_2$。

11. 画出 [B$_3$H$_8$]$^-$ 阴离子的三种可能结构,你认为哪一种结构较合理？

12. 试按拓扑法得出乙硼烷分子的拓扑图像，所得结果是否与该分子的实际结构相符？

13. 按拓扑法计算丁硼烷(B_4H_{10})所有可能的 *styx* 值，说明如何选取该分子合理的拓扑图像。

14. 试根据 Wade 规则，计算下列硼氢化物和硼氢阴离子的骨架电子对数：

(1) 壬硼烷(15)，　　　　　　　　(2) 葵硼烷(14)，

(3) (Me_4N)(B_3H_8)，　　　　　(4) $Na_2(B_{10}H_{10})$。

15. 试用图表示下列分子的立体结构：

(1) 1，5-$C_2B_3H_5$，　　　　　　(2) 1，2-$C_2B_4H_6$，

(3) 2，3-$C_2B_4H_8$，　　　　　　(4) η^5-$CpCoB_4H_8$。

16. 氧化锌在加热分解时会产生哪些缺陷，写出其缺陷反应式，它是 n 型还是 p 型半导体？

17. 掺杂有 Sm^{3+} 离子的 CdF_2 晶体是无色的绝缘体，为什么在 500℃的镉蒸气中加热几分钟后会变成深蓝色的半导体？

18. 作为固体电解质材料用的氧化锆，为什么要进行稳定化处理？掺杂哪些物质可得到稳定化的氧化锆？

19. 如何制备 $C_6H_5{}^{15}NH_2$ 和 [结构图] 标记化合物？写出其化学反应式及核反应式。

20. 如何得到 ^{32}P 标记化合物？

第10章　无机化合物的分离和提纯

10.1　概述——合成、分离与提纯

化学作为物质科学的重要使命就是发现与创造各种新物质。美国化学科学机会调查委员会等权威机构编著的《化学中的机会》一书指出："化学是一门满足社会需要的中心科学。""我们要想懂得多些，就要能做得多些，所以合成是化学家的看家本领。"可以毫不夸张地说，合成化学是化学学科的核心，是化学家为改造世界、创造世界未来最有力的手段。然而在合成新物质的过程中，把各组分相互分离纯化是重要的环节之一。

固体的物理化学性质是和其中存在的杂质和缺陷的种类以及浓度有关的。因此，为了合成出具有指定杂质种类和浓度的物质，首先要制取高纯化学物质，使其中有害杂质含量减少到尽可能少的程度，然后用这些物质合成固体材料。

化学实验室所用物质的纯度是以其中主要组分含量%或杂质总含量%来表示的。如半导体硅材料中规定的纯度要达到 99.999 999 99%，通常说 10 个 9 的纯度（ten nine 或 10N）。即使是在这样高纯的硅中，每 cm^3 中仍含有 300 万个杂质的原子。

众所周知，杂质或缺陷会对固体化合物的物化性质产生巨大影响，然而湿气对化合物性质的影响却易被忽视。如果仔细地干燥物质，从高纯物质中除去最后一点吸附水，会显著改变物质的物理化学常数。查阅手册，甲醇的沸点为 66℃，若将其用五氧化二磷干燥九年，其沸点将变为 120℃。同样仔细干燥过的汞的沸点不再是 358℃，而升高到 425℃。让干燥过的汞或甲醇与潮湿的空气接触之后，它们的沸点又会降低到通常所报道的数值。

另外在光纤制造技术中，OH 基的吸收是损耗的主要原因。OH 基在 2.73μm 有一大的基本吸收峰，其高次谐波在 0.94μm、1.24μm 和 1.38μm 处也产生吸收。例如质量分数为 10^{-6} 的 OH，在 0.94μm 造成的损耗约为 1dB/km，在 1.38μm 则为 15dB/km。光学纤维的损耗以 dB/km(dB：分贝)为单位来表示：

$$损耗(dB/km) = \frac{10}{L(km)} \log_{10}(I_0/I)$$

式中，强度为 I_0 的光经过 1km 的光学纤维后衰减到强度为 I 时，将其比值 I_0/I 的对数值的

10 倍作为 dB/km。

例如：如果损耗是 2dB/km，那么由上式计算可知，光传输 1km 后约有 60% 的光保留下来。如果是 0.5dB/km，那么约 90% 的光保留下来。可见水对光纤的损耗影响之大！

在许多制备、合成和测试工作中，在使用和操作高纯物质时，往往需要在超净工作台或超净工作室里进行，物质要经常保存在洁净的密封的安瓿(bu)或其他容器中，以防止环境中杂质的污染，降低物质的纯度。

分离是利用物质物理化学性质的差异来实现的，是将一种混合物至少分成具有不同组分的两份混合物。其结果是增加了原来混合物中的一种或多种组分的摩尔数，分离结果也总是使感兴趣的组分达到富集或提纯的目的。分离与提纯是因果关系，而"提纯"之意又往往是指将一种已较纯的物质，进一步采用一种或几种分离方法将有害的、低含量的、甚至是痕量的杂质除去的过程。

在分离科学中由于实验目的不同，对分离的要求及采用的技术也不同。例如，以测定物质的结构和性质为目的的分离方法，主要是为了得到纯的待测物质，通常注重样品的"纯度"，而不一定要求分离过程的高效率、高精度；当分离的目的是测定物质中某成分的含量时，则要求分离方法应具有高分离效率、高回收率和高精度等。此外由于分离的对象、规模各不相同，采用的方法、操作程序等彼此可能有很大的差别。

分离方法种类繁多，几乎涉及物理、化学以及生物领域等多门学科。

在物理领域中，力、电、磁、热等学科的理论都与分离学科密切相关。例如，利用重力和压力原理的沉降、离心、过滤等分离方法，利用电磁原理的电泳、电渗析、电解、磁选等分离方法，利用分子的热力学性质的汽化、升华、蒸馏等分离方法，利用分子的动力学性质的扩散分离、渗透与反渗透分离等分离方法。

在化学领域中，有利用分子的物性、分子量与分子体积、分子之间的相互作用原理创建的萃取、溶解、沉淀、溶剂化、重结晶等分离方法，利用物质分子间相互作用力的热力学与动力学性质差异而创建的现代色谱技术等。

许多分离方法的原理并不是单一的，有的只是以一种原理为主，以另一种原理为辅，或几种原理相互结合形成的分离方法。试图用任何简单的分类方法包罗全部分离技术是困难的。

以下简单介绍几种常用的分离提纯方法。

10.2 萃 取

萃取是利用物质在不同的溶剂中的溶解度不同和分配系数的差异，使物质达到相互分离和浓集的方法。萃取是分离液体混合物常用的单元操作，它不仅可以提取和增浓产物，还可以除掉部分其他类似的物质，使产物获得初步纯化。常用的有机萃取剂有乙酸乙酯、乙醚、丁醇等。半微量的萃取装置可用于处理数毫升的液体。

萃取机理可分为：①利用溶剂对需分离组分有较高的溶解能力，分离过程纯属物理过程的物理萃取；②利用溶剂有选择性地与溶质化合或络合，从而在两相中重新分配而达到分离目的的化学萃取。通常，待处理溶液中被萃取的物质被称为溶质，其他部分则为原溶剂，加入的第三组分被称为萃取剂。萃取剂选取的基本条件是对料液中的溶质有尽可能大的溶解度，而与原溶剂则互不相溶或微溶。当萃取剂加入料液中，混合静置后分成两液相：一相以萃取剂(含溶质)为主，称之为萃取相；另一相以原溶剂为主，称之为萃余相。在萃取过程中，常用分配系数表示平衡的两个共存相中溶质浓度的关系。对互不混溶的两液相系统，分配系数 K 为

$$K = y/x \tag{10.1}$$

式中，y 为平衡时溶质在萃取相中的浓度；x 为平衡时溶质在萃余相中的浓度。

当溶质浓度较低，且传质处于平衡状态时，溶质在萃取相中的浓度 y 与萃余相中的浓度 x 呈线性关系，即

$$y = Kx_0$$

要分析萃取过程，除了平衡关系式外，还需要进行萃取前后溶质的质量衡量。根据质量守恒定律，有

$$Hx_0 + Ly_0 = Hx + Ly$$

式中，H 为给料溶剂量，kg；L 为萃取剂量，kg；x_0 为给料中溶质浓度；y_0 为进入萃取体系的溶质浓度(通常 $y_0 = 0$)；x 为萃取平衡后萃余相溶质浓度；y 为萃取平衡后萃取相溶质浓度。

假设萃取相与萃余相不混溶，操作过程中 H 和 L 的量不变，则可求得平衡后萃取相中溶质(产物)的浓度为

$$y = \frac{Kx_0}{1+E}$$

式中，$E = KL/H$，称为萃取因子。相应地，萃余相中溶质的浓度为

$$x = \frac{x_0}{1+E}$$

若令 P 为萃取回收率，则

$$P = \frac{Ly}{Hx_0} = \frac{E}{1+E} \tag{10.2}$$

由上式不难看出，K 值越大，则溶质(产物)越浓集于萃取相中。

萃取溶剂的选择，一般根据"相似相溶"的原理。适当改变溶剂的 pH 值，有时可使某

些组分的极性和溶解度发生改变。此外，萃取剂应选择毒性小、易挥发、易分层的溶剂。

溶剂萃取通常在常温或较低温度下进行，因而能耗低，特别适用于热敏性物质的分离。易于实现逆流操作和连续化大规模的生产，应用范围不断扩大。

萃取分单级萃取、多级萃取、微分萃取、固体浸取、双水相萃取、反微团萃取、溶解–沉淀–萃取等类型。

10.3　蒸馏与分馏

蒸馏是分离不同沸点液体混合物常用的一种物理方法，即借助于被分离物气–液相变过程以达到分离纯化的目的，主要用于常量组分和低沸点组分的分离。用蒸馏可除去大量低沸点的溶剂，使样品得到浓缩。馏出物中如含有不止一个组分，就需要用精密的装置来分离。

液体混合物中两相的出现，是由于液体混合物部分蒸发而形成蒸气的结果，各相可以分别回收有用组分，易挥发组分富集于蒸气，难挥发组分则在液体中得到富集。分离的效率取决于混合物组分的物理性质和采用的设备以及蒸馏方法。

蒸馏理论是利用气–液平衡的原理，是以相平衡为基础的。其定义为某些组分从一相转移到另一相的速度与反方向转移的速度相等时，两相浓度不变。

蒸馏类型有简单蒸馏、分馏(精馏)、闪馏、真空蒸馏、分子蒸馏、水蒸气蒸馏、共沸蒸馏、萃取蒸馏、升华等。

1. 常规蒸馏(conventional distillation)

包括简单蒸馏和分馏两种方法。简单蒸馏往往是间断的过程，而分馏既可是间断的，也可以连续进行。

(1)简单蒸馏。简单蒸馏装置由蒸馏瓶、冷凝管、接收器等组成。

(2)分馏(fractional distillation)。分馏是借助气–液两相的相互接触，反复进行汽化和部分冷凝作用，是混合液分离或改变组分的过程。它实际上就是多次汽化和多次冷凝的简单蒸馏过程的集合。

2. 真空蒸馏(vacuum distillation)

真空蒸馏是在简单蒸馏的基础上加入抽气装置的一种方法。抽气装置如水泵，机械泵等，真空压力可达 0. 1~0. 7kPa。

3. 水蒸气蒸馏(steam distillation)

水蒸气蒸馏实际上是一种简单蒸馏，常用于以下情况：常压下沸点高或在沸点下易燃烧物质的蒸馏；用于高沸点物从难挥发物或不挥发物中分离出来；采用高温热源有困难时，可采用水蒸气蒸馏。

4. 共沸蒸馏(azeotropic distillation)

共沸蒸馏和萃取蒸馏(extractive distillation)是相似的，都是通过加入第三种组分(共沸剂或萃取剂)致使组分的挥发度改变而获得较好的分离，但实验方法不同。此类型的蒸馏多用于分离沸点相近而化学性质不相似的物质以及能形成恒沸的物质。这些物质用一般蒸馏是无法分离的，而加入另一种物质改变其相对挥发度时则成为可能。

5. 升华(sublimation)

可定义为一种固体未经过液相而出现的直接汽化，因此它基本上是一种固体蒸馏。升华不同于普通蒸馏。它使被精制的物质由气相凝结为固体而不是液体。通常在加热系统用泵减低压力，而蒸气则经过较短距离后被冷凝在"冷指"内或某些其他冷表面上。这一技术既能用于许多有机固体，也能用于氯化铝、氯化铵、三氧化二砷、碘和其他一些无机物。在某些情况下，要向被加热的物质表面通惰性气体，使其充分气化。

10.4 重 结 晶

重结晶法是最简单、最有效的一种提纯物质的方法。利用物质的溶解度在高温下升高、在低温下降低的原理，可以先制备物质高温下的饱和溶液，过滤除去不溶性的杂质，然后冷却溶液，便可以结晶析出相当纯净的晶体。微量的杂质仍留在母液中。在结晶过程中，杂质的分子有可能被主要成分物质的晶体机械地包藏着，也不可避免地被晶体表面所吸附。有些杂质还可以和主成分物质形成同晶型的固溶体。杂质离子也能取代主成分物质中的离子，进入晶格，形成杂质缺陷。此外，用重结晶法来分离同晶型物质在原则上是不可能的。在这种情况下，必须采用别的方法。例如提纯铝铵矾作为制备红宝石激光晶体的原料时，不可能用结晶法除去 Fe^{3+}，因为铝铵矾和铁铵矾是类质同晶化合物，在 $pH=2$ 时进行重结晶，提纯系数不超过 10；但如果事先把 Fe^{3+} 还原成 Fe^{2+}，就可以消除类质同晶现象，可使提纯系数达到 100。提纯系数是指物质中提纯前和提纯后杂质的含量之比。重结晶法提纯物质的效率也取决于物质的溶解度，溶解度小的物质的提纯效率要比溶解度大的物质的高，也即该法不大适用于易溶物质。

重结晶是一种相变过程。从平衡态热力学观点看，当外界条件如温度、压力等的变化使体系达到相转变点时，则会出现相变而形成新相。然而事实上并非如此，因为新相的出现往往需要母相经历一"过冷"或"过热"的亚稳态才能发生。其原因是，要使相变能自发进行，则必须使过程自由能变化 $\Delta G<0$，另一方面则是因为在非均相转变过程中，由涨落而诱发产生的新相颗粒与母相间存在着界面。它的出现使体系的自由能升高，所以新相核的出现所带来的体系体自由能项的下降必须足够大，才能补偿界面能的增加，于是必然出现"过冷"或"过热"等亚稳态。这种"过冷"或"过热"的状态与平衡态所对应的自由能差就

是相变的热力学驱动力。

以体系在恒压条件下进行相变为例，在相变平衡点 T_0 上，应有 $\Delta G = \Delta H - T_0\Delta S = 0$。而在相变平衡点附近的某一温度 T 下，$\Delta G = \Delta H - T\Delta S \neq 0$。考虑在 T_0 的小邻域内，ΔH 和 ΔS 近似不随温度变化，比较上述两式便可得到

$$\Delta G = \Delta H\left(\frac{T_0-T}{T_0}\right) = \Delta H\left(\frac{\Delta T}{T_0}\right) \tag{10.3}$$

由此可见，自发相变要求 $\Delta G<0$，即应有 $\Delta H\Delta T/T_0<0$。若相变过程放热如凝聚、结晶等过程，则 $\Delta H<0$，要使 $\Delta G<0$，必须有 $\Delta T>0$。此时应有 $T_0>T$ 而表明体系必须存在过冷的相变条件；如相变为吸热过程如蒸发、熔融等过程，则 $\Delta H>0$，要使 $\Delta G<0$，必须有 $\Delta T<0$。此时应有 $T_0<T$ 而表明体系必须存在过热的相变条件。

成核（也就是生成相的微粒由母相中形成）和长大（也就是说成核所得微粒的尺寸增大）两者都要求相应的自由能变化为负值。因此，可以预期，相变需要过热或过冷。也就是说，不可能恰好在平衡转变温度时发生转变，因为根据定义，在平衡温度时，各相的自由能相等。

具备相变条件的体系一旦获取相变驱动力，体系就具有发生相变的趋势。经典的成核-生长相变理论认为，新相的出现首先是通过体系中区域能量或浓度大幅起伏涨落形成新相的颗粒而开始的，随后由源于母相中的组成原子不断扩散至新相表面而使新相的核得以长大。但是，在一定亚稳的条件下，并非任何尺寸的颗粒都可以稳定存在并得以长大而形成新相。尺寸过小的颗粒由于溶解度大很容易重新溶入母相而消失，只有尺寸足够大的颗粒才不会消失而成为可以继续长大形成新相的核。

成核分均质成核和异质成核两种情况，首先讨论均质成核的情况。

考虑在低于平衡凝固温度时，有一个球形固体颗粒在纯液体中形成，固体颗粒的形成导致自由能降低，因为固体的体自由能低于液体的自由能。与体自由能降低的同时，由于固体与液体之间产生了界面，而又使自由能增加，这两种相反的趋势可以用一个方程来表示，此方程给出了球形颗粒形成时，自由能变化与球半径 r 和过冷度 ΔT 的函数关系：

$$\Delta G = \left(\frac{4\pi}{3}r^3\right)\Delta G_v + 4\pi r^2\gamma = \frac{4}{3}\pi r^3\Delta H\frac{\Delta T}{T_0} + 4\pi r^2\gamma \tag{10.4}$$

式中，第一项是每个颗粒的体自由能的总增加量，其中 ΔG_v 是负值，即为（10.3）式，它是液体中生成单位体积固体所引起的自由能变化。第二项是每个颗粒所增加的总表面能，其中 γ 为单位面积的固-液表面能。相变体系的临界晶核尺寸取决于相变单位体积自由能变化和新相-母相界面能的相对大小。相变自由能变化 ΔG 为颗粒半径 r 和过冷度 ΔT 的函数。当颗粒很小时，总表面能的数值大于总体自由能的变化，而每个颗粒的自由能将随颗粒尺寸增大而增加，如图10.1所示。每个颗粒的自由能一直增加到临界半径 r_k 处的 ΔG_k，

临界晶核就是以这个自由能极大值为条件所规定的。当 $r>r_k$ 时，颗粒尺寸可以自发增大，因为与此同时，总自由能相应地降低，并且上式中的体自由能项占优势。当 $r<r_k$ 时颗粒尺寸趋于减小，即颗粒将自发重新消溶回母相，因为该过程将使自由能降低。

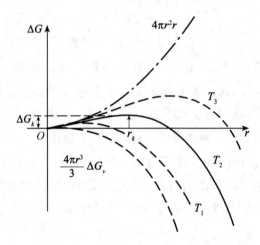

图 10.1　晶核形成的自由能变化与颗粒尺寸 r 和过冷度的关系

为使颗粒成核，必须克服能垒。每个临界晶核的激活自由能为：

$$\Delta G_k = \frac{16\pi\gamma^3}{3(\Delta G_v)^2} = \frac{4}{3}\pi r_k^2 \gamma \tag{10.5}$$

此自由能变化临界值实际上为形成临界晶核所必须越过的能垒，所以又常称为成核功。所必须达到的相应的临界半径为

$$r_k = \frac{2\gamma}{\Delta G_v} = -\frac{2\gamma T_0}{\Delta H \Delta T} \tag{10.6}$$

以上两式的含义是在体积一定时，晶核半径小则其表面积大，表面能大，晶核存在困难。在大于 r_k 时，因表面能的影响变小，晶核存在变易，也即晶核易生长。

值得注意的是，只有在 $\Delta G<0$ 时，r 才是一个有物理意义的量。在平衡凝固温度 T_m 时，$\Delta G_v=0$，因而 $\Delta G \to \infty$，$r_k \to \infty$。显然，在平衡转变温度时，成核是不可能的。

以上讨论了均质成核，也就是在没有催化剂帮助的情况下生成临界晶核。与此相应的成核过程称异质成核。异质成核之所以比均质成核更容易发生，其主要原因是均质成核中新相颗粒与母相间的高能量界面被异质成核中新相颗粒与杂质异相间的低能量界面所取代。显然，这种界面的替代比界面的创生所需的能量要小，从而使成核过程所需越过的能垒降低，进而使异质成核能在较小的相变驱动力下进行。

在结晶时，催化剂通常是一些像器壁或氧化物颗粒这类外来媒介物。这些催化剂不仅

使临界晶核的体积减小，而且使成核的激活能下降。实际中的成核大多是异质成核。事实上，只有在严密控制的实验条件下，才能观察到凝固时的均质成核。

10.5 化学沉淀

化学沉淀是最简单的、也是最有效的一种提纯物质的方法，在化学试剂工业中广泛使用。沉淀法就是将某种沉淀剂加到易溶于水的物质的溶液中，使其中的杂质离子生成难溶的沉淀物而分离出去。其所依据的原理就是，要除去的杂质离子与沉淀剂生成的物质的溶度积远远小于要提纯的主要成分离子与沉淀剂生成的物质的溶度积。沉淀剂可是无机试剂，也可是有机试剂。如在制备高纯 $ZnSO_4$ 溶液时，可加入少量的碱于溶液中，其中杂质 Fe^{3+} 生成难溶 $Fe(OH)_3$ 的沉淀析出。即使反应初始也会生成一些 $Zn(OH)_2$ 沉淀。但由于二者的溶度积差别极大，最后的结果是全部的 Fe^{3+} 被除去，而只损失少量的 Zn^{2+}；而且部分 Zn^{2+} 所生成的凝胶状 $Zn(OH)_2$，正好可以把少量的悬浮 $Fe(OH)_3$ 载带下来。

$$3Zn(OH)_2+2Fe^{3+}\Longrightarrow 2Fe(OH)_3+3Zn^{2+}$$

$$K=K_{sp,Zn(OH)_2}^3/K_{sp,Fe(OH)_3}^2=(7.1\times10^{-18})^3/(3.2\times10^{-38})^2=3.5\times10^{22}$$

也常采用把一种离子以可溶性配合物的形式保持在溶液中的方法，而将杂质离子沉淀分离出来。

采用共沉淀方法，往往可以达到高度纯化的目的。如为了除去 $ZnSO_4$ 溶液中的砷、磷、锑等杂质，可往溶液中加 $Fe_2(SO_4)_3$，然后加一些 $ZnCO_3$ 的糊状物，经长时间的搅拌，生成的 $Fe(OH)_3$ 将吸附溶液中的砷、磷、锑等杂质一起，以共沉淀的形式析出。

10.6 吸附分离

当两相组成一个体系时，其组成在两相界面(interface)与相内部是不同的，处在两相界面处的成分产生了积蓄(浓缩)，这种现象称为吸附(adsorption)。已被吸附的原子或分子返回到液相或气相中，称之为解吸或脱附(desorption)。原子或分子从一个相大体均匀地进入另一个相的内部(扩散)，称为吸收(absorption)。吸收与吸附是不同的，而当吸附与吸收同时进行时，称为吸着(sorption)。如当分子撞击固体表面时，大多数的分子要损失其能量，然后在固体表面上停留一个较长的时间($10^{-6}\sim10^{-3}$s)，这个停留时间比原子振动时间($\sim10^{-12}$s)要长得多，这样分子就将完全损失掉它们的动能，以致它们便不再能脱离固体表面，而被表面所吸附。通常，被吸附的物质称为被吸附物，也称为吸附质(adsorbate)。而吸附相(固体)称为吸附剂(adsorbent)。至于需要在表面上停留多长时间才能被吸附，这要由分子与表面原子之间相互作用的本质以及表面的温度来决定。

由于吸附质与吸附剂之间吸附力的不同，吸附又可分为物理吸附和化学吸附两类。物理吸附也称为范德华吸附，它是由于分子间的弥散作用等引起的；而化学吸附则是由于化学键的作用引起的。

1. 物理吸附

由弱相互作用所产生的吸附叫物理吸附（Physical adsorption）。弱相互作用是指分子与表面原子间的短程作用力以及诸如偶极子-偶极子、诱导偶极子间的范德华力，这些作用力跟分子与表面的距离的三次方或六次方成反比。物理吸附需要较低的表面温度和较长的停留时间。其可以是单分子层吸附，也可以是多层吸附，吸附层可以达几个分子厚度。一般说来，物理吸附有几个明显的特点，其一是物理吸附没有选择性，任何气体在任何固体表面上都可以发生物理吸附。其次是愈易液化的气体愈容易被吸附。再者是物理吸附的速度极快，并可在几秒到几分钟内迅速达到平衡。最后是改变温度或压力可以移动平衡。降低压力，可以把吸附气体毫无变化地移走，这表明在物理吸附过程中，气体分子和固体表面的化学性质都保持不变。因此，这类物理吸附就好像被吸附气体凝聚在固体表面上那样。所以物理吸附的热效应也和气体的凝聚热相近，一般在 $4.2 \sim 42 kJ/mol$ 范围内。

2. 化学吸附

由静电作用产生的吸附称为化学吸附（chemi-sorption）。被吸附分子与固体表面原子间的静电作用力与它们之间的距离的一次方成反比。化学吸附的热效应为 $62 \sim 620 kJ/mol$，相当于化学结合能。若气体分子与表面原子间具有这样强的相互作用，那么即使它在表面上停留时间很短、表面温度较高，也可能被表面所吸附。因为分子与表面结合时需要一定的活化能，所以升高温度更有利于化学吸附。此外只靠减压也是不能使化学吸附的分子解吸的。

3. 物理吸附和化学吸附的鉴别

物理吸附和化学吸附之间的根本差别在于吸附分子与固体表面的作用力性质的不同。表面原子的对称性较低和具有剩余的键合力，这是表面吸附的动力。吸附时表面自由能降低，就吸附质而言，由于它的分子被束缚在表面上，体系的熵降低，因此吸附的焓变为负，吸附是放热过程。当吸附质分子中的键合（X—X）和吸附质原子与表面原子间的作用（X—M）强度差不多，但比固体原子的内聚力（M—M）弱时，可能在固体表面上发生单层或多层吸附，在许多情况下，单层吸附和多层吸附之间的平衡是可逆的。当表面原子与吸附原子间的作用（M—X）接近于固体的内聚力时，则不仅可以在表面上发生单层或多层吸附，而且还可能使固体表面结构发生改变，甚至生成表面化合物，许多金属表面和某些化学性质活泼的气体间的作用就属于这种情况。

一些惰性分子的吸附是物理吸附，而一些较活泼气体（O_2，F_2，H_2）在金属（W，Ni）上的吸附是化学吸附。具有相当大的偶极矩或极化率的分子在表面上的吸附介于两者之间。气体分子在固体表面上的吸附状态可直接通过测定其吸收光谱来加以证实和区别。若发生化学吸附，在紫外、可见或红外光谱区将出现新的特征吸附带。而发生物理吸附，只能使被吸附分子的特征吸收带产生位移或改变强度而不会产生新谱带。

4. 吸附等温线

气体在固体表面上的吸附量和许多因素有关。对于一定重量的吸附剂，达到吸附平衡时，所吸附气体体积(即吸附量)是由体系的压力和温度决定的，即 $V=f(p, T)$。如果分别固定吸附量、压力或温度来确定这三者的关系，就可从不同的角度来研究吸附现象的规律。保持温度不变，可得到吸附量和压力关系的吸附等温线。保持压力不变，可得到吸附量和温度关系的吸附等压线。如果保持吸附量不变，得到的是反映压力和温度关系的吸附等量线。这三种吸附曲线是相互有联系的，由其中一种曲线可导出另外两种曲线。实际中常用的是吸附等温线。可以将实验测得的吸附等温线划分为五种基本类型。

常用的吸附剂有活性炭，活性炭纤维，球形炭化树脂，大孔网状聚合物吸附剂，合成沸石(分子筛)，硅胶，活性氧化铝等。

影响吸附的因素有吸附剂的性质，吸附质的性质，温度，溶液 pH 值，盐的浓度，吸附质的浓度与吸附剂的用量等。

10.7　区域熔融提纯

区域熔融或称区域精制，是分步固化的一个特殊发展。它可用于在固化过程中其可溶性杂质浓度在液相和固相中有着显著区别的所有结晶物质。这一技术应用的仪器基本上是一个具有狭窄熔区的装置。此熔区能沿着装有提纯物质的长管道向下移动。可以用机械装置反复循环。在它的推进面上，熔区有一个与不纯物接触的熔融界面。而在熔区的上面则是一个具有更高熔点的稳定的生长面。熔融物重新固化。这可使杂质在液相逐步浓集，在区熔过程结束后弃去。还有，由于液相杂质逐步增加，再固化的产品也就相对地没有先前那样纯净。因此通常必须使其经过几次区熔过程，样品才能达到满意的纯度。这也是为什么当原料已有适当的纯度用这一方法是最有效的原因。在整个操作过程中必须使熔区十分缓慢地移动，以便使杂质能够扩散、移出再固化区。

以下用图 10.2 简单说明区域熔融原理。图中 T_A 和 T_B 分别为 A 组元和 B 组元的熔点，上面的曲线为液相线，下面一条曲线为固相线，液相线以上为液相区，固相线以下为固相区，两线之间为固液共存的两相区。设有组成为 c 的熔体，自高温冷却下来，当温度降至 t_1 时，开始析出固相，其组成为 d，当温度由 t_1 继续下降至 t_2，液相的组成沿 ae 曲线变化，固相的组成沿 db 曲线改变。在温度为 t_2 时，液体全部凝固。

区域熔融提纯只需考虑相图中的极端部分，它通常是用来提纯那些已经比较纯的物

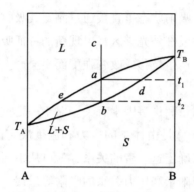

图 10.2 完全互溶的二元体系相图

质，因此在理论上牵涉到的是那些在相图中接近于右轴或左轴的点。

10.8 离子交换法和吸附色层法

利用各种离子在离子交换树脂上和在配体淋洗液中配位分配系数的差别，可以有效地分离和提纯物质，也可以利用交换反应制备高纯物质。如将 $NaIO_4$ 溶液通过氢型阳离子交换剂填充的柱时，可以得到高碘酸 HIO_4。此外有一种活性炭的配位吸附色层法也可用于制备高纯物质。活性炭柱或掺有某些有机配体（如 8-羟基喹啉、丁二酮亏等）的活性炭柱对于各种离子有选择吸附特性。例如，配位吸附色层法可以有效地从碱金属、碱土金属、稀土元素以及锌、镉等的盐溶液中除去各种重金属杂质，杂质含量可降低到 $10^{-7} \sim 10^{-9}$ 以下。

配位吸附色层法的反应机理是：配体溶于水相，并被附近的活性炭粒的表面所吸附，形成一个具有极大反应活性表面积的配位吸附柱，当杂质离子通过柱时，与配体反应生成稳定的分子型螯合物，并被吸附在柱上：

$$\frac{1}{3}Fe^{3+}_{(溶液)} + QH_{(固)} \Longrightarrow QFe_{1/3(固)} + H^+_{(溶液)}$$

Q 为有机配体的阴离子集团。显然，沿着被提纯溶液的流动方向，吸附柱上的 $QH_{(固)}/QFe_{1/3(固)}$ 的比值是顺序逐渐增大的，这样就形成了一个连续的、无限级数的吸附交换过程，从而保证了这种吸附色层法能够高效率和大容量地除去杂质离子，制得高纯溶液。

10.9 泡沫分离

泡沫分离（foam separation）就是利用溶液中各组分表面活性之差进行分离、富集的一种技术。它不仅可作为金属或非金属离子、配合物、蛋白质、微生物和微粒子等物质的常量分离方法，而且还特别适用于这些物质的微量分离和富集。其一般在室温下进行，适用于对热敏感的各类化学和生物组分的分离与富集，尤其是对于环境保护、生命科学研究起着极为重要的作用。它有以下类型：

泡沫分级法(foam fractionation)：泡沫分级是利用被分离物本身的天然表面活性之差进行分离的；

离子或分子浮选法：离子浮选法(ion flotation)或分子浮选法(molecular flotation)是利用被分离物与表面活性剂的结合能力之差进行分离的方法；

泡沫浮选法(foam flotation)：泡沫浮选是利用被分离物本身的天然表面活性之差进行分离的方法；

微粒子浮选法(microflotation)：微粒子浮选是指用泡沫分离技术分离那些可筛分的矿物；

沉淀浮选法(precipitation flotation)：沉淀浮选也叫非极性矿物泡渣浮选法，是应用最广的泡沫分离方法。

泡沫分离的特点是对痕量物质能有效地分离和富集，设备和操作方法都较为简易，工业和实验室均易实现。

泡沫分离的原理是基于表面活性剂具有吸附或富集于气-液界面上的倾向以及各类化学物质、生物物质、微粒与表面活性剂的结合。

10.10 膜 分 离

膜分离可以认为是一种物质被透过或被截留于膜的过程。表 10.1 列出了膜分离的机理和一些参数。

表 10.1　　　　　　　　　　　膜分离的机理及其参数

名　称	孔径/μm	推动力/Pa	截流分子量
微滤(microfiltration，MF)	0.02~10	0~1×10^5	
超滤(ultrafiltration，UF)	0.001~0.02	0~1×10^6	10^3~10^6
反渗透(reverse osmosis，RO)	无孔	0~1×10^7	小于 1000
渗析(D)	0.001~0.003	浓度差	
电渗析(ED)		电位差	小于 200
渗透蒸发(PVAP)	无孔	分压差	

续表

名　称	孔径/μm	推动力/Pa	截流分子量
气体分离(GS)	无孔	$0\sim1\times10^{7}$	
纳米过滤(nanofiltration，NF)		$0\sim1\times10^{3}$	$200\sim2000$

　　膜分离概括起来可分为固膜分离、液膜分离、纳米滤膜分离三种。详细内容可参考专著，在此不赘述。

10.11　应 用 举 例

　　化合物的提纯和分离在材料的制备过程中起着关键的作用，以下举几个实例加以说明。

1. 石英光纤玻璃原料的提纯

　　电缆通信是把声音变成电信号，通过铜导线把电信号传输到对方。而光导纤维(简称光纤)通信则是把记录着声音的电信号变成光信号，然后通过玻璃纤维把光信号传输到对方，最后又把光信号转变成电信号。要使玻璃纤维把光信号从一方传输到另一方，必须使玻璃纤维的损耗降低到最低。光导纤维的损耗如图 10.3 所示。

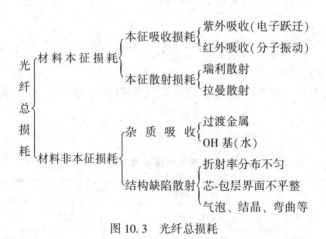

图 10.3　光纤总损耗

　　从以上可以看出，一旦确定了材料，材料的本征损耗就无法改变。人们只有在非本征损耗的降低上做出努力。杂质的吸收，主要是 Fe、Co、Ni 等过渡金属杂质离子在可见和近红外区有强的吸收，这要在原料的纯化过程中除去过渡金属杂质离子而加以解决。而结构缺陷则是在工艺上应注意的。

20 世纪 60 年代中期，高锟等人提出了关于降低石英光纤损耗的设想。70 年代美国康宁公司制造出了损耗为 20 dB/km 的光纤，从而极大地引起了各国学者的重视。之后美国贝尔研究所制得了 2 dB/km 的低损耗光纤；到 1979 年日本电信电话公司茨城通信研究所制得了 0.2 dB/km（1.55μm）的光纤，该值接近石英光纤的理论损耗值 0.18 dB/km（1.55μm）。与此同时，茨城通信研究所采用"VAD"法制造光纤预制棒，使光纤中的 OH 基的量显著下降，加之光纤外围技术的开发，到 70 年代末，使光纤通信趋向实用化。这一技术从开发到实用前后不到 10 年，发展相当迅速。目前光纤通信已成为信息高速公路的重要组成部分。石英光纤实用化的进程实际上与光纤损耗的下降密切相关，也即与光纤材料的提纯密不可分。

制备石英光纤预制棒的原料（见 3.1.2 小节）有 $SiCl_4$、$GeCl_4$、$POCl_3$、BBr_3、SF_3 等，在常温下它们为液体或气体，一般可用精馏、吸附或两者结合的方法提纯它们。20 世纪 70 年代末，我国自主制造的第一条 2.8 公里长的石英光纤通信试验线路的石英光纤，就是由作者当时所在的研究小组提供的高纯原料制成的。

石英光纤通信实用化以后，1993 年美国政府推出一项举世瞩目的高科技项目——"国家信息基础结构"（National Information Infrastructure，NII），国内称为信息高速公路。这项跨世纪的信息基础工程将耗资 4000 亿美元，历时 20 年左右。其目标是用光纤和相应的计算机硬件、软件以及网络，把美国的所有学校、研究机构、企业、医院、图书馆以及每个普通家庭连接起来。自美国正式提出这项计划之后，掀起了一股信息高速公路浪潮。在世界范围内相继提出：全球信息基础结构（GII）；亚洲信息基础结构（AII）；多个国家和地区的信息基础结构（通称为 XII）等。

信息高速公路是指用数字化大容量光纤等通信网络实现政府机构、企业、大学、科研机构、家庭计算机联网。它以光纤光缆等为"公路"，以集电脑、电视、电话为一体的多媒体为"汽车"，以各种图、文、声信息为"货物"，高速进行传输，形成遍布全国的高速信息网。创建 NII 的基本目标是为 21 世纪的"信息文明"打好物质基础，使公众拥有良好的信息环境，能随时、随地以最合适的方式（图形、图像、文字、声音、视频等）与自己想要联系的对象进行交流，摆脱地理位置、经济状况以及身体缺陷等种种限制，从而为最大限度地发挥每个人的聪明才智提供平等机遇。这些目标不到 20 年，就基本达到，纵观世界尤以我国发展迅速。这些成就的取得与光纤材料提纯技术的进步密不可分。

2. 氯铂酸的制备和提纯

以下是试剂级氯铂酸制备和提纯的一个方法。

将 1kg 海绵铂放于王水中加热溶解，溶解过程中不断补加 HCl 和 HNO_3（无棕色气体时加 HNO_3，反应缓慢时加 HCl），直至铂完全溶解（3~7 天）。溶解完后加热浓缩，并不断加入 HCl，赶走多余的 HNO_3，直至无棕色气体放出为止。停止加热，冷却后，用去离子水稀释，使 AgCl 沉淀下来，静置过夜，过滤，得 H_2PtCl_6 稀溶液，加热浓缩得 H_2PtCl_6 浓溶液。

自然界中贵金属铂和银共生，分离困难，海绵铂中也不免会有少量的银伴生，用海绵铂制备试剂级氯铂酸，必须除去少量的银。在上述方法中，巧妙地将银以 AgCl 的形式沉淀下来，试问在此所用原理如何？

其实，在高 Cl^- 浓度溶液中，Ag^+ 以 $AgCl_2^-$ 配合物离子的形式存在，当溶液被稀释时，$AgCl_2^-$ 配合物离子就转换成 AgCl 而沉淀下来。这是 20 世纪 70 年代，国内某厂规模制备试剂级氯铂酸的方法。是在规模生产中，应用配合原理的一个典型的例子。

3. 硫酸铜的提纯

提纯五水硫酸铜（$CuSO_4 \cdot 5H_2O$）比较简便的方法是重结晶法。然而重结晶母液中将留有相当比例的硫酸铜，大大地影响提纯硫酸铜的收率。如何提高硫酸铜的收率？我们在生产电子级硫酸铜的实践中，利用提纯母液的方法，大大提高了硫酸铜的收率。因为这样，母液可多次循环使用，致使收率在90%以上，甚至接近100%。

4. 稀土元素的分离

稀土元素的分离是一个比较典型的应用例子，有多部专著介绍，请读者检索参考概括之。

思　考　题

1. 说明萃取和蒸馏的原理。试举出一个水蒸气蒸馏的实例来。

2. 相变的热力学驱动力是什么？试就 r 的大小讨论晶核形成的难易。

3. 叙述晶体生长机理，如何控制晶核的形成和晶体的生长？

4. 阐述物理吸附和化学吸附的概念及其之间的鉴别。

5. 试设计一个提纯四氯化硅的方案。

6. 在氯铂酸的制备中沉淀氯化银用的是什么原理？

7. 在以重结晶法提纯五水硫酸铜（$CuSO_4 \cdot 5H_2O$）的方法中，如何提高硫酸铜的回收率？

第11章　无机化合物的测定和表征

11.1　概　　述

在合成化学中，化合物的测定和表征是不可或缺的。当我们合成出一个化合物时，首先要知道它的组成，结构，分析其合成机制，以便指导相关化合物的合成更加合理化，科学化；其次要了解其功能特性，以便于开发其实际应用和潜在应用；再者更为重要的是进行结构和性能的关联，举一反三，从而进一步合成出更多的具有特殊功能的新化合物和新材料。所有这一切都离不开化合物的测定和表征。

过去人们总是通过成分分析、物相鉴定、结构测定来阐明自己的工作，相信测定结构的重现性能够保证性能的重现性。现在，在合成化学中人们仍然期待通过结构的阐明来事先判断能否实现某种性能。显然，测定和表征是合成化学中所有研究的基础，它至少涉及以下几个方面：①试样的化学组成和组成的均匀性；②可能影响性能的杂质；③揭示试样的结晶性或其他有关的结构，晶体的晶系和单胞，在需要和可能时，还有原子坐标、成键和超结构；④影响性能的缺陷性质和浓度。

美国的国家科学院和材料咨询局专设的关于表征的国家研究委员会提出了如下定义：

"表征描述一种材料的组成和结构（包括缺陷）特征，这些特征对于特定的制备、性能研究或应用是重要的，并可充分满足材料复制的需要"。因此，表征是材料科学的一个专用术语，但在合成化学中也被广泛地使用。

表征（Characterization）包括组成，结构和性能三个层次。从定义对表征的界定看，有选择地确定所要取得的信息，以及为取得这些信息拟采用的技术，对表征工作是至关重要的。有效技术的确定，以及如何取得有用的信息，是我们将要讨论的问题。解决这个问题的关键，是要扩展视野，充分了解各种技术的适用范围，以便作出最佳选择。

11.2　结构表征

结构表征的工作说到底就是要对材料中原子（和电子）的三维排列进行某种描述。从对外部形貌的肉眼观察到对原子排列的最精细描述都是结构表征工作，或是这种工作的一部分。对表征工作的评价，归根结底应完全视其是否提供了所需要的信息，包括实验观察是否可靠能否重现，对实验结果的解释是否合理有无争议等。直接、简单、明确是表征工作的圭臬，这首先是以正确选择测量技术为基础的。

现代结构分析仪器具有以下 4 个鲜明的特点。①采用新技术。如将电子技术用于信号的高灵敏度和高分辨率的探测、放大和显示，以激光作为高纯度的单色光源，对超高真空技术及低温超导磁场的应用；②仪器电脑化。每台仪器配有电子计算机，使得仪器的操作运行程序控制化，测试数据的收集，存贮、计算处理和显示自动化；③仪器多功能化。即以某一基本型式的仪器为基础，添加某些部件，使仪器可以给出更多的信息，例如，扫描电子显微镜带有电子探针微区分析设备；④采用联用技术。使不同仪器一体化，如色-质联用、热-质联用等。

11.2.1　固体的形貌、光学特性和表面

用光学法可以获得有关固体结构的某些信息。通过肉眼和测角仪观察结晶良好的晶体，可以知道晶体的对称性，这是用衍射法研究结构的前提，也有助于在测量晶体其他物理性质时可以很容易地确定晶体的取向。

对于透明晶体，常常借助于偏光显微镜。测定其折射率、折射各向异性和旋转散射。对晶体的光学鉴定，可以分为若干步骤，首先采用过筛、浮选、化学浸蚀，以至在显微镜下用镊子挑选的办法，把固体材料中各组成物相分离开来。然后在普通光线下观察晶体的颜色、形貌、晶面夹角，生长步骤、夹杂物、解理面等。

用偏光显微镜观察可以了解单轴晶体的双色性和双轴晶体的三色性，以及双折射、相变和孪晶等。在加热试样架上还可以测得晶体的相变点和熔点等。精细地测定晶体的光学光率指数，可以了解到晶体对称性。例如，立方晶体和无定形体是光学各向同性；三方、四方和六方晶体是单轴性；正方、单斜和三斜晶体是双轴性。当配合以光学光率的重新取向时，可以在偏振光下观察到铁电体(如 $Pb_5Ge_3O_{11}$)中的磁畴，可以用偏光显微镜研究磁畴在电场中的运动。磁畴的旋光性的正负随磁化向量的方向改变。

还有一些特殊的光学试验可以应用于特定的性质测定上，例如，光弹性(即折射率随应力的改变)可以用于测定工程材料的应力。精确地测定双折射，可以量度缺陷晶体中的内应力以及退火技术中的效率。

固体表面的研究包括表面的外貌和表层的结构两个方面，前者是指用显微镜观察固体的表面，以了解晶体生长机理、晶体对称性、晶体完整性、孪晶、晶粒间界、磁畴结构等；后者则是用电子显微镜、低能电子衍射等方法认识固体表层的结构。

研究经过抛光和化学浸蚀的晶体表面，可以得到晶体内界面和线缺陷的信息。晶体内

的位错会在表面上显示出腐蚀坑，腐蚀坑的多少表明金属内的位错密度。例如，在(111)面上浸蚀金属铜，可以测定介于 $1 \sim 10^8 / cm^2$ 范围内的位错密度。

关于表层结构分析的实验方法，将在后面几节加以介绍。

11.2.2 颗粒的表征

1. 颗粒分布

颗粒分布用于表征多分散颗粒体系中，粒径大小不等的颗粒的组成情况，分为频率分布和累积分布。频率分布表示与各个粒径相对应的粒子占全部颗粒的百分含量；累积分布表示小于或大于某一粒径的粒子占全部颗粒的百分含量。累积分布是频率分布的积分形式。其中，百分含量一般以颗粒质量、体积、个数等为基准。颗粒分布常见的表达方式有粒度分布曲线、平均粒径、标准偏差、分布宽度等。

粒度分布曲线包括累积分布曲线和频率分布曲线，如图 11.1 所示。其中(a)为累积分布曲线，(b)为频率分布曲线。

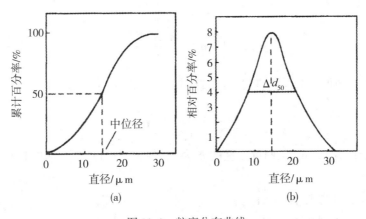

图 11.1　粒度分布曲线

平均粒径包括众数粒径(Mode diameter)、中位径(Medium diameter)。众数粒径是指颗粒出现最多的粒径值，即频率曲线的最高峰值；d_{50}、d_{90}、d_{10} 分别指在累积分布曲线上占颗粒总量为 50%、90% 及 10% 所对应的粒子直径；Δd_{50} 指众数粒径即最高峰的半高宽。

标准偏差 σ 用于表征体系的粒度分布范围。

$$\sigma = \sqrt{\frac{\sum n \left(d_i - d_{50} \right)^2}{\sum n}}$$

式中，n 为体系中的颗粒数；d_i 为体系中任一颗粒的粒径。

体系粒度分布范围也可用分布宽度 SPAN 表示：

$$SPAN = \frac{d_{90} - d_{50}}{d_{10}}$$

2. 粒度分析

从前，测定和统计多晶粉末物质颗粒的大小和形状是一个非常费工费时的工作，只有采用了后来发展起来的自动化方法和计算机化的信息存贮和处理，才使得这项工作成为可能，将扫描电子显微镜或自动定量显微镜与计算机处理数据联接起来，是颗粒鉴定的巨大进展，这种设备可以给出颗粒的 20 多种参数的统计值。

1）X 射线小角度散射法

小角度 X 射线是指 X 射线衍射中倒易点阵原点附近的相干散射现象。散射角 ε 大约为十分之几度到几度的数量级。ε 与颗粒尺寸 d 及 X 射线波长 λ 的关系为：

$$\varepsilon = \frac{\lambda}{d}$$

假定粉体粒子为均匀大小，则散射强度 I 与颗粒的重心转动惯量的回转半径 $\overline{R}$ 的关系为：

$$\ln I = a - \frac{4\pi \overline{R^2} \varepsilon^2}{3\lambda^2}$$

式中，I 为常数，如得到 $\ln I$-ε^2 直线，由直线斜率 σ 得到 $\overline{R}$：

$$\overline{R} = \sqrt{\frac{3\lambda^2}{4\pi}} \sqrt{-\sigma}$$

X 射线波长约为 0.1nm，而可测量的 ε 为 $10^{-2} \sim 10^{-1}$rad，故可测的颗粒尺寸为几纳米到几十纳米。

2）X 射线衍射线线宽法

用一般的表征方法测定得到的是颗粒尺寸，然而颗粒不一定是单个晶粒，X 射线衍射线线宽法测定的是微细晶粒尺寸。这种方法不仅可用于分散颗粒的测定，也可用于极细的纳米晶粒大小的测定。当晶粒度小于一定数量级时，由于每一个晶粒中某一族晶数目的减少，使得 Debye 环宽化并漫射（同样使衍射线条宽化），这时衍射线宽度与晶粒度的关系可由谢乐公式表示：

$$B = \frac{0.89\lambda}{D\cos\theta}$$

式中，B 为半峰值强度处所测量得到的衍射线条的宽化度，以弧度计；D 为晶粒直径；λ 为所用单色 X 射线波长；θ 为 λ 射束与某一组晶面所成的折射角。

谢乐公式的适用范围是微晶的尺寸在 $1 \sim 100$nm 之间。晶粒较大时误差增加。用衍射仪测量衍射峰宽度时，由于仪器等其他原因也会有线条宽化。故使用上式时应校正 B 值，即由晶粒度引起的宽化度为实测宽化与仪器宽化之差。

3）沉降法

沉降法测定颗粒尺寸是以 Stokes 方程为基础的。该方程表达了一球形颗粒在层流状态的流体中，自由下降速度与颗粒尺寸的关系。所测得的尺寸为等当 Stokes 直径。

沉降法测定颗粒尺寸分布有增值法和累计法两种。前一种方法测定初始均匀的悬浮液在固定已知高度处颗粒浓度随时间的变化或固定时间测定浓度-高度的分布；累计法是测量颗粒从悬浮液中沉降出来的速度。目前以增值法即高度固定法使用得最多。

依靠重力沉降的方法，一般只能测定大于 100nm 的颗粒尺寸，因此在用沉降法测定纳米粉体的颗粒时，需借助于离心沉降法。在离心力的作用下使沉降速率增加，并采用沉降场流分级装置，配以先进的光学系统，可以测定 10nm 甚至更小的颗粒。这时粒子的 Stokes 直径可表示为：

$$d_{st} = \frac{18\eta \ln \dfrac{\gamma}{s}}{(\rho_s - \rho_t)\omega^2 t}$$

式中，η 为分散体系的黏度；ρ_s、ρ_t 为固体粒子、分散介质的密度；ω 为离心转盘角速度。

沉降法的优点是可以分析颗粒尺寸范围宽的样品，颗粒大小比率至少 100：1，缺点是分析时间长。

4）激光散射法

粒子和光的相互作用可发生吸收、散射、反射等多种现象，就是说在粒子周围形成各角度的光的强度分布取决于粒径和光的波长。但这种通过记录光的平均强度的方法只能表征一些颗粒比较大的粉体。对于纳米粉体，主要是利用光子相关光谱来测量粒子的尺寸，即以激光作为相干光源，通过探测由于纳米颗粒的布朗运动所引起的散射光的波动速率来测定粒子的大小分布，其尺寸参数不取决于光散射方程，而取决于 Stocks-Einstein 方程。

$$D_0 = \frac{k_B T}{3\pi \eta_0 d}$$

式中，D_0 为微粒在分散系中的平动扩散系数；k_B 为波尔兹曼常数；T 为绝对温度；η_0 为溶剂黏度；d 为等当球直径。只要测出 D_0 的值，就可获得 d 的值。

这种方法称为动态光散射法或准弹性光散射法。该方法已被广泛应用于纳米颗粒粒度的测量上。其有以下特点。

（1）测定迅速。一次只需十几分钟，并可同时得到多个数据。

（2）可在分散性最佳状态下进行测定，获得精确的粒径分布。超声波分散后，可立刻进行测定，不必静置等待。

5）比表面积法

球形颗粒的比表面积 S_w 与其直径 d 的关系为：

$$S_w = \frac{6}{\rho \cdot d}$$

式中，S_w 为重量比表面积；d 为颗粒直径；ρ 为颗粒密度。测定粉体的比表面积 S_w，就可根据上式求得颗粒的一种等当粒径，即表面积直径。

测定粉体比表面积的标准方法是利用气体的低温吸附法，即以气体分子占据粉体颗粒表面，通过测量气体吸附量计算颗粒比表面积的方法。目前最常用的是 BET 吸附法。该理论认为气体在颗粒表面吸附是多层的，且多分子吸附键合能来自气体凝聚相变能。BET 公式是：

$$\frac{P}{V(P_0 - P)} = \frac{1}{V_m C} + \frac{(C-1)P}{V_m C P_0}$$

式中，P 为吸附平衡时吸附气体的压力；P_0 为吸附气体的饱和蒸气压；V 为平衡吸附量；C 为常数；V_m 为单分子饱和吸附量。在已知 V_m 的前提下，可求得样品的比表面积 S_w：

$$S_w = \frac{V_m N \sigma}{M_V W}$$

式中，N 为阿伏伽德罗常数；W 为样品质量；σ 为吸附气体分子的横截面积；V_m 为单分子饱和吸附量；M_V 为气体摩尔质量。

11.2.3　表面分析

1. 光电子能谱（photoelectron spectroscopy，PS）

光电子能谱与一般的光谱不同，光谱记录的是伴随电子跃迁而产生的电磁辐射发射或辐射吸收，它不管电子的去向，也不测电子或二次电子本身；而光电子能谱则是测定受激发射电子或二次电子本身的能量，是属于 β 能谱学的范畴。过去只能测高能电子，现在已经能测原子与分子能级的低能电子的能谱。

光电子能谱是近几年来随着超高真空技术和电子技术的日益完善而发展起来的一种分析手段。在光电子能谱设备中，采用各种不同的激发方式，把试样组分的原子中的轨道电子激发出来，经过电子透镜聚焦减速后，使电子进入球形能量分析器，在一定电势差所形成的电场的作用下，使得只有一定动能的电子能够通过分析器，到达出口狭缝为电子倍增器所接收，经过检测放大和记录，便得到信号强度随电子动能变化的关系曲线，即光电子能谱。光电子能谱反映的是特定原子中某些轨道电子的结合能，它相当于入射光子的能量减去光电子的动能 $E_b = h\nu - E_k$，有些仪器就直接地显示出结合能。而这种结合能，除了决定核对电子的作用之外，还和该原子在分子中的结合状态以及原子周围的化学和物理的环境有关，因此，通过对光电子能谱的分析，可以认识物质的化学组成和结构，光电子能谱仪中需要维持 1.33×10^{-7}Pa 以下的超高真空，以减少电子跟气体分子的碰撞以及使试样表面不受残余气体的沾污。

光电子能谱所用的激发源可以是紫外光、低能 X 光（如 Cu、Cr、Al、Mg 等金属靶产生的 K_α 线）以及电子束等。根据激发源的不同，光电子能谱又可分为几种：

紫外线光电子能谱（ultraviolet photoelectron spectroscopy，UPS），X 光电子能谱（X-ray photoelectron spectroscopy，XPS）。因为后者主要用于物质的化学分析，所以又称为化学分析用电子能谱（electron spectroscopy for chemical analysis，ESCA）。

光电子能谱在化学上的应用是根据它可以对原子轨道电子的结合能进行精确的测定（可以精确测到 0.1eV），以及可以测定这种结合能在不同化学环境中的位移。结合能标志原子的种类，结合能的位移则表明原子在分子中及晶体中所处的结构状态。因此，光电子能谱可以用于固体物质化学成分的分析和化学结构的测定。

因为紫外光及软 X 射线的穿透能力很弱，而且产生的光电子能量低，在固体中平均自由程很短。因此，光电子能谱只限于测量<10nm 厚的表面上，甚至只能测量几个原子层中所激发出来的电子。它提供的是物质表层几十个原子以内的有关原子组成和结合状态的信息，因此，特别适合于固体表面化学成分和结构的测定。分析时所用的试样很少（以 μg 计），分析灵敏度高，如用于催化剂、半导体的分析，当配以离子剥离技术，即用氩离子束轰击试样表面，使表面上的原子逐层剥离，同时进行光电子能谱分析，可以了解固体试样由表及里的成分和结构状况。

2. 俄歇电子能谱（auger electron spectroscopy，AES）

在电子衍射中，入射电子仅有 5%~15% 被弹性散射，那么大部分电子是发生了非弹性散射过程，即在与表面原子的碰撞中失去一部分能量。这部分能量可能在表面原子中引起不同的电子过程，例如，这部分能量可能传递给价电子引起二次电子发射。如果入射电子束能量较高（>400eV），则可能使表面原子失去其内层电子，当外层电子跃入这些内层电子空穴时，所释放出的能量，或者以特征的 K_α 和 K_β X 射线发射出来，如图 11.2(b) 所示，这称为 X 射线荧光发射过程。X 射线的波长决定于该元素原子的能级差，从 X 射线荧光的特征波长可以查明被激发原子是哪种元素，这称为 X 射线荧光光谱分析方法（参看 11.3.5）。或者产生所谓俄歇电子过程，即所释放的能量转移给另一外层电子，使较高能层的电子发射出来。例如，图 11.2(c) 所表示的一个 KLL 发射，就表示一个 1s 电子被击出，一个 2p 电子无辐射地跃入这个 1s 空穴，同时使另一个 2p 电子发射出来，这个二次发射的电子就称为俄歇电子。俄歇电子的能量跟该电子所处的能态有关，我们把这个俄歇电子过程表示为 KL_1L_3。第一个符号表示被电离的原子所产生的电子空穴是属于 K 能级，第二个符号表示填充原始空穴的电子属于 L_1 能级，第三个符号表示填充原始空穴时所释放

出的能量把 L_3 能级上的电子给激发出了原子。这个过程所产生的俄歇电子的能量可以近似地表示为 $E \approx (E_K - E_{L1}) - E_{L3}$，$E_K$、$E_{L1}$ 和 E_{L3} 分别是 K、L_1 和 L_3 能级电子的结合能。可见，俄歇电子的能谱反映了该电子所从属的原子以及原子的结构状态的特征，因此，俄歇电子能谱分析也是一种表面化学分析的手段。

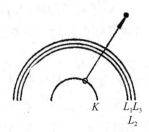 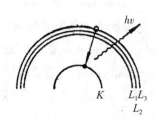 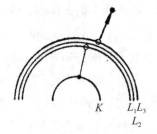

　(a)原子内能级电子的电离　(b)内能级复原产生 X 射线荧光的过程　(c)俄歇电子产生的过程

图 11.2　俄歇电子过程

可以用电子束轰击、离子轰击或 X 射线照射来产生俄歇电子。其中，电子轰击很容易做到，入射束流密度可以高达 $100\mu A$，电子束也容易聚焦和偏转，因此，可以对试样做微区分析，进而可以发展为扫描俄歇电子谱仪，不但可以给出被测表面的化学组成元素的分布状态，还可以做被测表面的形貌观察。

俄歇电子的能量分布曲线称为俄歇电子能谱。俄歇电子能量和激发电子的能量关系不大，因此，对俄歇电子过程来说，原子被激发电子碰撞而电离的过程是在小于 10^{-16} s 的时间内发生的，而空穴的寿命要比这个时间长一个数量级。因此，当原子一旦被激发电离之后，随后的过程就与激发电子(或其他激发源)的能量状态无关了，而光电子的能量则与激发光源的能量有关。因此，改变激发光源的能量时，光电子的能量会变，而俄歇电子的能量不变。利用这种性质上的差别，可以容易地区别光电子能谱中的光电子峰和俄歇电子峰。

11.2.4　晶态表征

1. X 射线衍射(X-ray diffraction)

X 射线衍射法是最重要的测定固体物质结构的方法。多晶体试样可以用作物相的鉴定和晶格参数的测定，单晶体可以用作结构的测定和晶体完整性的研究。

1)晶体对 X 射线的衍射

晶体中的原子到底是怎样构成周期性的点阵序列的，目前还不能直接获得一个晶体结构的微观图像，即使分辨能力高达 0.2nm 的电子显微镜，也不可能直接测定晶体中原子的排列和围绕原子的电子分布，只能借助波长与晶体中原子间距相近并和原子相互作用的波的衍射图样，来间接地探索晶体的结构。晶体的空间点阵可以按不同的角度划分为不同的平面点阵族。当一束单色的 X 射线射入晶体，满足 Bragg 公式 $2d\sin\theta = n\lambda$ 时则发生衍射。式中 λ 为 X 射线波长，n 为正整数，θ 是入射 X 射线与晶面的夹角，d 为晶体点阵间距。

所谓衍射就是在 Bragg 公式指明的条件下，被"反射"的 X 射线所有的波恰好处于同位相，因而得到互相叠加和加强。偏离上述条件时，波则由于有位相差而干涉削弱。单晶体对 X 射线的衍射情况如图 11.3 所示。图 11.4 所示为 X 射线衍射的 Bragg 定律。

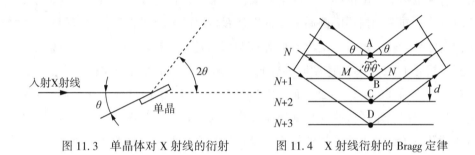

图 11.3　单晶体对 X 射线的衍射　　　图 11.4　X 射线衍射的 Bragg 定律

当一束平行单色 X 射线射入单晶时，部分射线径直穿过晶体，符合 Bragg 公式指明条件的则发生衍射。衍射线与穿透射线的夹角为 2θ，是入射 X 射线与晶面夹角的二倍。如果将单晶样品换成粉末多晶，则由于试样中小晶体的取向是随机的，每个小晶体都会发生像图 11.3 那样的衍射，总起来就形成一个由无数衍射线构成的圆锥，其顶角为 4θ，如图 11.5 所示。晶体的每一个晶面簇都发生图 11.5 那样的衍射，而晶体可以形成许多个晶面簇，因此就形成顶角角度不同的若干衍射圆锥，它们共有一个顶点即粉末试样，如图 11.6 所示。

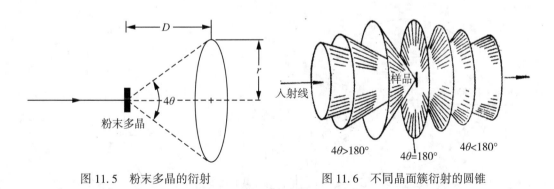

图 11.5　粉末多晶的衍射　　　　　图 11.6　不同晶面簇衍射的圆锥

2）衍射 X 射线的接收

对图 11.6 衍射线的收集方法有胶片照相法（又称德拜-谢乐法，Debye-Scherren）和衍射仪法。胶片照相法仍在广泛地使用,特别是使用基尼叶(Guinier)照相机(晶体单色器和粉末照相机联用)进行晶格参数的精确测定时。

现在大量的 X 射线粉末衍射都是用衍射仪来完成的。方法原理如图 11.7 所示。多晶 X 射线衍射仪是自动记录多晶衍射线的衍射角和相应衍射强度的仪器。它主要是由 X 射线机,测角仪以及测量记数和记录系统等部分组成。测角仪中包括精密的机械测角仪、光缝、试样座架和探测器的转动系统等,测量系统由 X 射线探测器、电源、放大器、脉冲幅度分析器、定标器、记数速率计以及记录仪等组成。X 射线由 X 射线管的焦点以线光源形式射出,射到试样上,由试样产生的衍射线,会聚于接收光缝,再射到探测器上,光源和光缝这两点均在同一扫描圆的圆周上,试样表面与扫描圆的圆心重合。若保持入射光束固定不变,当样品旋转 θ 角时,接收光缝和探测器需旋转 2θ 角可以接收到衍射线,所以试样与探测器按照 1:2 的转动速度同轴旋转,探测器总是在符合布拉格方程的衍射光束的接收位置上。扫描圆的半径不变,而聚焦圆的半径则随 θ 的改变而变化,使光源焦点、样品表面以及衍射线会聚的接收光缝都处在聚焦圆的圆周上。探测器是由 NaI:Tl 闪烁晶体、光电倍增管及电子设备组成。闪烁晶体把接收到的 X 射线光子转变为可见荧光,再经过光电倍增管,变成放大了的电脉冲讯号,脉冲讯号的幅度反映 X 射线的波长。为了排除噪声讯号的干扰,采用脉冲高度分析器,只让一定阈值范围的脉冲讯号通过,进入定标器记录脉冲数,或进入记录仪记录衍射强度。

样品需要磨细,压在铝样品架上(见图 11.8),成为片状的试样,当试样粉末过于松散不易在样品架上成型时,可在试样中滴加数滴石蜡的石油谜溶液。若试样太少可用微型样品架。试样固定在测角仪的中心,每转 θ 角,计数管则转 2θ 角跟踪。现代的衍射仪都由计算机系统控制,可直接得到以数字表达的多晶衍射数据。

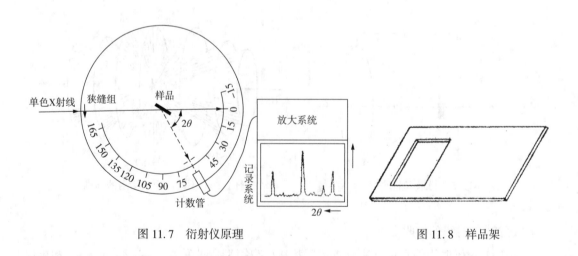

图 11.7　衍射仪原理　　　　　　图 11.8　样品架

3)X 射线源

X 射线衍射所需的 X 射线是一束单色平行的 X 射线。

真空中高速运动的电子碰撞在任何障碍上都会发生 X 射线。由于电子激发了物质原子内层电子并产生了跃迁，此跃迁能就转变成 X 射线能。产生 X 射线的装置是 X 射线管。电子由灯丝(阴极)产生，在高压电的作用下而射向荷正电的靶子(阳极或对阴极)。由于靶子对电子的阻止而产生 X 射线。X 射线的性质既取决于电子的能量，又取决于靶子的材料。对于指定靶金属的情况下，逐渐增加阴极和靶间的电压时，开始产生的射线是"白色"的连续光谱，它是各种波长 X 射线的混合射线。当管压达到某一临界的激发电压时，靶所产生的 X 射线除了连续光谱外，还出现某些具有一定波长的标识 X 射线。通常所需的激发电压随靶金属的原子序数增大而增高。标识 X 射线的波长取决于靶金属的原子序数，靶金属的原子序数越大，X 射线的波长越短，能量越大，穿透力也越强。

在电压超过激发电压的情况下，靶金属被电子撞击后，内层电子被逐出，由外层电子跳入填补空穴。如果 K 层电子被逐出，由 L 层电子进入 K 层填补空穴，得到的 X 射线为 K_α 射线；由 M 层进入 K 层填补空穴得到 K_β 射线；如果 L 层电子被逐出，M 层电子进入 L 层填补空穴，则得到 L_α 射线，N 层电子进入 L 层为 L_β 射线，如此类推。其中以 K 系射线波长最短，为 X 光管常用射线。

K 系射线中 K_β 辐射波长比 K_α 短，能量也高，但由于产生 K_β 辐射的跃迁概率比产生 K_α 的小得多，K_β 的强度只及 K_α 的 1/5。常用的 X 射线便是 K_α 射线，K_β 的存在使衍射线复杂化而必须滤掉。

滤去 K_β 的滤波片可采用比靶金属原子序数少 1 的金属箔来充当。滤波原理在于：一束 X 射线射在某金属箔上，X 射线便穿透而过。如果逐渐减小 X 射线的波长至某一临界值时，便会激发金属箔原子中的电子而产生次级 X 射线(荧光)，这样一来，入射的 X 射线就会被大大的消耗掉。透过 X 射线的强度便急剧下降。这个波长的临界值称为吸收界限波长。如果波长继续减小，低于吸收界限波长，则穿透射线的强度又逐渐增加。利用上述特性便可制成滤波片。以铜靶为例，Cu K_α 的平均值为 0.154 2nm，Cu K_β 为 0.139 2nm，若选用 Ni 箔做滤波片(其吸收界限波长为 0.148 8nm)，便会阻挡波长较短的 Cu K_β 通过。这样便获得单色的 Cu K_α 射线。通常符合作滤波片的金属，其原子序数恰好比靶金属原子序数少 1。用 Mo 靶时可用原子序数小 1 的 Nb，也可用原子序数小 2 的 Zr。滤波片的厚度对吸收 X 射线有影响。通常将穿透后 K_α 和 K_β 的强度比为 500∶1 时滤波片的厚度作为标准。

K_α 是由 L 层的 2p 电子跃入 K 层的 1s 能级产生的。由于 2p 电子有两个能级，因此 K_α 实际上是由 K_{α_1} 和 K_{α_2} 两个辐射组成的平均值。两者的强度比为 2∶1。例如 Cu K_{α_1} 的波长为 0.154 1nm，Cu K_{α_2} 的波长为 0.154 4nm。在 $4\theta<180°$ 的低角度衍射中，分辨率低，二者常不能分开，根据其强度，按下式求其平均值。

$$K_{\alpha} = \frac{2}{3}K_{\alpha 1} + \frac{1}{3}K_{\alpha 2}$$

在 $4\theta > 180°$ 的高角度衍射中，分辨率高。$K_{\alpha 1}$ 和 $K_{\alpha 2}$ 常能分别显示出来，在照片上出现双线，在衍射曲线上出现双峰，这在处理数据时应当注意，不要误解。

4) X 射线衍射法的种类

根据所使用晶体试样的不同，X 射线衍射法又可分为单晶衍射法和多晶(粉末)衍射法两类。许多化合物和大多数金属都以粉末状的微晶体存在，很难生长成大的单晶，这时采用多晶衍射法最适宜。单晶衍射法则可以用于精确地确定比较复杂化合物的结构。

5) 粉末衍射法的应用范围

粉末衍射法最广泛地用于多晶体材料的定性分析，作为一种"指纹"鉴定法来辨认材料的化学组成。因为每一种物质的晶体都有其特定的结构，不可能有两种晶体，其晶胞大小、形状、晶胞中原子的种类和位置等因素都完全一样。因此，每一种晶体的粉末衍射图都有其特征，其中衍射线的位置和强度各不相同，都具有其相应一套 d/n-I 数据，就好像每个人都有他一套特征的指纹那样。粉末衍射标准联合委员会 JCPDS(以前是美国材料测试学会 ASTM)收集了 20 000 多个物质的粉末衍射图的数据，编辑了一套数据卡片及索引(index to the powder diffraction file, Swarthmore, Pa. 1972)，并每年继续增补 2 000 个衍射图数据。在这套卡片中，每种物质的衍射数据是按照它的最强的 8 条线编集成交叉索引，便于检索；也可以得到这套资料的计算机存储程序，用于例行的物相分析。

混合物中两种或多种物相的相对含量，也可以由粉末 X 射线衍射数据求得，测得的准确性决定于试样的制备、标准衍射图的质量、以及消除系统误差和随机误差的努力。最低检出限量则决定于衍射图的复杂性、物相对 X 射线的相对吸收等有关因素，如果不着意地观察一下例行衍射的图谱，则检出第二相的极限是在 1%~5% 之间，但是如果采用适当的技术，延长计数时间，则可以从基质钨中检出 0.1% 质量的硅，从氟化锂中检出 0.01% 的硅。

粉末 X 射线衍射可以用于测定晶格参数，晶格参数是试样中数万个单胞尺寸的平均值，日常例行的衍射分析中，晶格参数测定的精度可以达到 1%~0.1%，在某些研究工作中(例如测定热膨胀系数)往往需要更高的精确度。用衍射仪所记录到的 X 射线衍射图包含了多种因素的影响在内，如入射 X 线束的波长和强度分布、仪器中的各种条件、衍射几何学以及试样本身等，所有这些因素综合起来会导致衍射图的微小偏差和位移，因而会引入系统误差。例如，曾经将同一个元素硅的粉末送往世界各地 16 个实验室，用粉末 X 射线衍射测定硅的晶格参数 a，所得的数值就不完全相同。

但是如果采取某些技术措施，测定值的精确度可以达到万分之几。一般说来，粉末衍射法只适宜于测定一些无机化合物的点阵结构和晶胞参数。

粉末衍射法还常用于确定固溶体体系固相线下的相关系，在完全互溶的单相区内，一种纯组分的晶格参数随另一少量组分的添加而连续线性地改变；而在两相区中，则出现两种饱和固溶体物相的两套恒定的晶格参数，从而可以明显地区别出相区的界限。

根据 X 射线衍射线宽化程度的变化，粉末衍射法还广泛地用于测定晶粒度的大小(参见 11.2.2 颗粒的表征)、测定高聚物的结晶度、表征晶体中的某些物理缺陷等，是研究固体材料的最重要的常规手段之一。

利用配有程序升温装置的变温 X 射线衍射仪，可以在连续升温或定温加热粉末试样的条件下，研究物相、晶格参数和缺陷浓度的变化，观察固相反应的过程。利用带高压装置的 X 射线衍射仪，可以研究压力所引起的物相转变等。

目前已有计算机控制的带有多种软件的 X 射线衍射系统，这种系统借助于所存储的 JCPDS 档案，可以直接鉴定出试样中的未知物物相，把衍射线指标化，给出晶胞参数。

但是对于点阵对称性较低、组成比较复杂、晶胞体积较大的化合物，如果用粉末衍射法将其衍射线指标化、进而测定其点阵结构和晶格参数，则是比较困难的。对这样的问题，只能借助于单晶体的 X 射线衍射法。

6)单晶体的 X 射线衍射

当晶体的倒易点阵和反射球面相遇，就满足发生衍射的条件。记录单晶衍射强度的方法也可分为两大类：照相法和衍射仪法，每一类方法中又有几种。照相法中一张胶片可以收集记录许多数据，容易看出衍射点之间的相互关系和强度的分布特征，特别适用于对晶体进行初步考查，了解双晶、无序结晶、对称晶等，以及测定晶胞参数，并且设备比较便宜，便于操作。但是测量、读数和计算的工作量很大，需要很长时间。衍射仪法是逐点地收集衍射强度，直接记录单位时间衍射光束中的光子数，强度数据的准确性高。最为通用的四圆衍射仪将衍射仪与电子计算机结合，通过程序控制，自动收集和测定衍射数据，给出衍射指标和衍射强度数据，一个晶体结构的测定不再像以往那样需要数月以至一年的时间，而是可以在几个星期内或几天内完成。

由于具备了良好的衍射仪和计算方法，能够获得精确的衍射强度数据，从而可以测定晶体中电子密度的分布图。由电子密度分布可以得到晶体中化学键的信息，确定价键的类型，原子的球形度(sphericity)，每个原子上的总电荷数，以及相邻原子间的最小距离。目前根据电子密度分布图，测定了一些碱金属和碱土金属的卤化物和氧化物中的原子电荷和离子半径等数值。

2. 低能电子衍射(low energy electron diffraction，LEED)

在德维逊-革末(Davisson-Germer)早期的实验工作中，已经证明了电子具有波动性，当电子通过晶体时产生衍射现象。由于电子与原子之间的强相互作用，所以当能量较低的电子束(20~500eV)照射到单晶表面上时，电子能穿入晶格的深度是有限的，大约只能穿过几个原子的厚度。根据德布罗意方程 $\lambda = h/p = 0.1 \times (150/U)^{1/2}$ nm，可以计算出这种低能电子的波长范围介于 $0.05 \sim 0.5$ nm，相当于晶格中原子间的距离，式中 U 为入射电子的能量，以伏计。当低能电子垂直地入射到一个单晶表面上以后，有 $5\% \sim 15\%$ 的电子被弹性地散射回来，产生衍射现象，其衍射花样就直接反映了晶体表层原子排列以及表面结构。被衍射的电子束也遵守劳埃(Laue)定律：

$$h_1\lambda = a_1\sin\alpha_1$$
$$h_2\lambda = a_2\sin\alpha_2$$

即衍射电子的极大值是出现在跟入射电子呈 α_1 和 α_2 的角度处，式中 a_1 和 a_2 是表层晶格参数，h_1 和 h_2 为衍射的级数，是正整数。

可以用两种方法来检测在各个方向上出现的衍射电子。①用一种收集器探测衍射电子的强度，这种收集器是以伺服电机和计算机驱动和控制的，可以在空间任何角度上旋转，所测得的衍射束比较准确，但测量比较费时，对观测快速变化现象不适合。②用一种荧光屏来显示。用荧光屏来显示衍射电子的低能电子衍射仪的工作原理是：一束单色电子束 $(5 \sim 500 \pm 0.2)$ eV 被聚焦在一个单晶试样的表面上，电子束的能量或波长可以用加速电压来改变和控制。被衍射回来的电子在一个不加外场的空间里飞行一段距离(约 7cm)之后，经过两个栅极被分成两部分，那些非弹性散射的电子被栅极所阻止；而弹性散射的那部分电子则被进一步加速，而后射在一个半圆球曲面形的荧光屏上，显示出衍射电子的强度分布图，从而反映了晶体表层原子结构的信息。当电子枪中的加速电压小于 75eV 时，电子束的能量较低，大多数电子被晶体表面反射回来，所得到的衍射图仅反映了表面原子排列的二维结构的信息；随着电子束能量的升高，电子可以穿过晶体表面以下几个原子层的厚度，例如，当电子束能量大于 150eV 时，衍射图就反映了靠近表面以下体相的三维结构特征。如果采用极薄的箔或膜作为试样，这样的衍射图也可以从晶体背后的观测窗观察到并拍摄下来。整个低能电子衍射仪的内部需要保持超高真空度，使其压力降至 $1.33 \times 10^{-7} \sim$ 1.33×10^{-8} Pa，这样可以保证晶体试样表面不被环境中的气体分子所沾污。根据计算可知，假定气相中的分子一撞击到晶体表面上就被吸附的话，那么在 1.33×10^{-4} Pa 的真空压力下，原来洁净的晶体表面将在一秒钟后就会被一层气体分子所覆盖；而在 1.33×10^{-6} Pa 的真空压力下，要使洁净的晶体表面覆盖上一层气体分子，则至少需要 10^2 s 以上。在测定晶体的表面结构时，预先制备一个纯净的无损伤的单晶表面是很重要的，一般的切片和抛光办法是不可取的，由于这样做会造成几个微米深的粗糙的无结构的表面，所以必须采用氩离子轰击法或化学气相浸蚀法，来剥离被损伤或沾污了的晶体表面上的原子。

原则上说，可以从衍射图上的衍射光点的位置和强度来计算出晶体表层原子排列和结构的状况，但是由于多重散射、吸收、内场以及相对论效应等因素所造成的复杂性，使得定量的计算非常困难。一般是通过一些假设的表面结构模型来进行分析后，得到半定量的结论的。衍射图上的高强度锐点反映的是半径50nm范围内表层中平衡格点上原子的排列。如果晶体表层中有某些缺陷，如有空位、吸附或取代杂质，或有无序原子存在，则会使衍射光点弥散扩大，或出现其他衍射特征，如出现衍射条纹、图的背景强度增大、出现低强度的次级衍射点等。用单晶试样可获得点状分布的电子衍射图；多晶电子衍射图呈一系列同心圆，可以由衍射线环的半径、电子波的波长、衍射角等求得晶面间距d，再根据各衍射线的强度I，获得一组d-I数据，即可进行分析和鉴定。

X射线只被原子中的电子所散射，而电子波还可能被晶体势场所散射，所以，轻原子(如氢)也可以像重原子一样散射电子波，而且同一种原子对电子束和X射线的散射能力也不同；原子对电子束的散射能力远远大于对X射线的散射能力，二者之比约为$10^3 : 1$；而散射强度又与散射能力的二次方成正比，所以原子对电子束的散射强度与对X射线的散射强度之比约为$10^6 : 1$，因此，低能电子束的散射截面比X射线的散射截面也大几个数量级。为了达到相似的可测量的衍射强度，电子衍射所照射的试样面积小于微米量级即可，而X射线衍射则需要1毫米大小的试样。若用照相法记录衍射点或线时，电子衍射只要几秒钟，而X射线衍射则需要曝光数小时，因此，低能电子衍射可以得到反映晶体表层结构的高强度衍射图，即使这种表面结构是由不到表面原子总数(约为10^{14}个原子/平方厘米)的5%~10%的原子所组成。低能电子衍射是研究晶体表面结构、变形、原子位移、表面吸附等微观现象的有力手段。

3. 离子探针微区分析(ion-probe microanalysis)

离子探针微区分析是在质谱分析的基础上发展起来的一种新的分析技术。其原理是用一束聚焦很细的加速了的离子束轰击试样，使它产生二次离子，随后分辨并测定二次离子的荷质比，可以辨认这些二次离子是由哪些组成元素产生的，从而达到分析试样化学组成的目的。离子探针微区分析的范围及深度和电子探针分析一样，是1~3μm，但是它却可以给出试样表面几个原子层中的信息。借助一次离子束对固体表面原子一层层地剥蚀，离子探针可以很灵敏地探测出固体表面层的结构状况以及杂质沿表面深度的分布。例如，用离子探针分析法可以发现硅二极管p-n结上有微量铝的富集。这个方法的灵敏度是10^{-6}克数量级。分析非导体固体材料时，可以使用负离子作为一次离子束。因此，这种分析手段应用的范围很广，它可以分析金属、合金、锈蚀了的金属表面、半导体、陶瓷材料、矿物等。

高能离子束轰击固体试样表面时，发生所谓溅射现象(sputtering)，从试样表面打出中性粒子、离子、电子和X射线。用质谱计对打出来的二次离子进行质量和能量分析，就组成离子探针微区分析仪，它很类似火花源质谱计。离子探针微区分析仪的工作原理是：将离子源所产生的一次离子束加速，使其能量升高到几个keV到数MeV。用磁聚焦透镜调节离子束径后，轰击在试样表面，将所产生的二次离子引入质谱计，经过分析，放大之后，记录二次离子束流中的荷质比和相应的强度，便可以获得试样表面化学组成的信息。利用聚焦到直径为微米数量级的一次离子束在试样表面上进行定向扫描，可以得到二次离子的横向二维扫描图像。利用溅射技术，可以对试样进行纵向的三维分析。由于是采用质谱分析，所以这种分析的定量程度要比光电子能谱类的能谱分析高得多。

一次离子多数采用 O^- 离子及 Ar^+ 等气体离子，它们是由阴极产生的电子，激发其周围的气体 O_2 或 Ar，经过放电过程和磁场的作用，在阴极附近生成等离子体，在阴极和阳极间数百伏电压作用下，离子由阳极出射口射出，其亮度较高，为 $100 \sim 200 A/cm^2$ 立体角，其能量宽度为 $10 \sim 20 eV$，因此，是一种单色能量的离子源，再经过静电透镜或磁透镜聚焦成微离子束，作用在试样表面的微区上。

入射到固体试样内的正离子，一种可能是不跟晶格中的原子发生激烈碰撞，仅在微弱碰撞中稍稍改变运动的方向而进入晶体内部，这种情况称为沟道效应。另一种情况是从晶体中打出离子、原子和电子，这种情况称为溅射现象。影响这种二次离子发射过程的因素有：一次离子的能量，固体表面的化学结构以及表面的温度等。二次离子的初始能量比较离散，由几个 eV 到数百 eV，要采用静电场和均匀磁场双聚焦型质谱仪，使二次离子经过方向聚焦和速度聚焦，汇聚于成像面狭缝上。探测二次离子束的强度可以用二次电子倍增管或离子探测器，经过放大器放大后，再用计数器或记录仪计量。二次电子倍增管的增益高，时间常数小，其探测极限可达 $10^{-18} A$。离子探测器的工作原理则是先将二次离子转换为二次电子，电子再作用于闪烁体转换为光，光输出到光电倍增管上进行检测。

离子探针微区分析仪上还可以附加二次离子图像显示系统，可以是扫描型的显示或摄像型的显示，图像的分辨率决定于离子束斑的直径，最高可以达 $2\mu m$。

11.2.5　波谱技术

1. 莫斯鲍尔谱(Mossbauer)

莫斯鲍尔谱是原子核对 γ 射线的吸收谱，其独特之处是发射源与吸收体应是相同的同位素核，否则无法满足共振吸收条件。试样中的吸收体核有自己的化学环境，使它的能级与发射核稍有不同。实验时让发射源与试样做相对运动，利用多普勒效应来补偿上述微小的能量差异，实现共振吸收。吸收处的相对运动速度(以 $mm \cdot s^{-1}$ 计)直接用来度量这一能量差，称同质异能位移(或化学位移)，表征吸收核的化学环境。

这一技术主要受可用同位素不多的限制。除铁外，容易观察的元素还有锡、氚、碘、铕、金等。其中，铁和锡的谱线较锐，有可能根据同质异能位移区分价态。其余元素难以观察化学效应。因而实际应用的几乎仅限于 ^{57}Fe 和 ^{119}Sn。频率测量的精确度允许分辨 $10^{-4} \sim 10^{-5} eV$ 的超精细分裂。这种分裂是由核周围的电子分布作用于核四极矩产生的，称四极分裂。同质异能位移和四极分裂是莫斯鲍尔谱的两个结构参数。

莫斯鲍尔谱的主要应用是研究价态，局部对称性，电场梯度和磁化方向。同质异能位移显示价态和对称性。例如，石榴石 $Y_3Fe_5O_{12}$ 中的四面体和八面体 Fe^{3+} 离子，以及尖晶石 $Fe^{3+}[Fe^{2+}Fe^{3+}]O_4$ 中的四面体和八面体 Fe^{3+} 离子，各有不同的同质异能位移。四极分裂的数值正比于核四极矩与核处电场梯度的乘积。Fe^{3+} 的四极分裂远小于 Fe^{2+} 的，使这两种常见价态更易鉴别。当试样存在长程有序时，作用在核上的有效内磁场使能级发生 Zeeman 分裂，可以观察到谱线分裂。当试样磁化后，磁化强度与入射 γ 射线的夹角影响莫斯鲍尔谱线的强度。对单晶试样，研究强度的角度分布可以得到自发磁化的方向。

2. 核磁共振波谱(nuclear magnetic resonance spectroscopy，NMR spectroscopy)

某些元素的原子核也像电子一样，具有磁性。在强磁场存在的情况下，它的能量也可以分裂成几个量子化的能级；原子核再吸收适当频率的电磁辐射，可以在上述产生的磁诱导能级间发生跃迁，就像电子吸收紫外-可见辐射发生能级跃迁那样。

原子核的磁量子能级间的能量差 $10^{-3} \sim 10^{-5}$ eV，相当于频率在 1~100MHz(波长为3 000m~3m)范围内的电磁辐射，这种辐射属于电磁波谱的射频(radio frequency)部分。而对于电子来说，其磁能级差要比原子核的大得多。所对应的电磁辐射能量是在频率为10 000~80 000MHz(波长3~0.375cm)的范围内，是属于电磁波的微波(micro wave)部分。

研究原子核在强磁场作用下对射频辐射的吸收是核磁共振谱的任务，研究电子在磁场中对于微波辐射的吸收则属电子自旋共振(electron spin resonance)或电子顺磁共振(electron paramagnetic resonance)波谱范畴，这两种实验技术都是测定物质的化学组成和结构的有力工具。

原子中具有自旋量子数 I 和磁量子数 m 的粒子，在磁场中的能级由下式决定：

$$E = -\frac{m\mu}{I}\beta H_0$$

式中，H_0 是外加磁场强度(以高斯 Gs 为单位)；β 是一常数，称为核磁子，等于 5.049×10^{24} erg·Gs^{-1}；μ 是以核磁子为单位来表示的粒子的磁矩，例如，电子的 μ 值为 -1 836 核磁子，质子的 μ 等于 2.792 7 核磁子，对于具有不同自旋量子数和磁量子数的粒子，可以具有几个能量各不相同的能级。像其他类型的量子态一样，从低磁量子能级向较高能级的激发，可以通过吸收相当于能级差 ΔE 的能量为 $h\nu$ 的辐射光子来实现，即 $\Delta E = h\nu = \mu\beta\frac{H_0}{I}$。核磁共振中常用的外加磁场强度 H_0 约为 10^4Gs，因此，对于质子而言，将它激发到较高的磁量子能级时，需要吸收的电磁辐射频率为：

$$\nu \approx \frac{2.79 \times 5.05 \times 10^{-24} \times 10^4}{6.6 \times 10^{-27} \times \frac{1}{2}} \approx 4 \times 10^7 \text{Hz}$$

这样的频率在射频范围内。

在各类吸收光谱中，测量试样对辐射的吸收都是采用消光法，即测量通过试样后的辐射功率的衰减量。但是在 NMR 中，因为吸收的辐射量很少，以致难以准确测量其衰减量，因此，是采用测量与吸收有关的正信号数值的办法。就 NMR 的仪器结构而言，从理论上说，可以将试样置于一固定强度 H_0 的磁场中，用连续改变着频率的辐射进行扫描，测量所得与吸收有关的正信号的变化(扫频法)。但是这种扫频法实际上是难以实现的，因为制造一个频率高度稳定而又可以做微小连续变化的射频振荡器是很困难的。但是制造一个强度稳定而又均匀的磁场，并使它做连续的细微的改变却非常容易做到。因此，在 NMR 波谱仪中，通过使射频振荡器的频率保持恒定，而连续改变磁场的强度 H_0，用 H_0 作为 NMR 波谱的横坐标，即所谓扫场法，因为对于给定的原子核，其共振频率与磁场强度成正比，用扫场法测定吸收信号随磁场强度的变化，也可以得到 NMR 波谱。

NMR 波谱仪有一个场强约为 14 000Gs 的大磁铁，所产生的磁场必须是稳定的和均匀的，在整个试样区内，磁场强度的差别不大于 10^{-3} Gs，在磁铁的中心放置一对与磁铁平行的线圈，通过改变流过线圈的直流电流，可以使有效磁场改变几百毫高斯，而同时仍保持整个磁场的稳定性和均匀性，磁场强度可以自动地随时间而线性地改变着，这种线性的改变又和记录仪的走纸驱动马达同步，一台 60MHz 的 NMR 波谱仪，它的磁场扫描范围为 100Hz(相当于 235MGs)。由射频振荡器发出的信号被馈入一对与磁场成 90° 角的线圈中，从而产生一束面偏振的辐射，其频率要求能长时间地恒定不变。经过核谐振吸收后的射频信号用一个围绕着试样并和射频源线圈垂直的线圈加以检测，经过放大后加以记录，试样是放在一支细玻璃管中，试样管还受气体涡轮的驱动，每分钟旋转数百转，这样可以减少磁场不均匀性可能造成的影响。

每一种核都应有一个特征的 NMR 吸收峰，但是当它处于不同的化学环境中时，它的吸收频率有微小的差别。例如，≡CH 基、亚甲基=CH_2 和甲基−CH_3 中氢原子的 NMR 吸收频率各不相同，称为做化学位移。同一原子在不同的价态和不同的局域环境中产生不同的化学位移，而且核自旋与相邻接的偶合在不同的环境中也产生各不相同的 NMR 精细结构，所以 NMR 波谱常用于确定物质中元素的价态和它的局域环境，确定各原子间的距离，确定材料中的分子状原子簇。NMR 波谱与其他实验手段结合起来使用，可以用于测定有机物的组成结构。NMR 波谱的应用还有三个局限性：①试样必须是对射频辐射透明的，因此，它只适合研究非金属、粉末状金属、海绵态金属以及金属薄膜；②试样中心必须包含有大量等同的晶格点，从而能产生足够的 NMR 信号；③试样中必须有自旋的核。NMR 的灵敏度取决于磁场的均匀性，并要求试样不能含有能产生磁共振的杂质。

3. 电子自旋共振波谱(electron spin resonance spectroscopy，ESR spectroscopy)

电子自旋共振又称为电子顺磁共振(EPR)或电子磁共振(EMR)，是以磁场对分子、原子或离子中所含未成对电子的作用所引起的磁能级分裂为基础的，自旋电子所产生的磁矩几乎比质子的磁矩大 1 000 倍，因此，在某一给定的磁场中，电子的磁量子能级共振时所吸收的电磁辐射的频率也高得多。例如，在 10^4 Gs 的磁场中，电子磁共振的吸收频率 υ 为 27 794MHz(波长约为 10^{-1} cm)，相当于微波波谱的范围。

ESR 波谱仪由一个具有 3 500Gs 强度的电磁铁和一个可以在小范围内可变磁场的扫描线圈组成，试样放置在磁铁中心的微波腔中。微波辐射源是一个 Klystron 管，它以大约 9 500MHz 的恒定频率发送微波。像前述的 NMR 波谱仪那样，ESR 波谱仪也是采用精细地改变磁场强度的办法(场扫描法)来记录共振信号波谱的。

ESR 波谱只能用于研究具有自由基和含有不成对 d 和 f 电子的金属离子的化合物，用于研究三重态电子分子以及固体中的某些点缺陷(如 F 色心等)，ESR 已广泛地用来研究由自由基进行的化学反应，用于研究过渡金属配合物的结构。但对固体而言，ESR 只限于研究含有低浓度顺磁离子的单晶试样($1mm^3$)。

例如，在固体化学中可以用 ESR 波谱来确定 CdS 晶体中的杂质铬离子的价态，并确定它在晶体中是取代四面体顶点上 Cd^{2+} 的位置，还是进入间隙位置。结果表明，铬是以 Cr^{2+} 的形式存在于具有稍稍变形的八面体对称的间隙位置上。用 Mn^{2+} 离子作为探针，使它掺杂在 CdS 中取代 Cd^{2+} 的位置。加压可以使 CdS 转变为岩盐结构，这种岩盐结构的高压物相当于冷却到液氮温度时，即使在常压下也能存在。这种物相转变，可以用 ESR 波谱观察到。需要用一个 S 态离子作探针。Mn^{2+} 的基态为 6S，它既不被晶体场分裂，也不被自旋轨道耦合所分裂。但是晶体的共价键成分的多少却对它的超精细分裂($-75G$)有很大的影响，也就是说 Mn^{2+} 是处于八面体或是四面体位置对于超精细结构影响很大。当加压 CdS 形成具有岩盐结构的新物相时，转变成粉末状，超精细结构的细节不能分辨，但是可以观测出在 -80°C 时，CdS 由岩盐结构转变为纤锌矿结构。将 Gd^{3+}(^8S)掺入钙钛矿型化合的 $SrTiO_3$ 和 $BaTiO_3$ 中，也可以起到与上述相似的探针作用，以确定这类化合物的铁电性转变。

在这里我们还要顺便介绍一下电子和核的双共振技术(electron-nuclear double resonance，ENDOR)，这是把 ESR 与 NMR 结合在一起的一种实验技术，它可以很好地分析精细结构和超精细结构，解决 ESR 难以解决的问题。

在 ESR 波谱仪中是在垂直于恒磁场 H_0 的方向上加上一个弱的微波电磁场 H_1，由于微波场很弱($H_1 << H_0$)，所以各能级间的粒子数基本上保持在它们的热平衡值附近，没有受到严重的干扰，能级本身没有受到修正。但是在 ENDOR 中，是在垂直于 H_0 的方向上加上两个电磁辐射场，一个是微波场，用它激发电子自旋跃迁，另一个是射频辐射场，用它来激发核自旋跃迁，它的功能是产生抽运跃迁，所以称它为电子核双共振。和 ESR 的另一不同点是它不是用弱的微波场而是用强的微波场作电子抽运，使较高能级的电子集居数出现部分饱和状态。两个相应的 ESR 跃迁能级间的电子集居数可以用射频激发来加以改变，这

个射频场可引起精细结构能级之间的 NMR，从而解除高能级的饱和状态，使 ESR 再现，然后通过核磁跃迁可观察到 ESR 跃迁强度的增强。所以 ENDOR 方法既不同于通常的 ESR 法，也不同于通常的 NMR 法，因为观察的并不是 NMR 信号，而是在发生 NMR 时，ESR 信号的变化。

ENDOR 已经成功地用于解决半导体中 F 色心和施主原子俘获电子的超精细结构，这种精细结构可以提供有关俘获中心近邻点对称性的信息，可以辨认顺磁中心周围的核并且确定它们的位置。ENDOR 特别适合于研究绝缘固体中顺磁中心近邻的结构，可以用光子照射、热处理或用顺磁性杂质掺杂等方法，在反磁性晶体中产生这类顺磁中心。例如荧光材料、固体脉塞、掺杂半导体等材料中都包含有这类顺磁中心，用一般的 X 射线衍射等结构分析方法，是不可能研究顺磁中心以及其周围的结构的。因为这些顺磁中心的密度低且具有不规则的原子排列，此外 X 射线也无法辨认一些等电子结构的离子，如 O^{2-} 和 F^- 等。

曾用 ENDOR 技术深入地研究过掺杂顺磁性稀土离子 Ce^{3+} 或 Yb^{3+} 的 CaF_2 晶体，由于 Yb^{3+} 离子比 Ca^{2+} 离子小一些，使得杂质 Yb^{3+} 离子周围的 F^- 离子更靠近 Yb^{3+} 离子，造成大约 0.003nm 的偏移；同时 Yb^{3+} 取代 Ca^{2+} 的多余一个正电荷，需要电荷补偿，一个可能的补偿机制是在间隙位置上添加一个 F^- 离子，ENDOR 波谱可以很清楚地证明上述晶体中的结构畸变和电荷补偿电子。

4. 电子吸收光谱(electronic absorption spectroscopy)

在分子中，包括原子的运动能量，如核能 E_n、原子质心的平移能 E_t 和电子运动能 E_e 等，还包括原子间的振动能 E_v、分子转动能 E_r 和原子团之间的旋转能 E_i，可以近似地把分子整体的能级 E 写成：

$$E = E_e + E_v + E_r + E_n + E_t + E_i$$

在一般化学反应条件下，E_n 不发生变化，E_t 和 E_i 都比较小，分子的能级主要是由电子-振动-转动能级构成，即

$$E = E_e + E_v + E_r$$

所以说可以把分子的能量分为三部分：分子中电子的运动，组成分子的原子的振动，以及分子的转动。这些能级都是量子化的，当分子由较低能级 E 跃迁到较高能级 E' 时，所吸收的辐射频率为 υ，则

$$\upsilon = \frac{E' - E}{h} = \frac{\Delta E_e}{h} + \frac{\Delta E_v}{h} + \frac{\Delta E_r}{h}$$

电子能级之间的差 ΔE_e 为 1～20eV/mol；同一电子状态时不同振动态之间的能级差 ΔE_v 为 0.05～1eV/mol；同一电子状态和振动状态时，不同转动状态之间的能级差 ΔE_r 为 0.05~0.004eV/mol。当以一定能量的电磁辐射照射试样分子，而其能量值恰好相当于分子的基态和某一激发态之间的能级差时，就会发生光的吸收，得到分子光谱。

相应的分子光谱包括电子光谱、振动光谱和转动光谱。当用能量很低的波长为 25 ~ 500μm（波数为 400~20cm^{-1}）的远外红线照射时，只能引起分子转动能级的跃迁，得到的是远红外转动光谱，当用波长为 2.5~25μm（波数为 4 000~400cm^{-1}）的中红外线照射时，可以引起振动能级的跃迁（同时伴随有转动能级的变化），得到振动-转动光谱，只有用紫外-可见光照射时，才能引起电子能级的跃迁，得到电子光谱。

现代光谱仪一般可在紫外（200~400nm）、可见（400~800nm）光的波长范围内工作，有些光谱仪还包括近红外（800~3 300nm）区，其对应于电子光谱，通常前者称为紫外-可见光谱仪，后者称为紫外-可见-近红外光谱仪。吸收峰的位置对应于允许跃迁的能量（能级差）。允许跃迁一般是能引起电偶极矩发生变化的跃迁，因而与生色中心的局部对称性有关。用偏振的入射光研究单晶试样，对归属谱带很有帮助。用能量较高的光激励后，可观察发射光谱，包括荧光和磷光光谱，这是对吸收光谱的有用补充。

在光学透明基质晶体中掺杂过渡或稀土金属离子，常在可见区及靠近可见区的近红外或紫外区观察到中心离子谱带。这种谱带的数目，位置和强度决定于晶体场的强度和对称性，在评价激光器用基质晶体时，研究由静态或动态 Jahn-Teller 畸变引起的谱带分裂和展宽是有实用意义的。有趣的是，原子间距对晶体场光谱有显著影响。红宝石（Al_2O_3，Cr^{3+}）是红色的，而同晶型的铬石 Cr_2O_3 是绿色的。它们的区别仅在于铬石中的 Cr-O 距比红宝石中的大 4%。较大的原子间距使晶体场变弱，中心离子的轨道分裂变小，吸收谱带移向长波长方向，晶体场计算表明 4% 的原子间距变化已足以说明颜色的差异。许多二价态铅盐的颜色与涉及 $6s^2$ 孤对电子的跃迁有关。

在可见或近紫外区，常能观察到分子型晶体中涉及芳烃 π 电子以及羰基或类似生色基非键电子的跃迁。许多无机晶体在这一波段能观察到电荷转移跃迁。I_2 配合物的深棕色、电气石的多色性、许多混合价氧化物（如 Fe_3O_4）的深色都来自电荷转移跃迁。

在半导体研究中除杂质的局部对称性外，带隙也能用光谱研究。在这类研究中常施加一个外电场，以解除简并度，并使偏振光相对于外场方向转动，以利于谱带的归属。用这样的方法可以测定导带边至表面态的能隙。如果电子跃入一个 p-型区（或反之），直接的电子-空穴复合引起发光。而存在于禁隙内的表面态提供另一种空穴-电子复合的非辐射途径，不引起发光。因此发光强度随表面态相对能带边的位置变化，外电场可以改变这种相对位置。

无色的纯碱金属卤化物晶体在碱金属蒸气中加热或通过辐射损伤，可以产生 F 色心（在负离子空位处的俘获电子）和其他吸收性缺陷。F 色心内非球形分布分子的取向可以观察谱带随光的偏振面改变来检测。

不透明固体，或固体粉末，可以观察反射光谱。反射谱与吸收谱是类似的，但谱带的强度规律尚待查明，这给光谱的解释带来很大困难。

紫外、可见光谱可用于定性分析，但更多的是用于定量分析，用于定量分析的基础是朗伯-比尔定律。分析一张紫外、可见光谱图应注意的是谱带的位置、强度和形状。

5. 分子振动波谱

分子振动波谱包括红外光谱（infrared absorption spectroscopy）和拉曼光谱（Raman spectroscopy）。前者为吸收光谱，而后者为散射光谱。他们的检测对象相同，即分子的振动；检测结果具有互补性。

当用红外辐射去照射物质时，可以使其中分子的振动能级由 E_v 升高到 E'_v，ΔE 为：

$$\Delta E = h\upsilon = E'_v - E_v$$

研究不同频率的红外辐射被试样吸收后所得到的辐射能量（或强度）随频率的分布，也就是红外吸收光谱，光谱中的吸收峰反映了分子中某些振动能级的变化，拉曼光谱则是指用高强度汞弧灯辐射照射试样在分子中产生的散射光谱。当一束频率为 υ_0 的单色光照射在试样上时，在与入射光垂直的方向，可以检测到有散射出来的光，其中一部分散射光的频率与入射光相同，是由于光子与分子之间的弹性碰撞产生的；另一部分散射光的频率 υ 和入射光的频率 υ_0 不同，相差 υ_v：

$$\upsilon = \upsilon_0 \pm \upsilon_v$$

这是由于入射光子与分子之间发生了非弹性碰撞，频率为 υ_0 的入射光在固体试样中引起了振动能级的跃迁，光子得到或损失一部分能量相应于 υ_v，在散射光束中就产生频率 $\upsilon_0 \pm \upsilon_v$ 的拉曼光谱，如果用高分辨率光栅分光，得到的是一根根的分立的谱线，频率的改变 $\pm \upsilon_v$，也对应于分子中能级的变化。

红外光谱反映了物质内部分子运动的状态，是研究物质的化学组成和分子结构的有力工具。

通过对双原子分子谐振模型的量子力学分析和对多原子分子的正则振动以及能级的理论分析，可以找到一些分子结构和分子光谱之间关系的规律。但是对于较复杂的分子，这种理论分析十分困难。因此，只可以用经验规律来解决复杂化合物的结构分析问题。

经验地归纳和对比各种化合物的红外吸收光谱，发现具有相同化学键或官能团的化合物，它们的吸收峰的频率也近似，这些频率就是这类化学键或官能团的特征吸收频率，反映它们的振动-转动能级跃迁。然而，同一基团的特征频率及强度在不同的化合物分子中和外界环境中并不完全相同，而常常有一定的位移和变化，这是由于不同分子内部存在着不同的诱导效应、共振效应、键角变化、空间效应、氢键形成等因素，根据物质的红外光谱特征频率，既可进行化合物的定性分析和定量测定，也可以进行化合物的结构分析。

红外光谱是鉴定固体物相的有效手段。它对试样的处理要求比较简单，可以用粉末状多晶体作试样。目前有各种型号的商品红外光谱仪提供，它们都有电子计算机控制，收集、处理数据一体化。

不太熟练的人可以利用红外光谱去辨认固体材料中的分子组元。例如，可以根据特征吸收谱峰确认玻璃中含有的氢氧基或残留的碳酸根和硫酸根；发现发光材料 CsI∶Tl 在大气中存在后发光强度显著降低的原因，是由于晶体中吸收了 OH^-、CO_3^{2-}、NO_2^- 和 NO_3^- 等；阳离子的一级配位数在红外光谱中也能反映出来，因此，可以用红外光谱准确地测定结构简单的氧化物和氟化物中的配位数。

熟练程度较高的人可以借助于群论去预测多晶结构转变或有序-无序转变时的光谱行为。例如，一个完全有序的正尖晶石具有四个特征红外活性峰和五个拉曼活性线；但是一个无序的反尖晶石，虽然也表现出同样数目的吸收峰，但是有频率位移。

红外光谱也是研究表面化学的有效手段，广泛地用于确定固体表面上的物种。例如，在研究铂、钯、镍、铜上吸附的一氧化碳时，测得 1 800～2 100cm^{-1} 范围内的吸收带和一些过渡金属羰基配合物的吸收带相似，因此，可以认为在上述金属表面上，CO 和金属原子结合，生成了线状结构的 $O≡C-Pd$；或 CO 同时与两个金属原子结合，形成桥式结构的 $O=CPd_2$。

固体表面上往往有许多凸面、侧边、台阶、尖角以及晶粒间界等，在这些位置上的吸附分子所表现出的红外光谱比较复杂，往往难以解释，现在可以采用红外反射光谱，以及配合以低能电子衍射、光电子能谱等技术，获得更多的表面化学信息。

在晶体结构中往往俘获有外来杂质分子，这种情况在矿物中特别普遍，因为许多硅酸盐具有开放结构，有许多容积足够大的笼子和通道，可以容纳水分子、二氧化碳和惰性气体等分子。用化学分析发现宝石状的绿柱石 $Be_3Al_2Si_6O_{18}$ 总是含有高于1%的水分，用红外吸收光谱也证明其中确实俘获有水分子，铯榴石 $CsAlSi_2O_6$ 的铝硅酸根结构中也松弛地键合有一些水分子，它的红外光谱中在 2.7μm 处显示出有一个强吸收峰，是由 O-H 伸缩振动所引起的。

对于分子振动，当他们从正常稳定的基态跃迁到第一激发态时，所吸收的能量，称之为基频吸收。在化学领域中，基频吸收的范围在中红外区（4 000～200cm^{-1}）。实际上，分子振动并不是严格谐性的，随着能级的增加，能级间的间隔越来越小，因此，从基态到第二、第三激发态的跃迁也是可能的，这时的能量吸收被称为倍频吸收。在另一场合下，当一个光量子的能量正好严格等于两个基频跃迁的能量之和时，更具体地称为和频吸收；等于两个基频跃迁的能量之差时，称为差频吸收。除了基频、倍频与和频吸收外，分子振动还有不同的模式，如沿着键的方向的伸缩振动、垂直于键的方向的弯曲振动（变形振动、面内摇摆振动、面外摇摆振动、扭绞振动……）等等。

在反映分子的振动和转动这一点上，拉曼光谱和红外光谱是相同的。但是二者的机理和实验方法却很不一样，拉曼光谱所用的试样必须是无色透明不产生荧光的液体或大的单晶体，所用的光源是单色可见光（如汞蓝线 435.8nm），在与入射光束垂直的方向记录经过单色仪色散的散色光。在用胶片照相法或探测器记录下来的散射光谱中，可以观察到有一条是频率与入射光相同的散射母线，在母线的两侧对称分布着两条较弱的散射线，即拉曼谱线，其中频率为 v_0-v_v 的一条线相当于光子把部分能量传给分子，使其振动能级激发；另一条的频率 v_0+v_v，相当于光子与已经处于振动激发态的分子碰撞后，得到了分子回至振动基态所释放出的一部分能量。因此，拉曼位移 v_v 值就反映出分子中某些化学键或官能团的特征振动谱线，通过它也可以研究分子的组成和结构。过去由于拉曼光谱对试样的要求苛刻，谱线很弱，探测记录都有困难，应用不广泛。自从可以使用强度很高，单色性能好的激光作为光源，拉曼光谱技术获得了新的发展，激光拉曼具有许多优点：①光源强度高，散射光的强度也相应地高，记录所需时间较短；②光源单色性好，激光谱线宽度可窄到 0.005cm^{-1}，可以获得拉曼散射谱线的宽度和精细结构的准确数据，谱线也比较简单，易于分析。

通过测定拉曼光谱中谱带的展宽，可以确定固溶体相区的组成变化、检查化学整比的改变，因为当固溶体相区的组成偏离简单整数比时，振动的对称性降低，会引起拉曼光谱带的变宽。例如，用粉末拉曼光谱可以精确测定 $LiNbO_3$ 中偏离化学整比不到 0.5% 的变化。

对于固体材料中分子不同的振动或转动模式，拉曼光谱与红外光谱的活性是不同的，也可互为补充。对于低对称性分子，易产生偶极矩的变化，红外光谱有强谱带，这对于极性分子或取代基团的分析有利。对于高对称性的分子，易产生诱导偶极矩的变化，拉曼光谱有强谱带，这对于非极性分子或取代基团的分析有利。

在拉曼光谱与红外光谱中，分子的概念应理解为分子或组成分子的各个基团。

11.3　组成和纯度表征

一种纯固体物质的组成分析，包括该物质主要成分含量的测定、物相的确定、其中所含杂质原子的种类和含量的测定等。除了常规的化学分析法、原子光谱法、X 射线衍射分析法之外，还需要一些特殊的分析手段。例如，文献中常常报道有所谓 5 个 9 或 6 个 9 纯度的材料，它们多半是用电阻率测定法并补充以原子发射光谱法来确定的，这样得到的组成分析的结论是值得怀疑的，因为发射光谱法的灵敏度对多数元素而言仅仅是 $10^{-5}\sim10^{-6}$ 克数量级，要想得到全部杂质含量小于 10^{-6} 克数量级的材料组成分析的准确结果，必须采用灵敏度和精度范围 $10^{-9}\sim2\times10^{-8}$ 克数量级的分析方法。这样的分析测定工作，要求高、难度大，而且相当费力费时。

化学纯度在合成化学中是一个重要的标准。对化学纯度重要性的认识促使人们投入大量精力去扩展常规的纯化方法、开发新的纯化方法。然而实际上没有任何一种技术会适用于所有的纯化问题。究竟采取何种方法取决于所要纯化物质的性质和所要除去的特定杂质。纯化技术有物理方法和化学方法，物理方法包括升华、挥发性杂质的蒸发、从熔体中的重结晶、液体萃取及色谱法；化学方法包括离子交换、液体或固体的电解以及利用化学反应的纯化。固体纯化最重要的物理方法是区域精炼，此法是基于杂质在固相和液相中的溶解度不同。下面简单地介绍用于分析化学组成的方法。第一类分析技术是要求先将试样分解并溶解，然后测定溶液中各组分离子的含量；第二类分析技术是可以直接用于分析固体试样，并不需要预先处理样品；第三类分析技术可以提供固体材料的化学结构的信息以及关于元素在固体中的位置和固体表面状况的信息。

11.3.1 化学分析

化学分析是指经典的重量分析和容量分析。重量分析是根据试样经过化学反应后生成产物的质量来计算试样的化学组成。早期的原子量测定多数是用质量法，分析的精确度可高达 0.001%。容量法是根据试样在反应中所需要消耗的标准试液的体积来计算试样的化学组成。容量法既可用于测定试样的主要成分，也可用于测定次要成分，其精度一般是 0.1%~0.01%。经典的化学分析之所以具有相当高的精确度，是因为人们可从反应的理论平衡计算去确定系统误差，也因为最后称重的反应产物是准确无误的，并不需要校正。

经典的重量或容量分析步骤，是基于水溶液或液相中的化学反应之上的，因此称为湿法化学分析，以区别于现代的仪器分析。但是如果仔细考察一番，就会发现，除了少数例外，几乎没有任何仪器分析方法不利用经典的分析方法为仪器的标定准备标准试样。

容量法的关键在于确定反应的终点，经典的容量法靠目测指示剂的变色来确定反应的终点。现在则可以用电势法、原子吸收分光光度法、荧光光度法和量热法等确定反应终点。这样容量分析就可以自动化和计算机化。容量法可以为许多材料的主要成分或微量成分的分析提供有选择性的和灵敏度较好的分析方法。

一个纯物相中由于存在有杂质和本征缺陷，其组成偏离化学整比的程度大约在 10^{-3} 以下，在这种情况下，用一般的化学分析法是难以确定的。

但是某些非整比化合物可以看作具有不同价态离子组分的固溶体。例如，$ZnO_{1-\delta}$ 可以看作是 $Zn^{2+}O$ 和微量 Zn^0 的固溶体；$FeO_{1+\delta}$ 可以看作是 $Fe^{2+}O$ 和 $Fe_2^{3+}O_3$ 的固溶体。这类氧化物的偏离整比性可以由测定其中不同价态离子的浓度来确定。可以在隔绝空气条件下，将试样溶解，用滴定法或分光光度法测定其中微量离子组分的浓度。如果在溶解试样时或在溶液中，那个微量组成不稳定，如 $ZnO_{1-\delta}$ 和 $CdO_{1-\delta}$ 中的微量金属锌和镉在溶液中不稳定，则可以改变一下测定方法。可以在时，在溶液里同时加进一些标准的硫酸铁溶液，以氧化试样中微量的金属，然后用硫酸铈溶液滴定溶液中被还原了的亚铁离子的量。还有一个巧妙的测定 $ZnO_{1-\delta}$ 中微量锌的电化学分析法，是将 $ZnO_{1-\delta}$ 做成一个电极浸入酸中，用铂做另一电极，在 ZnO 电极上加一正电位以阻止 H_2 的产生，使 ZnO 慢慢地溶解，在这种装置中，可以测定出 Zn 在电路中产生的电流，从而计算出通过线路的电量的单位为多少库仑，该库仑数就表示溶解了的 Zn 的当量数。

11.3.2　原子光谱分析法

原子光谱分为吸收光谱与发射光谱。原子吸收光谱是物质的基态原子吸收光源辐射所产生的光谱。基态原子吸收能量后原子中的电子从低能级跃迁至高能级，并产生与元素的种类与含量有关的共振吸收线。根据共振吸收线可对元素进行定性和定量分析。原子发射光谱是指构成物质的分子、原子或离子受到热能、电能或化学能的激发而产生的光谱。该光谱因不同原子的能态之间的跃迁不同而异，同时随元素的浓度变化而变化，因此可用于测定元素的种类和含量。

原子吸收光谱有以下 3 个特点。

①灵敏度高。绝对检出限量可达 10^{-14} 克数量级，可用于痕量元素分析。

②准确度高。一般相对误差为 0.1%~0.5%。

③方法简便，分析速度快。可不经分离直接测定多种元素。

其缺点是，由于需逐个测定样品中的元素，故不适用于定性分析。

原子发射光谱有以下 4 个特点。

①灵敏度高。绝对灵敏度可达 10^{-8}~10^{-9}g 数量级。

②选择性好。每一种元素的原子被激发后，都会产生一组特征光谱线，由此可准确无误的确定该元素的存在，所以光谱分析法仍然是元素定性分析的最好方法。

③适于定量测定的浓度范围小于 5%~20%。高含量时误差高于化学分析法，低含量时准确性优于化学分析法。

④分析速度快，可测定多种元素，且样品用量少。

11.3.3　分光光度法(Spectrophotometry)

吸收分光光度法是应用最广的分析溶液的方法之一，许多生产和研究部门的例行分析大部分是用分光光度法完成的。由于具有很好的选择性和灵敏度以及较高的准确性，因而既可用于微量以至痕量的杂质成分的分析，也可用于常量的主要成分分析。吸收分光光度法是通过测定试样溶液对紫外和可见光区的单色辐射的吸光度随波长的变化来确定试样的成分。各种无机物和有机物在紫外和可见光区都有吸收，一些非吸收成分也可以用适当的化学处理方法使其转化为有吸收的，即利用某些试剂，特别是一些螯合剂，与待测成分进行成色反应，而形成有色化合物。当某种待分析成分的某些成色反应特征并不明显时，可以适当地调节溶液的 pH 值或者添加适当的掩蔽剂以消除干扰离子的影响，使成色反应具有选择性。最近发展起来的多元配合物的分光光度法和双波长分光光度法等进一步提高了一些直接分光光度测定的选择性。当然也可以采用预先分离和富集的办法，但是这样做会给检出极限带来一定的限制，对于一些最灵敏的分光光度方法，其检出极限为 $5 \sim 20 \mathrm{ng}$，一些高纯物质中的 $10^{-6} \sim 10^{-9} \mathrm{g}$ 数量级的微量杂质，经常还需要利用分光光度法来测定。

11.3.4 电感耦合等离子体原子发射光谱分析(ICP-AES)

电感耦合等离子体原子发射光谱是原子发射光谱中的一种，因采用电感耦合等离子体为光源而得名。等离子体是指含有一定浓度阴离子、阳离子、自由电子、中性原子与分子，在总体上呈电中性，能导电的气体混合物。等离子体作为一种光源是 20 世纪 60 年代发展起来的一类新型发射光谱分析用光源。通常用氩等离子体进行发射光谱分析，虽然也会存在少量试样产生的阳离子，但是氩离子和电子是主要导电物质。在等离子体中形成的氩离子能够从外光源吸收足够的能量，并将温度维持在一定的水平，使其进一步离子化，一般温度可达 10000K。目前，高温等离子体主要有三种：电感耦合等离子体(inductively coupled plasma，ICP)；直流等离子体(direct current plasma，DCP)；微波诱导等离子体(microwave induced plasma，MIP)。其中尤以电感耦合等离子体光源应用最广。

电感耦合等离子体原子发射光谱分析由于既具有原子发射光谱法(AES)的多元素同时测定的优点，又具很宽线性范围，可对主要、次要、痕量元素成分同时测定，适用于固态、液态、气态样品的直接分析，具有多元素、多谱线同时测定的特点，是实验室元素分析的理想方法。ICP-AES 是原子光谱分析技术中应用最为广泛的一种，不仅是冶金、机械、地质等部门不可缺的分析手段，而且在有机物、生化样品的分析，以及当前备受关注的环境检测和食品安全监控等方面，也日益展现其优越性，已成为当前分析化学领域最具优越分析性能和实用价值的实验室必备检测手段。经半个多世纪的发展，ICP-AES 仪器在灵敏度、选择性、分析速度、准确度、自动化，等方面有了长足的进步。随着各种分析性能好、性价比越来越有优势的商品化仪器不断推出，ICP-AES 分析技术逐渐成为无机元素分析的常规手段。

原子发射光谱是处于激发态的待测元素原子回到基态时发射的谱线，原子发射光谱法包括 2 个主要的过程，即激发过程和发射过程。

由光源提供能量使样品蒸发、形成气态原子并进一步使气态原子激发至高能态，变为激发态原子，是为激发过程。

处于激发态(高能态)的原子十分不稳定，可在很短时间内回到基态(低能态)。当从原子激发态过渡到低能态或基态时产生特征发射光谱即为原子发射光谱，这即发射过程。

由于原子发射光谱与光源连续光谱混合在一起，且原子发射光谱本身也十分丰富，必须将光源发出的复合光经单色器分解成按波长顺序排列的谱线，形成可被检测器检测的光谱，以便仪器用检测器检测光谱中谱线的波长和强度。

由于不同元素的原子结构不同，所以一种元素的原子只能发射由其 E_o 与 E_q 决定的特定频率的光。这样，每一种元素都有其特征的光谱线。即使同一种元素的原子，它们的 E_q 也可以不同，也能产生不同的谱线。此外，某些离子也可能产生类似的光谱，因此在原子发射光谱条件下，对特定元素的原子或离子可产生一系列不同波长的特征光谱，可通过识别待测元素的特征谱线存在与否进行定性分析。

试样由载气带入雾化系统进行雾化（对于溶液进样而言），以气溶胶形式进入炬管轴内通道，在高温和惰性氩气气氛中，气溶胶微粒被充分蒸发、原子化、激发和电离。被激发的原子和离子发射出很强的原子谱线和离子谱线。各元素发射的特征谱线及其强度经过分光、光电转换、检测和数据处理，最后得到各元素的含量，这即定量分析。

由于在某个恒定的 ICP 等离子体条件下，分配在各激发态和基态的原子数目 N_i、N_o，应遵循统计力学中麦克斯韦-玻尔兹曼分布定律。

$$N_i = N_o \times (g_i / g_o) \times e(-E_i / kT)$$

式中，N_i 为单位体积内处于激发态的原子数；N_o 为单位体积内处于基态的原子数；g_i，g_o 为激发态和基态的统计权重；E_i 为激发电位；e 为玻尔兹曼常数；T 为激发温度。

而 i、j 两能级之间的跃迁所产生的谱线强度 I_{ij} 与激发态原子数目 N_i 成正比，即 $I_{ij} = kN_i$。因此，在一定的条件下，谱线强度 I_{ij} 与基态原子数目 N_o 成正比。而基态原子数与试样中该元素浓度成正比。因此，在一定的条件下谱线强度与被测元素浓度成正比，$I_{ij} = kc$，这是原子发射光谱定量分析的依据。

11.3.5　特征 X 射线分析法

特征 X 射线分析法是一种将显微分析和成分分析相结合的微区分析方法，特别适用于分析试样中微小区域的化学成分。其原理是用电子探针照射在试样表面待测的微小区域上，来激发试样中各元素的不同波长（或能量）的特征 X 射线（或荧光 X 射线）。然后根据射线的波长或能量进行元素定性分析，根据射线强度进行元素的定量分析。根据特征 X 射线的激发方式不同，可细分为 X 射线荧光光谱法和电子探针 X 射线微区分析法。

1. X 射线荧光光谱法（X-ray fluorescence spectrometry）

利用能量较高的 X 射线来照射试样，所产生的 X 射线称为 X 射线荧光。使用晶体分光器对由试样中产生的 X 射线荧光进行分光并测量其强度，就得到试样的 X 射线荧光光谱，可以根据它来确定试样中组成元素的含量。

X 射线荧光光谱的特征谱线的波长只与元素的原子序数有关，而与激发用的 X 射线能量无关。例如，元素的 X 射线荧光光谱中的 K_α 谱线的波长，与元素的原子序数 Z 之间有如下的关系：

$$\lambda \approx 130(\text{nm})/Z^2$$

而谱线的强度与元素含量有关。从而,由谱线的波长和强度便可确定试样中所含元素及其含量。试样可以是固体(单晶或粉末),也可以是液体。进行定性分析时,常借助于所用分光晶体的 Q-λ 换算表以求出各谱线的波长。因为同一元素的同系列特征谱线(如 K_α 和 K_β,L_α 和 L_β、$L_{\beta 2}$…)同时产生,因此,可以根据这几根同系列的谱线,对相应元素进行准确的辨认。在做定量分析时,常采用单线条对比法,即将试样中某一元素的某根特征谱线的强度与标准试样的同一根谱线的强度进行对比,以确定该元素的含量。若有其他元素对于待测元素谱线的影响,可以采用同样含量配比的已知试样作工作曲线的办法。

这种方法可用于测定试样中的主要成分和次要成分,分析灵敏度一般是 $2\times10^{-4} \sim 2\times10^{-5}$ g 数量级。如果对试样预先进行分离富集,灵敏度可以提高到 $10^{-5} \sim 10^{-6}$ g 数量级,最高可达 10^{-7} g 数量级。其分析准确度可达 0.5% ~ 0.1%,可以和湿法化学分析的准确度相比拟,优于其他仪器分析的准确度。

X 射线荧光光谱法的特点:①可以对试样做无损伤分析;②除了原子序数在 10 以下的元素外,大多数元素都可以用 X 射线荧光光谱法分析,特别是用于化学性质相似,难以分离的元素的分析,如铌和钽、锆和铪、以及稀土元素等;③这个方法使用的试样量很少,因此,可以成功地应用于测定从单晶上分割下粉末中掺杂元素的含量,以求出晶体中的扩散系数。

这个方法可以用于分析金属、合金、矿石、熔渣、催化剂、空气中污染粉尘等等。

广义而言,X-射线荧光光谱与电感耦合等离子体原子发射光谱虽然都为发射光谱,但两者有质的区别,X-射线荧光光谱是较外层的电子跃迁回内层电子的空穴时多余的能量以辐射的形式释放所产生的,而电感耦合等离子体原子发射光谱是处于激发态的外层电子回到基态时多余的能量以光的形式释放所产生的。

2. 电子探针 X 射线微区分析(electron-probe X-ray microanalysis)

将 X 射线荧光光谱分析加以改进,可以发展成为一种电子探针 X 射线微区分析。这是用聚焦到直径约为 1μm 的电子束来激发试样,使其中的组成元素产生特征 X 射线光谱,然后分析光谱的波长和强度,从而得到关于固体试样中各微区内的组成元素及其含量,了解组成元素在固体材料或器件中分布的情况。测定的组分的浓度可低至 0.1% ~ 0.01%,分析误差在 3% 以内,测定的固体试样的微区面积和深度均为 $1\sim3\mu$m。

商品型的电子探针微区分析仪已广泛使用,并成为一种例行分析手段。这种分析仪的工作原理是用一个能产生高能和能量范围较窄的电子束的电子枪,将其所产生的电子束经过聚焦磁透镜,束流截面直径可以汇聚到小于 1μm,随后撞击在试样靶上,被分析的试样表面要抛光成光学镜面,必要的话,还要蒸镀上一层导电薄膜,以消除空间荷电效应。当电子束撞到靶上,就产生一些表征试样中所含元素的特征 X 射线,经过多道能谱仪的波长分析或能量分析器后，由一套能谱仪检测并显示各条特征 X 射线的波长和强度。许多型号的电子探针微区分析仪还配备有扫描装置和计算机系统，使电子束可以在试样上一定范围的面积内进行扫描，并使 X 射线分析器和检测系统与扫描电子同步，就可以显示出试样中二维方向上元素的分布情况，并描绘出固体物质表面形貌的显微结构图像。

入射电子束跟试样靶之间的相互作用还是比较复杂的，不仅产生连续的和特征的 X 射线，而且能产生表征试样中元素的俄歇电子以及低能二次电子。X 射线通过试样时还可能产生二次荧光辐射。这些辐射通过各种能量分析器是可以探测到的。

电子探针微区分析仪可以测量锂、铍、碳、氢、氧、氮以外的 $^5B \sim ^{92}U$ 各元素，但是它只能测定微区中的元素成分，而不能确定元素的结合状态和物相。这种方法特别适合研究半导体材料中掺杂元素的扩散过程，研究催化剂在催化过程中前后的变化。例如，观测催化剂载体的组成和显微结构，浸渍成分的浓度分布，活化过程，中毒现象以及淀积物的成分等等。它既可以用于定性分析，也可以用于定量分析，但不适宜于作痕量分析。例如，对于合成氨的铁催化剂中基质 Fe_3O_4、助催化剂 Al_2O_3、MgO 和 CaO 等的分布情况，以及它们在催化过程中的变化，这些可以通过配备电子探针分析设备的扫描电子显微镜来进行研究。

11.3.6　X 射线激发光学荧光光谱(X-ray excited optical fluorescence spectroscopy)

X 射线激发光学荧光光谱是利用固体发光现象来进行成分分析的。它是用 X 射线激发试样，使其中某些元素产生光学荧光光谱，从这种特征光谱谱线的波长和强度来确定这些元素的含量，这种方法特别适合稀土元素的测定。X 射线能激发固溶在 Y_2O_3、La_2O_3、CeO_2、Gd_2O_3 中的其他稀土元素，使之发射非常特征的可见荧光光谱(波长在300~1 000nm之内)。在上述基质内所能检测的稀土元素的含量分别为：

$$Nd、Tb、Dy——1ng/g$$
$$Sm、Eu、Tm——10ng/g$$
$$Pr、Gd、Ho、Er、Yb——100ng/g$$

而作为基质的 Y、La、Lu 不发射这种可见荧光，Ge 的发射光谱在远红外区，Gd 的光谱比较简单，都不会干扰分析，这种分析方法的特点是：分析灵敏度高，快速，但是试样的预处理步骤复杂、费时，因为预先需要把待测试样与基质材料混合烧制成发光体，才能检测分析。当使用的基质材料不同，烧制的条件不同，则待测元素的荧光光谱的波长和强度会发生改变，分析灵敏度也会改变。

11.3.7　质谱(mass spectrometry)

质谱法是 20 世纪初建立的一种分析方法。其原理是利用具有不同质荷比(也称质量数，即质量与所带电荷之比）的离子在静电场和磁场中所受的作用力不同，因而运动方向不同，导致彼此分离。经过分别捕获收集，确定离子的种类和相对含量，从而对样品进行成分定性及定量分析。

气体离子束流，按其荷质比 m/e 的不同，在电磁场中被分离开来，并经过离子检测器记录下来的图谱就是质谱。固体试样在高真空中受电子束的轰击或高频或脉冲电火花的气化和电离，生成的正离子流受到电场电压 V 的加速和磁场场强 H 的偏转，其运动轨迹的曲率半径 R 跟离子的荷质比的关系为：

$$R^2 = \frac{2V}{H^2} \cdot \frac{m}{e}$$

$$\frac{m}{e} = \frac{R^2 H^2}{2V}$$

当仪器的 R 值已定，磁场强度固定，而连续改变加速电压时，不同荷质比的离子将按顺序通过出口狭缝进入检测器。经过电子仪器将检测到的讯号放大并记录下来便得到质谱，其横坐标为荷质比，纵坐标为相应荷质比离子的相对含量。

质谱分析的特点是可进行全元素分析，适用于有机无机成分分析，样品可以是气体、固体或液体；分析灵敏度高，对各种物质都有较高的灵敏度，且分辨率高，即使性质极为相似的成分都能分辨出来；试样用量少，一般只需 10^{-6}g 级样品，甚至仅用 10^{-9}g 级样品也可得到足以辨认的信号；分析速度快，可实现多组分同时检测。现在较广泛使用的是二次离子质谱法（SIMS）。该法用载能离子束轰击样品，引起样品表面的原子或分子溅射，通过收集其中的二次离子并进行质量分析，就可得到二次离子质谱。其横向分辨率达 $100\sim200$nm。二次中子质谱分析法（SNMS）现在也发展很快，其横向分辨率为 100nm，个别情况下可达 10nm。

质谱仪的缺点是结构复杂，造价昂贵，维修不便。

11.3.8 中子活化分析（activation analysis with neutron）

采用不同能量的中子照射待测试样，使其中所含各种元素的原子核俘获入射中子，从而发生核反应。反应生成的产物多数具有放射性，因此会以一定的半衰期性蜕变或蜕变同时辐射出一种或多种不同波长的 γ 射线。通过检测核蜕变的产物，或用试样中待测元素与射线相互作用，从而变成某种放射性元素，通过 γ 谱仪测定辐射的能谱，就可得到待测试样中所含各种元素的定性或定量数据。测得的脉冲能量表明试样中所含元素的种类，脉冲强度表示相应元素的浓度。分析灵敏度可达 $10^{-4}\sim10^{-6}$g 数量级。如果照射后生成的是 β 辐射体则由于电子的穿透力弱，测量将不准确。所以需要经过萃取和富集，萃取分离所用的化学试剂为非放射性的，所以不会影响分析结果。经过放射化学分离富集后，测量灵敏

度可以提高到 $10^{-11} \sim 10^{-8}$g 数量级。活化分析特别适用于固体中超痕量杂质分析,因为活化分析可以消除分析过程中试剂空白和试样沾污的问题。分析中的一些可变因素,如照射用粒子的类型和能量、照射时间,以及探测器的类型、测量的精度等,在每次分析时,都可以作适当的选择,这样就可以使活化分析法避免严重的系统误差和偏差,对于 100ng 水平的分析值,其随机误差是±5%。

使用高分辨率的 Ge(Li) 探测器,可以对试样进行多元素无损伤分析,但是当待测元素多到 10 种以上时,许多元素的测定精确度和准确度就要降低(超±20%)。而且往往需要对试样进行两次或多次照射,在测量以前,需要让试样衰变 30 天以上,不便于实际应用。使用快中子发生装置的活化分析,可以使氧的无损伤分析达 $10 \sim 100\mu$g 的水平。对从直线电子加速器韧致辐射所产生的高能光子进行活化分析,可以测定低于微克量的碳、氧、氮。用带电粒子对试样表面进行活化分析,可以测定碳、氮、氧。

中子活化分析的主要特点是:灵敏度高,选择性好,具有非破坏性且可同时分析多种元素等。

11.4 材料的性能表征

11.4.1 材料的热稳定性——热分析

材料在加热或冷却的过程中,随着物质的结构、相态和化学性质的变化都会伴随着相应的物理性质的变化。这些物理性质包括质量、温度、尺寸,以及声、光、热、力、电、磁等。热分析就是用程序控制温度,测量物质的物理性质与温度关系的一种技术。

热分析主要用于研究物理变化(晶型转变、熔融、升华和吸附等)和化学变化(脱水、分解、氧化和还原等)。热分析不仅提供热力学参数,而且可给出有一定参考价值的动力学数据。在合成化学中大量采用热分析,诸如研究固相反应,热分解和相变,以及测定相图等。许多固体材料都有这样或那样的"热活性",因此热分析是一种很重要的研究手段。

热分析所测定的热力学参数主要是热焓的变化(ΔH)。根据热力学的基本原理,可知物质的焓、熵和自由能都是物质的一种特性,它们之间的关系可由吉布斯—亥姆霍兹(Gibbs—Helmholtz)方程式表达如下:

$$\Delta G = \Delta H - T\Delta S$$

由于在给定温度下每个体系总是趋向于达到自由能最小状态,所以当逐渐加热试样时它可转变成更稳定的晶体结构或具有更低自由能的另一种状态。伴随着这种转变有热焓的变化。这就是差示扫描量热法(DSC)和差热分析(DTA)的基础。在热焓变化的过程中,有时也发生质量的变化,例如试样的脱水、升华和分解等。热重法(TG)是基于测定质量的变化之上的。而热机械分析(TMA)则是基于物质的应力释放或变形。

在此,简要叙述 TG、DTA、DSC 和 TMA 的基本原理及其应用。

1. 热重法

热重法(Thermogravimetry,TG)是在程序控温下,测量物质的质量与温度或时间的关系的方法,通常是测量试样的质量变化与温度的关系。在热分析技术中,热重法使用得最多、最广泛,这说明它在热分析技术中的重要性。

热重法通常有两种类型,一是等温(或静态)热重法,它是在恒温下测定物质质量变化与温度的关系;二是非等温(或动态)热重法,它是在程序升温下测定物质质量变化与温度的关系。在热重法中非等温法最为简便,所以采用得最多。在此将主要讨论非等温热重法。

1)热重分析的基本原理。

如图 11.9 所示,炉体(Furnace)为加热体,在由微机控制的一定的温度程序下运作,炉内可通入不同的动态气氛或静态(如 N_2、Ar、He 等保护性气氛,O_2、空气等氧化性气氛或其他特殊气氛等),也可以在真空下进行测试。在测试进程中样品支架下部连接的高精度天平随时可感知到样品当前的重量,并将数据传送到计算机,由计算机画出样品重量对温度或时间的曲线(TG 曲线)。

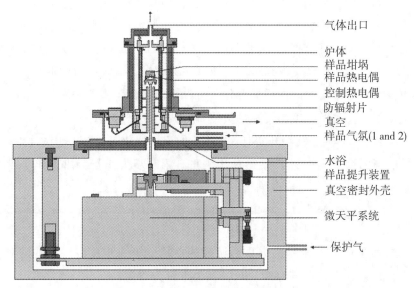

图 11.9 热重分析仪原理图

2)热重曲线。

由热重法记录的重量变化对温度的关系曲线称热重曲线(TG 曲线)。曲线的纵坐标为质量，横坐标为温度(或时间)。例如固体的热分解反应为：

$$A(固) \rightarrow B(固) + C(气)$$

其热重曲线如图 11.10 所示。

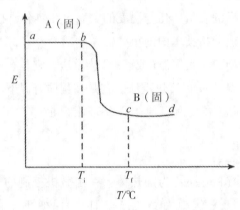

图 11.10　固体热分解反应的典型热重曲线

图中 T_i 为起始温度，即试样质量变化或标准物质表观质量变化的起始温度，TG 曲线台阶前水平处作切线与 TG 曲线台阶下降(上升)线作切线的相交点，可作为材料起始发生重量变化的参考温度点，多用于表征材料的热稳定性；T_f 为终止温度，即试样质量或标准物质的质量不再变化的温度；$T_f - T_i$ 为反应区间，即起始温度与终止温度的温度间隔。TG 曲线上质量基本不变动的部分称为平台，如图 11.10 中的 ab 和 cd。从热重曲线可得到试样组成、热稳定性、热分解温度、热分解产物和热分解动力学等有关数据。

根据热重曲线上各平台之间的重量变化，可计算出试样各步的失重量。图中的纵坐标通常表示：①质量或重量的标度；②总的失重百分数；③分解函数。

利用热重法测定试样时，往往开始有一个很小的重量变化，这是由于试样中存在吸附水或溶剂引起的。当温度升至 T_i 才产生第一步失重。第一步失重量为 $W_0 - W_1$，其失重百分数为：

$$\frac{W0 - W1}{W0} \times 100\%$$

式中，W_0 为试样重量；W_1 为第一次失重后试样的重量。第一步反应终点的温度为 T_f。如果有多步失重，则第二步失重量为 $W_1 - W_2$，其失重百分数为：

$$\frac{W1 - W2}{W0} \times 100\%$$

式中，W_0 为试样重量；W_1 为第一次失重后试样的重量，W_2 为第二次失重后试样的重量。需要注意的是，如果一个试样有多步反应，在计算各步失重率时，都是以 W_0 即试样原始重量为基础的。

从热重曲线可看出热稳定性温度区，反应区，反应所产生的中间体和最终产物。该曲线也适合于化学量的计算。

实际测定的 TG 曲线与实验条件，如加热速率、气氛、试样重量、试样纯度和试样粒度等密切相关。最主要的是精确测定 TG 曲线开始偏离水平时的温度即反应开始的温度。总之，TG 曲线的形状和正确的解释取决于恒定的实验条件。

3）微商热重法（DTG）。

在普通热重法中，连续记录的是样品重量 W 对温度 T 或时间 t 的函数关系：

$$W = f(T \text{ 或 } t)$$

TG 曲线上任意两点的纵坐标与横坐标之比能确定出平均的重量变化速率。若要确定曲线上任意一点的重量变化速率，虽可办到，但非常繁琐且不精确。微商热重法（或称导数热重法）是记录 TG 曲线对温度或时间的一阶导数的技术，也即记录的是重量变化速率对于温度或时间的函数关系：

$$\mathrm{d}W/\mathrm{d}T \text{ 或 } \mathrm{d}w/\mathrm{d}t = f(T \text{ 或 } t)$$

实验所得到的是微商热重曲线（DTG 曲线），纵坐标是重量变化率（$\mathrm{d}W/\mathrm{d}T$ 或 $\mathrm{d}w/\mathrm{d}t$），从上向下减小。横坐标为温度（T）或时间（t），自左向右表示增加。微商热重曲线上出现的各种峰对应着 TG 曲线上的各个重量变化阶段。在热重曲线中，水平部分表示重量是恒定的，曲线斜率发生变化的部分表示重量的变化，因此从热重曲线可得到微商热重曲线。

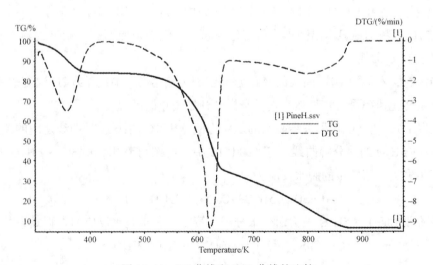

图 11.11　TG 曲线和 DTG 曲线的比较

DTG 曲线的峰顶 $\mathrm{d}^2W/\mathrm{d}t^2 = 0$，即失重速率的最大值，它与 TG 曲线的质量变化最快的点相对应。DTG 曲线上峰的数目和 TG 曲线的台阶数相等，峰的面积与样品对应的重量变化成正比。因此，可从 DTG 的峰面积算出失重量。

在热重法中，DTG 曲线比 TG 曲线更有用，因为它与 DTA 曲线类似，可在相同的温度范围进行对比和分析，从而得到有价值的信息。

图 11.11 是典型 TG 曲线和 DTG 曲线的比较。现代的热重分析仪一般都带有微分单元并配有计算机，可以同时记录 TG 曲线和 DTG 曲线。

微商热重法有以下 7 个特点。

(1)可同时得到 TG 和 DTG 两条曲线。

(2)DTG 曲线与 DTA(差热分析)曲线具有可比性，但前者与质量变化有关且重现性好，后者与质量变化无关且不易重现。如果把 DTG 曲线与 DTA 曲线进行比较，可判断出是重量变化引起的峰还是由热量变化引起的峰。TG 曲线就不能。

(3)由于反应过程试样产生热量变化，导致 DTA 曲线温区较宽。而 DTG 曲线能精确地反映出反应起始温度，达到最大反应速率的温度和反应终止的温度。

(4)在热重曲线(TG)上，对应于整个变化过程中各阶段的变化互相衔接而不易区分开，同一变化过程在 DTG 曲线上可呈现出明显的最大值，能以峰的最大值为界把一个热失重阶段分成两部分。故 DTG 可很好地显示出重叠反应，区分各个反应阶段，这是 DTG 的最可取之处。

(5)DTG 曲线峰的面积精确地对应着变化了的样品重量，因而 DTG 可精确地进行定量分析。

(6)有些材料由于种种原因不能用 DTA 来分析，却可以用 DTG 来研究。

(7)DTG 可精确地显示出微小质量变化的起点，但必须使用高灵敏度的热天平，或借助计算机求 DTG 曲线。

应当注意，不能把 DTG 曲线的峰顶温度当成分解温度。DTG 的峰顶温度表示在这个温度下重量变化速率最大，显然，它不是样品开始失重时的温度。

下面以 $CuSO_4 \cdot 5H_2O$ 失去结晶水的反应为例分析 TG 曲线 DTG 曲线之间的关系。

$CuSO_4 \cdot 5H_2O$ 的热分解曲线示于图 11.12 中。由图可看出，$CuSO_4 \cdot 5H_2O$ 的五个结晶水分三步失去，第一步的脱水反应为：

$$CuSO_4 \cdot 5H_2O \rightarrow CuSO_4 \cdot 3H_2O + 2H_2O$$

在该阶段 $CuSO_4 \cdot 5H_2O$ 失去两个水分子。第二、三步脱水反应的方程式为：

$$CuSO_4 \cdot 3H_2O \rightarrow CuSO_4 \cdot H_2O + 2H_2O$$

$$CuSO_4 \cdot H_2O \rightarrow CuSO_4 + H_2O$$

如果说从 TG 曲线看，三步失水还看不太清楚的话，则从其 DTG 曲线可清楚地看到三步失水的情况。根据热重曲线上各步失重量可以简便地计算出各步的失重百分数，从而判断试样的热分解机理和各步的分解产物。

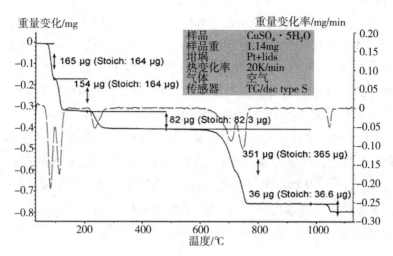

图 11.12 $CuSO_4 \cdot 5H_2O$ 的热重曲线和 DTG 曲线

2. 差热分析

差热分析(differential thermal analysis，DTA)是在程序控制温度下，测量物质和参比物的温度差与温度关系的一种方法。当试样发生任何物理或化学变化时，所释放或吸收的热量使试样温度高于或低于参比物的温度，从而相应地在差热曲线上可得到放热或吸热峰。差热曲线(DTA 曲线)，是由差热分析得到的记录曲线。曲线的横坐标为温度，纵坐标为试样与参比物的温度差(ΔT)，向上表示放热，向下表示吸热。差热分析也可测定试样的热容变化，它在差热曲线上反映出基线的偏离。

1)差热分析的基本原理

图 11.13 为差热分析的原理图。图中两对热电偶反向联结，构成差示热电偶。S 为试样，R 为参比物。在电表 1 处测得的为试样温度 T_S；在电表 2 处测得的即为试样温度 T_S 和参比物温度 T_R 之差 ΔT。所谓参比物即是一种热容与试样相近而在所研究的温度范围内没有相变的物质，通常使用的是 α-Al_2O_3，熔石英粉等。

如果同时记录 ΔT-t 和 T-t 曲线，可以看出曲线的特征和两种曲线相互之间的关系，如图 11.14 所示。

在差热分析过程中，试样和参比物处于相同受热状况。如果试样在加热(或冷却)过程中没有任何相变发生，则 $T_S = T_R$，$\Delta T = 0$，这种情况下两对热电偶的热电势大小相

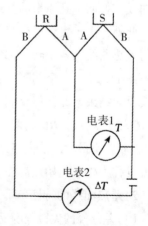

图 11.13 差热分析原理图

等；由于反向联结，热电势互相抵消，差示热电偶无电势输出，所以得到的差热曲线是一条水平直线，常称为基线。由于炉温是等速升高的，所以 $T\text{-}t$ 曲线为一平滑直线，如图 11.14(a) 所示。过程中当试样有某种变化发生时，导致 $T_S \neq T_R$，差示热电偶就会有电势输出，差热曲线就会偏离基线，直至变化结束，差热曲线重新回到基线。这样，差热曲线上就会形成峰。图 11.14(b) 为有一吸热反应的过程。该过程的吸热峰开始于 1，结束于 2。$T\text{-}t$ 与 $\Delta T\text{-}t$ 曲线的关系，图中已用虚线联系起来。图 11.14(c) 为有一放热反应的过程，有一放热峰。$T\text{-}t$ 与 $\Delta T\text{-}t$ 曲线的关系同样用虚线联系起来。上述相变包括两类过程，第一类为物理过程，有熔化、结晶、多晶相变，磁转变等，此类一般属可逆反应；第二类为化学过程，有分解、化合、化学吸附与解吸、氧化、还原等，这一类多数是不可逆过程。特别是当有气体参加或有气体逸出和有大量能量吸收或放出的过程尤其是这样。例如：脱水、分解(放出气体)、氧化、化合(生成较稳定的新相)等等。

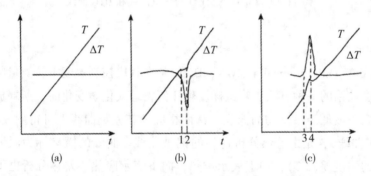

图 11.14　差热曲线类型及其与热分析曲线间的关系

图 11.14 中的曲线均属理想状态，实际记录的曲线往往与之有差异。例如，过程结束后曲线一般回不到原来的基线，这是因为反应产物的比热、热导率等与原始试样不同的缘故。此外，由于实际反应起始和终止往往不是在同一温度，而是在某个温度范围内，这就使得差热曲线的各个转折都变得圆滑起来。

图 11.15 为一个实际的放热峰。反应起始点为 A，温度为 T_i；B 为峰顶，温度为 T_m，主要反应结束于此，但反应全部终止实际是 C，温度为 T_f。自峰顶向基线方向作垂直线，与 AC 交于 D 点，BD 为峰高，表示试样与参比物之间最大温差。在峰的前坡(图中 AB 段)，取斜率最大一点向基线方向作切线与基线延长线交于 E 点，称为外延起始点，E 点的温度称为外延起始点温度，以 T_{eo} 表示。ABC 所包围的面积称为峰面积。

2) 差热曲线的特性

(1) 差热峰的尖锐程度反映了反应自由度的大小。自由度为零的反应其差热峰尖锐；自由度愈大，峰越圆滑。这也和反应进行的快慢有关，反应速度愈快、峰愈尖锐，反之圆滑。

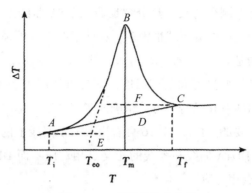

图 11.15 实际的差热曲线

（2）差热峰包围的面积和反应热有函数关系。也和试样中反应物的含量有函数关系。据此可进行定量分析。

（3）两种或多种不相互反应的物质的混合物，其差热曲线为各自差热曲线的叠加。利用这一特点可以进行定性分析。

（4）A 点温度 T_i 受仪器灵敏度影响，仪器灵敏度越高，在升温差热曲线上测得的值越低且越接近于实际值；反之 T_i 值越高。

（5）T_m 并无确切的物理意义。体系自由度为零及试样热导率很大的情况下，T_m 非常接近反应终止温度。对其他情况来说，T_m 并不是反应终止温度。反应终止温度实际上在 BC 线上某一点。自由度大于零，热导率甚大时，终止点接近于 C 点。T_m 受实验条件影响很大，用作鉴定物质的特征温度不理想。在实验条件相同时可用来作相对比较。

（6）T_f 很难授以确切的物理意义，只是表明经过一次反应之后，温度到达 T_f 时曲线又回到基线。

（7）T_{eo} 受实验影响较小，重复性好，与其他方法测得的起始温度一致。国际热分析协会推荐用 T_{eo} 来表示反应起始温度。

（8）差热曲线可以指出相变的发生、相变的温度以及估算相变热，但不能说明相变的种类。在记录加热曲线以后，随即记录冷却曲线，将两曲线进行对比可以判别可逆的和非可逆的过程。这是因为可逆反应无论在加热曲线还是冷却曲线上均能反映出相应的峰，而非可逆反应常常只能在加热曲线上反映峰值而在随后的冷却曲线上却不会再现。

差热曲线的温度需要用已知相变点温度的标准物质来标定。

影响差热曲线的因素比较多，主要的影响因素大致有仪器方面的因素，包括加热炉的形状和尺寸，坩埚大小，热电偶位置等；实验条件，如升温速率，气氛等；试样的影响，如试样用量，粒度等。

3) 微商差热分析 (DDTA)

若在一定的温度条件下测得的某一热分解反应的 DTA 曲线没有一个很陡的吸热或放热峰，那么要进行定性和定量的分析就很困难。在此情况下，可采用微商差热曲线。差热曲线的一级微分所测定的是 $d(\Delta T)/dt - T(t)$ 图，图 11.16 示出了典型的 DTA 和 DDTA 曲线。后者不仅可精确提供相变温度和反应温度，而且可使原来变化不显著的 DTA 曲线变得更明显。由于 DDTA 曲线变化显著，可更精确的测定基线。基线的精确测定对定量分析和动力学研究都是极为重要的。由图 11.16 可看出 DDTA 曲线上的正、负双峰相当于单一的 DTA 峰，DTA 顶峰与 DDTA 曲线和零线的相交点相对应，而 DDTA 曲线上的最大或最小值与 DTA 曲线上的拐点相对应。

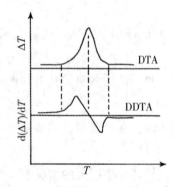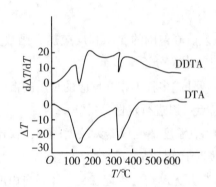

图 11.16　典型的 DTA 和 DDTA 曲线　　图 11.17　硝酸钾的 DTA 和 DDTA 曲线

在分辨率低和出现部分重叠效应时微商差热分析是十分有用的，因为 DDTA 曲线可清楚地把分辨率低和重叠的峰分辨开。像硝酸钾的热分解反应，如图 11.17 所示，其 DDTA 曲线要比 DTA 曲线明显。

在动力学研究中，应用微商差热分析只需一条 DDTA 曲线上的两个峰温就可测定固体反应的活化能。其方法是根据通常采用的固相反应速率方程式：

$$-\ln(1-\alpha) = (Kt)^n$$

并在 DTA 中 ΔT 与反应速率成正比的基础上建立了 DDTA 曲线上两个转折点温度 T_{f_1} 和 T_{f_2} 与活化能 E 之间的关系式：

$$\frac{E}{R}\left(\frac{1}{T_{f_1}} - \frac{1}{T_{f_2}}\right) = \frac{1.92}{n}$$

如果 DTA 和 DDTA 曲线同时记录下来，那么两个转折点，即 DTA 峰的最大和最小斜率相当于 DDTA 双峰的最大值和最小值，如图 11.18 所示。因此，T_{f_1} 值和 T_{f_2} 值可从 DDTA 曲线上测得。利用上式对 $Li_2O \cdot 2SiO_2$ 玻璃的结晶作用和 $NaHCO_3$ 的热分解进行了计算，所得结果与其他方法的比较相近。该法的优点是只需要测定一条曲线，就可以测得反应活化能的数据。

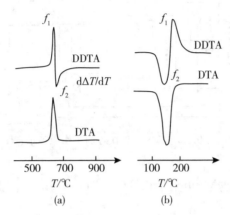

图 11.18　$Li_2O \cdot 2SiO_2$ 玻璃(1) 和 $NaHCO_3$(2) 的 DTA 和 DDTA 曲线

4. 差示扫描量热法

差示扫描量热法(differential scanning calorimetry，DSC)是在程序控温下，测量物质和参比物之间的能量差随温度变化关系的一种技术。根据测量方法的不同，又分为功率补偿型 DSC 和热流型 DSC 两种类型。功率补偿 DSC 是在程序控温下，使试样和参比物的温度相等，测量每单位时间输给两者的热能功率差与温度关系的一种方法。热流 DSC 是在程序控温下，测量试样与参比物之间的温度差与温度关系的一种方法。这时，试样与参比物的温度差与每单位时间热能功率差成比例。

记录能量差的办法是在升温或降温过程中，当试样发生相变时，靠自动补偿电路向试样或参比物增减热量；始终保持试样和参比物的温度相等。增减的热量以增减的电功率形式记录下来。

1)差示扫描量热法的基本原理

图 11.19 为功率补偿型 DSC 技术的工作原理示意图。它和 DTA 的工作原理很相似，二者之间最大的不同是 DSC 仪器中增加了一个差动补偿单元以及在盛放样品与参比物的坩埚下面装置了补偿电阻为 r_1 和 r_2 的加热丝。

当样品产生热效应时，参比物和样品之间就出现温差 ΔT，通过微伏放大器，把信号输给差动热量补偿器，使输入到补偿加热丝的电流发生变化。例如当样品吸热时，差动热量补偿器使样品一边的电流 I_S 立即增大，参比物一边电流 I_R 立即减少，但 I_S+I_R 得保持恒定值；反之，当样品放热时，则 I_R 增大，I_S 减少，(I_S+I_R 仍不变)。在试样产生热效应时，不仅补偿的热量等于样品放(吸)热量，而且热量的补偿能及时、迅速地进行，样品和参比物之间可以认为没有温度差($\Delta T = 0$)。

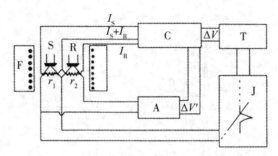

图 11.19　功率补偿型 DSC 的工作原理示意图

样品和参比物的补偿加热丝电阻是相等的，即 $r_1 = r_2 = r$，因此在补偿加热丝上的电功率为，

$$W_S = I_S^2 r (W_S 为样品一边电阻丝的电功率)$$

$$W_R = I_R^2 r (W_R 为参比物一边电阻丝的电功率)$$

当样品无热效应产生时，$\Delta T = 0$，$\Delta V' = 0$，$I_S = I_R$，$W_S = W_R$。所以输入到记录器的 $\Delta V = 0$。当试样有热效应产生时，如样品的热量变化又能及时地得到补偿，则由 W_S 和 W_R 之差 $\Delta W'$（电功率差）能够导出试样吸（放）的热：

$$\Delta W' = W_S - W_R = I_S^2 r - I_R^2 r = (I_S^2 - I_R^2) r$$
$$= (I_S + I_R)(I_S - I_R) r = (I_S + I_R)(V_S - V_R)$$
$$= (I_S + I_R) \Delta V$$

由于总电流 $I_S + I_R = I$ 是恒定值，所以 $\Delta W'$ 和 ΔV 成正比。由焦耳定律可知试样在时间 t 内放出的热量。

$$Q = 0.24(I_S^2 - I_R^2) rt = 0.24 \Delta W' t$$
$$Q/t = 0.24 \Delta W' = 0.24(I_S + I_R) \Delta V = \Delta W$$

由上式可知单位时间内样品放出的热量 Q/t 和 ΔV 成正比。因此可以通过记录差动热量补偿器输出的 ΔV 而计算出 Q/t。ΔV 经过量程转换器 T 而输入记录器 J。试样的温度 T，则由热电偶直接输出信号送入记录仪。这样，差示扫描量热法记录的是热功率差 ΔW 对时间 t 的曲线（或 Q/t 对 t 的曲线）和温度 T 对时间 t 的曲线。

热流型 DSC 技术的基本原理如图 11.20 所示，是在温度变化过程中（升/降/恒温），测量样品和参比物之间热流差的变化。在程序温度变化（线性升温、降温、恒温及其组合等）过程中，当样品发生吸/放热效应时，在样品端与参比端之间产生了热流差，通过热电偶对这一热流差进行测定，即可获得 DSC 曲线。

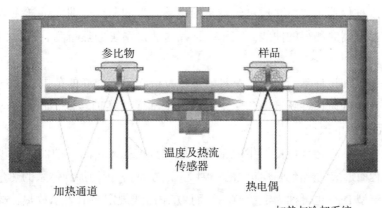

图 11.20　热流型 DSC 的基本原理

2）DSC 曲线及其表达

DSC 曲线和 DTA 曲线从外表上看几乎是一样的，但 DSC 曲线有着严格的，定量的物理意义而 DTA 曲线却不是严格的。DTA 有效地指示出反应开始和终了的温度，但在定量计算热量变化上，曲线本身存在物理缺陷。

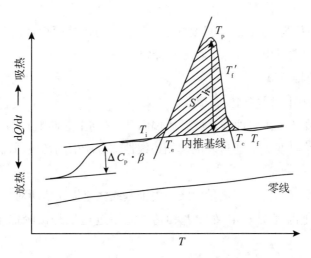

图 11.21　DSC 曲线的构成与特征温度示意图

DSC 曲线以横坐标表示温度 T，单位为 K 或 ℃，自左向右增加。纵坐标为热流速率 Q/t，（$\mathrm{d}Q/\mathrm{d}t$），单位为 mJ/s，（mW），按照热力学的规定，向上为吸热，向下为放热。

（1）DSC 曲线的基本术语。

下面以图 11.21 为例介绍一些基本术语。

①零线。或称仪器基线，是通过仪器空白试验测得的曲线，即无试样无样品容器或无试样仅有空样品容器时测得的曲线。表示无样品时测量系统的热行为，该值偏离的范围越小仪器就越好。

②内推基线，即试样基线。为因某种转变或反应而形成的峰的范围内，连接出峰前后所得的直线。图中的阶段性跃迁 $\Delta C_p \cdot \beta$ 表示由于试样的某种转变(如非晶态化合物的玻璃化转变)前后热容的改变。

③峰。试样受热活化有热量产生或损耗，此时打破稳态，测得的曲线呈现峰。如前所述，因吸热过程而形成的热流速率曲线的峰朝上(正方向)，因为加到体系的热量在热力学上定义为正。热流型 DSC 也可称为定量 DTA，而 DTA 曲线规定向上表示放热，故在许多文献资料中 DSC 曲线的吸放热方向与 DTA 曲线保持一致。本书也沿用此一做法(特别标示的除外)。只有与转变热(如熔化、气化)或反应热(如氧化反应)有关的那些热效应才形成峰；另一些转变(如玻璃化转变)仅观察到曲线形状的改变，呈现向吸热方向偏折的阶形变化。

峰高 h，峰面积 S 分别与反应速率、反应热成正比。提高升温速率则反应温度更高、反应快速进行，表现为峰高增大、峰宽变窄。测定峰面积时，不论峰两侧基线是否一样高，只要把两侧的基线相联，就是所要测定的面积。测定面积的具体方法有多种，如称重法、数格法、求积仪法，计算机法等。DSC 峰的面积与放(吸)热量 Q 成正比关系：

$$Q = kS$$

式中，k 为系数，单位为 mJ/mm^2，只要知道 k 值，便可由峰面积直接算出热量。k 是一个与仪器有关的系数。它可用一些标准物质来标定。

(2)DSC 曲线的特征温度。

仍以图 11.21 为例介绍一些特征温度。

①峰的起始温度 T_i。测量曲线在此开始偏离基线(向上或向下)，开始出峰。

②峰的外推起始温度 T_e。通过峰的起始边线性部分所引的切线与前基线延长线相交处的温度。

③峰的极大温度(峰温)T_p。测量曲线与内推基线之差极大值所对应的温度。

④峰的外推终止温度 T_c。定义与 T_e 相仿，只不过这里是由峰的下降边和后基线求得的。

⑤峰的终止温度 T_f。测量曲线在此重新返回基线，峰完结。由于过程的热滞后，反应的真正终止温度是 T_f'。

DSC 法的影响因素与 DTA 基本上类似。

5. 热机械分析(TMA)

许多无机、有机和高分子材料的性能往往与它们的热(或力学)历史密切相关。虽然这些材料的形成和加工处理时的热性质可用 DTA 和 DSC 进行研究，但是这两种方法在检测极为微小的热变化时还不够灵敏。在这种情况下，可借助于热机械分析，因为在高温度下这些材料存在着应力的释放或变形。

热机械分析（thermomechanical analysis，TMA）是通过程序控制温度下，测量物质在非振动负荷下的形变与温度关系的一种技术。实验时对具有一定形状的试样施加压力，根据所测试样的形变温度曲线，就可求算出试样的力学性质。所施加外力的方式有压缩、扭转和拉伸等。

最初采用的方法是针入度法。该法用针状探头对试样表面施加一定负荷，把针状探头插入试样时的温度作为物质的软化点。后来又有扭转法和拉伸法，前者用于模量变化的测定，后者用于测定材料的软化和热收缩等。

TMA 除了测定收缩应力，黏度和弹性模量以外，还可用于膨胀系数，玻璃化转变温度，拉伸模量和压缩模量的测定以及蠕变的研究。

6. 热分析在合成化学中的应用

热分析大量应用于合成化学中，它在固体材料研究中是一种必不可少的手段。

TG 只能测量有重量变化的效应，而 DTA 除此之外还可测量其他效应，如多形体转变，这种转变是没有重量变化的。另有一种有用的功能是跟踪加热时以及冷却时的热变化。这样可以使熔融/凝固这种可逆变化与许多分解反应等不可逆变化区分开。

图 11.22 描述了可逆和不可逆过程 DTA 的结果。从一种水合物开始，加热后发生的第一个反应是失水，这是一个吸热过程；温度更高时，失水后的物质经过一个多形体转变，这也是一个吸热过程；最后，样品熔化，给出第三个吸热峰。冷却时，熔体结晶时显示一个放热峰，并以放热的方式显示多形体转变，但却不发生再水合过程。图中显示了两个可逆过程，一个不可逆过程。很清楚，一个特定过程加热时若为吸热，那么相反过程（冷却）一定是放热的。

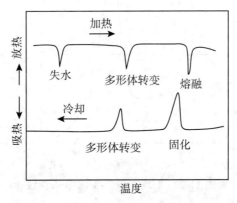

图 11.22 某些可逆变化和不可逆变化

研究加热和冷却所观察到的可逆过程，通常会看到滞后现象。例如，冷却时出现的放热峰与加热时相应的吸热峰相比，可能向较低温度偏移。在理想情况下，两个过程应在同一温度发生，但几度到几百度的滞后现象是常见的。图11.22中的两个可逆过程也有一个很小的滞后。

1) 材料的鉴定和热稳定性

DTA的结果可用于材料的鉴定或分析。如果一种物质是完全未知的，它就不适宜于单独靠DTA来鉴定，但DTA可从一组材料中找出差异。在某些情况下，DTA也可用于鉴别纯度。例如：α-铁与γ-铁的转化对杂质很敏感：添加0.02wt%的碳，转变温度会从910℃降到723℃。由于杂质存在，熔点通常也受很大影响，尤其当杂质产生一种低熔点的低共熔体时更是如此。通过特定物质分解的重量损失与纯物质分解的理论值比较，TG同样可用于确定纯度。例如用TG就可测定锂离子电池正极材料$LiFePO_4/C$的含炭量。$LiFePO_4/C$在热重过程中的化学反应如下：

$$LiFePO_4 + xC + 1/4O_2 + xO_2 = 1/3Li_3Fe_2(PO_4)_3 + 1/6Fe_2O_3 + xCO_2$$

以A%表示样品的质量变化率，由下式可计算出炭的百分含量C%：

$$C\% = (0.048\ 26 - 0.951\ 74\ A\%) \times 100\% = (4.826 - 0.951\ 74\ A)\%$$

图11.23为$LiFePO_4/C$的TG-DSC曲线。由热重曲线可看出，样品从400℃左右开始增重，到约460℃重量又有所下降。前者对应于Fe^{2+}的氧化，相应的DSC为放热峰。后者对应于CO_2的逸出，相应的DSC为吸热峰。700℃时样品的质量变化率为0.72%。

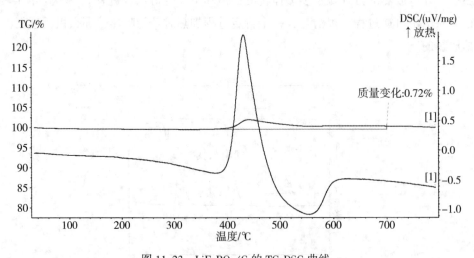

图11.23 $LiFePO_4/C$的TG-DSC曲线

将由热重测得样品的质量变化率0.72%（即A=0.72），代入上式

$C\% = (4.826 - 0.951\ 74A)\% = [4.826 - 0.951\ 74 \times (0.72)]\% = (4.826 - 0.685)\% = 4.14\%$。

若由热重测得样品的质量变化率为负，如-0.46%（即$A = -0.46$），代入上式

$C\% = (4.826 - 0.951\ 74A)\% = [4.826 - 0.951\ 74 \times (-0.46)]\% = (4.826 + 0.438) = 5.26\%$。

当然，根据以上公式，也可在马福炉中进行测定，只不过样品用量就要大得多了。

$LiFePO_4$作为锂离子电池的正极材料，和常规的$LiCoO_2$相比较，具有更高的安全性且便宜。$LiFePO_4$耐高温、遇热不分解，在电池过充或短路的情况下其物化特性极其稳定。图11.24所示为单一$LiFePO_4$的 TG 曲线。由图可知，在室温至850℃附近，失重2.01%。由于实验之前通过抽真空-充入氮气的方式彻底置换了炉腔内的气氛，其中没有残余氧气，因此样品不会氧化。图中的失重主要原因有可能是制备$LiFePO_4$时残留在其中的水和小分子溶剂的挥发导致。可见该材料的热稳定性还是很好的。

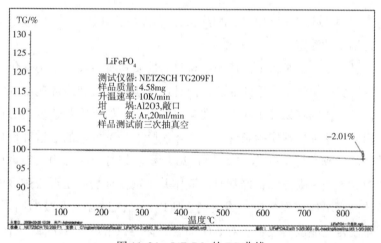

图 11.24　$LiFePO_4$的 TG 曲线

$LiPF_6$（六氟磷酸锂）常用于锂离子电池的电解液中。图 11.25 所示为含有$LiPF_6$电解液的 DSC 曲线。由于此类样品存在一定的危险性，即可能有剧烈的反应。所以在测量的时候建议采用耐高压的特殊坩埚。

由图 11.25 所示为含有$LiPF_6$电解液的 DSC 曲线，由该图可知，在峰值117.3℃处出现热熔为 9.4J/g 的吸热峰。一般情况下，液体挥发峰表现为宽峰，此处峰形比较尖锐，故排除前者，推测应该为添加剂与电解质盐的反应热；在峰值255.1℃附近则出现热熔为343J/g 的放热峰。在200℃~400℃之间，溶剂酯类易参与反应，故此处的放热峰，推测为酯类参与电解液的化学放热反应。

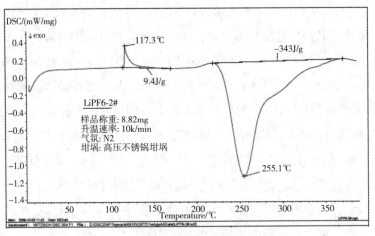

图 11.25　含有 LiPF$_6$ 电解液的 DSC 曲线

此外，用 TMA 可以测定材料的抗冲击性能，黏弹性，弹性模量，热膨系数等。

2）玻璃特征温度的测定

在玻璃特征温度变测定时，不仅依赖于材料的性质和所涉及的结构变化，如打开强键这种难度很大的转变可能产生严重的滞后，而且还依赖于加热和冷却速度等实验条件。当冷却速度比较快时，特别容易发生滞后；在某些情况下，如果冷却速度足够快，变化可能完全被抑制，因而在这种特殊实验条件下，变化实际上是不可逆的。这种现象有很大的工业价值，如玻璃的形成就与此有关，如图 11.26 所示。如对于晶态物质二氧化硅（SiO$_2$）来说，当它熔化时，出现一吸热峰；冷却时，液体并不重新结晶而是形成过冷液体，随温度降低，过冷液体黏度增加直到最后形成玻璃。所以，结晶过程完全被抑制了。换句话说，滞后现象太严重使得结晶没有发生。对 SiO$_2$ 而言，甚至在熔点 1 700℃以上液体仍很黏稠，即使以很慢的速度冷却，结晶也很慢。

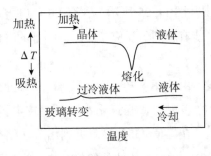

图 11.26　表明晶体加热时熔化和冷却时很大滞后从而形成了玻璃的 DTA 曲线

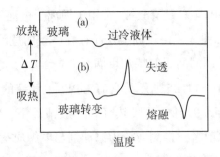

（a）没有脱玻现象的玻璃、（b）在 T_g 以上有脱玻现象的玻璃

图 11.27　玻璃的 DTA 曲线

DTA 和 DSC 对玻璃的一种重要应用是测量玻璃态转变温度 T_g。这个温度在 DTA 曲线的基线上不是一个很明显的峰，而是一个不规则的宽峰(如图 11.26 和 11.27 所示)。T_g 代表玻璃从固体转变为过冷液体时的温度，这种液体虽然很黏稠但仍是液体。玻璃态转变是玻璃的一个重要性质，因为它代表玻璃实际使用时的温度上限，也为研究玻璃提供了一简易方便的可测参数。对于像硅石这种动力学上很稳定的玻璃，T_g 时的玻璃态转变是能在 DTA 上观察到的唯一的热现象，因为结晶太慢以至不发生(图 11.27(a))。然而对其他玻璃，在 T_g 和熔点 T_f 之间的某一温度处可能发生结晶或反玻璃化现象(脱玻现象)。反玻璃化作用是一放热过程，随后，在较高温度时，有一吸热过程，对应于该种晶体的熔化(图 11.27(b))。其他重要的玻璃形成材料有非晶态聚合物、非晶态硫属化合物半导体和氟化锆系玻璃等。图 11.28 所示是氟化锆系玻璃的 DSC 曲线，由 DSC 曲线可得到该玻璃的玻璃态转变温度、结晶温度和相应晶体的熔融温度。

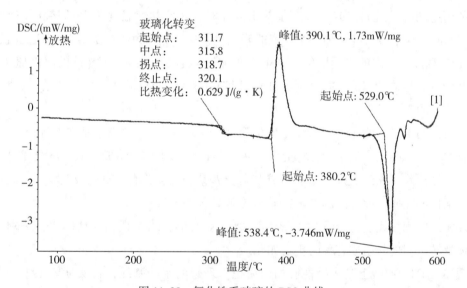

图 11.28 氟化锆系玻璃的 DSC 曲线

此外，用 TMA 可以测定玻璃的热膨胀系数及软化温度。

3) 多形体相变及性质控制

通过 DTA 可容易且准确地研究多形体相变。由于特定样品的许多物理性质和化学性质可能随相变的发生而改变或完全改变，因而对它们的研究极为重要。例如，期望阻止某一特定材料发生相变或改变相变温度，除了设计或寻找全新的材料外，在现有材料中加入某种添加剂形成固溶体以改变其性质往往要更好些。随着固溶体成分不同，相变温度通常发生很大变化，因此 DTA 可作为监测材料性质和组成的一种灵敏的方法。

(1)铁电体 $BaTiO_3$，其居里温度约为 120℃，当其颗粒尺寸小于 30nm 时，其居里温度会发生大的变化；用其他离子取代 Ba^{2+} 或 Ti^{4+} 后也会引起居里温度发生变化，这些都可通过 DTA 或 DSC 确定。

(2)在水泥中，β-型 Ca_2SiO_4 比 γ-型具有更好的黏结性。当冷却水泥窑中出来的水泥熟料时，期望高温的 α'-型转变成 β-型而非 γ-型，为保证这一转变的完成要加各种添加剂。不同添加剂对 α'—β 和 α'—γ 转变的影响可通过 DTA 或 DSC 加以研究。

(3)在耐火材料中，诸如 α——β 石英转变或石英——方石英之间的转变对硅石耐火材料都是有害的，因为随着每一种转变，体积发生了变化，降低了耐火材料的机械强度。这些转变也可由 DTA 或 DSC 监测，并有可能阻止其发生。

4)相图的测定

在相图的测定中，DTA 是强有力的手段，特别是与其他技术联用时更是如此，如测定晶体物相的 X 射线衍射。对于图 11.29(a)所示的二元简单低共熔体系中的两种组成，DTA 的用途图解于图 11.29(b)。当加热组成 A 时，在低共熔温度 T_2 开始熔化，产生一吸热峰。然而，这个吸热峰与另一个更宽的峰重叠，这个宽峰大约在 T_1 结束，这是由于发生在 T_2 至 T_1 温度范围内的连续熔化。这样就可确定该组成固相线和液相线的温度值 T_2、T_1。组成 B 为低共熔体的组成。加热时，在低共熔点完全转变成液体，DTA 上在 T_2 处给出一个单一的大的吸热峰。

因而，如果有可能比较 X 和 Y 之间混合物的 DTA 曲线，它们全都在 T_2 显示出一吸热峰，峰的大小取决于 T_2 时混合物熔化的程度，也即依赖于样品组成与低共熔组成 B 接近的程度。另外，除了 B 组成外，所有组成在高于 T_2 某一温度会有一宽的吸热峰，这是由于液相线上熔化的完成。此峰的温度随组成不同而不同。

在相图的固相线上也会发生多形体转变，这可通过 DTA 很容易地确定，特别当形成固溶体及转变温度与组成有关时更是如此。

现在对 DTA 曲线上基线的性质加以讨论。理想的水平基线，在实际体系中是极例外的。实际的基线经常有轻微的向上或向下倾斜，其倾斜度随温度而变；峰两边的基线也可能不同，当峰代表一大的转变过程(如熔化)时，这种现象更加突出。通常在峰出现之前，基线上有一先兆的漂移，这一漂移使确定峰开始时的温度变得很困难。这种先兆现象可能与转变快开始时晶体缺陷浓度即无序度的增加有关。在 DTA 曲线上很难把这类先兆现象与实际开始转变分开。

5)分解机理

含结晶水无机盐的脱水机理，采用简便的等温分析法通常是难以确定的。尤其是反应级数在两步脱水过程中发生连续变化时就更难确定。例如对 $BaCl_2 \cdot 2H_2O$ 的脱水机理，就有多种看法，一种认为它的两步脱水过程由相边界反应或 Avrami-Erofeyev 机理所控制；另一种认为等温脱水过程都是由 Avrami-Erofeyev 机理所控制，即 $[-\ln(1-\alpha)]^{1/m}=Kt$，$m=2$，而非等温脱水过程都是由相边界反应控制的，即 $1-(1-\alpha)^{1/n}=Kt$，$n=2$。利用 TG-DSC 联用技术进行进一步的研究结果表明，其脱水过程为：

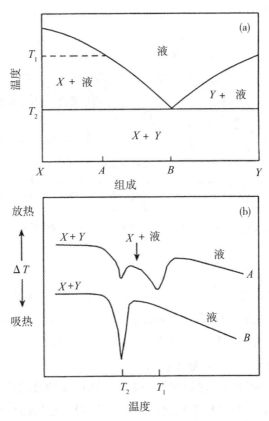

（a）二元简单低共熔体系　（b）A、B 两组份的 DTA 加热曲线

图 11.29　利用 DTA 来测定相图

$$BaCl_2 \cdot 2H_2O(\text{固}) \rightarrow BaCl_2 \cdot H_2O(\text{固}) + H_2O(\text{气})$$
$$BaCl_2 \cdot H_2O(\text{固}) \rightarrow BaCl_2(\text{固}) + H_2O(\text{气})$$

这两步非等温脱水过程都是由 Avrami-Erofeyev 机理所控制的。另外的研究表明，$Li_2SO_4 \cdot H_2O$ 和 $Cu(OH)_2$ 的脱水机理也是由 Avrami-Erofeyev 机理所控制。

这些实验表明，在研究固体热分解机理方面，TG-DSC 联用是非常有用的。在分步分解过程中，TG 单用或与 DTA 联用都可用于分开和确定每一步骤。如图 11.30 所示的二水合水杨酸钙的分解就是一个很好的例子。这里可以看到分解反应分四步进行，无水水杨酸钙、内盐与碳酸钙均是中间物。许多化合物、氢氧化物、含氧酸盐及矿物都有类似的多步分解反应。

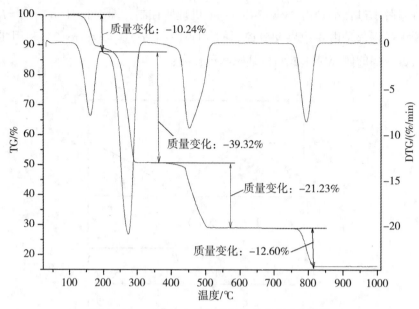

图 11.30 二水合水杨酸钙的分步分解 TG 曲线

6）焓和热容的测量

前面已经讲过，如果用一个适当的经校正的仪器，则 DTA 可用来半定量地确定转变过程或反应的焓。对于给定的仪器和实验条件，可以从 DTA 的峰面积得到焓值。

被设计用来测量热效应的 DSC 池或 DTA 池的结果都可做得相当准确，而且，物质或物相的热容作为温度的函数也可以确定。

在 DSC 中试样处在纯性的程序温度控制下，流入试样的热流速率是连续测定的，并且所测定的热流速率 $\mathrm{d}Q/\mathrm{d}t$，与试样的瞬间比热成正比，因此热流速率可表示为

$$\frac{\mathrm{d}Q}{\mathrm{d}t} = mC_{\mathrm{p}}\frac{\mathrm{d}T}{\mathrm{d}t},$$

式中，m 为试样质量，C_{p} 为试样比热。试样的比热即可通过上式测定。在比热的测定中通常是以蓝宝石作为标准物质，其数据已精确测定，可从手册中查到不同温度下的比热值。方法为：首先测定空白基线，即空试样盘的扫描曲线，然后在相同条件下使用相同一个试样盘依次测定蓝宝石和试样的 DSC 曲线，所得结果如图 11.31 所示。通过下列方程式求出试样在任一温度下的比热：

$$\frac{C_{\mathrm{p}}}{C_{\mathrm{p}}'} = \frac{m'y}{my'}$$

C_{p}'、m'、y' 分别为蓝宝石的比热、质量和蓝宝石与空曲线之间的纵轴量程差。C_{p}、m、y 分别为试样的相应值。

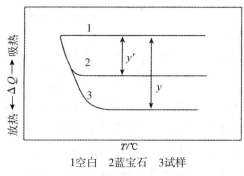

1空白　2蓝宝石　3试样

图 11.31　样品比热的测定

目前使用最广泛的锂离子电池正极材料是钴酸锂（$LiCoO_2$），负极是碳（C）。在充电时，Li^+ 的一部分会从正极中脱出，嵌入到碳层间而形成层间化合物。在放电时，则进行此反应的可逆反应。锂离子电池正极材料 $LiCoO_2$ 在常规电解液中高温条件下存在不稳定性，这极大地限制了其在大容量电池中的应用。因此，其比热、热稳定等性能受到极大关注。图 11.32 为 $LiCoO_2$ 的比热测试（DSC）结果。

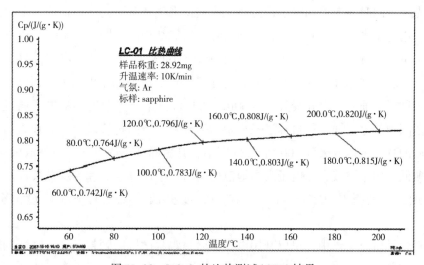

图 11.32　$LiCoO_2$ 的比热测试（DSC）结果

7) 反应动力学研究

TG，DTA 与 DSC 可用于多种动力学研究。TG 可快速准确地用等温法研究分解反应。TG 炉子置于预定的温度上，样品直接置于 TG 炉中。2~3 分钟后，样品与炉温达到平衡，这时可记下样品随时间分解的曲线。然后在其他温度下重复这一过程，最后分析结构以确定反应机制与活化能等。

另一种动力学研究方法是基于 TG，DTA 或 DSC 的一次动态加热循环，其具有很大的潜力，但数据处理上有困难。

用热重法研究反应的动力学主要基于：由热重曲线示出的质量变化率即失重率，根据阿伦尼乌斯公式建立一个反应动力学方程式，然后，将实验数据带入反应动力学方程式计算活化能和频率因子。其关键是建立一个接近实际的合理的反应动力学方程式。

在 DTA 和 DSC 中采用的动力学方法主要基于：试样的热效应与峰面积成正比，通过峰面积可计算出反应的变化率，再根据阿伦尼乌斯公式建立一个反应动力学方程式，然后，将实验数据带入反应动力学方程式计算活化能和频率因子。

实际上建立一个接近实际的合理的反应动力学方程式比较复杂和困难。目前已建立了多个方法，取得了长足的进步，这方面的研究也比较活跃，有大量的文献可供参考。此外新的热分析仪器都带有动力学的软件，使动力学研究更方便简单。

11.4.2　显微结构分析

1. 透射电子显微镜(transmission electron microscopy，TEM)

透射电子显微镜(TEM)与光学显微镜相似，不同之处在于前者是采用电子束，而后者采用可见光束，同时前者采用电子透镜或电磁透镜来代替普通的玻璃透镜。所以透射电子显微镜是利用电子光学技术制成的直接观察物质形貌结构的仪器。由 100kV 以上高压加速的高能电子束，经过双聚焦透镜形成直径小于 $0.5\mu m$ 的极细的电子束流，照射在极薄的(约 100nm)试样上，电子穿过试样时，试样中某一给定区域的密度愈大，则电子束散射愈厉害，紧挨试样下面有一个孔径为 $20\sim60\mu m$ 的物镜，阻止大散射角的电子通过，只允许一定张角范围内的电子通过；再经过短焦距物镜和两个中间物镜以及一个投影物镜的多次放大，最后的物象可以放大到 300 倍到 25 万倍，其精确度可达 10%，当然放大倍数愈高，其精确度愈低。由于空气会使电子强烈地散射，所以采用真空泵和油扩散泵提高显微镜镜筒的真空度，可使其压力降至 1.33×10^{-3} Pa 或更低。现代电子显微镜的分辨率为 $0.2\sim0.5$nm。

在材料化学研究工作中，可以利用电子显微镜观察试样的颗粒尺寸，观测的粒径可在 $10\sim100$nm 范围。用透射电子显微镜观测金属箔，并配合以 X 射线形貌学方法，可以研究位错、堆积层错等缺陷的情况。即使对于结晶程度低的玻璃体和无定形体材料，如某些半导体和激光基质等，也可以用透射电子显微镜来鉴定。由于电子束在铁磁磁畴边缘上会因发散和收敛而产生偏析现象，因此，在显微图上会出现亮线或暗线，在收敛的边缘上呈现出干涉条纹。

电子显微镜的试样台可以倾斜和转动，也可以加热或冷却试样，还可以对试样施加应力或进行磁化，因此，可以在各种变化的条件下来观察试样。

因为透射电子显微镜要求试样制作得极薄，制作比较困难，可以采用研磨法、切片法、复制法、离子轰击剥蚀法、电化学抛光法等，将试样做得足够薄(小于500nm)和具有相当面积(大于$1×10^{-3}cm^2$)的薄膜或细粒。细粒还需要配制成悬浮胶液，然后在试样铜栅上做成薄胶膜。

2. 扫描电子显微镜(scanning electron microscopy，SEM)

扫描电子显微镜不同于透射电子显微镜，其聚焦在试样上的电子束在一定范围内作栅状扫描运动，而且试样较厚，电子并不穿透试样，而是在试样表层产生高能反向散射电子、低能二次电子、吸收电子、可见荧光和X射线辐射。在试样表面上的电子束斑大小为10~20nm，当电子束沿表面进行栅状扫描时，由表面各点产生各种辐射，它们的能量和强度反映着表面各点的形貌结构和化学组成。利用适当的探测系统，将所产生的信号检出、放大，再加以显示，就可以得到各种信息的图像。这样的扫描电子显微镜基本上是一个闭路电视系统。显微图像的放大倍数决定于入射电子束在试样表面上的扫描距离与阴极射线管内电子束扫描距离之比。一般可以放大15倍到10万倍，刚好填补了光学显微镜和透射电子显微镜放大倍数之间的空白；它的分辨率为10~30nm，也恰好介于光学显微镜和透射电子显微镜分辨率之间。

由于电子束的波长很短、透镜的孔径极小，可以进行深度的扫描，所以扫描电子显微镜所得到的表面显微图像具有极明显的三维立体感，除了二次电子信号之外，表面上产生的其他类型辐射都可以加以利用，以获得试样表面上更多的信息。因此，可以认为扫描电子显微镜可以把光学显微镜、透射电子显微镜以及电子探针微区分析仪等仪器的优点综合集中在一起。厂家已生产出具有多功能的扫描电子显微镜，既可以观察试样表面的显微结构图像，又可以研究试样表层的化学组成和结构。它的应用范围很广泛，可以检验粉末或体相的表面，如发光体、磁带涂层、外延层、蒸镀薄膜、催化剂、锈蚀层或磨损表面、集成电路等等。

3. 高分辨

电子显微镜的高分辨率来自电子波极短的波长。电子显微镜分辨率γ_{min}与电子波长λ的关系是：

$$\gamma_{min} \propto \lambda^{\frac{3}{4}}$$

所以，波长越短，可得到的分辨率越高。现代高分辨电子显微镜的分辨率可达0.1~0.2nm。其晶格像可用于直接观察晶体和晶界结构，结构像可显示晶体结构中原子或原子团的分布，这对晶粒小、晶界薄的纳米陶瓷的研究有着特别的意义。

高分辨电子显微结构分析有以下2个特点。

①分析范围极小，可达10nm×10nm，绝对灵敏度可达10^{-16}g。

②电子显微分析可同时给出正空间和倒易空间的结构信息，并能进行化学成分分析。

但是，高分辨电子显微像，即晶体的条纹像、晶格相、结构像和原子像中，要得到结构像、原子像甚至原子内精细结构像是比较困难的，只有对个别较特殊的例子才获得成功。结构像和原子像的获得条件十分苛刻，并且结构像的完整解析还做不到。

4. 扫描隧道显微镜(STM)

扫描隧道显微镜是 20 世纪 80 年代初发展起来的一种原子分辨率的表面结构研究工具。其基本原理是基于量子隧道效应。利用直径为原子尺度的针尖，在离样品表面只有 10^{-12}m 量级的距离时，双方原子外层的电子略有重叠。这时在针尖和样品之间加一定电压，便会引发量子隧道效应，样品和针尖间产生隧道电流，其大小与针尖到样品的间距有关，这样可由电流的变化反馈出样品表面起伏的电子信号。

现在，在扫描隧道显微镜的基础上又出现了原子力显微镜、激光力显微镜、磁力显微镜、静电力显微镜、摩擦力显微镜、扫描热显微镜、弹道电子发射显微镜、扫描隧道电位仪、扫描离子电导显微镜、扫描近场光学显微镜、扫描超声显微镜等一系列新型显微镜。

隧道电子显微镜是一种直接研究物质表面微观结构的新型显微镜，其横向分辨率为 0.1~0.2nm，深度分辨率达 0.001nm，并克服了一般电镜中高能电子对样品的辐射损伤，和对样品表面起伏分辨率低及样品必须处于真空的限制，STM 可用于超高真空到大气甚至液体中无损地观察物质表面结构。能真实地反映材料的三维图像，可观察颗粒三维方向的立体形貌，最突出的特点是：可以对单个原子和分子进行操纵，这对于研究纳米颗粒及组装纳米材料是非常有意义的。

思 考 题

1. 确定微粒颗粒尺寸的方法有哪些？

2. 试讨论化合物、混合物、固溶体和玻璃体的 X 射线衍射图谱的特点。

3. 已知氧化铁 Fe_xO 为氯化钠型结构，在晶体中由于存在铁离子空位缺陷而构成一种非整比化合物，$x<1$，现已测得其密度为 5.71g/cm³。用 X 射线($MoK\alpha$，$\lambda=71.07$pm)测定其面心立方晶胞衍射指标为 200 的衍射角 $\theta=9.56°$($\sin\theta=0.1661$)。铁的原子量为 55.85。试计算：(a)F_xO 的面心立方晶格参数；(b)x 值；(c)晶体中 Fe^{2+} 和 Fe^{3+} 的百分含量。

4. 铋碲铂钯矿的化学成分(质量%)如下：Pt14.5，Pd15.9，Ni1.8，Te54.7，Bi12.8。其四方晶系的晶胞参数为 $\alpha=0.4022$nm，$c=0.5224$nm。晶体密度为 7.91g/cm³。试计算晶胞中包含的原子数目。写出这种矿物的化学式。[参看地球化学，1975，(3)，184]。

5. 铁在 25℃时晶体为体心立方晶胞，边长 $a=286.1$pm，求铁原子间最近的距离。

6. 萤石为面心立方结构，单位格子中有四个 CaF_2 分子。在 25℃时，以 $\lambda=154.2$pm X

射线入射(111)面，得衍射角 $\theta = 14.18°$，求单位格子的边长和25℃时 CaF_2 的密度。

7. 金属铯(原子量133)为立方晶系，体心立方晶胞，利用波长 $\lambda = 80pm$ 的 X 射线测得(100)面的一级衍射为 $\sin\theta$ 值为 0.133，计算：(1)晶胞边长；(2)金属铯的密度。

8. 试讨论如何分析确证固态混合物中的各种物相。

9. 讨论下列实验手段在合成化学中的应用：(a)电子自旋共振波谱；(b)紫外及可见光的吸收光谱；(c)电子探针微区分析；(d)X 光电子能谱。

10. 试设计一组实验，以确证碱金属卤化物晶体中的 F 色心的本质是卤离子空位束缚一个电子。

11. 试讨论运用 O^{18} 同位素示踪、固体质谱、电子探针微区分析、干涉仪等实验方法，研究 MgO 和 Al_2O_3 生成尖晶石的反应体系，和对该体系的反应机理、离子扩散、晶体结构和晶体生长等问题的认识。[参看山口悟郎，《无机固态反应》中译本，98~102(1985)]。

12. 水蒸气在固态物质表面上的物理吸附和化学吸附，对于固态物质的水解、结块、催化反应活性、电学性能等都有影响，需要加以检测和研究，试讨论用什么实验方法可以研究和判断水蒸气与固态物质表面的相互作用。

13. 加热下列物质至熔化，你认为会得到什么样的 DTA 和 TG 曲线？
(1)砂子；(2)窗玻璃；(3)食盐(4)洗涤碱；(5)七水合硫酸镁；(6)金属 Ni。

14. 下列哪些过程会产生可逆的 DTA 现象？这些现象是否有滞后？(1)食盐的熔化；(2) $CaCO_3$ 的分解；(3)砂子的熔化；(4)金属镁的氧化；(5) $Ca(OH)_2$ 的分解。

15. 冬天通常在有冰的路上撒上食盐，DTA 能否用来定量研究盐对冰的作用？你认为会有什么样的结果？

16. 试述无机玻璃的 DTA 曲线各个峰的物理意义。

17. 根据 $CuSO_4 \cdot 5H_2O$ 的结构试讨论其脱水的机理。预期 $CuSO_4 \cdot 5H_2O$ 的 DTA 曲线的形状会是怎么样的？

18. 根据图 11.30 的数据，试分析二水合水杨酸钙的热分解机理。

19. $FePO_4 \cdot xH_2O$ 试样经热重测量其失重率为 19.30%。试计算试样含结晶水的个数。

20. 取 $CoC_2O_4 \cdot 2H_2O$ 试样分别在空气和惰性气氛下做热重分析，前者得到两步失重率为 19.5% 和 36.4%；后者的失重率为 19.45% 和 39.3%。试写出分解反应式。

487

参 考 文 献

[1]徐如人主编. 无机合成化学[M]. 北京：高等教育出版社，1991

[2]徐如人，庞文琴主编. 无机合成与制备化学[M]. 北京：高等教育出版社，2001

[3]美国化学科学机会调查委员会，等编. 化学中的机会[M]. 曹家桢，等译. 中国科学院化学部等，1986

[4]周济. 软化学：材料设计与剪裁之路[J]. 科学，1995，47(3)：17-20

[5]Anastas P T, Warner J C. Green Chemistry. Theory and Practice[M]. New York：Oxford University Press，1998

[6]闵恩泽，傅军. 绿色化学的进展[J]. 化学通报，1999，1：10-15

[7]朱清时. 绿色化学的进展[J]. 大学化学，1997，12(6)：7-11

[8]党民团. 绿色化学——中国化工可持续发展的必由之路[J]. 渭南师专学报，1999，14(5)：31-34

[9]贡长生，张克立主编. 绿色化学化工实用技术[M]. 北京：化学工业出版社，2002

[10]申泮文 主编. 近代化学导论[M]. 下册. 北京：高等教育出版社，2002

[11]贡长生，张克立主编. 新型功能材料[M]. 北京：化学工业出版社，2001

[12]吴毓林. 充满希望的新世纪——21 世纪化学学科发展的一些看法[J]. 大学化学，2000，3(1)：1-4

[13]Yadong Li, Yitai Qian, Hongwei Liao, et al. A reduvtion-pyrolysis-catalysis synthesis of diamon[J]. Science，1998，281(5374)：246-247

[14]李亚栋、钱逸泰、廖洪维，等. 还原热解催化合成金刚石新法[J]. 化学进展，1998，10(4)：460-460

[15]王世敏，许祖勋，傅晶编著. 纳米材料制备技术[M]. 北京：化学工业出版社，2002

[16]高濂，李蔚著. 纳米陶瓷[M]. 北京：化学工业出版社，2002

[17]朱屯，王福明，王习东，等编著. 国外纳米材料技术进展与应用[M]. 北京：化学工业出版社，2002

[18]张立德，牟季美著. 纳米材料与纳米结构[M]. 北京：化学工业出版社，2002

[19]《氧的生产》编写组. 氧的生产[M]. 上海：上海人民出版社，1976

［20］张启运主编．高等无机化学实验［M］．北京：北京大学出版社，1987

［21］F C 里森费尔德，A L 科尔编著．气体净化［M］．沈余生，等译．北京：中国建筑工业
出版社，1982

［22］Hyman H H and Katz J J．Liquid Hydrogen Fluoride［M］．London and New York：
Academic Press，1965

［23］日本化学会编．无机固态反应［M］．董万堂，董绍俊译．北京：科学出版社，1985

［24］Simons J H．Hydrogen Fluoride，in Fluorine Chemistry［M］．New York：Academic
Press，1950

［25］Jolly W L and Hallada C J．Liquid Ammonia［M］．London and New York：Academic
Press，1965

［26］Waddington T C．Non—aqueous solvents［M］．London：Academic Press，1965

［27］Harry H Sisler．Chemistry in Non—aqueous solvents［M］．London：Chapman & Hall
LTD，1965

［28］张克立，刘磊编著．非水溶剂化学［M］．武汉：武汉大学出版社，1994

［29］A 罗思著．真空技术［M］．《真空技术》翻译组译．北京：机械工业出版社，1980

［30］Gillespie R J and Robbinson E A．Sulphuric Acid［M］．London and New York：Academic
Press，1965

［31］Schafer Harald．Chemical Transport Reactions［M］．New York and London：Academic
Press，1964

［32］孟广耀编著．化学气相沉积与无机新材料［M］．北京：科学出版社，1984

［33］苏勉曾编著．固体化学导论［M］．北京：北京大学出版社，1986

［34］West A R 著．固体化学及其应用［M］．苏勉曾，谢高阳，申泮文，等译．上海：复旦
大学出版社，1989

［35］D F Shriver 主编．无机合成［M］．第十九卷．陈复，陈永明译．北京：科学出版
社，1987

［36］West A R．Solid state chemistry and Application［M］．John Wiley and Sons Inc.1984

［37］W.L. 乔利著．无机化合物的合成与鉴定［M］．李彬，肖良质，等译．北京：高等教
育出版社，1986

［38］古山昌三著．无机固体化学［M］．袁启华，张克立，方佑龄译．武汉：武汉大学出版
社，1987

［39］C N R Rao，FRS J Gopalakrishnan 著．固态化学的新方向［M］．刘新生译．长春：吉林
大学出版社，1990

［40］熊家林，贡长生，张克立 主编．无机精细化学品及其应用［M］．北京：化学工业出版

社，1999

[41]《功能材料及其应用手册》编写组．功能材料及其应用手册[M]．北京：机械工业出版社，1991

[42]师昌绪主编．新型材料与材料科学[M]．北京：科学出版社，1988

[43]温树林编著．现代功能材料导论[M]．北京：科学出版社，1983

[44]堂山昌南，山本良一编．尖端材料[M]．邝心湖，等译．北京：电子工业出版社，1987

[45]何泽人编译．无机制备化学手册[M]．2版．北京：燃料化学工业出版社，1972

[46]Lawrence H. Van Vlack. Elements of Materials Science and Engineering[M]. 5th Edition. Ad. -Wesley, 1985

[47]William D. Callister Jr. Materials Science and Engineering[M]. An Introduction, John Wiley, 1985

[48]Murr L E and Stein C. Frontiers in Materials Science[M]. Marcel Dekker, 1976

[49]Michael Shur. Physics of Semiconductor Devices[M]. Prentice Hall, 1990

[50]Suematsu Y. Optical Devices & Fibers[M]. North Holland, 1982

[51]J. M. Honig. C N R Rao. Proparation and characterization of Materials[M]. Academic Press, 1981

[52]Casstevens M K, Samoc M, Pfleger J, et al. Dynamics of third-order nonlinear optical processes in Langmuir-Blodgett and evaporated films of phthalocyanines[J]. J Chem Phys. 1990, 92(3): 2019-2024

[53]L D Barron. Molecular Light Scattering and Optical Activity [M]. Cambridge Univ. Press, 1982

[54]Simon J and Sirlin C. Mesomorphic molecular materials for electronics, opto-electronics, iono-electronics: Octaalkylpht halocyanine derivatives[J]. Pure and Appl chem, 1989, 61(9): 1625-1629

[55]Lehn J M. Supramolecular Chemistry Scope and Perspectives Molecules, Supermolecules, and Molecular Devices [J]. Angew Chem Int Ed. 1988, 27(1): 89-112

[56]Olk R M, Olk B, Dietzsch W, et al. The chemistry of 1, 3-dithiole-2-thione-4, 5-dithiolate (dmit) [J]. Coord Chem Rev. 1992, 117: 99-131

[57]唐小真，杨宏秀，丁马太．材料化学导论[M]．北京：高等教育出版社，1997

[58]闵恩泽，吴巍，等．绿色化学与化工[M]．北京：化学工业出版社，2000

[59]戴荣道主编．真空技术[M]．北京：电子工业出版社，1986

[60]舒泉声，等编著．低温技术与应用[M]．北京：科学出版社，1983

［61］吉林大学固体物理教研室高压合成组编．人造金刚石［M］．北京：科学出版社，1975

［62］雷永泉主编．新能源材料［M］．天津：天津大学出版社，2000

［63］熊家炯主编．材料设计［M］．天津：天津大学出版社，2000

［64］叶帷洪，王崇敬著．钨：资源、冶金、性质和应用［M］．罗英浩，阮充翔，何酰祺译．北京：冶金工业出版社，1983

［65］冯光熙，黄祥玉．稀有气体化学［M］．北京：科学出版社，1981

［66］苟清泉编．固体物理学简明教程［M］．北京：人民教育出版社，1978

［67］Н Г 克留乞尼科夫著．无机合成手册［M］．申泮文，姚从工译．北京：高等教育出版社，1957

［68］Robert J Angelici 著．无机化学合成与技术［M］．郑汝骊，郑志宁译．北京：高等教育出版社，1990

［69］Н Г 克留契尼柯夫著．无机合成［M］．朱传征，赵泓，等译．上海：上海科学技术文献出版社，1989

［70］Margrave J L and Hauge Robert. High Temperature Technique, in Technique of Chemistry［M］. Edited by Bryaut W Rossiter. Vol. 9, John Wiley & Sons, Inc, 1980

［71］余孟桀编．无机化学制备［M］．3 版．上海：商务印书馆，1954

［72］Bautista R G and Margrave J L. High Temperature Technique, in Technique of Inorganic Chemistry［M］. Edited by Jonassen Hans B and Weissberger Arnold, Vol. 4, John Wiley & Sons, Inc, 1965, 65

［73］Robertson W W. Spectral Measurements in High Pressure Systems, in Technique of Inorganic Chemistry［M］. Edited by Jonassen Hans B. and Weissberger Arnold, Vol. 1, John Wiley & Sons, Inc, 1963, 157

［74］Gorter C J. Progress in Low Temperature Physics［M］. Vol. 1. New York：Interscience Publishers Inc, 1955

［75］Searay Alan W. High Temperature Inorganic Chemistry, in Progress in Inorganic Chemistry［M］. Vol. 3. John Wiley & Sons, Inc, 1962

［76］Honig J M and Rao C N R. Preparation and Characterization of Materials［M］. Academic Press, 1981

［77］日本化学会编．无机化合物合成手册［M］．第一、第二卷．曹惠民，等译．北京：化学工业出版社，1983

［78］Jolly William L. The Synthesis and Characterization of Inorganic Compounds ［M］. Englewood Ceiffs, N J：Prentice Hall, Inc, 1970

［79］Jolly William L. Preparative Inorganic Reactions［M］. Interscience Publisher, 1964

[80] Bai Hao Chen, Dave Walker. Crystal Chemistry of $LuPd_2O_4$ and Other Spinel-Rela-ted $NdCu_2O_4$-$LaPd_2O_4$-Type Compounds[J]. Chem Mater, 1997, 9(7): 1700-1703

[81] 贾漫珂, 王俊, 郑思静等. 纳米氧化锌的制备新方法[J]. 武汉大学学报, 2002, 48(4): 420-422

[82] Hao Tang, Cuanqi Feng, Quan Fan, et al. Synthesis and Electrochemical Properties of Yttrium doped Spinel $LiMn_{2y}Y_yO_4$ Cathode Materials[J]. Chemistry Letters, 2002, 8: 822-823

[83] Tang Hao, Xi Meiyun, Huang Ximing, et al. Rhoeological Phase Reaction Synthesis of Lithium Intercalation Materrials for Rechargeable Battery[J]. J Mater Sci Lett, 2002, 21: 999-101

[84] Yong Zhang, Keli Zhang, Manke Jia. Synthesis and Characterization of a Novel Compound $SnEr_2O_4$[J]. Chemistry Letters, 2002, 2: 176-177

[85] Yong Zhang, Keli Zhang, Manke Jia, et al. Synthesis and Characterization of a Novel Compound $SnDy_2O_4$[J]. Chinese Chemical Letters, 2002, 13(6): 587-588

[86] 汤昊, 冯传启, 刘浩文, 等. 掺杂 Y^{3+} 的锂锰尖晶石的合成及其电化学性能研究[J]. 化学学报, 2003, 61(1): 47-50

[87] Yong Zhang, Keli Zhang, Man Ke Jia, et al. Synthesis and Characterization of $SnGd_2O_4$[J]. J Mater Sci Lett, 2003, 22(2): 111-112

[88] Zhang Keli, Yuan Liangjie, Xi Meiyun, et al. The Application of Lights Conversed Polyethylene Film For Agriculture[J]. Wuhan Univ J Natural Sci, 2002, 7(3): 365-367

[89] 张克立, 贾漫珂, 袁继兵, 等. 二苯甲酮的绿色合成路线研究[J]. 武汉大学学报, 2001, 47(6): 657-659

[90] Anastas P T, Warner J C. Green Chemistry[M]. Theory and Practice. New York: Oxford University Press, 1998

[91] 张克立, 彭正合. 无机合成化学[M]. 武汉大学教材科, 1994

[92] 张克立, 袁继兵, 孙聚堂, 等. 由草酸盐先驱物制备尖晶石型化合物 MCo_2O_4[J]. 武汉大学学报, 1997, 43(3): 428

[93] 张克立, 袁继兵, 孙聚堂, 等. 用草酸胍制备钴酸盐尖晶石[J]. 无机化学学报, 1997, 13(3): 336-339

[94] 周益明, 忻新泉. 低热固相合成化学[J]. 无机化学学报, 1999, 15(3): 273-292

[95] Yadong Li, Yitai Qian, Hongwei Liao, et al. A reduvtion-pyrolysis-catalysis synthesis of diamon[J]. Science, 1998, 281(5374): 246-247

[96] Sun J, Yuan L, Zhang K. The thermal decomposition mechanism of zinc

monosalicylates[J]. Thermochimica Acta, 1999, 333: 141-145

[97] Sun J, Xie W, Yuan L, et al. Preparation and Luminescence Properties of Tb^{3+}-doped zinc salicylates[J]. Mater Sci Eng B, 1999, 64(3): 157-160

[98] 王振东. 流变学的研究对象[J]. 力学与实践, 2001, 23: 68-71

[99] 胡金麟. 细胞流变学[M]. 北京: 科学出版社, 2000

[100] 江体乾. 流变学在我国发展的回顾与展望[J]. 力学与实践, 1999, 21: 5-10

[101] 范椿. 流变学漫谈[J]. 力学与实践, 2000, 22: 75-77

[102] 江体乾. 流变学在化学工程中的应用[J]. 上海化工, 1998, 19: 26-29

[103] 骆秉铨, 黄荣国. 布氏显微镜活血分析: 细胞流变学研究的新方法[J]. 微循环学杂志, 1997, 7(10): 30-32

[104] 周少奇. 云芝菌丝体发酵培养基优选的流变学方法[J]. 工业微生物, 1997, 27(3): 1-5

[105] 周少奇, 姚汝华. 生物多糖流变学研究进展(综述)[J]. 暨南大学学报(自然科学版), 1997, 18(增): 45-48

[106] 王天佑. 细胞流变学研究进展及发展方向[J]. 苏州医学院学报, 1999, 19(8): 843-845

[107] Lenk R S. Polymer Rheology[M]. Applied Science Publishers LTD, 1978

[108] Nielsen L E. Polymer Rheology[M]. Marcel Dekker, 1977

[109] 许元泽. 高分子结构流变学[M]. 成都: 四川教育出版社, 1988

[110] 方图南, 吴湘萍. 食品工程中的流变学[J]. 化学世界, 1993, 5: 193-198

[111] 路福绥. 果汁的流变特性研究[J]. 食品工业科技, 1999, 20(2): 12-13

[112] 张之佳, 张拥军, 徐倩. 超细南瓜粉流变学特性的研究[J]. 中国粮油学报, 1999, 14(2): 35-39

[113] 谢宁, 姚海明. 土流变研究综述[J]. 云南工业大学学报, 1999, 15(1): 52-56

[114] 范椿. 泥石流及其运动方程[J]. 力学与实践, 1997, 19: 7-11

[115] 倪晋仁, 王光谦. 泥石流的结构两相流模型: I. 理论[J]. 地理学报, 1998, 53(1): 66-76

[116] 王星华. 粘土-水泥浆流变性及其影响因素研究[J]. 岩土工程学报, 1997, 19(5): 45-50

[117] Lavier L L, Steckler M S. The effect of sedimentary cover on the flexural strength of continental lithosphere [J]. Nature, 1997, 389(6650): 476-479

[118] Newman R, White N. Rheology of the continental lithosphere inferred from sedimentary basins [J]. Nature, 1997, 385(6617): 621-624

[119] Jiang T Q. The recent advances of rheology in china [J]. Int J Poly Mater, 1993, 21(1-2): 1-7

[120] Winter H H, Mours M. Rheology of polymers near liquid-solid transitions [J]. Adv Polym Sci, 1997, 134: 165-234

[121] Nishinari K. Rheological and DSC study of sol-gel transition in aqueous dispersions of industrially important polymers and colloids [J]. Colloid Polym Sci, 1997, 275(12): 1093-1107

[122] Bruinsma P J, Wang Y, Li X S, et al. Rheological and solid-liquid separation properties of bimodal suspensions of colloidal gibbsite and boehmite [J]. J Colloid Interface Sci, 1997, 192(1): 16-25

[123] Mellema J. Experimental rheology of model colloidal dispersions [J]. Curr Opin Colloid Interface Sci, 1997, 2: 411-419

[124] Yuan L J, Wang Q Y, Sun J T. Luminescence Properties of Salicylate Doped Zinc Benzoate [J]. Spectrosc Lett, 1998, 31(8): 1733-1736

[125] Sun J, Yuan L, Zhang K, et al. Synthesis and Thermal Decomposition of Zinc Phthalate [J]. Thermochim Acta 2000, 343: 105-109

[126] 刘立, 杨汉西, 孙聚堂, 等. 锡基非晶态材料的化学合成及其嵌锂性能的初步研究 [J]. 电化学, 1998, 4(4): 361-364

[127] 孙聚堂, 王东利, 张克立, 等. 邻苯二甲酸锌配合物的合成红外光谱和晶体结构 [J]. 应用化学, 1997, 14(5): 98-100

[128] 王东利, 任敏, 孙聚堂, 等. 掺杂铽(Ⅲ)离子的邻苯二甲酸锌的合成和发光特性 [J]. 发光学报, 1996, 17(增刊): 138-140

[129] Meshkova S B, Kononenko L I, Poluektov N S. Luminescence of europium and terbium organic compounds in x-ray-excited luminescence [J]. Zh Prikl Spektrosk, 1979, 31: 172-172

[130] Chupakhina R A, Biryulina V N, Kasimova L V, et al. Solid compounds of europium and terbium with some aromatic carboxylic acids [J]. Zh Obsh Khim, 1986, 56(5): 1022-1028

[131] Lirmak Yu M, Terpugova A F, Maier R A, et al. Spectral-luminescence properties of compounds of Eu^{3+} with some organic ligands [J]. Opt Spektrosk, 1985, 58(2): 475-478; Opt Spectrosc, 1985, 58(2): 286-287

[132] Brittain H G. Emission intensity of terbium (Ⅲ) bound to benzene-carboxylic acid derivatives [J]. J Lumin, 1978, 17(4): 411-417

［133］寿涵森，叶建平，虞群．苯甲酸铽络合物的发光性能的研究［J］．应用化学，1988，5(3)：9-14

［134］秦利，叶建平，虞群，等．邻苯二甲酸铽配合物与铕离子间能量传递［J］．中国稀土学报，1991，9(1)：28-32

［135］叶建平，秦利，杨晓萍，等．吡啶羧酸铕(Ⅲ)配合物发光性能的研究［J］．中国稀土学报，1991，9(2)：146-150

［136］安岛章隆，山添胜彦，北浜良治，等．日本公开特许公报，1982，JP8280476；JP82143353

［137］Sun J, Du X, He X, et al. Terium and Europium-Activated Alkaline Earth Metal Phthalate Phosphors［M］. Proc Second Int Symp RES, Editor Su Qiang, World Scientific, Singapore, 1989：227-229

［138］Sun J, Chen C, Qin Z. Terium and Europium-Activated Lanthanum Phthalate Phosphors［J］. J Lumin, 1988, 40/41：246-247

［139］孙聚堂，彭正合．碱土金属邻苯二甲酸盘的振动光谱［J］．化学学报，1991，49(11)：1094-1098

［140］袁正勇，黄峰，孙聚堂，等．非晶态氧化亚锡基锂离子电池负极材料的低温合成及电化学性质研究［J］．武汉大学学报(理学版)，2002，48(4)：417-419

［141］Idota Y, Kubata T, Matsufuji A, et al. Tin-based amorphous oxide：A high-capacity lithium-ion-storage material［J］. Science, 1997, 276：1395-1397

［142］Courtney I A, McKinnon W R, Dahn J R. On the Aggregation of Tin in SnO Composite Glasses Caused by the Reversible Reaction with Lithium［J］. J Electrochem Soc, 1999, 146：59-68

［143］Machill S, Shodai T, Sakurai Y, et al. Electrochemical characterization of tin based composite oxides as negative electrodes for lithium batteries［J］. J Power Sources, 1998, 73：216-223

［144］Nam S C, Paik C H, Cho B W, et al. Electrochemical characterization of various tin-based oxides as negative electrodes for rechargeable lithium batterie［J］. J Power Sources, 1999, 84：24-31

［145］Lee J Y, Xiao Y, Liu Z. Amorphous $Sn_2P_2O_7$, $Sn_2B_2O_5$ and Sn_2BPO_6 anodes for lithium ion batteri［J］. Solid State Ionics, 2000, 133：25-35

［146］Cheng F X, Liao C S, Kuang J F, et al. Nanostructure magneto-optical thin films of rare earth (RE = Gd, Tb, Dy) doped cobalt spinel by sol-gel synthesis［J］. J Appl Phys, 1999, 85(5)：2782-2786

[147] Liu Y, Laine R M. Spinel fibers from carboxylate precursor[J]. J European Ceram Soc, 1999, 19(11): 1949-1959

[148] Chen B H, Walker D, Scott B. A. , Crystal Chemistry of $LuPd_2O_4$ and Other Spinel-Related $NdCu_2O_4$-$LaPd_2O_4$-Type Compounds[J]. Chem. Mat. , 1997, 9(7): 1700-1703

[149] 张克立, 张勇, 张莉萍, 等. 由流变相-先驱物法制备稀土复合氧化物 $ZnSm_2O_4$[J]. 武汉大学学报 (自然科学版), 2000, 46(化学专刊): 77-78

[150] Zhang Y, Zhang K L, Jia M K, et al. Synthesis and Characterization of a Novel Compound $SnDy_2O_4$[J]. Chinese Chem Letters, 2002, 13(6): 587-588

[151] Zhang Y, Zhang K L, Jia M K, et al. Synthesis and Characterization of a Novel Compound $SnEr_2O_4$[J]. Chemistry Letters, 2002, 2: 176-177

[152] Kim S H, Kim S J, Oh S M. Preparation of layered MnO_2 via thermal decomposition of $KMnO_4$ and its electrochemical characterizations [J]. Chem Mater, 1999, 11 (3): 557-563

[153] Cao H, Suib S L. Highly efficient heterogeneous photooxidation of 2-propanol to acetone with amorphous manganese oxide catalysts [J]. J Am Chem Soc, 1994, 116 (12): 5334-5342

[154] Bach S, Henry M, Baffer N, Livage J. Sol-gel synthesis of manganese oxides[J]. J Solid State Chem, 1990, 88: 325-333

[155] 张克立, 张勇, 黄旋, 等. 由流变相-先驱物法制备 SnO_2 粉末[J]. 武汉大学学报 (自然科学版), 2000, 46(化学专刊): 232-233

[156] Feng C Q, Zhang K L, Sun J T, et al. Study on Synthesis and Electrochemical Properties of Nanophase Li-Mn-spinel[J]. Chin J Chem, 2003, 21(3): 287-290

[157] Feng C, Tang H, Zhang K, et al. Synthesis and electrochemical characterization of nonstoichiometric spinel phase ($Li_{1.02}$ $Mn_{1.98}$ $Y_{0.02}$ O_4) for Lithium ion batteries application[J]. Mat Chem Phys, 2003, 80: 573-576

[158] Tang H, Feng C, Fan Q, et al. Synthesis and Electrochemical Properties of Yttrium-doped Spinel $LiMn_2$-$yYyO_4$ Cathode Materials[J]. Chemistry Letters, 2002, 8: 822-823

[159] 孙聚堂, 杨毅涌, 张克立, 等. 二水合邻苯二甲酸氢铜的制备与结构表征[J]. 武汉大学学报 (自然科学版), 2000, 46(化学专刊): 37-39

[160] 杨文治. 电化学基础[M]. 北京: 北京大学出版社, 1982

[161] 傅献彩, 沈文霞, 姚天扬. 物理化学[M]. 4 版. 下册. 北京: 高等教育出版社, 1990

[162] 邝生鲁 等编著. 应用电化学[M]. 武汉: 华中理工大学出版社, 1994

［163］张宝文，程学新，刘颞颞，等．有机合成光化学及其研究现状［J］.感光科学与光化学，2001，19(2)：139-155

［164］尹敏，赵鹏．光化学气相沉积技术在薄膜备制中的应用［J］.半导体光电，1998，19(1)：16-19

［165］黄庆举，李尊营．激光诱导液相表面化学反应的应用研究综述［J］.临沂师专学报，1999，21(3)：11-13

［166］高志崇．燃烧反应火焰温度的探讨［J］.聊城师院学报，2001，14(1)：57-60

［167］孙晓冬，梅炳初．TiC-Al 体系的燃烧反应合成［J］.武汉工业大学学报，1997(1)：8-11

［168］缪曙霞，殷声．自蔓燃高温合成法(SHS)制备碳化钨［J］.中国有色金属学报，1994，4(2)：79-81

［169］金钦汉主编．微波化学［M］.北京：科学出版社，1999

［170］李金树，张建福．微波技术在化学合成中的应用［J］.石化技术，2002，9(3)：178-183

［171］夏天东，李冬黎，赵文军 等．CrO_3对陶瓷复合钢管致密化及力学性能的影响［J］.热加工工艺，2000，2：30-32

［172］崔洪芝．静态自蔓延高温合成法形成陶瓷涂层的研究［J］.中国表面工程，2000，3：28-30

［173］张龙，赵忠民，叶明惠，等．添加剂对重力分离 SHS 陶瓷衬管的影响［J］.特种铸造及有色合金，1998，3：19-21

［174］林涛，果世驹，郭志猛，等．铝热-重力分离法制备陶瓷复合钢管［J］.北京科技大学学报，2000，4：358-360

［175］符寒光，杜建铭，陈松，等．自蔓延高温合成技术及其在煤炭工业的应用［J］.煤炭科学技术，2001，29(11)：47-50，53

［176］孙世清，毛磊，刘宗贸，等．高致密度莫来石玻璃陶瓷内衬钢管的研究［J］.热加工工艺，1999，5：19-21

［177］张奕华，彭司勋．一氧化氮及其调控剂的研究［J］.中国药科大学学报，2001，32(5)：321-328

［178］Knittl E，Kaner R B，Jeanloz R，et al. High pressure synthesis，characterization and equation of state of cubic C-BN solid solutions［J］. Phys Rev B，1995 II (51)：12149-12156

［179］Nguyen J H，Jeanloz R. Initial describtion of a new carbon nitride phase synthesized at high pressure and temperature［J］. Mater Sci Eng A，1996，209：23-25

[180] Yao B, Chen W J, Liu L, et al. C-B-N amorphous semiconductor[J]. J Appl Phys, 1998, 84(3): 1412-1415

[181] Yao B, Liu L, Su W H. Formation of cubic C-B-N by crystallization of nanoamorphous solid at atmosphere[J]. J Mater Res, 1998, 13(7): 1753-1756

[182] 张克从, 张乐潓主编. 晶体生长[M]. 北京: 科学出版社, 1981

[183] 经和贞, 杨光启, 王俊民, 张敬珠. 人造石英的研究[J]. 电子学报, 1965, (2): 129-139

[184] Shafer M W, Roy R. Verbindungsbildung und Phasengleichgewicht in den Systemen Cr_2O_3-H_2O, Sc_2O_3-H_2O und Tl_2O_3-H_2O[J]. Z Anorg Allgem Chem, 1954, 276: 275-288

[185] Xiao F S, Qiu S L, Pang W Q, et al. New Developments in Microporous Materials[J]. Advanced Materials, 1999, 11: 1091-1099

[186] Laudise R A, Kolb E D. Solubility of Zincite in Basic. Hydrothermal Solvents[J]. Am. Mineralogist, 1963, 48 [5/6]: 642-648

[187] Laudise R A, Kolb E D, Caporaso A J. Hydrothermal Growth of Large Sound Crystals of Zinc Oxi[J]. J Am Ceram Soc, 1964, 47: 9-12

[188] Lobachev, A N. Crystallization Process under Hydrothermal Conditions [M]. New York: Consultants Bureau, 1973

[189] Steffen Peiser, H. Crystal growth[M]. London and New York: Pergamon Press, 1967

[190] Laudise R A, Ballman A A. Hydrothermal synthesis of zinc oxide and zinc sulfide [J]. J. Phys. Chem, 1960, 64(5): 688-691

[191] 结晶工学ハンドブック編集委員会. 结晶工学ハンドブック[M]. 东京: 共立出版株式会社, 1971

[192] Soxman E J, Tinklepaugh J R, Curran M T. An impact test for use with cermets [J]. J Am Ceram Soc, 1956, 39(8): 261-265

[193] Laudise R A, Kolb E D. Hydrothermal crystallization of yttrium-iron garnet on a seed [J]. J Am Ceram Soc, 1962, 45(2): 51-53

[194] Bridgman P W. Certain Physical Properties of Single Crystals of Tungsten, Antimony, Bismuth, Tellurium, Cadmium, Zinc, and Tin [J]. Proc Amer Acad Arts Sci, 1925, 60(6): 305-383

[195] Stockbarger D C. The production of large single crystals of lithium fluoride [J]. Rev Sci Instrum, 1936, 7(3): 133-137

[196] Keck P H, Golay M J E. Crystallization of silicon from a floating liquid zone [J]. Phys Rev, 1953, 89(6): 1297-1297

［197］Vernenil A. Production Artificielle du rubis par fusion［J］. Paris Acad Sci，Compt Rend，1902，135：791-794

［198］Orgel L E. Ion compression and the colour of ruby［J］. Nature，1957，179（4754）：1348-1348

［199］Kawabata A，Kubo R. Electronic properties of fine metallic particles. II. Plasma resonance absorption［J］. J Phys Soc Jpn，1966，21（9）：1765-1772

［200］韩万书主编. 中国固体无机化学十年进展［M］. 北京：高等教育出版社，1998

［201］曾人杰. 无机材料化学［M］. 厦门：厦门大学出版社，2002

［202］姚康德，成国祥主编. 智能材料［M］. 北京：化学工业出版社，2002

［203］杜丕一，潘颐编著. 材料科学基础［M］. 北京：中国建材工业出版社，2002

［204］冯端，师昌绪，刘治国. 材料科学导论［M］. 北京：化学工业出版社，2002

［205］Yuan L J，Sun J T，Zhang K L. Luminescence of Tb^{3+} and Eu^{3+} doped amorphous zinc benzoates［J］. SPECTROCHIM ACTA A，2003，59（4）：729-731

［206］Yuan L J，Li Zicheng，Sun J T，et al. Synthesis and Characterization of activated MnO_2［J］. Materials Letter，2003，57，1545-1948

［207］Yuan L J，Li Zicheng，Sun J T，et al. Synthesis and Luminescence 8 of Zinc and Europium α-Thioplene Carboxylate Polymer［J］. Spectrochimica Acta Part A. 2003，59：2949-2953

［208］日本化学会编. 新実験化学講座 II 標識化合物［M］. 东京：丸善株式会社，1976

［209］化学の領域委員会. アィソトープ実験技術［M］. 第1—3集. 东京：南江堂，1959

［210］中国科学院原子能所编. 放射性同位素应用知识［M］. 北京：科学出版社，1959

［211］高素莲，周宁国. 现代分离纯化与分析技术［M］. 合肥：中国科学技术大学出版社，2004

［212］邵令娴. 分离及复杂物质的分析［M］. 2版. 北京：高等教育出版社，1994

［213］王应玮，梁树权. 分析化学中的分析方法［M］. 北京：科学出版社，1988

［214］王学松. 膜分离技术及其应用［M］. 北京：科学出版社，1994

［215］《化学分离富集方法及应用》编委会. 化学分离富集方法及应用［M］. 长沙：中南工业大学出版社，1997

［216］罗焕光. 分离技术导论［M］. 武汉：武汉大学出版社，1990

［217］秦启宗，毛家骏，金忠告，等. 化学分离法［M］. 北京：原子能出版社，1984

［218］（澳）佩林（D D Perrin），等著. 实验室化学药品的提纯方法［M］. 时雨译. 北京：化学工业出版社，1987

［219］（美）米勒（J M Miller）著. 化学分析中的分离方法［M］. 叶明吕等译. 上海：上海科

学技术出版社,1981

[220](加)杨(R S Young)著. 无机分析中的分离方法(实用手册)[M]. 张国雄译. 上海:上海科学技术文献出版社,1984

[221]陈鸿彬. 高纯试剂的提纯与制备[M]. 上海:上海科学技术出版社,1983

[222]陈立功,等. 精细化学品的现代分离与分析[M]. 北京:化学工业出版社,2000

[223]张克立. 固体无机化学[M]. 武汉:武汉大学出版社,2005

[224]李广录,何涛,李雪梅. 核壳结构纳米复合材料的制备及应用[J]. 化学进展,2011,23(6):1081-9

[225]舒日洋,龙金星,张琦,等. 核壳结构材料的制备及其应用[J]. 新能源进展,2014,2(6):423-9

[226]宁桂玲,仲剑初. 高等无机合成[M]. 上海:华东理工大学出版社,2007

[227]刘镇,吴庆银,钟芳锐. 无机-有机杂化材料的研究进展[J]. 石油化工,2008,37(7):649-655

[228]杨志,刘文岩,张宝青,王晓波. 有机/无机纳米复合材料的研究进展[J]. 机械制造,2015,53(615):59-61

[229]张玉才. 有机-无机杂化纳米材料的自组装研究进展[J]. 伊犁师范学院学报(自然科学版),2018,12(1):57-61

[230]裘小宁. 溶胶凝胶法制备无机有机杂化材料的研究进展[J]. 安徽工业大学学报,2005,22(1):20-24

[231]张启运主编. 高等无机化学实验[M]. 北京:北京大学出版社,1992

[232]方惠群,史坚. 仪器分析原理[M]. 南京:南京大学出版社,1994

[233]北京大学化学系仪器分析教学组[M]. 仪器分析教程. 北京:北京大学出版社,1997

[234]赵藻藩,周性尧,张悟铭,等. 仪器分析[M]. 北京:高等教育出版社,1990

[235]赵文宽,张悟铭,王长发,等编. 仪器分析[M]. 北京:高等教育出版社,1997

[236]何金兰,杨克让,李小戈. 仪器分析原理[M]. 北京:科学出版社,2002

[237]武汉大学化学系编. 仪器分析[M]. 北京:高等教育出版社,2001

[238]夏少武编著. 简明结构化学教程[M]. 2版. 北京:化学工业出版社,2001

[239]马树人编著. 结构化学[M]. 北京:化学工业出版社,2001

[240]West A R, Basic Solid state chemistry[M]. Second Edition. New York:John wiley & Sons,2000

[241]Dann S E, Reactions and Characterizatio of Solid, Royal Society of Chemistry[M]. Cambridge,2000

[242]韩建成,等著. 多晶 X 射线结构分析[M]. 上海:华东师范大学出版社,1989

［243］刘振海主编. 热分析导论［M］. 北京：化学工业出版社，1991

［244］陈镜泓，李传儒编著. 热分极及其应用［M］. 北京：科学出版社，1985

［245］李余增. 热分析［M］. 北京：清华大学出版社，1987

［246］Blazek A. Thermal analysis［M］. Van Nostrand Reinhold Company LTD，1973，145